新世纪普通高等教育土木工程类课程规划教材

材料力学

CAILIAO LIXUE

总主编　李宏男
主　编　黄丽华　苏振超
副主编　马红艳　曲激婷　刘运生
主　审　关东媛

大连理工大学出版社

图书在版编目(CIP)数据

材料力学 / 黄丽华，苏振超主编. — 大连 ：大连理工大学出版社，2015.9
新世纪普通高等教育土木工程类课程规划教材
ISBN 978-7-5611-9979-4

Ⅰ. ①材… Ⅱ. ①黄… ②苏… Ⅲ. ①材料力学—高等学校—教材 Ⅳ. ①TB301

中国版本图书馆 CIP 数据核字(2015)第 158850 号

大连理工大学出版社出版
地址:大连市软件园路 80 号 邮政编码:116023
发行:0411-84708842 邮购:0411-84708943 传真:0411-84701466
E-mail:dutp@dutp.cn URL:http://www.dutp.cn
丹东新东方彩色包装印刷有限公司印刷 大连理工大学出版社发行

幅面尺寸:185mm×260mm 印张:19.25 字数:493 千字
印数：1～2000
2015 年 9 月第 1 版 2015 年 9 月第 1 次印刷

责任编辑:王晓历 责任校对:张雪琪
封面设计:张 莹

ISBN 978-7-5611-9979-4 定 价:40.80 元

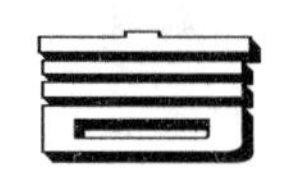

前言

《材料力学》是新世纪应用型高等教育教材编审委员会组编的土木工程类课程规划教材之一。

本教材是基于我国现代本科高等学校向应用型大学转型发展的新形势，针对培养符合社会需求的技术技能型人才的教育目标，为满足应用型本科教育而编写的。

材料力学是多数工科专业必修的一门重要技术基础课程，该课程是后续很多专业课程的基础，也是许多工科专业研究生入学专业课程的考试科目之一，在教学过程中受到广泛重视。本次教材的编写，以《普通高等学校土建类专业教学大纲》的要求为依据，结合现代高等教育人才培养的目标，以及编者多年的教学改革实践，在强调材料力学的基本内容基础上，增加更多的工程应用内容，使教材具有经典理论、现代应用的特色。

考虑到知识结构的不断更新和工程实际的需要，本教材在保证原有材料力学体系的系统性和完整性的前提下，根据专业需要，在内容上进行了更新和重组。如强调了稳定性的概念，增加了能量法的应用以及动荷载的概念等，以满足现代土木工程专业人才知识结构的需求。

为了实现素质教育与工程能力培养的要求，本教材在编写过程中强调实际问题的引入和分析。通过每章篇头概述内容和图片，介绍了本章理论在实际工程中的具体应用；通过采用与工程问题密切相关的例题和习题，增加学生对工程实例的分析、简化训练环节。

本教材在编写过程中力求由浅入深，循序渐进，在强调力学基本概念、基本原理的叙述的同时，尽量略去某些次要的证明与烦琐的数学推导，着重强调理论在求解问题中的应用。课后习题具有较大的适用范围，既包含简单练习用于掌握基本知识，也包含需要进一步深入思考才能求解的问题，故本教材可作为各类本科工程教育的教学用书、自学用书或研究生入学考试复习用书等。

本教材内容完整，构架合理，概念清晰。每章均有介绍和总结，各知识点配有相当数量的例题及详细求解步骤，章后附有习题及答案，书中附表均采用最新规范，便于读者了解本教材的重点和难点，掌握基本知识及问题求解方法。

本教材由从事多年材料力学课程教学工作的教师编写，教材内容体现了多位一线教师的教学经验和教学特色。在编写过程中，各位教师广泛参考了国内外优秀教材，在教材内容、工程应用、例题和习题的选用上力求具有工程特色。本教材由大连理工大学黄丽华、厦门大学嘉庚学院苏振超任主编，大连理工大学马红艳、曲激婷和青岛理工大学刘运生任副主编。具体编写分工如下：马红艳编写了第1章、第3章和第4章，黄丽华编写了第2章、第8章和附录Ⅱ，曲激婷编写了第5章和附录Ⅰ，刘运生编写了第6章和第7章，苏振超编写了第9章和第10章和附录Ⅲ。本教材由黄丽华统稿并定稿。大连理工大学关东媛教授审阅了书稿，并提出了许多宝贵意见，在此谨致谢忱。

本教材的编写得到了大连理工大学教务处、大连理工大学建设工程学部的大力支持，也得到了大连理工大学建设工程学部工程力学研究所研究生们的协助，在此一并表示衷心感谢。

在编写本教材过程中，编者参考、借鉴了许多专家、学者的相关著作，对于引用的段落、文字尽可能一一列出，谨向各位专家、学者一并表示感谢。

限于水平，书中也许仍有疏漏和不妥之处，敬请专家和读者批评指正，以使教材日臻完善。

编 者

2015年9月

所有意见和建议请发往：dutpbk@163.com
欢迎访问教材服务网站：http://www.dutpbook.com
联系电话：0411-84708445　84708462

目　录

绪　论

1. 概　述

材料力学属于基础力学学科，其主要内容和基本原理在工程中广泛应用。该学科理论建立在物体平衡、变形协调以及材料的力学性能基础上，为广大工程技术人员设计和解决工程问题提供了理论指导和计算方法。

力学知识最早起源于人类对自然现象的观察和生产劳动过程中的经验积累，材料力学这门学科的建立和发展离不开人类社会的生产和工程实践。在古代房屋建筑过程中，意大利科学家为了解决建筑船舶和水闸所需要的梁的尺寸问题，进行了一系列实验，并于 1638 年提出梁的强度计算公式。但是受到材料力学的发展限制，他所得到的答案并不完全正确。后来英国科学家胡克发表了重要的胡克定律，这才奠定了材料力学的基础。从 18 世纪起，材料力学开始沿着科学的方向发展。

材料力学在解决实际问题的过程中不断发展，通过理论分析和实验研究手段，逐步完善形成系统的学科。其基本理论和分析方法是以工程实际问题为背景，在此基础上建立的基本原理和计算公式通常是特定条件下的近似结果。由于该门学科提供的理论及方法简单实用，计算结果能够满足工程中的基本要求，因此被广泛应用于各个工程领域。在土木工程中，建筑结构中的梁和立柱、桁架和刚架结构中的杆件及连接件的设计(图 0-1)，构件承载力以及变形计算，结构失效形式及实验应力分析等，都离不开材料力学的基本理论和基本计算。随着生产的发展以及新材料和新技术的不断出现，材料力学的理论研究也在不断深入，工程应用也在日益拓展。

图 0-1

2. 基本内容

工程中的各种机械和结构通常由零件或构件组成，而零件或构件又由特定的固体材料制成，不同材料的承载力和变形能力是不同的。若保证工程机械和结构的安全使用，零件或构件的设计要有足够的承受荷载的能力，该承载能力既不能过大造成浪费，更不能不足产生安全隐患。材料力学以基本构件为研究对象，其承载能力由以下三个方面确定：

强度 指材料或构件抵抗破坏的能力。破坏包括两种形式：断裂破坏和塑性变形破坏。材料或构件在力的作用下发生变形，其中卸除力后消失的变形称为弹性变形，不能消失的变形称为塑性变形或残余变形。

刚度 指构件抵抗变形的能力。所谓变形包括构件尺寸和形状的改变。工程中有些构件虽满足强度条件，但变形过大将影响构件的正常工作，故也要满足刚度要求。例如，传动轴变形过大将影响加工精度。

稳定性 指构件维持原有平衡形式的能力。受压构件的平衡有时是不稳定的，该类构件的承载能力将由稳定平衡条件来确定。材料力学将给出细长中心受压杆件稳定性的计算方法，以及确保压杆不失稳的稳定性条件。

显然，构件的强度、刚度、稳定性与构成构件的材料、截面形状和尺寸等因素有关，材料力学揭示了各种因素对构件承载能力的影响，建立了经济合理的构件设计方法。

3. 基本假设

材料的力学性能是决定构件承载能力的主要因素。由于工程材料多种多样，其微观结构更是复杂多变，完全精确地按照实际构件进行力学计算既不可能也无必要。为简化计算，在满足工程精度要求条件下，对可变形固体做如下基本假设：

连续性假设 认为可变形固体在其所占有的空间内是密实和连续的，其整个体积内毫无空隙地充满了物质。这一假设意味着固体变形时既无分离，也无挤入，时刻满足变形连续条件。这样，固体的力学变量可以表示为坐标的连续函数，便于应用数学分析的方法求解。

均匀性假设 认为固体材料内任一部分的力学性能都完全相同。实际上固体材料组成部分(例如金属晶粒)的微观性能存在不同程度的差异，但固体材料的力学性能反映的是其所有组成部分的性能的统计平均量，所以可认为固体材料整体的力学性能是均匀的。

各向同性假设 认为固体材料的力学性能沿各个方向上是相同的。工程中常用的金属材料，其各个单晶并非各向同性，但由于固体材料中包含着许许多多无序排列的晶粒，综合起来的力学性能并不能显示出方向性的差异。因此，统计平均来看材料的宏观力学性能与方向无关。若固体材料不同方向的力学性能各不相同，则称为各向异性材料。

小变形假设 认为固体材料在外力作用下产生的变形量远远小于其原始尺寸。材料力学所研究的问题大部分属于微小变形的情况，这样在研究平衡问题时，就可以忽略由于变形引起的物体原始尺寸的变化，按原始尺寸进行分析，使计算得以简化。

综上所述，材料力学将实际材料抽象成连续、均匀、各向同性的理想材料，且在弹性范围内、小变形条件下进行研究。

4. 杆件的基本变形形式

工程中的可变形固体构件包括杆、板、壳、块体等，而材料力学以杆件为主要研究对象。杆件是指其纵向(长度)尺寸远大于横向(宽度、高度)尺寸的构件，是工程中最常见、最基本的构件，例如建筑结构中的杆、梁、柱以及机械中的传动轴等均属杆件。

根据杆件的几何特征，垂直于长度方向的平面称为杆的横截面。所有横截面形心的连线称为杆的轴线。杆的横截面与轴线正交。横截面的大小和形状都相同的杆称为等截面杆（图0-2(a)、0-2(b)），横截面的大小和形状不相同的杆称为变截面杆（图0-2(c)）。轴线为直线的杆称为直杆（图0-2(a)、0-2(c)），轴线为曲线的杆称为曲杆（图0-2(b)）。

材料力学着重讨论等截面直杆的强度、变形及稳定性分析。

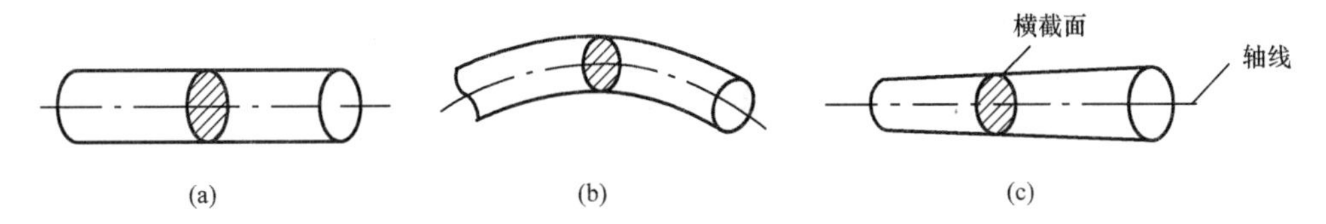

图 0-2

杆件的变形形式是多种多样的，根据各种变形特点，可以归纳为轴向拉伸（压缩）、剪切、扭转、弯曲四种基本变形形式。工程中存在以一种基本变形为主的构件，如桁架中的杆，以拉伸（压缩）变形为主，也存在上述几种基本变形同时发生的组合变形情形。

四种基本变形形式的受力和变形特点如下：

轴向拉伸（压缩）　如图0-3(a)、0-3(b)所示，外力或外力合力作用线与杆件轴线重合，杆件将发生轴向伸长或缩短变形。这种变形形式称为轴向拉伸或压缩变形。

剪切　如图0-3(c)所示，在一对相距很近的大小相等、指向相反的横向外力作用下，杆件的横截面将沿外力作用方向发生相对错动。这种变形形式称为剪切变形。

扭转　如图0-3(d)所示，在横截面内作用一对大小相等、转向相反的外力偶，杆件横截面绕轴线发生转动，杆件表面的纵向线变成螺旋线，轴线保持为直线。这种变形形式称为扭转变形。

弯曲　如图0-3(e)所示，在纵向面内作用一对大小相等、方向相反的外力偶，杆件轴线由直线变为曲线，横截面发生转动，变形后横截面与杆轴线仍然垂直。这种变形形式称为纯弯曲变形。在垂直于杆件轴线的横向外力作用下，杆件的轴线同样由直线变为曲线，这种弯曲变形称为横力弯曲变形。

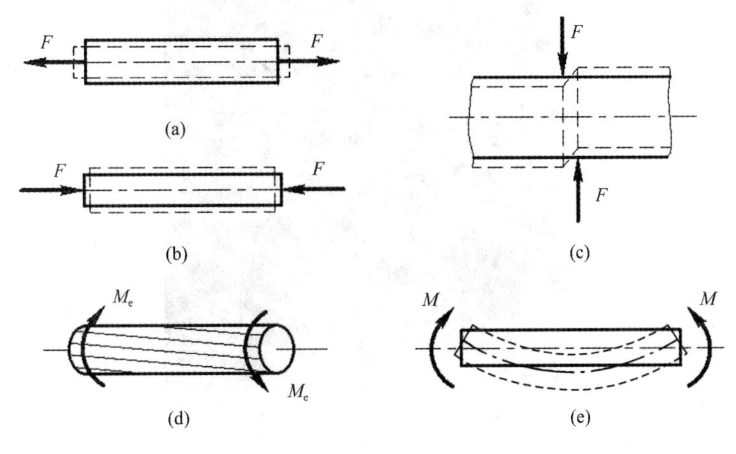

图 0-3

第1章　轴向拉伸和压缩

1.1　概　述

作用在杆件上的外力，如果其作用线与杆的轴线重合，称为轴向荷载。杆件只受轴向荷载作用时，发生纵向伸长或缩短变形。杆件的这种变形形式称为轴向拉伸或压缩变形，杆件则分别称为拉杆或压杆，可统称为拉压杆。轴向拉伸或压缩变形是杆件最基本的变形形式之一，在工程实际中很多构件的变形是以拉压变形为主的，如图 1-1(a)所示悬索桥中的拉杆，图 1-1(b)所示结构中承受轴向压力的立柱，以及图 1-2 所示西雅图的 Mariner 棒球馆钢结构桁架，每个构件均为二力构件，承受轴向拉力或压力。

本章将主要研究等直杆在轴向力作用下的拉伸和压缩问题。

(a)

(b)

图 1-1

图 1-2

1.2　轴向拉压杆横截面的内力　轴力图

要保证受拉构件或受压构件在轴向外力作用下不致破坏，首先必须分析作用在构件上的外力在构件内部所引起的作用，即要分析构件的内力情况。

计算拉压杆的内力可以用截面法。例如，图 1-3(a)所示拉压杆，由杆件的平衡可知

$$F_2+F_3=F_1+F_4\text{，即 }F_1-F_2=F_3-F_4 \tag{a}$$

欲求截面 m-m 上的内力，可假想用一平面沿 m-m 将杆截成两段，研究其中一段(图 1-3(b)所示左段)的平衡，可知该截面上内力只存在轴力 F_N，其数值可由平衡方程求出

$$\sum F_x=0,\qquad F_N-F_1+F_2=0$$

$$F_N=F_1-F_2 \tag{b}$$

也可取右段为隔离体(图 1-3(c))，由平衡方程得截面上的轴力

$$F_N=F_3-F_4 \tag{c}$$

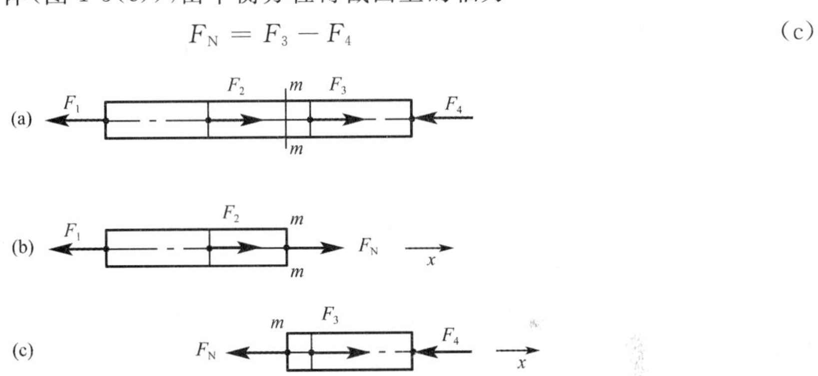

图 1-3

由式(a)可知式(b)、式(c)所得结果大小相同，可见拉压杆任意横截面上的轴力，数值上等于该截面任一侧所有外力的代数和。当轴力的方向背离截面时，截面附近微段产生伸长变形，这种轴力为拉力；反之，当轴力的方向指向截面时，截面附近微段产生缩短变形，这种轴力为压力。通常轴力的正负号是这样规定的：拉力为正，压力为负。计算轴力时，通常将所求截面的轴力假设为拉力，列平衡方程，如计算结果为正值，说明轴力为拉力；如计算结果为负值，说明轴力为压力。

由上面的讨论可以总结出求解杆件任一截面内力的计算方法——截面法，具体步骤如下：

(1)用假想的垂直于轴线的截面沿所求内力处切开，将构件分为两部分。

(2)取两部分中的任一部分为隔离体，并用相应的内力代替去掉部分对隔离体的作用。这时对隔离体来说，内力已转化为外力。

(3)对所取的隔离体建立静力平衡方程，求解未知内力的大小。

当一根杆件受多个轴向外力作用时，其每段轴力是不一样的，为了清楚地表明各截面上的轴力随截面位置不同而变化的情况，常采用轴力图表示。轴力图的横坐标轴 x 平行于杆件的轴线，表示相应的横截面位置，纵坐标 y 表示相应截面的轴力值，如内力为轴向拉力，画在 x 轴上方，反之，如内力为轴向压力，则画在 x 轴下方。轴力图反映了杆件轴力沿轴线的变化规律，从轴力图中可以确定杆件最大轴力 $F_{N,max}$ 的位置及其数值。轴力图的画法参见下面的例题。

例题 1-1 图 1-4(a)所示杆 AC,在自由端 A 受荷载 P 作用,而在截面 B 受中间荷载 $2P$ 作用,试求杆 1-1、2-2 截面的轴力,并画轴力图。

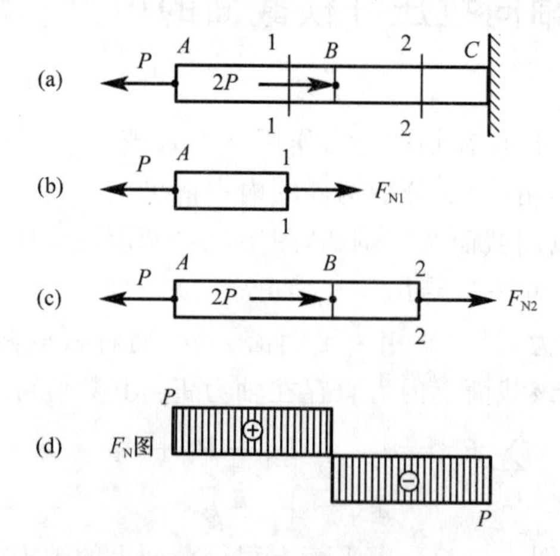

图 1-4 例题 1-1 图

解:(1)轴力计算。用假想平面将杆从 1-1、2-2 处截开,取左侧部分为隔离体(图 1-4(b)、图 1-4(c)),由平衡方程 $\sum F_x = 0$,得

$$F_{N1} - P = 0, \qquad F_{N1} = P$$

$$F_{N2} - P + 2P = 0, \qquad F_{N2} = -P$$

(2)画轴力图(图 1-4(d))。AB、BC 段杆内轴力均为常数,轴力图为水平线。B 截面处有外力 $2P$ 作用,轴力图有突变,突变值等于外力的大小。

例题 1-2 图 1-5(a)所示立柱受自重作用,已知立柱长 l,单位长度自重为 ρ,试画立柱的轴力图。

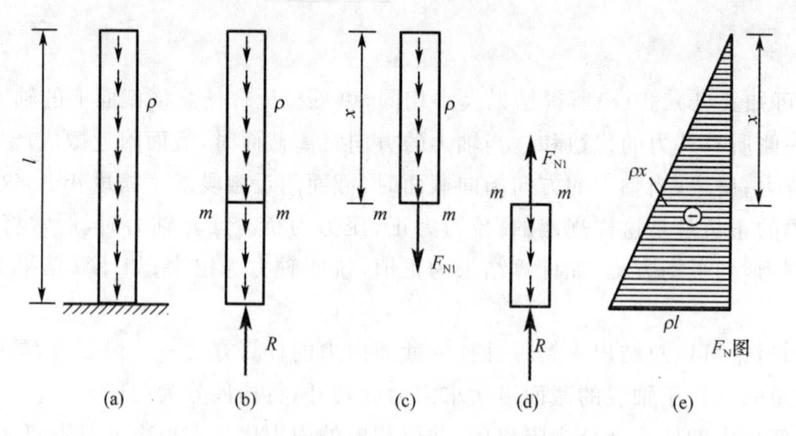

图 1-5 例题 1-2 图

解:(1)计算支反力(图 1-5(b))。由 $\sum F_x = 0$,得

$$R = \rho l\,(\uparrow)$$

(2)计算轴力。用截面法,假想沿截面 m-m 处截开,取上部为隔离体(图 1-5(c)),列平衡方程

$$\sum F_x = 0, \qquad F_{N1} = -\rho x$$

如果取下部为隔离体(图 1-5(d)),可得同样结果

$$\sum F_x = 0, \qquad F_{N1} = \rho(l - x) - R = -\rho x$$

(3)画轴力图(如图 1-5(e)所示)。立柱内轴力的大小与截面位置 x 成正比,轴力图为一条斜直线,轴力最大值在立柱底面,$F_{N,max} = -\rho l$ 。

例题 1-3　试作图 1-6(a)所示杆件的轴力图。

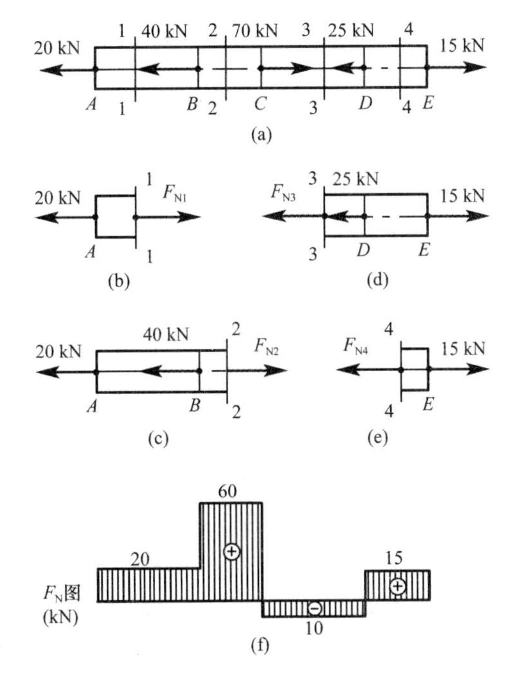

图 1-6　例题 1-3 图

解:(1)各段轴力计算。用截面法得

$$F_{N1} = 20\ \text{kN}\ (拉), \qquad F_{N2} = 60\ \text{kN}\ (拉)$$

$$F_{N3} = -10\ \text{kN}\ (压), \qquad F_{N4} = 15\ \text{kN}\ (拉)$$

(2)画轴力图。根据上述计算结果选定比例尺画出轴力图,如图 1-6(f)所示。

初学者为体会截面法,可练习画出图 1-6(b)～图 1-6(e),以计算各截面的轴力。熟悉以后,可不画这些图,直接心算和作图。

1.3　轴向拉压杆横截面上一点的应力

拉压杆的失效与内力的大小有关,但内力的大小不能确切地反映一个构件的危险程度,对于不同截面尺寸的构件,其危险程度难以通过内力的数值来进行比较。例如,图 1-7 所示的两根材料相同而截面面积不同的杆件,在相同的拉力 F 作用下,两杆横截面上的内力相同,但两杆的危险程度却不同,显然细杆比粗杆更易于被拉断。因此,研究构件的强度问题只知道截面上的内力是不够的,还必须知道内力在杆截面上的分布情况。我们将截面上内力的分布集度称为应力。

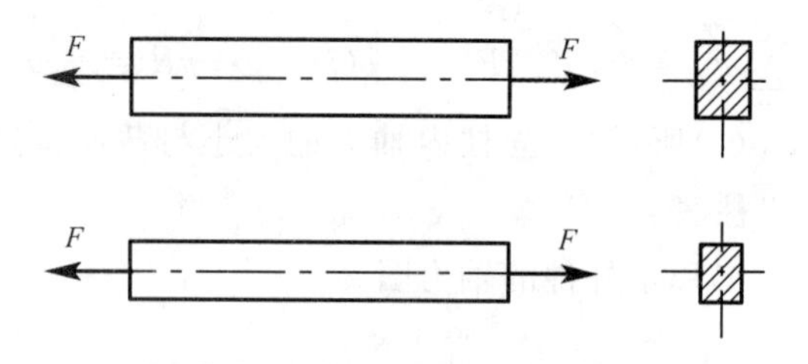

图 1-7

例如,图 1-8(a)所示某受力构件,1-1 截面上任一点 C 的应力定义为:包含点 C 取一微小面积 ΔA,设在 ΔA 上的分布内力的合力为 ΔF,则在 ΔA 面积上内力 ΔF 的平均集度为

$$p_{\mathrm{m}}=\frac{\Delta F}{\Delta A}$$

当 ΔA 趋于零时所得到的 p_{m} 的极限值就是点 C 的应力,即

$$p=\lim_{\Delta A\to 0}\frac{\Delta F}{\Delta A}=\frac{\mathrm{d}F}{\mathrm{d}A} \tag{1-1}$$

一点处的应力可以分解成两个应力分量:垂直于截面的分量称为正应力,用符号 σ 表示;与截面相切的分量称为切应力,用符号 τ 表示(图 1-8(b))。

应力的单位为帕斯卡(简称帕),符号为 Pa,1 Pa=1 N/m²。由于 Pa 的单位很小,通常用千帕(kPa)、兆帕(MPa)或吉帕(GPa)表示。1 kPa=10^3 Pa,1 MPa=10^6 Pa,1 GPa=10^9 Pa。

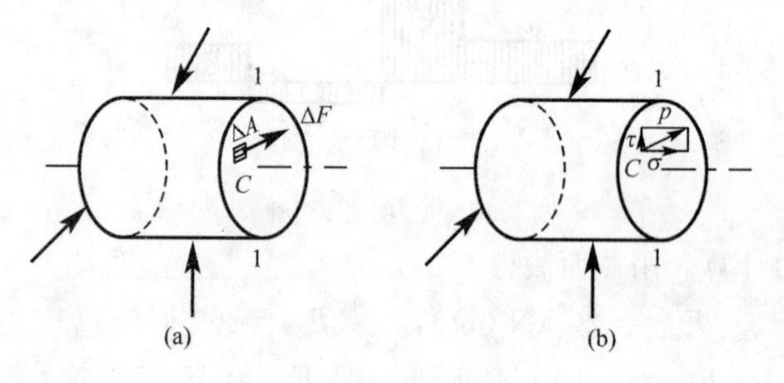

图 1-8

1.3.1 正应力

由拉压杆轴力和应力的概念可知,横截面上的轴力等于各点正应力沿整个截面积分。由于不知道正应力在截面上的变化规律,所以计算横截面各点正应力需要研究变形几何关系。为观察变形关系,加载前在杆件表面画若干条纵向线和横向线如图 1-9(a)所示。在杆件的两端分别加上均匀分布的合力为 F 的轴向拉力后,观察到变形后各纵向线仍为平行于轴线的直线,且都发生了伸长变形;各横向线仍为直线且与纵向线垂直,如图 1-9(b)所示,说明各纵向线的伸长量是相同的。根据上述现象,对杆件内部的变形作如下假设:变形后杆件的横截面仍保持为平面,且仍垂直于杆件轴线,每个横截面沿杆轴线方向发生了相对平移。这种变形前原是平面的横截面在变形后仍保持为平面,称为平面假设。

由平面假设可以推断,杆件任意两个横截面之间的所有纵向线段的伸长量相同,根据材料均匀性假设,各点变形相同时,受力也应相同。由此可知,横截面上各点应力相等,即轴向拉压杆件横截面上的正应力在横截面上是均匀分布的,如图 1-9(c)所示。

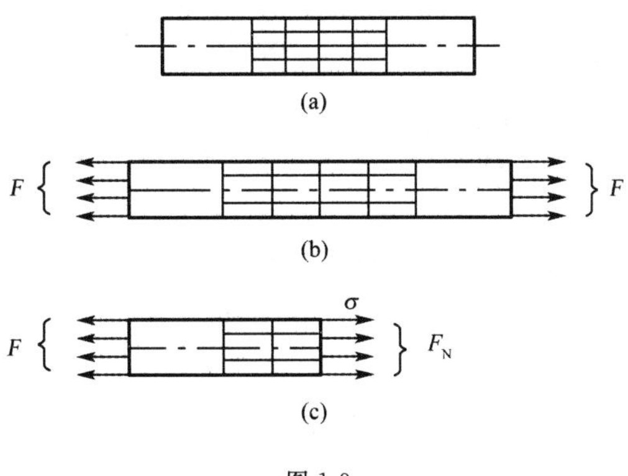

图 1-9

由静力学计算合力：$F_N = \int_A \sigma \mathrm{d}A = \sigma \int_A \mathrm{d}A = \sigma A$，则横截面上的正应力为

$$\sigma = \frac{F_N}{A} \tag{1-2}$$

正应力的正负号与轴力一致，即拉应力为正，压应力为负。

1.3.2　拉压杆斜截面上的应力

前面研究了拉压杆横截面上的正应力。实际上，杆内任一点不仅横截面上有应力，在其他方位的斜截面上也有应力。

图 1-10(a)所示杆件受轴向荷载 F 作用。现用一平面假想沿该杆的斜截面 1-1 截开，它与横截面 2-2 的夹角为 α 。取左段为隔离体(1-10(b))，可求出该截面上的轴力 $F_N = F$ 。由截面上各点纵向变形相同可知斜截面上各点应力相同，其大小为

$$p_\alpha = \frac{F_N}{A_\alpha} \tag{a}$$

式中，A_α 为斜截面面积。设横截面面积为 A，则有 $A_\alpha = \dfrac{A}{\cos\alpha}$，代入式(a)得

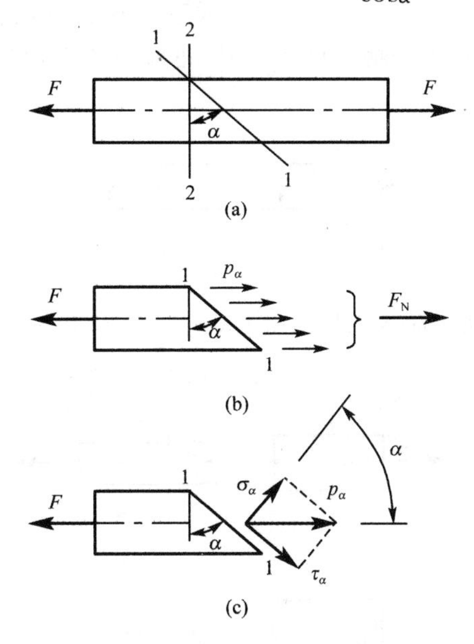

图 1-10

$$p_\alpha = \frac{F_N}{A}\cos\alpha$$

因为横截面上的正应力 $\sigma = \frac{F_N}{A}$，故有

$$p_\alpha = \sigma\cos\alpha \tag{1-3}$$

即斜截面上的应力 p_α 通过横截面上的正应力 σ 表达出来。

将此应力分解为垂直于斜截面的正应力 σ_α 和平行于斜截面的切应力 τ_α（图 1-10(c)），大小分别为

$$\begin{cases}\sigma_\alpha = p_\alpha\cos\alpha \\ \tau_\alpha = p_\alpha\sin\alpha\end{cases}$$

将式(1-3)代入上式，得

$$\begin{cases}\sigma_\alpha = \sigma\cos^2\alpha \\ \tau_\alpha = \sigma\cos\alpha\sin\alpha = \dfrac{\sigma}{2}\sin2\alpha\end{cases} \tag{1-4}$$

式(1-4)表明，在斜截面上既有垂直于截面的正应力 σ_α，又有与截面相切的切应力 τ_α。其值随斜截面的方位角 α 的变化而变化，都是 α 角的有界周期函数：

(1)$\alpha=0°$时，$\sigma_\alpha=\sigma_{\max}=\sigma$，即拉压杆内一点在过该点所有斜截面上的正应力值中，横截面上的正应力值最大；

(2) $\alpha=\pm45°$ 时，$|\tau_\alpha|=\tau_{\max}=\sigma/2$，即与横截面成$\pm45°$ 角的斜截面上的切应力值是所有过该点斜截面上切应力的最大值；

(3)$\alpha=90°$时，$\sigma_\alpha=0,\tau_\alpha=0$，即拉压杆纵向截面上无应力。

1.3.3 圣维南原理

如果作用在杆端的轴向荷载不是均匀分布的，外力作用点附近各截面的应力也是非均匀分布的。但圣维南原理指出，杆端外力的分布方式只显著影响杆端局部范围的应力分布，影响区的范围约等于杆的横向尺寸(图 1-11)。这一原理已被大量试验与计算所证实。如图 1-11 所示，当横截面距离力作用点大于横向尺寸 h 时，正应力趋于均匀分布。目前，圣维南原理的理论基础还在完善之中。

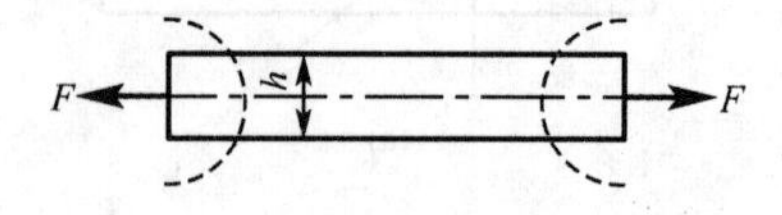

图 1-11

例题 1-4 图 1-12(a)所示阶梯形圆截面杆，已知 $D=20$ mm，$d=16$ mm，$P=8$ kN，试分别求两段杆的应力。

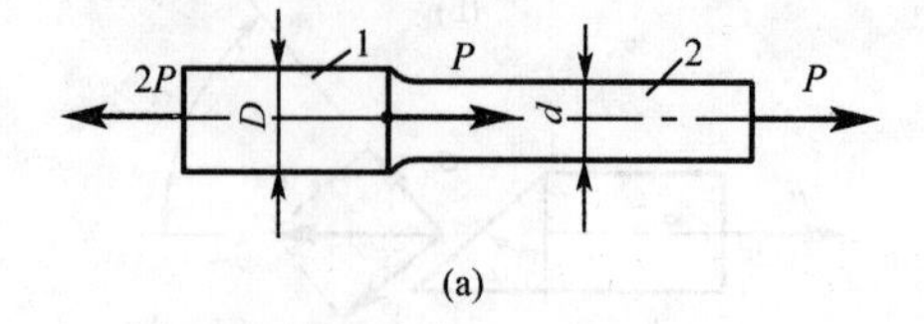

(a)

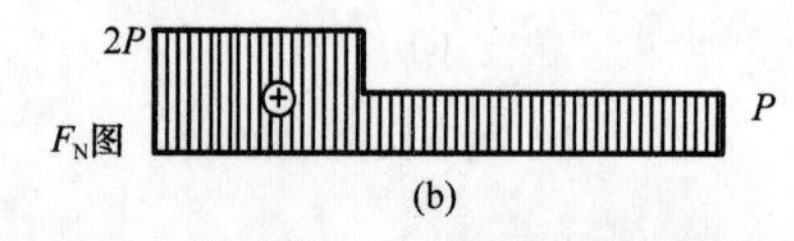

(b)

图 1-12 例题 1-4 图

解:(1)求各段杆的轴力,并画轴力图(图 1-12(b))

(2)分别计算出各段杆的应力值

$$\sigma_1=\frac{F_{N1}}{A_1}=\frac{2P\times4}{\pi D^2}=\frac{2\times8\times4\times10^3\ \text{N}}{3.14\times20^2\times10^{-6}\ \text{m}^2}=50.96\times10^6\ \text{Pa}=50.96\ \text{MPa}$$

$$\sigma_2=\frac{F_{N2}}{A_2}=\frac{P\times4}{\pi d^2}=\frac{8\times4\times10^3\ \text{N}}{3.14\times16^2\times10^{-6}\ \text{m}^2}=39.81\times10^6\ \text{Pa}=39.81\ \text{MPa}$$

例题 1-5　求图 1-13(a)所示立柱的最大正应力。

解:轴力图如图 1-13(b)所示,最大轴力在立柱底面,$F_{N,max}=-\rho l$,代入式(1-2),得

$$\sigma_{max}=\frac{F_{N,max}}{A}=-\frac{\rho l}{A}$$

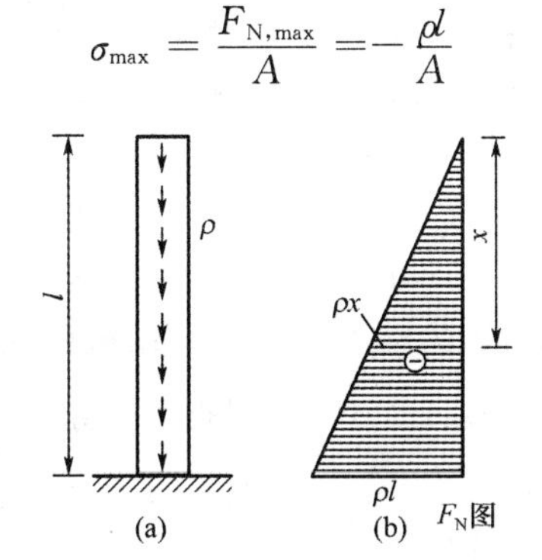

图 1-13　例题 1-5 图

例题 1-6　求图 1-14(a)、图 1-14(b)所示受内压的圆筒横截面的应力。圆筒内压 p、宽度 b、直径 d、厚度 t 均为已知。

解:(1)计算横截面的轴力。沿直径面假想将圆筒截开,取上部为隔离体,画受力图(图 1-14(c)),由平衡条件 $\sum F_y=0$ 得

$$2F_N=\int_0^{\frac{\pi d}{2}}pb\,\mathrm{d}s\cdot\sin\theta=\int_0^{\pi}pb\,\frac{d}{2}\mathrm{d}\theta\cdot\sin\theta=\int_0^{\pi}pb\,\frac{d}{2}\sin\theta\mathrm{d}\theta=bpd$$

(2)计算截面各点的应力。将上面的计算结果代入式(1-2)得

$$\sigma=\frac{F_N}{A}=\frac{pdb}{2tb}=\frac{pd}{2t}$$

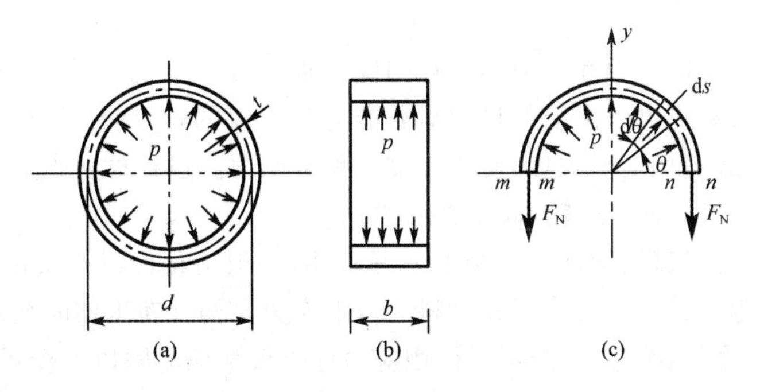

图 1-14　例题 1-6 图

例题 1-7　图 1-15(a)所示为一正方形截面的阶梯形砖柱,柱顶受轴向压力 F 作用。上段柱重为 W_1,下段柱重为 W_2。已知各力大小为 $F=15$ kN,$W_1=2.5$ kN,$W_2=10$ kN,柱长 $l=3$ m,截面尺寸单位为 mm。求上、下段柱底截面 1-1 和 2-2 上的应力。

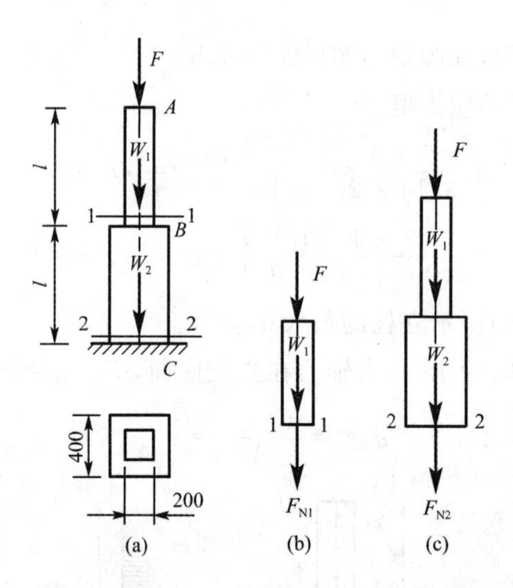

图 1-15　例题 1-7 图

解:(1)分别计算截面 1-1 和 2-2 的轴力。首先运用截面法,假想用平面在截面 1-1 和 2-2 处截开,取上部为隔离体(图 1-15(b)、1-15(c)),根据平衡条件 $\sum F_y = 0$ 可求得

截面 1-1:$F_{N1} + F + W_1 = 0$

$$F_{N1} = -15\ \text{kN} - 2.5\ \text{kN} = -17.5\ \text{kN}\ (\text{压力})$$

截面 2-2:$F_{N2} + F + W_1 + W_2 = 0$

$$F_{N2} = -15\ \text{kN} - 2.5\ \text{kN} - 10\text{kN} = -27.5\ \text{kN}\ (\text{压力})$$

(2)计算应力。将上述计算结果代入式(1-2),得

截面 1-1:$\sigma_1 = \dfrac{F_{N1}}{A_1} = \dfrac{-17.5 \times 10^3\ \text{N}}{0.2 \times 0.2\ \text{m}^2} = -0.438 \times 10^6\ \text{Pa} = -0.438\ \text{MPa}$ (压应力)

截面 2-2:$\sigma_2 = \dfrac{F_{N2}}{A_2} = \dfrac{-27.5 \times 10^3\ \text{N}}{0.4 \times 0.4\ \text{m}^2} = -0.172 \times 10^6\ \text{Pa} = -0.172\ \text{MPa}$ (压应力)

1.4　轴向拉压杆的强度条件

前面研究了拉压杆的内力和应力的计算问题。根据杆件受到的外力,由静力学平衡关系可算出截面上的内力和应力。由于材料的承载能力是有限的,当构件中最大应力超过此极限时,构件将发生断裂或塑性变形破坏,使构件丧失承载能力。这种材料丧失工作能力时的应力称为材料的极限应力,以符号 σ_u 表示,其值由试验确定。

在设计构件时,为了保证构件的安全性和可靠性,必须给构件以必要的安全储备,使构件在荷载作用下所引起的最大应力小于其材料的极限应力。构件在工作时允许承受的最大工作应力,称之为许用应力,以符号[σ]表示。许用应力等于极限应力除以安全系数 n,即

$$[\sigma] = \frac{\sigma_u}{n} \tag{1-5}$$

式中,n 是一个大于 1 的系数。一般来说,确定安全系数时应考虑以下几个方面的因素:(1)实际荷载与设计荷载的差别;(2)材料性质的不均匀性;(3)计算结果的近似性;(4)施工、制造和使用时的条件影响等。安全系数的确定涉及工程各个方面,安全系数的取值决定结构的可靠

性和经济性，在实际结构设计中，可查阅相关规范确定安全系数取值。

表 1-1 中列出了几种常用材料的许用应力值。

表 1-1　几种常用材料的许用应力值

材料名称	牌号	许用拉应力/MPa	许用压应力/MPa
低碳钢	Q235 钢	170	170
低合金钢	Q345 钢	230	230
木材(顺纹)		8～16	6～12
灰口铸铁		34～54	160～200

轴向拉压杆要满足强度要求，就必须保证杆件的最大工作应力不超过材料的许用应力，即

$$\sigma_{\max} \leqslant [\sigma] \tag{1-6}$$

对于等截面杆，式(1-6)可写成

$$\sigma_{\max} = \frac{F_{\mathrm{N,max}}}{A} \leqslant [\sigma] \tag{1-7}$$

式(1-6)和式(1-7)为拉压杆的强度条件。

根据强度条件式(1-7)，可以解决工程实际中有关强度计算的三类问题：

(1)强度校核

已知杆件所受的荷载，杆件尺寸及材料的许用应力，根据式(1-7)校核该杆件是否满足强度要求。

(2)截面选择

已知杆件所受的荷载及材料的许用应力，可用式(1-8)确定杆件所需的最小横截面面积

$$A \geqslant \frac{F_{\mathrm{N,max}}}{[\sigma]} \tag{1-8}$$

(3)确定许用荷载

已知杆件的横截面面积及材料的许用应力，确定许用荷载。先用式(1-9)确定最大许用轴力

$$F_{\mathrm{N,max}} \leqslant [\sigma]A \tag{1-9}$$

然后可根据许用轴力计算出许用荷载。

例题 1-8　如图 1-16(a)所示二杆桁架中，钢杆 AB 许用应力 $[\sigma]_1=160$ MPa，横截面面积 $A_1=600\ \mathrm{mm}^2$；木杆 AC 许用压应力 $[\sigma]_2=7$ MPa，横截面面积 $A_2=10\ 000\ \mathrm{mm}^2$，如果荷载 $F=40$ kN，试校核此结构强度。

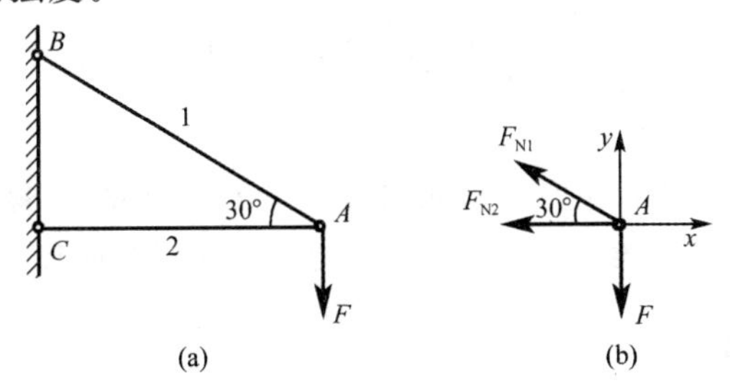

图 1-16　例题 1-8 图

解：(1)各杆内力计算。两杆均为二力杆，因此内力只有轴力。选结点 A 为研究对象，进行受力分析(图 1-16(b))，轴力均假设为拉力，由平衡方程

$$\sum F_y = 0,\quad F_{\mathrm{N1}}\sin30^\circ - F = 0$$

$$F_{\mathrm{N1}} = \frac{F}{\sin30^\circ} = \frac{40\ \mathrm{kN}}{0.5} = 80\ \mathrm{kN}\ (拉)$$

$$\sum F_x = 0, \quad -F_{N1}\cos 30° - F_{N2} = 0$$

$$F_{N2} = -F_{N1}\cos 30° = -80\ \text{kN} \times 0.866 = -69.3\ \text{kN}\ (压)$$

(2)强度校核

$$AB 杆:\sigma_1 = \frac{F_{N1}}{A_1} = \frac{80 \times 10^3\ \text{N}}{600 \times 10^{-6}\ \text{m}^2} = 133 \times 10^6\ \text{Pa} = 133\ \text{MPa} < [\sigma]_1$$

$$AC 杆:\sigma_2 = \frac{F_{N2}}{A_2} = \frac{69.3 \times 10^3\ \text{N}}{10\ 000 \times 10^{-6}\ \text{m}^2} = 6.93 \times 10^6\ \text{Pa} = 6.93\ \text{MPa} < [\sigma]_2$$

可见,两杆均满足强度条件。

例题 1-9 跨度 $l=18$ m 的三铰拱屋架的结构简图如图 1-17(a)所示,屋架上承受均布荷载作用,集度 $q=16.90$ kN/m。E 处为铰链,C、D 两处用拉杆连接。已知 CD 杆为圆截面 Q235 钢杆,许用应力$[\sigma]=160$ MPa。试设计 CD 杆的直径。

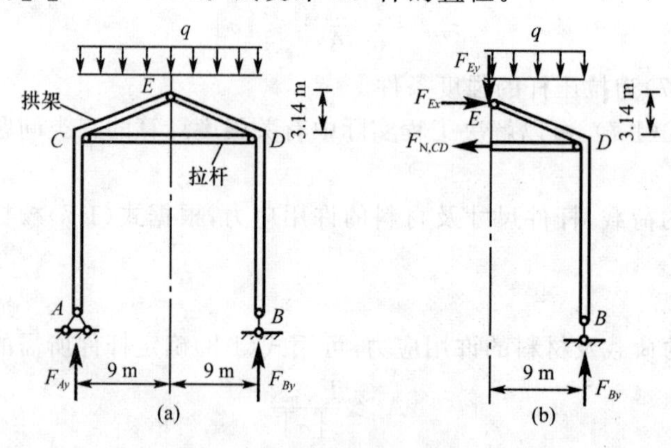

图 1-17 例题 1-9 图

解:(1)以整体为研究对象,根据结构的对称性计算约束力(图 1-17(a))。

$$\sum F_y=0, \quad F_{Ay}=F_{By}=q\times 9\ \text{m}=16.90\ \text{kN/m}\times 9\ \text{m}=152.1\ \text{kN}$$

(2)从对称轴处截开,取右侧为隔离体(图 1-17(b)),计算 CD 杆的轴力。

$$\sum M_E = 0, \quad F_{By} \times 9\ \text{m} - q \times 9\ \text{m} \times 4.5\ \text{m} - F_{N,CD} \times 3.14\ \text{m} = 0, \quad F_{N,CD} = 218\ \text{kN}$$

(3)设计 CD 杆的直径。由强度条件 $\frac{F_{N,CD}}{A} \leqslant [\sigma]$,$CD$ 杆的面积 $A = \frac{\pi d^2}{4}$ 代入,得

$$d \geqslant \sqrt{\frac{4F_{N,CD}}{\pi[\sigma]}} = \sqrt{\frac{4 \times 218 \times 10^3\ \text{N}}{3.14 \times 160 \times 10^6\ \text{Pa}}} = 41.66 \times 10^{-3}\ \text{m} = 41.66\ \text{mm}$$

由此取 CD 杆的直径为 42 mm。

例题 1-10 图 1-18(a)所示吊车中滑轮可在横梁 CD 上移动,最大起重量为 $F = 20$ kN,斜杆 AB 拟由两根相同的等边角钢组成,许用应力 $[\sigma] = 140$ MPa,试选择角钢型号。

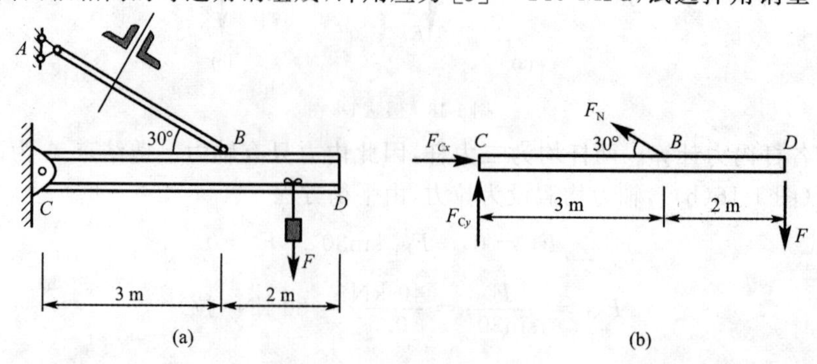

图 1-18 例题 1-10 图

解：当吊车位于 D 点时斜杆 AB 轴力最大，选 CD 杆为研究对象，作受力图，如图 1-18(b)所示。

(1)内力计算。由平衡方程

$$\sum M_C = 0, \qquad 3F_N \sin 30° - 5F = 0$$

$$F_N = \frac{5F}{3\sin 30°} = \frac{5 \times 20 \text{ kN}}{3 \times 0.5} = 66.7 \text{ kN (拉)}$$

(2)选择角钢型号。每根角钢的轴力为 $F_N/2$，由式(1-8)，求出每根角钢的横截面面积 A，即

$$A \geqslant \frac{F_N}{2[\sigma]} = \frac{66.7 \times 10^3 \text{ N}}{2 \times 140 \times 10^6 \text{ Pa}} = 2.382 \times 10^{-4} \text{ m}^2 = 2.382 \text{ cm}^2$$

由型钢表查得 40×40×3 等边角钢的横截面面积 $A_1 = 2.359 \text{ cm}^2$，比较接近所需数值，若选用该种型号角钢，则有

$$\sigma = \frac{F_N}{2A_1} = \frac{66.7 \times 10^3 \text{ N}}{2 \times 2.359 \times 10^{-4} \text{ m}^2} = 1.41 \times 10^8 \text{ Pa} = 141 \text{ MPa}$$

此时应力超过 $[\sigma]$ 小于 1%，仍可看作满足强度条件，因此，可选用两根 40×40×3 角钢。

例题 1-11　图 1-19(a)所示结构中，AC、BC 两杆均为钢杆，许用应力为 $[\sigma] = 115$ MPa，横截面面积分别为 $A_1 = 200 \text{ mm}^2$，$A_2 = 150 \text{ mm}^2$，结点 C 处悬挂重物 P，试求此结构的许用荷载 $[P]$。

解：(1)内力计算。选结点 C 为研究对象，画受力图(图 1-19(b))，由平衡方程

$$\sum F_x = 0, \quad -F_{N1} \sin 30° + F_{N2} \sin 45° = 0$$

$$\sum F_y = 0, \quad F_{N1} \cos 30° + F_{N2} \cos 45° - P = 0$$

解得

$$F_{N1} = 0.732P \text{ (拉)}, \qquad F_{N2} = 0.518P \text{ (拉)}$$

(2)求许用荷载 $[P]$。由 1 杆的强度条件

$$\frac{F_{N1}}{A_1} = \frac{0.732P}{A_1} \leqslant [\sigma]$$

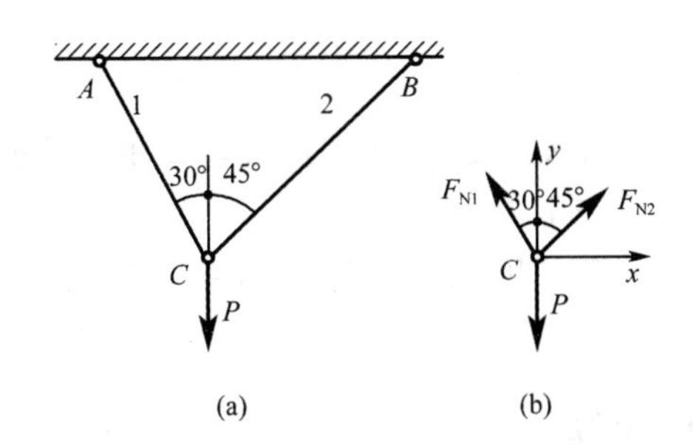

图 1-19　例题 1-11 图

解得

$$P_1 \leqslant \frac{A_1[\sigma]}{0.732} = \frac{200 \times 10^{-6} \text{ m}^2 \times 115 \times 10^6 \text{ Pa}}{0.732} = 31.4 \times 10^3 \text{ N} = 31.4 \text{ kN}$$

由 2 杆的强度条件

$$\frac{F_{N2}}{A_2} = \frac{0.518P}{A_2} \leqslant [\sigma]$$

解得

$$P_2 \leqslant \frac{A_2[\sigma]}{0.518} = \frac{150 \times 10^{-6}\ \text{m}^2 \times 115 \times 10^6\ \text{Pa}}{0.518} = 3.33 \times 10^4\ \text{N} = 33.3\ \text{kN}$$

比较后取两者中的小值：$[P] = 31.4\ \text{kN}$。

1.5 轴向拉压杆的变形

杆件在轴向拉力或压力的作用下，变形的主要特征是纵向伸长或缩短，与此同时，其横向尺寸也会随之缩小或增大。本节主要讨论拉压杆的变形的计算。

1.5.1 应变 线应变

设杆件原长为 l，变形后杆件长度为 l'(图 1-20)，则杆件的长度改变量为

$$\Delta l = l' - l \tag{1-10}$$

Δl 是杆件的绝对变形。当杆件伸长，$l' > l$，则 Δl 是正值(图 1-20(a))；当杆件缩短，$l' < l$，则 Δl 是负值(图 1-20(b))。Δl 的单位为 m 或 mm。

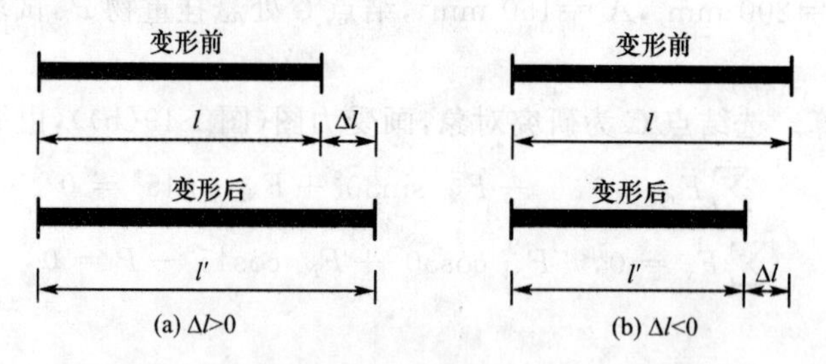

图 1-20

由实践得知，杆件的纵向变形量随着外部作用力的增大而增大，且如果杆件的原长越长，其他条件不变，线变形 Δl 也越大。由于变形量实际上是杆件各部分变形的总和，它不能确切地反映杆件变形的程度。因此，通常用杆件单位长度的变形 ε 来反映杆件变形的程度，即

$$\varepsilon = \frac{\Delta l}{l} \tag{1-11}$$

式中，ε 表示杆件的相对变形，称为**线应变**，它表示原线段每单位长度内的线变形，又称为轴向线应变，是一个量纲为 1 的量，可表示为百分率。

线应变 ε 的正负号与 Δl 一致。因 Δl 伸长为正，缩短为负，所以：拉应变为正，压应变为负。

1.5.2 拉压杆的变形计算

试验证明(参见 1.6 节)，大多数工程材料在受力不超过弹性范围时，其横截面上正应力和轴向线应变成正比。材料受力后其应力与应变之间的这种比例关系，称为**胡克定律**，其表达式为

$$\frac{\sigma}{\varepsilon} = E \tag{1-12}$$

式中的比例常数 E 是反映材料在弹性变形阶段抵抗变形能力的一个量，称为**弹性模量**，其值随材料而异，由试验测定。其单位与应力单位相同，为 MPa 或 GPa。

根据平面假设，在拉压杆内，横截面上各点的纵向变形完全相同。各点的线应变为

$$\varepsilon = \frac{\sigma}{E} \tag{a}$$

将式(1-2)和式(1-11)带入式(a)，得

$$\Delta l = \frac{F_N l}{EA} \tag{1-13}$$

由式(1-13)可知，拉压杆轴向变形 Δl 与轴力 F_N 和杆长 l 成正比，与材料的弹性模量 E 和截面面积 A 成反比。EA 的乘积越大，轴向变形 Δl 越小，所以，EA 反映了杆件抵抗变形的能力，称为拉压杆的**拉压刚度**。

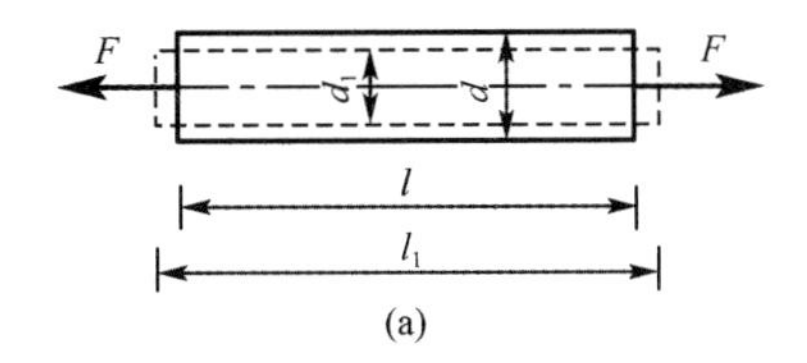

(a)

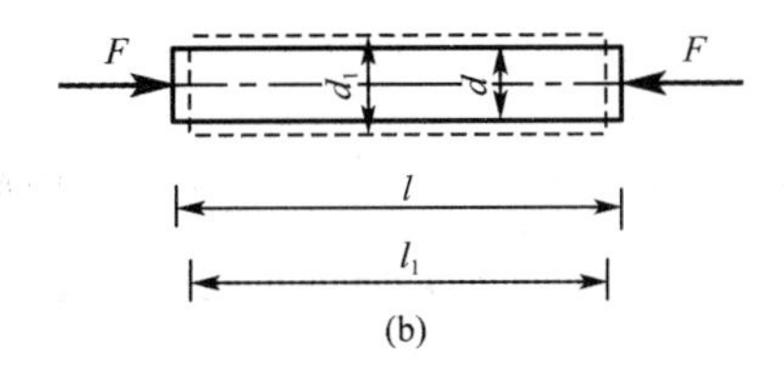

(b)

图 1-21

由试验知，当杆件受拉(压)力作用而沿轴向伸长(缩短)的同时，其横截面的尺寸必伴随有横向缩小(增大)。图 1-21 所示拉(压)杆，拉(压)前横向尺寸为 d，拉(压)后为 d_1，则横向变形为

$$\Delta d = d_1 - d \tag{1-14}$$

横向变形与横向原始尺寸之比称作**横向线应变**，以符号 ε' 表示，即

$$\varepsilon' = \frac{\Delta d}{d} \tag{1-15}$$

显然，杆件拉伸时横向尺寸缩小，故 Δd 和 ε' 皆为负值；

反之，当杆件压缩时，则 Δd 和 ε' 皆为正值。

当杆件内的工作应力不超过弹性变形范围时，横向线应变 ε' 与轴向线应变 ε 的比值的绝对值是一个常数。此比值称为**泊松比**或横向变形系数，常用 μ 来表示，即

$$\mu = \left|\frac{\varepsilon'}{\varepsilon}\right| \tag{1-16a}$$

$$\varepsilon' = -\mu\varepsilon \tag{1-16b}$$

式中，μ 值是一个量纲为 1 的量，其值随材料而异。

弹性模量 E 和泊松比 μ 都是表征材料性质的常量，其值均由试验测定。在结构设计手册中均可查到。

应力和应变是两个重要的力学量。应力描述物体受力状态，应变描述物体变形状态，应力与应变之间的关系对描述材料的力学性能起着非常重要的作用。

例题 1-12　如图 1-22(a)所示，杆同时受到 $P_1 = P$ 和 $P_2 = 2P$ 的作用，已知杆的横截面积 A、弹性模量 E，试求杆的总变形。

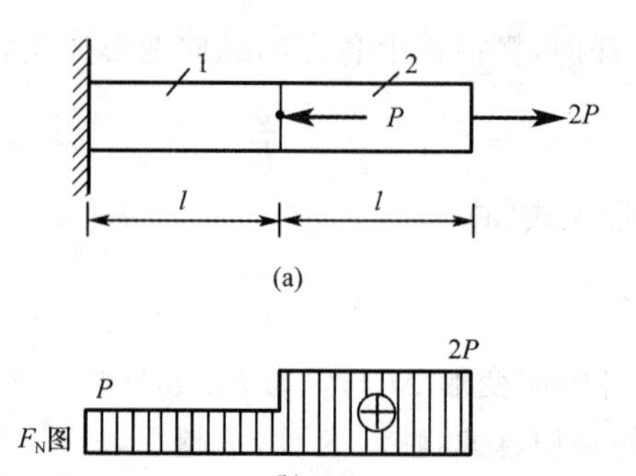

图 1-22　例题 1-12 图

解:(1)画轴力图(图 1-22(b))。

(2)分段求解变形

第一段:$\Delta l_1 = \dfrac{F_{N1} l}{EA} = \dfrac{Pl}{EA}$(伸长)

第二段:$\Delta l_2 = \dfrac{F_{N2} l}{EA} = \dfrac{2Pl}{EA}$(伸长)

总变形:$\Delta l = \Delta l_1 + \Delta l_2 = \dfrac{Pl}{EA} + \dfrac{2Pl}{EA} = \dfrac{3Pl}{EA}$(伸长)

例题 1-13　图 1-23(a)所示杆受集度为 p 的均布荷载作用,已知杆的横截面积 A、弹性模量 E,试求杆的变形。

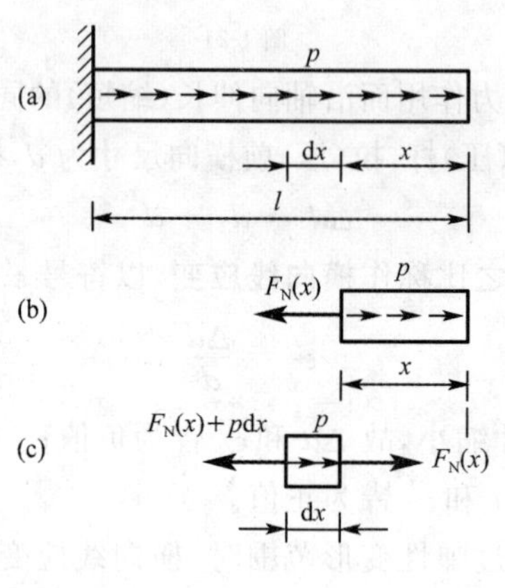

图 1-23　例题 1-13 图

解:(1)计算轴力(图 1-23(b))

$$F_N(x) = px$$

(2)计算杆元的伸长(图 1-23(c))

$$\Delta(\mathrm{d}x) = \frac{F_N(x)}{EA}\mathrm{d}x$$

(3)计算总伸长

$$\Delta l = \int_0^l \frac{F_N(x)}{EA}\mathrm{d}x = \frac{1}{EA}\int_0^l px\,\mathrm{d}x = \frac{pl^2}{2EA}$$

例题 1-14　图 1-24(a)所示桁架,试确定荷载 P 引起的 BC 杆的变形。已知 $P=40$ kN,$a=400$ mm,$b=300$ mm,$E=200$ GPa,$A=150$ mm^2。

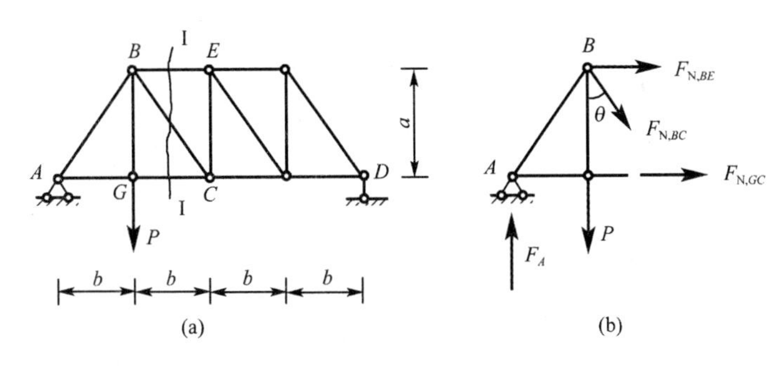

图 1-24　例题 1-14 图

解：(1)以桁架整体为研究对象，求支反力。

$$\sum M_D = 0, \qquad P \cdot 3b - F_A \cdot 4b = 0$$

$$F_A = \frac{3}{4}P$$

(2)用截面法求解杆 BC 的内力，从Ⅰ-Ⅰ处将桁架截开，取左半部分为隔离体，画受力图(图 1-24(b))

$$\sum F_y = 0, \qquad F_A - P - F_{N,BC}\cos\theta = 0, \qquad \cos\theta = \frac{4}{5}$$

$$F_{N,BC} = -\frac{5}{16}P = -12.5 \text{ kN}$$

(2)计算 BC 杆的变形

$$\Delta l_{BC} = \frac{F_{N,BC}l_{BC}}{EA} = -\frac{12.5\times10^3 \text{ N}\times500\times10^{-3} \text{ m}}{200\times10^9 \text{ Pa}\times150 \text{ mm}\times10^{-6} \text{ m}^2} = -0.208\times10^{-3} \text{ m} = -0.208 \text{ mm(缩短)}$$

例题 1-15　求图 1-25(a)所示阶梯状圆截面钢杆的轴向变形，(尺寸单位 mm)钢的弹性模量 $E=200$ GPa。

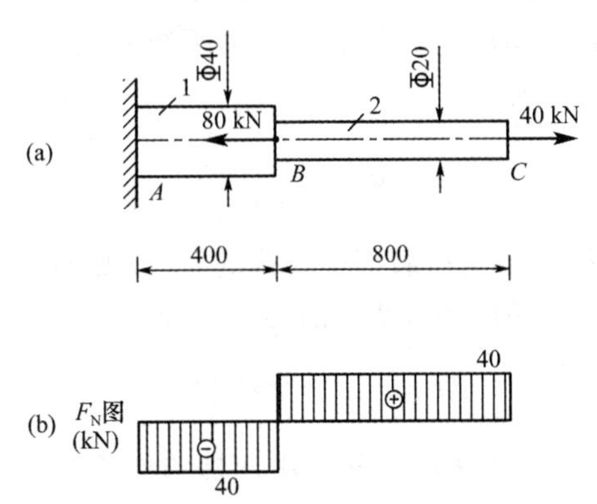

图 1-25　例题 1-15 图

解：(1)内力计算。作杆的轴力图(图 1-25(b))

$$F_{N1} = -40 \text{ kN(压)}, \qquad F_{N2} = 40 \text{ kN (拉)}$$

(2)各杆变形计算。1、2 段的轴力 F_{N1}、F_{N2}，横截面面积 A_1、A_2，长度 l_1、l_2 均不相同，故分段计算变形。

AB 段：

$$\Delta l_1=\frac{F_{N1}l_1}{EA_1}=\frac{-40\times10^3\ \text{N}\times400\times10^{-3}\ \text{m}}{200\times10^9\ \text{Pa}\times\frac{\pi}{4}\times40^2\times10^{-6}\ \text{m}^2}=-0.064\times10^{-3}\ \text{m}=-0.064\ \text{mm}(缩短)$$

BC段：

$$\Delta l_2=\frac{F_{N2}l_2}{EA_2}=\frac{40\times10^3\ \text{N}\times800\times10^{-3}\ \text{m}}{200\times10^9\ \text{Pa}\times\frac{\pi}{4}\times20^2\times10^{-6}\ \text{m}^2}=0.509\times10^{-3}\ \text{m}=0.509\ \text{mm}(伸长)$$

(3)总变形计算

$$\Delta l=\Delta l_1+\Delta l_2=-0.064\ \text{mm}+0.509\ \text{mm}=0.45\ \text{mm}$$

计算结果表明AB段缩短0.064 mm，BC段伸长0.509 mm，全杆伸长0.45 mm。

例题 1-16 图1-26(a)所示结构中AB、AC两杆完全相同，结点A作用有铅垂荷载F，设两杆长度l、横截面面积A、弹性模量E及杆与铅垂线夹角α均为已知，求结点A的铅垂位移w_A。

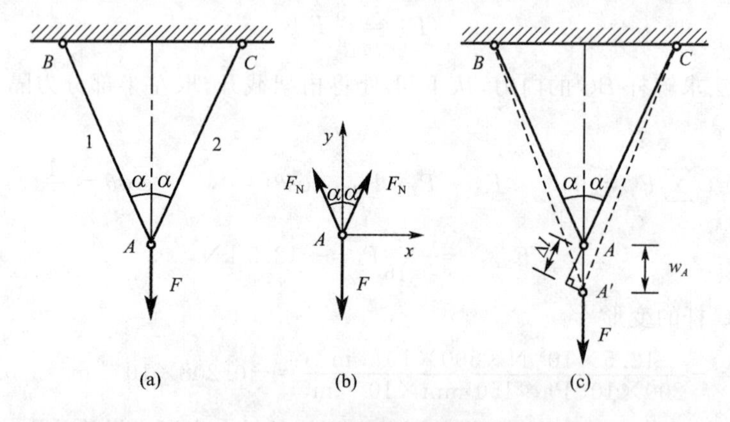

图1-26 例题1-16图

解：(1)内力计算。设两杆的轴力F_N为拉力，这与伸长的假设相对应，同时由对称性可知两杆的轴力相同。研究图1-26(b)结点A的平衡，列平衡方程

$$\sum F_y=0,\quad 2F_N\cos\alpha-F=0$$

$$F_N=\frac{F}{2\cos\alpha} \tag{a}$$

(2)各杆变形计算。由于结构与荷载都是对称的，所以变形后结点A仍位于对称面内，可设向下位移至A'点，如图1-26(c)所示，两杆的伸长量为

$$\Delta l=\frac{F_N l}{EA}=\frac{Fl}{2EA\cos\alpha} \tag{b}$$

(3)结点A的位移计算。结点A的位移是由两杆的伸长变形引起的，若A点位移后的位置为A'，则由变形协调关系，A'点应为分别以B、C点为圆心，以AB、AC杆变形后长度为半径的圆弧线的交点，但由于变形微小，因而可以用切线代替上述圆弧线，即从两杆伸长后的杆端分别作各杆的垂线，两垂线的交点就是A'点(图1-26(c))，不难看出

$$w_A=\frac{\Delta l}{\cos\alpha} \tag{c}$$

将式(b)代入式(c)后，结点A的位移为

$$w_A=\frac{\Delta l}{\cos\alpha}=\frac{Fl}{2EA\cos^2\alpha}(\downarrow)$$

结果为正，说明A点的位移方向与假设相同，即向下。

1.6　材料在拉伸和压缩时的力学性质

1.6.1　拉压试验简介

工程材料在外力作用下表现出强度和变形等方面的一些特性称为材料的力学性能或机械性能。研究材料的力学性能是建立强度条件和变形计算不可缺少的方面。前面提及的极限应力、弹性模量和泊松比等均属于材料在强度与变形方面的力学性能参数。材料在轴向拉伸和压缩时的力学性能是在万能试验机上测定的，称为拉伸试验和压缩试验。试验在常温下进行，加载方式为静荷载，即荷载值从零开始，缓慢增加，直至所测数值。试验机自动记录加载及试件变形情况。

为了得出可靠且可以比较的试验结果，被测试材料一般要制成标准试件。拉伸试件常做成圆形截面和矩形截面两种(图 1-27(a)、图 1-27(b))。为了能比较不同粗细的试件在拉断后工作段的变形程度，规定标距 l 等于截面直径 d 的 10 倍或 5 倍，即 $l=10d$ 或 $l=5d$，称为"10 倍试件"或"5 倍试件"。当试件为矩形截面时，相应的标距 l 与截面积 A 之比分别为 $l=11.3\sqrt{A}$ 或 $l=5.65\sqrt{A}$ 。

压缩试件通常采用圆截面或方截面的短柱体(图 1-28(a)、图 1-28(b))，为了避免试件在试验过程中丧失稳定。其长度 l 与横截面直径 d 或边长 b 的比值一般规定为 1～3。金属材料的压缩试件一般做成短圆柱体(长度为直径的 1.5～3 倍)，混凝土压缩试件通常做成正方体或棱柱体。

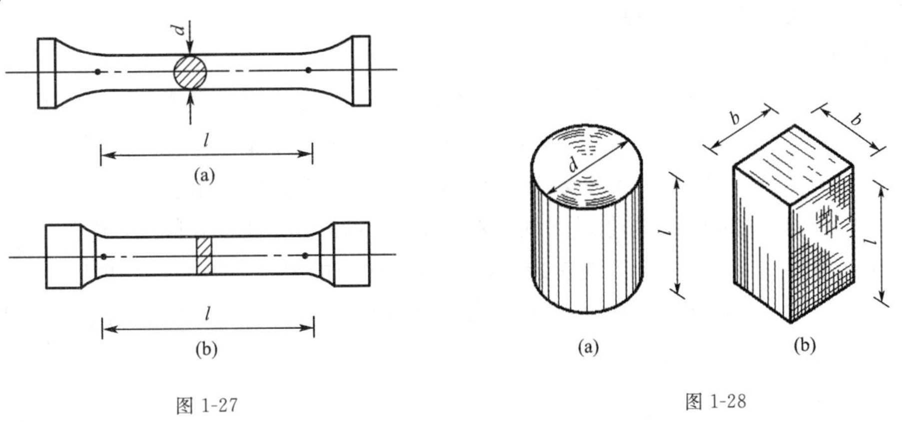

图 1-27　　图 1-28

1.6.2　低碳钢材料的拉伸　压缩图

1. 低碳钢拉伸时的力学性质

低碳钢是软钢的一种，其含碳量不超过 0.25%(质量分数)，是工程中应用最广泛的一种金属材料。低碳钢在拉伸试验中所表现出的力学性能比较全面、典型地反映塑性材料的力学性能。

将标准试件夹在万能试验机上，缓慢加载，直至拉断。在试件拉伸的全过程中，计算机将每一瞬间的拉力 F 和试件的绝对伸长 Δl 记录下来，并以拉力 F 为纵坐标，以 Δl 为横坐标，将

F 与 Δl 的关系按一定比例绘制成曲线，称为拉伸图（图 1-29）。试件尺寸不同，会引起拉伸数据不同，为了消除试件的尺寸效应，将图中纵坐标拉力 F 除以试件的原始截面面积 A，得名义正应力 $\sigma=\dfrac{F}{A}$；将拉伸图中的横坐标伸长量 Δl 除以试件标距 l，得名义线应变 $\varepsilon=\dfrac{\Delta l}{l}$。坐标变换后的曲线称为低碳钢材料的应力-应变图（图 1-30）。

低碳钢拉伸过程可分为以下四个阶段（图 1-30）：

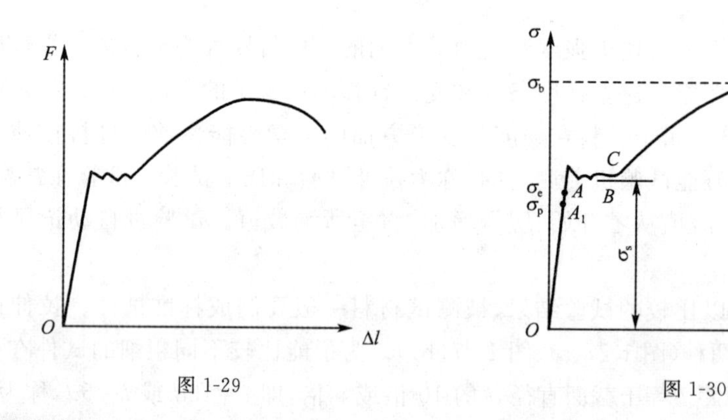

图 1-29　　图 1-30

(1)弹性阶段

试件在 OA 段的变形完全是弹性变形，称为弹性阶段，该阶段最高点 A 对应的应力 σ_e 称为材料的**弹性极限**。在弹性阶段内，应力、应变符合胡克定律，比例关系的最高点 A_1 对应的应力 σ_p 称为**比例极限**。一般 σ_e 和 σ_p 数值上很接近，通常不加区别，低碳钢的比例极限 $\sigma_p=200\sim210$ MPa。当材料的应力小于比例极限时，材料应力、应变成线性关系，即

$$\sigma=E\varepsilon \tag{1-17}$$

称为单向拉压状态下的**胡克定律**。

(2)屈服阶段

当试件内的应力超过弹性极限后，随着荷载的增加，应力在微小的范围内上、下波动，应变急剧增大，这种现象称为屈服或流动，该阶段的材料暂时失去了抵抗变形的能力。称 σ-ε 图中该阶段应力的最低点 B 为**屈服极限**或流动极限，用 σ_s 表示。Q235 钢的 $\sigma_s\approx235$ MPa 。

当材料屈服时，在试件表面可观测到一些与轴线约呈 45° 角的滑移线（图 1-31）。这是材料晶粒间相互滑移所至，滑移线出现在最大切应力所在面的方位，是由最大切应力引起的。在屈服阶段材料产生显著的塑性变形，在工程结构通常加以限制，因此屈服极限 σ_s 是低碳钢这类材料的一个重要强度指标。

(3)强化阶段

经过屈服阶段后，材料的内部结构得到了重新调整，抵抗变形的能力又有所恢复，表现为应力-应变曲线自 C 点开始又继续上升，直到最高点 D 为止，这一现象称为强化，这一阶段称为强化阶段。强化阶段试件明显变细，变形包括弹性变形和塑性变形。最高点 D 对应的应力称为材料的**强度极限**，用 σ_b 表示。Q235 钢的 $\sigma_b=375\sim460$ MPa 。

自强化阶段的某一位置（如图 1-32 中的 m 点）开始卸载，则应力-应变曲线沿直线 $\overline{mn}$ 变化，卸载过程 $\overline{mn}$ 基本上与加载过程 $\overline{OA}$ 平行，当完全卸载后，试件内的应变为 $\overline{On}$，已知卸载开始时的应变为

$$\overline{Ok}=\overline{nk}+\overline{On}$$

式中，$\overline{nk}$ 部分是弹性应变；$\overline{On}$ 部分是塑性应变。

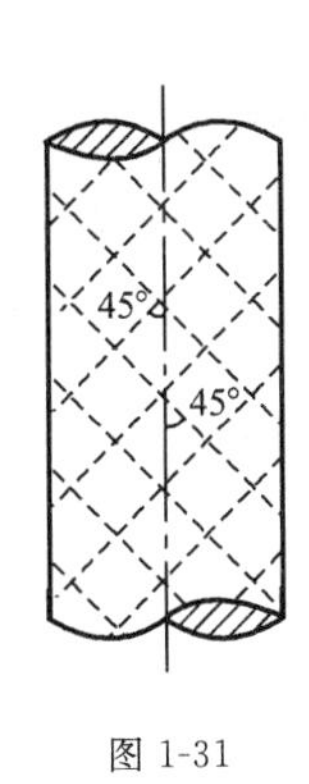

图 1-31

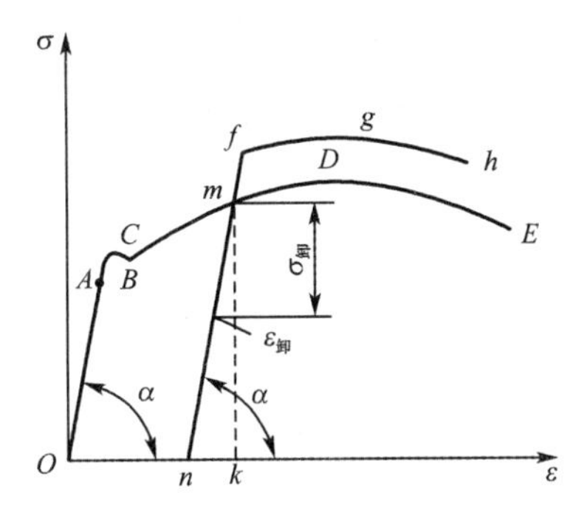

图 1-32

在卸载过程中，卸去的应力和卸去的应变成正比，即

$$\sigma_{卸} = E\varepsilon_{卸} \tag{1-18}$$

称为卸载定律。式中的比例常数 E 为弹性阶段的弹性模量，即

$$E = \sigma_{卸} / \varepsilon_{卸} = \sigma / \varepsilon = \tan\alpha$$

当首次卸载完毕，若立即进行第二次加载，则应力-应变曲线沿 $\overline{nm}$ 变化，到 m 点后即折向 $\overset{\frown}{mDE}$ 发展，与没经过卸载过程一样。在第二次加载中，弹性极限提高到 σ_m 。这种不经热处理，只是冷拉到强化阶段后卸载，以提高材料弹性极限的方法，称为**冷作硬化**。应该指出，冷作硬化虽然提高了强度极限，但塑性应变减少了 $\overline{On}$，即变形能力降低了。

若在第一次卸载后让试件“休息”几天，再重新加载，这时的应力-应变曲线将沿 nf-gh 发展，获得了更高的强度指标。这种现象称为**冷拉时效**。在建筑工程中对钢筋的冷拉，就是利用了这个原理。如果在卸载后对材料加以温和的热处理，还可以大大缩短提高强度的时间，而且不需要再“休息”。

还应指出，钢筋冷拉后其抗压强度指标并未提高，所以在钢筋混凝土构件中，受压钢筋不需要经过冷拉处理。另外，冷拉后钢筋提高的强度在短时间内是不稳定的，一般要在常温下放置两三周才能使用。还应注意，钢筋冷拉后塑性下降，即脆性增加，这对于承受冲击荷载和振动荷载作用的构件是不利的。因此，对于水泵基础、吊车梁和钢筋混凝土构件，一般不宜用冷拉钢筋。

(4)颈缩阶段

过 D 点以后，试件中某一局部范围急剧变细，收缩成颈，这一现象称为颈缩现象，如图 1-33 所示。由于颈缩部分横截面面积迅速减小，试件对变形的抗力也随之不断减小，名义应力降低，应力-应变图呈下降曲线，到 E 点时试件在横截面最小处拉断(图 1-32)。

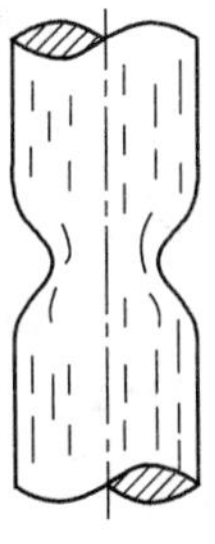

工程中通常用试件拉断时的塑性变形的大小来衡量材料的塑性，塑性指标一般有以下两种：

图 1-33

①断后伸长率 δ 。以试件断裂后的相对伸长率来表示，即

$$\delta = \frac{l_1 - l}{l} \times 100\% \tag{1-19}$$

式中　l——试件原始标距长度；

l_1——试件断裂后的标距长度。

$\delta>5\%$的材料，工程上称为塑性材料或韧性材料；$\delta<5\%$的材料，称为脆性材料。

不同的材料，伸长率是不同的，钢、铜、铝等材料伸长率较大，为塑性材料；而铸铁、混凝土、砖石等材料伸长率很小，为脆性材料。

②截面收缩率 ψ。以试件断裂后横截面面积的相对收缩率来表示，即

$$\psi=\frac{A-A_1}{A}\times100\% \tag{1-20}$$

式中　A——试件原始横截面面积；

A_1——断裂后缩颈处的横截面面积。

2.低碳钢压缩时的力学性能

图 1-34(a)是低碳钢压缩时的 σ-ε 图，图中虚线表示拉伸时 σ-ε 曲线。比较两条曲线可以看出，在屈服阶段以前，两曲线基本重合，拉伸和压缩的弹性模量和屈服极限基本相等。但进入强化阶段后，试件压缩时的应力 σ 随着 ε 值的增长迅速增大。试件越压越扁，并因端面摩擦作用，最后变为鼓形，如图 1-34(b)所示。因为受压面积越来越大，试件不可能发生断裂破坏，而使低碳钢的抗压强度极限无法测定。因此，钢材料的力学性能主要用拉伸试验来确定。

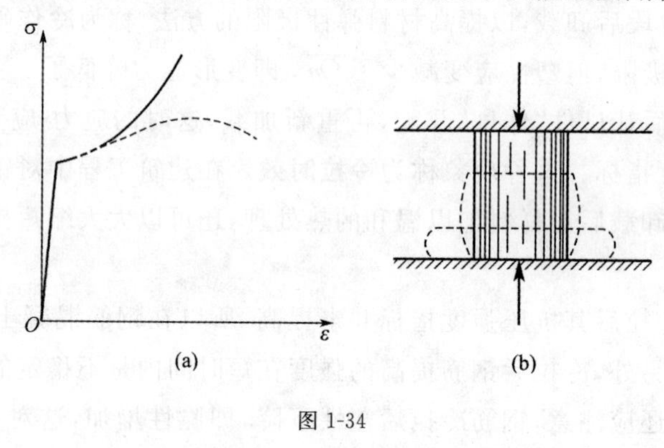

图 1-34

1.6.3 其他常用材料的力学性能

1.其他塑性材料拉伸时的力学性质

对于其他塑性金属材料没有明显的低碳钢 σ-ε 曲线中的四个阶段，但均可产生较大的塑性变形。图 1-35 给出了几种常用的塑性材料在拉伸时的 σ-ε 曲线，将这些曲线与低碳钢的 σ-ε 曲线相比较，可以看出：有些材料(如铝)没有屈服阶段，而其他三个阶段都很明显；另外一些材料(如低合金钢)仅有弹性阶段和强化阶段，而没有流动阶段和颈缩阶段。但这些塑性材料都有一个共同的特点，即伸长率 δ 均较大，属于塑性材料。

对于没有明显屈服阶段的塑性材料，按国家标准规定，取塑性应变为 0.2%时所对应的应力值作为条件屈服极限(屈服强度)，以 $\sigma_{0.2}$ 表示(图 1-36)。

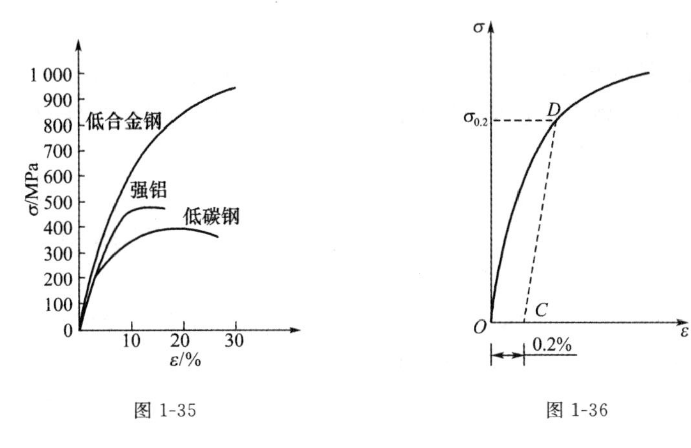

图 1-35　　图 1-36

2. 脆性材料拉伸时的力学性质

图 1-37 给出了一种典型脆性材料铸铁的 σ-ε 曲线，与低碳钢的 σ-ε 曲线比较，它具有以下特点：伸长率 δ 很小（$\delta < 5\%$），没有屈服和颈缩现象，而且几乎从一开始就不是直线。但由于试件变形非常微小，因此，一般可近似地将其 σ-ε 曲线的绝大部分看成是直线，并认为材料在这一范围内是服从胡克定律的。在工程计算中通常用 σ-ε 曲线的割线（图 1-37 中的虚线）来代替此曲线的开始部分，从而确定其弹性模量。由此确定的弹性模量称为割线弹性模量。对于其他脆性材料，如混凝土、砖、石等，也是根据这一原则确定其割线弹性模量的。

根据脆性材料的变形特点，衡量脆性材料拉伸强度的唯一指标是抗拉强度极限 σ_b。

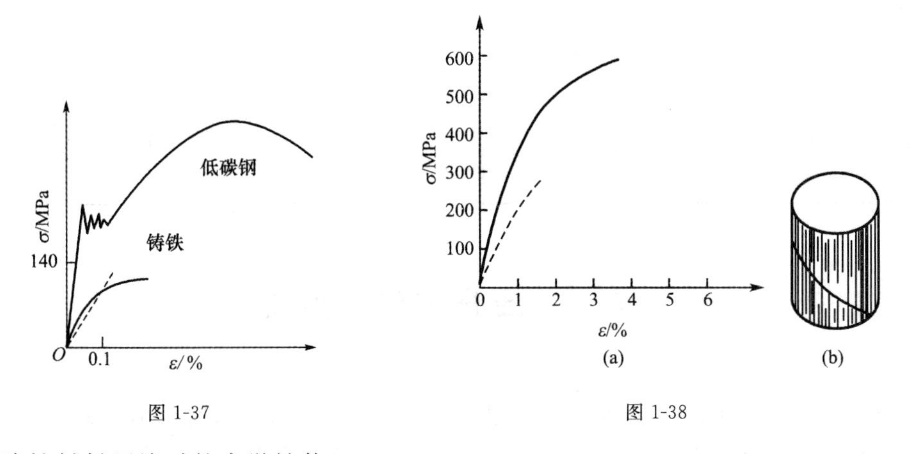

图 1-37　　图 1-38

3. 脆性材料压缩时的力学性能

脆性材料在压缩时的力学性能与拉伸时有较大区别，图 1-38(a)给出了铸铁在拉伸（虚线）和压缩（实线）时的 σ-ε 曲线。比较这两条曲线可以看出，铸铁在压缩时，无论是抗压强度极限或者是伸长率 δ 都比拉伸时大得多，铸铁试件受压破坏形式如图 1-38(b)所示，大致沿 45°角的斜面上发生剪切错动而破坏，曲线最高点的应力值称为抗压强度极限，用 σ_{bc} 表示。图 1-38(b)的破坏形式也说明铸铁的抗剪能力比抗压能力差。

图 1-39(a)、图 1-39(b)是混凝土试件被压坏的两种形式。当压板与试块端面间不加润滑剂时，由于试件两端面与试验机压板间的摩擦阻力阻碍了试件两端材料的变形，所以试件压坏时是自中间部分开始逐渐剥落而形成两个截锥体（图 1-39(a)）；而当压板和试块间加润滑剂以后，由于试件两端面与试验机压板间的摩擦力较小，因此试件压坏时是沿纵向开裂（图 1-39(b)）。

4. 木材的力学性能

木材在拉伸与压缩时的力学性能与一般材料不同。其顺纹方向的强度要比横纹方向的强度高得多，且其抗拉强度高于抗压强度，如图 1-40 所示。由于顺纹与横纹方向的力学性质不同，所以木材属于各向异性材料。

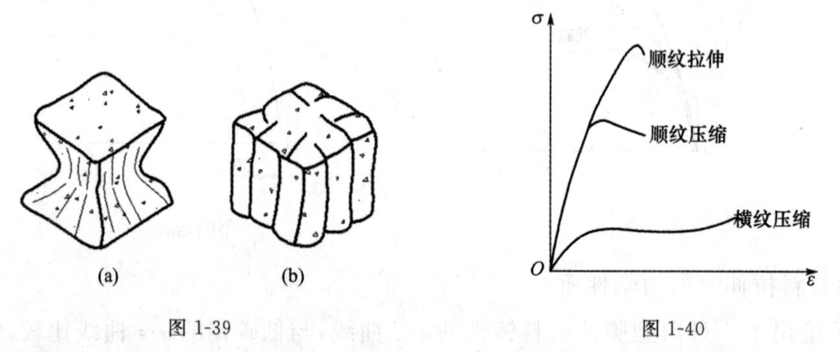

图 1-39　　　　图 1-40

最后需要指出，材料的力学性能受环境温度、变形速度、加载方式的影响较大，应用时还必须注意具体条件。

表 1-2 列出了部分材料在常温、静载下拉伸和压缩时的一些力学性能。

表 1-2　　常用材料在拉伸和压缩时的力学性能

材料名称	牌号	弹性模量 E/GPa	泊松比 μ	屈服极限 σ_s/MPa	抗拉强度极限 σ_b/MPa	抗压强度极限 σ_{bc}/MPa	伸长率 δ_5 /%
低碳钢	Q235	200～210	0.24～0.28	240	400		45
低合金钢	Q345	200	0.25～0.30	350			
灰钢铁		80～150	0.23～0.27		100～300	640～1100	0.6
混凝土		15.2～36				7～50	
木材		9～12			100	32	

1.7　拉压杆内的应变能

弹性体在外力作用下产生变形，外力作用点也随之发生位移，这时外力便做了功，称之为外力功，用 W 表示。外力在弹性体上所做的功以弹性体变形的形式将能量储存起来，卸载外力时这部分能量会被释放出来做功。弹性体在荷载作用下因变形而储存的能量称之为应变能，用 V_ε 表示，单位为焦耳(J)。

如果忽略弹性体变形过程中的能量损失，那么外力功 W 全部转化为弹性体应变能 V_ε，即

$$W = V_\varepsilon \tag{1-21}$$

这个关系称为功能原理。

1. 外力功

图 1-41(a)所示拉杆在线弹性范围内的拉伸图如图 1-41(b)所示。外力由零开始逐渐增大到 F，杆端位移由零逐渐增大至 Δ，在加载过程中外力做功为

$$W = \int_0^\Delta F\mathrm{d}\delta = \frac{1}{2}F\Delta \tag{1-22}$$

式(1-22)积分等于 F-Δ 图下方面积。

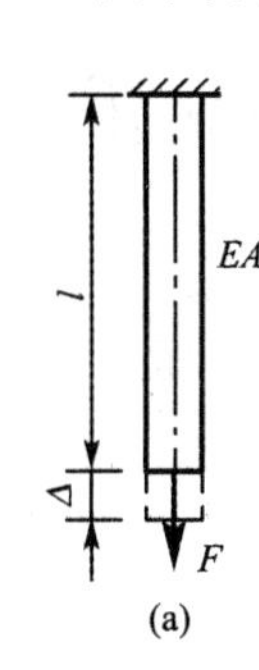

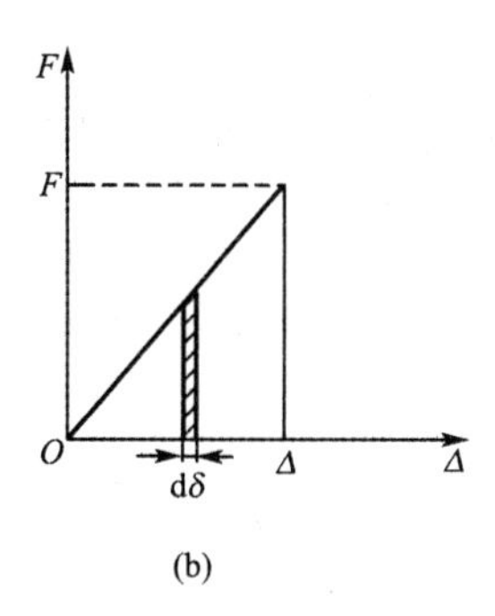

图 1-41

外力功的数值与加载顺序无关,这是外力功的一个重要特点。当结构受到多个外力作用时,外力功的数值与各外力最终数值和相应位移最终数值有关。外力功是代数量,位移方向与相应外力方向一致时为正,相反则为负。在线弹性范围内,一组力的外力功为

$$W=\sum_{i=1}^{n}\frac{1}{2}F_i\Delta_i \tag{1-23}$$

2. 拉压杆件的应变能

杆件的应变能可按功能原理由外力功计算。在基本变形情况下,杆件的应变能为

$$V_\varepsilon=W=\frac{1}{2}F\Delta \tag{1-24}$$

对于轴向拉压杆,如图 1-41(a),式(1-24)中的 F 为轴向拉力,它等于杆的轴力,Δ 等于杆的轴向变形,所以拉压杆的应变能为

$$V_\varepsilon=\frac{F_N^2 l}{2EA} \tag{1-25}$$

应变能也与加载顺序无关,只与外力的最终数值和相应位移的最终数值有关。此外,由式(1-25)可知,应变能是内力的二次函数,因此不能用叠加法计算应变能。应变能的数值总是正的。

例题 1-17　图 1-42(a)中二杆桁架在结点 C 受到铅垂力作用,已知 $F=10$ kN,二杆材料相同,弹性模量 $E=200$ GPa,试计算该结构的应变能以及结点 C 的铅垂位移 w_C 。(图中尺寸单位:mm)

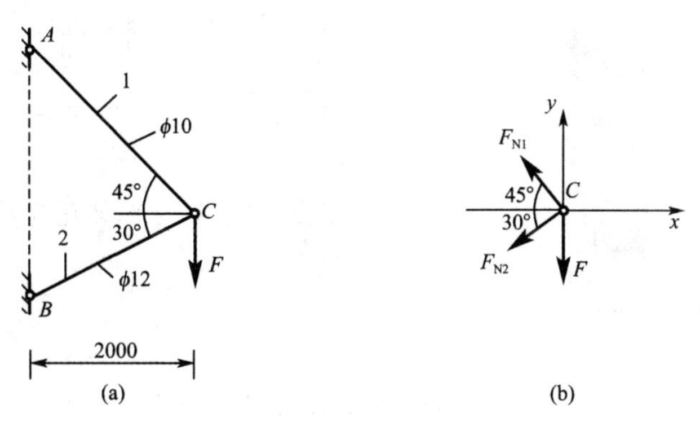

图 1-42　例题 1-17 图

解:(1)内力计算。设两杆轴力分别为 F_{N1}、F_{N2},取结点 C 为研究对象,受力图如图 1-42(b)。由平衡方程

$$\sum F_x = 0, \qquad -F_{N2}\cos 30^\circ - F_{N1}\cos 45^\circ = 0$$

$$\sum F_y = 0, \qquad F_{N1}\sin 45^\circ - F_{N2}\sin 30^\circ - F = 0$$

解得

$$F_{N1} = 0.897F = 8.97\ \text{kN}（拉）$$

$$F_{N2} = -0.732F = -7.32\ \text{kN}（压）$$

(2)应变能计算。

$$V_\varepsilon = \frac{F_{N1}^2 l_1}{2EA_1} + \frac{F_{N2}^2 l_2}{2EA_2}$$

$$= \frac{8\ 970^2\ \text{N}^2 \times 2\sqrt{2} \times 4\ \text{m}}{2 \times 200 \times 10^9\ \text{Pa} \times 3.14 \times 10^2 \times 10^{-6}\ \text{m}^2} + \frac{7\ 320^2\ \text{N}^2 \times 2/\cos 30^\circ \times 4\ \text{m}}{2 \times 200 \times 10^9\ \text{Pa} \times 3.14 \times 12^2 \times 10^{-6}\ \text{m}^2}$$

$$= 7.25\ \text{J} + 2.74\ \text{J} = 9.99\ \text{J}$$

(3)结点位移计算。应用功能原理，有

$$V_\varepsilon = W = \frac{1}{2}Fw_C$$

所以结点 C 的铅垂位移为 $w_C = \dfrac{2V_\varepsilon}{F} = \dfrac{2 \times 9.99\ \text{J}}{10 \times 10^3\ \text{N}} = 2.00 \times 10^{-3}\ \text{m} = 2.00\ \text{mm}$

1.8 应力集中的概念

等截面直杆受轴向拉伸或压缩时，横截上的应力是均匀分布的。然而，工程构件上往往有圆孔、螺纹、切口、轴肩等局部加工部位。这些部位由于横截面尺寸发生突然变化，受轴向荷载后平面假设不再成立，因而横截面上的应力不再是均匀分布。以图 1-43(a)所示中间开小孔的受拉杆件为例，在距离圆孔较远的截面，正应力是均匀分布的，记为 σ。但在小孔中心所在的截面上，正应力分布则不均匀，在圆孔附近的局部区域内，应力急剧增加，且孔边处正应力最大(图 1-43(b))。

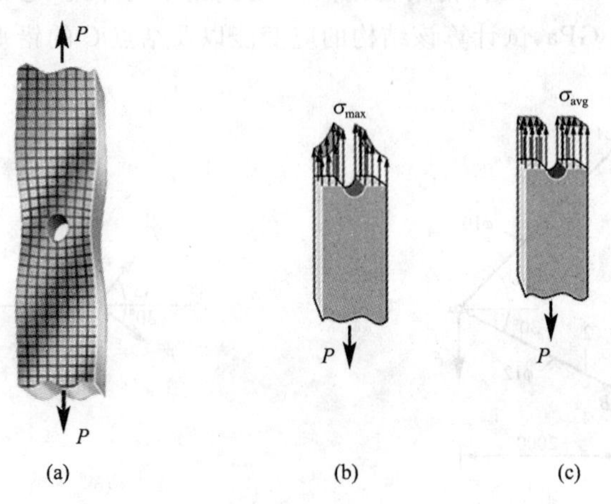

图 1-43

这种因构件截面尺寸或外形突然变化而引起的局部应力急剧增大的现象，称为**应力集中**。应力集中的程度用理论应力集中因数 K 表示，其定义为

$$K = \frac{\sigma_{max}}{\sigma_{avg}}$$

式中 σ_{max} ——最大局部应力；

σ_{avg} ——同一截面的名义应力，即不考虑应力集中时的平均应力(图1-43(c))。

实验表明，截面尺寸改变得越急剧、角越尖、孔越小，应力集中的程度就越严重。因此，构件设计和加工中应尽可能避免带尖角的孔和槽，在阶梯轴的轴肩处用圆弧过渡，而且应尽可能使圆弧半径大一些。K 值与构件材料无关，其数值可在有关的工程手册上查到。

不同材料对应力集中的敏感程度是不同的，因此工程设计时有不同的考虑。塑性材料在静荷载作用下对应力集中不很敏感。例如，开有小孔的低碳钢拉杆，当孔边最大正应力 σ_{max} 达到材料的屈服极限 σ_s 后便停止增长，荷载继续增加只引起该截面附近点的应力增长，直至达到 σ_s 为止，这样塑性区不断扩大，直至整个截面全部屈服。由此可见，材料的屈服能够缓和应力集中的作用。因此，对于具有屈服阶段的塑性材料在静荷载作用下可不考虑应力集中的影响。

对于组织均匀的脆性材料，由于材料没有屈服阶段，所以当荷载不断增加时，最大拉伸局部应力 σ_{max} 会不停地增大，直至达到材料的强度极限 σ_b 并在该处首先断裂，从而迅速导致整个截面破坏。应力集中显著地降低了这类构件的承载能力。因此，对这类脆性材料制成的构件必须十分注意应力集中的影响。

对于组织粗糙的脆性材料，如铸铁，其内部本来就存在着大量的片状石墨、杂质和缺陷等，这些都是产生应力集中的主要因素。孔、槽等引起的应力集中并不比它们更严重，因此对构件的承载能力没有明显的影响。这类材料在静荷载作用下可不考虑应力集中的影响。

1.9 拉压超静定问题

如果仅用静力平衡方程便能全部求解结构的约束反力或内力的问题称为静定问题，这类结构称为静定结构。在静定结构中，所有的约束或构件都是必需的，缺少任何一个都将使结构不能保持平衡或保持一定的几何形状。

工程中还广泛地存在着另一种情况，有时为了提高结构的强度和刚度，需增加一些约束或构件，而这些约束或构件对维持结构平衡来讲是多余的，习惯上称为多余约束。由于多余约束的存在，使得仅用静力平衡方程不能够求解全部反力或全部内力，这类问题称为超静定问题，这种结构称为超静定结构。

1.9.1 拉压超静定问题及解法

与多余约束对应的支反力或内力，称为多余未知力。一个结构如果有 n 个多余未知力，则称为 n 次超静定结构，n 称为超静定次数。求解超静定结构时，除了独立平衡方程之外，还需要建立 n 个补充方程。本节以简单超静定结构为例来分析如何建立补充方程以求解超静定问题。

图1-44(a)所示两端固定的等直杆，在 C 截面处受到轴向荷载 F 的作用。由于外力是轴向荷载，所以支反力也是沿轴线的，分别记为 F_A 和 F_B，方向假设如图1-44(b)所示。由于共线力系只有一个独立平衡方程，而未知反力有两个，因此存在一个多余未知力，是一次超静定结

构。为解此题，必须从以下三方面来研究：

(1)静力方面。由杆的受力图(图 1-44(b))可列出一个平衡方程

$$\sum F_y = 0 \qquad F_A + F_B - F = 0 \tag{a}$$

(2)几何变形方面。由于是一次超静定，所以有一个多余约束，取固定端 B(也可取固定端 A)为多余约束，暂时将它解除，以未知力 F_B 来代替此约束对杆 AB 的作用，则得一基本静定结构(图 1-44(c))。设杆由力 F 引起的伸长量为 Δl_F (图 1-44(d))，由 F_B 引起的缩短量为 Δl_{F_B} (图 1-44(e))。但由于 B 端固定，整个杆件的变形量为零，由此应有下列几何关系

$$\Delta l = \Delta l_F - \Delta l_{F_B} = 0 \tag{b}$$

式(b)称为变形协调条件，简称变形条件。每个多余约束都有相应的变形几何关系，正确地找到这些关系是求解超静定问题的关键。

(3)物理方面。材料服从胡克定律时，有

$$\Delta l_F = \frac{Fa}{EA} \qquad \Delta l_{F_B} = \frac{F_B l}{EA} \tag{c}$$

式(c)称为物理方程，反映杆件变形和受力之间的关系。在此题中，上述各变形值均取绝对值。将式(c)代入式(b)，化简得

$$Fa = F_B l \tag{d}$$

即补充方程，表达了多余未知力与已知力之间的关系。

联立解方程式(a)和式(d)，得支反力为

$$F_A = \frac{Fb}{l} \qquad F_B = \frac{Fa}{l} \tag{e}$$

求得约束反力 F_A 和 F_B 后，即可用截面法求出 AC 段和 BC 段的轴力分别为

$$\left.\begin{aligned} F_{N,AC} &= F_A = \frac{Fb}{l} \\ F_{N,BC} &= -F_B = -\frac{Fa}{l} \end{aligned}\right\} \tag{f}$$

并可继续进行应力或变形计算。

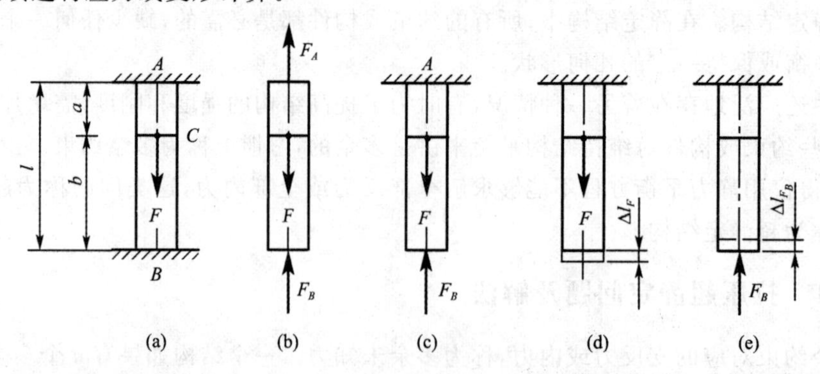

图 1-44

至此，可以将超静定问题的一般解法综述如下：

(1)判断超静定次数。

(2)根据静力平衡原理列出独立的平衡方程。

(3)根据变形与约束条件列出变形几何方程。

(4)列出应有的物理关系,通常是胡克定律或温度变化引起变形的物理方程。

(5)将物理方程代入变形几何方程得到补充方程。

(6)联立解平衡方程和补充方程,即可得出全部未知力。

应当指出,从静力、几何、物理这三方面来研究问题,以未知力为未知量求解超静定结构的方法称为力法,它具有一般性的意义。

例题 1-18　图 1-45(a)所示结构中三杆铰接于 A 点,其中 1,2 两杆的长度 l、横截面面积 A、材料弹性模量 E 完全相同,3 杆的横截面面积为 A_3,弹性模量为 E_3。求在铅垂荷载 F 作用下各杆的轴力。

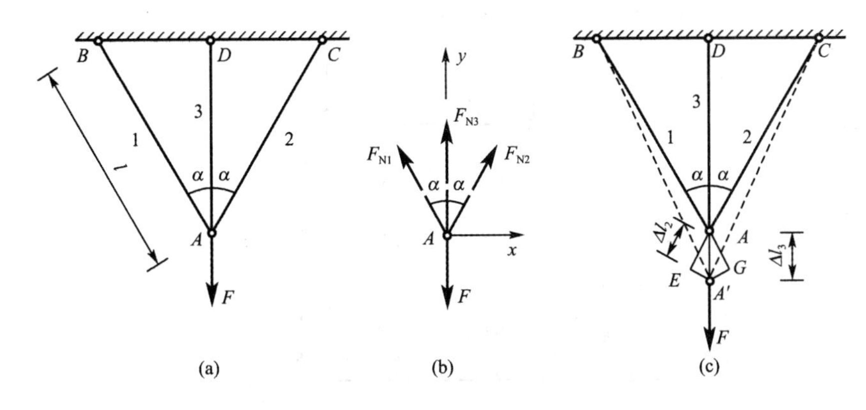

图 1-45　例题 1-18 图

解:取结点 A 为研究对象进行受力分析,如图 1-45(b)所示,各杆轴力与荷载组成平面汇交力系,独立平衡方程只有两个,未知力有三个,故该结构为一次超静定结构,需建立一个补充方程。为此,从以下三方面来分析:

(1)静力方面。设三杆均受拉力(图 1-45(b)),根据对称性设结点 A 移动到 A'点,如图 1-45(c)所示,这时三杆均伸长。

$$\sum F_x = 0,\ F_{N1} = F_{N2} \tag{a}$$

$$\sum F_y = 0,\ F_{N1}\cos\alpha + F_{N2}\cos\alpha + F_{N3} - F = 0 \tag{b}$$

(2)几何方面。设想将三根杆从 A 点拆开,各自伸长 Δl_1、Δl_2、Δl_3 后,分别以 B、C、D 点为圆心,BG、CE、DA' 为半径作圆弧,使三根杆重新交于 A' 点。由于变形微小,上述圆弧可用切线近似代替(图 1-45(c)),于是几何方程为

$$\Delta l_1 = \Delta l_2 = \Delta l_3 \cos\alpha \tag{c}$$

(3)物理方面。根据胡克定律,有

$$\Delta l_1 = \frac{F_{N1} l}{EA},\qquad \Delta l_2 = \frac{F_{N2} l}{EA},\qquad \Delta l_3 = \frac{F_{N3} l\cos\alpha}{E_3 A_3} \tag{d}$$

将式(d)式代入式(c),得补充方程为

$$F_{N1} = F_{N2} = F_{N3}\frac{EA}{E_3 A_3}\cos^2\alpha \tag{e}$$

(4)求解未知力。联立解式(a)、式(b)、式(e)得

$$F_{N1} = F_{N2} = \frac{F}{2\cos\alpha + \dfrac{E_3 A_3}{EA\cos^2\alpha}}$$

$$F_{N3}=\frac{F}{1+\frac{2EA}{E_3A_3}\cos^3\alpha}$$

结果为正,表明假设正确,三杆轴力均为拉力。

上例结果表明,超静定结构的内力分配与各杆的刚度比有关,刚度大的杆内力也大,这是超静定结构的特点之一。

例题 1-19 图 1-46(a)所示结构,AB 为水平刚性杆,由两根弹性杆 1、2 固定,已知杆 1、2 的拉压刚度均为 EA,试求当 AB 杆受荷载 P 作用时杆 1、2 的轴力。

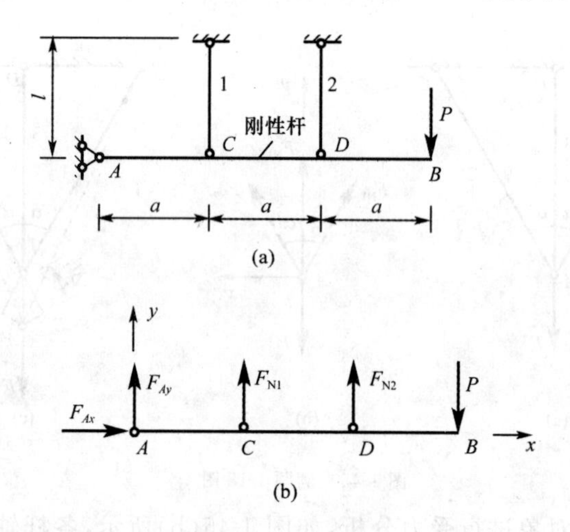

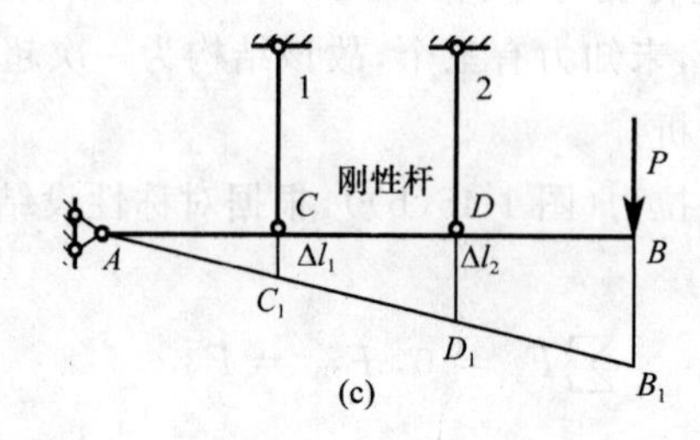

图 1-46　例题 1-19 图

解:(1)静力方面。取刚性杆 AB 为隔离体,受力分析如图 1-46(b)所示,设两杆的轴力均为拉力,分别为 F_{N1} 和 F_{N2}。欲求这两个未知力,首先建立平衡方程

$$\sum M_A=0 \qquad F_{N1}\cdot a+F_{N2}\cdot 2a-P\cdot 3a=0$$

$$F_{N1}+2F_{N2}=3P \tag{a}$$

(2)几何方面。刚性杆 AB 在力 P 作用下,将绕点 A 顺时针转动,由此,杆 1 和杆 2 伸长。由于是小变形,可认为 C、D 两点沿垂线向下移动到点 C_1 和 D_1。设杆 1 的伸长量为 $CC_1=\Delta l_1$,杆 2 的伸长量为 $DD_2=\Delta l_2$,由图 1-46(c)可知,几何关系为

$$2\Delta l_1=\Delta l_2 \tag{b}$$

(3)物理方面。根据胡克定律,有

$$\Delta l_1=\frac{F_{N1}a}{EA},\qquad \Delta l_2=\frac{F_{N2}a}{EA} \tag{c}$$

将式(c)代入式(b),得

$$2\frac{F_{N1}a}{EA}=\frac{F_{N2}a}{EA}$$

$$2F_{N1} = F_{N2} \tag{e}$$

式(e)即为补充方程。

(4)将式(a)与(e)联立，解得杆 1 和杆 2 的轴力为

$$F_{N1} = \frac{3}{5}P, \qquad F_{N2} = \frac{6}{5}P$$

1.9.2　装配应力

在构件制作过程中，难免存在微小的误差。对静定结构，这种误差不会引起内力；而对超静定结构，由于多余约束的存在，必须通过某种强制方式才能将其装配，从而引起杆件在未承载时就存在初始内力，相应的应力称为装配应力。装配应力是超静定结构的特点，它是荷载作用之前构件内已有的应力，是一种初应力或预应力。

在工程实际中，常利用初应力进行某些构件的装配(例如将轮圈套装在轮毂上)，或提高某些构件的承载能力(例如预应力钢筋混凝土的设计和应用)。但是，预应力处理不当也会给工程造成危害。一般装配应力也会对工程结构带来不利影响。

计算装配应力仍需要综合静力学、几何方程和物理关系三方面求解。

例题 1-20　在图 1-47(a)所示的结构中，杆 3 比设计的长度 l 短一个小量 δ。已知三根杆的材料相同，弹性模量均为 E，横截面面积均为 A。现将此三杆装配在一起，求各杆的装配应力。

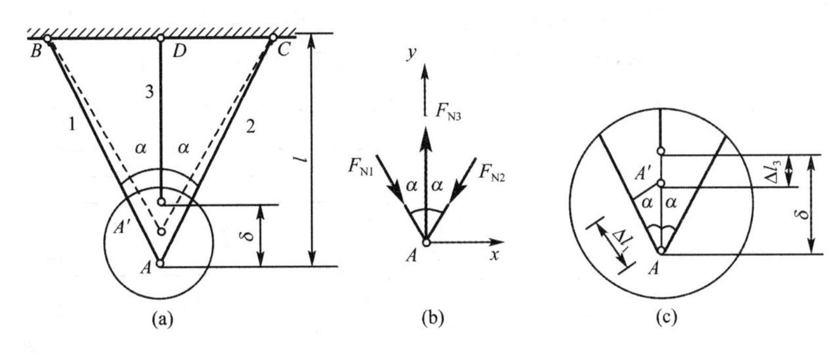

图 1-47　例题 1-20 图

解:设装配后三杆交于 A 点，如图 1-47(a)所示，杆 3 伸长，杆 1、2 缩短。对应地设杆 3 受拉力，杆 1、2 受压力，三杆轴力组成平面汇交力系，如图 1-47(b)所示，平衡方程只有两个，未知力为三个，因此是一次超静定问题。

(1)平衡方程。由图 1-47(b)可得

$$\sum F_x = 0, \qquad F_{N1} = F_{N2} \tag{a}$$

$$\sum F_y = 0, \qquad F_{N3} - F_{N1}\cos\alpha - F_{N2}\cos\alpha = 0 \tag{b}$$

(2)几何方程。由图 1-47(c)可得

$$\Delta l_3 + \frac{\Delta l_1}{\cos\alpha} = \delta \tag{c}$$

(3)物理关系。当材料在线弹性范围时，服从胡克定律，则

$$\Delta l_1 = \frac{F_{N1} l_1}{EA} = \frac{F_{N1} l}{EA\cos\alpha}, \qquad \Delta l_3 = \frac{F_{N3} l}{EA} \tag{d}$$

(4)补充方程。将式(d)代入式(c),得

$$\frac{F_{N3}l}{EA}+\frac{F_{N1}l}{EA\cos^2\alpha}=\delta \tag{e}$$

(5)求解未知力。联立解式(a)、式(b)、式(e),解得

$$F_{N1}=F_{N2}=\frac{\delta EA\cos^2\alpha}{l(1+2\cos^3\alpha)}(\text{压}),\qquad F_{N3}=\frac{2\delta EA\cos^3\alpha}{l(1+2\cos^3\alpha)}(\text{拉})$$

结果为正,说明假设正确,即杆1、2受压力,杆3受拉力。

(6)求装配应力。

$$\sigma_1=\sigma_2=\frac{F_{N1}}{A}=\frac{\delta E\cos^2\alpha}{l(1+2\cos^3\alpha)}(\text{压}),\qquad \sigma_3=\frac{F_{N3}}{A}=\frac{2\delta E\cos^3\alpha}{l(1+2\cos^3\alpha)}(\text{拉})$$

如果$\frac{\delta}{l}=0.001$,$E=200$ GPa,$\alpha=30°$,那么由上式可以计算出$\sigma_1=\sigma_2=65.2$ MPa(压),$\sigma_3=113.0$ MPa(拉),可见微小的制造误差能够引起很大的装配应力。

1.9.3 温度应力

环境温度变化会引起杆件伸长或缩短。设杆件原长为l,材料的线膨胀系数为α,则当温度变化ΔT时,杆长的改变量为

$$\Delta l_T=\alpha l\Delta T \tag{1-26}$$

对静定结构,如图1-48所示,杆件可以自由变形,因此温度改变不会在杆件中引起应力。对静不定结构,如图1-49所示,因多余约束限制了杆件的变形,所以温度改变会在杆内引起应力,这种因温度变化而引起的应力,称为温度应力或热应力,对应的内力称温度内力。

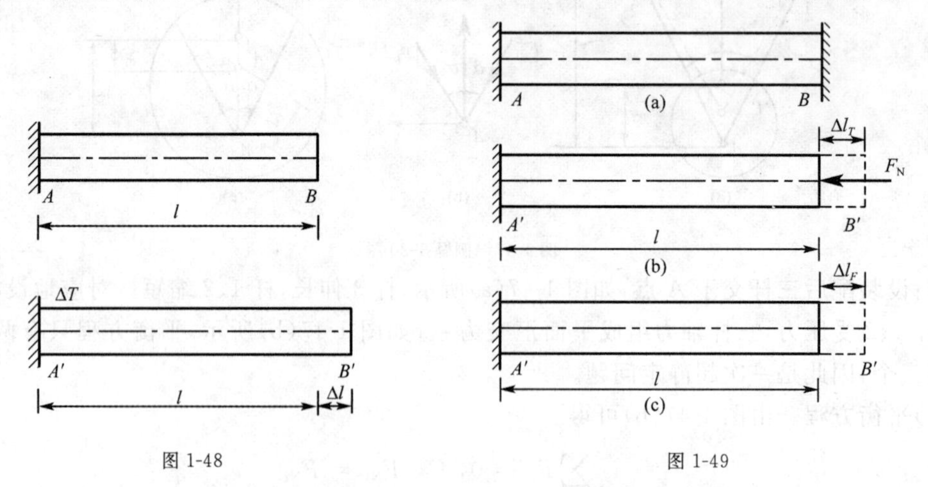

图1-48　　图1-49

如图1-49(a)所示两端固定等直杆AB,若杆长为l,横截面面积为A,材料的弹性模量为E,材料线膨胀系数为α,当温度均匀改变ΔT后,杆内的温度应力计算如下:

(1)几何方程

引起杆件变形的因素有两个,一是温度变化引起杆件自然伸长,另一个是限制杆件自然伸长引起的温度内力,它们引起的变形分别记为Δl_T,Δl_F(图1-49(b)、图1-49(c))。由于杆的两端固定,故杆长始终不变,即

$$\Delta l=\Delta l_T+\Delta l_F=0 \tag{a}$$

(2)物理方程

$$\Delta l_T = \alpha l \Delta T, \qquad \Delta l_F = \frac{F_N l}{EA} \tag{b}$$

式中　F_N——温度内力,设为正。

(3)温度应力　将式(b)代入式(a),得

$$\Delta l = \Delta l_T + \Delta l_F = \alpha l \Delta T + \frac{F_N l}{EA} = 0$$

解得温度应力为

$$\sigma = \frac{F_N}{A} = -\alpha E \Delta T$$

其中负号表示温度内力与 ΔT 相反,如温度升高时温度内力为压力。

若此杆是钢杆,$\alpha = 1.2 \times 10^{-5}$ 1/℃ ,E=210 GPa,当温度升高 $\Delta T = 40$ ℃ ,可求得杆内温度应力为 σ=100.8 MPa,可见环境温度变化较大的超静定结构,其温度应力是不容忽视的。

例 1-21　图 1-50(a)中 OB 为刚性杆,1、2 两杆长度均为 l,拉压刚度均为 EA,线膨胀系数为 α ,试求当环境温度均匀升高 ΔT 时 1、2 两杆的内力。

解:设 OB 位移到 OB' 位置,这相当于两杆都伸长,伸长量分别用 Δl_1 ,Δl_2 表示,对应的两杆轴力设为拉力,如图 1-50(b)所示。

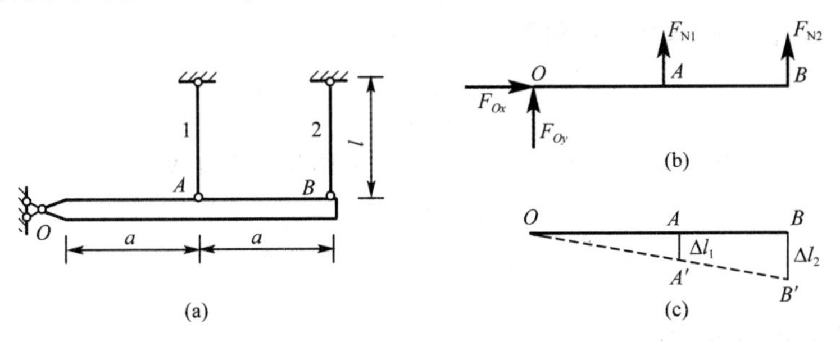

图 1-50　例题 1-21 图

(1)平衡方程

$$\sum M_O = 0, \qquad F_{N1} a + 2F_{N2} a = 0 \tag{a}$$

(2)几何方程

$$\Delta l_2 = 2\Delta l_1 \tag{b}$$

(3)物理方程

$$\Delta l_1 = \frac{F_{N1} l}{EA} + \alpha l \Delta T, \qquad \Delta l_2 = \frac{F_{N2} l}{EA} + \alpha l \Delta T \tag{c}$$

(4)补充方程

$$F_{N2} - 2F_{N1} = EA\alpha \Delta T \tag{d}$$

(5)联立求解式(a)、式(d),计算各杆内力,得

$$F_{N1} = -\frac{2}{5} EA\alpha \Delta T(\text{压}), \qquad F_{N2} = \frac{1}{5} EA\alpha \Delta T\ (\text{拉})$$

F_{N1} 为负值,说明杆 1 内力与假设相反,应为压力。

小 结

本章研究拉压杆件的受力情况，同时引出了内力、应力、变形以及强度条件、材料的力学性能等一系列主要概念，这些概念不仅与本章所研究的问题有关，也是以后各章研究构件发生其他变形的基础。

1. 轴向拉压杆的内力

轴向拉压杆的轴向内力称为轴力。当轴力的方向与截面外法线方向一致时为正，反之为负。求轴力采用截面法。

2. 应力的概念

(1)截面上一点的应力。截面上任一点单位面积上分布的内力(内力集度)称为该点的应力，即

$$p = \lim_{\Delta A \to 0} \frac{\Delta F}{\Delta A} = \frac{\mathrm{d}F}{\mathrm{d}A}$$

一点处的应力可分解为两个应力分量：垂直于截面的分量为正应力 σ；与截面相切的分量为切应力 τ。

(2)横截面上的正应力。根据平面假设，轴向拉压杆任意两横截面间的纵向纤维变形均相同，受力也相同，故各点的正应力均相等。

$$\sigma = \frac{F_{\mathrm{N}}}{A}$$

(3)斜截面上的应力。与横截面夹角为 α 的斜截面上的应力为

$$\begin{cases} \sigma_\alpha = \sigma \cos^2 \alpha \\ \tau_\alpha = \dfrac{\sigma}{2} \sin 2\alpha \end{cases}$$

3. 轴向拉压杆的强度计算

等截面直杆轴向拉压时的强度条件为

$$\sigma_{\max} = \frac{F_{\mathrm{N,max}}}{A} \leqslant [\sigma]$$

其中

$$[\sigma] = \frac{\sigma_{\mathrm{u}}}{n}$$

强度计算一般有三类问题：

(1)强度校核。已知外力 F，杆件横截面面积 A，材料许用应力 $[\sigma]$，校核该杆件是否安全。

(2)设计截面。已知外力 F，材料许用应力 $[\sigma]$，设计杆件截面 $A \geqslant \dfrac{F_{\mathrm{N,max}}}{[\sigma]}$。

(3)确定许用荷载。已知杆件横截面面积 A，材料许用应力 $[\sigma]$，求所能承受的最大外力。一般先求出许用轴力 $F_{\mathrm{N,max}} \leqslant A[\sigma]$，再确定许用荷载。

4. 轴向拉压杆的变形计算

轴向拉压杆的轴向线应变：$\varepsilon = \dfrac{\Delta l}{l}$

轴向拉压杆的横向线应变：$\varepsilon' = \dfrac{\Delta d}{d}$

泊松比：$\mu = \left| \dfrac{\varepsilon'}{\varepsilon} \right|$

胡克定律：在弹性范围内应力和应变成正比，比例常数为弹性模量 E，即 $E=\dfrac{\sigma}{\varepsilon}$。

轴向拉压杆的变形利用胡克定律求得：$\Delta l=\dfrac{F_N l}{EA}$。

5. 材料在拉伸、压缩时的力学性能

重点掌握低碳钢在常温、静载拉伸试验中以 $\sigma=\dfrac{F}{A}$ 为纵坐标，以 $\varepsilon=\dfrac{\Delta l}{l}$ 为横坐标得到的 σ-ε 曲线。

(1) 变形的四个阶段：弹性阶段、屈服阶段、强化阶段、颈缩阶段。

(2) 三个强度指标：比例极限 σ_p，屈服极限 σ_s，抗拉强度极限 σ_b（抗压强度极限 σ_{bc}）。

(3) 一个弹性指标：材料的弹性模量 $E=\dfrac{\sigma}{\varepsilon}$。

(4) 两个塑性指标

断后伸长率：$\delta=\dfrac{l_1-l}{l}\times 100\%$

截面收缩率：$\psi=\dfrac{A-A_1}{A}\times 100\%$

(5) 卸载定律、冷作硬化、冷拉时效

6. 轴向拉压超静定问题

未知力的数目大于静力平衡方程的数目，即根据平衡条件不能求出全部未知力，这类问题称为超静定问题。超静定结构的特点是结构内部或外部存在多余约束。多余约束力的数目称为超静定次数。按静力、几何、物理三方面的关系求解超静定问题。

习　题

1-1　试求图 1-51 所示各杆 1-1、2-2、3-3 截面上的轴力，并作轴力图。

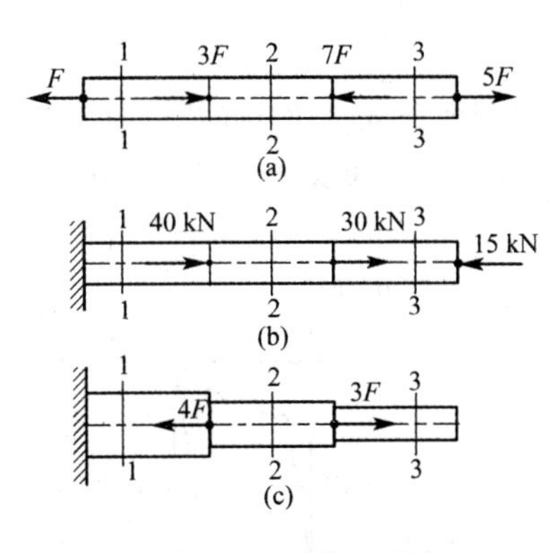

图 1-51　习题 1-1 图

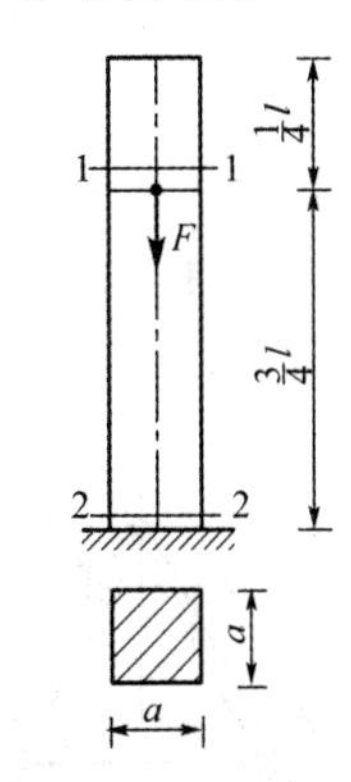

图 1-52　习题 1-2 图

1-2　如图 1-52 所示钢筋混凝土柱长 $l=4$ m，正方形截面边长 $a=400$ mm，重度 $\gamma=24\ \text{kN/m}^3$，荷载 $F=20$ kN，考虑自重。试求 1-1、2-2 截面的轴力并作轴力图。

1-3　如图 1-53 所示，确定阶梯状直杆的危险截面位置、轴力及危险点应力。已知各横截面面积分别为 $A_1=400\ \text{mm}^2$，$A_2=300\ \text{mm}^2$，$A_3=150\ \text{mm}^2$。

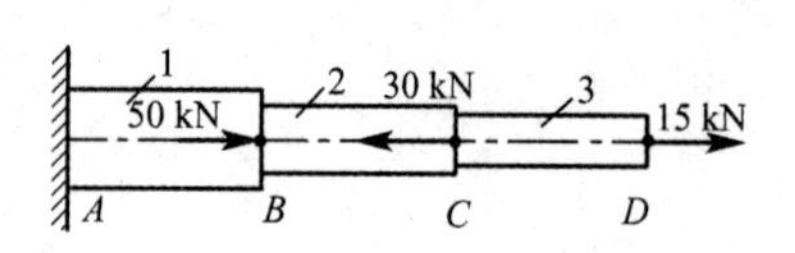

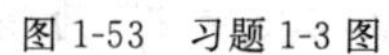
图 1-53　习题 1-3 图

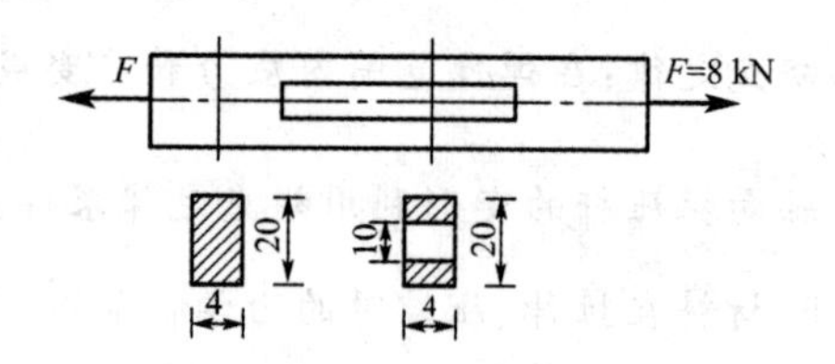

图 1-54　习题 1-4 图

1-4　如图 1-54 所示直杆中间部分开一矩形槽，受拉力 F 作用，图中尺寸单位为 mm。试计算该杆内最大正应力。

1-5　一石柱桥墩如图 1-55 所示，压力 $F=1\,000$ kN，石料的单位体积重量 $\gamma=25\,\mathrm{kN/m^3}$，许用压应力 $[\sigma]=1$ MPa。试求所需的石料体积。

1-6　如图 1-56 所示重物 W 由铝丝 CD 悬挂在钢丝 AB 的中点 C。已知铝丝的直径 $d_1=2$ mm，许用应力 $[\sigma]_1=100$ MPa，钢丝的直径 $d_2=1$ mm，许用应力 $[\sigma]_2=240$ MPa，$\alpha=30°$。试求(1)重物的许可重量；(2) α 为何值时，许可重量最大。

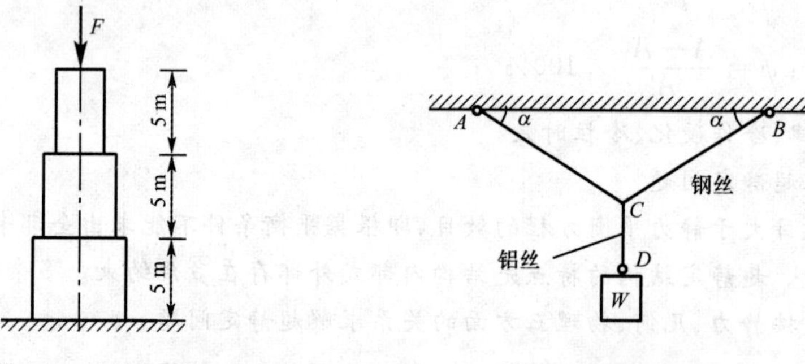

图 1-55　习题 1-5 图　　图 1-56　习题 1-6 图

1-7　如图 1-57 所示梯子的两部分 AB 和 AC 在 A 点铰接，重量忽略，用水平绳 DE 连接，梯子放在光滑水平面上。一重 $W=800$ N 的人站在梯子的 G 点上。梯子的尺寸为 $l=2$ m，$a=1.5$ m，$h=1.2$ m，$\alpha=60°$。绳子的横截面积为 $20\,\mathrm{mm^2}$，许用应力 $[\sigma]=10$ MPa。试校核绳子的强度。

1-8　某低碳钢弹性模量为 $E=200$ GPa，比例极限 $\sigma_p=240$ MPa，拉伸试验横截面正应力达 $\sigma=300$ MPa 时，测得轴向线应变为 $\varepsilon=0.003\,5$，此时立刻卸载至 $\sigma=0$，求如图 1-58 所示试件轴向残余应变 ε_p。

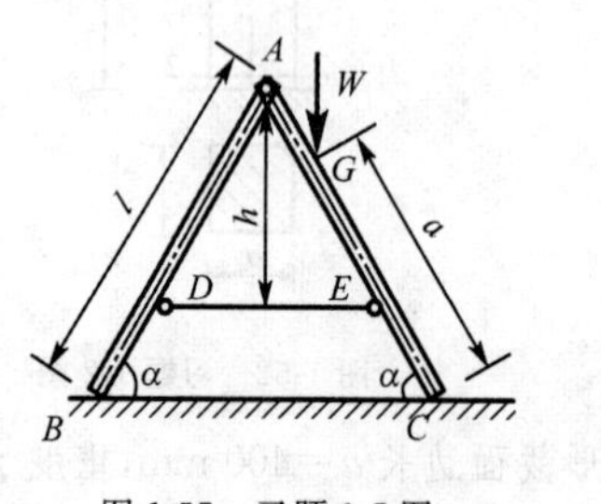

图 1-57　习题 1-7 图

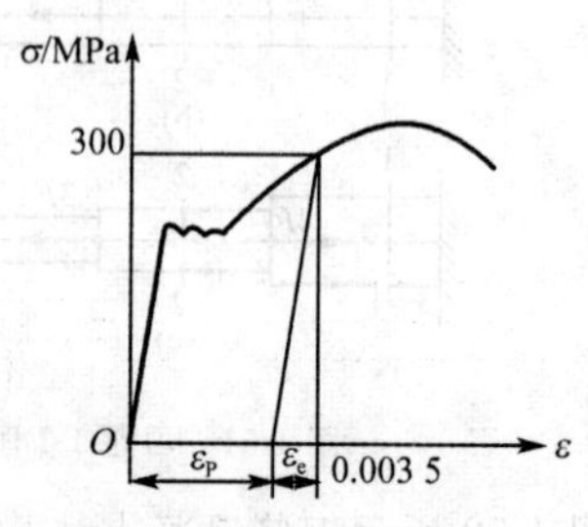

图 1-58　习题 1-8 图

1-9　如图 1-59 所示简易起重机架结构中，AB 杆和 AC 杆的横截面积分别为 $A_1=200\,\mathrm{mm^2}$，$A_2=173.2\,\mathrm{mm^2}$，材料的许用应力分别为 $[\sigma]_1=160$ MPa，$[\sigma]_2=100$ MPa。求此结构的许可荷载值。

1-10　一桅杆起重机的起重杆 AB 由圆管制成，其外径 $D=20$ mm，内径 $d=18$ mm。钢

丝绳的横截面积 $A=10\ \mathrm{mm}^2$，$P=2\ \mathrm{kN}$，试求如图 1-60 所示起重杆 AB 及钢丝绳 BC 横截面上的应力。

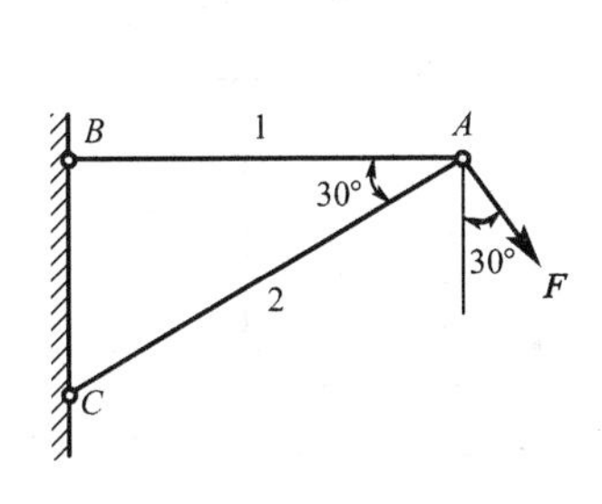

图 1-59　习题 1-9 图

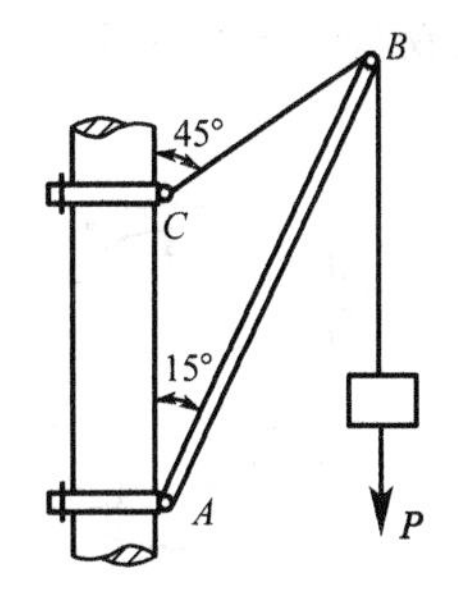

图 1-60　习题 1-10 图

1-11　试求如图 1-61 所示结构中，点 A 铅垂位移和水平位移，已知两根杆的拉压刚度均为 EA。

1-12　均质等直杆重量为 W，横截面面积为 A，材料的弹性模量为 E，水平放置时长度为 l，求图 1-62 所示竖放时它的高度为多少？

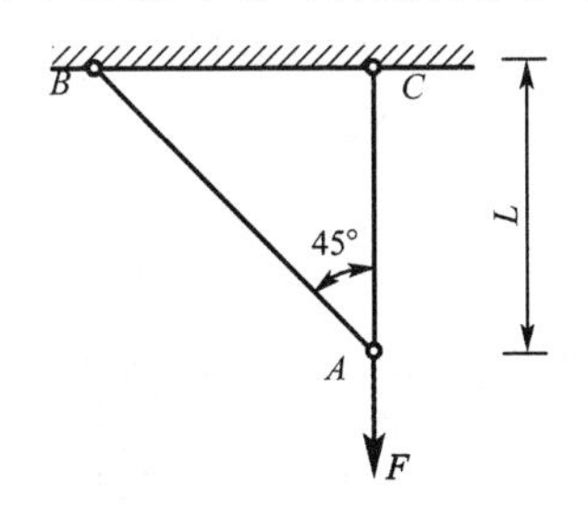

图 1-61　习题 1-11 图

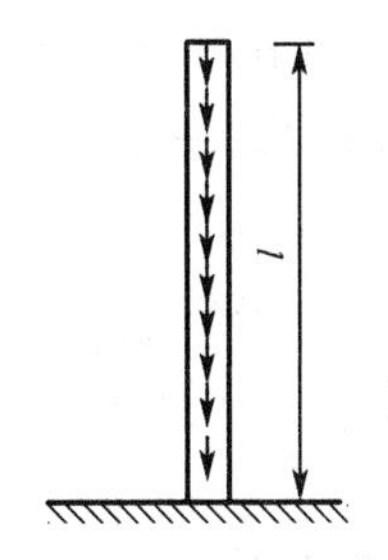

图 1-62　习题 1-12 图

1-13　由钢和铜两种材料组成的阶梯状直杆如图 1-63 所示，已知钢和铜的弹性模量分别为 $E_1=200\ \mathrm{GPa}$，$E_2=100\ \mathrm{GPa}$，横截面面积之比为 2∶1。若杆的总伸长 $\Delta l=0.68\ \mathrm{mm}$，试求荷载 F 及杆内最大正应力（图中尺寸单位：mm）。

1-14　电子秤的传感器主体为一圆筒如图 1-64 所示，弹性模量 $E=200\ \mathrm{GPa}$，若测得筒壁轴向线应变 $\varepsilon=-49.8\times10^{-6}$，试求轴向荷载 F（图中尺寸单位：mm）。

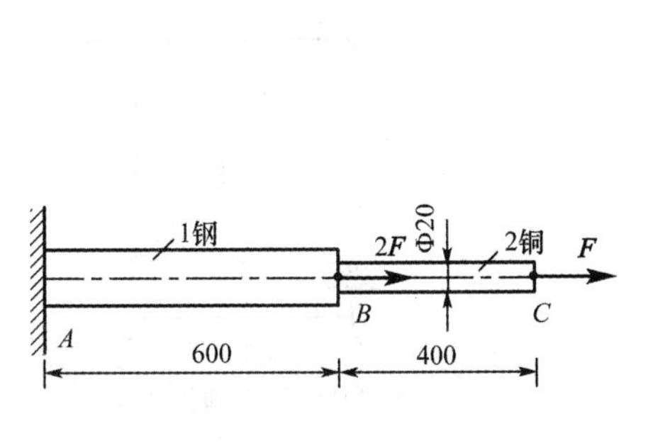

图 1-63　习题 1-13 图

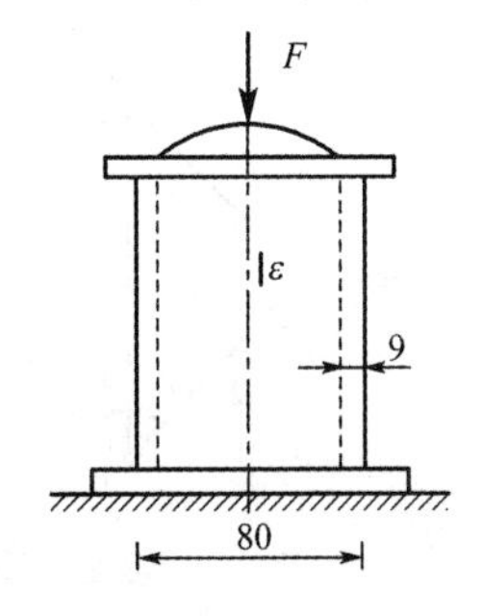

图 1-64　习题 1-14 图

1-15　如图 1-65 所示薄壁圆筒内径 $d=150\ \mathrm{mm}$，壁厚为 $\delta=3\ \mathrm{mm}$，受压力 $p=3\ \mathrm{MPa}$ 作用，材料的弹性模量 $E=200\ \mathrm{GPa}$。试求其周向拉应力和平均直径的变化。

1-16　如图 1-66 所示 AB 为刚性杆，重量和变形可忽略不计。钢杆 1 和钢杆 2 均为圆形截面杆，其许用应力 $[\sigma]=170$ MPa，弹性模量 $E=210$ GPa。二杆的直径分别为 $d_1=25$ mm，$d_2=18$ mm。试校核两杆的强度，并求刚性杆上力作用点 G 的铅垂位移。

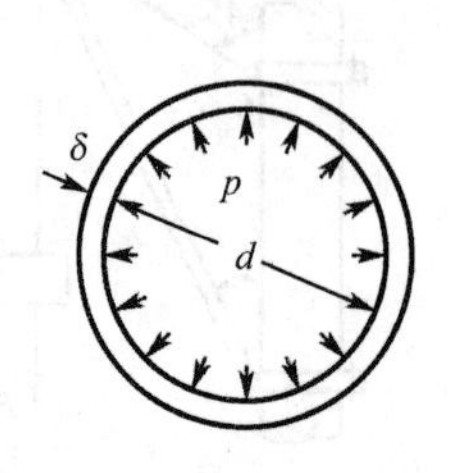

图 1-65　习题 1-15 图

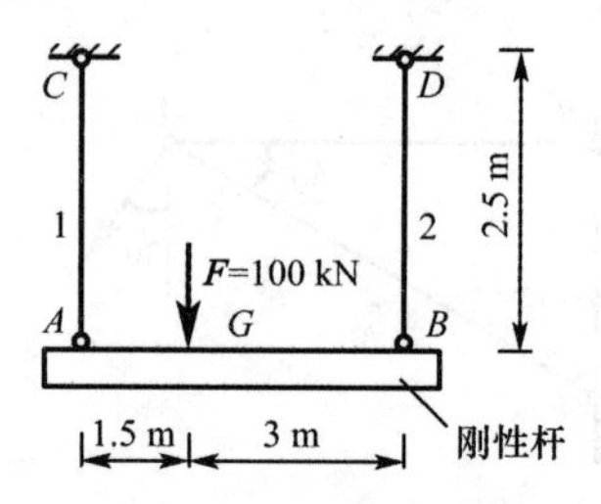

图 1-66　习题 1-16 图

1-17　某结构如图 1-67 所示，杆 AB 的重量及变形可忽略不计。钢杆 1 和铜杆 2 均为圆形截面杆，其直径分别为 $d_1=20$ mm、$d_2=25$ mm，弹性模量分别为 $E_1=200$ GPa、$E_2=100$ GPa。试求使杆 AB 保持水平时荷载 F 的位置。若此时 $F=30$ kN，求 1、2 两杆横截面上的正应力。

1-18　如图 1-68 所示气缸内直径 $D=350$ mm，活塞杆直径 $d=80$ mm，屈服极限 $\sigma_s=240$ MPa，气缸盖与气缸的连接螺栓直径 $d_1=20$ mm，许用应力 $[\sigma]=60$ MPa，气缸内工作压力 $p=1.5$ MPa，试求：(1)安全系数 n；(2)一个气缸盖与气缸体连接螺栓个数 N。

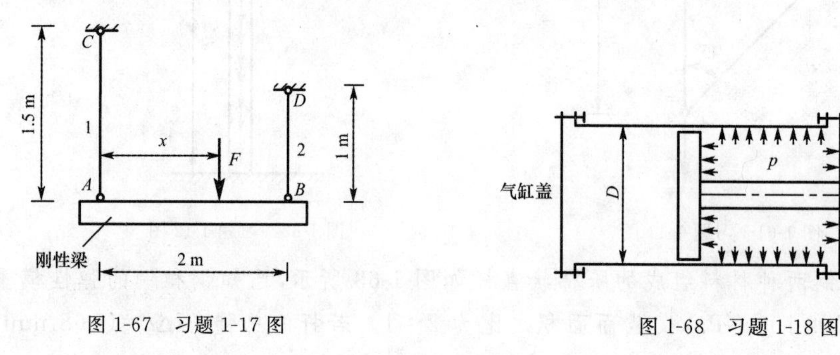

图 1-67　习题 1-17 图　　图 1-68　习题 1-18 图

1-19　如图 1-69 所示正方形平面桁架中五根杆的拉压刚度相同，均为 EA，1～4 杆的长度相同，均为 l，求 A、C 两结点的相对线位移。

1-20　试计算如图 1-70 所示桁架的应变能。各杆 EA 相同。并计算结点 D 的水平位移。

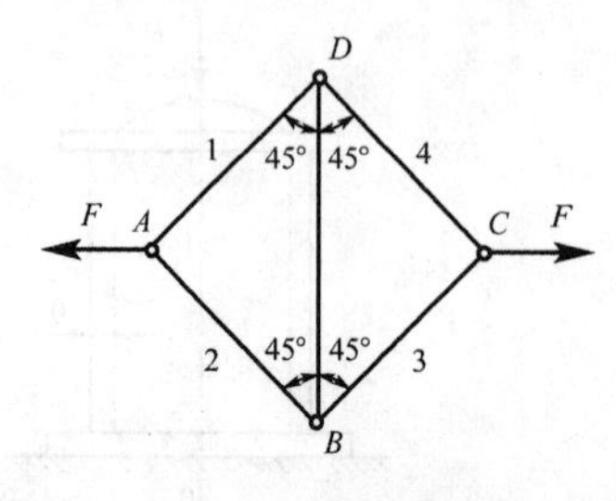

图 1-69　习题 1-19 图

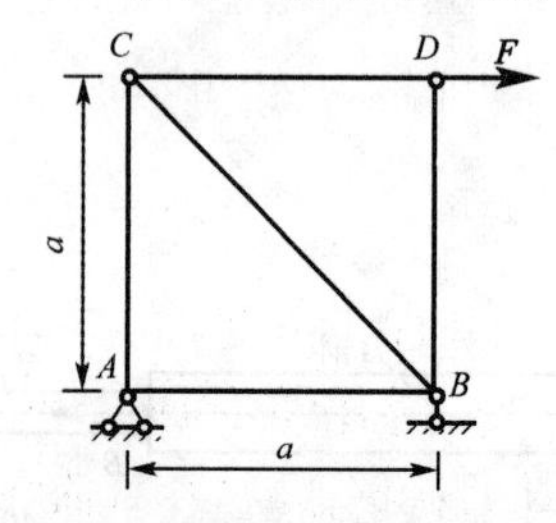

图 1-70　习题 1-20 图

1-21　如图 1-71 所示阶梯形杆上端固定，下端距支座 $\delta=1$ mm。已知 AB、BC 两段横截面面积分别为 $A_1=600\ \text{mm}^2$，$A_2=300\ \text{mm}^2$，$a=1.2$ m，材料的弹性模量均为 $E=210$ GPa，当 $F_1=60$ kN，$F_2=40$ kN 作用后，试求杆内各段轴力。

1-22　如图 1-72 所示 AB 为刚性杆，杆 1、2 横截面积 A，弹性模量 E 完全相同，试求此两杆轴力。若 $A=600\ \text{mm}^2$，许用应力 $[\sigma]=160$ MPa，荷载 $F=80$ kN，试校核两杆的强度。

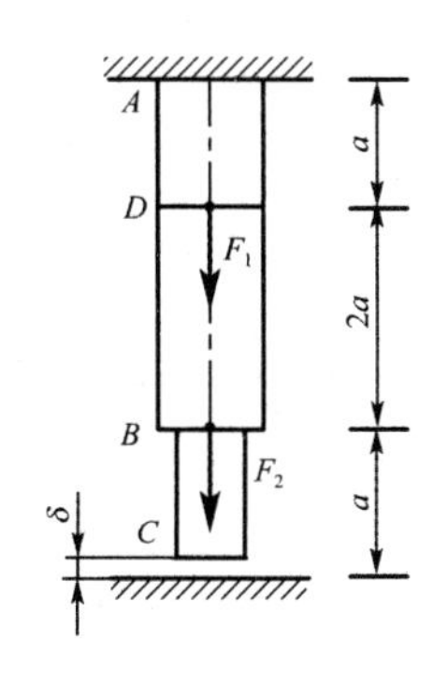

图 1-71　习题 1-21 图

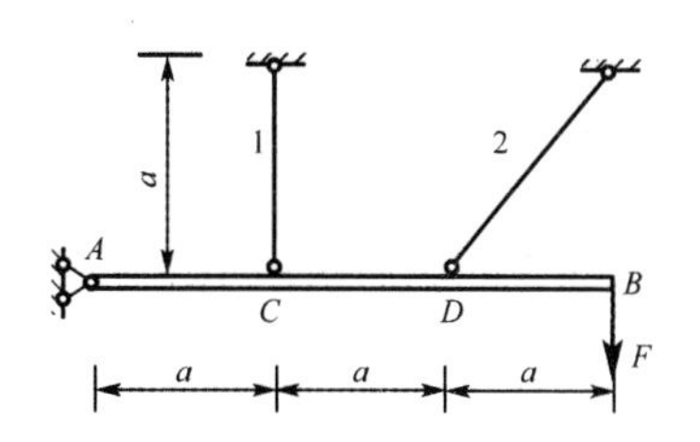

图 1-72　习题 1-22 图

1-23　如图 1-73 所示 AB 为刚性梁，杆 1、2、3 横截面面积均为 $A=200\ \text{mm}^2$，材料的弹性模量 $E=210$ GPa，设计杆长 $l=1$ m，其中杆 2 加工时短了 $\delta=0.5$ mm，试求各杆装配后横截面上的应力。

1-24　如图 1-74 所示 AB 为刚性杆，杆 1、2 材料的弹性模量 E、横截面积 A 均相同，B 点受荷载 F 的作用，求两杆轴力。

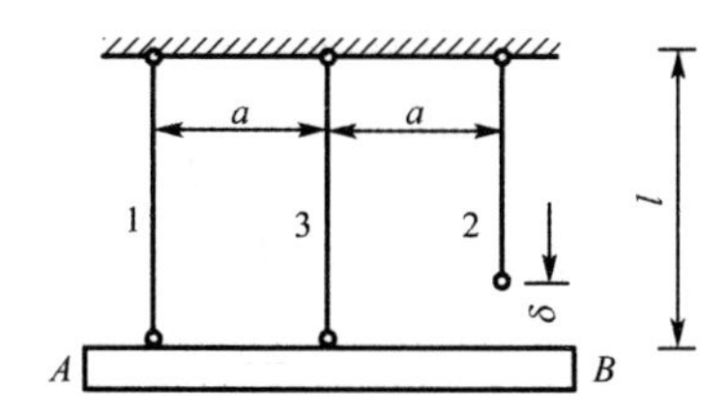

图 1-73　习题 1-23 图

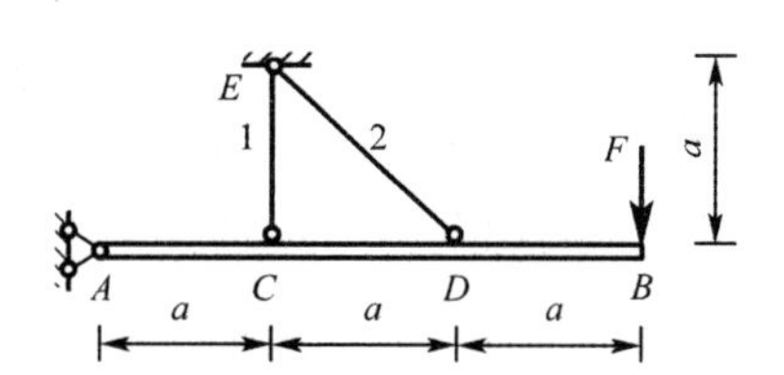

图 1-74　习题 1-24 图

1-25　如图 1-75 示杆系结构中，AB 杆比设计长度略短，误差为 δ，若各杆的刚度同为 EA，AC 与 AD 杆长为 l。试求结构装配后各杆的内力。

1-26　如图 1-76 所示结构中，杆 1 为钢杆，弹性模量 $E_1=210$ GPa，线胀系数 $\alpha_1=12.5\times 10^{-6}\ 1/℃$，横截面积 $A_1=3\ 000\ \text{mm}^2$。杆 2 为铜杆，弹性模量 $E_2=105$ GPa，线胀系数 $\alpha_2=19\times 10^{-6}\ 1/℃$，横截面积 $A_2=3\ 000\ \text{mm}^2$。两杆长度均为 l。若 AB 为刚性杆，当荷载 $F=50$ kN 作用于 AB 上时，若使 AB 杆始终保持水平，环境温度应该升高还是降低？计算温度的改变量 ΔT。

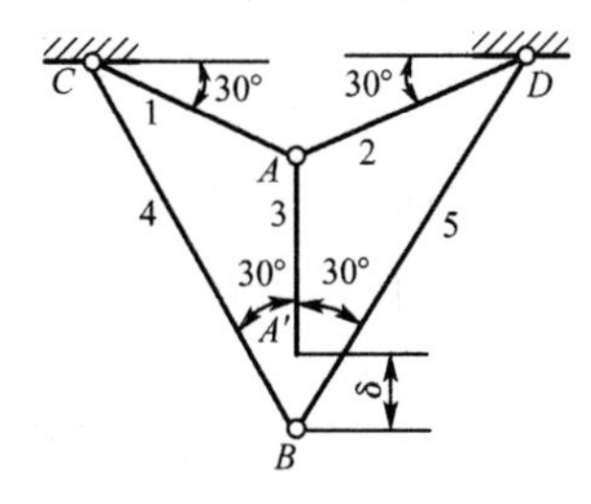

图 1-75　习题 1-25 图

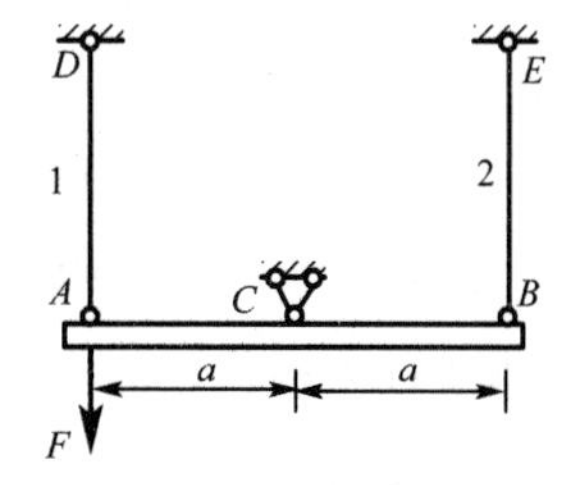

图 1-76　习题 1-26 图

1-27　如图 1-77 所示结构，杆 1 和杆 2 拉压刚度均为 EA，线胀系数为 α，AB 为刚性杆，若温度升高 ΔT，求杆 1 和杆 2 的内力。

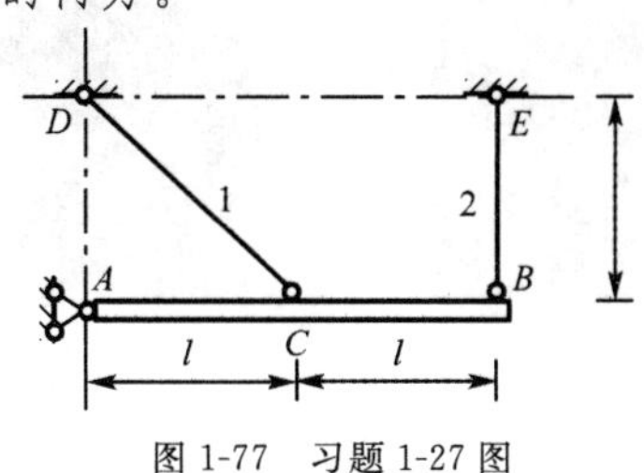

图 1-77　习题 1-27 图

第 2 章　剪切与连接件的实用计算

2.1　概　述

如同拉伸和压缩变形，剪切变形亦是杆件的基本变形形式。当杆件受到一对大小相等、方向相反、作用线与杆件轴线垂直且相距很近的外力作用时，杆件横截面将沿力的方向发生相对错动，即产生剪切变形。

如图 2-1(a)所示，分析钢筋被剪断过程中的受力可知(图 2-1(b))，在一对大小相等、方向相反、作用线平行且距离很近的外力作用下，钢筋横截面上的内力只有剪力 F_S(图 2-1(c))，任一点只有切应力 τ(图 2-1(d))，当由此产生的切应力超过钢筋材料的极限切应力时，钢筋将沿横截面发生剪切破坏。

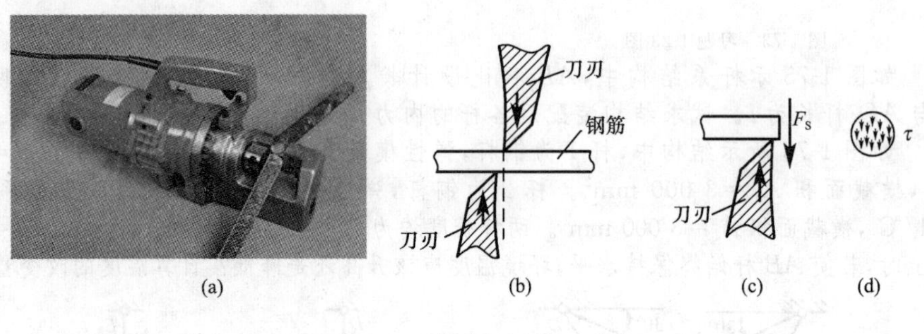

图 2-1

工程中有很多以剪切破坏为主要失效形式的构件，例如钢结构中的连接件(如图 2-2 所示，螺栓、销钉、铆钉和焊缝等)，木结构中的榫齿连接及机械传动中轴与齿轮及轴与轴之间的连接(图 2-3)等。由于起连接作用的构件在结构中尺寸较小，且受力复杂，工程中为了简化计算，通常根据连接处可能的破坏形式，在满足连接强度的条件下，采用近似的实用计算方法。

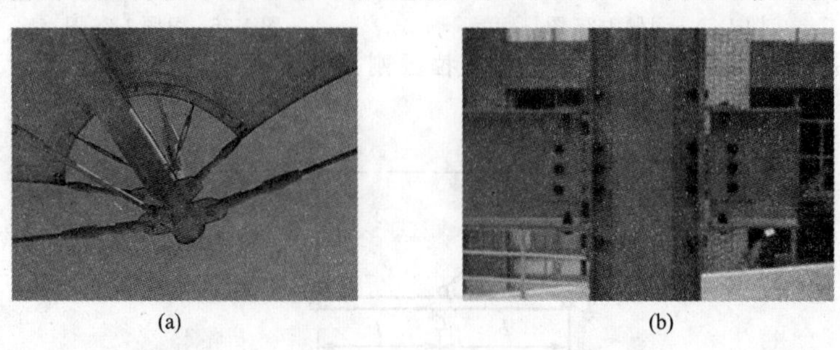

图 2-2

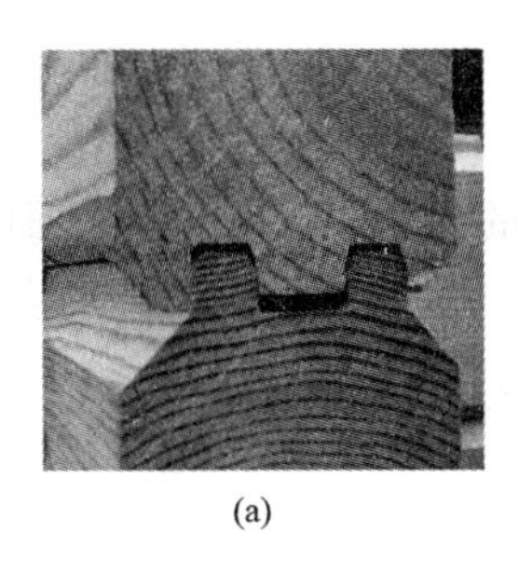

(a)

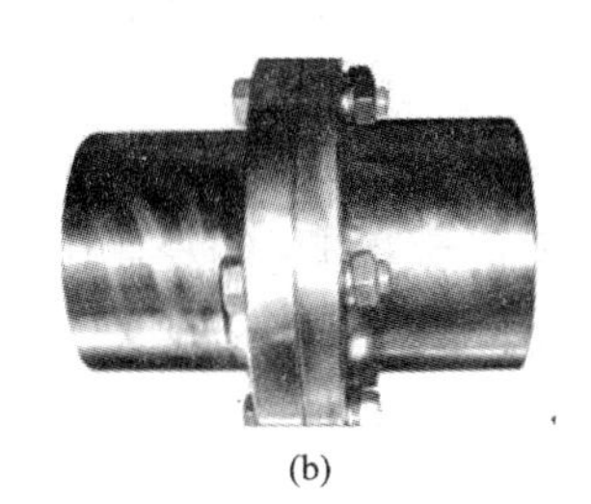

(b)

图 2-3

2.2 连接部位的失效形式

以图 2-4(a)所示的螺栓连接为例，连接部位的失效形式有三种：螺栓在与钢板接触的面上受到压力 F 的作用，将沿横截面发生剪切破坏(图 2-4(b))；螺栓与钢板在相互接触的面上因挤压作用而导致材料强度低的接触面首先产生塑性变形，引起连接处松动破坏(图 2-4(c))；钢板在受螺栓孔削弱的截面上产生塑性变形或断裂破坏(图 2-4(d))。下面分别介绍连接件剪切和挤压强度的实用计算方法。

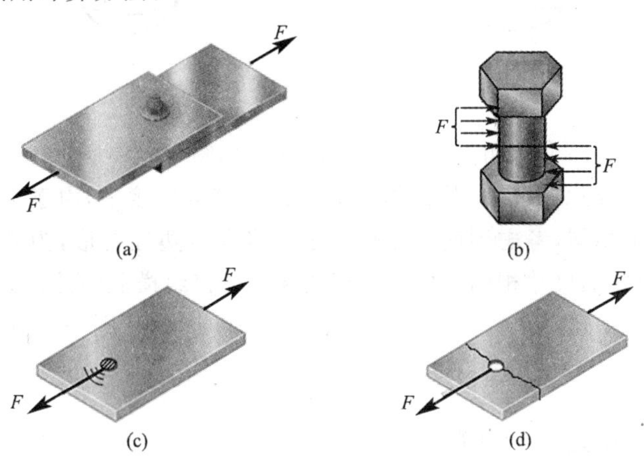

图 2-4

2.3 连接件的实用计算

2.3.1 连接件剪切的实用计算

如图 2-5(a)所示的两块钢板由铆钉连接。当钢板受拉力 F 作用后，铆钉的受力情况如图 2-5(b)所示，两侧面受到分布力作用，铆钉将沿 m-m 面产生剪切变形，该截面称为剪切面。为了研究铆钉在剪切面上的应力，首先根据已知的外力确定剪切面上的内力。为此，采用截面法，假想用一截面在 m-m 处将铆钉切断，并取下部分为隔离体(图 2-5(c))，该部分受外力 F 作用，

设 m-m 面上的内力为 F_S 。根据平衡条件得

$$F_S = F$$

上式表明，在连接件的剪切面上有位于截面内的内力 F_S，称为剪切面上的剪力。与剪力相对应的应力为切应力 τ（图 2-5(d)）。在剪切实用计算中，假设在剪切面上的切应力均匀分布，则铆钉剪切面上的名义切应力为

$$\tau = \frac{F_S}{A_s} \tag{2-1}$$

式中 F_S ——剪切面上的剪力；

A_s——剪切面面积。

切应力 τ 的方向与剪力 F_S 相同。

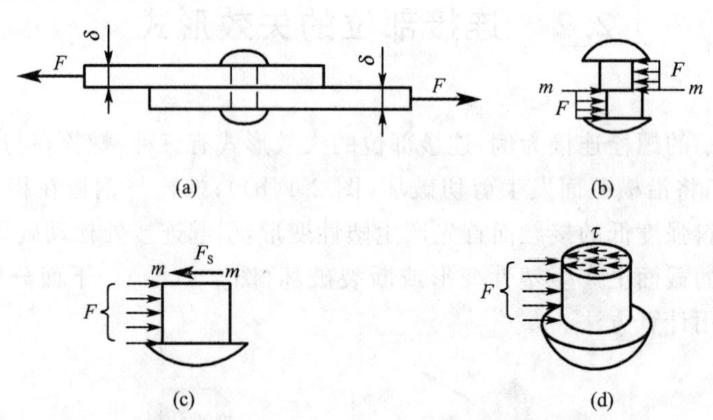

图 2-5

上述讨论中铆钉只有一个剪切面，通常称作单剪。如图 2-6(a)所示的铆钉组双搭接连接，每个铆钉有两个剪切面（图 2-6(b)），故称作双剪。在铆钉组连接中，由于铆钉位置不同，在弹性阶段每个铆钉受力不相同，考虑到连接在破坏之前将发生塑性变形，为简化计算，忽略弯曲变形的影响，在铆钉材料和尺寸相同且外力作用线通过铆钉组横截面的形心时，可认为每个铆钉受力相等。若铆钉组中铆钉个数为 n，一个铆钉有 m 个剪切面，则一个剪切面上的剪力为

$$F_S = \frac{F}{nm}$$

剪切面上的切应力由式(2-1)计算。

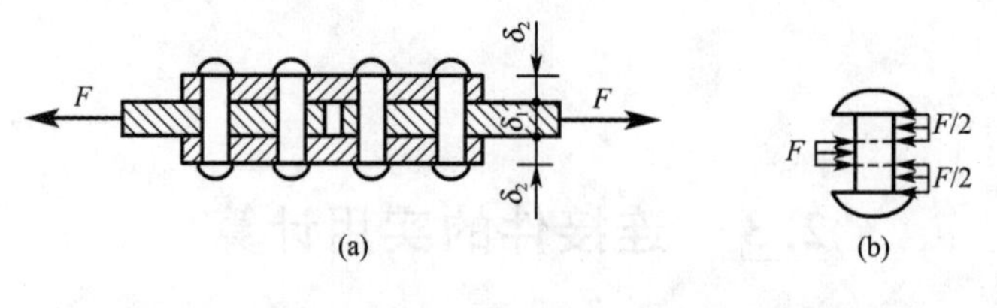

图 2-6

2.3.2 连接件挤压的实用计算

在图 2-7(a)所示的连接中，铆钉与板相互接触的侧面受到挤压作用（图 2-7(b)），产生挤压变形。挤压面上的挤压力记作 F_{bs}，可根据静力平衡方程求得。由理论研究可知，当接触面为圆柱面时，挤压应力沿圆柱面的分布如图 2-7(c)所示，根据式(2-2)计算的名义挤压应力与接触面中点处的最大挤压应力相近。即

$$\sigma_{bs}=\frac{F_{bs}}{A_{bs}} \tag{2-2}$$

式中　σ_{bs}——挤压面上的挤压应力；

A_{bs}——计算挤压面面积。

当接触面为圆柱面时，计算挤压面面积取实际接触面面积在直径平面上的投影，如图 2-7(d)所示。

$$A_{bs}=\delta d \tag{2-3}$$

式中　δ——板厚；

d——铆钉的直径。

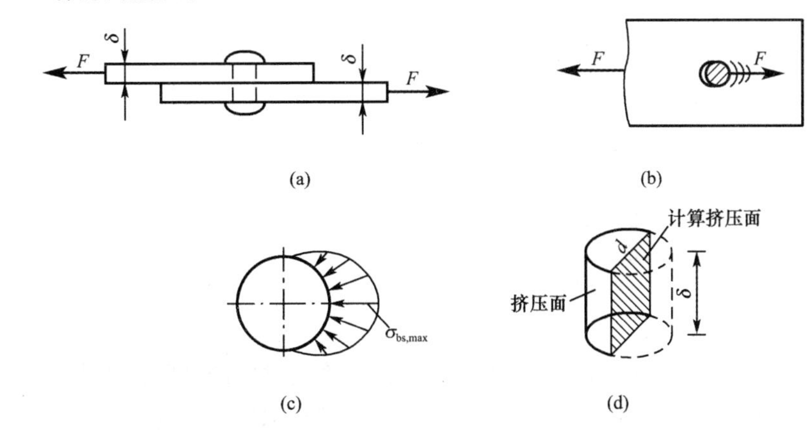

图 2-7

当连接件与被连接构件的接触面为平面(如图 2-8 所示的键连接)时，计算挤压面面积即为实际接触面面积。

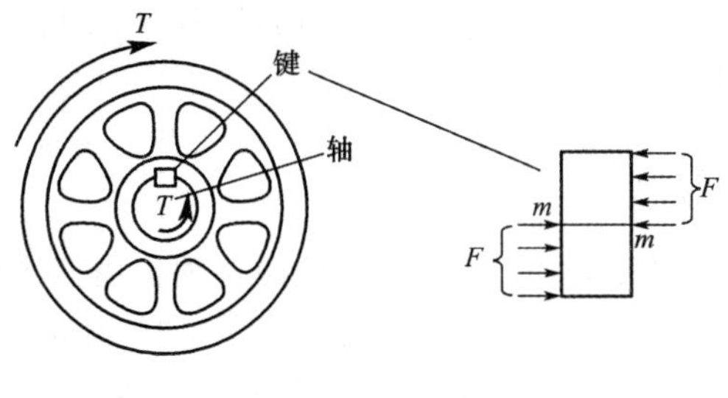

图 2-8

2.3.3　连接部位的强度条件

针对构件连接部位的失效形式，利用连接件剪切和挤压的实用计算方法，可以建立连接部位的强度条件。

建立剪切强度条件时，需根据剪切试验，确定剪切破坏时材料的极限切应力 τ_u。剪切试验装置的简图如图 2-9(a)所示，图为双剪试验。当施加外力 F 将试件剪断时(图 2-9(b))，剪切面上的极限切应力 τ_u 的平均值为

$$\tau_u=\frac{F}{2A} \tag{a}$$

A 为一个剪切面的面积。考虑安全因数 n，即得到材料的许用切应力

$$[\tau]=\frac{\tau_u}{n} \tag{b}$$

于是,连接件的剪切强度条件可表示为

$$\tau=\frac{F_S}{A_s}\leqslant[\tau] \tag{2-4}$$

在连接件的剪切强度条件中采用了名义切应力,即剪切面上的平均切应力,考虑到由塑性金属材料制成的连接件在达到屈服状态时,截面上的切应力趋于平均,故上述剪切强度的计算方法能够保证连接件不发生剪切破坏,从而满足工程要求。

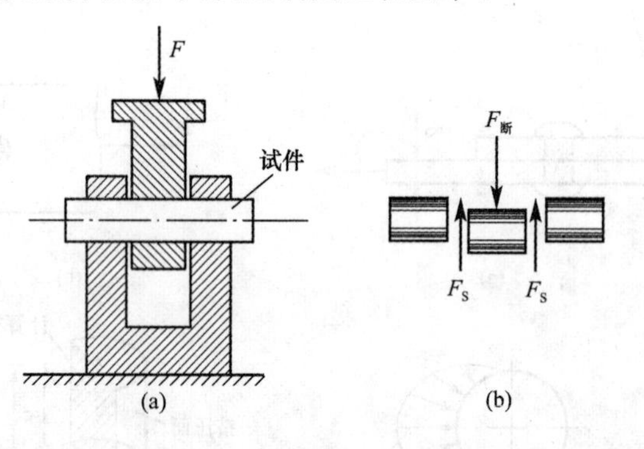

图 2-9

建立连接件的挤压强度条件时,同样需要通过试验确定材料的极限挤压应力,再除以安全因数,得到材料的许用挤压应力 $[\sigma_{bs}]$。于是,连接件的挤压强度条件为

$$\sigma_{bs}=\frac{F_{bs}}{A_{bs}}\leqslant[\sigma_{bs}] \tag{2-5}$$

挤压应力实际上是两个接触面间单位面积上的压力,故通常强度较高。例如,两块钢板间的许用挤压应力 $[\sigma_{bs}]=(1.7\sim2.0)[\sigma]$,$[\sigma]$ 为钢材的许用正应力。由于挤压强度是连接件和被连接件两个接触面间的相互作用,当构件材料强度不同时,应校核强度低的构件。

应当指出,在连接部位被连接件的截面通常被削弱,截面面积小于其他承载部位,在某些情况下,也需要校核被连接件在连接部位的强度。

例题 2-1 如图 2-10(a)所示,受拉力 F 作用的两块钢板由四个铆钉连接。已知:拉力 $F=100$ kN,钢板厚 $\delta=8$ mm,宽 $b=100$ mm,铆钉直径 $d=16$ mm。若铆钉材料的许用切应力 $[\tau]=145$ MPa,许用挤压应力 $[\sigma_{bs}]=340$ MPa,钢板材料的许用正应力 $[\sigma]=170$ MPa。试校核该接头的强度。

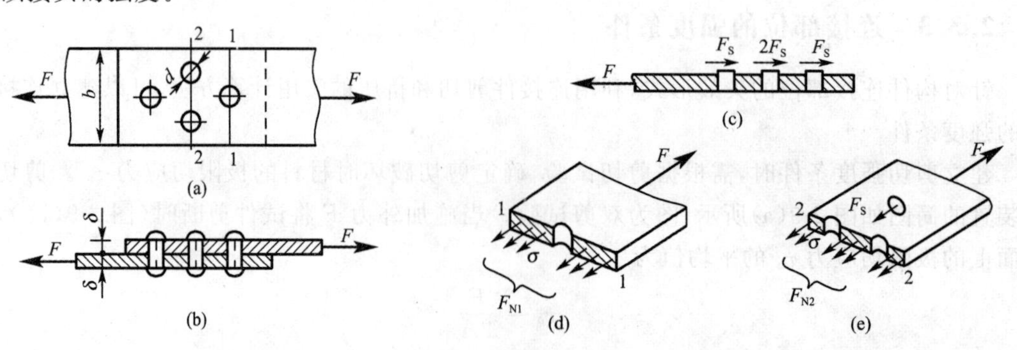

图 2-10 例题 2-1 图

解:(1)校核铆钉的剪切强度。铆钉剪切面上的内力如图 2-10(c)所示,设每个铆钉承担的剪力相同,则每个剪切面上的剪力 $F_S=\frac{F}{4}$。

根据式(2-1),代入已知数据,得

$$\tau=\frac{F_S}{A_s}=\frac{F}{4\times\frac{\pi d^2}{4}}=\frac{100\times10^3}{4\times\frac{3.14\times16^2\times10^{-6}}{4}}=124.4\times10^6\ \text{Pa}=124.4\ \text{MPa}<[\tau]$$

(2)校核铆钉与钢板接触面的挤压强度。由铆钉受力可知,每个挤压面上的挤压力 $F_{bs}=\frac{F}{4}$,将已知数据代入式(2-2)、式(2-3),得

$$\sigma_{bs}=\frac{F_{bs}}{A_{bs}}=\frac{F/4}{\delta d}=\frac{100\times10^3}{4\times8\times16\times10^{-6}}=195.3\times10^6\ \text{Pa}=195.3\ \text{MPa}<[\sigma_{bs}]$$

(3)校核钢板的抗拉强度。根据钢板轴力的分布以及开孔处的承载面积,对拉应力最大的截面进行强度校核。先沿第一排孔的中心线(图 2-10(a)中截面 1-1)将钢板截开,取右部分为隔离体(图 2-10(d)),设正应力在截面内均匀分布,其合力为 F_{N1}。由平衡条件可知 $F_{N1}=F$,被切开钢板的横截面的净面积为 $A_1=\delta(b-d)$,根据式(1-2),有

$$\sigma=\frac{F_{N1}}{A_1}=\frac{F}{\delta(b-d)}=\frac{100\times10^3}{8\times(100-16)\times10^{-6}}=148.8\times10^6\ \text{Pa}=148.8\ \text{MPa}<[\sigma]$$

由于第二排有两个孔(图 2-10(a)中截面 2-2),钢板横截面净面积较小,承担拉力 F,受力如图 2-10(e)所示,故需要校核此截面的拉应力强度。根据平衡条件,有 $F_{N2}=F-F_S=F-\frac{F}{4}=\frac{3}{4}F$,于是

$$\sigma=\frac{F_{N2}}{A_2}=\frac{3F/4}{\delta(b-2d)}=\frac{3\times100\times10^3}{4\times8\times(100-2\times16)\times10^{-6}}=137.9\times10^6\ \text{Pa}=137.9\ \text{MPa}<[\sigma]$$

由计算结果可知,该连接处安全。

例题 2-2　某接头部位的销钉承担荷载如图 2-11 所示。已知连接处的受力和几何尺寸分别为:$F=100$ kN,$D=45$ mm,$d_1=32$ mm,$d_2=34$ mm,$\delta=12$ mm。试计算销钉的切应力 τ 和挤压应力 σ_{bs}。

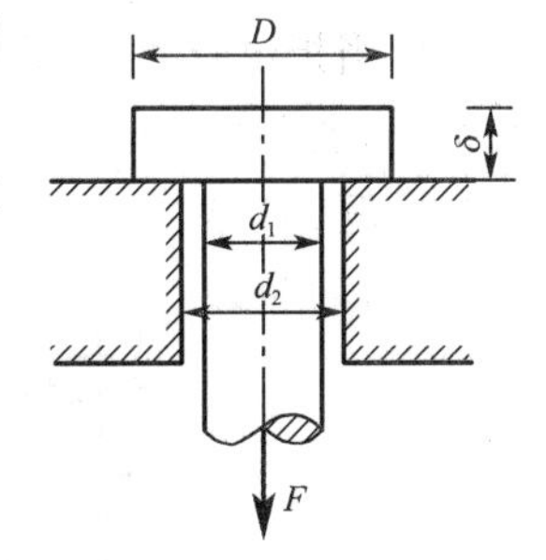

图 2-11　例题 2-2 图

解:(1)销钉的剪切面积为

$$A_s=\pi d_1\delta=3.14\times32\ \text{mm}\times12\ \text{mm}=1\ 206\ \text{mm}^2$$

(2)销钉的挤压面积

$$A_{bs}=\frac{\pi}{4}(D^2-d_2^2)=\frac{3.14}{4}\times(45^2-34^2)^2=682\ \text{mm}^2$$

(3)销钉的剪切应力和挤压应力分别为

$$\tau=\frac{F_S}{A_s}=\frac{100\times10^3}{1\ 206\times10^{-6}}=82.9\times10^6\ \text{Pa}=82.9\ \text{MPa}$$

$$\sigma_{bs}=\frac{F_{bs}}{A_{bs}}=\frac{100\times10^3\ \text{N}}{682\times10^{-6}}=146.6\times10^6\ \text{Pa}=146.6\ \text{MPa}$$

例题 2-3　如图 2-12 所示结构中,杆件 AB 由销钉与固定支座 A 相连,若销钉直径 $d=10$ mm,销钉材料的许用切应力$[\tau]=100$ MPa,许用挤压应力$[\sigma_{bs}]=200$ MPa,AB 杆宽度 $t=4$ mm。试校核结构承担力 $F=12$ kN 的情况下,固定支座 A 处销钉的强度。

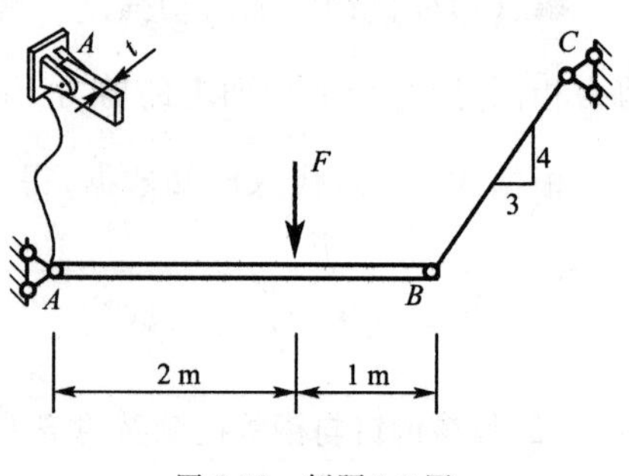

图 2-12 例题 2-3 图

解:分析 AB 杆的受力,列平衡方程 $\sum M_A = 0$,得

$$F_{BC} \times \frac{4}{5} \times 3 - 12 \times 2 = 0$$

$$F_{BC} = 10 \text{ kN}$$

由平衡方程 $\sum F_x = 0$,$\sum F_y = 0$,解得

$$F_{Ax} = 6 \text{ kN} \qquad F_{Ay} = 8 \text{ kN}$$

因此,固定支座 A 处销钉承担的合力 $F_A = 10$ kN 。

连接处的销钉有两个剪切面,一个剪切面上的切应力

$$\tau_A = \frac{F_A}{2A} = \frac{4 \times 10 \times 10^3}{2 \times 3.14 \times 10^2 \times 10^{-6}} = 63.69 \times 10^6 \text{ Pa} = 63.69 \text{ MPa} < [\tau]$$

销钉接触面上的挤压应力

$$\sigma_{bs} = \frac{F_A}{dt} = \frac{10 \times 10^3}{10 \times 4 \times 10^{-6}} = 250 \times 10^6 \text{ Pa} = 250 \text{ MPa} > [\sigma_{bs}]$$

由计算结果可知,该连接处不安全。

例题 2-4 如图 2-13(a)所示一广告牌由螺栓固定在立柱上。已知广告牌的自重为 35 kN,几何尺寸如图所示(尺寸单位为 mm),螺栓的直径为 20 mm,试求螺栓剪切面上的最大切应力值。

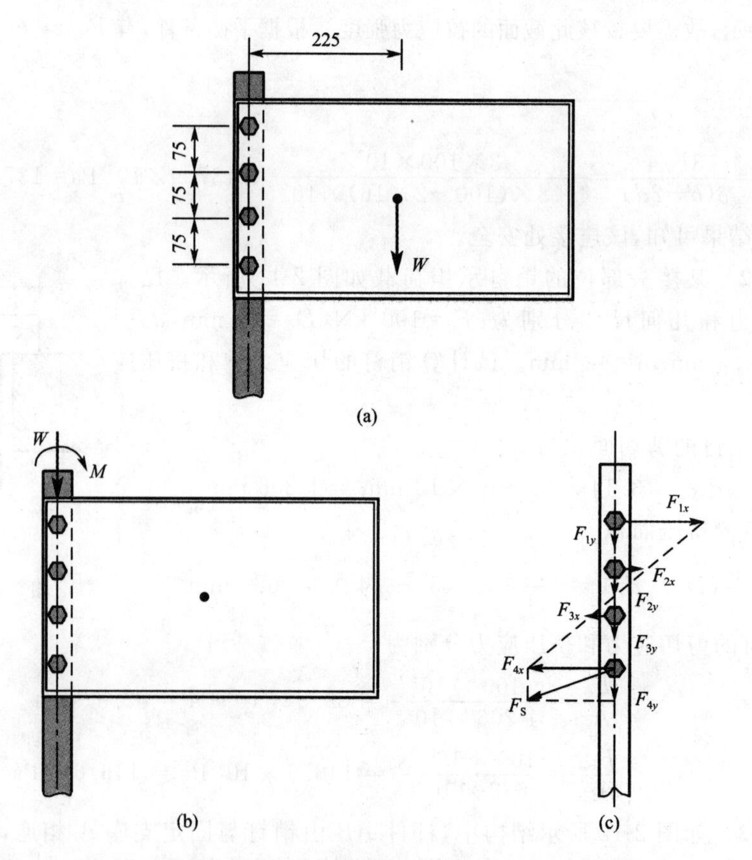

图 2-13 例题 2-4 图

解:由受力分析可知,螺栓受力如图 2-13(b)、图 2-13(c)所示。螺栓组承担的力偶矩为

$$M = 35 \times 10^3 \times 225 \times 10^{-3} = 7.88 \times 10^3\ \text{N} \cdot \text{m} = 7.88\ \text{kN} \cdot \text{m}$$

每个螺栓承担的水平分力与该螺栓到螺栓连线中心 C 的垂直距离成正比，即

$$F_{1x} = F_{4x} \quad F_{2x} = F_{3x} \quad F_{1x} \times 3 \times 75 + F_{2x} \times 75 = M$$

$$\frac{F_{2x}}{F_{1x}} = \frac{\frac{75}{2}}{75 + \frac{75}{2}} = \frac{1}{3}$$

由此可计算出螺栓的水平分力为

$$F_{1x} = F_{4x} = 31.5\ \text{kN} \quad F_{2x} = F_{3x} = 10.5\ \text{kN}$$

螺栓承担的竖向分力为

$$F_{1y} = F_{2y} = F_{3y} = F_{4y} = \frac{W}{4} = \frac{35}{4}\ \text{kN} = 8.75\ \text{kN}$$

螺栓承担的最大剪力为

$$F_S = \sqrt{F_{1x}^2 + F_{1y}^2} = \sqrt{31.5^2 + 8.75^2}\ \text{kN} = 32.7\ \text{kN}$$

故螺栓内的最大切应力

$$\tau_{\max} = \frac{F_S}{A_s} = \frac{32.7 \times 10^3 \times 4}{3.14 \times 0.02^2}\ \text{Pa} = 104.1 \times 10^6\ \text{Pa} = 104.1\ \text{MPa}$$

切应力的方向与剪力的方向一致，与水平轴夹角为

$$\tan\alpha = \frac{F_{1y}}{F_{1x}} = \frac{8.75\ \text{kN}}{31.5\ \text{kN}} = 0.278$$

$$\alpha = 15.4^\circ$$

小　结

1.剪切变形的基本概念

(1)受力特点　作用在构件上的力是大小相等、方向相反、作用线与轴线垂直且相距很近的一对外力。

(2)变形特点　以两作用力间的横截面为分界面，构件两部分沿该面(剪切面)发生相对错动。

2.连接件的剪切实用计算及剪切强度条件

为保证铆钉等受剪构件安全工作，要求剪切面上的名义切应力不超过材料的许用值，即剪切强度条件为

$$\tau = \frac{F_S}{A_s} \leqslant [\tau]$$

3.连接件的挤压实用计算及挤压强度条件

为保证连接部分正常工作，要求接触面间的挤压应力不超过许用值，即连接件的挤压强度条件为

$$\sigma_{bs} = \frac{F_{bs}}{A_{bs}} \leqslant [\sigma_{bs}]$$

在连接件的实用计算中，明确剪切面和挤压面，以及剪切面和挤压面上的作用力是强度计算的关键。

习　题

2-1　如图 2-14 所示由螺栓连接的两块钢板承受拉力 F 作用。已知螺栓直径 $d=24$ mm，每块板的厚度 $\delta=12$ mm，拉力 $F=27$ kN，螺栓许用切应力 $[\tau]=60$ MPa，许用挤压应力 $[\sigma_{bs}]=120$ MPa。试校核螺栓强度。

2-2　某起重机吊具如图 2-15 所示，吊钩与吊板通过销轴连接，起吊力为 F。已知：$F=40$ kN，销轴直径 $d=22$ mm，吊钩厚度 $\delta=20$ mm。销轴许用切应力 $[\tau]=60$ MPa，许用挤压应力 $[\sigma_{bs}]=120$ MPa。试校核该销轴的强度。

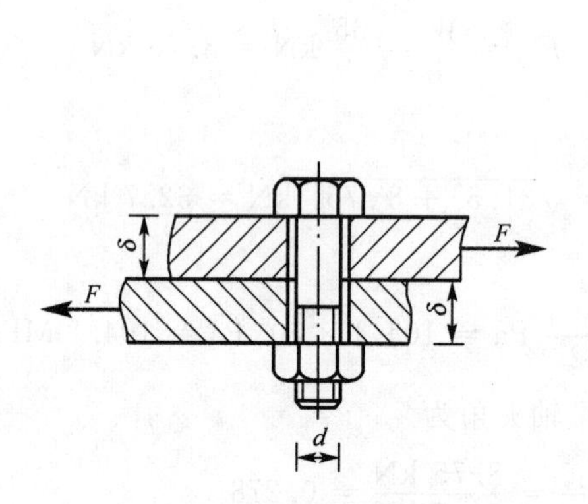

图 2-14　习题 2-1 图

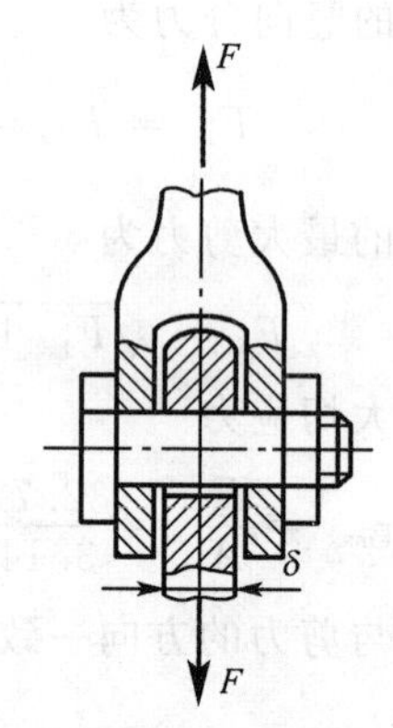

图 2-15　习题 2-2 图

2-3　两块钢板由相同材料的两块盖板和十个铆钉连接，如图 2-16(a)、图 2-16(b)所示，图中尺寸单位为 mm。已知铆钉的许用切应力 $[\tau]=120$ MPa，许用挤压应力 $[\sigma_{bs}]=300$ MPa，钢板的许用正应力 $[\sigma]=160$ MPa，试校核此接头的强度。

2-4　皮带轮与轴用平键连接，如图 2-17 所示，轴的直径 $d=80$ mm，键长 $l=100$ mm，宽 $b=10$ mm，高 $h=20$ mm，材料的许用切应力 $[\tau]=60$ MPa，许多挤压应力 $[\sigma_{bs}]=100$ MPa，当传递的扭转力偶矩 $M_e=2$ kN·m 时，试校核该键的连接强度。

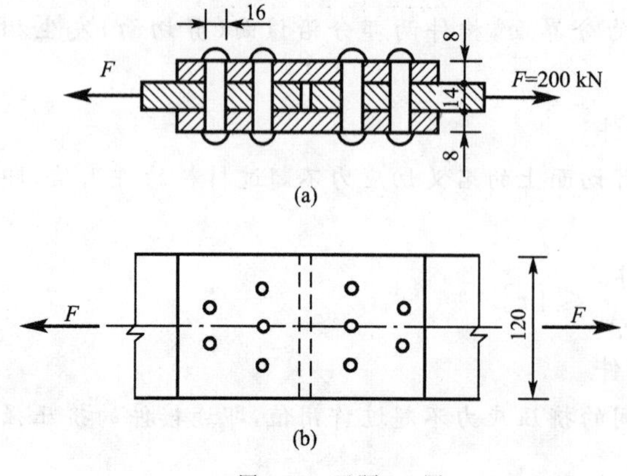

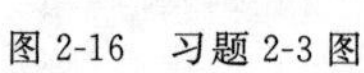
图 2-16　习题 2-3 图

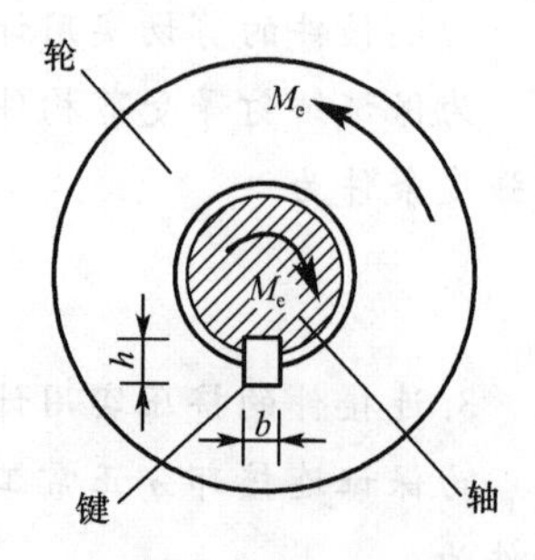

图 2-17　习题 2-4 图

2-5　如图 2-18 所示桁架由 AB、BC 和 CD 三根杆组成，BC 与 CD 杆在结点 C 处铰接，铰链 C 处销钉的直径为 d，若 BCD 三点在一条直线上，且 $AD=BC=CD$。试求：在结点 B 处作用力 F 后，铰链 C 处销钉横截面上的平均切应力和接触面上的挤压应力。

2-6　如图 2-19 所示结构由杆 AC 和杆 BE 在 C 点铰接而成，承担荷载 $F=2$ kN，已知两杆在支座 A、B 处与地面铰链连接，若连接处销钉直径 $d=8$ mm，尺寸 $t=10$ mm，长度 $L=2$ m，试计算支座 A、B 处销钉横截面上的切应力及接触面上的挤压应力。

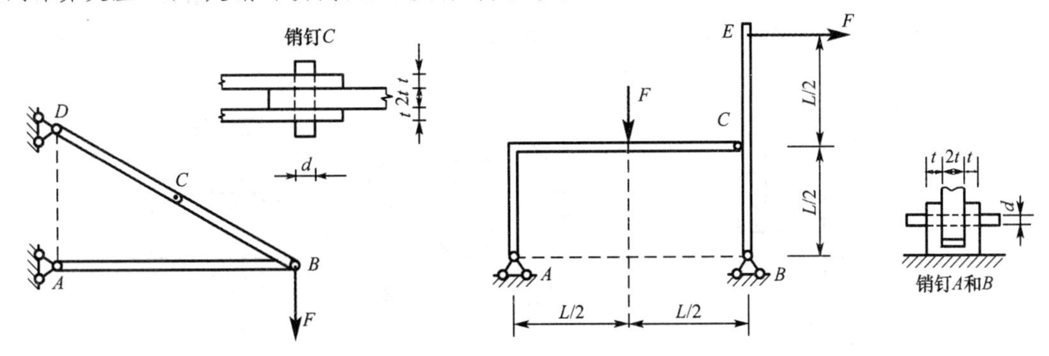

图 2-18　习题 2-5 图　　　　图 2-19　习题 2-6 图

2-7　一带肩吊钩承载如图 2-20 所示。已知肩部尺寸 $D=200$ mm，板厚度 $h=35$ mm，吊钩直径 $d=100$ mm。若板材的许用切应力 $[\tau]=100$ MPa，接触面处的许用挤压应力 $[\sigma_{bs}]=320$ MPa，吊钩材料的许用正应力 $[\sigma]=160$ MPa。试求为保证该连接处安全，吊钩能够承担的最大载荷 $[F]$。

2-8　如图 2-21 所示为一螺栓接头，螺栓直径 $d=30$ mm，钢板宽 $b=300$ mm，板厚 $\delta=18$ mm，钢板的许用拉应力 $[\sigma]=160$ MPa，螺栓许用切应力 $[\tau]=100$ MPa，许用挤压应力 $[\sigma_{bs}]=240$ MPa。试求最大许用拉力 $[F]$ 值。

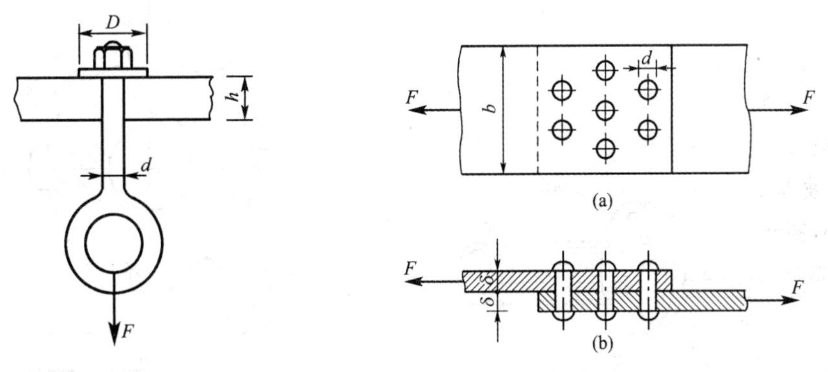

图 2-20　习题 2-7 图　　　　图 2-21　习题 2-8 图

2-9　如图 2-22 所示一正方形截面的混凝土柱，浇筑在混凝土基础上。基础分两层，每层厚为 δ。已知 $F=200$ kN，假设地基对混凝土板的反力均匀分布，混凝土的许用切应力 $[\tau]=1.5$ MPa。试计算为使基础不被剪坏所需的厚度值 δ。(图中尺寸单位为 m)

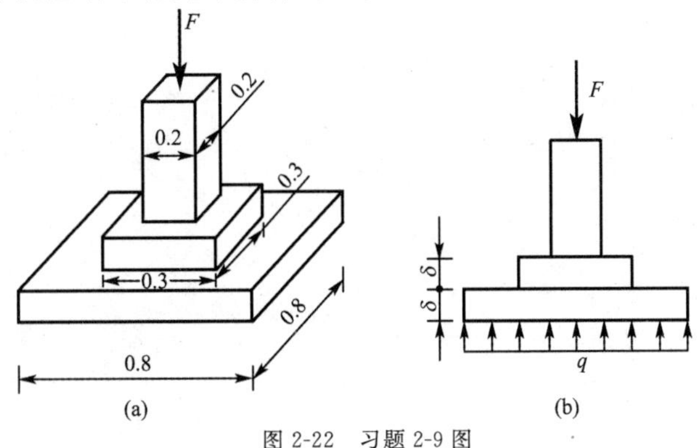

图 2-22　习题 2-9 图

2-10　如图 2-23 所示螺钉承受拉力 F，已知材料的许用切应力 $[\tau]$ 与许用拉应力 $[\sigma]$ 的关系为 $[\tau]=0.7[\sigma]$，试按剪切强度和抗拉强度求螺杆直径 d 与螺帽高度 h 之间的合理比值。

2-11　如图 2-24 所示齿轮与传动轴用平键连接，已知轴的直径 $d=80$ mm，键长 $l=50$ mm，宽 $b=20$ mm，$h=12$ mm，$h'=7$ mm，材料的许用切应力 $[\tau]=60$ MPa，许用挤压应力 $[\sigma_{bs}]=100$ MPa，试确定此键所能传递的最大扭转力偶矩 M_e。

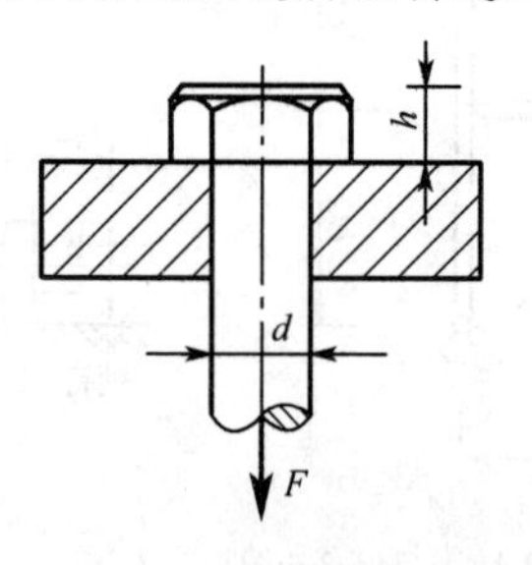

图 2-23　习题 2-10 图

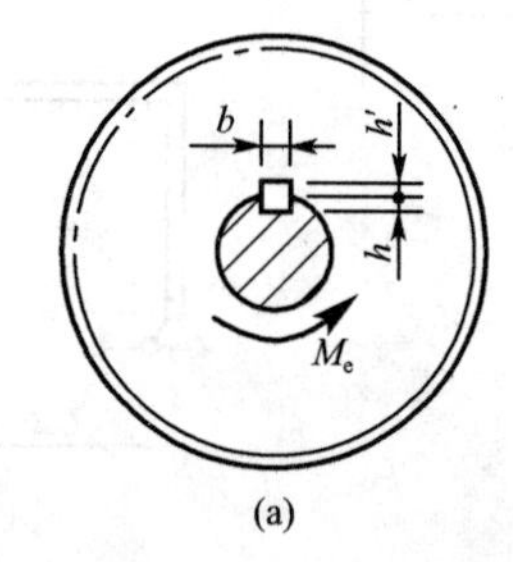

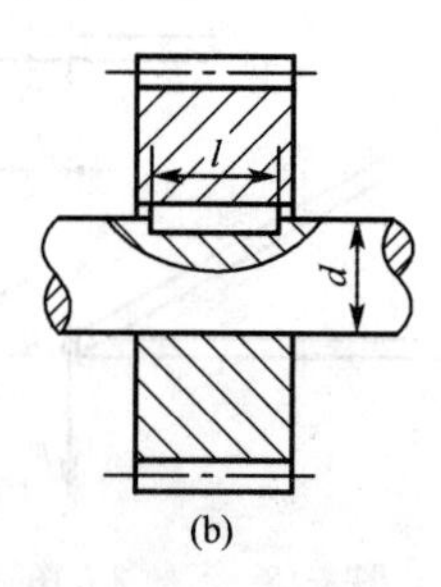

图 2-24　习题 2-11 图

2-12　如图 2-25 所示，联轴节传递的力偶矩 $M_e=50$ kN·m，用 8 个分布于直径 $D=450$ mm 的圆周上的螺栓连接，若螺栓的许用切应力 $[\tau]=80$ MPa，试求螺栓的直径 d。

2-13　如图 2-26 所示机床花键轴的截面有 8 个齿，轴与轮毂的配合长度 $l=50$ mm，靠花键侧面传递的力偶矩 $M_e=3.5$ kN·m，花键材料的许用挤压应力 $[\sigma_{bs}]=140$ MPa，试校核该花键的挤压强度。（图中尺寸单位为 mm）

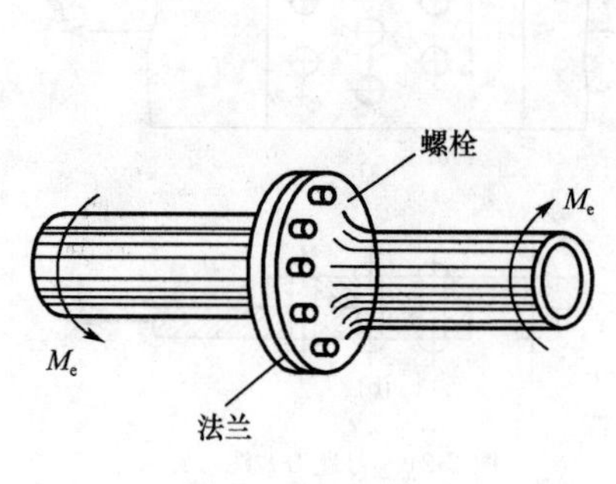

图 2-25　习题 2-12 图

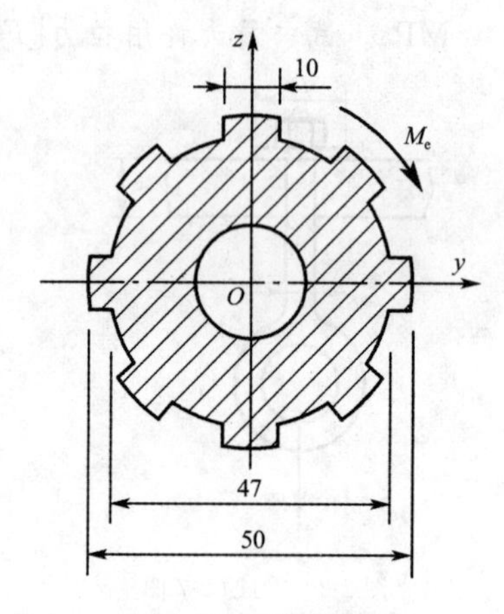

图 2-26　习题 2-13 图

第3章 扭 转

3.1 概 述

工程中有这样一类杆件，如石油钻井平台设备中发生扭转变形的钻杆、搅拌机轴、传动轴(图 3-1(a)、图 3-1(b)、图 3-1(c))等，可以简化成图 3-2 所示的力学模型。在该模型中垂直于杆轴线平面内受到一对大小相等、方向相反的力偶作用，杆件两横截面之间产生绕轴线转动的相对扭转角 φ，即发生扭转变形。图 3-2 中 φ_{BA} 表示截面 B 对截面 A 的相对扭转角。单纯产生扭转变形的例子在实际中并不多，有些杆件变形是以扭转变形为主的，通常称为轴。由于非圆截面杆的扭转变形比较复杂，需用弹性力学的方法求解，因此本章只研究等直圆轴的扭转强度和变形计算。

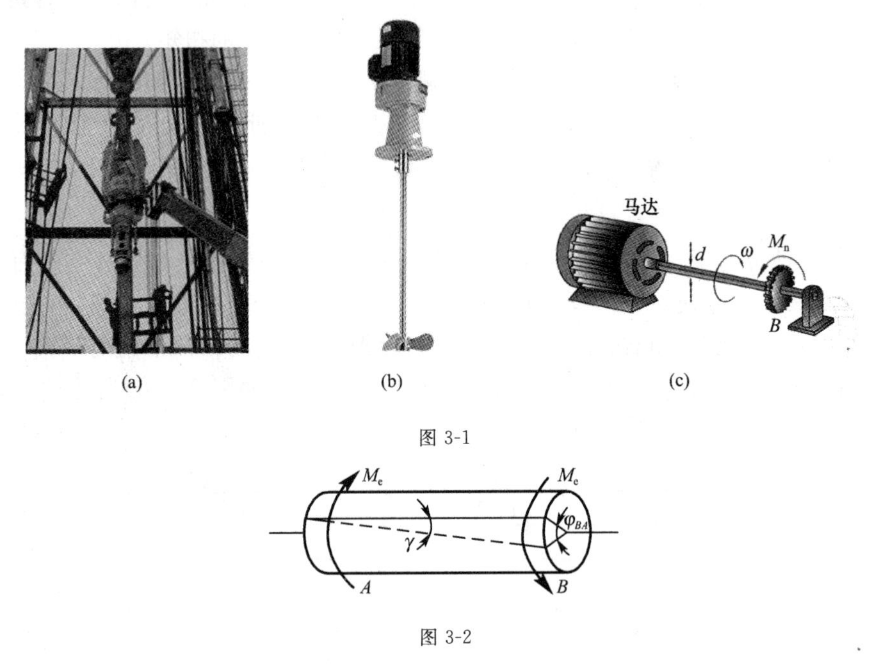

图 3-1

图 3-2

3.2 扭转轴的内力 扭矩图

3.2.1 传动轴上的外力偶矩

在研究传动轴的扭转变形之前，首先要分析传动轴的受力情况。通常情况下，传动轴传递

的功率 P(单位 kW)及轴的转速 n(单位 r/min)是已知的,根据功能原理,可计算作用在传动轴上的外力偶矩。传动轴每分钟所做的功为

$$W = P \times 1000 \times 60 \tag{3-1}$$

传动轴上外力偶矩每分钟所做的功为

$$W' = M_e \varphi = M_e \times 2\pi n \tag{3-2}$$

式(3-1)、式(3-2)中,W、W' 的单位为 N·m 。

忽略传动中的能量损失,由 $W = W'$,可得作用在传动轴上的外力偶矩为

$$M_e = \frac{P \times 1\,000 \times 60}{2\pi n} = 9.55\,\frac{P}{n} \times 10^3\ \mathrm{N \cdot m} = 9.55\,\frac{P}{n}\ \mathrm{kN \cdot m} \tag{3-3}$$

例题 3-1 一钻探机的输出功率为 10 kW,传动轴的转速 n=180 r/min,试求作用在钻杆上的外力偶矩。

解:由式(3-3)得

$$M_e = 9.55\,\frac{P}{n} = 9.55 \times \frac{10\ \mathrm{kW}}{180\ \mathrm{r/min}} = 0.53\ \mathrm{kN \cdot m}$$

3.2.2 扭矩及扭矩图

1. 扭矩

扭转外力偶作用面平行于轴的横截面,根据平衡方程,轴横截面上的内力只有扭矩 T。轴上的荷载(外力偶矩)确定后,即可通过截面法计算任意横截面上的扭矩。

例如,图 3-3(a)所示等直圆轴 AB,在外力偶矩 M_e 作用下处于平衡状态。欲计算截面 C 上的扭矩 T,可假想在该截面处将圆轴截成两段,取左段作为研究对象,由于整个轴处于平衡状态,则左段轴亦应保持平衡(图 3-3(b))。由平衡方程 $\sum M_x = 0$,得

$$T - M_e = 0, \qquad T = M_e$$

若取右段为研究对象,由平衡方程同样可得横截面内的扭矩 $T = M_e$,同一截面内的扭矩大小相等、转向相反。为使左、右两段轴上求得的同一截面上的扭矩数值相等、正负号相同,对扭矩的正负号作如下规定:用右手四指沿扭矩的转向握住轴,若拇指的指向离开截面向外侧扭矩为正,如图 3-3(b)所示,反之,拇指指向截面内则扭矩为负,如图 3-3(d)所示。上述判断扭矩正负号的方法,称作右手螺旋法则。

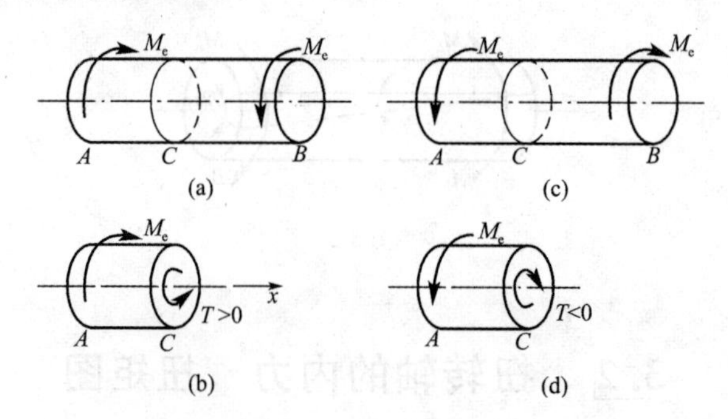

图 3-3

2. 扭矩图

为了清晰地表示各段轴上扭矩的大小,效仿拉压杆画轴力图的方法,作轴的扭矩图。

下面举例说明扭矩的计算及扭矩图的做法。

例题 3-2　求图 3-4(a)所示受扭轴各段的扭矩，并绘扭矩图。已知外力偶矩 $M_A=70\ \text{N}\cdot\text{m}$，$M_B=200\ \text{N}\cdot\text{m}$，$M_C=130\ \text{N}\cdot\text{m}$。

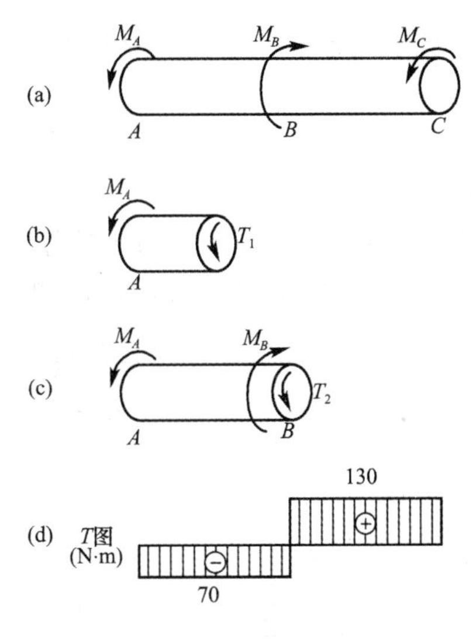

图 3-4　例题 3-2 图

解：(1)用截面法计算扭矩。假想用一截面将轴在 AB 段截开(图 3-4(b))，研究左段轴的平衡，可得 AB 段内扭矩

$$\sum M_x=0,\qquad M_A+T_1=0$$

$$T_1=-M_A=-70\ \text{N}\cdot\text{m}$$

同理，由平衡方程计算 BC 段内的扭矩(图 3-4(c))

$$\sum M_x=0,\qquad M_A-M_B+T_2=0$$

$$T_2=M_B-M_A=130\ \text{N}\cdot\text{m}$$

(2)画扭矩图(图 3-4(d))。扭矩图的横坐标与轴线平行，代表横截面的位置，纵坐标代表相应截面上的扭矩值，正扭矩画在横坐标的上方，负扭矩画在横坐标的下方。由于每一段轴的扭矩数值不变，故扭矩图由两段水平线组成，从扭矩图上可确定最大扭矩值及其所在横截面的位置。

例题 3-3　图 3-5(a)所示的轴受集度为 m 的分布力偶作用，试绘该轴扭矩图。

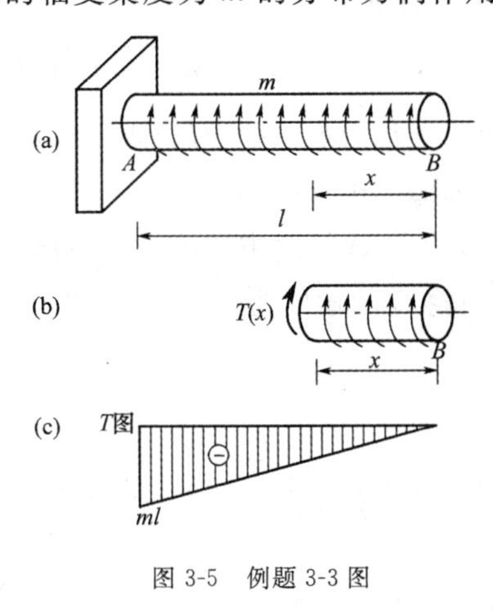

图 3-5　例题 3-3 图

解:(1)用截面法计算扭矩。假想用一截面将轴在 x 处截开(图 3-5(b)),研究右段轴的平衡,可得 x 截面扭矩

$$\sum M_x = 0, \qquad -mx - T(x) = 0$$

$$T(x) = -mx$$

(2)画扭矩图(图 3-5(c))。该轴的扭矩与截面到右端距离 x 成正比,所以扭矩图为一斜直线,最大扭矩值在固定端 A 截面处:$T_{\max} = -ml$ 。

例题 3-4 设一等直圆轴如图 3-6(a)所示,作用在轴上的外力偶矩分别为:$M_1 = 6M$, $M_2 = M$, $M_3 = 2M$, $M_4 = 3M$。试计算Ⅰ-Ⅰ、Ⅱ-Ⅱ、Ⅲ-Ⅲ截面的扭矩并作扭矩图。

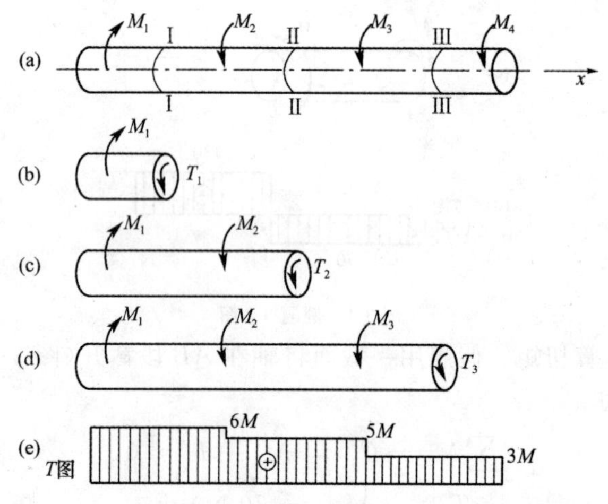

图 3-6 例题 3-4 图

解:首先根据外力偶矩计算截面的扭矩。假想用一截面在Ⅰ-Ⅰ处将轴截开(图 3-6(b)),研究左段轴的平衡,可得Ⅰ-Ⅰ截面扭矩

$$\sum M_x = 0, \qquad -M_1 + T_1 = 0$$

$$T_1 = M_1 = 6M$$

同理,计算截面Ⅱ-Ⅱ内的扭矩(图 3-6(c))

$$T_2 = M_1 - M_2 = 6M - M = 5M$$

由图 3-6(d),计算截面Ⅲ-Ⅲ内的扭矩

$$\sum M_x = 0, \qquad -M_1 + M_2 + M_3 + T_3 = 0$$

$$T_3 = M_1 - M_2 - M_3 = 6M - M - 2M = 3M$$

根据上述计算结果作扭矩图如图 3-6(e)所示。

例题 3-5 传动轴如图 3-7(a)所示,A 轮为主动轮,输入功率 $P_A = 40$ kW,从动轮 B、C 的输出功率为 $P_B = P_C = 10$ kW,从动轮 D 的输出功率为 $P_D = 20$ kW,轴的传速为 $n = 300$ r/min。试作此轴的扭矩图。

解:(1)计算外力偶矩

$$M_A = 9.55\frac{P_A}{n} = 9.55 \times \frac{40\ \text{kW}}{300\ \text{r/min}} = 1.27\ \text{kN}\cdot\text{m} = 1\ 270\ \text{N}\cdot\text{m}$$

$$M_B = M_C = 9.55\frac{P_B}{n} = 9.55 \times \frac{10\ \text{kW}}{300\ \text{r/min}} = 0.32\ \text{kN}\cdot\text{m} = 320\ \text{N}\cdot\text{m}$$

$$M_D = 9.55\frac{P_D}{n} = 9.55\times\frac{20\ \text{kW}}{300\ \text{r/min}} = 0.63\ \text{kN}\cdot\text{m} = 630\ \text{N}\cdot\text{m}$$

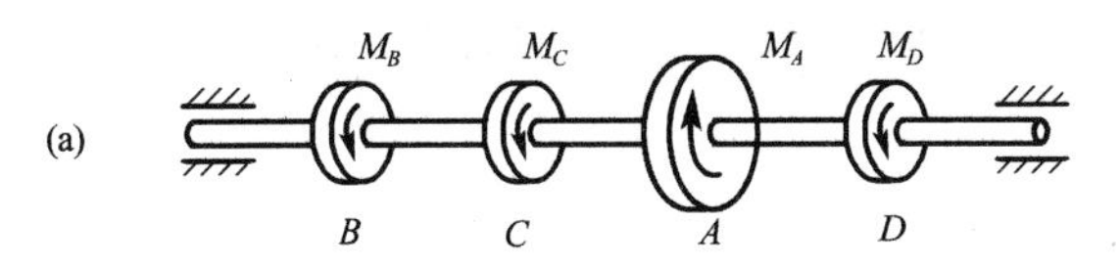

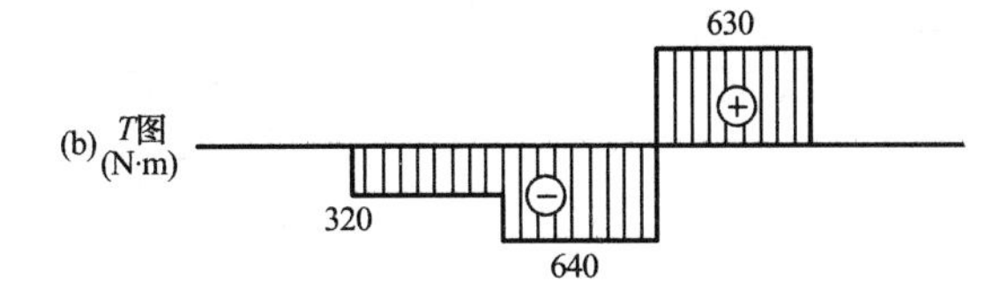

图 3-7　例题 3-5 图

(2)计算各轴段的扭矩

$$T_{BC} = -M_B = -320\ \text{N}\cdot\text{m}$$

$$T_{CA} = -(M_B + M_C) = -(320 + 320)\ \text{N}\cdot\text{m} = -640\ \text{N}\cdot\text{m}$$

$$T_{AD} = M_D = M_A - (M_B + M_C) = 630\ \text{N}\cdot\text{m}$$

(3)作扭矩图(图 3-7(b))

从图中可知 $T_{\max} = 640\ \text{N}\cdot\text{m}$。若将 A、D 轮互换位置,得到的 $T_{\max} = 1\ 270\ \text{N}\cdot\text{m}$,显然这种轮的布局是不合理的。在布置主动轮和从动轮位置时,应尽可能降低轴上的扭矩,以提高传动轴的强度。

3.3 薄壁圆筒扭转时横截面上的切应力

薄壁圆筒指的是壁厚 t 远小于其平均半径 r 的圆筒(图 3-8(a)),若圆筒两端承受外力偶矩 M_e(图 3-8(b)),则圆轴任意横截面上的扭矩 $T = M_e$。由于横截面上的内力只有扭矩,受扭轴纵向无变形,故在横截面上无垂直于横截面方向的正应力,只有沿着横截面的切应力(图 3-8(c))。

为了得到横截面上切应力的分布规律,仿照拉压杆的研究方法,在圆筒表面画上等间距的圆周线和纵向线,在圆筒两端施加外力偶(力偶矩为 M_e)以后,观察圆筒表面纵向线和圆周线的变化。从试验中可以观察到,在线弹性范围内,圆周线保持不变,纵向线发生倾斜,且在小变形时纵向线仍为直线。由此可设想,薄壁圆筒扭转变形后,横截面保持原状,圆筒的长短不变,相邻两截面绕圆筒的轴线发生相对转动。圆筒两端横截面间的相对转动角称为相对扭转角,用 φ 表示(图 3-8(b))。圆筒表面上周向线与纵向线相交成的直角的改变量定义为切应变 γ(图 3-8(b))。从图中可知,相对扭转角与两横截面间的距离有关,而该段轴表面上各点的切应变相同。

根据上述变形的观察和分析可知,薄壁圆筒横截面上任意一点处的切应力可近似看作相等,且方向与周向相切(图 3-8(c))。由横截面上的切应力与扭矩之间的关系可得

$$T = \int_A r\tau\,\text{d}A$$

由于 τ 近似为常量,上式积分为

$$T = \tau r\int_A \text{d}A$$

$$\tau = \frac{T}{rA} = \frac{T}{2\pi r^2 t} \tag{3-4a}$$

令 $A_0 = \pi r^2$，A_0 为以圆筒平均半径所作圆的面积。代入式(3-4a)中得

$$\tau = \frac{T}{2A_0 t} \tag{3-4b}$$

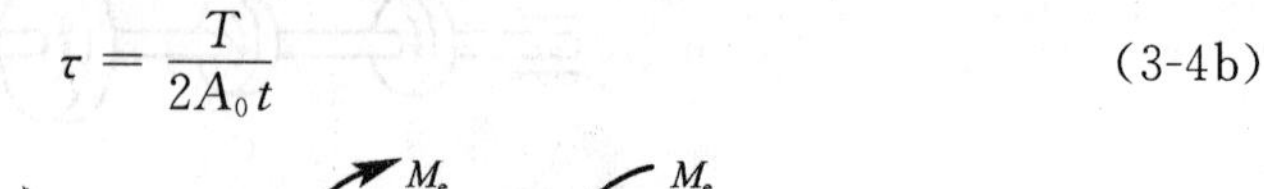

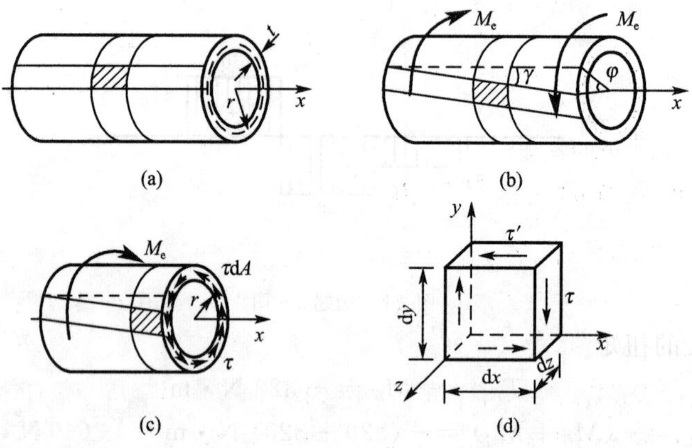

图 3-8

在图 3-8(a)所示的圆轴表面，围绕一点取一微小的单元体(图 3-8(d))，单元体左右两面为圆轴的横截面，上下两面为纵向面，前后面为周向面。由变形可知前后面上无应力。圆轴横截面上有切应力作用，所以单元体左右面内有一对大小相等、方向相反的切应力 τ。由平衡方程 $\sum M_z = 0$，可知在单元体的上表面必存在另一个切应力 τ'，使

$$(\tau' \mathrm{d}z\mathrm{d}x)\mathrm{d}y = (\tau \mathrm{d}z\mathrm{d}y)\mathrm{d}x$$

即

$$\tau' = \tau \tag{3-5}$$

又由 $\sum F_x = 0$，可知单元体上、下面上有一对大小相等、方向相反的切应力 τ'，由此可知：任意两个互相垂直平面上的切应力一定是大小相等，其方向同时指向(或背离)两个垂直平面的交线，称为**切应力互等定理**。此定理具有普遍意义，在同时有正应力的情况下同样成立。图 3-8(d)所示在互相垂直平面上只有切应力而无正应力单元体的应力状态，称为纯剪切应力状态。

3.4 等直圆杆受扭时横截面上的应力　强度条件

3.4.1 剪切胡克定律

切应力引起切应变(图 3-9(a))。对薄壁圆筒作扭转试验，图 3-9(b)为切应力 τ 与切应变 γ 之间关系的试验曲线。图 3-9(b)中直线段最高点的切应力值为剪切比例极限 τ_p，当切应力不超过 τ_p 时，τ 与 γ 之间呈线性关系，这一范围称为线弹性范围。在线弹性范围内，有

$$\tau = G\gamma \tag{3-6}$$

式(3-6)称为材料的剪切胡克定律，式(3-6)中 G 称为材料的切变模量或剪切弹性模量，其量纲与弹性模量 E 的量纲相同。钢材的切变模量值约为 80 GPa。

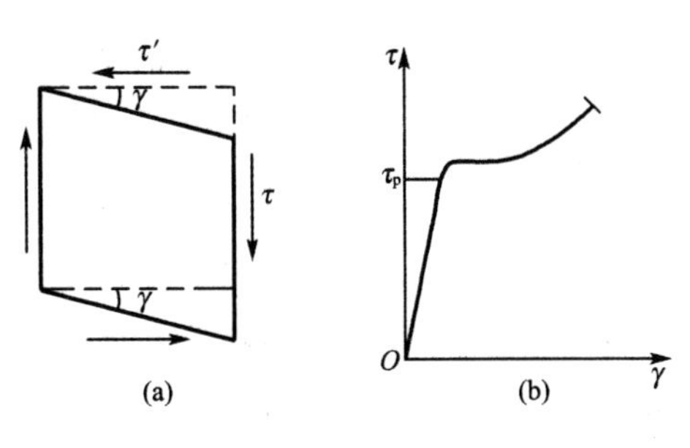

图 3-9

3.4.2 扭转轴横截面上的切应力

与推导拉压杆横截面上的正应力类似，在小变形情况下，受扭轴横截面只有切应力作用，由于切应力在横截面上的分布是未知的，求解切应力的大小属于超静定问题，所以等直圆轴扭转时横截面上应力的计算也要从三个方面（几何、物理、静力）来考虑。

(1)几何方面。在圆周表面上画上若干条纵向线和圆周线（图 3-10(a)），两端作用扭转外力偶后，小变形下可观测到：轴发生扭转变形后，圆周线绕轴线转过一个角度，纵向线倾斜角为 γ（图 3-10(b)）。根据观察到的现象，可做出如下平面假设：在扭转变形过程中，横截面就像刚性平面一样绕轴转动。在此假设前提下，得到的应力和变形公式都被试验结果和弹性理论所证实。

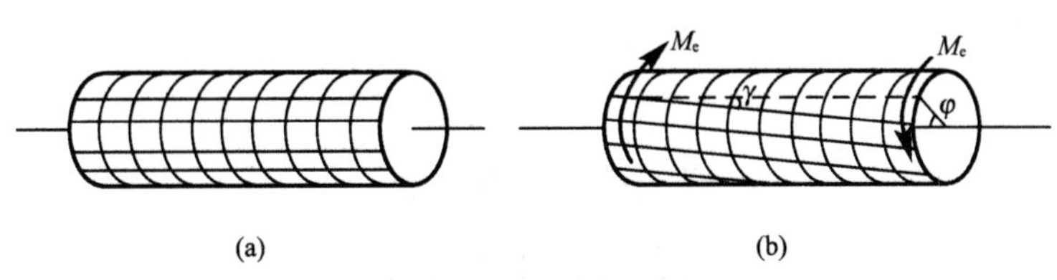

图 3-10

沿距离为 $\mathrm{d}x$ 的两横截面和相邻两个通过轴线的径向面取分离体（图 3-11(a)），放大后如图 3-11(b)所示，左右两截面相对扭转角为 $\mathrm{d}\varphi$，距轴线为 ρ 的点在垂直于它所在半径 OA 的平面内的切应变为 γ_ρ，小变形时有

$$\overline{bb'} = \gamma_\rho \mathrm{d}x = \rho \mathrm{d}\varphi$$

$$\gamma_\rho = \rho \frac{\mathrm{d}\varphi}{\mathrm{d}x} \tag{3-7a}$$

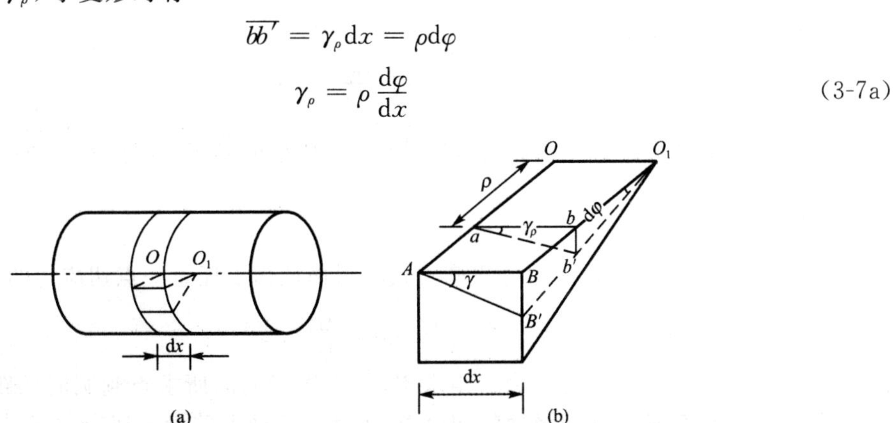

图 3-11

式中，$\frac{\mathrm{d}\varphi}{\mathrm{d}x}$ 为单位长度的扭转角，对于一个给定横截面，此项为常量。由式(3-7a)可知，在指定

截面上，同一半径 ρ 的圆周上各点处的切应变 γ_ρ 均相同，γ_ρ 的大小与 ρ 成正比。

(2)物理方面。由剪切胡克定律可知，当切应力不超过材料的比例极限 τ_p 时，即在线弹性范围内，切应力与切应变成正比，即

$$\tau_\rho = G\gamma_\rho = G\rho\frac{d\varphi}{dx} \tag{3-7b}$$

式(3-7b)为切应力在横截面上分布的表达式。与切应变的分布规律相同，在同一半径 ρ 的圆周上各点的切应力 τ_ρ 均相同，τ_ρ 值与 ρ 成正比。切应力的方向与周边相切，即垂直于半径，其分布如图 3-12(a)所示，在形心处 $\tau_\rho=0$，在横截面外边缘处 τ_ρ 值最大。图 3-12(b)为空心圆轴横截面切应力分布规律，内边缘应力最小，外边缘应力最大。

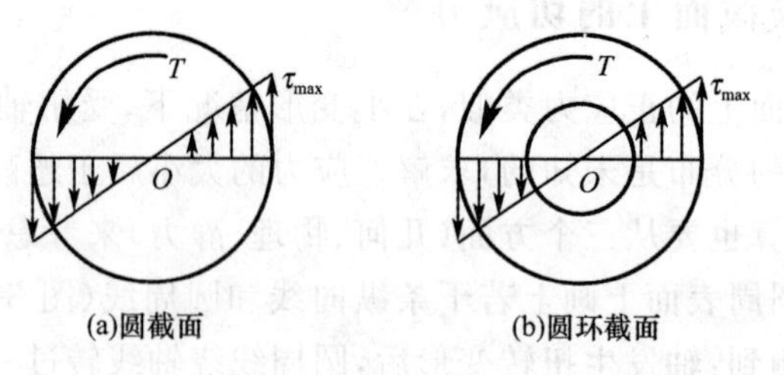

(a)圆截面　(b)圆环截面

图 3-12

(3)静力方面。横截面上的扭矩 T，等于所有微面积 dA 上的力 $\tau_\rho dA$ 对形心 O 的力矩之和(图 3-13)，即

$$T = \int_A \rho\tau_\rho dA \tag{3-7c}$$

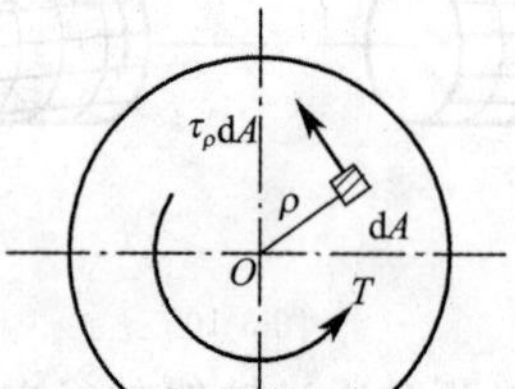

图 3-13

将式(3-7b)代入式(3-7c)，整理得

$$T = G\frac{d\varphi}{dx}\int_A \rho^2 dA \tag{3-7d}$$

令 $I_p = \int_A \rho^2 dA$，I_p 称作截面的极惯性矩，单位为 m^4 或 mm^4，代入式(3-7d)后得

$$\frac{d\varphi}{dx} = \frac{T}{GI_p} \tag{3-8}$$

将式(3-8)代入式(3-7b)，得等直圆轴扭转时横截面上任意一点切应力的计算公式为

$$\tau_\rho = \frac{T\rho}{I_p} \tag{3-9}$$

式中，横截面内的扭矩可根据外力偶矩求得，ρ 为横截面内所求点到圆心的距离，当 ρ 等于半径 r 时，即为圆轴横截面外边缘处的切应力，也是该截面上的最大切应力 τ_{max}。

下面讨论圆截面的极惯性矩 I_p 的值。由 $I_p = \int_A \rho^2 dA$，在距圆心为 ρ 处取厚度为 $d\rho$ 的面积元素，如图 3-14 所示，则 $dA = 2\pi\rho d\rho$，积分得

$$I_p = \int_0^{\frac{d}{2}} 2\pi\rho^3 \mathrm{d}\rho = \frac{\pi d^4}{32} \tag{3-10}$$

对空心圆轴(图 3-15),如内径为 d、外径为 D,则极惯性矩为

$$I_p = \int_A \rho^2 \mathrm{d}A = \int_{\frac{d}{2}}^{\frac{D}{2}} 2\pi\rho^3 \mathrm{d}\rho = \frac{\pi}{32}(D^4 - d^4) = \frac{\pi D^4}{32}(1-\alpha^4) \tag{3-11}$$

式中,$\alpha = d/D$。

通常在计算轴的强度时,将 I_p/r 用抗扭截面系数 W_p 表示,则最大切应力为

$$\tau_{\max} = \frac{T}{W_p} \tag{3-12}$$

实心圆截面的抗扭截面系数 $W_p=\frac{I_p}{r}=\frac{\pi d^3}{16}$,空心圆截面的抗扭截面系数 $W_p=\frac{\pi D^3}{16}(1-\alpha^4)$。

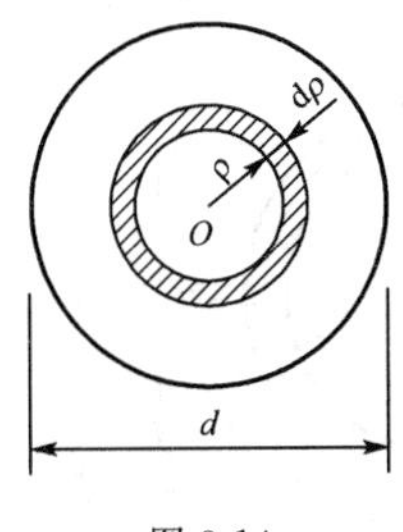

图 3-14

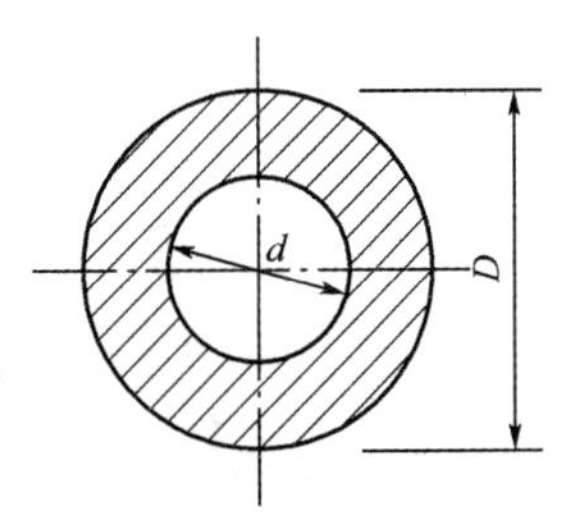

图 3-15

例题 3-6 如图 3-16 所示圆轴截面直径 $D=100$ mm,横截面上的扭矩 $T=19$ kN·m。试计算距圆心 $\rho=40$ mm 处点 K 的应力及轴上最大切应力。

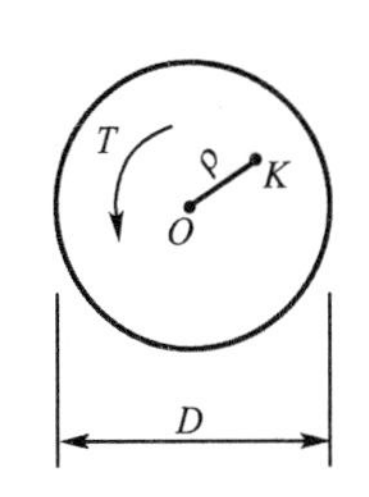

图 3-16 例题 3-6 图

解:(1)计算点 K 的切应力。将已知条件代入式(3-9)中,得

$$\tau_K = \frac{T\rho}{I_p} = \frac{19\times10^3\ \mathrm{N\cdot m}\times40\times10^{-3}\ \mathrm{m}}{\frac{\pi\times100^4\times10^{-12}\ \mathrm{m}^4}{32}} = 77.4\times10^6\ \mathrm{Pa} = 77.4\ \mathrm{MPa}$$

(2)计算最大切应力。将已知条件代入式(3-12)中,得

$$\tau_{\max} = \frac{T}{W_p} = \frac{19\times10^3\ \mathrm{N\cdot m}}{\frac{\pi\times100^3\times10^{-9}\ \mathrm{m}^3}{16}} = 96.8\times10^6\ \mathrm{Pa} = 96.8\ \mathrm{MPa}$$

由于切应力与点到圆心的距离成正比,所以也可根据比例关系求解 $\tau_{\max}$,即

$$\frac{\tau_K}{\rho} = \frac{\tau_{\max}}{r}$$

$$\tau_{\max} = \tau_K \times \frac{r}{\rho} = 77.4\ \mathrm{MPa}\times\frac{50\ \mathrm{mm}}{40\ \mathrm{mm}} = 96.8\ \mathrm{MPa}$$

例题 3-7 如图 3-17 所示圆轴 AB 段和 BC 段的直径分别为 D_1 和 D_2,且 $D_1=2D_2$,试求轴上的 $\tau_{\max}$。

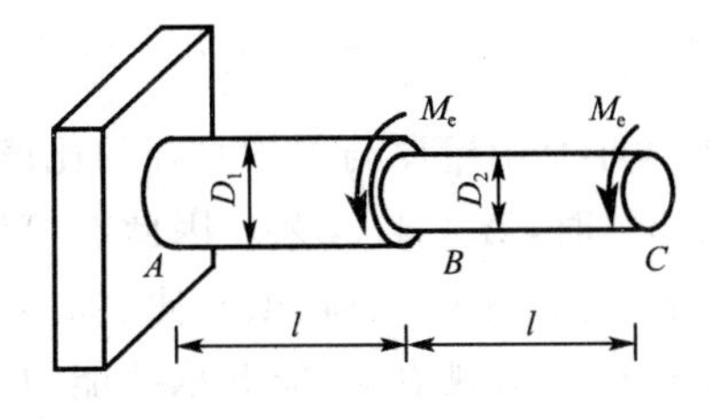

图 3-17 例题 3-7 图

解:AB 段的最大切应力

$$\tau_{AB,\max}=\frac{T_{AB}}{W_{p1}}=\frac{2M_e}{\frac{\pi(2D_2)^3}{16}}=\frac{4M_e}{\pi D_2^3}$$

BC 段的最大切应力

$$\tau_{BC,\max}=\frac{T_{BC}}{W_{p2}}=\frac{M_e}{\frac{\pi D_2^3}{16}}=\frac{16M_e}{\pi D_2^3}$$

所以,轴上最大切应力 $\tau_{\max}=\tau_{BC,\max}=\dfrac{16M_e}{\pi D_2^3}$

例题 3-8 如图 3-18 所示,已知圆筒的壁厚 t 和平均直径 d_0。试验算薄壁圆筒横截面上切应力计算公式(3-4b)的精确度。

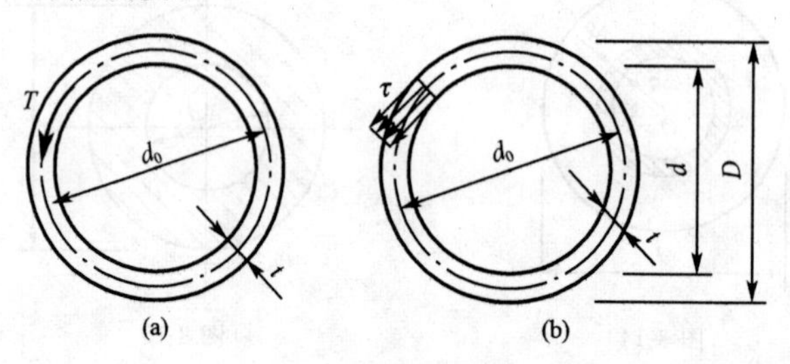

图 3-18 例题 3-8 图

解:圆截面切应力的计算公式(3-9)和式(3-12)具有普遍性,用此公式计算薄壁圆筒横截面上任一点的切应力是精确的。式(3-4b)是在假设薄壁圆筒横截面上切应力均匀分布的前提下推导出的,是近似算法,下面讨论近似计算的精确度。

由式(3-12)得

$$\tau_{\max}=\frac{T}{W_p}=\frac{TD}{\frac{\pi(D^4-d^4)}{16}}=\frac{16TD}{\pi(D^2+d^2)(D+d)(D-d)}$$

将 $D=d_0+t, d=d_0-t$ 代入上式,整理后得

$$\tau_{\max}=\frac{T(1+\beta)}{2A_0t(1+\beta^2)} \tag{a}$$

式中,$\beta=t/d_0$;$A_0=\dfrac{\pi d_0^2}{4}$。由式(3-4b)计算出的切应力为

$$\tau=\frac{T}{2A_0t} \tag{b}$$

以式(a)为基准,式(b)的误差为

$$\Delta=\frac{\tau_{\max}-\tau}{\tau_{\max}}\times 100\%=\left(1-\frac{\tau}{\tau_{\max}}\right)\times 100\%=\frac{\beta(1-\beta)}{1+\beta}\times 100\%$$

由于 $\beta=t/d_0$,所以误差的大小是由壁厚与平均直径的比值决定的。β 越小,误差越小,式(3-4b)计算结果越精确。当 $\beta=5\%$ 时,$\Delta=4.52\%$。因此在筒壁相对很薄时,切应力沿壁厚均匀分布的假设是合理的。值得注意的是,空心轴虽然比实心轴省材料,但加工困难,筒壁过薄的轴在受扭时,会因失稳使筒壁局部出现褶皱,降低承载能力,所以实心轴在工程中有着广泛的应用。

3.4.3　强度条件

等直圆轴扭转时，轴内各点均处于纯剪切状态。其强度条件为：轴内的最大工作切应力不超过材料的许用切应力，即

$$\tau_{\max} \leqslant [\tau] \tag{3-13a}$$

按此式可校核受扭圆轴的强度，将式(3-12)代入式(3-13a)得

$$\frac{T_{\max}}{W_{\mathrm{p}}} \leqslant [\tau] \tag{3-13b}$$

将式(3-13b)变换为 $T_{\max} \leqslant [\tau] W_{\mathrm{p}}$ 可确定受扭圆轴的许用荷载，又由 $W_{\mathrm{p}} \geqslant \frac{T_{\max}}{[\tau]}$ 可作为选择圆轴截面尺寸的依据。

理论与试验研究证明，材料在纯剪切时的许用切应力 $[\tau]$ 与许用正应力 $[\sigma]$ 之间有确定关系，故许用切应力 $[\tau]$ 可以通过材料的许用正应力 $[\sigma]$ 来确定。例如低碳钢等塑性材料一般取 $[\tau]=(0.5\sim0.6)[\sigma]$。

例题 3-9　有一传动轴，已知轴的转速 $n=100$ r/min，传递功率 $P=10$ kW，许用切应力 $[\tau]=80$ MPa，试分别选择实心轴和空心轴($d/D=0.5$)的直径，并比较其重量。

解：(1)扭矩计算

$$T = M_{\mathrm{e}} = 9.55\,\frac{P}{n} = 9.55 \times \frac{10\ \mathrm{kW}}{100\ \mathrm{r/min}} = 955\ \mathrm{N \cdot m}$$

(2)按强度条件确定实心轴直径

$$D_0^3 \geqslant \frac{16T}{\pi[\tau]} = \frac{16 \times 955\ \mathrm{N \cdot m}}{3.14 \times 80 \times 10^6\ \mathrm{Pa}} = 6.08 \times 10^{-5}\ \mathrm{m}^3$$

$$D_0 \geqslant 39.3\ \mathrm{mm}$$

圆整化，外径取 $D_0=39$ mm。

(3)按强度条件确定空心轴直径

$$D^3 \geqslant \frac{16T}{\pi(1-\alpha^4)[\tau]} = \frac{16 \times 955\ \mathrm{N \cdot m}}{3.14 \times (1-0.5^4) \times 80 \times 10^6\ \mathrm{Pa}} = 6.49 \times 10^{-5}\ \mathrm{m}^3$$

$$D \geqslant 40.2\ \mathrm{mm}$$

圆整化，外径取 $D=40$ mm，内径取 $d=0.5D=20$ mm。

(4)比较两者的重量(此题为面积比)

$$\frac{D^2-d^2}{D_0^2} = \frac{40^2-20^2}{39^2} = 0.79 = 79\%$$

例题 3-10　图 3-19(a)所示阶梯薄壁圆轴，已知轴长 $l=1$ m，许用切应力 $[\tau]=80$ MPa，作用在轴上的集中力偶矩和分布力偶矩分别为 $M_{\mathrm{e}}=920$ N·m，$m=160$ N·m/m，AB 段的平均半径 $R_{01}=30$ mm，壁厚 $t_1=3$ mm；BC 段的平均半径 $R_{02}=20$ mm，壁厚 $t_2=2$ mm，试校核该轴的强度。

解：(1)绘制扭矩图(图 3-19(b))，确定危险截面在 AD 段和 B 截面右侧。

$$T_{\max}=1\,000\ \mathrm{N \cdot m}, \qquad T_B=80\ \mathrm{N \cdot m}$$

(2)计算 $\tau_{\max}$ 并校核强度

AD 段：

$$\tau_{1\max} = \frac{T_{\max}}{2\pi R_{01}^2 t_1} = \frac{1\,000\ \mathrm{N \cdot m}}{2 \times 3.14 \times 30^2\ \mathrm{mm}^2 \times 3\ \mathrm{mm}} = 58.98\ \mathrm{MPa} < [\tau]$$

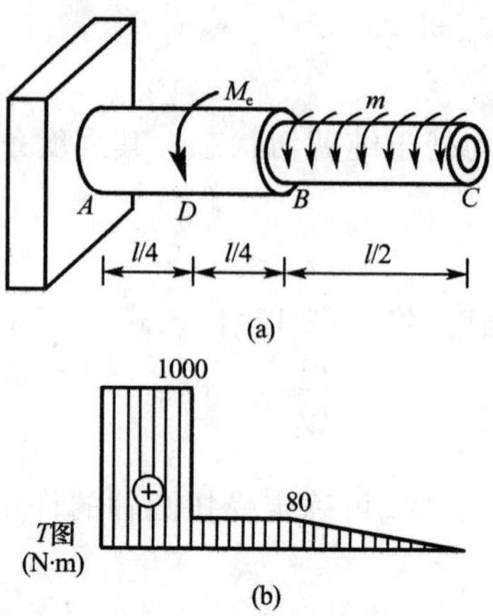

(a)

(b)

图 3-19　例题 3-10 图

截面 $B_{右}$：

$$\tau_{2\max}=\frac{T_B}{2\pi R_{02}^2 t_2}=\frac{80\times10^3\ \mathrm{N\cdot mm}}{2\times3.14\times20^2\ \mathrm{mm}^2\times2\ \mathrm{mm}}=15.92\ \mathrm{MPa}<[\tau]$$

所以，该轴满足强度要求。

3.5　等直圆轴扭转时的变形　刚度条件

3.5.1　扭转变形

上一节在观察扭转变形后做出了平面假设，即轴在扭转变形中，横截面仍为平面，其大小、形状不变，绕轴线转过一个角度，从而得到式(3-8)

$$\frac{\mathrm{d}\varphi}{\mathrm{d}x}=\frac{T}{GI_\mathrm{p}}$$

式(3-8)两边积分，得距离 l 的两横截面之间的相对扭转角为

$$\varphi=\int_l \mathrm{d}\varphi=\int_l \frac{T}{GI_\mathrm{p}}\mathrm{d}x$$

若 l 长度上等直圆轴的材料和扭矩为常量，则上式积分结果为

$$\varphi=\frac{Tl}{GI_\mathrm{p}} \tag{3-14}$$

式(3-14)为扭转变形的计算公式。式中 GI_p 为扭转刚度，GI_p 越大，轴越不容易发生扭转变形。由于同种材料、相同截面并承担相同荷载的轴，长度越大，变形越大，所以工程上通常用单位长度的扭转角 θ 来度量轴的刚度，即

$$\theta=\frac{\mathrm{d}\varphi}{\mathrm{d}x}=\frac{T}{GI_\mathrm{p}} \tag{3-15}$$

例题 3-11　图 3-20(a)所示实心圆轴。已知轴的切变模量为 G，轴长为 $2l$，轴的极惯性矩为 I_p，在 B、C 截面分别受力偶矩 M_B、M_C 作用，且 $M_B=2M_C=2M$。求 C 截面相对于 A 截面的扭转角。

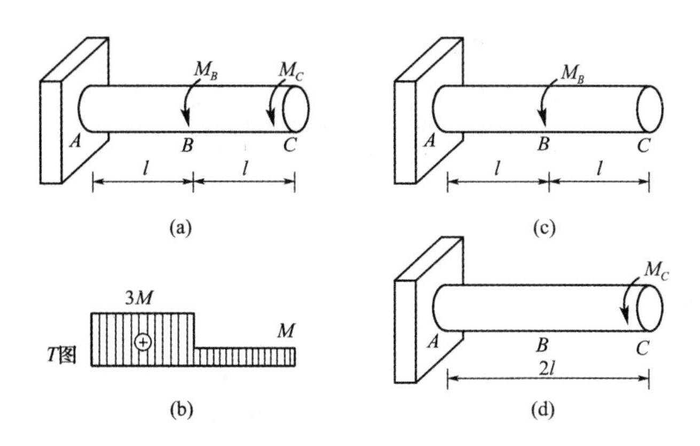

图 3-20　例题 3-11 图

解:由截面法可求得 AB 段和 BC 段轴的扭矩分别为 $T_{AB}=3M$,$T_{BC}=M$(图 3-20(b))。分段求解相对扭转角

$$\varphi_{CB}=\frac{T_{BC}l}{GI_p}=\frac{Ml}{GI_p}$$

$$\varphi_{BA}=\frac{T_{AB}l}{GI_p}=\frac{3Ml}{GI_p}$$

C 截面相对于 A 截面的扭转角为

$$\varphi_C=\varphi_{CB}+\varphi_{BA}=\frac{4Ml}{GI_p}$$

上述计算方法为分段求解法。此类问题还可用叠加法求解,即分别考虑两力偶矩 M_C、M_B 的作用,然后将结果叠加。具体解法如下。

若不考虑 M_C 作用,只有 M_B 作用时 C 截面的转角为(图 3-20(c))

$$\varphi_C'=\frac{2Ml}{GI_p}$$

不考虑 M_B 作用,只有 M_C 作用时 C 截面的转角为(图 3-20(d))

$$\varphi_C''=\frac{2Ml}{GI_p}$$

M_C、M_B 同时作用时,C 截面的转角为

$$\varphi_C=\varphi_C'+\varphi_C''=\frac{4Ml}{GI_p}$$

截面 C 的转向与 M_C 相同。在本题中,如果两段轴的截面不同,即 GI_p 不同,则应分段计算转角。

例题 3-12　如图 3-21 所示圆轴受集度为 m 的分布力偶矩作用,试求 φ_B 。

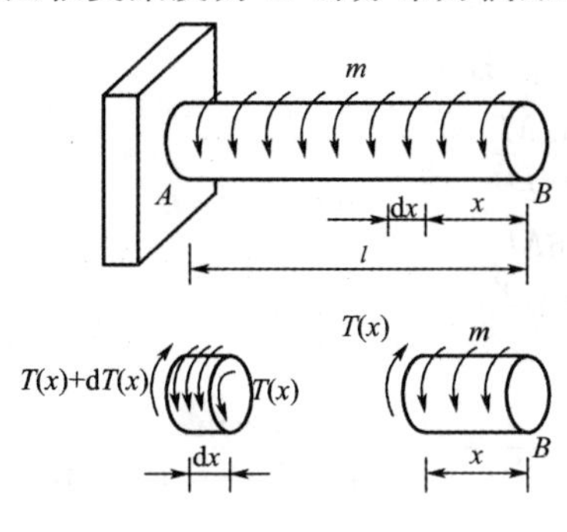

图 3-21　例题 3-12 图

解:(1)用截面法求 x 截面上的扭矩。将轴用假想平面从 x 处截开,以右半部分为隔离体,列平衡方程,得

$$T(x) = mx$$

(2)$\mathrm{d}x$ 微段变形为

$$\mathrm{d}\varphi = \frac{T(x)\mathrm{d}x}{GI_{\mathrm{p}}} = \frac{mx\,\mathrm{d}x}{GI_{\mathrm{p}}}$$

(3)B 截面相对扭转角为

$$\varphi_B = \int_0^l \frac{mx}{GI_{\mathrm{p}}}\mathrm{d}x = \frac{ml^2}{2GI_{\mathrm{p}}}$$

3.5.2 刚度条件

等直圆轴在扭转时,除了要满足强度条件外,还需满足刚度要求。例如某些传动轴工作过程中若变形过大,会严重影响加工精度。因此,应通过刚度条件对传动轴的扭转变形程度加以限制,即单位长度扭转角小于等于许用扭转角

$$\theta_{\max} \leqslant [\theta] \tag{3-16}$$

将式(3-15)代入式(3-16)中,得

$$\frac{T_{\max}}{GI_{\mathrm{p}}}\frac{180^\circ}{\pi} \leqslant [\theta] \tag{3-17}$$

式中,$[\theta]$的单位为°/m。为使两边单位一致,左边需乘 $\frac{180^\circ}{\pi}$。根据式(3-16)或式(3-17),可对实心或空心圆轴进行刚度校核、截面选择和许用荷载的计算。

例题 3-13 图 3-22(a)所示阶梯实心圆轴,已知 $D=20$ mm,$l=0.5$ m,$M=10$ N·m,切变模量 $G=80$GPa,许用单位长度扭转角$[\theta]=0.5°$/m,试画扭矩图,并校核此轴的刚度。

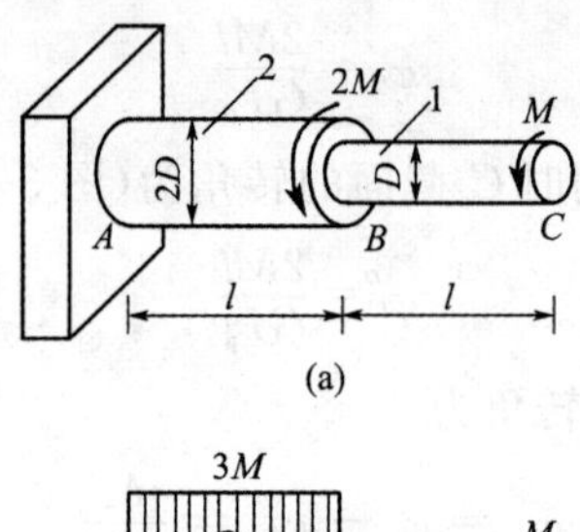

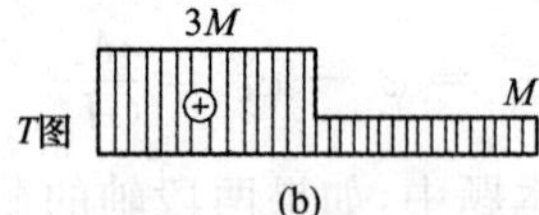

图 3-22 例题 3-13 图

解:(1)绘出扭矩图(图 3-22(b))。

(2)两段的单位长度扭转角分别为

$$BC\text{ 段}:\theta_1 = \frac{T_1}{GI_{\mathrm{p1}}} = \frac{32M}{G\pi D^4}$$

$$AB\text{ 段}:\theta_2 = \frac{T_2}{GI_{\mathrm{p2}}} = \frac{6M}{G\pi D^4}$$

(3)校核刚度。

$$\theta_{\max} = \theta_1 = \frac{32M}{G\pi D^4} = \frac{32\times 10\ \mathrm{N\cdot m}}{80\times 10^9\ \mathrm{Pa}\times\pi\times 20^4\times 10^{-12}\ \mathrm{m}^4}\times\frac{180^\circ}{\pi} = 0.45^\circ/\mathrm{m} < [\theta]$$

所以,该轴满足刚度要求。

例题 3-14 图 3-23(a)中传动轴的转速 $n=300\ \mathrm{r/min}$,A 轮输入功率 $P_A=40\ \mathrm{kW}$,其余各轮输出功率分别为 $P_B=10\ \mathrm{kW}$,$P_C=12\ \mathrm{kW}$,$P_D=18\ \mathrm{kW}$。材料的切变模量为 80 GPa,许用应力 $[\tau]=50\ \mathrm{MPa}$,许用转角$[\theta]=0.3°/\mathrm{m}$,试设计轴的直径 d。

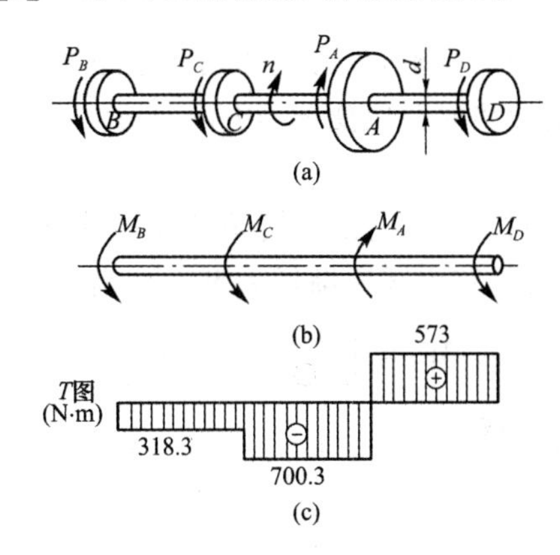

图 3-23 例题 3-14 图

解:(1)计算扭转外力偶矩。

$$M_A=9.55\frac{P_A}{n}=9.55\times\frac{40\ \mathrm{kW}}{300\ \mathrm{r/min}}=1.2733\ \mathrm{kN\cdot m}=1\,273.3\ \mathrm{N\cdot m}$$

$$M_B=9.55\frac{P_B}{n}=9.55\times\frac{10\ \mathrm{kW}}{300\ \mathrm{r/min}}=0.3183\ \mathrm{kN\cdot m}=318.3\ \mathrm{N\cdot m}$$

$$M_C=9.55\frac{P_C}{n}=9.55\times\frac{12\ \mathrm{kW}}{300\ \mathrm{r/min}}=0.3820\ \mathrm{kN\cdot m}=382.0\ \mathrm{N\cdot m}$$

$$M_D=9.55\frac{P_D}{n}=9.55\times\frac{18\ \mathrm{kW}}{300\ \mathrm{r/min}}=0.573\ \mathrm{kN\cdot m}=573.0\ \mathrm{N\cdot m}$$

(2)内力分析。作扭矩图(图 3-23(c))最大扭矩数值为

$$T_{\max}=700.3\ \mathrm{N\cdot m}$$

(3)按强度条件设计轴的直径。由强度条件

$$\tau_{\max}=\frac{T_{\max}}{W_{\mathrm{p}}}=\frac{16T_{\max}}{\pi d^3}\leqslant[\tau]$$

解得

$$d^3\geqslant\frac{16T}{\pi[\tau]}=\frac{16\times700.3\ \mathrm{N\cdot m}}{3.14\times50\times10^6\ \mathrm{Pa}}=7.14\times10^{-5}\ \mathrm{m}^3$$

$$d\geqslant41.5\mathrm{mm}$$

(4)按刚度条件设计轴的直径。由刚度条件

$$\theta_{\max}=\frac{T_{\max}}{GI_{\mathrm{p}}}\frac{180°}{\pi}=\frac{32T_{\max}}{G\pi d^4}\frac{180°}{\pi}\leqslant[\theta]$$

解得

$$d^4\geqslant\frac{32T_{\max}}{G\pi[\theta]}\frac{180°}{\pi}=\frac{32\times700.3\ \mathrm{N\cdot m}\times180°}{80\times10^9\ \mathrm{Pa}\times3.14^2\times0.3°/\mathrm{m}}=1.705\times10^{-5}\ \mathrm{m}^4$$

$$d\geqslant64.3\ \mathrm{mm}$$

比较两个设计,取 $d=65\ \mathrm{mm}$。

3.6 等直圆杆扭转时的应变能

圆轴在外力偶作用下产生扭转变形,外力偶作用面也随之发生转角位移,这时外力偶在转角上做功,用 W 表示。圆轴变形将储存应变能,用 V_ε 表示。如果忽略能量损失,那么外力功 W 全部转化为应变能 V_ε,即 $W = V_\varepsilon$。

图 3-24(a)所示圆轴在线弹性范围内扭矩-转角的实验曲线如图 3-24(b)所示。外力偶由零开始逐渐增大到 T,杆端转角位移由零逐渐增大至 φ,在加载过程中外力偶做功为

$$W = \int_0^\varphi T\mathrm{d}\varphi = \frac{1}{2}T\varphi \tag{3-18}$$

式(3-18)积分等于 T-φ 图下方面积。

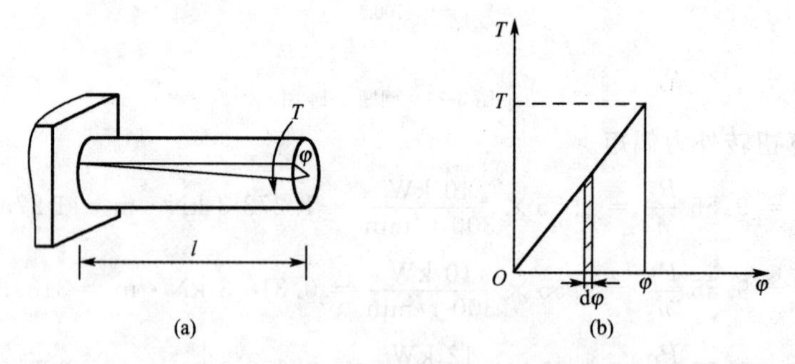

图 3-24

外力功 W 全部转化为应变能 V_ε,轴两端的相对扭转角 φ 由式(3-14)表示,所以圆轴的扭转应变能为

$$V_\varepsilon = \frac{T^2 l}{2GI_\mathrm{p}} \tag{3-19}$$

例题 3-15 试计算图 3-25 所示变截面圆轴的扭转应变能。切变模量 G 为已知。

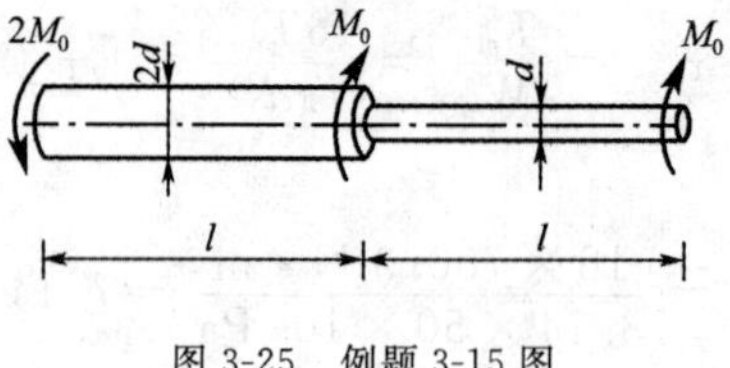

图 3-25 例题 3-15 图

解:应变能计算

$$V_\varepsilon = \frac{T_1^2 l}{2GI_{\mathrm{p1}}} + \frac{T_2^2 l}{2GI_{\mathrm{p2}}} = \frac{4M_0^2 l}{2G\dfrac{\pi(2d)^4}{32}} + \frac{M_0^2 l}{2G\dfrac{\pi d^4}{32}} = \frac{20M_0^2 l}{G\pi d^4}$$

3.7 扭转超静定问题

求解扭转超静定问题与求解拉压超静定问题一样,要从三方面考虑。首先从几何方面分

析，轴的变形应满足变形协调条件，然后通过物理关系式得到补充方程，再与静力平衡方程联立求解约束反力，进而进行内力、强度和刚度计算。

下面举例说明扭转超静定问题的具体解法。

例题3-16 图3-26(a)所示圆轴，AB两端固定，C截面作用扭转外力偶M_e，求AB两端的约束反力偶。

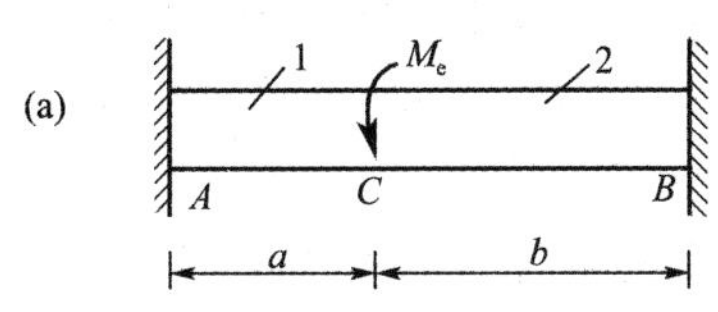

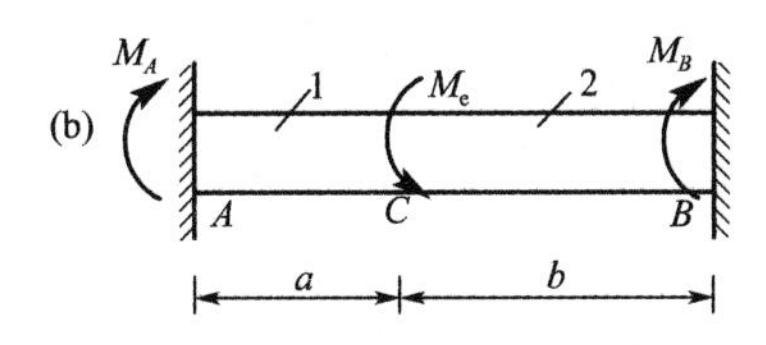

图3-26 例题3-16图

解:(1)列平衡方程，AB两端的约束反力偶如图3-26(b)所示，由平衡方程得

$$M_A + M_B = M_e \tag{a}$$

(2)变形协调条件

$$\varphi_{BA} = \varphi_{BC} + \varphi_{CA} = 0 \tag{b}$$

(3)物理方程

$$\varphi_{BC} = \frac{-M_B b}{GI_p}, \qquad \varphi_{CA} = \frac{M_A a}{GI_p} \tag{c}$$

式(c)代入式(b)，解得

$$M_B b - M_A a = 0 \tag{d}$$

联解式(a)和式(d)，解得

$$M_A = \frac{M_e b}{a+b}, \qquad M_B = \frac{M_e a}{a+b}$$

例题3-17 如图3-27(a)所示受扭圆截面轴，已知荷载M_e和长度l，抗扭刚度为GI_p，试求支座A、B的反力偶。

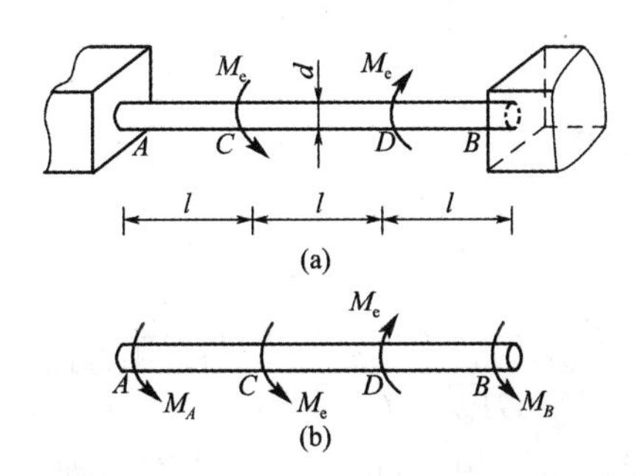

图3-27 例题3-17图

解:题中圆轴两端固定，故有两个约束反力偶，而静力学的平衡方程只有一个：$\sum M_x = 0$，所以此题为一次超静定问题。

从几何方面考虑，圆轴在变形过程中始终满足$\varphi_{BA} = 0$。由叠加法得

$$\varphi_{BA}=\frac{M_e l}{GI_p}-\frac{2M_e l}{GI_p}+\frac{3M_B l}{GI_p}=\frac{1}{GI_p}(-M_e l+3M_B l)$$

将 φ_{BA} 代入变形协调条件,即可解得

$$M_B=\frac{M_e}{3} \tag{a}$$

由静力学方程 $\sum M_x=0$ 得

$$M_A+M_B+M_e-M_e=0 \tag{b}$$

联立式(a)、式(b),解得

$$M_A=-\frac{M_e}{3}$$

支反力偶 M_A 转向与图 3-27(b)所示相反。

例题 3-18 一空心圆管 A 套在实心圆轴 B 的一端,如图 3-28 所示。管和轴在同一横截面处各有一直径相同的贯穿孔,两孔轴线之间的夹角为 β。现在圆轴 B 上施加外力偶使圆轴 B 扭转。对准两孔,并穿过孔装上销钉。然后卸除施加在圆轴 B 上的外力偶。试问此时管和轴上的扭矩分别为多少?已知套管 A 和圆轴 B 的极惯性矩分别为 I_{pA} 和 I_{pB},管和轴材料相同,切变模量为 G。

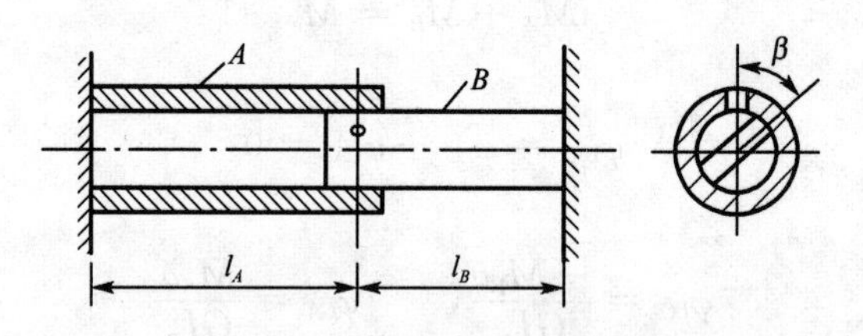

图 3-28 例题 3-18 图

解:套管 A 和圆轴 B 安装后在连接处有一相互作用力偶矩 T,在此力偶矩作用下套管 A 转过一角度 φ_A,圆轴 B 反方向转过的角度为 φ_B,由套管 A、圆轴 B 连接处的变形协调条件可知

$$\varphi_A+\varphi_B=\beta \tag{a}$$

由物理关系知

$$\varphi_A=\frac{Tl_A}{GI_{pA}} \tag{b}$$

$$\varphi_B=\frac{Tl_B}{GI_{pB}} \tag{c}$$

将式(b)、式(c)代入式(a)得

$$\frac{Tl_A}{GI_{pA}}+\frac{Tl_B}{GI_{pB}}=\beta$$

$$T=\frac{\beta}{\dfrac{l_A}{GI_{pA}}+\dfrac{l_B}{GI_{pB}}}=\frac{\beta GI_{pA}I_{pB}}{l_A I_{pB}+l_B I_{pA}}$$

扭矩 T 是圆轴 B 对套管 A 的作用力,也是套管 A 对圆轴 B 的反作用力,所以套管 A、圆轴 B 的扭矩相同,大小均为 T。

小 结

本章主要研究了等直圆轴扭转变形的强度、刚度问题。

1. 外力

已知传动轴的功率及转速，计算传动轴上的外力偶矩 M_e

$$M_e = 9.55\frac{P}{n}$$

式中，P 的单位为 kW，n 的单位为 r/min，M_e 的单位为 kN·m。

2. 内力

用截面法求圆轴的内力—扭矩，作扭矩图。

3. 应力

(1)薄壁圆筒扭转时横截面上切应力的近似计算公式

$$\tau = \frac{T}{2A_0 t}$$

切应力的方向与周边相切。在观察变形过程中，引出了两个基本概念：切应变 γ 及相对扭转角 φ。

(2)切应力互等定理

一点处两个互相垂直的平面上切应力数值相等，即 $\tau=\tau'$，方向同时指向或背离两个垂直平面的交线。

(3)剪切胡克定律

在线弹性范围内，切应力与切应变成线性关系，即 $\tau=G\gamma$。

(4)等直圆轴的切应力计算

横截面上任意一点切应力的大小与该点到圆心的距离成正比，即

$$\tau = \frac{T\rho}{I_p}$$

其方向沿圆周的切线方向，即垂直于半径。最大切应力在圆轴横截面的外边缘处，其值为

$$\tau_{max} = \frac{Tr}{I_p} = \frac{T}{W_p}$$

(5)实心圆轴和空心圆轴的极惯性矩

实心圆轴：$I_p = \frac{\pi d^4}{32}$

空心圆轴：$I_p = \frac{\pi D^4}{32}(1-\alpha^4)$，$\alpha = \frac{d}{D}$

(6)等直圆轴扭转的强度条件

$$\tau_{max} \leqslant [\tau] \text{ 或 } \frac{T_{max}}{W_p} \leqslant [\tau]$$

4. 变形

(1)等直圆轴扭转时的刚度计算

距离为 l 的两横截面的相对扭转角为

$$\varphi = \frac{Tl}{GI_p}$$

式中,GI_p 为扭转刚度。若该段内 T、GI_p 为常数,则单位长度上的扭转角为

$$\theta=\frac{T}{GI_p}$$

(2)等直圆轴扭转的刚度条件

$$\theta_{max}\leqslant[\theta] \text{ 或 } \frac{T}{GI_p}\times\frac{180^\circ}{\pi}\leqslant[\theta]$$

(3)等直圆轴扭转的应变能

$$V_\varepsilon=\frac{T^2 l}{2GI_p}$$

5. 扭转超静定问题的求解

与其他超静定问题类似,要从三个方面考虑求解。

6. 注意事项

(1)本章的结论都是在线弹性、小变形以及平面假设的前提下得到的,脱离任何一个前提条件,结论都是不成立的。

(2)在作扭矩图时,注意扭矩正负号的规定,扭矩的正、负号应符合右手螺旋法则。

(3)强度计算时,首先要确定危险截面,该危险截面上距圆心最远的点为危险点。

(4)相对扭转角的计算要注意截面角度的相对性。

习　题

3-1　试求如图 3-29 所示等直圆轴 1-1、2-2、3-3 截面的扭矩。

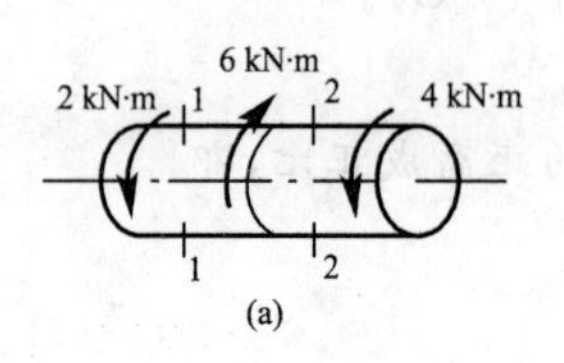

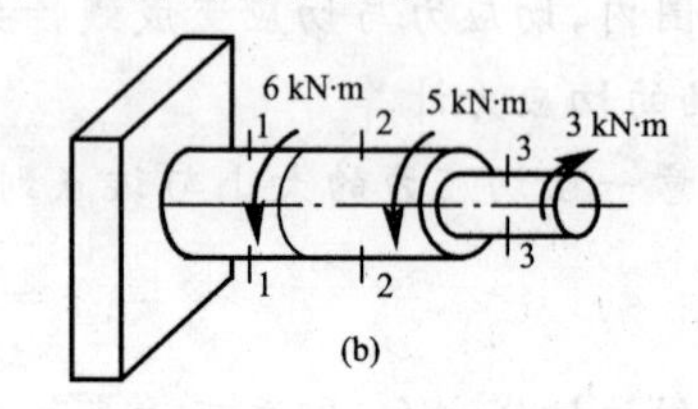

图 3-29　习题 3-1 图

3-2　试作如图 3-30 所示等直圆轴的扭矩图。

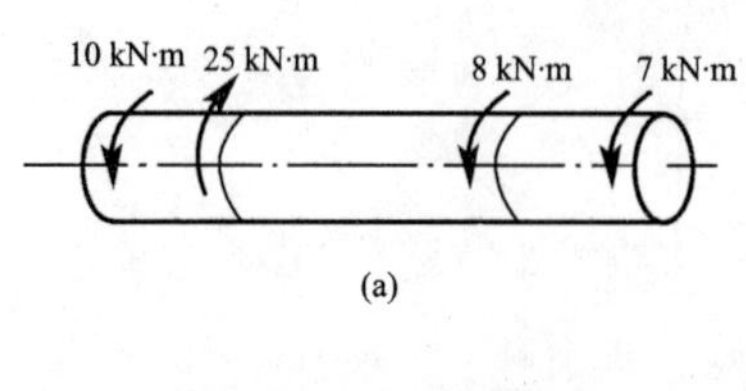

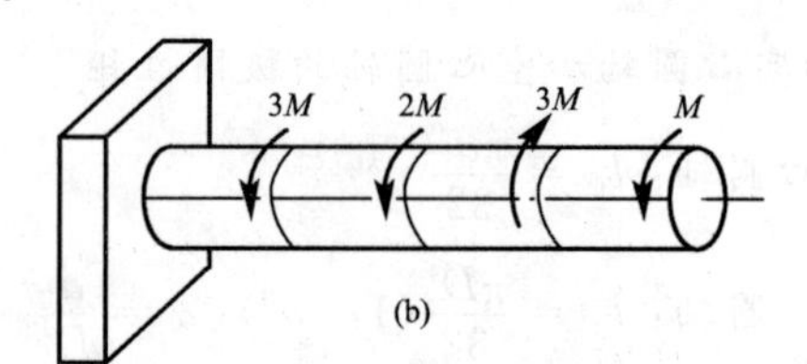

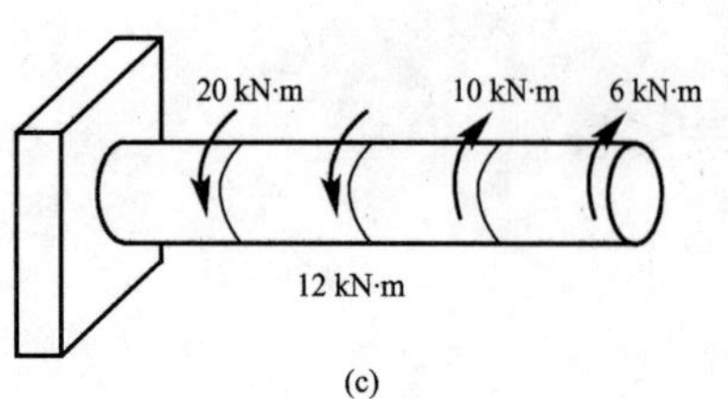

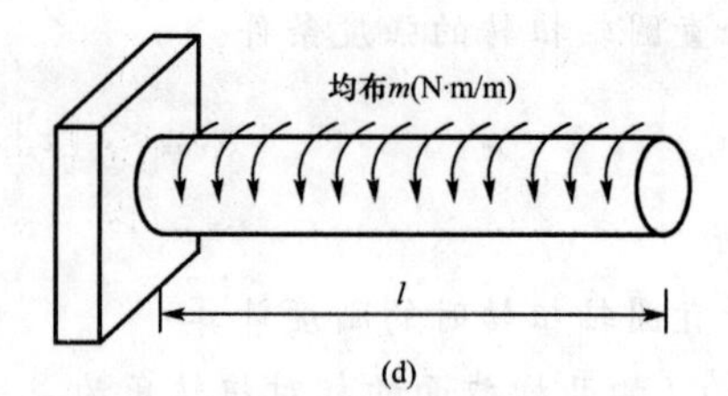

图 3-30　习题 3-2 图

3-3　图 3-31 所示传动轴转速为 $n=200\ \text{r/min}$，主动轮 B 输入功率 $P_B=60\ \text{kW}$，从动轮 A、C、D 输出功率分别为 $P_A=22\ \text{kW}$、$P_C=20\ \text{kW}$ 和 $P_D=18\ \text{kW}$。试作该轴扭矩图。

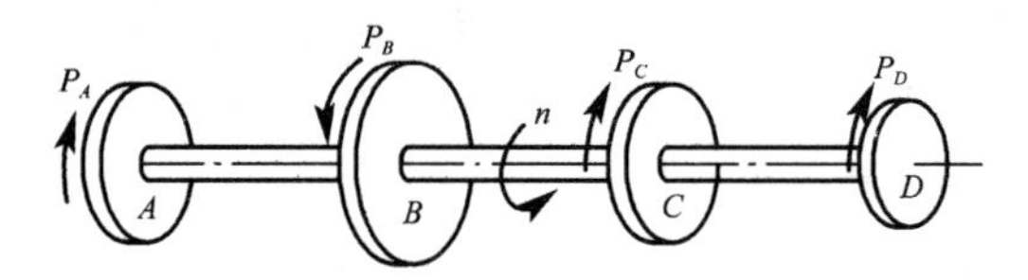

图 3-31　习题 3-3 图

3-4　某钻机功率为 $P=10\ \text{kW}$，转速 $n=180\ \text{r/min}$。钻入土层的钻杆长度 $l=40\ \text{m}$，若把土对钻杆的阻力看成沿杆长均匀分布力偶如图 3-32 所示，试求此轴分布力偶的集度 m，并作该轴扭矩图。

3-5　如图 3-33 所示，直径 $d=400\ \text{mm}$ 的实心圆轴扭转时，其横截面上最大切应力 $\tau_{\max}=100\ \text{MPa}$，试求图示阴影区域 $d'=200\ \text{mm}$ 所承担的扭矩。

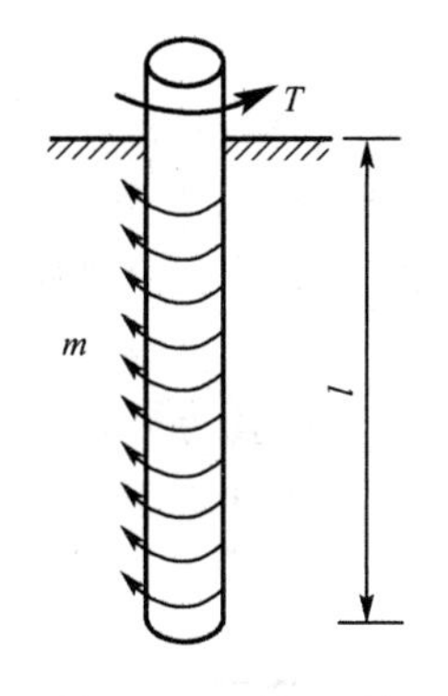

图 3-32　习题 3-4 图

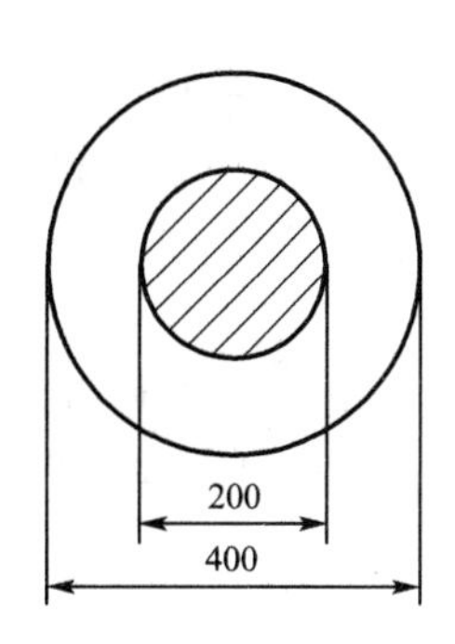

图 3-33　习题 3-5 图

3-6　试画出发生扭转变形时圆截面(图 3-34(a))、空心圆环截面(图 3-34(b))、薄壁圆环(图 3-34(c))截面上切应力分布图。

3-7　图 3-35 所示为钻探机钻杆。已知钻杆的外径 $D=60\ \text{mm}$，内径 $d=50\ \text{mm}$，功率 $P=10\ \text{kW}$，转速 $n=180\ \text{r/min}$。钻杆钻入底层深度 $l=40\ \text{m}$，材料的切变模量 $G=81\ \text{GPa}$，许用切应力 $[\tau]=40\ \text{MPa}$。假设底层对钻杆的阻力矩沿长度均匀分布。试求：(1)进行强度校核。(2)A、B 两截面之相对扭转角。

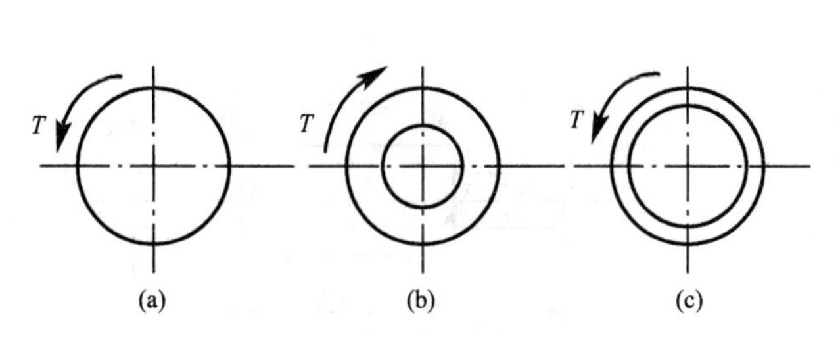

图 3-34　习题 3-6 图

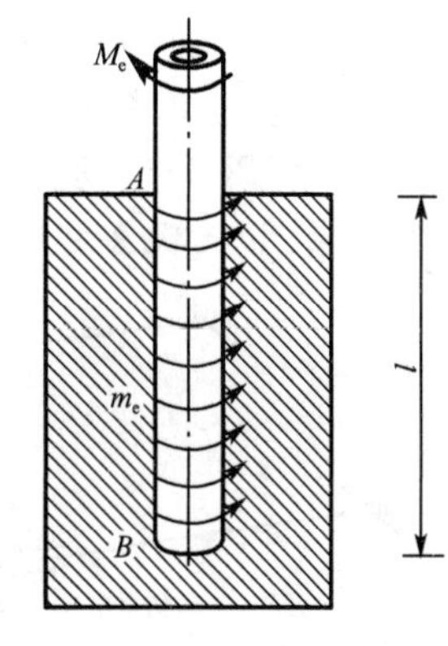

图 3-35　习题 3-7 图

3-8　两段同样直径的实心钢轴由法兰盘上六只螺栓连接，如图 3-36 所示。已知输出功率 $P=80$ kW，轴的转速 $n=240$ r/min。若轴与螺栓材料的许用切应力 $[\tau]$ 分别为 80 MPa 及 55 MPa，试校核轴的强度及确定螺栓的直径（图中尺寸单位：mm）。

3-9　图 3-37 所示折杆 AB 段直径 $d=40$ mm，长 $l=1$ m，材料的许用切应力 $[\tau]=70$ MPa，切变模量为 $G=80$ GPa。BC 段视为刚性杆，长 $a=0.5$ m。当 $F=1$ kN 时，试校核 AB 段的强度，并求 C 截面的铅垂位移 Δ_C。

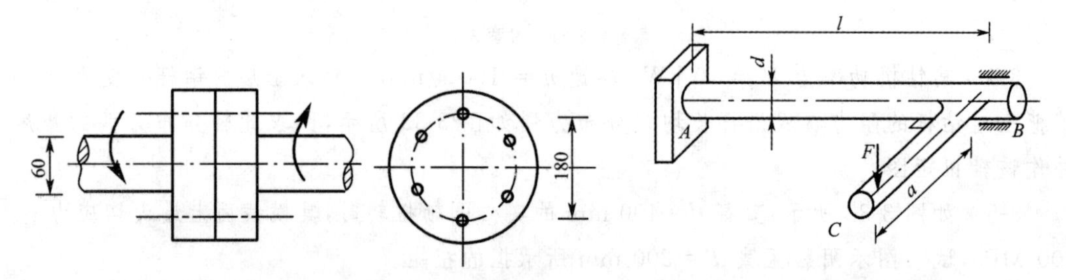

图 3-36　习题 3-8 图　　　图 3-37　习题 3-9 图

3-10　AB 轴的两端分别与 DE 和 BC 两杆刚性连接，如图 3-38 所示。设 BC 和 DE 为刚体，D 点和 E 点的弹簧刚度皆为 k。AB 轴材料的切变模量为 G，直径为 d，长度为 l，弹簧的变形量很微小。当 C 点作用 F 时，试求(1)AB 轴 B 截面相对 A 截面的扭转角 φ_{BA}；(2)C 点的铅垂位移 Δ_C。

3-11　AB 和 CD 为材料和直径相同的圆截面杆，切变模量为 G，直径为 d。两杆固结于刚性块 BC 上，A 端固定，在 D 截面上作用扭转外力偶 M_e，如图 3-39 所示。试利用能量法求 D 截面的扭转角。

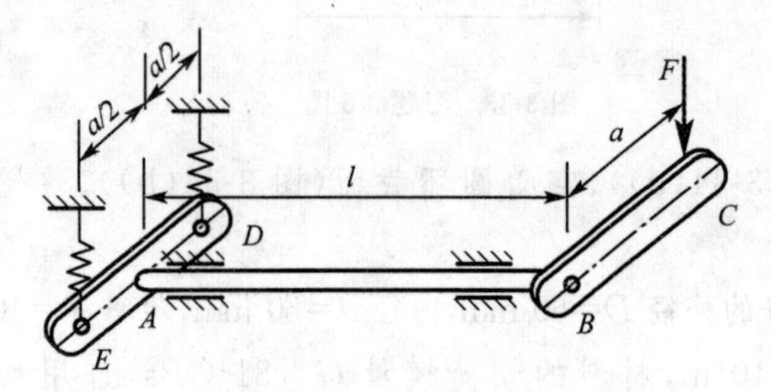

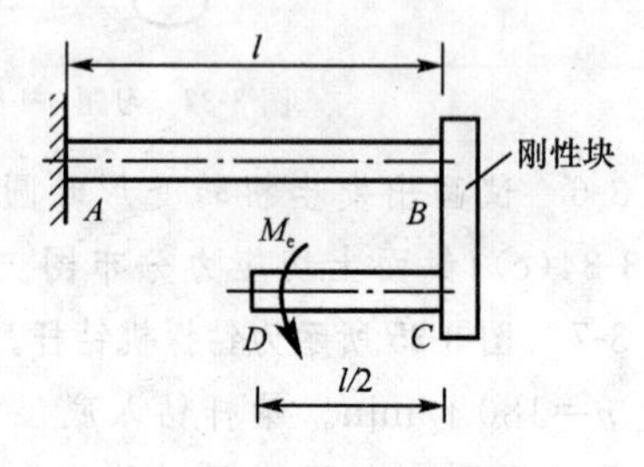

图 3-38　习题 3-10 图　　　图 3-39　习题 3-11 图

3-12　如图 3-40 所示，AB 和 CD 为尺寸相同的圆截面杆，位于同一水平面内。AB 为钢杆，CD 为铝杆，两种材料的切变模量之比为 3∶1。若不计 BE 和 ED 两杆的变形，试问作用于 E 点的铅垂力 F 将以怎样的比例分配于 AB 和 CD 两杆？

3-13　如图 3-41 所示两端固定的受扭阶梯形圆轴，其中间段的直径为两边段的 2 倍，各段材料相同，切变模量为 G，试求 A、B 处支反力偶矩。

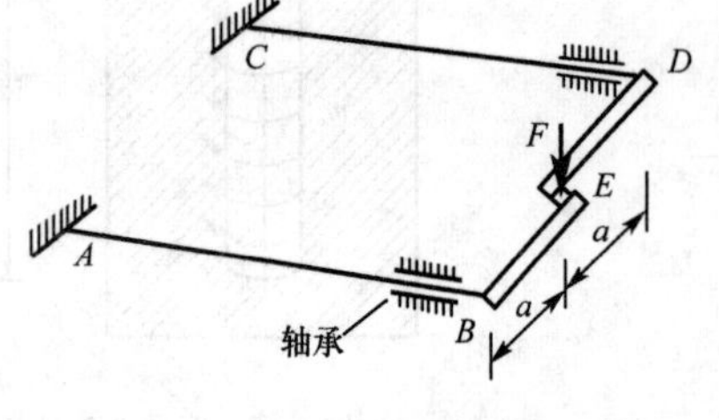

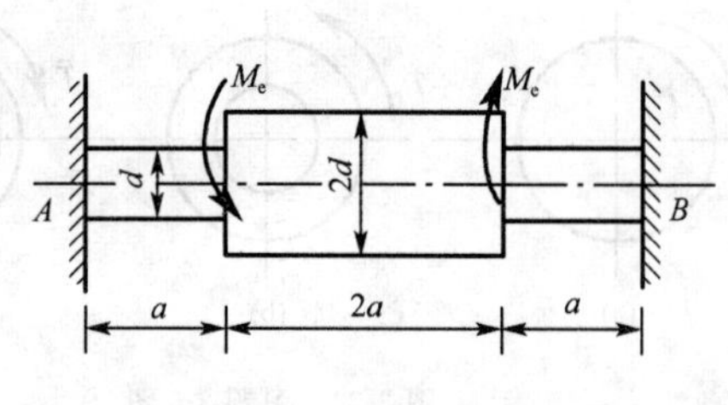

图 3-40　习题 3-12 图　　　图 3-41　习题 3-13 图

第4章 梁的弯曲内力

4.1 概 述

当杆件受到垂直于杆轴线的外力作用，或在纵向平面内受到外力偶作用时，杆的轴线将由直线变成曲线，任意横截面绕截面内某一轴转动，这种变形形式称为**弯曲**。以弯曲变形为主的杆件称为**梁**。

梁是工程中应用最多的一种构件，如人们熟知的房屋建筑中的各类梁，桥梁，安装齿轮、刀具的轴类零件，各类设备中的骨架，起重机的起重臂，承受风荷载的塔架、烟囱等均属于受弯构件(图 4-1)。图 4-2(a)为桥式起重机的大梁，图 4-2(b)所示为火车轮轴，图 4-3(a)所示为阳台的挑梁，它们的计算简图分别如图 4-2(a)、图 4-2(b)、图 4-3(b)所示。

图 4-1

利用静力学平衡方程可求解出全部支座反力的梁称为静定梁。根据约束的特点，常见的静定梁有以下三种形式：

(1)简支梁 梁的一端为固定铰支座，另一端为可动铰支座，如图 4-4(a)所示。

(2)悬臂梁 梁的一端固定，另一端自由，如图 4-4(b)所示。

(3)外伸梁 简支梁的一端或两端伸出支座之外，如图 4-4(c)、图 4-4(d)所示。

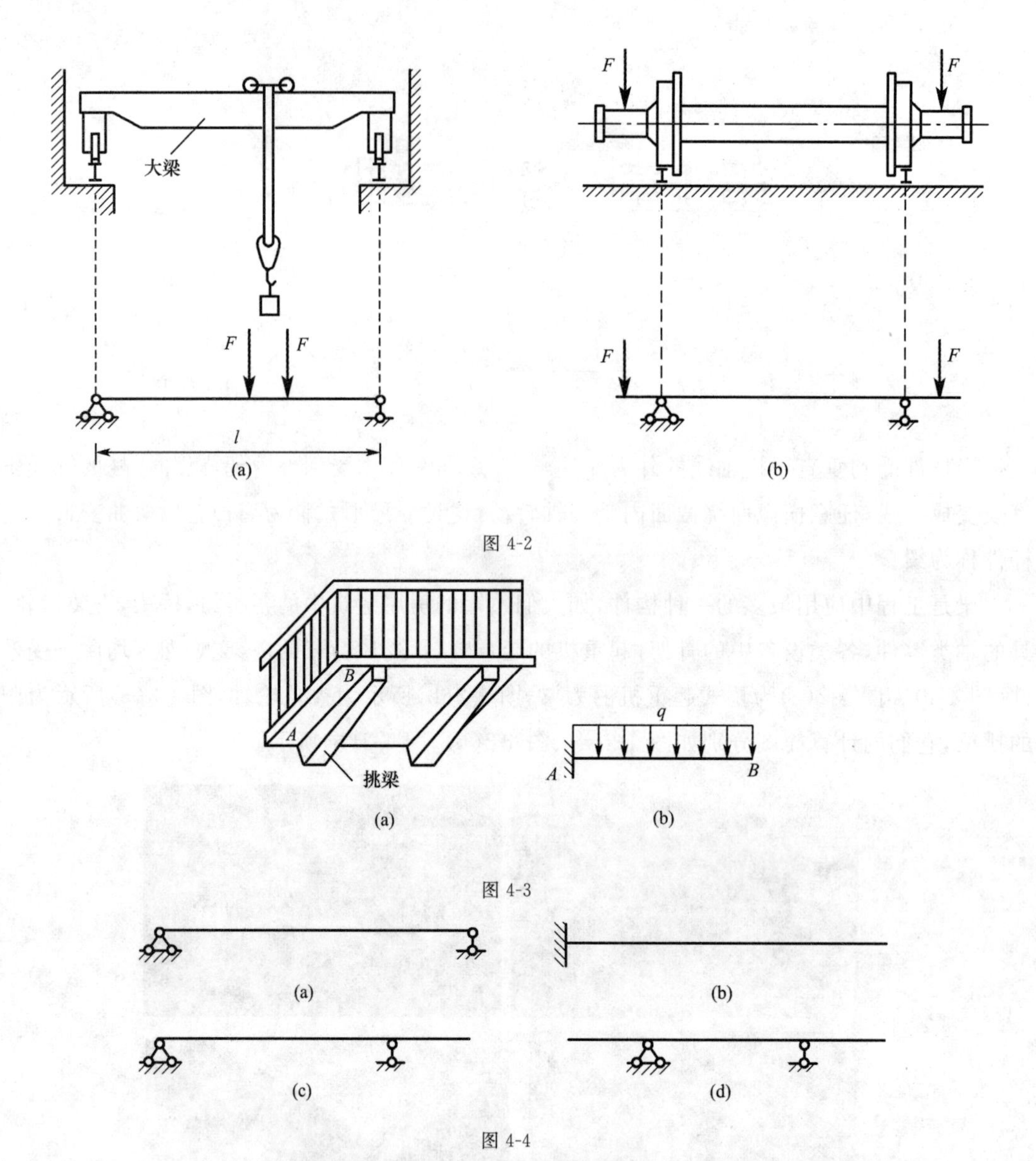

图 4-2

图 4-3

图 4-4

梁在两支座间的长度(悬臂梁就是梁的长度)称为跨长。工程中通常采用对称截面的梁,如横截面为矩形、圆形、工字形等。由横截面的对称轴与梁轴线所构成的平面称为梁的纵对称面(图 4-5)。如果梁上的外荷载可近似简化成作用在纵对称面内,梁变形后的轴线将在该纵对称面内发生弯曲。这种梁变形后轴线所在平面与外力的作用面重合或平行的弯曲变形称为**平面弯曲**。而有纵对称面的平面弯曲,称为**对称弯曲**。对称弯曲问题是最简单、最常见的弯曲问题。在下面的章节中,我们着重讨论对称弯曲问题。

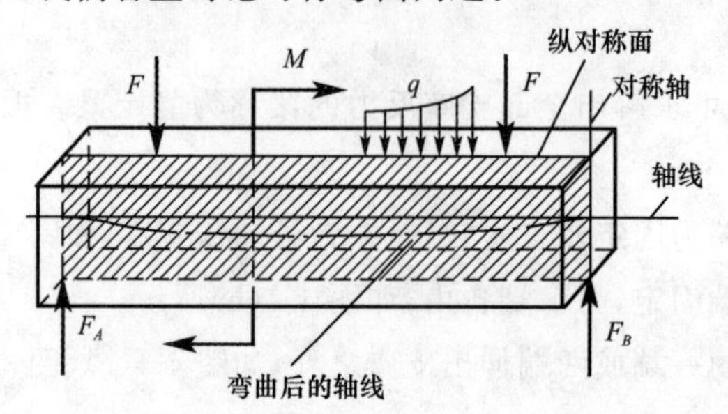

图 4-5

4.2 梁上指定截面的内力　剪力和弯矩

若要分析梁的强度和刚度，首先要求出梁横截面上的内力。当梁上所有外力（荷载和支反力）均为已知或可求时，可用截面法计算梁横截面上的内力。

求解梁横截面内力的步骤如下：

（1）计算梁支座反力。以简支梁受集中荷载为例（图4-6(a)），列平衡方程求支反力

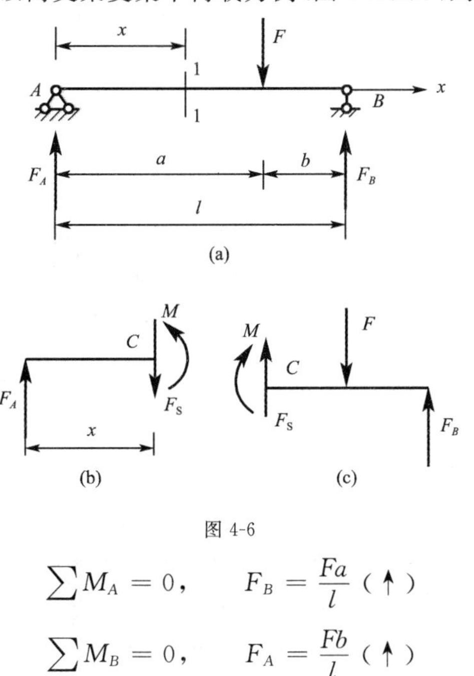

图4-6

$$\sum M_A = 0, \qquad F_B = \frac{Fa}{l} (\uparrow)$$

$$\sum M_B = 0, \qquad F_A = \frac{Fb}{l} (\uparrow)$$

（2）用截面法求剪力及弯矩。假想用一截面1-1将梁截开，研究左段的平衡（图4-6(b)），由 $\sum F_y = 0$ 可知横截面内必有竖向力 F_S，且 $F_S = F_A$。再由 $\sum M_C = 0$（C 为1-1截面的形心），可知横截面上必有弯矩 M，且 $M = F_A \cdot x$。可见左段梁若平衡，横截面1-1上必有两个内力分量：平行于横截面的竖向内力 F_S 以及位于荷载作用面的内力偶 M。竖向力 F_S 称为梁横截面内的剪力，而内力偶 M 称为梁横截面内的弯矩。

以上分析了左段梁的平衡，得横截面1-1内的剪力和弯矩，它们是右段梁对左段梁的作用力。由作用力和反作用力定律可知，右段梁1-1横截面上的内力数值也为 F_S 和 M，指向与左段梁横截面上内力指向相反。若取右段梁研究，列平衡方程 $\sum F_y = 0$ 和 $\sum M_C = 0$，可得到同样的结论（图4-6(c)）。

由截面1-1的内力计算可知，同一截面上的内力，无论取左部分还是右部分研究，得到的数值是相同的，正负号也应一致。为此，根据梁的变形，对剪力 F_S 和弯矩 M 的正、负号作如下规定：

（1）剪力的正负号

在横截面1-1处取出一微段梁 dx（图4-7），规定剪力使梁发生图4-7(a)所示的变形，即 dx 微段在剪力 F_S 的作用下，发生左上右下的错动变形时，横截面1-1上的剪力 F_S 为正，反之

(图 4-7(b))则为负。图 4-6(a)中,在截面 1-1 处无论向左取 dx 微段梁或向右取 dx 微段梁,剪力均为正值。

(2)弯矩的正负号

同样在横截面 1-1 处取 dx 微段梁,规定弯矩使梁发生图 4-7(c)所示的变形,即 dx 微段梁在弯矩的作用下发生向下凸的变形时,弯矩为正值,反之(图 4-7(d))弯矩为负值。由此可见,引起梁的变形为上部纵向受压、下部纵向受拉的弯矩为正弯矩,反之为负弯矩。

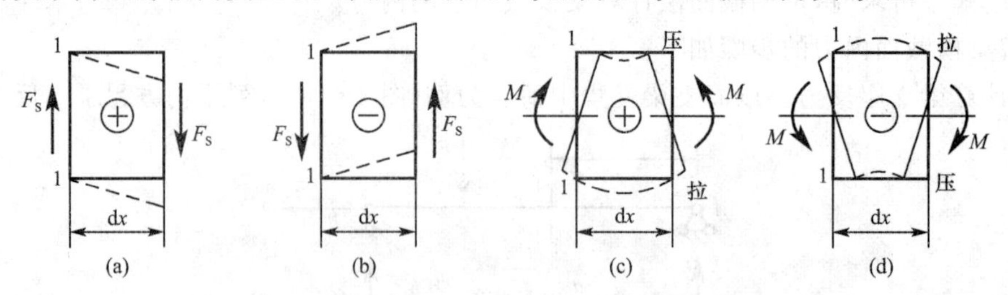

图 4-7

要计算梁指定截面处的内力同样采用截面法,即在指定截面处假想地将梁切开,取左段或右段梁研究,在切开截面处设正值的剪力及弯矩,列平衡方程,求解该截面上的剪力和弯矩值。若结果为正,则为正剪力和正弯矩,若为负值,说明结果与所设方向相反,为负剪力和负弯矩。

例题 4-1 求图 4-8(a)所示简支梁受均布荷载(集度为 q)和集中力偶 $M_e = \frac{1}{4}ql^2$ 作用下 C 截面的剪力和弯矩。

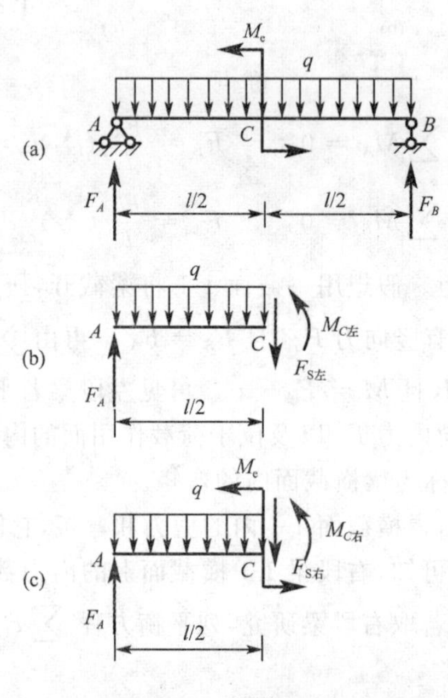

图 4-8 例题 4-1 图

解:(1)由平衡方程计算支座反力

$$\sum M_A = 0, \quad F_B l - ql \cdot \frac{l}{2} + M_e = 0, \quad F_B = \frac{1}{4}ql(\uparrow)$$

$$\sum M_B = 0, \quad -F_A l + ql \cdot \frac{l}{2} + M_e = 0, \quad F_A = \frac{3}{4}ql(\uparrow)$$

由 $\sum F_y=0$,可校核支座反力计算结果是否正确。

求截面 C 的内力时,由于截面 C 处有集中力偶,故截面 C 稍左和稍右两截面的弯矩不同,故分别计算截面 C 稍左、稍右两个截面的内力值。

(2)计算 C 截面稍左处的剪力和弯矩(图 4-8(b))

$$\sum F_y=0,\quad -F_{S左}+F_A-\frac{ql}{2}=0,\quad F_{S左}=\frac{1}{4}ql$$

$$\sum M_C=0,\quad M_{C左}-F_A\frac{l}{2}+\frac{ql}{2}\cdot\frac{l}{4}=0,\quad M_{C左}=\frac{1}{4}ql^2$$

(3)计算 C 截面稍右处的剪力和弯矩(图 4-8(c))

$$\sum F_y=0,\quad -F_{S右}+F_A-\frac{ql}{2}=0,\quad F_{S右}=\frac{1}{4}ql$$

$$\sum M_C=0,\quad M_{C右}+M_e+\frac{ql}{2}\cdot\frac{l}{4}-F_A\cdot\frac{l}{2}=0,\quad M_{C右}=0$$

由上面计算结果可知,集中力偶作用处的两侧截面的剪力值相同,但弯矩值不同。计算本题时还应注意的是:在计算支座反力时,分布荷载可用集中荷载代替,而在计算截面内力时,则不能随意用集中荷载来代替分布荷载,因为这种简化会改变梁横截面上的内力分布,与原力的作用效果不一致。

例题 4-2 已知悬臂梁如图 4-9(a)所示,计算指定截面 1-1 和 2-2 处的剪力和弯矩。

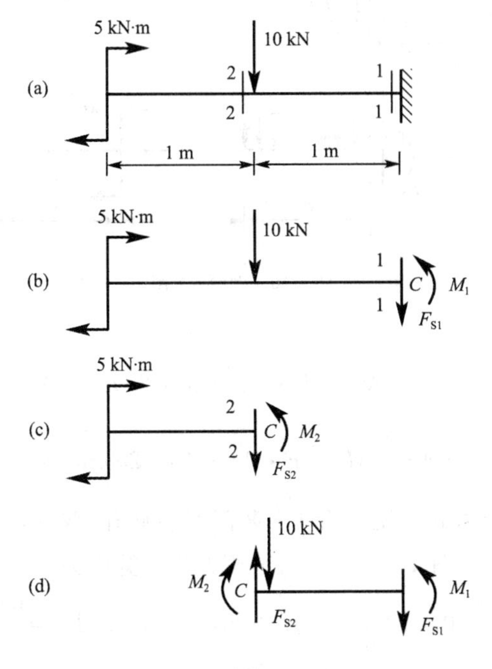

图 4-9 例题 4-2 图

解:(1)求截面 1-1 内力。假想地用一截面沿 1-1 处切开,取左段为隔离体(图 4-9(b)),对此段梁列平衡方程计算内力

$$\sum F_y=0,\quad -10\text{ kN}-F_{S1}=0,\quad F_{S1}=-10\text{ kN}$$

$$\sum M_C=0,\quad M_1+10\text{ kN}\times 1\text{m}-5\text{ kN}\cdot\text{m}=0,\quad M_1=-5\text{ kN}\cdot\text{m}$$

剪力和弯矩都为负值,说明结果与原先假定的剪力和弯矩的指向相反。

(2)计算截面 2-2 处的内力。假想用一截面沿 2-2 处切开,取左段为隔离体(图 4-9(c)),对此段梁列平衡方程计算内力

$$\sum F_y = 0, \qquad F_{S2} = 0$$

$$\sum M_C = 0, \qquad M_2 = 5\ \text{kN} \cdot \text{m}$$

剪力和弯矩结果为正,说明假设的方向是正确的。

在计算 2-2 截面内力时,也可取截面以右的部分研究(图 4-9(d)),同样由平衡方程 $\sum F_y = 0$,$\sum M_C = 0$,可求出 $F_{S2} = 0$,$M_2 = 5\ \text{kN} \cdot \text{m}$,与上述计算结果相同。

例题 4-3 简支梁受集中荷载 F、集中力偶 M_e 及一段均布荷载 q 的作用(图 4-10(a)),q、a 均为已知,试求 1-1、2-2 截面上的剪力和弯矩。

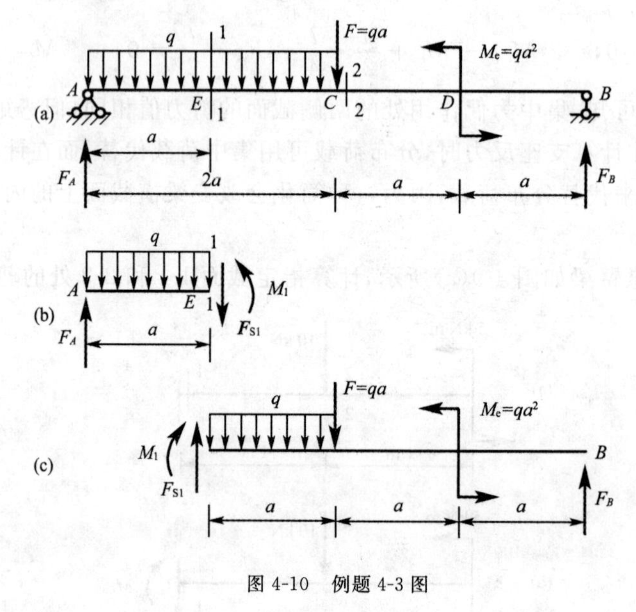

图 4-10 例题 4-3 图

解 (1)求支反力

$$\sum M_A = 0, \qquad F_B \cdot 4a + M_e - F \cdot 2a - (q \cdot 2a)a = 0, \qquad F_B = \frac{3}{4}qa(\uparrow)$$

$$\sum M_B = 0, \qquad -F_A \cdot 4a + M_e + F \cdot 2a + (q \cdot 2a)3a = 0, \qquad F_A = \frac{9}{4}qa(\uparrow)$$

(2)求 1-1 截面上的剪力和弯矩。沿 1-1 截面假想截开,取左段为隔离体。假设截面上的剪力 F_{S1} 和弯矩 M_1 均为正(图 4-10(b)),由平衡方程计算内力

$$\sum F_y = 0, \qquad F_A - qa - F_{S1} = 0, \qquad F_{S1} = \frac{5}{4}qa$$

$$\sum M_E = 0, \qquad M_1 + qa \cdot \frac{a}{2} - F_A \cdot a = 0, \qquad M_1 = \frac{7}{4}qa^2$$

式中,矩心 E 为 1-1 截面形心。所得结果为正,说明所设的剪力和弯矩的方向(或转向)是正确的。

建议读者取右段梁为研究对象(图 4-10(c))来计算 F_{S1} 和弯矩 M_1,验证上述结果。

(3)求 2-2 截面上的剪力和弯矩

直接根据 2-2 截面右侧梁上的外力计算内力(图 4-10(a)),可得

$$F_{S2} = -F_B = -\frac{3}{4}qa$$

$$M_2 = F_B \cdot 2a + M_e = \frac{3qa}{4} \cdot 2a + qa^2 = \frac{5}{2}qa^2$$

由上面例题，可总结出计算指定截面剪力、弯矩的规律：

(1)任一截面上的剪力数值上等于截面以左(或以右)梁上外力的代数和。根据剪力正、负号的规定，左段梁上向上的外力(或右段梁上向下的外力)引起正值剪力，反之，则引起负值剪力。

(2)任一横截面上的弯矩值等于此截面以左(或以右)梁上的外力对该截面形心的力矩的代数和。根据弯矩的正、负号的规定，向上的外力(无论是左段梁，还是右段梁)引起正值弯矩，向下的外力引起负值弯矩。截面左侧顺时针的外力偶或截面右侧逆时针的外力偶引起正弯矩，反之则引起负弯矩。

下面举例说明这种直接计算梁横截面上的剪力、弯矩的方法。

例题 4-4　已知一简支梁如图 4-11 所示，荷载 $F_1 = 24$ kN，$F_2 = 80$ kN，求跨中截面 E 处的剪力 F_{SE} 和弯矩 M_E 。

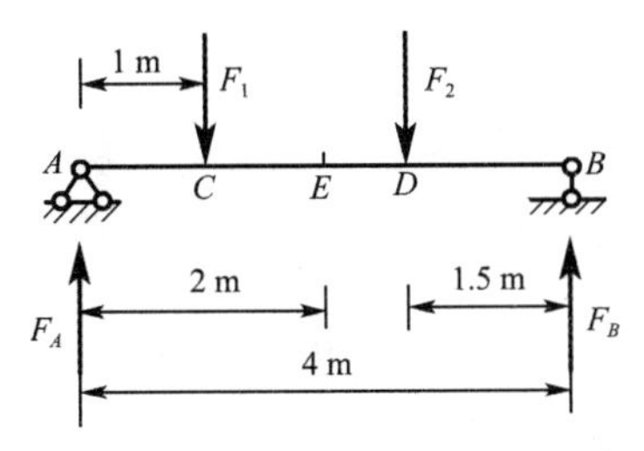

图 4-11　例题 4-4 图

解：(1)求解支座反力

$$\sum M_A = 0, \quad F_B \times 4\ \text{m} - F_1 \times 1\ \text{m} - F_2 \times 2.5\ \text{m} = 0$$

$$F_B = \frac{1}{4}(24 \times 1 + 80 \times 2.5)\ \text{kN} = 56\ \text{kN}(\uparrow)$$

$$\sum M_B = 0, \quad -F_A \times 4\ \text{m} + F_1 \times 3\ \text{m} + F_2 \times 1.5\ \text{m} = 0$$

$$F_A = \frac{1}{4}(24 \times 3 + 80 \times 1.5)\ \text{kN} = 48\ \text{kN}(\uparrow)$$

(2)求剪力和弯矩。由截面 E 向左看，向上的外力引起正值的剪力，向下的外力引起负值的剪力，故

$$F_{SE} = F_A - F_1 = (48 - 24)\ \text{kN} = 24\ \text{kN}$$

如果由截面 E 向右看，向下的外力引起正值的剪力，向上的外力引起负值的剪力，则

$$F_{SE} = F_2 - F_B = (80 - 56)\ \text{kN} = 24\ \text{kN}$$

两种方法结果相同。

由截面 E 向左看，向上的外力引起正值的弯矩，向下的外力引起负值的弯矩，故

$$M_E = F_A \times 2\ \text{m} - F_1 \times 1\ \text{m} = (48 \times 2 - 24)\ \text{kN} \cdot \text{m} = 72\ \text{kN} \cdot \text{m}$$

由截面 E 向右看，向上的外力引起正值的弯矩，向下的外力引起负值的弯矩，故

$$M_E = F_B \times 2\ \text{m} - F_2 \times 0.5\ \text{m} = (56 \times 2 - 80 \times 0.5)\ \text{kN} \cdot \text{m} = 72\ \text{kN} \cdot \text{m}$$

结果也相同。

由此可见，只要取截面一侧的梁，按指定截面的剪力、弯矩计算规律，可以很方便地计算出梁横截面上的剪力、弯矩值。

例题 4-5 简支梁受力如图 4-12 所示，求 1-1、2-2、3-3 截面的剪力和弯矩。

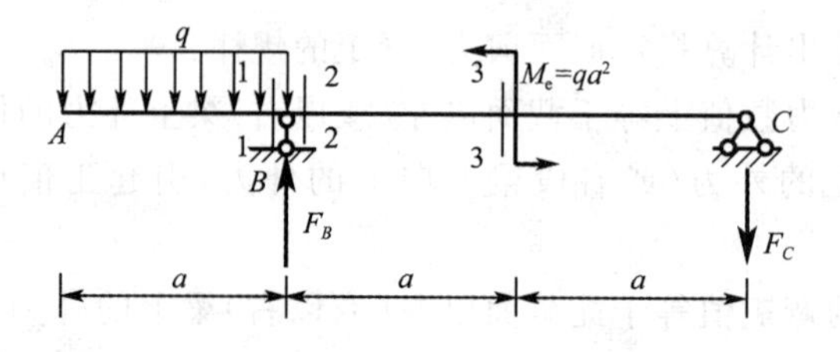

图 4-12 例题 4-5 图

解：(1)求支反力

$$\sum M_C = 0,\qquad -F_B \cdot 2a + qa \cdot \frac{5a}{2} + M_e = 0,\qquad F_B = \frac{7}{4}qa\,(\uparrow)$$

$$\sum M_B = 0,\qquad -F_C \cdot 2a + qa \cdot \frac{a}{2} + M_e = 0,\qquad F_C = \frac{3}{4}qa\,(\downarrow)$$

(2)求 1-1 截面的剪力和弯矩

$$F_{S1} = -qa,\qquad M_1 = -\frac{1}{2}qa^2$$

(3)求 2-2 截面的剪力和弯矩

$$F_{S2} = -qa + F_B = -qa + \frac{7}{4}qa = \frac{3}{4}qa,\qquad M_2 = -\frac{1}{2}qa^2$$

(4)求 3-3 截面的剪力和弯矩

$$F_{S3} = F_C = \frac{3}{4}qa,\qquad M_3 = M_e - F_C \cdot a = \frac{1}{4}qa^2$$

4.3 剪力方程与弯矩方程 剪力图和弯矩图

一般情况下，梁上各横截面内的剪力和弯矩是不同的，它们随截面位置而变化，可表示成截面位置坐标 x 的函数，即

$$F_S = F_S(x)\qquad M = M(x)$$

该函数可以反映出梁各横截面上剪力、弯矩的变化规律，分别称为**剪力方程**和**弯矩方程**。

为了更形象地表示剪力和弯矩随截面位置的变化规律，从而确定最大弯矩和最大剪力，仿照轴力图和扭矩图的作法，可绘出剪力、弯矩图。剪力、弯矩图的绘制是分析梁强度、刚度的基础。

下面举例说明剪力、弯矩图的具体画法。

例题 4-6 如图 4-13(a)所示的悬臂梁在自由端受集中荷载 F 的作用，试作此梁的剪力图和弯矩图。

解：如图 4-13(a)取坐标系，由静力平衡方程可求出支座反力

$$F_A = F(\uparrow)\qquad M_A = Fl(\circlearrowleft)$$

截面 x 上的剪力、弯矩表达式即为该梁的剪力方程和弯矩方程

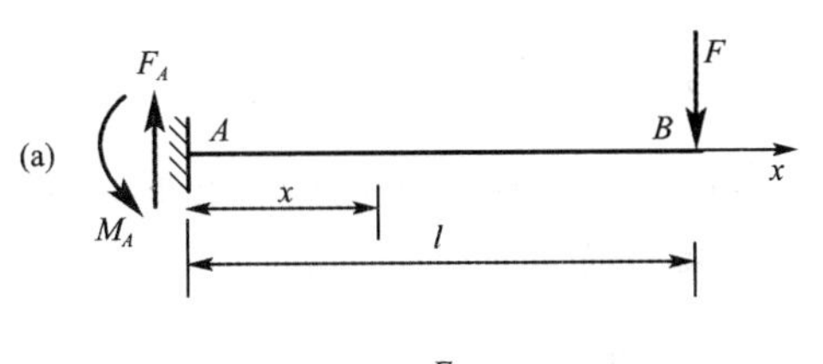

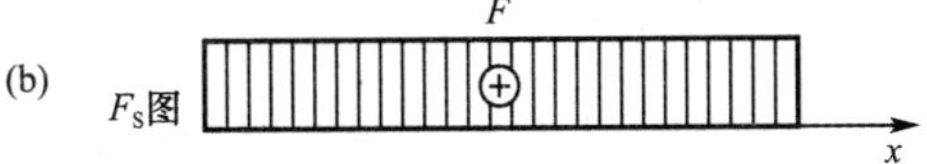

图 4-13　例题 4-6 图

$$F_S(x) = F \qquad (0 < x < l) \tag{a}$$

$$M(x) = F_A x - M_A = Fx - Fl \qquad (0 < x \leqslant l) \tag{b}$$

式(a)、式(b)后面的括弧中说明了方程的适用范围。

作剪力、弯矩图。首先画横坐标轴 x 与原图轴线平行，用纵坐标表示不同截面上剪力、弯矩值的大小。在土木工程中通常规定剪力图中正值剪力画于 x 轴上方，负值剪力画于 x 轴下方；弯矩图中正值弯矩画于 x 轴下方，负值弯矩画于 x 轴上方。剪力图、弯矩图要与原受力图对齐，图中标出剪力、弯矩的正、负号及关键点的数值。通常将这类关键点对应的截面称为控制截面。由方程(a)、方程(b)绘制出的剪力、弯矩图如图 4-13(b)、图 4-13(c)所示。

本题在计算中也可将坐标轴由右向左取，即 BA 方向为 x 轴，此时写剪力、弯矩方程时不必计算支座反力，可简化计算步骤。坐标选取方法不同，剪力、弯矩方程不同，但剪力、弯矩图相同。

例题 4-7　图 4-14(a)所示的悬臂梁，在全梁上受均布荷载作用，试作此梁的剪力图和弯矩图。

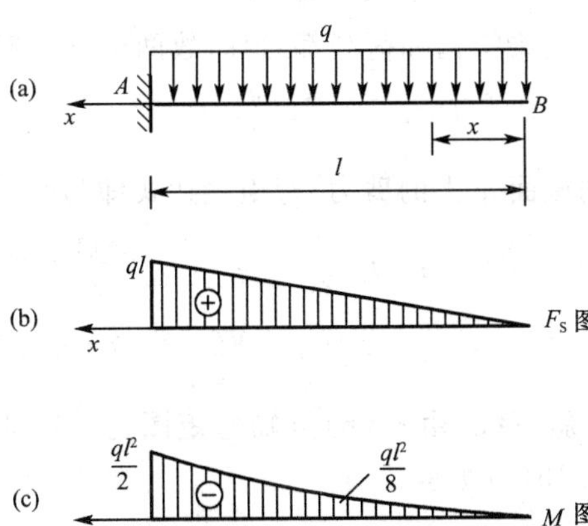

图 4-14　例题 4-7 图

解：为了计算方便，取梁的右端为坐标原点，则截面 x 处的剪力、弯矩表达式即为此梁的剪力方程、弯矩方程

$$F_S(x) = qx \qquad (0 \leqslant x < l) \tag{a}$$

$$M(x)=-\frac{1}{2}qx^2 \qquad (0\leqslant x<l) \tag{b}$$

由式(a)可知剪力图为一斜直线，$x=0$，$F_S=0$；$x=l$，$F_S=ql$。如图 4-14(b)所示，最大剪力为 $F_{S,\max}=ql$，作用在悬臂梁的根部。

由式(b)可知弯矩图为一条二次曲线，$x=0$，$M=0$；$x=\frac{l}{2}$，$M=-\frac{ql^2}{8}$；$x=l$，$M=-\frac{ql^2}{2}$，画弯矩图如图 4-14(c)所示。由图可知最大弯矩发生在梁的根部，$M_{\max}=\frac{ql^2}{2}$。

例题 4-8 图 4-15(a)所示的简支梁，在全梁上受集度为 q 的均布荷载作用。试作此梁的剪力图和弯矩图。

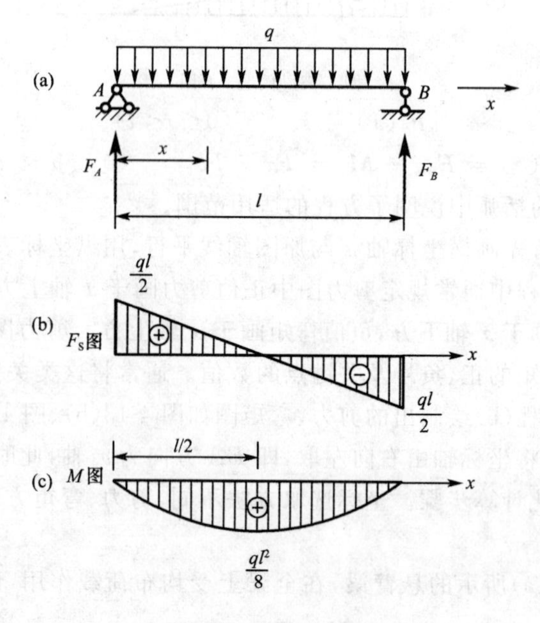

图 4-15 例题 4-8 图

解：由于受均布荷载的简支梁结构和荷载都对称，故两个支座反力大小相等，即

$$F_A=F_B=\frac{ql}{2}(\uparrow)$$

取梁左端为坐标原点，则截面 x 上的剪力、弯矩表达式即为此梁的剪力方程、弯矩方程

$$F_S(x)=F_A-qx=\frac{ql}{2}-qx \qquad (0<x<l) \tag{a}$$

$$M(x)=F_Ax-\frac{qx^2}{2}=\frac{ql}{2}x-\frac{qx^2}{2} \qquad (0\leqslant x\leqslant l) \tag{b}$$

由式(a)可知剪力图为一斜直线，由式(b)可知弯矩图为二次曲线，仿照例题 4-7，可作剪力、弯矩图如图 4-15(b)、图 4-15(c)所示。

图中最大剪力、最大弯矩分别为 $F_{S,\max}=\frac{ql}{2}$、$M_{\max}=\frac{ql^2}{8}$。

例题 4-9 图 4-16(a)所示简支梁，在截面 C 处受集中荷载 F 作用。试作此梁的剪力图和弯矩图。

解：由平衡方程 $\sum M_A=0$，$\sum M_B=0$ 分别求得支座反力为

$$F_B=\frac{Fa}{l}(\uparrow) \qquad F_A=\frac{Fb}{l}(\uparrow)$$

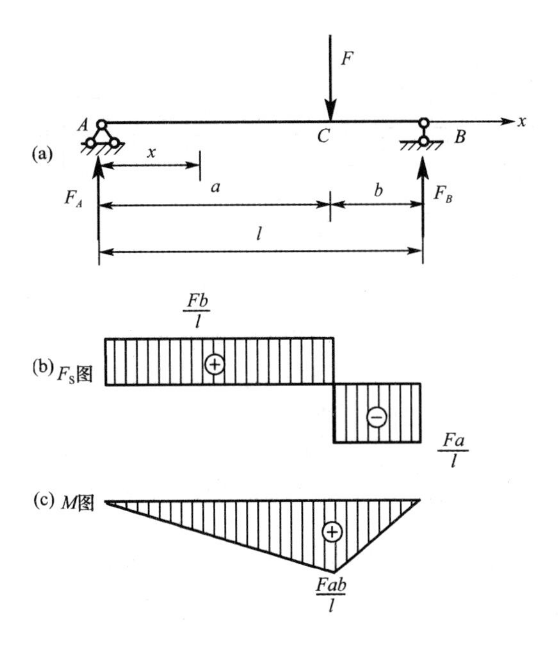

图 4-16　例题 4-9 图

由于集中力 F 将梁分成 AC、CB 两段,故要分别写出 AC、CB 两段梁的剪力、弯矩方程。

$$AC\text{ 段}: F_S(x)=\frac{Fb}{l}\qquad (0<x<a) \tag{a}$$

$$M(x)=\frac{Fb}{l}x\qquad (0\leqslant x\leqslant a) \tag{b}$$

$$CB\text{ 段}: F_S(x)=\frac{Fb}{l}-F=-\frac{Fa}{l}\qquad (a<x<l) \tag{c}$$

$$M(x)=\frac{Fb}{l}x-F(x-a)=\frac{Fa}{l}(l-x)\qquad (a\leqslant x\leqslant l) \tag{d}$$

由式(a)、式(b)、式(c)、式(d)可知,剪力、弯矩图均为直线,剪力图 AC、CB 两段为水平直线(图 4-16(b)),弯矩图 AC、CB 两段为斜直线(图 4-16(c))。

由剪力、弯矩图可知,当 $a>b$ 时,最大剪力在 CB 段,$F_{S,\max}=\frac{Fa}{l}$,弯矩最大值发生在集中力作用的截面上,$M_{\max}=\frac{Fab}{l}$ 。在有集中力作用的截面处左右两侧的剪力值有突变,对应的弯矩图上有尖点。

4.4　剪力、弯矩与分布荷载集度之间的微分关系

4.4.1　剪力、弯矩与分布荷载集度之间的微分关系

设梁上有任意分布的荷载 $q(x)$(图 4-17(a)),规定向上为正,x 轴坐标原点取在梁的左端,在 x 截面处取一微段梁 $\mathrm{d}x$,则 $\mathrm{d}x$ 段梁上的荷载及两相邻截面的内力如图 4-17(b)所示。由于梁整体处于平衡状态,则微段梁也必然处于平衡状态。由平衡方程 $\sum F_y=0$,得

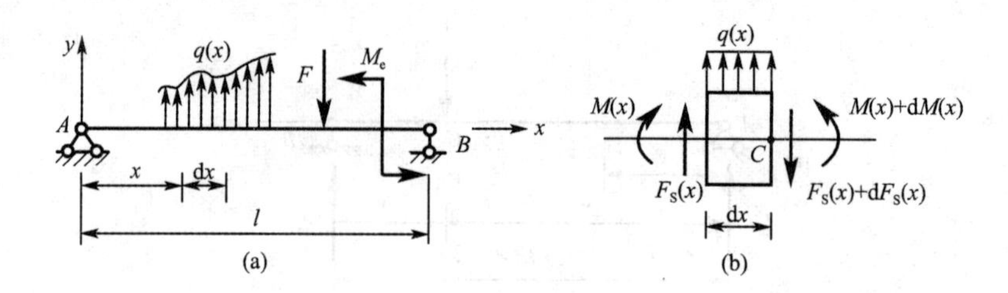

图 4-17

$$F_S(x) - [F_S(x) + dF_S(x)] + q(x)dx = 0$$

$$\frac{F_S(x)}{dx} = q(x) \tag{4-1}$$

式(4-1)的几何意义是：剪力图上某点切线斜率等于荷载图上该点分布荷载集度的大小。又由 $\sum M_C = 0$，得

$$[M(x) + dM(x)] - M(x) - F_S(x)dx - q(x)dx \cdot \frac{dx}{2} = 0$$

略去二阶微量，简化求得

$$\frac{dM(x)}{dx} = F_S(x) \tag{4-2}$$

式(4-2)表明弯矩图上某点处的切线斜率等于剪力图上该点剪力的大小。

将式(4-2)两端再求导，得

$$\frac{d^2M(x)}{dx^2} = q(x) \tag{4-3}$$

将式(4-1)在梁段 AB 上积分，得

$$\int_A^B dF_S(x) = \int_A^B q(x)dx$$

即
$$F_{SB} - F_{SA} = \int_A^B q(x)dx \tag{4-4}$$

式(4-4)表明，若梁段 AB 上无集中力作用时，梁段两端横截面上剪力之差等于该段梁上分布荷载图形的面积。

同理，若 AB 段梁上无集中力偶作用时，对式(4-2)两端积分，得

$$\int_A^B dM(x) = \int_A^B F_S(x)dx$$

即
$$M_B - M_A = \int_A^B F_S(x)dx \tag{4-5}$$

式(4-5)表明，若 AB 段梁上无集中力偶作用时，梁段两端横截面上弯矩之差等于该段梁上剪力图图形的面积。

4.4.2 利用剪力、弯矩与分布荷载间的微分关系作剪力图和弯矩图

由上述荷载集度、剪力与弯矩之间的微分、积分关系，可知梁的荷载图、剪力图及弯矩图之间有下述规律：

(1)梁上无分布荷载时，即 $q(x) = 0$，由式(4-1)、式(4-2)知 $F_S(x) = C$(常数)，$M(x)$ 为 x 的一次函数。故此时的剪力图为一水平线，弯矩图为一斜直线，倾斜方向由剪力值的正、负号决定。

(2)梁上有均布荷载作用时,即 $q(x)=C$(常数)。由式(4-1)可知 $F_S(x)$ 是 x 的一次函数,剪力图为一斜直线,斜直线的倾斜方向(斜率)由 $q(x)$ 的正、负决定。而由式(4-3)知,此时的弯矩 $M(x)$ 是 x 的二次函数,当 $q(x)>0$ 时,弯矩图为上凸的二次抛物线;当 $q(x)<0$ 时,弯矩图为下凸二次抛物线。

(3)若梁上某一截面的剪力为零,由式(4-2)可知,该截面的弯矩具有极值,但就全梁来说,这个极值不一定就是全梁的最大值或最小值。

(4)梁上有集中力作用处,剪力图有突变,突变值等于该集中力的数值。剪力的变化引起弯矩图斜率的变化,故弯矩图上有尖角。

(5)集中力偶作用处,剪力图无变化,弯矩图有突变,突变值为该力偶矩的大小。

上述规律汇总整理为表 4-1,供参考。

表 4-1　　不同荷载作用下剪力图与弯矩图的特征

一段梁上的荷载	向下的均布荷载 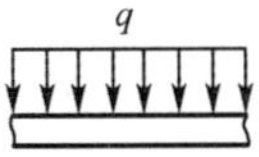 q	无荷载 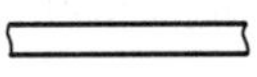	集中力 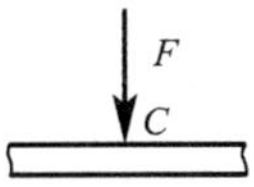 F C	集中力偶 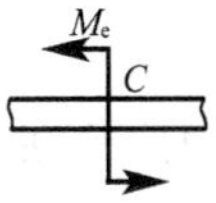 M_e C
剪力图	 向下倾斜的斜直线	水平线	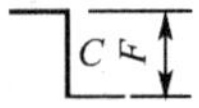 C F 突变	 C 无变化
弯矩图	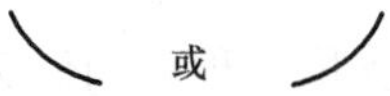 或 下凸的二次曲线	 或 斜直线	 尖点	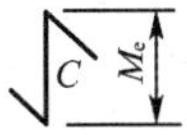 C M_e 突变
最大弯矩可能在的截面	$F_S=0$ 处的截面		尖点突向与作用力方向一致	力偶作用的截面

例题 4-10　根据剪力、弯矩与分布荷载集度间的微分关系,绘制图 4-18(a)所示悬臂梁的内力图。

解:(1)计算 A 端的支座反力。

由 $\sum F_y=0$,得

$$F_A-8\ \text{kN/m}\times 1.5\ \text{m}-4\ \text{kN}=0$$

解得
$$F_A=16\ \text{kN}\ (\uparrow)$$

由 $\sum M_A=0$,得

$$M_A-8\ \text{kN/m}\times 1.5\ \text{m}\times\frac{1.5}{2}\ \text{m}-4\ \text{kN}\times 3\ \text{m}=0$$

解得
$$M_A=21\ \text{kN}\cdot\text{m}(\circlearrowleft)$$

(2)作剪力图。剪力图分为两段。A 端有集中力 F_A,故剪力图向上突变 16 kN;AB 段有向下的分布荷载 q,故 AB 段剪力图为斜直线,斜率为负值,截面 B 处的剪力值等于截面一侧所有外力代数和,截面 B 处剪力值为 4 kN;BC 段无分布荷载,故剪力图为一水平线;截面 C 处向下突变 4 kN,与此处的集中荷载值相同,形成封闭的剪力图,说明此结构是平衡的。结果

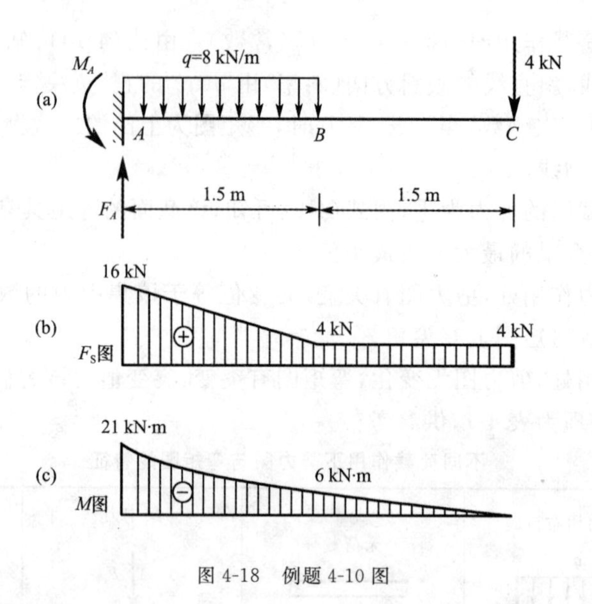

图 4-18 例题 4-10 图

如图 4-18(b)所示。

(3)作弯矩图。弯矩图也分为两段。根据剪力图，利用作图规则可简单地作出弯矩图。首先截面 A 处有逆时针集中力偶 M_A，故弯矩图向上突变，突变值等于 M_A；AB 段剪力图为斜直线，弯矩图应为二次曲线，曲线的斜率为正值，且斜率逐渐减小，截面 B 处的弯矩值等于截面一侧所有外力对截面形心力矩的代数和(注意各计算值的正负号)，因此可计算出截面 B 的弯矩值为 $-6\ \text{kN}\cdot\text{m}$；$BC$ 段剪力图为一水平线，弯矩图则为斜直线，截面 C 处弯矩值等于截面一侧所有外力对截面形心力矩的代数和，故截面 C 处弯矩为零。结果如图 4-18(c)所示。

用上述方法作图，大大简化了剪力图、弯矩图的作图过程，故称这种作图法为简易法。

例题 4-11 用简易法作如图 4-19(a)所示外伸梁的剪力、弯矩图。

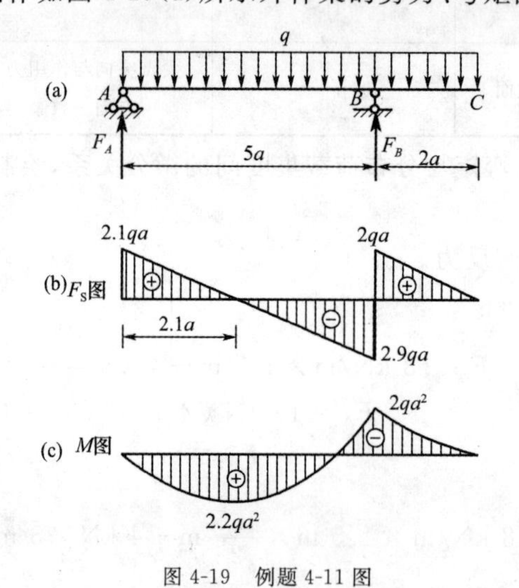

图 4-19 例题 4-11 图

解:(1)求支座反力。

$$\sum M_A = 0,\quad F_B \cdot 5a - q \cdot 7a \cdot \frac{7a}{2} = 0,\quad F_B = 4.9qa\ (\uparrow)$$

$$\sum M_B = 0,\quad -F_A \cdot 5a - q \cdot 2a^2 + q \cdot 5a \cdot \frac{5a}{2} = 0,\quad F_A = 2.1qa\ (\uparrow)$$

(2)作剪力图。剪力图分为 AB 和 BC 两段,A 截面向上突变 $2.1qa$,AB 段为一斜直线,斜率为负值,截面 B 偏左的剪力值等于截面一侧所有外力代数和,剪力值为 $-2.9qa$;截面 B 有集中力 F_B,故剪力值向上突变 $4.9qa$;BC 段为斜直线,斜率与 AB 段相同,截面 C 处无集中力,故剪力为零。由此可作出剪力图,如图 4-19(b)所示。

(3)作弯矩图。弯矩图也分为 AB 和 BC 两段,由于全梁上有均布荷载,故弯矩图为二次曲线。弯矩图上 AB 段曲线斜率由正到负、由大到小再逐渐增大,可知 AB 段曲线大致形状,剪力为零处的弯矩有极值,可计算出最大弯矩的位置距 A 端 $2.1a$,极值弯矩 $M_{max}=2.2qa^2$。截面 B 处的弯矩值等于截面一侧所有外力对截面形心力矩的代数和,可算出截面 B 的弯矩值为 $-2qa^2$。根据 BC 段弯矩图,曲线变化规律同 AB 段,截面 C 处的弯矩值等于零,可作出 BC 段弯矩图,如图 4-19(c)所示。

例题 4-12　外伸梁如图 4-20(a)所示,已知 $q=20$ kN/m,$F=20$ kN,$M_e=160$ kN·m,绘制此梁的剪力图和弯矩图。

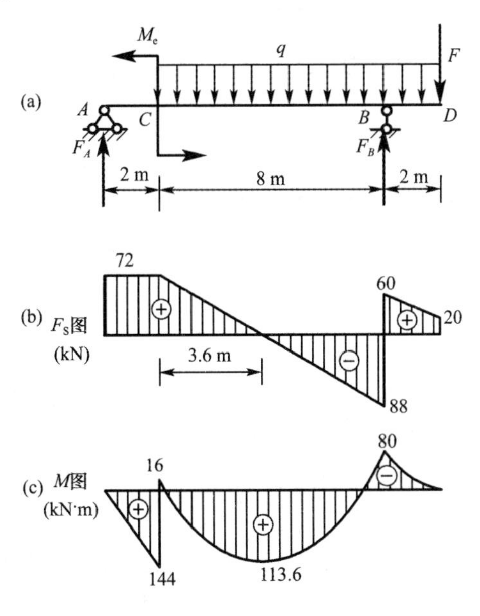

图 4-20　例题 4-12 图

解:(1)求支座反力。

$$\sum M_B=0,\qquad -F_A\times 10\text{m}+160\ \text{kN}\cdot\text{m}+(20\times 10\times 3)\ \text{kN}\cdot\text{m}-20\ \text{kN}\times 2\text{m}=0$$

$$\sum M_A=0,\qquad F_B\times 10\text{m}+160\ \text{kN}\cdot\text{m}-(20\times 10\times 7)\ \text{kN}\cdot\text{m}-20\ \text{kN}\times 12\text{m}=0$$

$$F_A=72\ \text{kN}\ (\uparrow),\qquad F_B=148\ \text{kN}\ (\uparrow)$$

(2)作剪力图。剪力图分为三段。截面 A 向上突变 72 kN,AC 段无分布力,故剪力图上 AC 段为水平直线,截面 C 集中力偶 M_e 对剪力图无影响。CB 段有均布荷载,剪力图为斜直线,B 截面偏左的剪力值等于截面一侧所有外力的代数和,大小为 -88 kN,截面 B 有集中力 F_B,故剪力图上有突变,突变值为 148 kN。同 CB 段类似,BD 段为斜直线,截面 D 处剪力值为 20 kN,且截面 D 处有向下的集中力 F,故向下突变 20 kN,剪力图封闭,说明力系平衡。结果如图 4-20(b)所示。

(3)作弯矩图。AC 段剪力图为水平线,弯矩图则为斜直线,C 截面偏左的弯矩值等于截面一侧所有外力对截面形心力矩的代数和，大小为 144 kN·m，又因截面 C 有逆时针集中力偶，故弯矩图向上突变 160 kN·m。CB 段弯矩图为曲线，根据剪力图上剪力值的正、负号及大小，可绘制出弯矩图的大致形状，剪力值为零位置距 C 截面 3.6 m，极值弯矩值为 113.6 kN·m。同理，可计算出截面 B 的弯矩值为 −80 kN·m，由此可作出 CB 段梁的弯矩图。BD 段梁的弯矩图绘制方法同 CB 段，截面 D 的弯矩值为零，结果如图 4-20(c)所示。

例题 4-13 作图 4-21(a)所示梁的剪力、弯矩图。

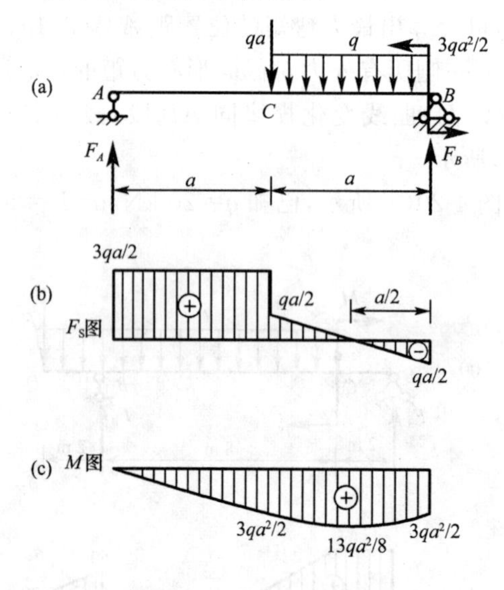

图 4-21 例题 4-13 图

解：(1)计算支座反力。

$$\sum M_B = 0, \qquad -F_A \cdot 2a + qa \cdot a + qa \cdot \frac{a}{2} + \frac{3}{2}qa^2 = 0, \qquad F_A = \frac{3}{2}qa\ (\uparrow)$$

$$\sum M_A = 0, \qquad F_B \cdot 2a - qa \cdot a - qa \cdot \frac{3a}{2} + \frac{3}{2}qa^2 = 0, \qquad F_B = \frac{1}{2}qa\ (\uparrow)$$

(2)作剪力图。剪力图分为两段。截面 A 向上突变 $3qa/2$，AC 段无分布荷载，故剪力图上 AC 段为水平直线，截面 C 有集中力作用，剪力图向下突变 qa，截面 C 偏右的剪力值为 $qa/2$。CB 段有分布荷载，剪力图为斜直线，截面 B 有集中力 F_B，故剪力图向上突变 $qa/2$，结果如图 4-21(b)所示。

(3)作弯矩图。AC 段剪力图为水平线，弯矩图则为斜直线，算出截面 C 的弯矩值为 $3qa^2/2$，CB 段弯矩图为曲线，根据剪力图上剪力值的正、负号及大小，可绘制出弯矩图的大致形状，剪力值为零处的极值弯矩值为 $13qa^2/8$。又因截面 B 有逆时针集中力偶，故弯矩图上有向上的突变，突变值为 $3qa^2/2$，结果如图 4-21(c)所示。

例题 4-14 作图 4-22(a)所示梁的剪力、弯矩图。

解：(1)计算支座反力。

$$\sum F_y = 0, \qquad F_B - qa = 0, \qquad F_B = qa\ (\uparrow)$$

$$\sum M_B = 0, \qquad -M_B + qa \cdot \frac{3a}{2} - qa^2 = 0, \qquad M_B = \frac{1}{2}qa^2\ (\curvearrowright)$$

(2)作剪力图。剪力图分为两段。AC 段有分布荷载，剪力图为斜直线，截面 C 集中力偶 M 对剪力图无影响，截面 C 的剪力值为 $-qa$。CB 段无分布力，故剪力图上 CB 段为水平直

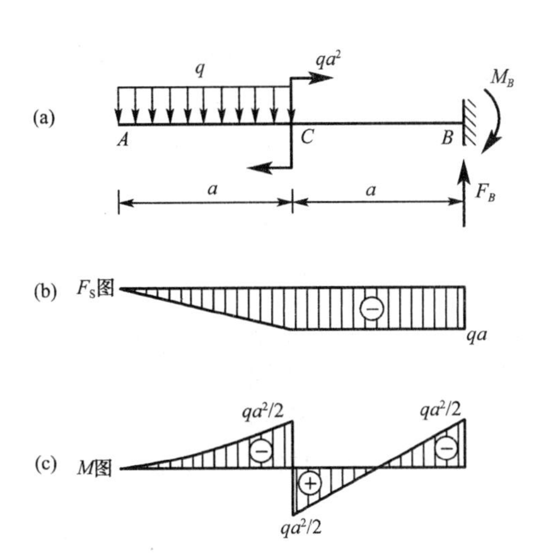

图 4-22　例题 4-14 图

线，截面 B 有集中力 F_B，故剪力图有向上突变，突变值为 qa，结果如图 4-22(b)所示。

(3)作弯矩图。AC 段有分布荷载，AC 段弯矩图为曲线，根据剪力图上剪力值的正、负号及大小，可绘制出弯矩图的大致形状，又因截面 C 有顺时针集中力偶，故弯矩图上有向下的突变，突变值为 qa^2；CB 段剪力图为水平线，弯矩图则为斜直线，因截面 B 有顺时针集中力偶，故弯矩图上有向下的突变，突变值为 $qa^2/2$。结果如图 4-22(c)所示。

例题 4-15　作图 4-23(a)所示静定两跨梁的剪力、弯矩图。

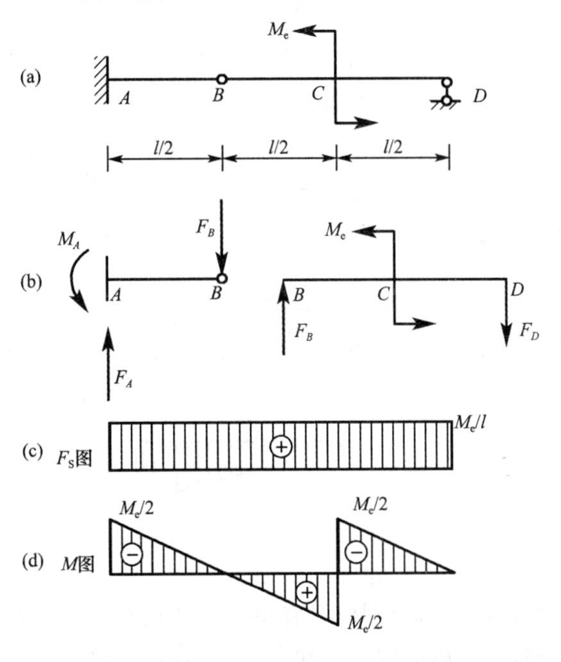

图 4-23　例题 4-15 图

解：(1)计算支座反力(图 4-23(b))。将梁从铰链 B 处拆开，取 BD 段为研究对象建立平衡方程，计算 D、B 处支反力如下

$$\sum M_B = 0, \qquad -F_D \cdot l + M_e = 0, \qquad F_D = \frac{M_e}{l}(\downarrow)$$

$$\sum F_y = 0, \quad F_B = F_D = \frac{M_e}{l} \ (\uparrow)$$

再以 AB 段为研究对象建立平衡方程，计算 A 处支反力

$$\sum M_A = 0, \quad M_A - F_B \cdot \frac{l}{2} = 0, \quad M_A = \frac{M_e}{2} \ (\circlearrowleft)$$

$$\sum F_y = 0, \quad F_A = F_B = \frac{M_e}{l} \ (\uparrow)$$

(2)作剪力图。整段梁上无分布荷载，故剪力图为水平直线，截面 C 有集中力偶作用，对剪力图无影响，截面 A、D 有集中力，故剪力图有突变，突变值为 M_e/l，结果如图 4-23(c)所示。

(3)作弯矩图。整段梁剪力图为水平线，弯矩图则为斜直线，又因截面 A 有逆时针集中力偶，故弯矩图向上突变值 $M_e/2$，截面 C 有逆时针集中力偶，故弯矩图向上突变 M_e，B、D 铰链处弯矩值为零。结果如图 4-23(d)所示。

4.5 利用叠加原理作梁的剪力 弯矩图

前面章节中介绍过叠加原理，即在线弹性范围内，几个荷载共同作用时所引起的某一参数值(内力、应力或变形)，等于每个荷载单独作用时所引起的该参数值的代数和。

利用叠加原理作剪力图和弯矩图，可先分别作出各项荷载单独作用下梁的剪力图、弯矩图，然后将横坐标对齐，纵坐标叠加，即得到梁在所有荷载共同作用下的剪力、弯矩图。

当对梁在简单荷载作用下的内力图比较熟悉时，用叠加法作内力图是很方便的。

例题 4-16 用叠加法作图 4-24(a)所示悬臂梁的剪力和弯矩图。

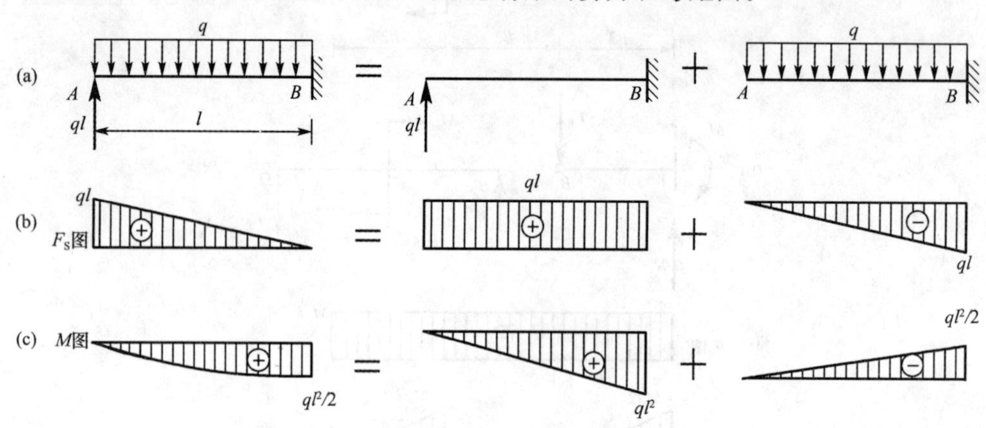

图 4-24 例题 4-16 图

解：先将梁上的每项荷载分开，分别作只有集中力和只有均布荷载作用下的剪力图和弯矩图，将两剪力、弯矩图叠加，叠加后的剪力图和弯矩图如图 4-24(b)、图 4-24(c)所示。

注意，直线与直线叠加后为直线，直线与曲线或曲线与曲线叠加后为曲线。由图 4-24(b)、图 4-24(c)可知，梁上最大剪力 $F_{S,\max} = ql$，最大弯矩 $M_{\max} = \frac{1}{2}ql^2$ 。

例题 4-17 试按叠加原理作图 4-25(a)所示简支梁的弯矩图，已知 $M_e = \frac{ql^2}{8}$，计算梁的极

值弯矩和最大弯矩。

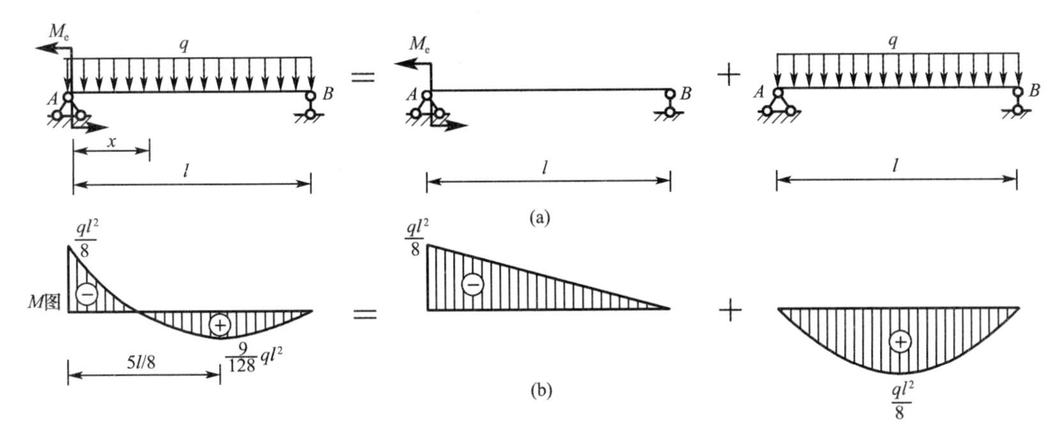

图 4-25　例题 4-17 图

解:将简支梁上的荷载分开,如图 4-25(a)所示,分别作只有集中力偶作用时简支梁的弯矩图和只有均布荷载作用下简支梁的弯矩图,两弯矩图正负号不同,叠加结果如图 4-25(b)所示。

下面计算极值弯矩。首先确定支座 A 的反力,由 $\sum M_B = 0$,得

$$F_A = \frac{M_e}{l} + \frac{ql}{2} = \frac{5}{8}ql\ (\uparrow)$$

极值弯矩所在的截面剪力为零,因此

$$F_S(x) = F_A - qx = \frac{5}{8}ql - qx = 0, \qquad x = \frac{5}{8}l$$

此截面的极值弯矩为

$$M = F_A x - M_e - \frac{qx^2}{2} = \frac{9}{128}ql^2$$

如图 4-25(b)所示,全梁的最大弯矩在 $x=0$ 截面上,$M_{max} = \frac{1}{8}ql^2$ 。

4.6　平面刚架　斜梁　曲杆的内力图

1. 平面刚架的内力图

刚架是指结点采用刚性连接的杆系结构,这些结点因采取了增加刚度的构造,受力时可视为不变形的结点,称为刚结点。刚结点既可以传递力,也可以传递力偶矩。按照刚架力学模型的假定,在刚结点处,杆件之间的夹角保持不变,即各杆件无相对转动。若刚架全部杆件的轴线在同一平面内,并且作用于刚架上的全部外力也在这个平面内,则称该刚架为平面刚架。

平面刚架各杆横截面上的内力一般有轴力、剪力和弯矩。故其内力图包括 F_N图、F_S图和 M 图。计算刚架某截面上的内力时,可直接根据该截面任意一侧的外力进行计算。作刚架内力图的方法基本与梁相同,可逐杆分段进行。轴力与剪力的正负号仍按前述规定。作 M 图时,可将弯矩图画在杆的受拉侧,图中不再注明正负号。

例题 4-18 试作图 4-26(a)所示平面刚架的内力图。

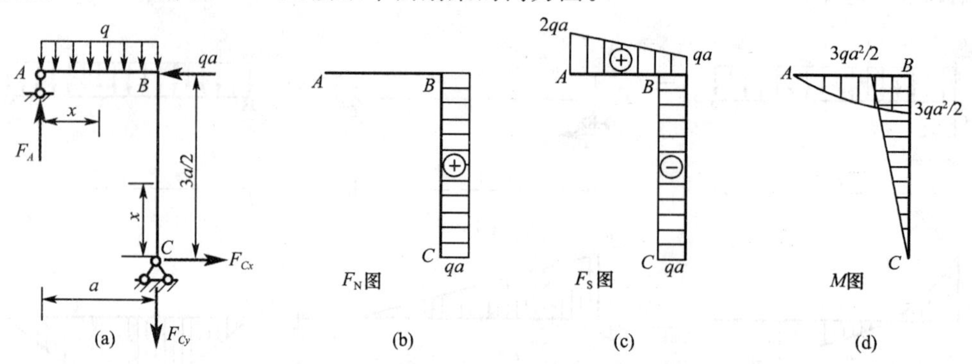

图 4-26 例题 4-18 图

解:(1)求支反力。由平衡方程解得

$$F_{Cx}=qa(\rightarrow),\quad F_{Cy}=qa(\downarrow),\quad F_A=2qa(\uparrow)$$

(2)计算控制截面的内力值。

AB 段:$F_N=0$

$F_{SA右}=F_A=2qa$, $F_{SB左}=qa$

$M_A=0$, $M_B=F_{Cx}\cdot 3a/2=3qa^2/2$(下侧受拉)

BC 段:$F_N=F_{Cy}=qa$

$F_{SB下}=F_{SC上}=-F_{Cx}=-qa$

$M_B=F_{Cx}\cdot 3a/2=3qa^2/2$(左侧受拉), $M_C=0$

(3)作内力图。

根据微分关系确定各内力图线的形状后,将上述控制截面内力值连成连续的图线,F_N、F_S、M 图分别如图 4-26(b)、图 4-26(c)和图 4-26(d)所示。

2. 斜梁的内力图

当单跨梁的两个支撑顶面的标高不相等时,即形成斜梁。斜梁在工程中经常遇到,如梁式楼梯的楼梯梁、锯齿形状楼盖及雨篷结构中的斜梁等。斜梁的内力计算与水平梁基本相同,斜梁的主要特点是梁轴线和横截面都是倾斜的。当求斜梁上任一截面的轴力时,应当将外力和支座反力向轴线的方向投影;而求剪力时,应当将外力和支座反力向垂直于轴线的方向投影;截面上的弯矩不因为梁轴的倾斜而受影响。

计算斜梁的内力时,需要注意分布荷载的集度是怎么给定的。在图 4-27(a)中,荷载的集度 q 是以沿水平线每单位长度作用的力来表示的,如楼梯上的人群荷载以及屋面斜梁上的积雪荷载等。图 4-27(b)中荷载的集度 q' 是以沿斜梁轴线每单位长度作用的力来表示的,如楼梯的自重。为了计算方便,将 q' 折算成沿水平方向度量的集度 q_0。根据在同一微段范围内合力相等的原则,求出 q_0,即

$$q_0\,\mathrm{d}x=q'\,\mathrm{d}s,\quad q_0=\frac{q'}{\cos\alpha}$$

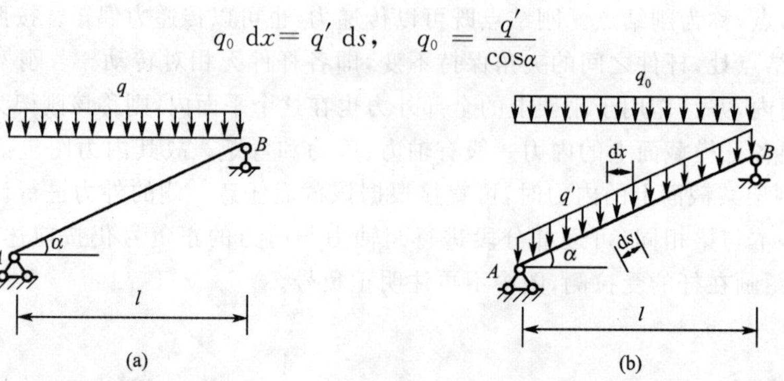

图 4-27

例题 4-19　作图 4-28(a)所示斜梁的内力图。

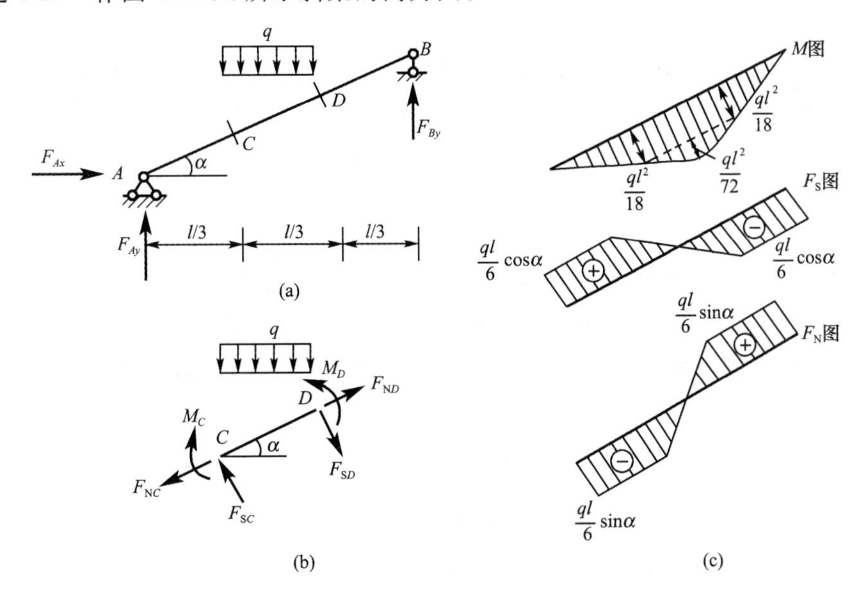

图 4-28　例题 4-19 图

解:(1)求支反力。

$$F_{Ax}=0,\quad F_{Ay}=\frac{ql}{6}(\uparrow),\qquad F_{By}=\frac{ql}{6}(\uparrow)$$

(2)作内力图。

由于均布荷载只作用于斜梁的局部,因此选择 A、C、D、B 为控制截面,各截面弯矩为

$$M_A=0,M_B=0,M_C=F_A\cdot\frac{l}{3}=\frac{ql^2}{18}(\text{下侧受拉}),M_D=F_B\cdot\frac{l}{3}=\frac{ql^2}{18}(\text{下侧受拉})$$

CD 段上有均布荷载,可以用区段叠加法绘制 M 图。取 CD 段为隔离体,受力状态如图 4-28(b)所示,CD 段的弯矩图由两端弯矩产生的直线弯矩图和均布荷载所产生的抛物线弯矩图叠加而成。

AC 段、DB 段无外荷载作用,剪力图平行于杆轴线,CD 区段有均布荷载作用,剪力图为斜直线。

同样,AC 段、DB 段轴力图平行于杆轴线,CD 段轴力图为斜直线。最后的内力图如图 4-28(c)中所示。

3. 曲梁的内力图

在工程实际中一些构件如吊钩、链环等,其轴线为平面曲线,而且各截面的纵向对称轴均位于该平面内。这种以平面曲线为轴线,且横截面的纵向对称轴均位于轴线平面的杆件,称为平面曲杆。以弯曲为主要变形的平面曲杆,称为平面曲梁。现在研究平面曲梁在其轴线平面内受力时的内力。

例题 4-20　半径为 R 的圆弧形平面曲杆受力如图 4-29(a)所示。试写出曲杆的内力方程,并求出最大内力。

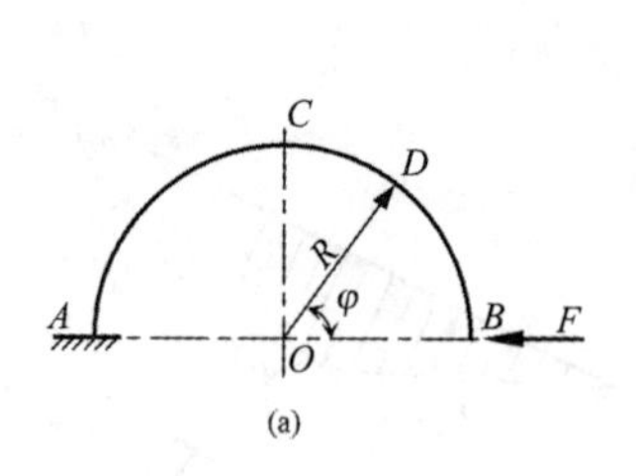

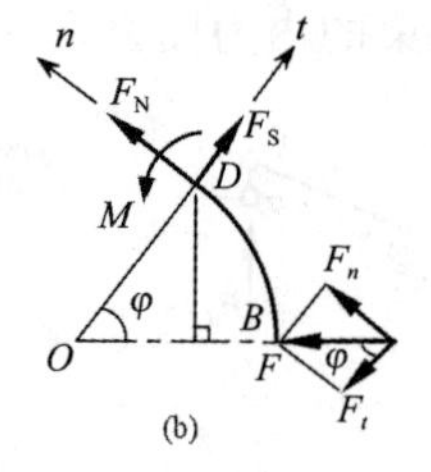

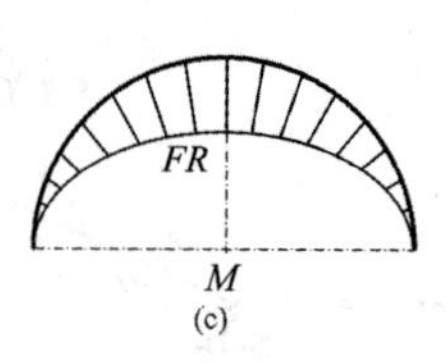

图 4-29　例题 4-20 图

解:用极坐标 φ 表示曲杆的任意横截面位置,截取该截面右侧 BD 部分作研究对象,画受力图如图 4-29(b)所示。坐标为 φ 的 D 截面上的内力 F_N、F_S、M 均设为正(通常规定使曲杆弯曲变形后曲率增大的弯矩为正),并建立沿该截面法向和切向的坐标系,将外力 F 分解为 F_n 和 F_t。

由平衡方程 $\sum F_n = 0$, $F_n + F_N = 0$,解得

$$F_N = -F_n = -F\sin\varphi \qquad (0 < \varphi < \pi) \tag{a}$$

由平衡方程 $\sum F_t = 0$, $F_S - F_t = 0$,解得

$$F_S = F_t = F\cos\varphi \qquad (0 < \varphi < \pi) \tag{b}$$

由平衡方程 $\sum M_D = 0$, $M - FR\sin\varphi = 0$,解得

$$M = FR\sin\varphi \qquad (0 \leqslant \varphi < \pi) \tag{c}$$

依据式(c),画出曲杆的弯矩图如图 4-29(c)所示。

由轴力方程式(a)知,在 $\varphi = \pi/2$ 的 C 截面上轴力最大,其值为 $|F_N|_{max} = F$(压)。

由剪力方程式(b)知,在 $\varphi = 0$ 和 $\varphi = \pi$ 的截面 B 上侧和截面 A 上侧剪力最大,其值为 $|F_S|_{max} = F$。

由弯矩方程式(c)知,在 $\varphi = \pi/2$ 的 C 截面上,弯矩最大,其值为 $|M|_{max} = FR$。

小　结

本章主要研究了梁的内力计算以及梁内力图的画法。

1. 梁弯曲的基本概念。平面弯曲是指梁变形后轴线所在的平面与外力的作用面重合或平行。若梁横截面有纵对称轴,而外力均作用于纵对称面内,则该平面弯曲又称为对称弯曲。

2. 在对梁的内力计算之前,通常需要求出约束反力。

3. 梁横截面上的内力通常有两个:剪力和弯矩。剪力是沿着横截面的竖向力,规定剪力使横截面处微段梁产生左上右下的变形为正,反之为负。弯矩为作用于横截面上的力偶,规定该力偶使横截面处的微段梁产生上凹下凸的变形为正,反之为负。

4. 用截面法计算指定截面上内力值。

5. 建立剪力方程和弯矩方程,画剪力图和弯矩图。在建立剪力和弯矩方程时要注意:若梁上作用若干个不连续的荷载将梁分成 n 段时,则梁上分别有 n 个剪力方程和弯矩方程。

6. 根据剪力、弯矩和分布荷载集度之间的微分、积分关系,用简单方法绘制梁的剪力图和弯矩图。在绘制过程中要理解表 4-1 中的绘图技巧,并能灵活运用。

7. 用叠加法绘制梁的弯矩图。通常情况下，在绘制几种简单荷载共同作用下的弯矩图时才使用叠加法。

8. 本章的重点与难点：本章着重掌握利用微分关系绘制剪力、弯矩图。画图的技巧和作图原则来源于指定截面剪力、弯矩的计算以及剪力方程和弯矩方程的建立，而指定截面剪力、弯矩的计算以及剪力方程和弯矩方程的建立又均来源于一段梁的平衡方程。

习　题

4-1　试求图 4-30 所示各梁中指定截面上的剪力和弯矩值。

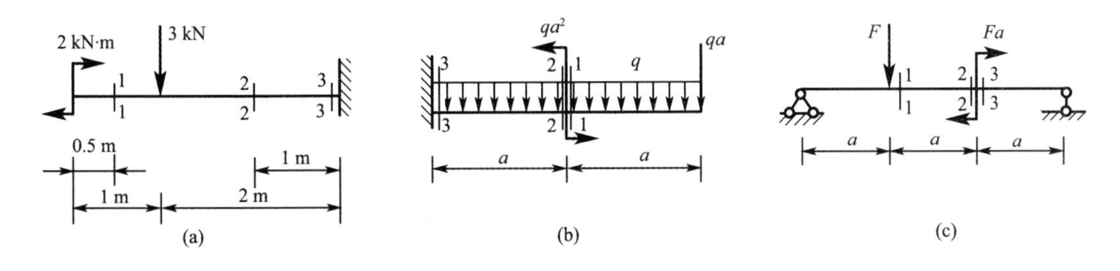

图 4-30　习题 4-1 图

4-2　试写出图 4-31 所示各梁的剪力方程和弯矩方程，作剪力图和弯矩图，并求 $|F_S|_{max}$ 和 $|M|_{max}$。

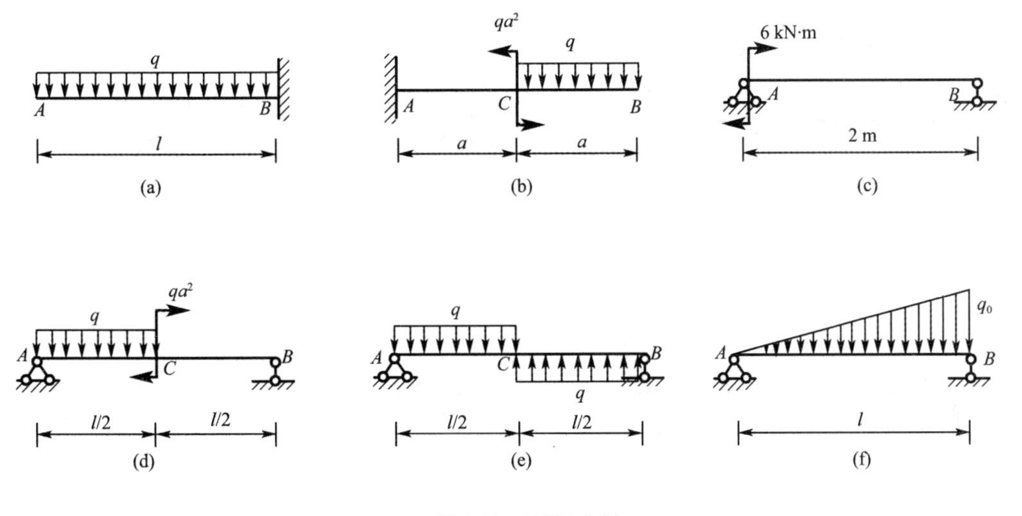

图 4-31　习题 4-2 图

4-3　利用弯矩、剪力与分布荷载集度之间的微分关系作图 4-32 所示各梁的剪力图和弯矩图，并求 $|F_S|_{max}$ 和 $|M|_{max}$。

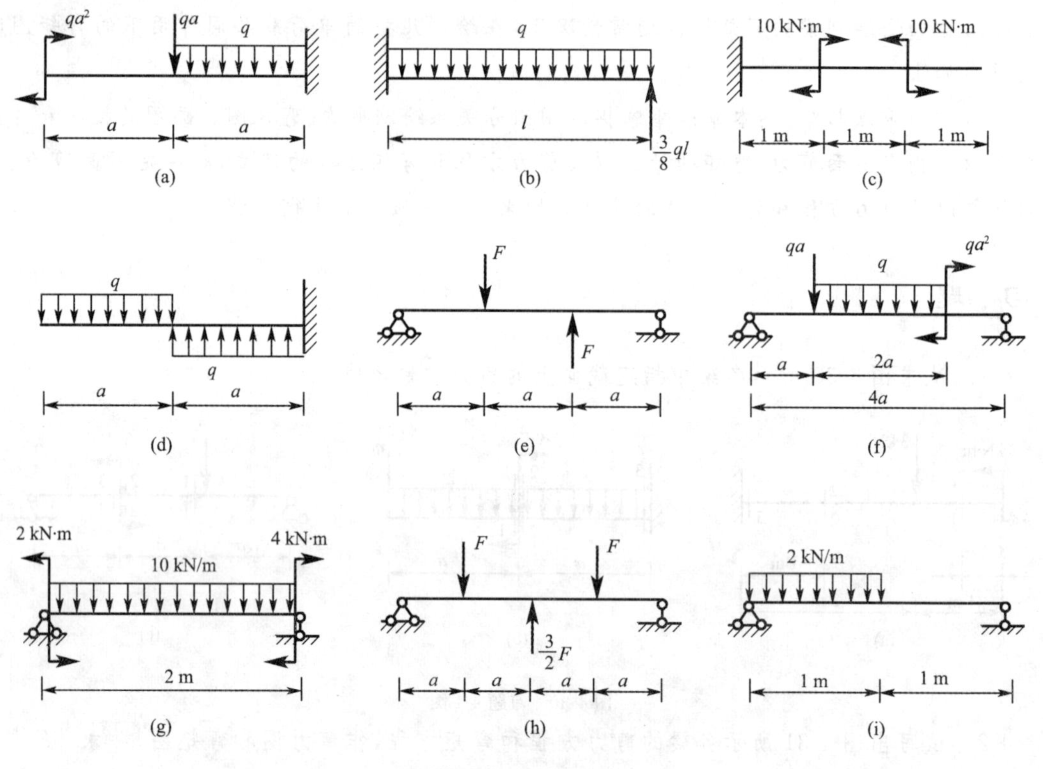

图 4-32　习题 4-3 图

4-4　试作图 4-33 所示各多跨静定梁的剪力图和弯矩图。

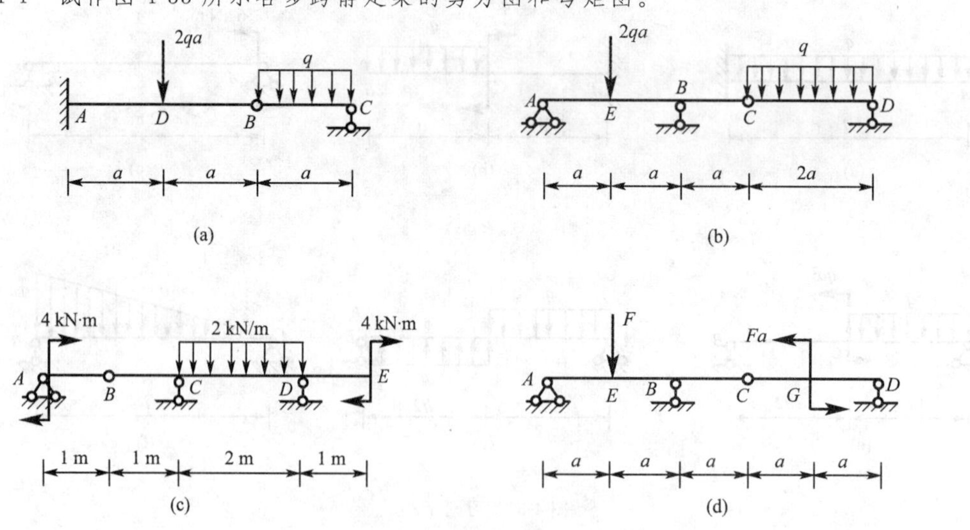

图 4-33　习题 4-4 图

4-5　用钢绳起吊一根单位长度自重为 q(N/m)、长度为 l 的等截面钢筋混凝土梁如图 4-34 所示。试问吊点位置 x 的合理取值应为多少？

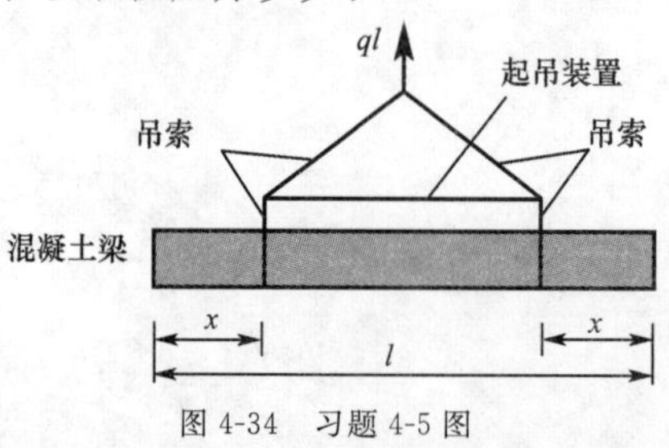

图 4-34　习题 4-5 图

4-6　一端外伸的梁在其全长上受均布荷载 q 作用，如图 4-35 所示。欲使梁的最大弯矩值为最小，试求相应的外伸端长 a 与梁长 L 之比。

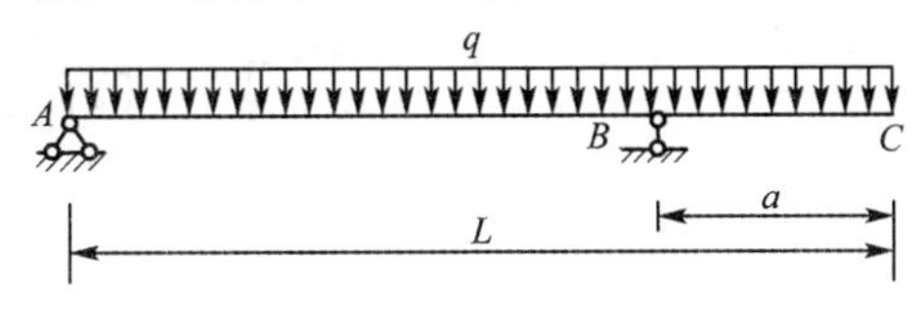

图 4-35　习题 4-6 图

4-7　桥式起重机的大梁 AB 如图 4-36 所示，梁上的小车可沿梁移动，两个轮子对梁的压力分别为 F_1、F_2，且 $F_1 > F_2$。试问：

(1)小车位置 x 为何值时，梁内的弯矩最大？最大弯矩等于多少？

(2)小车位置 x 为何值时，梁的支座反力最大？最大支反力和最大剪力各等于多少？

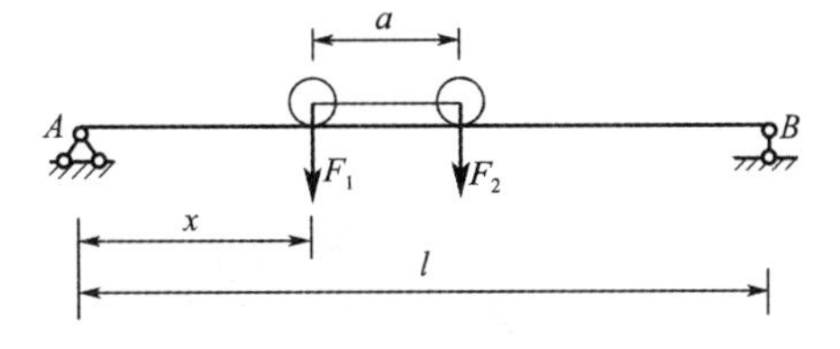

图 4-36　习题 4-7 图

4-8　试用叠加法作图 4-37 所示各梁的弯矩图。

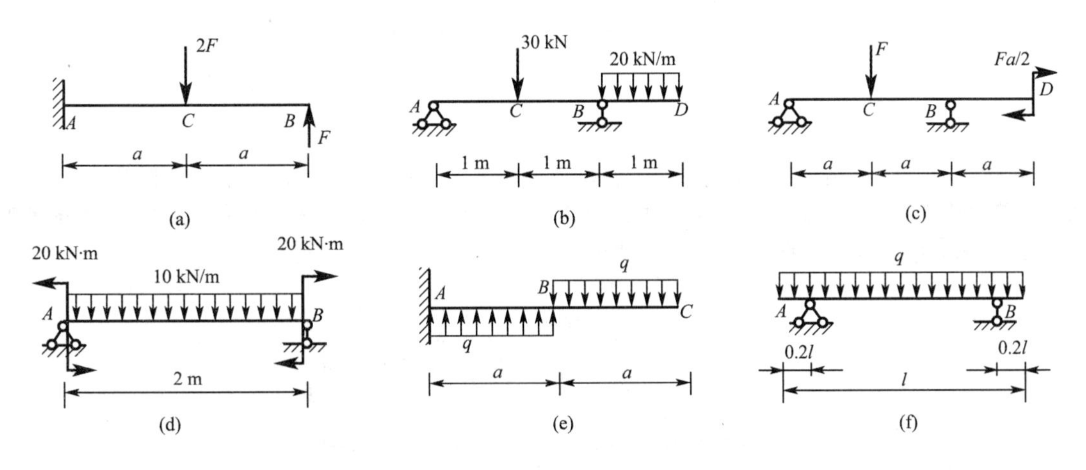

图 4-37　习题 4-8 图

4-9　试作图 4-38 所示平面刚架的剪力图、弯矩图和轴力图。

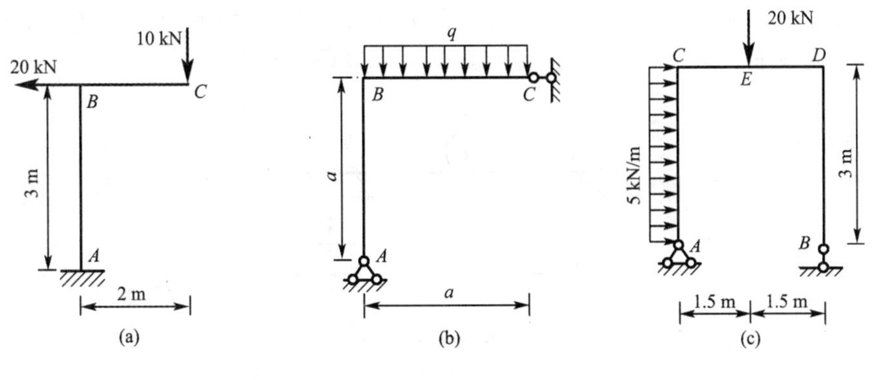

图 4-38　习题 4-9 图

4-10　试作出图 4-39 所示斜梁的内力图。

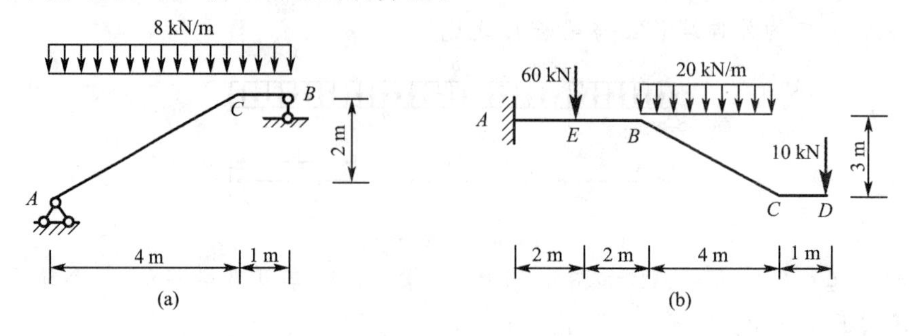

图 4-39　习题 4-10 图

4-11　半径为 R 的曲梁受力分别如图 4-40(a)、图 4-40(b)所示。试求荷载作用下杆任意横截面的内力。(提示图 4-40(c)所示均布径向荷载 q 的合力大小 $F = q\overline{DB}$，合力作用线垂直且等分弦 $\overline{DB}$)

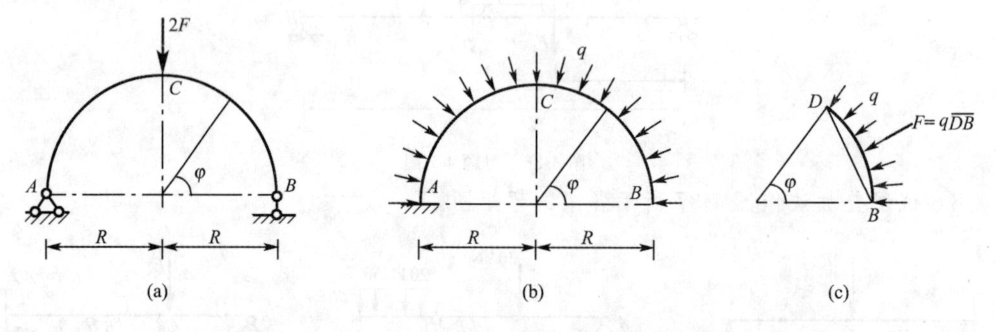

图 4-40　习题 4-11 图

4-12　为了便于运输，将图 4-41 所示外伸梁沿 C、D 两横截面截断，并用铰链连接。试求在未截开前使 $M_C = 0$ 的力 F_1，以及在此力 F_1 和其他外力作用下，铰 D 到右支座 B 的合理距离 x_0 (提示：使 $M_D = 0$ 的 x_0 为合理距离)

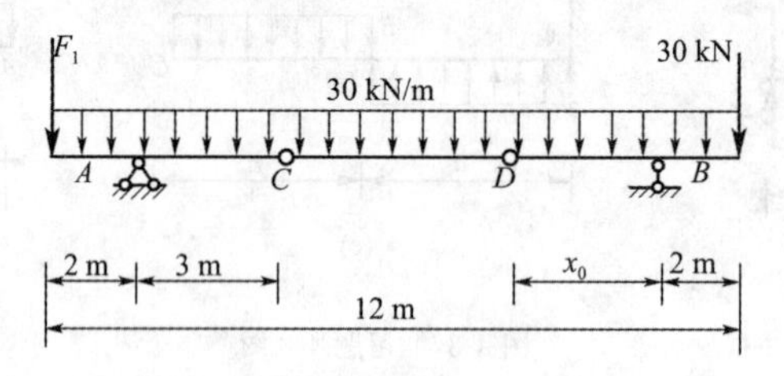

图 4-41　习题 4-12 图

4-13　长度为 l 的外伸梁 AC 承受移动荷载 F 作用如图 4-42 所示。欲使力 F 在移动过程中梁内最大弯矩值为最小，试求相应的支座 B 到梁端 C 的合理距离 x_0。

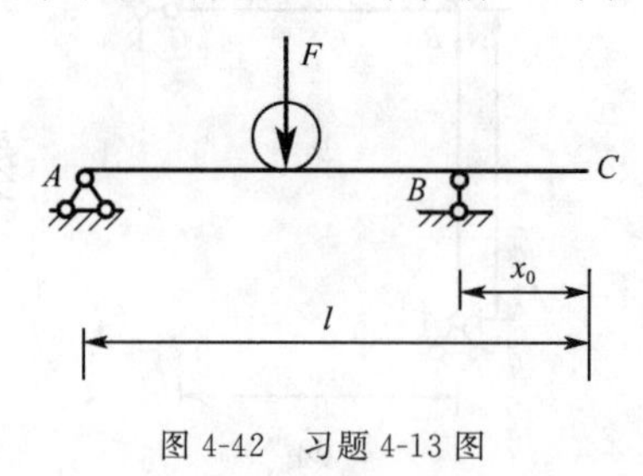

图 4-42　习题 4-13 图

第 5 章　梁的弯曲应力

5.1　概　述

为了进行梁的强度计算和设计，不仅需要确定梁的内力，还需要分析横截面上的应力分布。实际工程中很多梁被设计成变截面的形式(图 5-1)，依据就是应力强度条件。一般情况下，梁弯曲时横截面上既有剪力 F_S 又有弯矩 M。由截面上分布内力的合成关系可知，横截面上只有与正应力有关的法向内力元素 $\sigma\mathrm{d}A$ 才能合成为弯矩；而与切应力有关的切向内力元素 $\tau\mathrm{d}A$ 合成为剪力。所以，在梁的横截面上通常既有弯曲正应力，又有弯曲切应力。

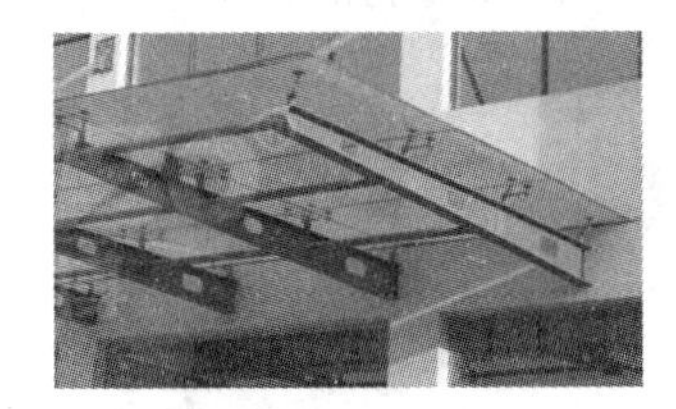
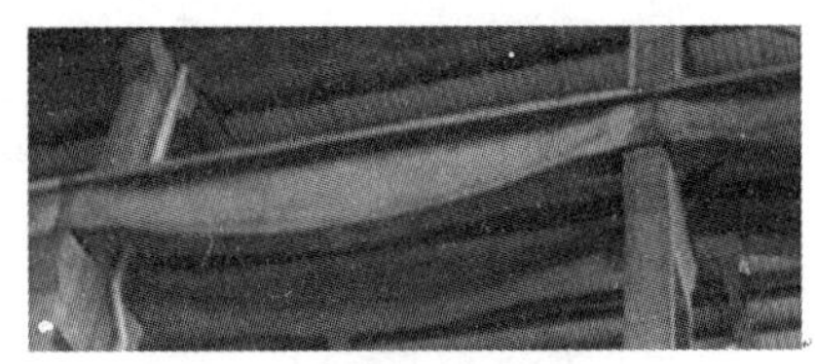

图 5-1

如果某梁段内各横截面上剪力为零，弯矩为常量，则称该段梁的弯曲变形为纯弯曲变形(如图 5-2 所示梁的 BC 段)。如果某梁段横截面上既有剪力又有弯矩，则称该梁段发生横力弯曲变形(如图 5-2 所示梁的 AB 和 CD 段)。由上面分析可知，纯弯曲变形梁段的横截面上只有正应力，没有切应力。下面首先讨论纯弯曲情况下，梁横截面上的正应力。

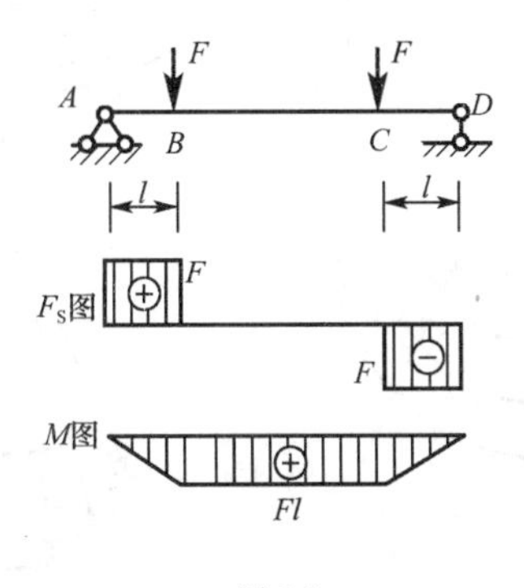

图 5-2

5.2 梁纯弯曲时横截面上的正应力

如图 5-2 所示 BC 梁段为纯弯曲变形,在纵对称面内仅受外力偶矩 Fl 作用。分析此时横截面上的正应力时,由于正应力的分布规律未知,故此问题属于超静定问题,需要从几何、物理及静力学三个方面分析。

1. 几何方面

为了更加清楚地观察梁的变形,以一个矩形截面的橡胶杆件为例,在两端受到外力偶矩 M 作用下,其变形前后的状态如图 5-3(a)、图 5-3(b)所示,变形后梁的纵向纤维由直线变为曲线,与纵线垂直的横向线转过某个角度但仍然保持为直线。取图 5-2 所示 BC 梁段,在梁上画两条相邻的横向线 mm 和 nn 代表梁的任意两横截面,用轴线两侧的两条纵向线 aa 和 bb 分别代表梁的纵向纤维(图 5-4(a))。显然,变形前两横向线 mm、nn 与两纵向线 aa、bb 互相垂直。两端受到力偶矩 Fl 发生纯弯曲后,可以观察到如下变形现象(图 5-4(b)):(1)纵向线 aa 和 bb 变成了互相平行的圆弧线,梁凹边的纵向线 aa 长度缩短,凸边的纵向线 bb 长度伸长;(2)横向线 mm 和 nn 仍为直线,在相对旋转了一个角度后与 aa 和 bb 两弧线仍然保持正交。

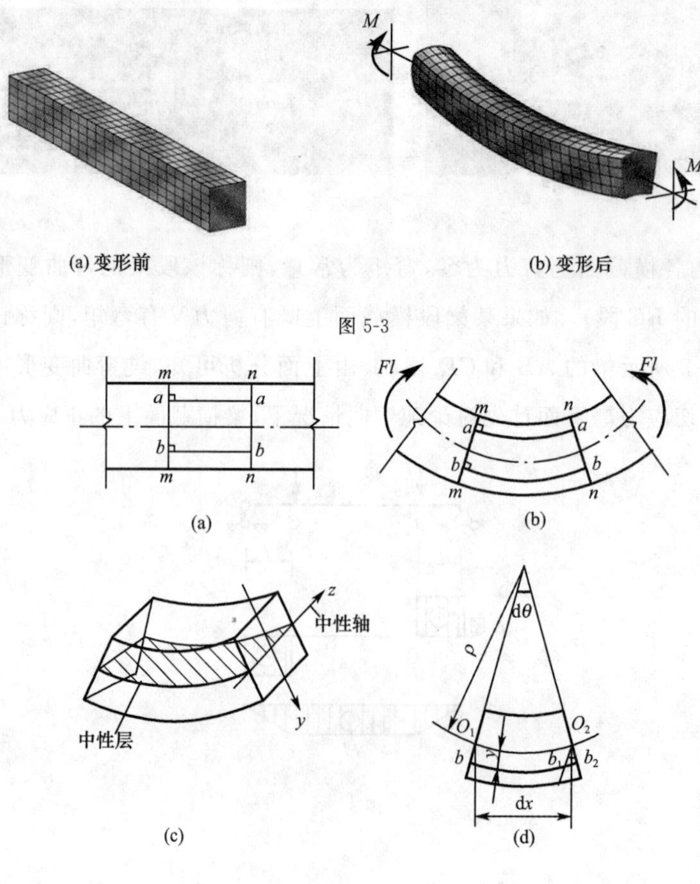

图 5-3

图 5-4

根据上述变形现象，对梁在纯弯曲下的变形做如下假设：横截面在梁发生纯弯曲后仍保持为平面，并绕横截面内垂直于纵对称面的某一轴旋转，且与梁变形后的轴线保持正交，这个假设称为弯曲问题中的**平面假设**。根据此假设得到的应力、变形计算公式已得到实验结果证实，用弹性力学理论也可证明此假设的正确性。

由上述变形现象和变形连续性条件可知，横截面的转动使梁在变形后凹边的纤维（aa）缩短，凸边的纤维（bb）伸长，其间必有一层纵向纤维既不伸长也不缩短，长度保持不变的这一层纤维称为**中性层**，中性层与横截面的交线称为**中性轴**(图 5-4(c))。梁纯弯曲时，横截面就是绕中性轴转过一定角度后，与变形后的轴线保持垂直。通常取梁的轴线为 x 轴，横截面的对称轴取为 y 轴，中性轴取为 z 轴。下面讨论如何确定距中性轴一定位置处的纵向线应变。

如图 5-4(d)所示，取梁的微段 $\mathrm{d}x$，设 $\widehat{O_1O_2}$ 为中性层上的纤维，距离中性轴为 y 处的纵向纤维变形后用 $\widehat{bb_2}$ 表示，作 O_2b_1 平行于 O_1b，该段纤维的伸长量为 $\widehat{b_1b_2}=\widehat{bb_2}-\widehat{bb_1}=y\mathrm{d}\theta$，从而可得该点处的纵向线应变为

$$\varepsilon=\frac{\widehat{b_1b_2}}{\widehat{bb_1}}=\frac{y\mathrm{d}\theta}{\mathrm{d}x}$$

式中，$\mathrm{d}x$ 为中性层上纤维长度，变形后其长度保持不变。令中性层的曲率半径为 ρ，而中性层的曲率为

$$\kappa=\frac{1}{\rho}=\frac{\mathrm{d}\theta}{\mathrm{d}x}$$

由此可得

$$\varepsilon=\frac{y}{\rho} \tag{5-1a}$$

式(5-1a)表明横截面上任意一点的纵向线应变 ε 与该点到中性轴的距离 y 成正比，应变极值发生在边缘纤维处(图 5-5(a))。与中性轴等距离处的各纵向纤维的伸长或缩短是相等的。

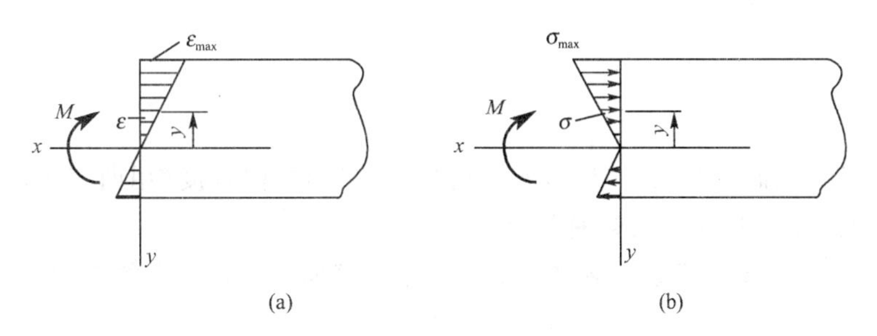

图 5-5

2. 物理方面

若忽略纯弯曲梁纵向纤维间的相互挤压，则可认为各纵向纤维处于单向应力状态，仅发生简单拉伸或压缩变形。当材料处于线弹性阶段时，且材料的拉伸和压缩弹性模量相同，根据胡克定律可得

$$\sigma=E\varepsilon=E\frac{y}{\rho} \tag{5-1b}$$

式(5-1b)表明横截面上任意一点的正应力与该点到中性轴的距离成正比，距中性轴等距离处各点的正应力相同(图 5-5(b))。

3.静力学方面

横截面上坐标为(y,z)的微面积 $\mathrm{d}A$ 上只有法向内力元素 $\sigma\mathrm{d}A$（图 5-6），整个横截面上的法向内力元素构成了空间平行力系，可以合成为三个内力分量：

$$F_{\mathrm{N}}=\int_A\sigma\mathrm{d}A \qquad M_y=\int_A z(\sigma\mathrm{d}A) \qquad M_z=\int_A y(\sigma\mathrm{d}A)$$

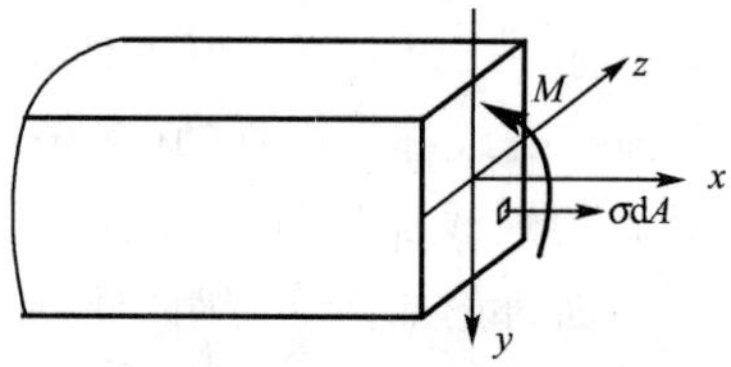

图 5-6

纯弯曲时横截面上只有与外力偶矩平衡的弯矩 M，即内力分量 $F_{\mathrm{N}}=0$，$M_y=0$，$M_z=M$，所以

$$F_{\mathrm{N}}=\int_A\sigma\mathrm{d}A=\int_A\frac{Ey}{\rho}\mathrm{d}A=\frac{E}{\rho}\int_A y\mathrm{d}A=\frac{E}{\rho}S_z=0 \tag{a}$$

$$M_y=\int_A z(\sigma\mathrm{d}A)=\int_A z\frac{Ey}{\rho}\mathrm{d}A=\frac{E}{\rho}\int_A zy\mathrm{d}A=\frac{E}{\rho}I_{yz}=0 \tag{b}$$

$$M_z=\int_A y(\sigma\mathrm{d}A)=\int_A y\frac{Ey}{\rho}\mathrm{d}A=\frac{E}{\rho}\int_A y^2\mathrm{d}A=\frac{EI_z}{\rho}=M \tag{c}$$

对于式(a)，若 $F_{\mathrm{N}}=0$，则必须满足静矩 $S_z=0$ 。从附录Ⅰ中有关截面的几何性质可知，要使静矩 $S_z=0$，z 轴必须通过截面的形心，因此，可以确定中性轴的位置，即中性轴为截面的形心轴。

对于式(b)，若 $M_y=0$，则必须满足 $I_{yz}=0$。当 y 轴是对称轴时，该式自然成立。由截面几何性质的定义可知，当截面对 yz 轴的惯性积为零时，yz 为一对主惯性轴。由此可知，梁弯曲时的中性轴为形心主惯性轴。

根据式(c)可得

$$\kappa=\frac{1}{\rho}=\frac{M}{EI_z} \tag{5-2}$$

式(5-2)表明：当截面弯矩一定时，EI_z 值越大，梁的弯曲程度（用曲率表示）越小，即梁越不易变形。因此，EI_z 称为梁的**弯曲刚度**。

由式(5-1b)及式(5-2)可以得到纯弯曲变形梁横截面上任意一点的正应力公式

$$\sigma=\frac{My}{I_z} \tag{5-3}$$

式中 M——横截面上的弯矩；

y——所求应力点到中性轴的距离；

I_z——整个截面对中性轴的惯性矩。

应用式(5-3)计算截面正应力 σ 时，有两种判断应力符号的方法：一是将弯矩 M 和坐标 y 按规定的正负号代入，所得到的正应力若为正值，即为拉应力，若为负值则为压应力；二是直接根据梁的弯曲变形情况来判定，以中性层为界，变形后凸边一侧的应力为正值，是拉应力；凹边一侧的应力为负值，是压应力。

由式(5-3)可知，y 值越大，正应力越大，最大正应力发生在距离中性轴最远处，其值为

$$\sigma_{\max} = \frac{My_{\max}}{I_z} \tag{5-4a}$$

若令 $W_z = \frac{I_z}{y_{\max}}$，则

$$\sigma_{\max} = \frac{M}{W_z} \tag{5-4b}$$

式(5-4b)为横截面最大正应力计算公式，W_z 为弯曲截面系数，是截面的几何性质之一，单位为 m^3。

矩形截面的弯曲截面系数为：$W_z = \frac{I_z}{h/2} = \frac{bh^3}{12} \times \frac{2}{h} = \frac{bh^2}{6}$

圆形截面的弯曲截面系数为：$W_z = \frac{I_z}{d/2} = \frac{\pi d^4}{64} \times \frac{2}{d} = \frac{\pi d^3}{32}$

其中，b、h 分别为矩形截面的宽和高，d 为圆形截面的直径。型钢的 W_z 值可从型钢规格表中查得。

当梁弯曲时，在其横截面上既有拉应力也有压应力。对于矩形、圆形和工字形等截面形式，中性轴 z 轴是两个对称轴之一，显然，截面上的最大拉应力与最大压应力相等。而对于 T 形截面等中性轴 z 轴不是对称轴的情况，可根据截面上弯矩的正负及受拉和受压部分距中性轴最远距离分别计算最大拉应力和最大压应力。

例题 5-1 一个矩形截面梁所受的应力分布情况如图 5-7(a)所示。试求该截面上由应力引起的弯矩。

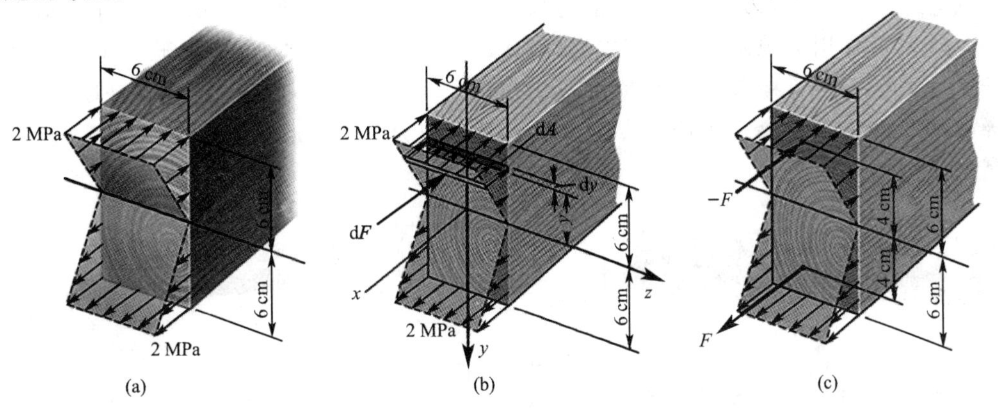

图 5-7 例题 5-1 图

解：方法一：由式(5-4a)得

$$M = \frac{\sigma_{\max} I_z}{y_{\max}} = \sigma_{\max} W_z$$

对于矩形截面

$$W_z = \frac{bh^2}{6} = \frac{6\ \text{cm} \times (12\ \text{cm})^2}{6} = 144\ \text{cm}^3$$

所以，该截面的弯矩为 $M = 2\ \text{MPa} \times 144\ \text{cm}^3 = 288\ \text{N} \cdot \text{m}$

方法二：如图 5-7(b)所示，任意一条状单元面积 $\text{d}A = 6\text{d}y$，距离中性轴 y 处的各点应力 $\sigma = \frac{y}{6} \times 2\ \text{MPa}$，微面积 $\text{d}A$ 上的合力为 $\text{d}F = \sigma \text{d}A$，因此，可求得整个截面的合力为

$$F_R = \int_A \sigma \mathrm{d}A = \int_{-0.06\ \mathrm{m}}^{0.06\ \mathrm{m}} \frac{y}{0.06\ \mathrm{m}} \times 2 \times 10^6\,\mathrm{Pa} \cdot (0.06\mathrm{d}y) = y^2 \times 10^6 \Big|_{-0.06\ \mathrm{m}}^{0.06\ \mathrm{m}} = 0\ \mathrm{N}$$

截面上的合力矩为

$$M = \int_A y \mathrm{d}F = \int_{-0.06\ \mathrm{m}}^{0.06\ \mathrm{m}} y \cdot \left(\frac{y}{0.06\ \mathrm{m}} \times 2 \times 10^6\ \mathrm{Pa}\right) \cdot (0.06\mathrm{d}y) = \frac{2y^3}{3} \times 10^6 \Bigg|_{-0.06\ \mathrm{m}}^{0.06\ \mathrm{m}} = 288\ \mathrm{N \cdot m}$$

方法三：中性轴两侧三角形应力的合力分别为 F(图 5-7(c))

$$F = \frac{1}{2} \times 6\ \mathrm{cm} \times (2\ \mathrm{MPa} \times 6\ \mathrm{cm}) = 3\ 600\ \mathrm{N}$$

合力 F 距离中性轴为 $\frac{2}{3} \times 6\ \mathrm{cm} = 4\ \mathrm{cm}$，受拉区应力合力 F 与受压区应力合力 F 形成一个力偶

$$M = F \times (0.04\ \mathrm{m} + 0.04\ \mathrm{m}) = 288\ \mathrm{N \cdot m}$$

5.3 纯弯曲理论在横力弯曲中的推广

当梁上有横向外力作用时，通常横截面上既有弯矩又有剪力，即梁发生横力弯曲，此时，梁横截面上的点既有正应力又有切应力。由于切应力的存在，梁变形后横截面不再是平面，将发生翘曲(图 5-8)；另外，梁的各纵向纤维间还存在挤压应力。因此，梁在纯弯曲时的平面假设以及各纵向纤维间互不挤压的假设在横力弯曲中都不再成立。但弹性理论的分析结果指出[①]，在均布荷载作用下的矩形截面简支梁，当其跨长与截面高度之比 l/h 大于 5 时，根据纯弯曲的计算公式(5-4)计算横截面上的最大正应力，误差不超过 1%。实验结果亦证明，对于实际工程中常用的梁，按纯弯曲理论的式(5-3)来计算正应力能够满足工程要求，且跨高比越大，计算结果越精确。

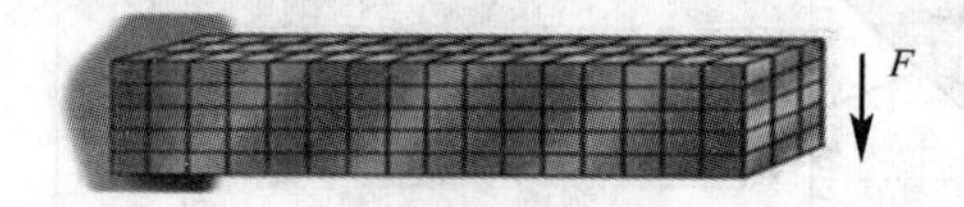

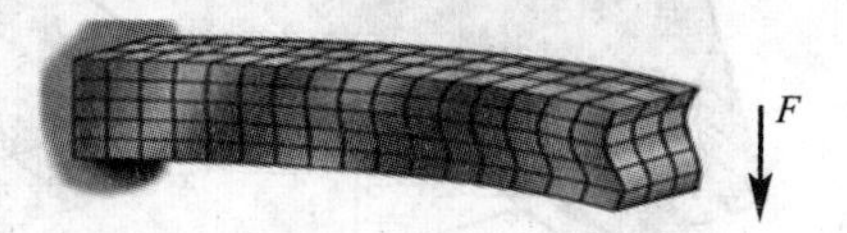

图 5-8

因此，纯弯曲理论的公式(5-3)可以推广用来计算横力弯曲时横截面上任一点处的正应力，但式中的弯矩 M 应该用相应截面上的弯矩 $M(x)$ 代替，即

$$\sigma = \frac{M(x)y}{I_z} \tag{5-5}$$

同时，式(5-4)仍然可以用来计算横力弯曲时等直梁上的最大正应力，其表达式为

$$\sigma_{\max} = \frac{M_{\max} y_{\max}}{I_z} \tag{5-6a}$$

$$\sigma_{\max} = \frac{M_{\max}}{W_z} \tag{5-6b}$$

例题 5-2 一简支梁受到外荷载 $F=1\ 000\ \mathrm{kN}$ 作用，其截面尺寸如图 5-9(a)所示，截面尺寸单位为 mm。试求此梁危险截面上的最大正应力 $\sigma_{\max}$ 及同一截面上翼缘与腹板交界处点 a

① 参看铁摩辛柯等著《弹性理论》，徐芝纶等译，43 页，人民教育出版社，1964

的正应力 σ_a 。

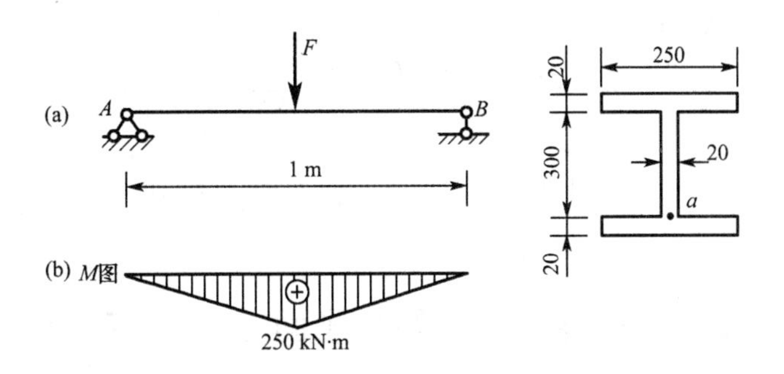

图 5-9　例题 5-2 图

解:作梁的弯矩图如图 5-9(b)所示。由弯矩图可知危险截面为跨中截面,$M_{max}=250\ \text{kN}\cdot\text{m}$。根据组合截面的惯性矩计算公式得

$$I_z=\sum(I_{zi}+a_i^2A_i)$$

$$=2\left[\frac{1}{12}\times 0.25\ \text{m}\times(0.02\ \text{m})^3+0.25\ \text{m}\times 0.02\ \text{m}\times(0.16\text{m})^2\right]+\left[\frac{1}{12}\times 0.02\ \text{m}\times(0.3\ \text{m})^3\right]$$

$$=301.3\times 10^{-6}\ \text{m}^4$$

所以,危险截面上的最大正应力为

$$\sigma_{max}=\frac{M_{max}}{W_z}=\frac{250\times 10^3\ \text{N}\cdot\text{m}}{\dfrac{301.3\times 10^{-6}}{0.17}\ \text{m}^3}=141.06\times 10^6\ \text{Pa}=141.06\ \text{MPa}$$

该截面上点 a 处的正应力为

$$\sigma_a=\frac{M_{max}y_a}{I_z}=\frac{250\times 10^3\ \text{N}\cdot\text{m}\times 150\times 10^{-3}\ \text{m}}{301.3\times 10^{-6}\ \text{m}^4}=124.46\times 10^6\ \text{Pa}=124.46\ \text{MPa}$$

点 a 处的正应力也可利用正应力的线性变化规律计算,即

$$\sigma_a=\frac{y_a}{y_{max}}\sigma_{max}=\frac{300\ \text{mm}/2}{300\ \text{mm}/2+20\ \text{mm}}\times 141.06\times 10^6\ \text{Pa}=124.46\times 10^6\ \text{Pa}=124.46\ \text{MPa}$$

例题 5-3　如图 5-10 所示长度为 l 的悬臂梁受均布荷载 q 作用,试计算梁顶面 AB 的总伸长量 Δl。已知弹性模量 E,横截面尺寸 b 和 h。

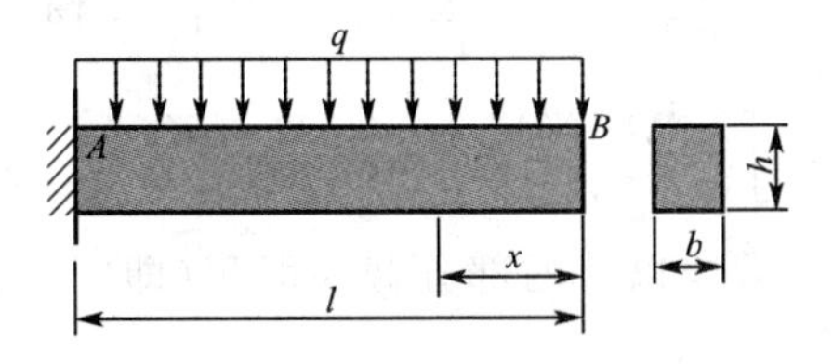

图 5-10　例题 5-3 图

解:距离自由端 B 处为 x 的截面上的弯矩大小为 $M(x)=\dfrac{qx^2}{2}$,该截面位于 AB 顶面上的各点处应力为最大,其值为

$$\sigma_{max}(x)=\frac{M(x)}{W_z}=\frac{\dfrac{qx^2}{2}}{\dfrac{bh^2}{6}}=\frac{3qx^2}{bh^2}$$

由变形可知 AB 顶面各点处应力为拉应力，忽略纵向纤维间的相互挤压，顶面 AB 上各点均为单向应力状态，因此，各点应变为

$$\varepsilon(x)=\frac{\sigma_{\max}(x)}{E}=\frac{3qx^2}{Ebh^2}$$

可求得
$$\Delta l=\int_0^l\varepsilon(x)\mathrm{d}x=\int_0^l\frac{3qx^2}{Ebh^2}\mathrm{d}x=\frac{ql^3}{Ebh^2}$$

5.4 矩形截面梁横截面上的切应力

对于横力弯曲的梁，横截面上的内力除弯矩外还有剪力，相应地在横截面上除了正应力外还有切应力。下面详细讨论矩形截面梁的弯曲切应力计算公式，其讨论方法也可以应用于其他截面梁。

图 5-11(a)所示一矩形截面梁受任意横向荷载作用，在 x 截面处截取长为 $\mathrm{d}x$ 的微段 mn，作用于微段左、右两侧横截面 m-m 和 n-n 上的剪力均为 F_S（$\mathrm{d}x$ 段上无荷载）。由于剪力不为 0，两个截面存在弯矩增量，弯矩分别表示为 M 和 $M+\mathrm{d}M$（图 5-11(b)）。由于左、右两横截面上的弯矩不相等，对于两截面 m-m 和 n-n 上同一坐标 y 处的正应力 σ_{I} 和 σ_{II} 显然不相等，如图 5-11(a)所示。在图 5-11(b)所示的微段上，用距中性层为 y 的纵向截面 $aa'c'c$ 截取一部分 $acnm$，如图 5-12(b)所示。由上述分析可知，由 σ_{I}、σ_{II} 所形成的两侧面上的法向内力 F_{NI}^* 和 F_{NII}^* 不相等，分别为

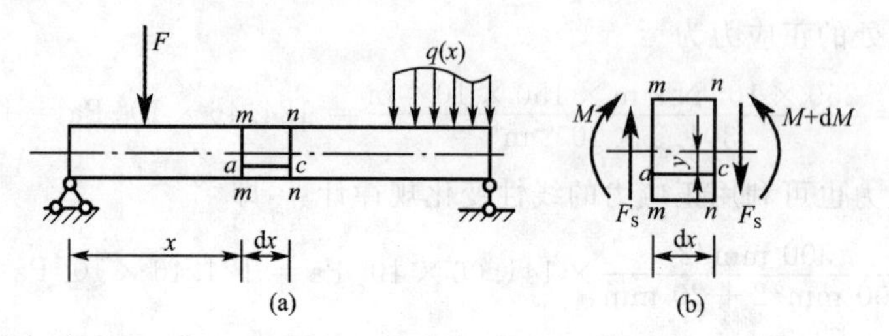

图 5-11

$$F_{\mathrm{NI}}^*=\int_{A^*}\sigma_{\mathrm{I}}\mathrm{d}A=\int_{A^*}\frac{My}{I_z}\mathrm{d}A=\frac{M}{I_z}\int_{A^*}y\mathrm{d}A=\frac{M}{I_z}S_z^* \tag{a}$$

$$F_{\mathrm{NII}}^*=\int_{A^*}\sigma_{\mathrm{II}}\mathrm{d}A=\int_{A^*}\frac{M+\mathrm{d}M}{I_z}y\mathrm{d}A=\frac{M+\mathrm{d}M}{I_z}\int_{A^*}y\mathrm{d}A=\frac{M+\mathrm{d}M}{I_z}S_z^* \tag{b}$$

式中，A^* 为距中性轴为 y 的横线以外的部分截面面积（即图 5-12(c)中阴影部分的面积）；$S_z^*=\int_{A^*}y\mathrm{d}A$ 为面积 A^* 对截面中性轴 z 的静矩。

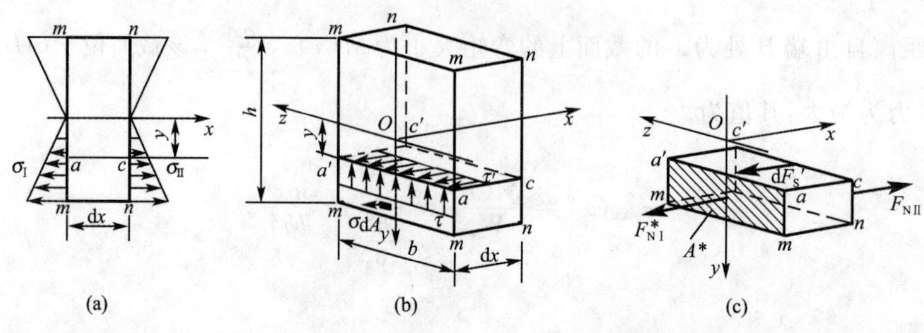

图 5-12

由微段 $\mathrm{d}x$ 的平衡条件可知，$acnm$ 部分梁也应保持平衡状态。因此，$acnm$ 部分梁应满足 $\sum F_x = 0$，则在纵截面 $aa'c'c$ 上必有一力 $\mathrm{d}F_S{}'$，使得 $F_{N\mathrm{II}}^* - F_{N\mathrm{I}}^* - \mathrm{d}F_S{}' = 0$，即

$$\mathrm{d}F_S{}' = F_{N\mathrm{II}}^* - F_{N\mathrm{I}}^* \tag{c}$$

因为 $\mathrm{d}F_S{}'$ 为纵向平面内的内力，它只能由纵向平面内的切应力 τ' 合成，故在纵向面上必存在切应力 τ'（图 5-12(b)）。

对于狭长矩形截面，由于侧面上无切应力，根据切应力互等定理，横截面上侧边处各点的切应力方向必与侧边平行；在对称弯曲情况下，对称轴 y 轴上各点切应力方向必沿 y 轴方向，与侧边平行；而且对于狭长矩形截面，切应力沿宽度方向变化较小。为此做如下假设：

(1)横截面上各点切应力的方向均与两侧边平行；

(2)在横截面上与中性轴等距的各点处的切应力大小相等。

根据上述假设所得到的解与弹性理论的解相比较发现，对于狭长矩形截面梁，上述假设完全可用；对于一般高度大于宽度的矩形截面梁，在工程计算中也是适用的。

由假设(2)和切应力互等定理可知，纵截面上 aa' 横线各点处的切应力 τ' 大小相等，且有 $\tau' = \tau$，如图 5-12(b)所示。至于在 $\mathrm{d}x$ 长度上，τ' 即使有变化，其增量也是无穷小，可略去不计，即认为 τ' 在纵截面 $aa'c'c$ 上均匀分布，因此

$$\mathrm{d}F_S{}' = \tau'\mathrm{d}A = \tau' b\,\mathrm{d}x \tag{d}$$

将式(a)、式(b)、式(d)代入式(c)得

$$\tau' b\,\mathrm{d}x = \frac{\mathrm{d}M}{I_z}S_z^*$$

从而

$$\tau' = \frac{\mathrm{d}M}{\mathrm{d}x}\frac{S_z^*}{bI_z} = \frac{F_S S_z^*}{bI_z}$$

根据切应力互等定理，$\tau = \tau'$，所以，矩形截面梁横截面上 aa' 横线处，即距中性层为 y 处各点的切应力 τ 的计算公式为

$$\tau = \frac{F_S S_z^*}{bI_z} \tag{5-7}$$

式中，F_S 为横截面上的剪力，b 为截面的宽度，I_z 为横截面对中性轴的惯性矩，S_z^* 为所求点处以外部分的截面面积(如图 5-13 中所示左侧阴影部分面积)对中性轴的静矩。切应力的方向与剪力 F_S 方向一致。

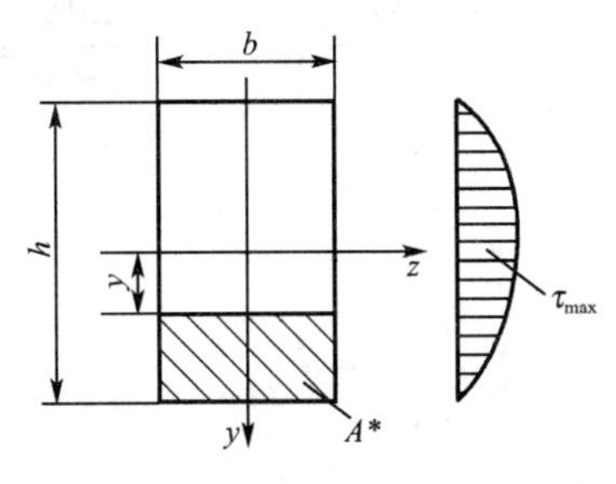

图 5-13

对指定截面而言，式(5-7)中 F_S、b 和 I_z 为常量，切应力沿截面高度的变化规律由静矩 S_z^* 来决定。对于矩形截面，静矩 S_z^* 与坐标 y 的关系为

$$S_z^* = \int_{A^*} y\mathrm{d}A = \int_y^{\frac{h}{2}} yb\,\mathrm{d}y = \frac{b}{2}\left(\frac{h^2}{4} - y^2\right)$$

从而可得横截面上切应力沿高度的分布规律为

$$\tau=\frac{F_{S}}{2I_{z}}\left(\frac{h^{2}}{4}-y^{2}\right) \tag{5-8}$$

式(5-8)表明，矩形截面梁横截面上切应力 τ 在截面高度上按抛物线规律变化(图 5-13 右侧图形)。当 $y=\pm\frac{h}{2}$ 时，$\tau=0$，即横截面上、下边缘处无切应力；当 $y=0$ 时，切应力 τ 为极大值，即最大切应力发生在中性轴上，其值为 $\tau_{\max}=\frac{F_{S}h^{2}}{8I_{z}}$。将 $I_{z}=\frac{bh^{3}}{12}$ 代入上式，得矩形截面梁最大切应力为

$$\tau_{\max}=\frac{3}{2}\frac{F_{S}}{bh}=\frac{3}{2}\frac{F_{S}}{A} \tag{5-9}$$

式中，$A=bh$ 为矩形截面面积；$\frac{F_{S}}{A}$ 为平均切应力。

式(5-9)表明矩形截面梁横截面上的最大切应力为 1.5 倍的平均切应力。

5.5 工字形　圆形及圆环形截面梁横截面上的切应力

5.5.1 工字形截面梁横截面上的切应力

工字形截面梁(图 5-14(a))是由上下翼缘和中间腹板三个矩形组成的，由于腹板是狭长矩形，腹板上的任一点切应力完全可以采用上节关于矩形截面梁切应力分布的两个假设，截取如图 5-14(b)所示部分梁，根据该部分梁的平衡条件，可以推导出腹板上切应力计算公式，也可以直接由式(5-7)得到

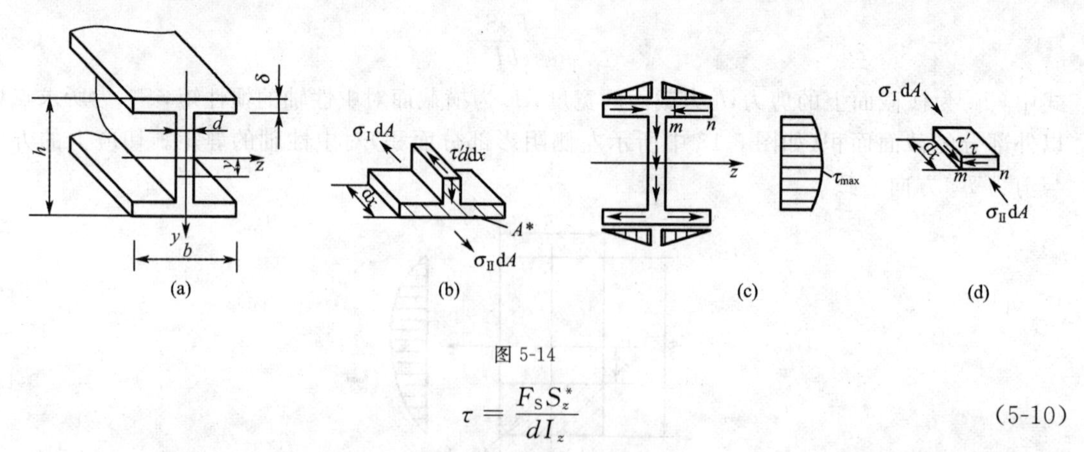

图 5-14

$$\tau=\frac{F_{S}S_{z}^{*}}{dI_{z}} \tag{5-10}$$

式中　d——腹板的宽度；

S_{z}^{*}——所求应力点处以外部分的截面面积(图 5-14(b)所示阴影面积)对中性轴的静矩。

切应力沿高度方向按二次曲线规律变化，如图 5-14(c)所示。中性轴上切应力最大，也是整个横截面的最大切应力，为

$$\tau_{\max} = \frac{F_S S_{z,\max}^*}{dI_z} \tag{5-11}$$

式中 $S_{z,\max}^*$ ——中性轴一侧半个横截面积对中性轴的静矩。

对于轧制的型钢，可通过查型钢规格表确定 I_z 及 $S_{z,\max}^*$ 值。

工字钢翼缘部分的切应力比较复杂，由于翼缘的上、下表面上无切应力，且翼缘通常很薄，平行于剪力 F_S 方向的切应力分量很小，通常忽略不计。此外，在与翼缘长边平行的方向上也有切应力分量，如图 5-14(c)所示。该分量的计算也可参照矩形截面梁所采用的方法，从上翼缘上截取一段 mn(图 5-14(d))，利用该段平衡可导出翼缘水平切应力的方向和分布。一般情况下，工字形截面梁翼缘上的竖向切应力远远小于腹板上的最大切应力，故通常不必计算。

5.5.2 圆形截面梁横截面上的切应力

由切应力互等定理可知，圆形截面梁横截面边缘上各点处的切应力必与周边相切。根据对称性，对称轴 y 上各点的切应力方向必沿着 y 轴方向。为此，可以假设：距 y 轴等远处(宽度线 kk' 表示)各点切应力沿 y 轴方向的分量相等，且切应力作用线汇交于一点，如图 5-15 所示。根据上述假设，即可应用式(5-7)求出截面上距中性轴为 y 处各点的切应力沿 y 方向的分量，然后按所在点处切应力方向与 y 轴间的夹角，求出该点处的切应力。

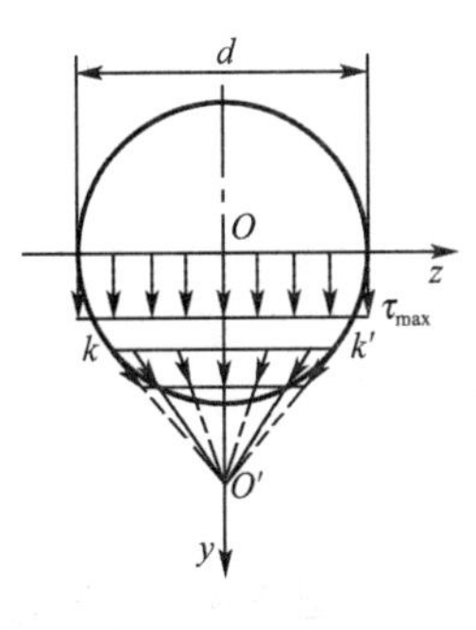

图 5-15

由于中性轴两端的切应力方向必与圆周相切，假设中性轴上各点的切应力方向均平行于对称轴 y 轴(与外力方向平行)，且沿中性轴均匀分布(图 5-15)，因此，可以应用式(5-7)计算圆截面上的最大切应力 $\tau_{\max}$ 的近似结果，其值为

$$\tau_{\max} = \frac{F_S S_{z,\max}^*}{dI_z} = \frac{F_S \cdot \dfrac{\pi d^2}{8} \cdot \dfrac{2d}{3\pi}}{d\,\dfrac{\pi d^4}{64}} = \frac{4}{3}\frac{F_S}{A} \tag{5-12}$$

式中，d 为直径；$\dfrac{2d}{3\pi}$ 为半圆形心到中性轴的距离；$A = \dfrac{\pi d^2}{4}$ 为整个圆截面的面积。

式(5-12)表明，圆截面梁横截面上的最大切应力 $\tau_{\max}$ 为平均切应力 F_S/A 的 4/3 倍，该式计算结果与精确解的误差约为 4%。

5.5.3 圆环形截面梁横截面上的切应力

设一圆环形截面梁的壁厚 δ 远小于其平均半径 r_0(图 5-16(a))，根据切应力互等定理，假设圆环形截面内、外周边上的切应力与圆周相切，且切应力沿壁厚方向均匀分布。仿照矩形截面的研究方法截取一段长度为 dx 的梁，再用与 y 轴夹角为 θ 的两个径向面截出一部分，如图 5-16(b)所示。由对称性可知，横截面上两径向边处切应力相等，均为 τ。由切应力互等定理可知，两径向面上的切应力 $\tau' = \tau$。根据微段的平衡可得

$$\tau' = \frac{F_S S_z^*}{2\delta I_z} \tag{5-13}$$

式中 S_z^* ——图 5-16(b)中阴影部分面积 A^* 对中性轴的静矩；

I_z ——整个截面对中性轴的惯性矩。

由式(5-13)可知，圆环形截面的最大切应力仍然发生在中性轴处，此时 $S_{z,\max}^*$ 为半圆环对

中性轴的静矩，大小为

$$S_{z,\max}^{*}=\int_{A^{*}}y\mathrm{d}A=2\int_{0}^{\frac{\pi}{2}}r_0\cos\theta\cdot\delta r_0\mathrm{d}\theta=2r_0^2\delta$$

而圆环的惯性矩为

$$I_z=\int_{A}y^2\mathrm{d}A=\int_{0}^{2\pi}r_0^2\cos^2\theta\cdot\delta r_0\mathrm{d}\theta=\pi r_0^3\delta$$

上面两项代入式(5-13)即得

$$\tau_{\max}=\frac{F_{\mathrm{S}}2r_0^2\delta}{2\delta\pi r_0^3\delta}=\frac{F_{\mathrm{S}}}{\pi r_0\delta}=2\frac{F_{\mathrm{S}}}{A} \tag{5-14}$$

式中，$A=2\pi r_0\delta$ 为圆环的面积。式(5-14)表明圆环形截面梁的最大切应力 $\tau_{\max}$ 为其平均切应力 F_{S}/A 的 2 倍。

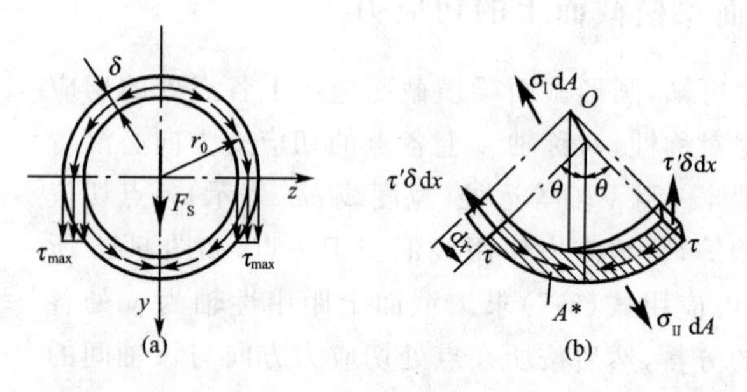

图 5-16

例题 5-4 跨中受到外荷载作用的 T 形截面梁如图 5-17 所示，已知 $F=400$ kN，截面惯性矩 $I_z=1.134\times10^8$ mm^4，试求梁截面的最大切应力以及 AC 段任一截面翼缘与腹板交界处的切应力。(图中尺寸单位为 mm)

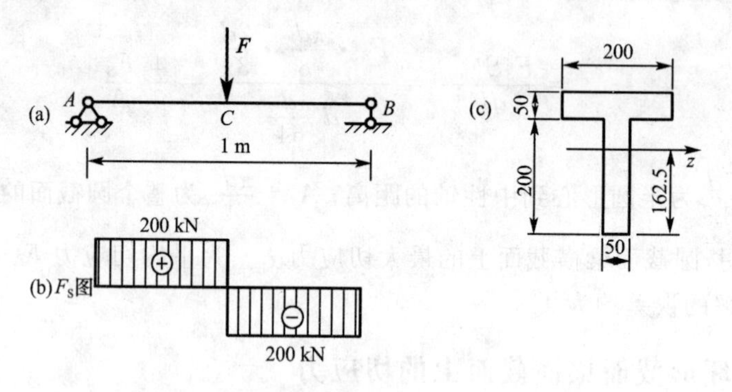

图 5-17 例题 5-4 图

解：绘制梁的剪力图如图 5-17(b)所示，最大剪力为 $F_{\mathrm{S,max}}=200$ kN。

由于 T 形截面梁腹板为狭长矩形，因而可采用矩形截面梁横截面的切应力计算公式。求得中性轴上最大切应力为

$$\tau_{\max}=\frac{F_{\mathrm{S}}S_{z,\max}^{*}}{bI_z}=\frac{200\times10^3\ \mathrm{N}\times\left(50\times162.5\times\dfrac{162.5}{2}\times10^{-9}\ \mathrm{m}^3\right)}{50\times10^{-3}\ \mathrm{m}\times1.134\times10^{-4}\ \mathrm{m}^4}$$

$$=23.29\times10^6\ \mathrm{Pa}=23.29\ \mathrm{MPa}$$

翼缘与腹板交界处的切应力为

$$\tau=\frac{F_{S}S_{z}^{*}}{bI_{z}}=\frac{200\times10^{3}\ \mathrm{N}\times[50\times200\times(200-162.5+25)\times10^{-9}\ \mathrm{m}^{3}]}{50\times10^{-3}\ \mathrm{m}\times1.134\times10^{-4}\ \mathrm{m}^{4}}$$

$$=22.05\times10^{6}\ \mathrm{Pa}=22.05\ \mathrm{MPa}$$

例题 5-5　一矩形截面简支梁受到外荷载作用如图 5-18 所示，已知 $F=100$ kN，$q=10$ kN/m，梁长 $L=4$ m，试求梁截面的最大切应力以及发生最大切应力截面上点 D 的切应力。(图中截面尺寸单位为 mm)

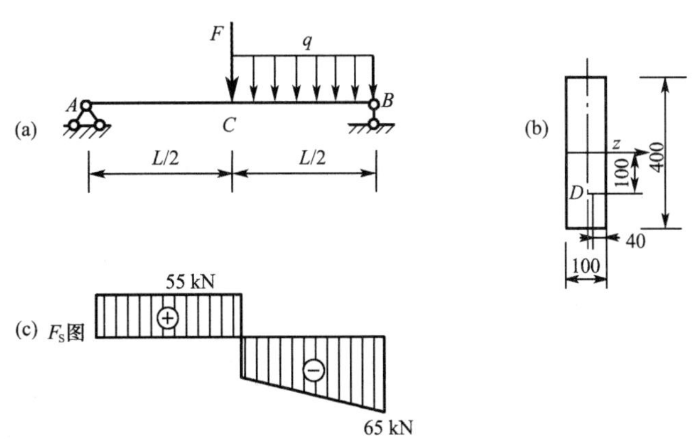

图 5-18　例题 5-5 图

解：绘制梁的剪力图如图 5-18(c)所示，最大剪力为 $F_{S,\max}=65$ kN，可求

$$\tau_{\max}=\frac{3F_{S,\max}}{2A}=\frac{3\times65\times10^{3}\ \mathrm{N}}{2\times0.1\ \mathrm{m}\times0.4\ \mathrm{m}}=2.43\times10^{6}\ \mathrm{Pa}=2.43\ \mathrm{MPa}$$

最大剪力所在截面上点 D 的切应力为

$$\tau_{D}=\frac{F_{S}S_{z}^{*}}{bI_{z}}=\frac{65\times10^{3}\ \mathrm{N}\times0.1\ \mathrm{m}\times0.1\ \mathrm{m}\times0.15\ \mathrm{m}}{0.1\ \mathrm{m}\times\dfrac{0.1\ \mathrm{m}\times(0.4\ \mathrm{m})^{3}}{12}}=1.84\times10^{6}\ \mathrm{Pa}=1.84\ \mathrm{MPa}$$

例题 5-6　一叠合悬臂梁由图 5-19 所示薄板黏合而成，自由端受到一集中荷载作用，若两板紧密黏结在一起，试求胶层所受的剪力。

解：梁上各截面剪力为 $F_S=P$，由于胶层位于中性层上，可求得各横截面中性轴上最大切应力为

$$\tau_{\max}=\frac{3F_{S,\max}}{2A}=\frac{3P}{2bh}$$

由切应力互等定理可知，位于胶层截面上的切应力 $\tau'=\tau_{\max}$，因此，胶层所受剪力为

$$T=\tau'\cdot bl=lb\cdot\frac{3P}{2bh}=\frac{3Pl}{2h}$$

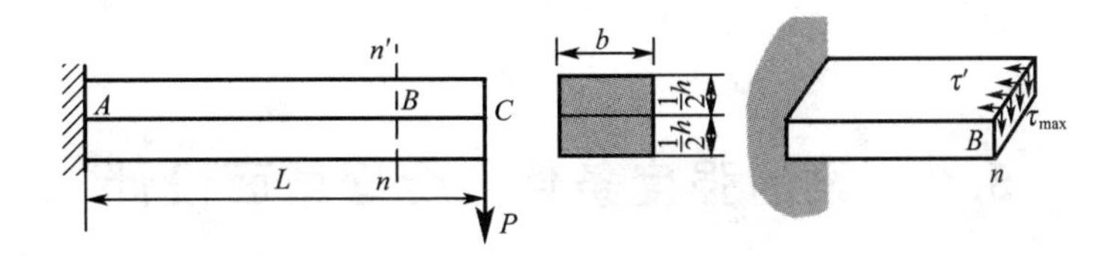

图 5-19　例题 5-6 图

例题 5-7　将四块木板用螺钉连接而成的箱形梁截面如图 5-20(a)所示，每块木板的截面均为 150 mm×25 mm，如每一螺钉的容许剪力为 1.1 kN，试确定螺钉的间距 a。又如改用图

5-20(b)所示的截面形状，其他条件不变，则螺钉的间距 a 应为多少？

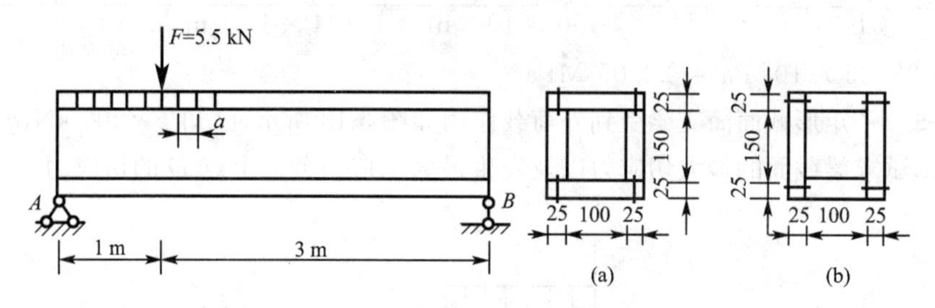

图 5-20 例题 5-7 图

解：(1)由平衡条件，得 $F_B=\dfrac{F}{4}=\dfrac{5.5}{4}\ \text{kN}=1.375\ \text{kN}$，$F_A=\dfrac{3F}{4}=4.125\ \text{kN}$，则

$$F_{S,\max}=4.125\ \text{kN}$$

$$I_z=2\times\frac{1}{12}\times25\times150^3\ \text{mm}^4+2\times\left(\frac{1}{12}\times150\times25^3+87.5^2\times150\times25\right)\text{mm}^4=71.875\times10^{-6}\ \text{m}^4$$

连接处静矩为 $S_z^*=87.5\times150\times25\ \text{mm}^3=328.125\times10^{-6}\ \text{m}^3$。

所以，在连接处的切应力为

$$\tau=\frac{F_S S_z^*}{I_z b}=\frac{4.125\times10^3\text{N}\times328.125\times10^{-6}\ \text{m}^3}{71.875\times10^{-6}\times50\times10^{-3}\ \text{m}^5}=0.3766\times10^6\text{Pa}=0.3766\ \text{MPa}$$

由题意

$$F_S=\tau ba\leqslant1.1\times10^3\text{N}$$

即

$$0.3766\times10^6\times25\times10^{-3}\times a\leqslant1.1\times10^3$$

解得

$$a=0.117\ \text{m}$$

(2)同理对截面图 5-20(b)有 $I_z=71.875\times10^{-6}\ \text{m}^4$，$S_z^*=87.5\times100\times25\ \text{mm}^3=218.75\times10^{-6}\ \text{m}^3$

在连接处的切应力为

$$\tau=\frac{F_S S_z^*}{I_z b}=\frac{4.125\times10^3\text{N}\times218.75\times10^{-6}\ \text{m}^4}{71.875\times10^{-6}\times50\times10^{-3}\ \text{m}^5}=0.2511\times10^6\ \text{Pa}=0.2511\ \text{MPa}$$

由题意知

$$F_S=\tau ba\leqslant1.1\times10^3\ \text{N}$$

即

$$0.2511\times10^6\times25\times10^{-3}\times a\leqslant1.1\times10^3$$

解得

$$a=0.175\ \text{m}$$

5.6 梁的强度条件 合理截面设计

由上面分析可知，对于横力弯曲的梁，通常情况下，横截面上同时存在弯曲正应力和弯曲切应力。由于应力沿截面高度的分布通常并不均匀，因此，建立梁的强度条件应考虑弯曲正应力和切应力两个方面。

5.6.1　梁的正应力强度条件

等直梁发生平面弯曲变形时，梁内弯矩最大的截面(危险截面)上距中性轴最远的点(危险点)的正应力最大，通常这些点处的弯曲切应力等于零；此外，梁的纵向纤维之间的相互挤压应力与横截面上的最大正应力相比很小，可忽略不计。因此，横截面上最大正应力所在点为单向应力状态，可依据轴向拉(压)杆的强度条件形式，建立梁的正应力强度条件为

$$\sigma_{\max}=\left(\frac{M}{W_z}\right)_{\max}\leqslant[\sigma] \tag{5-14a}$$

对于等直梁，上式也可表示为

$$\sigma_{\max}=\frac{M_{\max}y_{\max}}{I_z}=\frac{M_{\max}}{W_z}\leqslant[\sigma] \tag{5-14b}$$

根据上面强度条件式(5-14)可进行梁正应力强度的校核，截面选择及许用荷载计算。不同材料的许用应力 $[\sigma]$，可查有关手册确定。

值得注意的是，对于脆性材料(如铸铁)制成的梁，由于材料的许用拉应力和许用压应力不相等，梁的中性轴通常不是对称轴，应分别计算梁内的最大拉应力和最大压应力，然后分别用许用拉应力和许用压应力校核抗拉和抗压强度。

5.6.2　梁的切应力强度条件

等直梁在横力弯曲情况下，最大切应力一般出现在最大剪力所在截面的中性轴各点处，由于中性轴上各点的正应力恰为零，忽略纵截面上的挤压应力，最大切应力所在的点为纯剪切应力状态，可按纯剪切应力状态下的强度条件，建立梁的切应力强度条件为

$$\tau_{\max}=\frac{F_{\mathrm{S,max}}S_{z,\max}^{*}}{bI_z}\leqslant[\tau] \tag{5-15}$$

式中，$[\tau]$为材料的许用切应力，可在有关手册中查到。

一般情况下，梁的设计应进行弯曲正应力和弯曲切应力强度计算。但是，对于细长梁，弯曲切应力的数值比弯曲正应力小得多，因此，通常是先根据正应力强度条件进行计算，再用切应力强度条件作校核。实际工程中，梁的截面在根据正应力强度条件选择后，通常不再需要校核切应力强度，只在以下几种特殊情况下，需要校核梁的切应力强度：

(1)梁的跨度很小或支座附近作用有较大的集中荷载时，可能出现弯矩较小而剪力较大的情况；

(2)在焊接或铆接的组合截面(例如工字形)钢梁中，其横截面腹板部分的厚度与梁高之比小于标准型钢截面的相应比值；

(3)由于木材顺纹方向的剪切强度较差，木梁在横力弯曲时可能因中性层上的切应力过大而使梁沿中性层发生剪切破坏。

如图 5-21 所示受均布荷载的简支梁，跨中截面弯矩最大，该截面上距离中性轴最远的 A 点和 B 点显然为单向应力状态，可以按正应力强度条件进行梁的强度计算；在最大剪力截面上，中性轴上的 C 点和 D 点处于纯剪切应力状态，因此可按照切应力强度条件进行校核。但是，对于梁横截面上其他各点既有正应力又有切应力(如 E 点和 F 点)，不能分别按照弯曲正应力和弯曲切应力强度条件进行校核，必须同时考虑两种应力对强度的影响，这些点的强度校核将在第七章进行讨论。

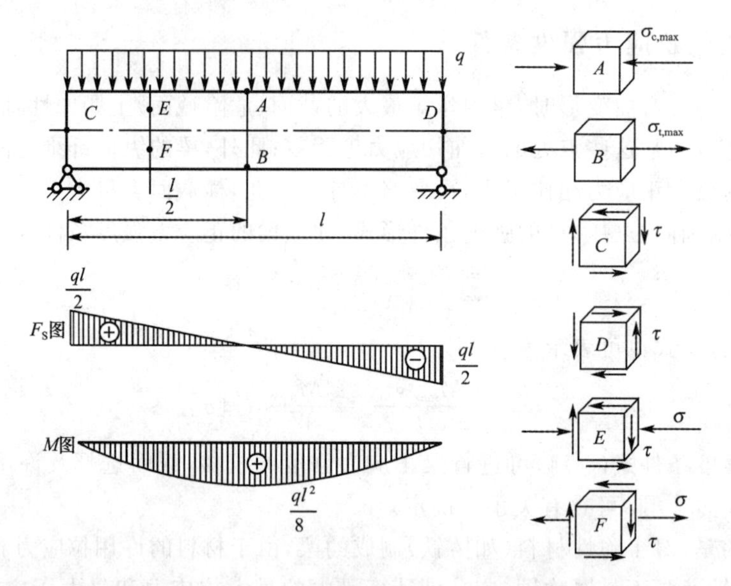

图 5-21

例题 5-8 如图 5-22(a)所示 T 形截面铸铁梁,已知许用拉应力 $[\sigma_t]=30$ MPa,许用压应力$[\sigma_c]=60$ MPa,许用切应力 $[\tau]=15$ MPa,试按正应力强度条件和切应力强度条件校核该梁的强度。

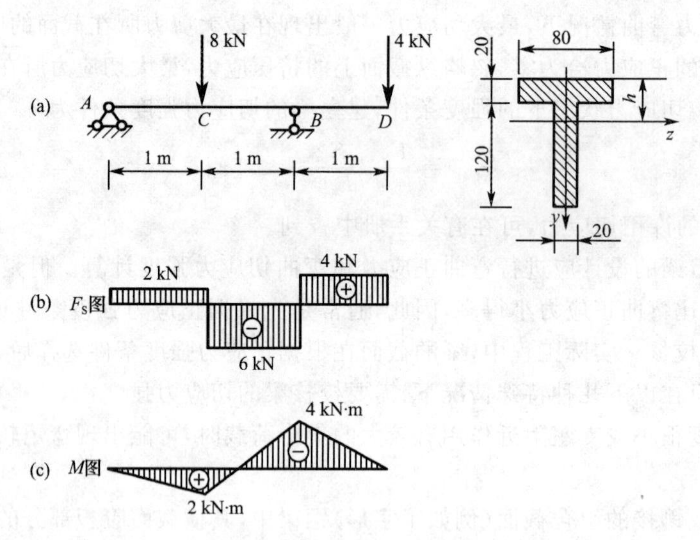

图 5-22 例题 5-8 图

解:根据图 5-22 中所示截面的几何尺寸,确定中性轴的位置。设中性轴距上边缘距离为 h,则

$$h=\frac{80\ \mathrm{mm}\times 20\ \mathrm{mm}\times 10\ \mathrm{mm}+120\ \mathrm{mm}\times 20\ \mathrm{mm}\times 80\ \mathrm{mm}}{80\ \mathrm{mm}\times 20\ \mathrm{mm}+120\ \mathrm{mm}\times 20\ \mathrm{mm}}=52\ \mathrm{mm}$$

截面对中性轴的惯性矩

$$I_z=\frac{80\ \mathrm{mm}\times(20\ \mathrm{mm})^3}{12}+20\ \mathrm{mm}\times 80\ \mathrm{mm}\times(52\ \mathrm{mm}-10\ \mathrm{mm})^2+\frac{20\ \mathrm{mm}\times(120\ \mathrm{mm})^3}{12}$$
$$+20\ \mathrm{mm}\times 120\ \mathrm{mm}\times(80\ \mathrm{mm}-52\ \mathrm{mm})^2=7.637\times 10^6\ \mathrm{mm}^4$$

(1)首先校核梁的正应力强度

由图 5-22(c)所示弯矩图可知最大弯矩发生在截面 B,该截面的最大拉应力和最大压应力分别为

$$\sigma_{t,max} = \frac{M_{max} y_{t,max}}{I_z} = \frac{4 \times 10^3 \text{ N} \times 52 \times 10^{-3} \text{ m}}{7.637 \times 10^{-6} \text{ m}^4} = 27.2 \times 10^6 \text{ Pa} = 27.2 \text{ MPa} < [\sigma_t]$$

$$\sigma_{c,max} = \frac{M_{max} y_{c,max}}{I_z} = \frac{4 \times 10^3 \text{ N} \times 88 \times 10^{-3} \text{ m}}{7.637 \times 10^{-6} \text{ m}^4} = 46.1 \times 10^6 \text{ Pa} = 46.1 \text{ MPa} < [\sigma_c]$$

截面 B 上的最大拉应力和最大压应力都小于许用应力。截面 C 弯矩值虽小,但受拉的下边缘各点到中性轴的距离大,产生的拉应力也有可能大于截面 B 的拉应力,所以也需要校核。

$$\sigma'_{t,max} = \frac{My'_{t,max}}{I_z} = \frac{2 \times 10^3 \text{ N} \times 88 \times 10^{-3} \text{ m}}{7.637 \times 10^{-6} \text{ m}^4} = 23.0 \times 10^6 \text{ Pa} = 23.0 \text{ MPa} < [\sigma_t]$$

该截面的压应力不需再校核。

由以上计算结果知,该梁满足正应力强度条件。

(2)校核梁的切应力强度

由图 5-22(b)所示剪力图可知,最大剪力 $F_{S,max} = 6$ kN。与工字形截面一样,T 形截面上最大切应力也出现在中性轴上,即

$$\tau_{max} = \frac{F_{S,max} S^*_{z,max}}{dI_z} = \frac{6 \times 10^3 \text{ N} \times \left(88 \times 20 \times \frac{88}{2} \times 10^{-9} \text{ m}^3\right)}{20 \times 10^{-3} \text{ m} \times 7.637 \times 10^{-6} \text{ m}^4}$$
$$= 3.04 \times 10^6 \text{ Pa} = 3.04 \text{ MPa} < [\tau]$$

故该梁也满足切应力强度条件,梁是安全的。

例题 5-9　图 5-23 所示悬臂梁长 $l=3$ m,自由端处作用一集中力 $P=5$ kN,截面为空心圆环截面,其内外径之比 $\alpha = d/D = 0.8$ 。材料为铝合金,许用正应力 $[\sigma] = 130$ MPa,许用切应力 $[\tau] = 70$ MPa 。试确定空心圆截面梁的外径 D 和内径 d 。

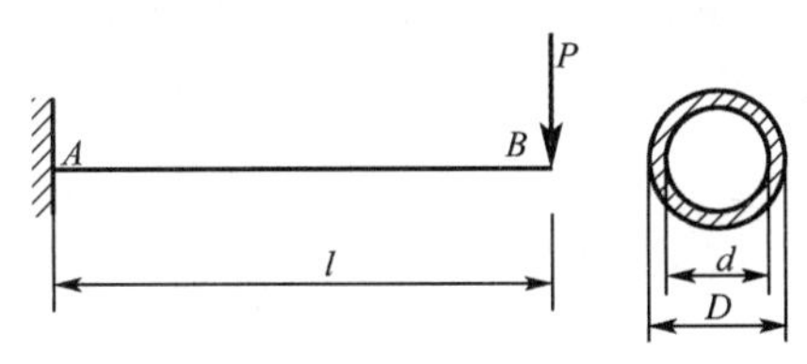

图 5-23　例题 5-9 图

解:首先,按正应力强度条件确定截面尺寸

梁内最大弯矩为

$$M_{max} = Pl = 5 \times 10^3 \text{ N} \times 3 \text{ m} = 15 \times 10^3 \text{ N} \cdot \text{m}$$

根据正应力强度条件 $\sigma_{max} = \frac{M_{max}}{W_z} \leqslant [\sigma]$,其中弯曲截面系数 $W_z = \frac{\pi D^3}{32}(1-\alpha^4)$,因此,

$$D^3 \geqslant \frac{32 \times 15 \times 10^3 \text{ N} \cdot \text{m}}{130 \times 10^6 \text{ Pa} \times \pi \times (1 - 0.8^4)} = 1.9917 \times 10^{-3} \text{ m}^3$$

可取 $D = 125.8$ mm,$d = 0.8 \times 125.8$ mm $= 100.6$ mm 。将空心圆的外径和内径分别取整,即 $D=130$ mm,$d=100$ mm。

然后,校核切应力强度条件。

梁内剪力为 $F_S = P = 5 \times 10^3$ N,将该空心圆环截面视为薄壁环形截面,横截面上中性轴处切应力最大,为平均切应力的 2 倍,即

$$\tau_{max} \approx 2\frac{F_S}{A} = \frac{4\times2\times F_S}{\pi\times(D^2-d^2)} = \frac{4\times2\times5\times10^3\ \text{N}}{3.14\times[(130\times10^{-3}\ \text{m})^2-(100\times10^{-3}\ \text{m})^2]} = 1.85\times10^6\ \text{Pa} = 1.85\ \text{MPa}$$

由此可知，最大切应力远小于许用切应力，所选截面尺寸满足切应力强度要求。因此，可选 $D = 130$ mm，$d = 100$ mm，偏于安全。

例题 5-10 用 20a 工字钢制成的简支梁如图 5-24 所示，已知 $F=40$ kN，由于正应力强度不足，在梁中间一段的上下翼缘上各焊一块截面为 120 mm×10 mm 的钢板来加强，如材料的许用应力 $[\sigma]=160$ MPa，试求所加钢板的最小长度 l_1。

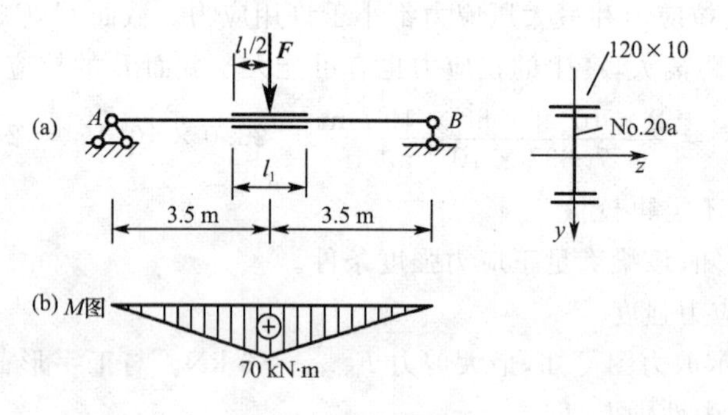

图 5-24 例题 5-10 图

解：已知加了钢板后跨中截面应该满足正应力强度要求，需要由所加钢板的边界处，即距梁跨中 $l_1/2$ 处的强度条件决定钢板的最小长度。简支梁的弯矩图如图 5-24(b)所示，由弯矩图知，距梁跨中 $l_1/2$ 处的弯矩为

$$M_{l_1/2} = \frac{\left(3.5-\frac{l_1}{2}\right)}{3.5}\times70\ \text{kN}\cdot\text{m} = (70-10l_1)\times10^3\ \text{N}\cdot\text{m}$$

经查表得 20a 工字钢的弯曲截面系数 $W_z = 237\ \text{cm}^3$。所以

$$\sigma_{max} = \frac{M_{l_1/2}}{W_z} = \frac{(70-10l_1)\times10^3\ \text{N}\cdot\text{m}}{237\times10^{-6}\ \text{m}^3} \leqslant [\sigma]$$

即

$$l_1 \geqslant \frac{70-237\times10^{-9}\times[\sigma]}{10} = 3.21\ \text{m}$$

所以，所加钢板的最小长度 $l_1 = 3.21$ m。

5.6.3 梁的合理设计

由前述内容可知，一般情况下，按照梁的强度进行梁的设计时，主要依据正应力强度条件

$$\sigma_{max} = \frac{M_{max}}{W_z} \leqslant [\sigma]$$

根据上式，若提高梁的强度，一是降低最大弯矩 M_{max}，二是提高弯曲截面系数 W_z，或者将弯矩较大的梁段进行局部加强，这些方法都可以减小梁的最大正应力 σ_{max}，从而提高其承载能力，达到合理设计梁的目的。工程中常用的措施包括以下几种：

一、合理配置荷载和支座位置

适当的分散荷载可以降低梁内最大弯矩。如图 5-25 所示简支梁，当受到跨中集中荷载作用时(图 5-25(a))，梁内最大弯矩为 $M_{max} = Pl/4$；如果将一个集中力均分为两个集中力，使其作用于梁的三等分点(图 5-25(b))，梁内最大弯矩为 $M_{max} = Pl/6$；如果在梁上布置一根长度为 $l/2$ 的辅梁，作用在辅梁跨中的集中力相当于分布作用在两个四分点上(图 5-25(c))，梁内最大弯

矩为 $M_{max}=Pl/8$；如果将集中力沿梁长均匀作用(图 5-25(d))，梁内最大弯矩为 $M_{max}=Pl/8$ 。

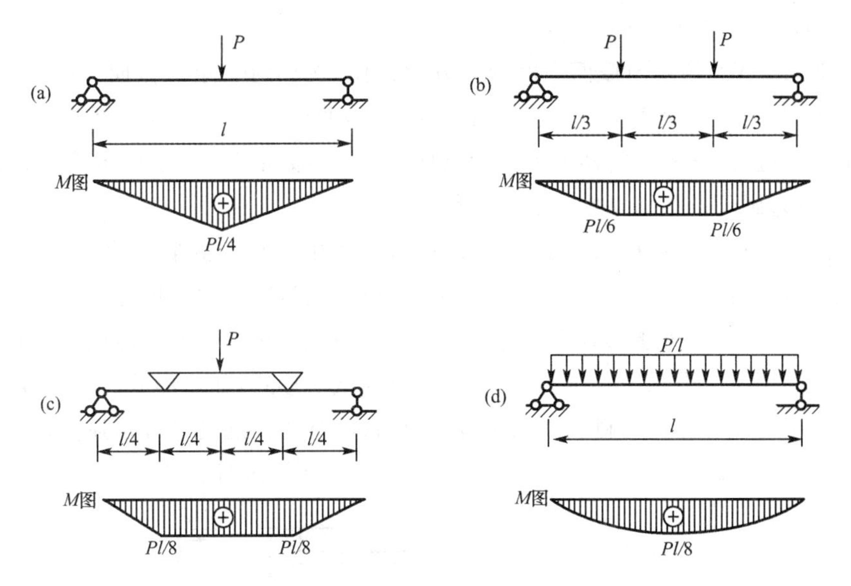

图 5-25

此外，合理的设置支座的位置也可以降低梁内最大弯矩。如图 5-26 所示受到均布荷载作用的外伸梁，长度为 l，为使梁内最大弯矩最小，则外伸段的长度可由下式确定：

梁内最大正弯矩为

$$M_{max}^{+}=\frac{q\ (l-2x)^2}{8}-\frac{qx^2}{2}=\frac{ql^2-4qlx}{8}$$

梁内最大负弯矩为

$$M_{max}^{-}=-\frac{qx^2}{2}$$

为使梁内最大弯矩最小，应该使 $M_{max}^{+}=\left|M_{max}^{-}\right|$，即

$$\frac{ql^2-4qlx}{8}=\frac{qx^2}{2}$$

因此，求得 $x=0.207l$ 。此时，梁内最大弯矩为 $0.021\ 5ql^2$，比同跨度同荷载的简支梁最大弯矩($0.125ql^2$)降低很多。实际生活中常见的门式起重机(如图 5-27 所示)的立柱的位置通常就是在考虑外荷载和自重作用下的最大弯矩进行设计。

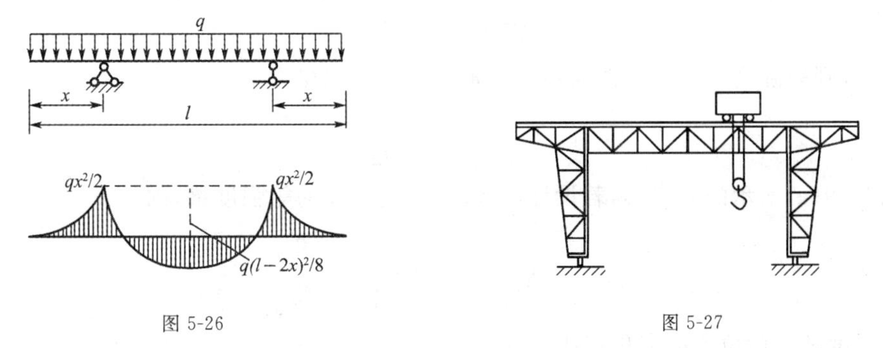

图 5-26　　图 5-27

二、合理选择截面形状

在外荷载和支座条件给定(即 M_{max} 确定)的情况下，要降低梁截面上的最大正应力 σ_{max}，

必须增大弯曲截面系数 W_z 。因此，在材料用量（截面面积 A）一定的情况下，应使其弯曲截面系数 W_z 与其面积 A 之比尽可能的大。

弯曲截面系数 W_z 通常与截面高度的平方成正比，例如对于矩形截面，$W_z = bh^2/6$ 。因此，应尽可能使截面面积分布在距中性轴较远的地方，使得 W_z/A 的值尽可能的大，从而降低截面上的最大正应力。例如，同样材料用量条件下，矩形截面竖放要比横放合理；工字形截面比矩形截面合理；圆环形截面要比实心圆形截面合理等等。

梁横截面上的正应力沿截面高度成线性分布，距离中性轴两侧最远的各点处分别有最大拉应力和最大压应力。为了充分发挥材料的潜力，应根据材料的力学性能不同，将截面形状设计成使最大拉、压应力尽可能同时达到材料的许用应力。对于由钢材等塑性材料制成的梁，其许用拉应力与许用压应力相等，应选用对中性轴对称截面形式，如矩形截面、工字形截面、圆环形截面等。对于铸铁等脆性材料制成的梁，由于材料的抗压强度高于抗拉强度，则应设计成对中性轴不对称截面，如 T 形截面，且将翼缘部分置于受拉侧，如图 5-28 所示。

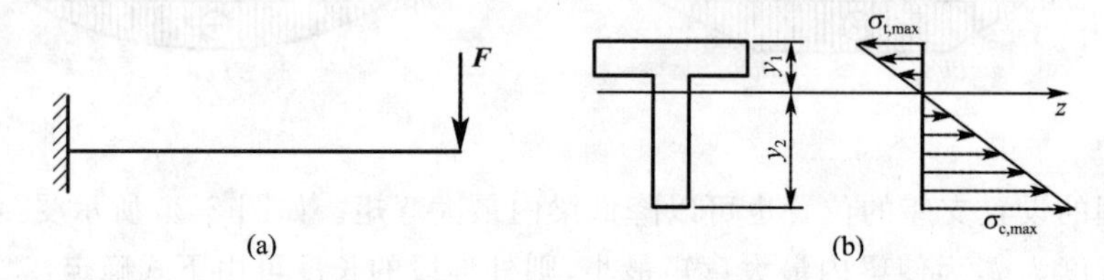

图 5-28

工程中梁截面形式的选择，要根据实际问题而定。在选择梁的合理截面形状时，应综合考虑横截面上的应力分布情况、材料的力学性能、梁的使用条件及加工工艺等多方面因素。

三、采用变截面梁或等强度梁

由于最大正应力发生在弯矩最大的横截面上距中性轴最远的各点处，根据梁的正应力强度条件设计出的等直梁，只在危险截面危险点处材料得到了充分利用，其余截面上的各点应力值都小于材料的许用应力。为了充分发挥材料的潜力，节约材料、减轻梁的自重，或者降低梁的刚度，可将梁的横截面设计成变截面形式。例如，将梁弯矩较大的部位进行局部加强。

最理想的变截面梁是使梁各个截面上的最大正应力均达到材料的许用应力，称为**等强度梁**。具体设计方法如下：

设梁上任一截面的弯矩为 $M(x)$，弯曲截面系数为 $W_z(x)$，按照等强度梁的定义，则

$$\frac{M(x)}{W_z(x)} = [\sigma]$$

因此，可以得到等强度梁的弯曲截面系数沿轴线的变化规律为

$$W_z(x) = \frac{M(x)}{[\sigma]}$$

如图 5-29(a)所示的简支梁，若设计成等高度、变宽度的等强度梁，则

$$W_z = \frac{b(x)h^2}{6} = \frac{M(x)}{[\sigma]} = \frac{\frac{F}{2}x}{[\sigma]}$$

可解得梁宽度随截面位置的变化规律为（图 5-29(b)）

$$b(x) = \frac{3Fx}{h^2[\sigma]} \tag{b}$$

在靠近支座处($x=0$),梁宽度 $b(x)$ 不能为零,由切应力强度条件

$$\tau_{\max}=\frac{3F_{\mathrm{S,max}}}{2A}=\frac{3\,\frac{F}{2}}{2b_{\min}h}=[\tau] \tag{c}$$

确定端部截面的最小高度为(图 5-29(c))

$$b_{\min}=\frac{3F}{4h[\tau]}$$

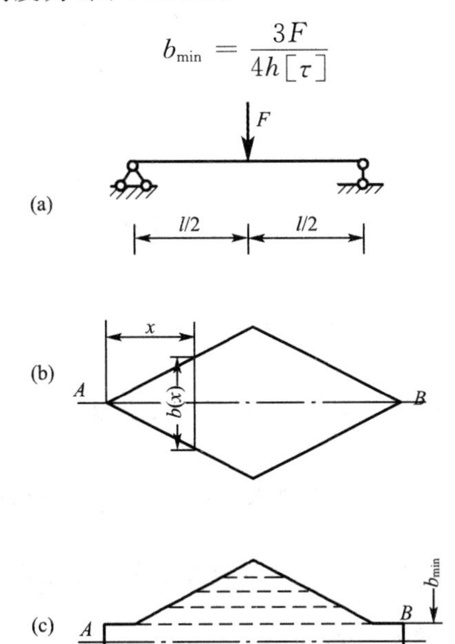

图 5-29

实际工程中,除了设计等高、变宽的等强度梁,还设计等宽、变高的等强度梁,即建筑工程中常用的鱼腹梁(图 5-30)。请读者自行思考,方法同上。

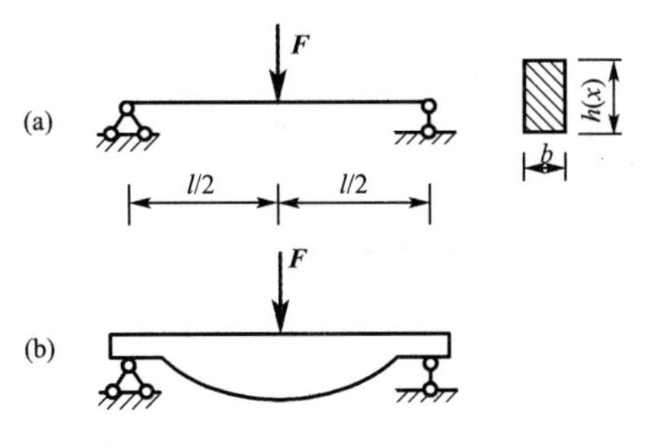

图 5-30

为了制造方便,工程中往往将曲线形状的等强度梁制作成阶梯状(图 5-31(a))或线性变化的梁(图 5-31(b))。

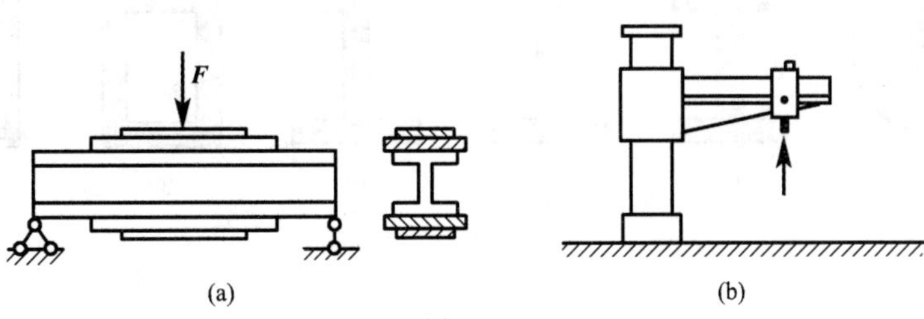

图 5-31

小 结

本章主要内容如下：

1. 梁在纯弯曲时，横截面上的内力只有弯矩，故横截面上只有正应力。根据平面假设，导出正应力的计算公式为 $\sigma = \dfrac{My}{I_z}$。对于跨高比较大的工程中的梁，可将纯弯曲时正应力的计算公式推广到横力弯曲条件下使用，此时正应力的计算公式 $\sigma = \dfrac{M(x)y}{I_z}$。横截面上的最大正应力出现在距离中性轴最远的各点处，且这些点均处于单向应力状态。

2. 横力弯曲情况下，梁横截面内除了有弯矩外，还有剪力，因此，横截面上各点除有正应力外，还有切应力。本章主要讨论了矩形截面梁上各点的切应力计算公式 $\tau = \dfrac{F_S S_z^*}{bI_z}$ 及最大切应力计算公式 $\tau_{\max} = \dfrac{3}{2}\dfrac{F_S}{A}$。此外，还给出了工字形截面梁切应力的分布及计算方法；圆形截面梁上切应力的分布及最大切应力的计算公式 $\tau_{\max} = \dfrac{4}{3}\dfrac{F_S}{A}$；薄壁圆环形截面梁切应力的分布及最大切应力的计算公式 $\tau_{\max} = 2\dfrac{F_S}{A}$。一般情况下，横截面上的最大切应力出现在中性轴上各点处，且这些点均处于纯剪切应力状态。

3. 等直梁弯曲时的正应力强度条件为：$\sigma_{\max} = \dfrac{M_{\max} y_{\max}}{I_z} = \dfrac{M_{\max}}{W_z} \leqslant [\sigma]$

切应力强度条件为：$\tau_{\max} = \dfrac{F_{S,\max} S_{z,\max}^*}{bI_z} \leqslant [\tau]$

一般情况下，梁的设计是由正应力强度条件决定的，而用切应力强度条件作校核。

4. 需要掌握的主要计算问题如下：

(1)梁横截面上任意一点的正应力、切应力计算。

(2)由正应力计算横截面的部分面积上的法向内力，由切应力计算横截面的部分面积上的剪力或纵向平面内的剪力。

(3)由正应力、切应力强度条件，可校核梁的强度，设计截面尺寸和计算许用荷载。

习 题

5-1 梁在纵对称面内受外力作用而弯曲。当梁截面具有图 5-32 所示各种不同形状时，试分别绘出各横截面上的正应力沿其高度的变化规律。

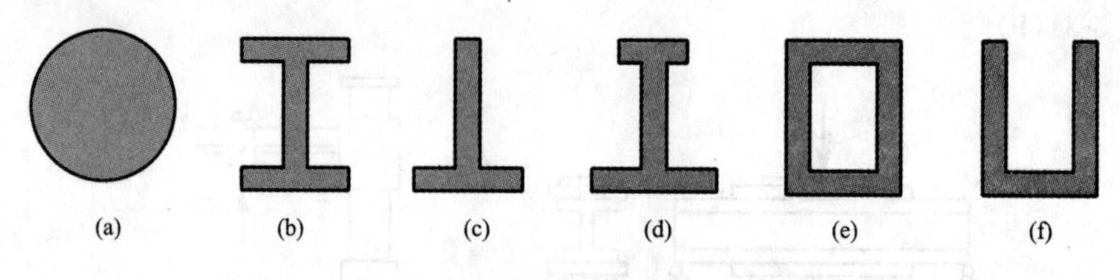

图 5-32 习题 5-1 图

5-2　梁的横截面如图 5-33 所示，图中尺寸单位为 mm。已知截面上最大正应力 $\sigma_{\max}=10$ MPa，试求截面上阴影部分面积上的法向内力。

5-3　图 5-34 所示梁的两种截面形式，若要承担 150 kN·m 的截面弯矩，试确定哪种截面的弯曲正应力较小？该弯曲正应力是多少？（图中长度单位为 mm）

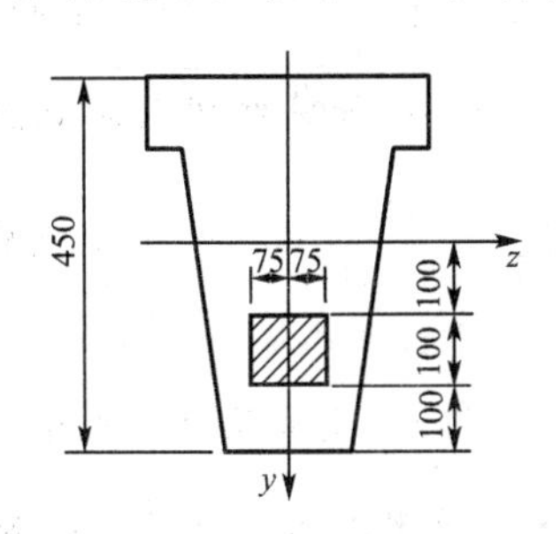

图 5-33　习题 5-2 图

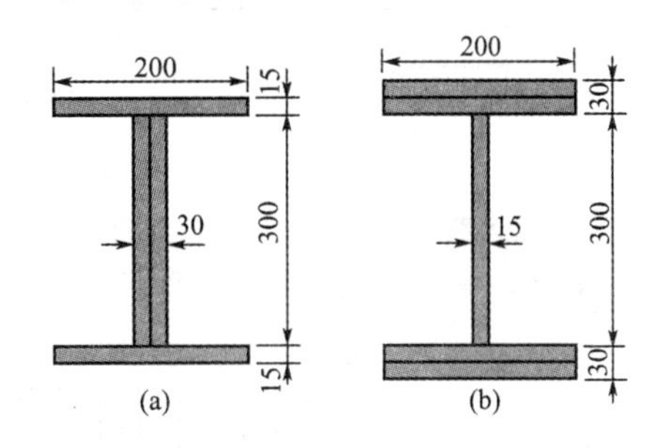

图 5-34　习题 5-3 图

5-4　试求图 5-35 所示梁的上翼缘 A 上由弯曲正应力合成的法向力，已知 $M=1$ kN·m。（图中长度单位为 mm）

5-5　求图 5-36 所示简支梁跨中截面上 a、b、c 三点处的正应力。（图中截面尺寸单位为 mm）

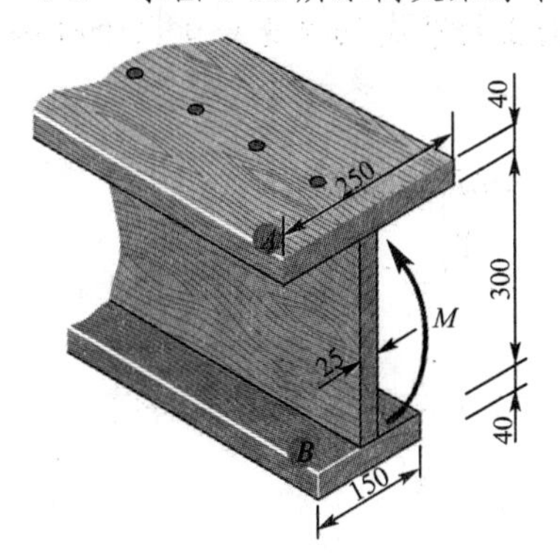

图 5-35　习题 5-4 图

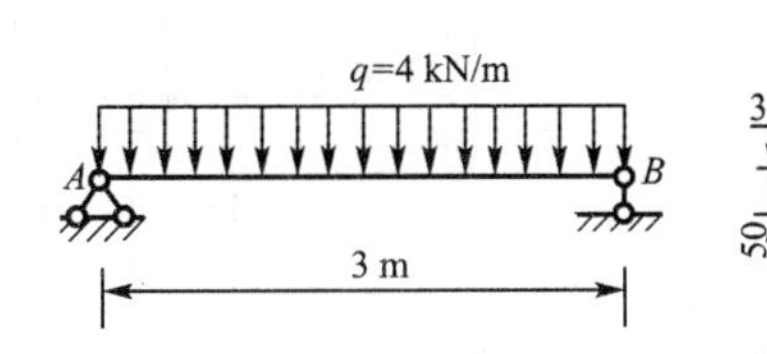

图 5-36　习题 5-5 图

5-6　矩形截面悬臂梁，受力如图 5-37 所示。试求截面Ⅰ-Ⅰ及截面Ⅱ-Ⅱ上点 A、B、C 的正应力。（图中截面尺寸单位为 mm）

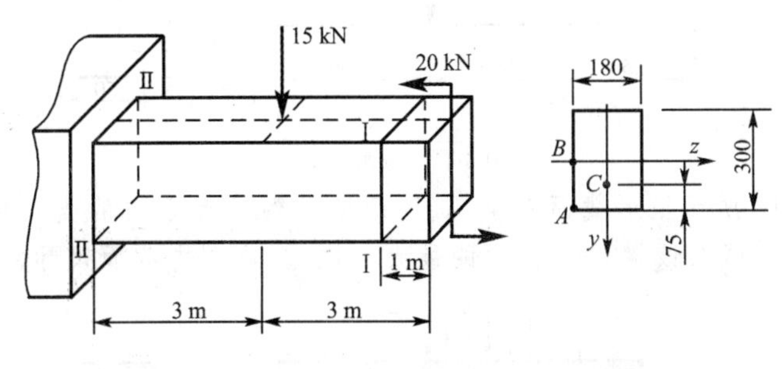

图 5-37　习题 5-6 图

5-7　图 5-38 所示矩形截面梁，试求该梁在外荷载作用下的最大弯曲应力的绝对值。（图中截面尺寸单位为 mm）

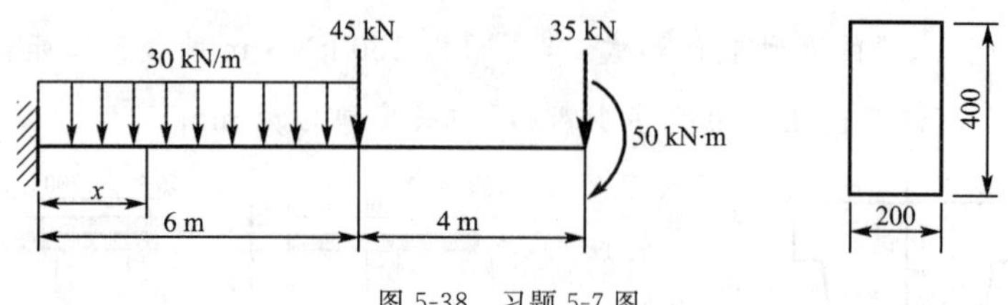

图 5-38　习题 5-7 图

5-8　如图 5-39 所示，长度 $l=3$ m 的外伸梁，其外伸部分长 1 m，梁上作用均布荷载 $q=20$ kN/m。若采用工字形型钢截面，材料许用应力$[\sigma]=140$ MPa，试选择工字钢型号。

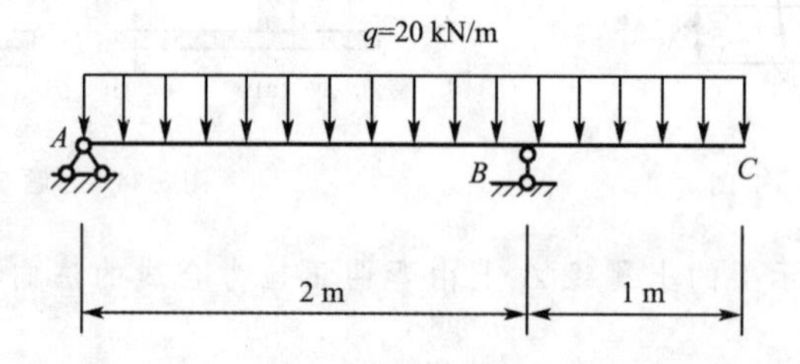

图 5-39　习题 5-8 图

5-9　由两根 28a 号槽钢组成的简支梁受三个大小相等的集中力作用，如图 5-40 所示。已知该梁材料为 Q235 钢，其许用弯曲正应力 $[\sigma]=170$ MPa。试求该梁的许用荷载 F。

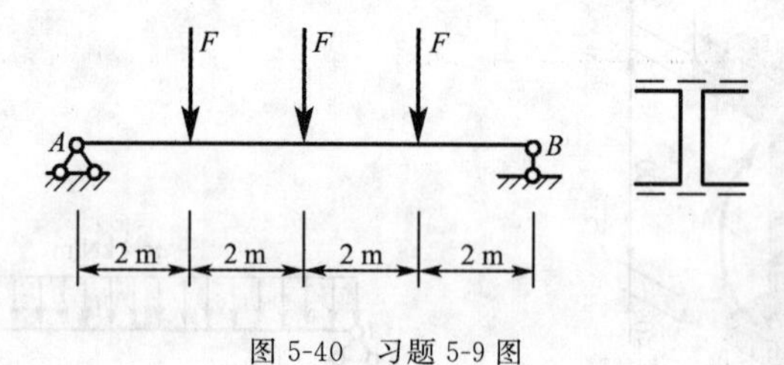

图 5-40　习题 5-9 图

5-10　长为 l 的圆形截面悬臂梁，受均布荷载 q 作用，梁的直径为 d，试计算梁横截面上的最大切应力、最大正应力及它们两者的比值。

5-11　如图 5-41 所示 T 形截面悬臂梁受到外荷载作用，试求该梁 a-a 截面的最大切应力。（图中长度单位为 mm）

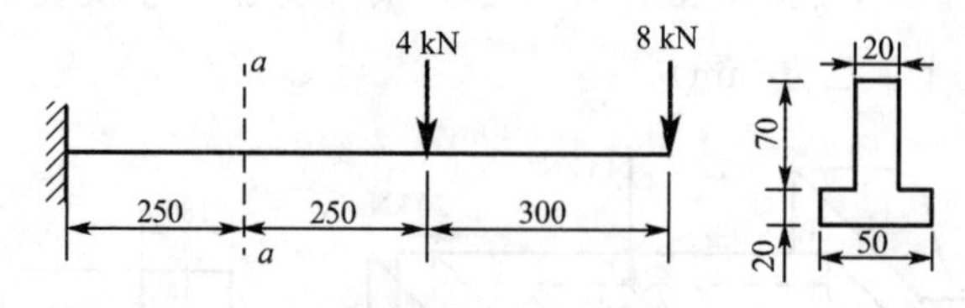

图 5-41　习题 5-11 图

5-12　如图 5-42 所示矩形截面木梁 A、B 两端受到竖直方向的支反力的作用，已知均布荷载为 $q=60$ kN/m，试求该梁 a-a 截面的最大切应力。（图中截面尺寸单位为 mm）

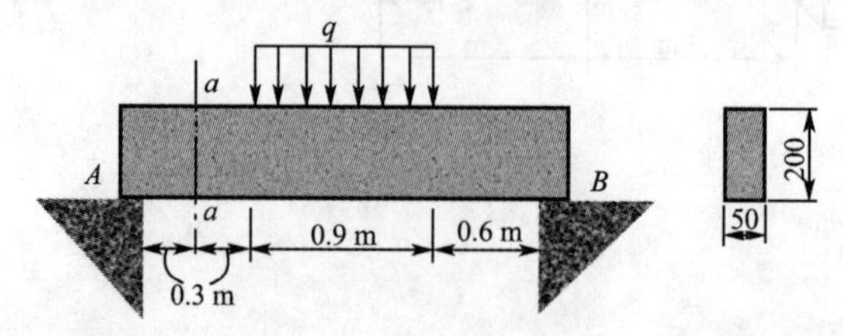

图 5-42　习题 5-12 图

5-13　图 5-43 所示简支梁，受集中力 $F=100$ kN 及均布荷载 $q=10$ kN/m 作用，已知 $l=4$ m，横截面尺寸 $b=100$ mm，$h=400$ mm，试求梁中最大切应力 τ_{max} 及该截面点 a 的切应力 τ_a。

5-14　矩形截面梁的截面尺寸如图 5-44 所示。已知梁横截面上作用的正弯矩 $M=16$ kN·m 及剪力 $F_S=6$ kN，试求图中阴影面积Ⅰ、Ⅱ的法向内力及切向内力。（图中长度单位为 mm）

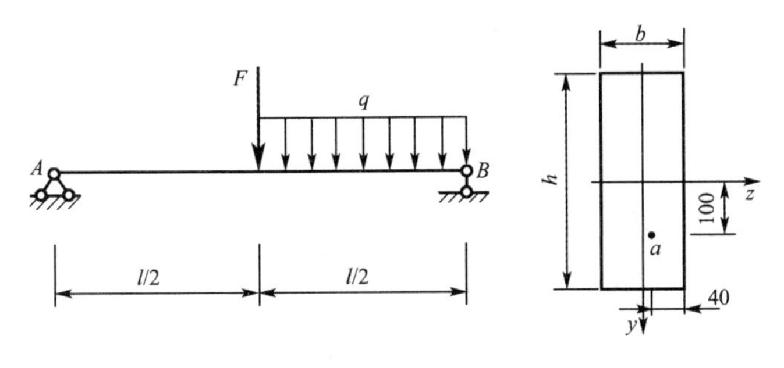

图 5-43　习题 5-13 图

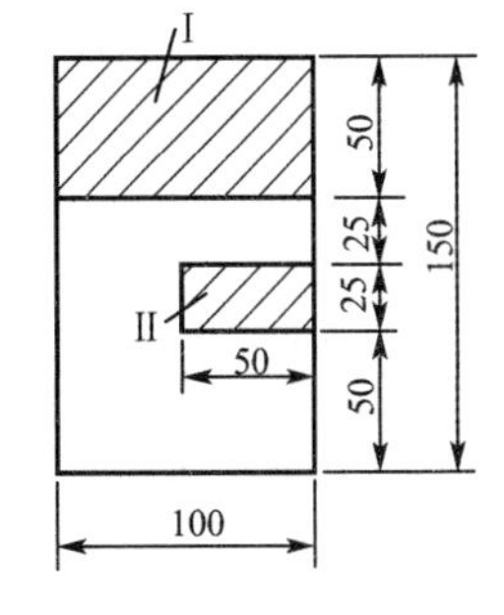

图 5-44　习题 5-14 图

5-15　木制简支梁受载如图 5-45 所示，截面尺寸单位为 mm。试求中性层上的最大切应力及此层总的水平剪力。

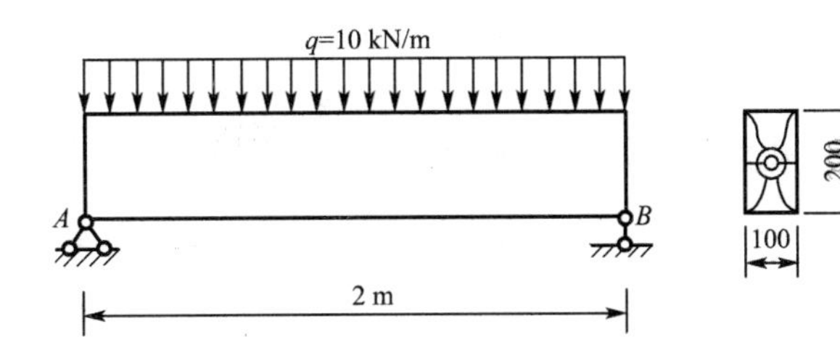

图 5-45　习题 5-15 图

5-16　一根矩形截面简支木梁，在全梁长度上受集度为 $q=5$ kN/m 的均布荷载作用。已知跨长 $l=7.5$ m，截面尺寸为宽 $b=180$ mm，高 $h=300$ mm，木材的顺纹许用切应力为 1 MPa。试校核此梁的切应力强度。

5-17　工字形截面外伸梁 AC 承受荷载如图 5-46 所示，已知 $M_e=40$ kN·m，$q=20$ kN/m。材料的许用正应力 $[\sigma]=170$ MPa，许用切应力 $[\tau]=100$ MPa。试选择工字钢型号。

5-18　图 5-47 所示简支梁中点 C 受集中荷载作用，该梁原用 20a 工字钢制造，跨度长 $l=6$ m。现欲提高其承载能力，在梁中间的上、下两面各焊上一块长 2 m、宽 120 mm、厚 10 mm 的钢板。若钢板与工字钢的许用应力相同，问梁的承载能力提高多少？

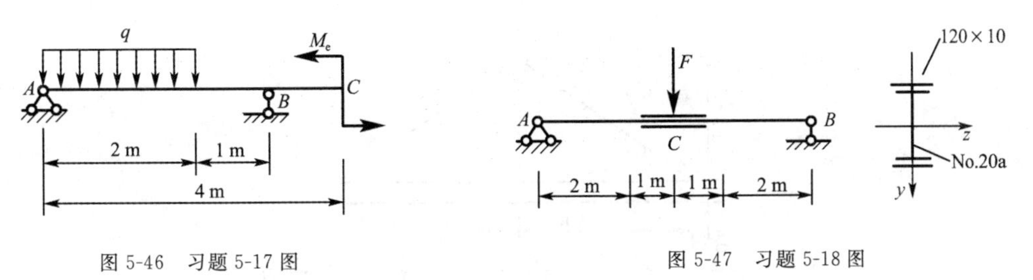

图 5-46　习题 5-17 图

图 5-47　习题 5-18 图

5-19　图 5-48 所示矩形截面木梁 A、B 两端受到竖直方向的支反力的作用，已知梁的许用切应力$[\tau]=3$ MPa，试求该梁所能承受的最大均布荷载集度。(图中截面尺寸单位为 mm)

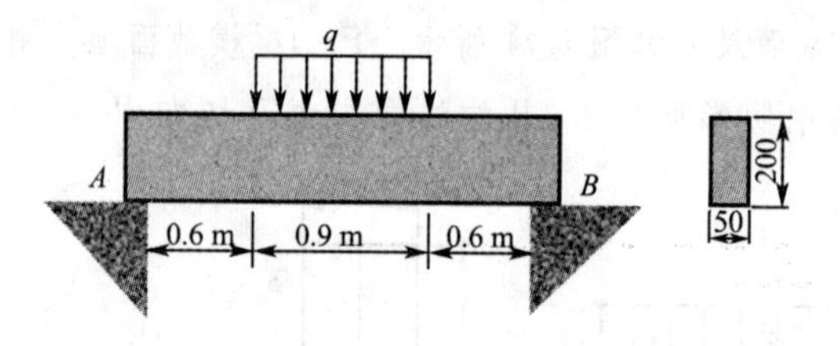

图 5-48　习题 5-19 图

5-20　试求图 5-49 所示梁横截面上的最大正应力和最大切应力，并绘出危险截面上正应力和切应力的分布图。图中截面尺寸单位为 mm，z 轴为中性轴。

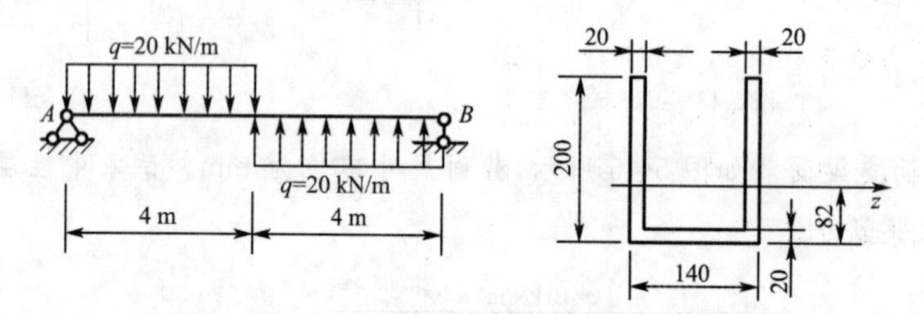

图 5-49　习题 5-20 图

5-21　如图 5-50 所示木梁受一可移动的荷载 $F=40$ kN 作用。已知木材的许用正应力$[\sigma]=10$ MPa，许用切应力$[\tau]=3$ MPa。木梁的横截面为矩形，其高宽比 $\dfrac{h}{b}=\dfrac{3}{2}$。试选择此梁的截面尺寸。

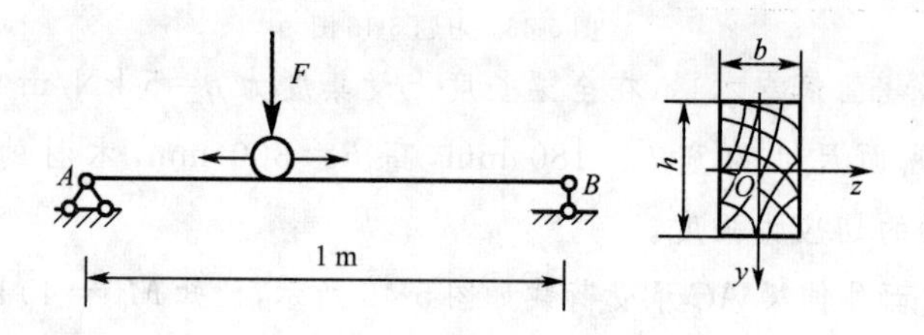

图 5-50　习题 5-21 图

5-22　图 5-51 所示梁 AB 用来缓慢提升重量为 15 kN 的钢管 CD，已知梁截面为工字钢 No. 40b，许用正应力$[\sigma]=14$ MPa，许用切应力$[\tau]=1.5$ MPa，试校核该梁的强度。

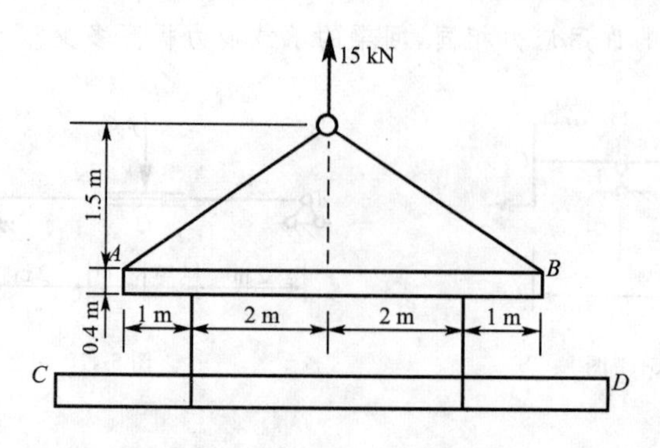

图 5-51　习题 5-22 图

5-23　图 5-52 所示矩形截面梁受到跨中集中荷载作用，已知截面宽度 $b=150$ mm，许用正应力$[\sigma]=10$ MPa，许用切应力$[\tau]=350$ kPa，试求使该梁同时达到许用正应力和许用切应力时梁截面高度 h，此时，梁所能承受的最大荷载 P 是多少？

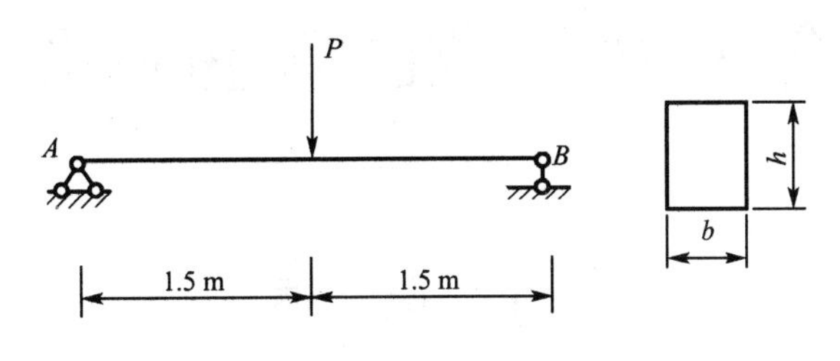

图 5-52　习题 5-23 图

5-24　图 5-53 示悬臂梁长 l，受集中力 F 作用，已知材料的弹性模量 E，横截面尺寸为 b 和 h。试计算顶面纵向纤维 AB 的总伸长 Δl 。

5-25　在图 5-54 示工字梁截面Ⅰ-Ⅰ的底层，装置变形仪，其放大倍数 $k=1\ 000$，标距 $s=20$ mm。梁受力后，由变形仪读得 $\Delta_s=8$ mm。已知 $l=1.5$ m，$a=1$ m，$E=210$ GPa，截面为 16 号工字钢，试求荷载 F 值。

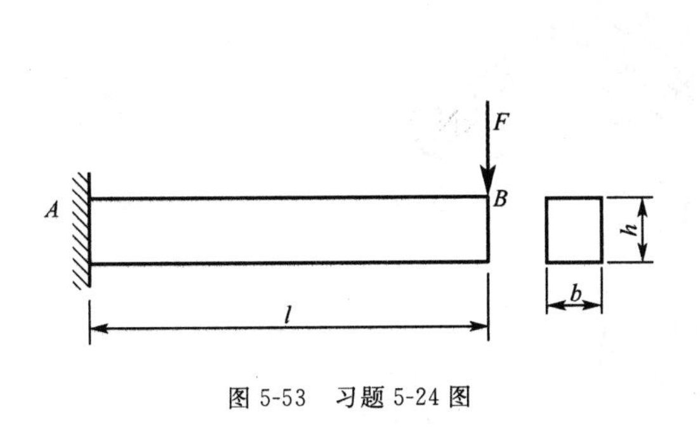

图 5-53　习题 5-24 图

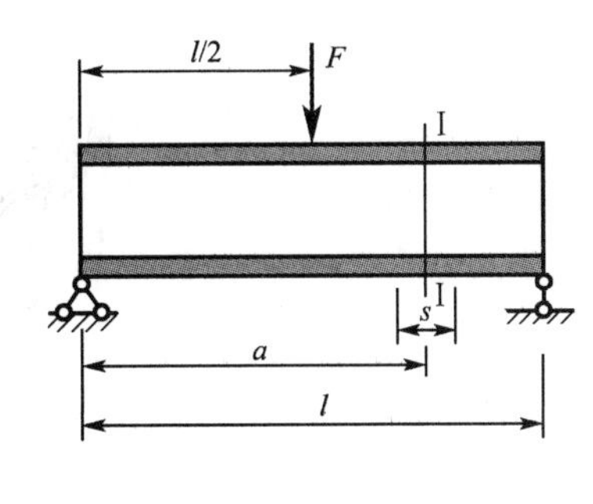

图 5-54　习题 5-25 图

第6章 梁的弯曲变形

6.1 概 述

前一章讨论了梁的强度计算。工程中对某些受弯杆件除有强度要求外，往往还有刚度要求，即要求它变形不能太大。以车床主轴为例，工作时若变形过大，将影响齿轮的啮合和轴与轴承的配合，使磨损不匀，引发噪声，缩短寿命，还会影响加工精度。以吊车梁(图6-1)为例，当变形过大时，将使梁上的小车行走困难，出现爬坡现象，还会引起较严重的振动。所以，工程中往往对构件的变形提出要求，若构件的变形超过允许值，即使构件仍然是弹性的，也看作构件失效。

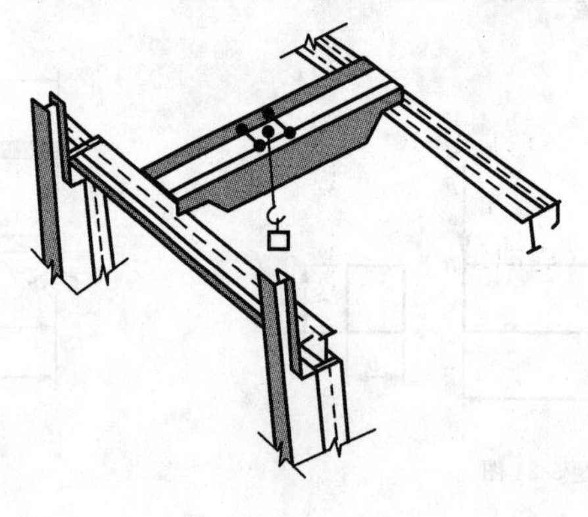

图6-1

工程中经常是限制弯曲变形，但在有些情况下，常常又利用弯曲变形达到某种要求。例如，支承车辆的叠板弹簧(图6-2)应有较大的变形，才可以更好地起到缓冲减振的作用。扭力扳手(图6-3)的扭杆有明显的弯曲变形，才可以使测得的力矩更为精确。

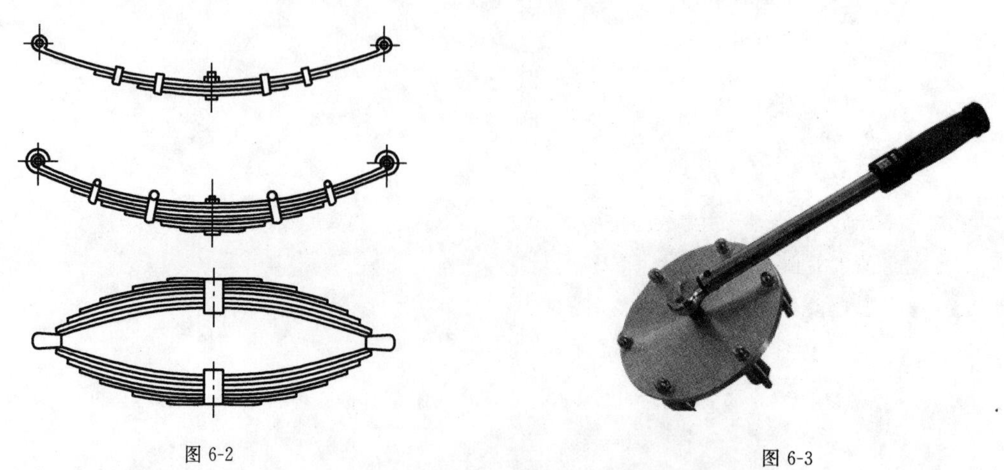

图6-2　　图6-3

弯曲变形计算除用于解决弯曲刚度问题外，还用于求解超静定问题。

6.2 梁的位移　挠度和转角

梁受外力作用后将产生弯曲变形。在平面弯曲情况下，梁的轴线在形心主惯性平面内弯成一条平面曲线，如图 6-4 所示（图中 xAy 平面为形心主惯性平面）。此曲线称为梁的**挠曲线**。当材料在弹性范围内时，挠曲线也称为弹性曲线。一般情况下，挠曲线是一条光滑连续的曲线。梁的变形可用两个位移度量，现分述如下：

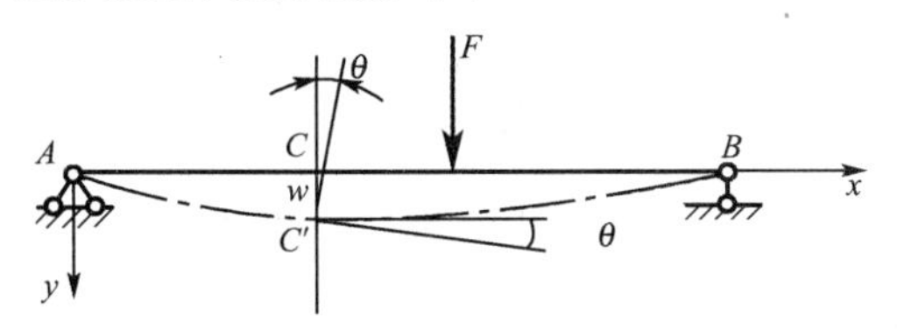

图 6-4

挠度：梁的轴线上任一点截面形心 C 在垂直于 x 轴方向的位移 CC'，称为该点的挠度，用 w 表示（图 6-4）。实际上，轴线上任一点除有垂直于 x 轴方向的位移外，还有 x 轴方向的位移。但在小变形情况下，后者是二阶微量，可略去不计。

转角：根据平面假设，梁变形后，其任一横截面将绕中性轴转过一个角度，这一角度称为该截面的转角，用 θ 表示（图 6-4）。此角度等于挠曲线上点的切线与 x 轴的夹角。

在图 6-4 所示坐标系中，挠曲线可用下式表示

$$w=f(x)$$

该式称为**挠曲线方程**或挠度方程。式中，x 为梁变形前轴线上任一点的横坐标，w 为该点的挠度。挠曲线上任一点的斜率为 $w'=\tan\theta$，在小变形情况下，$\tan\theta\approx\theta$，所以

$$\theta=w'=f'(x)$$

即挠曲线上任一点的斜率 w' 就等于该处横截面的转角。该式称为转角方程。由此可见，只要确定了挠曲线方程，梁上任一截面形心的挠度和任一横截面的转角均可确定。

挠度和转角的正负号与所取坐标系有关。在图 6-4 所示的坐标系中，向下的挠度为正，向上的挠度为负；顺时针的转角为正，逆时针的转角为负。

6.3 梁的挠曲线近似微分方程及其积分

梁的挠度和转角与梁变形后的曲率有关。在横力弯曲的情况下，曲率既与梁的刚度相关，又与梁的剪力和弯矩有关。对于一般跨高比较大的梁，剪力对梁变形的影响很小，可以忽略，因此可以只考虑弯矩对梁变形的作用。梁轴线弯曲后的曲率为

$$\frac{1}{\rho(x)}=\frac{M(x)}{EI_z} \tag{a}$$

另由高等数学得知，平面曲线的曲率为

$$\frac{1}{\rho(x)}=\pm\frac{w''}{(1+w'^2)^{3/2}} \tag{b}$$

由(a)、(b)两式得

$$\pm \frac{w''}{(1+w'^2)^{3/2}} = \frac{M(x)}{EI_z} \tag{c}$$

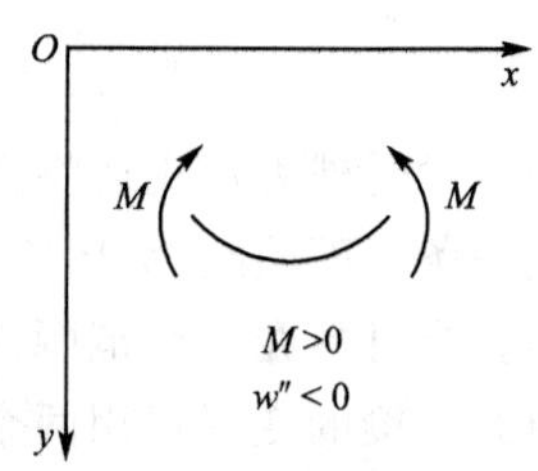

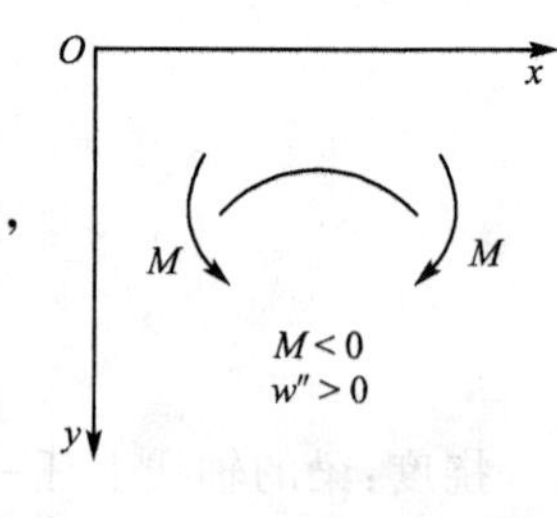

图 6-5

式(c)中左边的正负号取决于坐标系的选择和弯矩的正负号规定。在本章所取的坐标系中，上凸的曲线为正值，下凸的曲线为负值，如图 6-5 所示。

按弯矩正负号的规定，正弯矩对应着负的 w''，负弯矩对应着正的 w''，故式(c)左边应取负号，即

$$-\frac{w''}{(1+w'^2)^{3/2}} = \frac{M(x)}{EI_z} \tag{d}$$

在小变形情况下，$w' = \frac{\mathrm{d}w}{\mathrm{d}x}$ 是一个很小的量，则 w'^2 为高阶微量，可略去不计，故式(d)简化为

$$w'' = -\frac{M(x)}{EI_z} \tag{6-1a}$$

式(6-1a)是梁的**挠曲线近似微分方程**，适用于小挠度梁。

如取与图 6-5 不同的坐标系(例如原点仍为 O，但 y 轴向上；原点在右端，x 轴向左，y 轴向上或向下)，挠曲线微分方程将与式(6-1a)有所不同。

对于 EI 为常量的等直梁(将 I_z 简写为 I)，式(6-1a)可写为

$$EIw'' = -M(x) \tag{6-1b}$$

式(6-1a)或式(6-1b)是计算梁变形的基本方程。

6.4 积分法计算梁的变形

对于等直梁，可以通过对式(6-1b)的直接积分来计算梁的挠度和转角。

将式(6-1b)积分一次，得到

$$EIw' = EI\theta = \int M(x)\mathrm{d}x + C \tag{6-2}$$

再积分一次，得到

$$EIw = \int\left[\int M(x)\mathrm{d}x\right]\mathrm{d}x + Cx + D \tag{6-3}$$

式(6-2)和式(6-3)中的积分常数 C 和 D 由梁支座处的已知位移条件(即边界条件)确定。

图 6-6(a)所示的简支梁的边界条件是：左、右两支座处的挠度 w_A 和 w_B 均应为零；

图 6-6(b)所示的悬臂梁的边界条件是：固定端处的挠度 w_A 和转角 θ_A 均为零。

积分常数 C、D 确定后，就可由式(6-2)和式(6-3)得到梁的转角方程和挠度方程，并可计算任意横截面的转角和梁轴线上任一点的挠度。这种求梁变形的方法称为积分法。

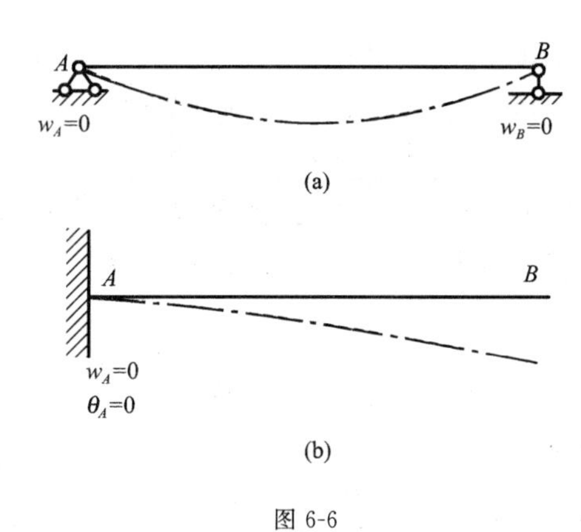

图 6-6

例题 6-1　一悬臂梁在自由端受集中力 F 作用，如图 6-7 所示。试求梁的转角方程和挠度方程，并求最大转角和最大挠度。设梁的弯曲刚度为 EI。

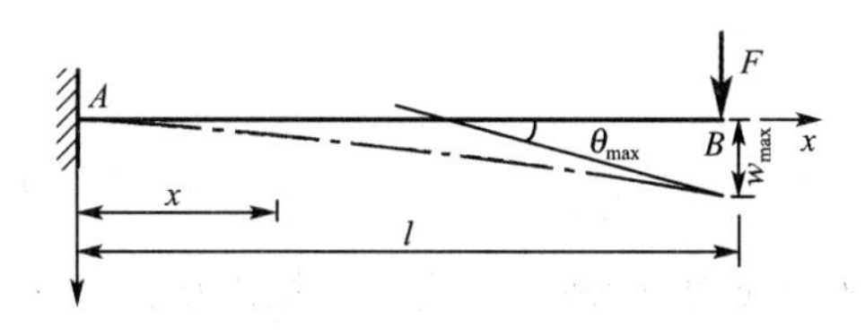

图 6-7　例题 6-1 图

解：取坐标系如图 6-7 所示。弯矩方程为

$$M(x) = -F(l-x)$$

代入梁的挠曲线近似微分方程得

$$EIw'' = -M(x) = Fl - Fx$$

进行两次积分，得到

$$EIw' = EI\theta = Flx - \frac{Flx^2}{2} + C \tag{a}$$

$$EIw = \frac{Flx^2}{2} - \frac{Fx^3}{2\times 3} + Cx + D \tag{b}$$

题中边界条件为：在 $x=0$ 处，$w=0$；在 $x=0$ 处，$w' = \theta = 0$ 。

将边界条件代入式(a)、式(b)，得到 $C=0$ 和 $D=0$。

将 C、D 值代入式(a)、式(b)，得到该梁的转角方程和挠度方程分别为

$$w' = \theta = \frac{Flx}{EI} - \frac{Fx^2}{2EI} \tag{c}$$

$$w = \frac{Flx^2}{2EI} - \frac{Fx^3}{6EI} \tag{d}$$

梁的挠曲线形状如图 6-7 所示。挠度及转角的最大值均在自由端 B 处，以 $x = l$ 代入式(c)和式(d)，得到

$$\theta_{max} = \frac{Fl^2}{2EI}$$

$$w_{max} = \frac{Fl^3}{3EI}$$

式中 θ_{max} 为正值，表明梁变形后，截面 B 顺时针转动；w_{max} 为正值，表明点 B 位移向下。

例题 6-2 一简支梁受均布荷载 q 作用，如图 6-8 所示。试求梁的转角方程和挠度方程，并确定最大挠度和 A、B 截面的转角。设梁的弯曲刚度为 EI。

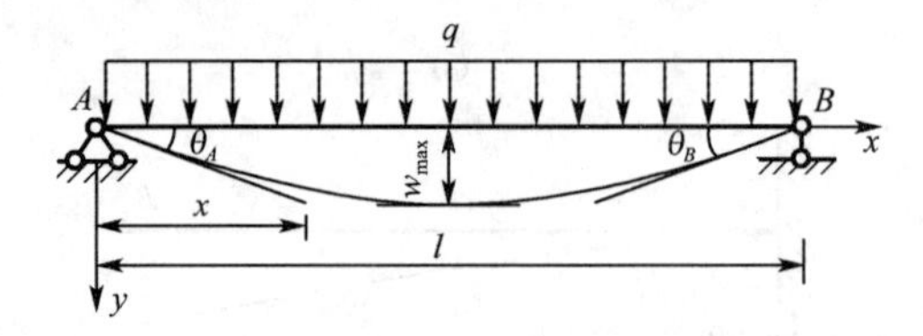

图 6-8 例题 6-2 图

解：取坐标系如图 6-8 所示。由对称关系解得支座反力 $F_{Ay}=F_{By}=ql/2$。弯矩方程为

$$M(x)=\frac{ql}{2}x-\frac{qx^2}{2}$$

代入式(6-1b)并积分两次得

$$EIw'=EI\theta=-\frac{ql}{2}\cdot\frac{x^2}{2}+\frac{qx^3}{2\times 3}+C \tag{a}$$

$$EIw=-\frac{ql}{2}\cdot\frac{x^3}{2\times 3}+\frac{qx^4}{2\times 3\times 4}+Cx+D \tag{b}$$

边界条件为：在 $x=0$ 处，$w=0$；在 $x=l$ 处，$w=0$。

将第一个边界条件代入式(b)，解得 $D=0$。将第二个边界条件也代入式(b)，解得

$$EIw\big|_{x=l}=-\frac{ql^4}{12}+\frac{ql^4}{24}+Cl=0$$

由此得到 $C=\dfrac{ql^3}{24}$。

将 C、D 值代入式(a)、式(b)，得到梁的转角方程和挠度方程分别为

$$w'=\theta=\frac{ql^3}{24EI}-\frac{ql}{4EI}x^2+\frac{q}{6EI}x^3 \tag{c}$$

$$w=\frac{ql^3}{24EI}x-\frac{ql}{12EI}x^3+\frac{q}{24EI}x^4 \tag{d}$$

挠曲线形状如图 6-8 所示。由对称性可知，跨度中点的挠度最大。将 $x=l/2$ 代入式(d)得到

$$w_{\max}=\frac{5ql^4}{384EI}$$

将 $x=0$ 和 $x=l$ 分别代入式(c)后，得到截面 A 和截面 B 的转角分别为

$$\theta_{A,\max}=\frac{ql^3}{24EI};\quad \theta_{B,\max}=-\frac{ql^3}{24EI}$$

以上是由对称性观察出跨度中点的挠度最大。根据极值原理，最大挠度发生在 $w'=0$ 的位置，故由式(c)也可求得最大挠度发生在 $x=l/2$ 的位置。

例题 6-3 一简支梁 AB，在 D 点受集中力 F 作用，如图 6-9 所示。试求梁的转角方程和挠度方程，并求梁上的最大挠度。设梁的弯曲刚度为 EI。

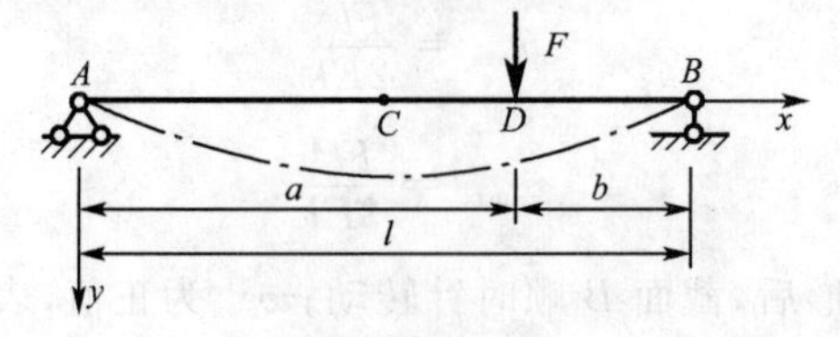

图 6-9 例题 6-3 图

解：由平衡方程求出梁的支座反力为

$$F_{Ay}=\frac{Fb}{l},\qquad F_{By}=\frac{Fa}{l}$$

分段列出弯矩方程为

AD 段：
$$M_1(x)=\frac{Fb}{l}x\ (0\leqslant x\leqslant a)$$

DB 段：
$$M_2(x)=\frac{Fb}{l}x-F(x-a)\ (a\leqslant x\leqslant l)$$

由于 AD 段和 DB 段的弯矩方程不同，所以两段的挠曲线方程也不相同。现将两段的弯矩方程分别代入式(6-1b)，并分别积分，得

AD 段：
$$EIw_1'=EI\theta_1=-\frac{Fb}{l}\times\frac{x^2}{2}+C_1\tag{a}$$

$$EIw_1=-\frac{Fb}{l}\times\frac{x^3}{6}+C_1x+D_1\tag{b}$$

DB 段：
$$EIw_2'=EI\theta_2=-\frac{Fb}{l}\cdot\frac{x^2}{2}+F\frac{(x-a)^2}{2}+C_2\tag{c}$$

$$EIw_2=-\frac{Fb}{l}\times\frac{x^3}{6}+F\frac{(x-a)^3}{6}+C_2x+D_2\tag{d}$$

式(a)～式(d)中有四个积分常数，需要四个条件确定。所以，除两个边界条件外，还要补充两个条件。由于弹性条件下梁的挠曲线是光滑连续的曲线，在集中力作用的点 D 处，也应光滑连续。故由(a)、(b)两式求出的截面 D 的转角和挠度，与由(c)、(d)两式求出的截面 D 的转角和挠度应相等，即

$$x=a\text{ 时},\qquad w_1'=w_2'$$
$$x=a\text{ 时},\qquad w_1=w_2$$

上述两个条件称为连续条件。利用连续条件，由式(a)～式(d)得到

$$C_1=C_2,\qquad D_1=D_2$$

再利用边界条件，即

$$x=0\text{ 时},\qquad w_1=0$$
$$x=l\text{ 时},\qquad w_2=0$$

代入式(b)和式(d)，解得 $D_1=D_2=0$，$C_1=C_2=\frac{Fb}{6l}(l^2-b^2)$。

将解得的积分常数代入式(a)～式(d)，得到梁各段的转角方程和挠度方程为

AD 段：
$$w_1'=\theta_1=\frac{Fb(l^2-b^2)}{6EIl}-\frac{Fb}{2EIl}x^2\tag{a$'$}$$

$$w_1=\frac{Fb(l^2-b^2)}{6EIl}x-\frac{Fb}{6EIl}x^3\tag{b$'$}$$

DB 段：
$$w_2'=\theta_2=\frac{Fb(l^2-b^2)}{6EIl}-\frac{Fb}{2EIl}x^2+\frac{F}{2EI}(x-a)^2\tag{c$'$}$$

$$w_2=\frac{Fb(l^2-b^2)}{6EIl}x-\frac{Fb}{6EIl}x^3+\frac{F}{6EI}(x-a)^3\tag{d$'$}$$

挠曲线形状如图 6-9 所示。当 $a>b$ 时，最大挠度显然发生在 AD 段内，其位置由条件 $w_1'=0$确定。由式(a$'$)，令 $w_1'=0$，得到

$$x_0=\sqrt{\frac{l^2-b^2}{3}} \tag{e}$$

将式(e)代入式(b′),得到最大挠度为

$$w_{\max}=\frac{Fb\ (l^2-b^2)^{3/2}}{9\sqrt{3}EIl}$$

此外,将 $x=l/2$ 代入式(b′),得到梁中点的挠度为

$$w_C=\frac{Fb}{48EI}(3l^2-4b^2)$$

由上式可见,当 F 力作用在梁的中点时,最大挠度发生在梁的中点,显然 $w_{\max}=w_C$;当 F 力向右移动时,最大挠度发生的位置将偏离梁的中点。在最大偏移情况下,当 F 力靠近右端支座,即 $b\approx 0$ 时,由式(e)得到

$$x_0=0.577l$$

即最大挠度发生的位置距梁中点仅 $0.577l$。在此极端情况下,上述 $w_{\max}$ 和 w_C 式中的 b 和 l^2 相比,可以略去不计,故令 $b^2=0$,即得

$$w_{\max}=\frac{Fbl^2}{9\sqrt{3}EI}=0.064\ 2\frac{Fbl^2}{EI}$$

$$w_C=\frac{Fbl^3}{16EI}=0.0625\frac{Fbl^3}{EI}$$

$w_{\max}$ 和 w_C 仅相差 3%。因此,受任意荷载的简支梁,只要挠曲线上没有拐点,均可近似地将梁中点的挠度作为最大挠度。

当集中荷载 F 作用在简支梁中点处,即 $a=b=l/2$ 时,则 A、B 两端的转角均为最大值,即

$$\theta_A=\frac{Fl^2}{16EI},\qquad \theta_B=-\frac{Fl^2}{16EI}$$

梁中点的挠度最大,其值为

$$w_C=\frac{Fl^3}{48EI}$$

6.5 按叠加原理计算梁的挠度及转角

在梁的弯曲问题中,由于变形很小,可以不考虑梁长度的变化,且材料在弹性范围内工作,因此,梁的变形和外加荷载呈线性关系。于是,也可用叠加法计算梁的变形。当梁上有多个荷载作用时,产生的转角或挠度等于各个荷载单独作用所产生的转角或挠度的叠加,这是叠加法的最直接应用。此外,叠加法还可应用于将某段梁上由荷载引起的挠度和转角与由该段边界位移引起的转角或挠度相叠加的情况。

为了便于应用叠加法计算梁的转角或挠度,在附录Ⅲ中列出了几种常见类型的梁在简单荷载作用下的转角、挠度和挠曲线方程。

例题 6-4 一简支梁及其所受荷载如图 6-10(a)所示。试用叠加法求梁中点的挠度 w_C 和梁左端截面的转角 θ_A。设梁的弯曲刚度为 EI。

解:先分别求出集中荷载和均布荷载作用所引起的变形,然后叠加,即得两种荷载共同作用下所引起的变形。由附录Ⅲ查得简支梁在 q 和 F 分别作用下的变形,叠加后为

$$w_C = w_C(q) + w_C(F) = \frac{5ql^4}{384EI} + \frac{Fl^3}{48EI} = \frac{5ql^4 + 8Fl^3}{384EI}$$

$$\theta_A = \theta_A(q) + \theta_A(F) = \frac{ql^3}{24EI} + \frac{Fl^2}{16EI} = \frac{2ql^3 + 3Fl^2}{48EI}$$

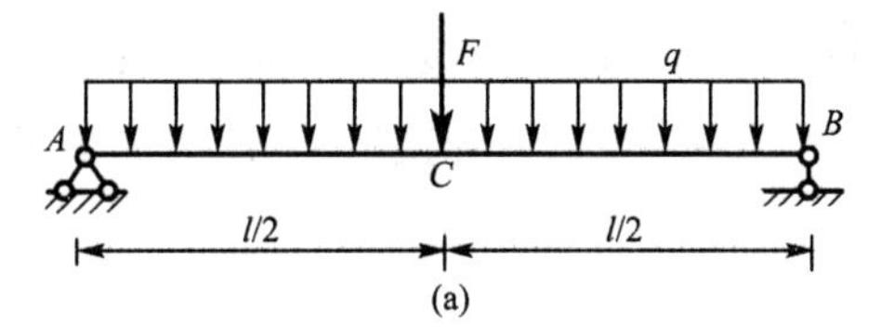

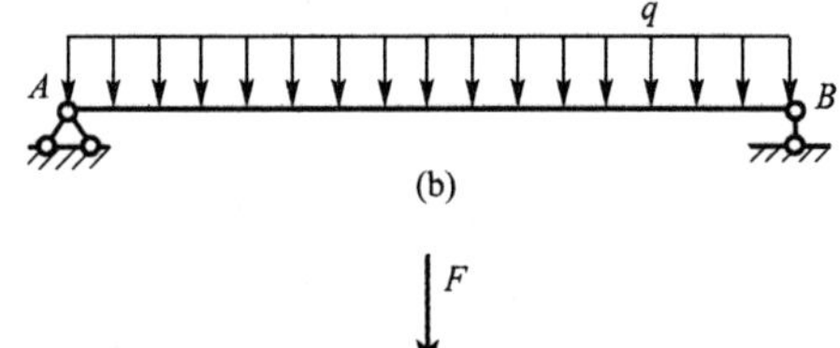

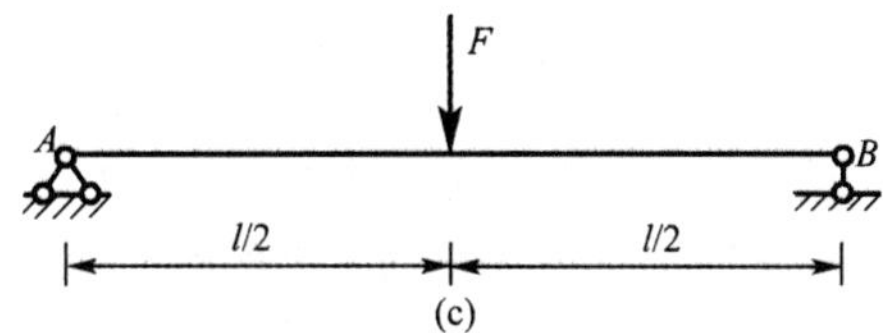

图 6-10 例题 6-4 图

例题 6-5 一阶梯形悬臂梁，在左端受集中力作用，如图 6-11(a)所示。试求左端 A 的挠度 w_A。

解：先将梁分成两根悬臂梁 BC 和 AB，分别如图 6-11(b)、图 6-11(c)所示。截面 B 是悬臂梁 AB 的固定端，但它有转动和竖向位移。截面 A 的位移包括两部分：一部分是由截面 B 的转角和位移引起的刚体位移；另一部分是悬臂梁 AB 由力 F 引起的变形。因此，点 A 的挠度可由两部分位移叠加求得。截面 B 的转角和挠度可在悬臂梁 BC 上求得。

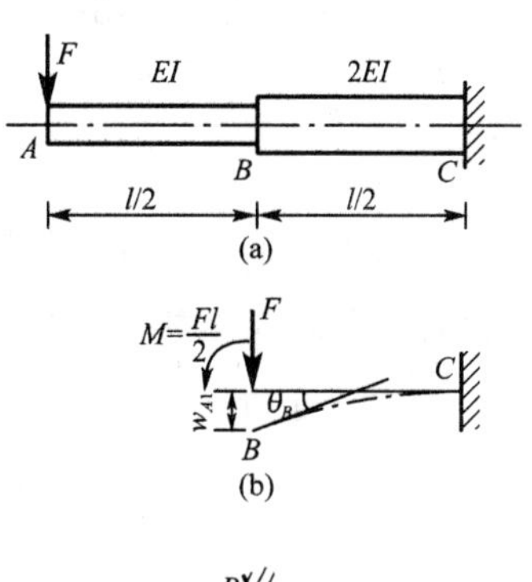

图 6-11 例题 6-5 图

为此将力 F 向 B 点简化，得到力 F 和力偶矩 $M=\dfrac{Fl}{2}$（图 6-11(b)）。它们引起截面 B 的转角和挠度可由附录Ⅲ查得

$$\theta_B = \theta_{B,F} + \theta_{B,M} = \frac{F\cdot\left(\dfrac{l}{2}\right)^2}{2\times 2EI} + \frac{\dfrac{Fl}{2}\cdot\dfrac{l}{2}}{2EI} = \frac{3Fl^2}{16EI}$$

$$w_B = w_{B,F} + w_{B,M} = \frac{F\cdot\left(\dfrac{l}{2}\right)^3}{3\times 2EI} + \frac{\dfrac{Fl}{2}\cdot\left(\dfrac{l}{2}\right)^2}{2\times 2EI} = \frac{5Fl^3}{96EI}$$

由于 θ_B 和 w_B 引起点 A 的刚体位移分别为 $w_{A1}=w_B$，$w_{A2}=\theta_B\cdot\dfrac{l}{2}$，梁 AB 为悬臂梁，点 A 由变形引起的挠度 $w_{A3}=\dfrac{F\left(\dfrac{l}{2}\right)^3}{3EI}$，因此，点 A 的总位移为

$$w_A = w_{A1} + w_{A2} + w_{A3} = w_B + \theta_B \cdot \frac{l}{2} + w_{A3} = \frac{5Fl^3}{96EI} + \frac{3Fl^2}{16EI} \cdot \frac{l}{2} + \frac{F\left(\frac{l}{2}\right)^3}{3EI} = \frac{3Fl^3}{16EI}$$

上节和本节介绍了两种求梁的变形的方法。其中,积分法是基本的方法。而叠加法虽简便,但必须先求出各荷载单独作用下的挠度和转角,如也可直接查附录Ⅲ。

求梁变形的方法还有很多,如能量法、奇异函数法等,在此不再介绍。

6.6 梁的刚度条件

对于机械与工程结构中的许多梁,为了正常工作,不仅应具备足够的强度,还要具备必要的刚度。有些情况下,梁的强度是足够的,但由于变形过大也不能正常工作。例如,吊车梁若变形过大,行车时会产生较大的振动,使吊车行驶很不平稳;传动轴在轴承处若转角过大,会使轴承的滚珠产生不均匀磨损,缩短轴承的使用寿命;楼板的横梁若变形过大,会使楼板表层的灰粉开裂脱落等。因此,在很多情况下,梁的变形需限制在某一允许的范围内。

设以 $[w]$ 表示许用挠度,$[\theta]$ 表示许用转角,则梁的刚度条件为

$$|w|_{\max} \leqslant [w] \tag{6-4}$$

$$|\theta|_{\max} \leqslant [\theta] \tag{6-5}$$

即要求梁的最大挠度与最大转角分别不超过各自的许用值,在有些情况下,则限制某些截面的挠度与转角不超过各自的许用值。

许用挠度与许用转角之值随梁的工作要求而异。例如:

跨度为 l 的桥式起重机梁,其许用挠度为 $[w] = \frac{l}{750} \sim \frac{l}{500}$;

屋梁和楼板梁,其许用挠度为 $[w] = \frac{l}{400} \sim \frac{l}{200}$;

一般用途的轴,其许用挠度为 $[w] = \frac{3l}{10\ 000} \sim \frac{5l}{10\ 000}$;

在安装齿轮或滑动轴承处,轴的许用转角为 $[\theta] = 0.001$ rad。

至于其他梁或轴的许用位移值,可从相关设计规范或手册中查得。

利用式(6-4)和式(6-5)可对梁进行刚度计算,包括校核刚度、设计截面或确定许用荷载。

例题 6-6 一简支梁如图 6-12(a)所示,它承受四个集中力的作用,分别为:$F_1 = 120$ kN,$F_2 = 30$ kN,$F_3 = 40$ kN,$F_4 = 12$ kN。该梁的横截面由两根槽钢组成。设钢的许用正应力 $[\sigma] = 170$ MPa,许用切应力 $[\tau] = 100$ MPa;弹性模量 $E = 210$ GPa;梁的许用挠度 $[w] = l/400$。试由强度条件和刚度条件选择槽钢型号。

解:(1)计算支座反力

由平衡方程解得:$F_{Ay} = 138$ kN,$F_{By} = 64$ kN。

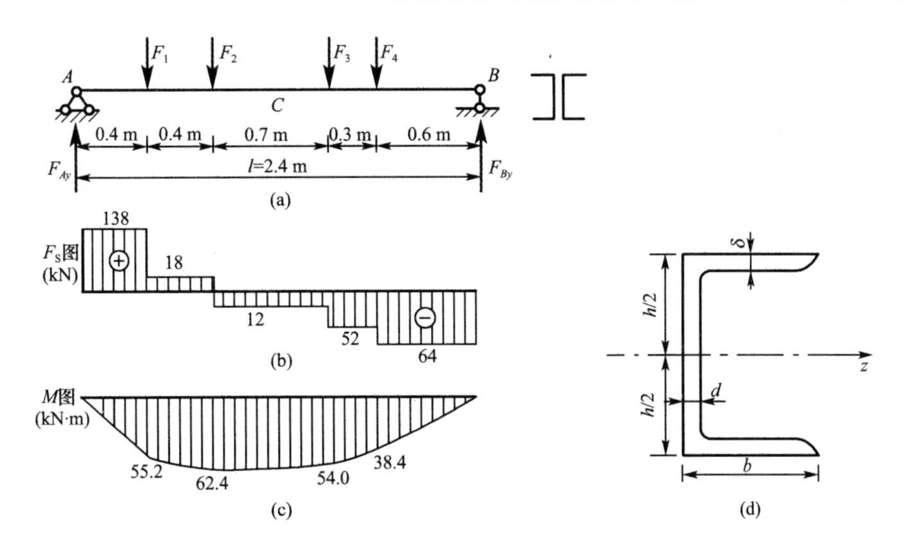

图 6-12　例题 6-6 图

(2)画剪力图和弯矩图

梁的剪力图和弯矩图如图 6-12(b)、图 6-12(c)所示。由图可知 $F_{S,max}=138\ kN$,$M_{max}=62.4\ kN\cdot m$。

(3)由正应力强度条件选择槽钢型号

由强度条件得

$$W_z \geqslant \frac{M_{max}}{[\sigma]}=\frac{62.4\times10^3}{170\times10^6}=367\times10^{-6}\ m^3$$

根据上述结果,查型钢表,选两个 20a 号槽钢,其中 $W_z=178\times2=356\ cm^3$。再对正应力强度进行校核。梁的最大工作正应力为

$$\sigma_{max}=\frac{M_{max}}{W_z}=\frac{62.4\times10^3}{356\times10^{-6}}=175\times10^6\ Pa=175\ MPa$$

此值仅超过许用应力 3%,所以满足正应力强度要求。

(4)校核切应力强度

由型钢表查得 20a 号槽钢的截面几何性质为:$I_z=1\ 780.4\ cm^4$,$h=200\ mm$,$b=73\ mm$,$d=7\ mm$,$\delta=11\ mm$(图 6-12(d))。梁的最大工作切应力为

$$\begin{aligned}\tau_{max}&=\frac{F_{S,max}S_{z,max}^*}{I_zd}\\&=\frac{138\times10^3\times2\times\left[73\times11\times(100-5.5)+7\times\dfrac{(100-11)^2}{2}\right]\times10^{-9}\ m^3}{2\times1\ 780.4\times10^{-8}\times2\times7\times10^{-3}}\\&=57.4\times10^6\ Pa=57.4\ MPa<[\tau]\end{aligned}$$

满足切应力强度要求。

(5)校核刚度

因为该梁的挠曲线上无拐点,故可用中点的挠度作为最大挠度。由附录Ⅲ,应用叠加法,得到

$$w_{\max} = \sum_{i=1}^{4} \frac{F_i b_i (3l^2 - 4b_i^2)}{48EI}$$
$$= \frac{1.77 \times 10^6}{48 \times 2.1 \times 10^5 \times 10^6 \times 2 \times 1\,780.4 \times 10^{-8}}$$
$$= 4.93 \times 10^{-3}\ \text{m} = 4.93\ \text{mm}$$

已知$[w]=2.4/400=6\times10^{-3}$ m$=6$ mm,因此,该梁满足刚度要求。故该梁可选用两根20a号槽钢。

6.7 提高梁刚度的措施

由于梁的变形与其弯曲刚度成反比,因此,为了减小梁的变形,可以设法增加其弯曲刚度。

一种方法是采用弹性模量E大的材料,例如钢梁就比铝梁的变形小。但对于钢梁来说,用高强度钢代替普通低碳钢并不能减小梁的变形,因为二者的弹性模量相差不多。

另一种方法是增大截面的惯性矩I,即在截面积相同的条件下,使截面面积分布在离中性轴较远的地方,如工字形截面、空心截面等。

调整支座位置以减小跨长,或增加辅助梁,都可以减小梁的变形。增加梁的支座也可以减小梁的变形,并可减小梁的最大弯矩。例如在悬臂梁的自由端或简支梁的跨中增加支座,都可以减小梁的变形,并减小梁的最大弯矩。但增加支座后,原来的静定梁就变成了超静定梁。

值得注意的是,提高梁的强度可局部加强,但提高梁的刚度必须整体加强,因为梁上的最大变形是每段梁变形的累计结果。

6.8 梁内的弯曲应变能

当梁弯曲时,梁内将积蓄应变能,梁在线弹性变形过程中,其弯曲应变能V_ε在数值上等于作用在梁上的外力功W。

梁在纯弯曲时,各截面上的弯矩M为常数,并等于外力偶矩M_e(图6-13(a))。当梁处于线弹性范围内时,梁轴线在弯曲后将成一曲率为$\kappa=\dfrac{1}{\rho}=\dfrac{M}{EI}$的圆弧,其所对的圆心角为$\theta=\dfrac{l}{\rho}=\dfrac{Ml}{EI}$或$\theta=\dfrac{M_e l}{EI}$。

线弹性范围内,θ与M_e呈线性关系,如图6-13(b)所示。直线下的三角形面积就代表外力偶所做的功W,即

$$W=\frac{1}{2}M_e\theta$$

从而得纯弯曲时梁的弯曲应变能为

$$V_\varepsilon=W=\frac{1}{2}M_e\theta$$

即得梁弯曲应变能的表达式为

$$V_\varepsilon = \frac{M_e^2 l}{2EI} \tag{6-6a}$$

由于 $M = M_e$，故式(6-6a)可改写为

$$V_\varepsilon = \frac{M^2 l}{2EI} \tag{6-6b}$$

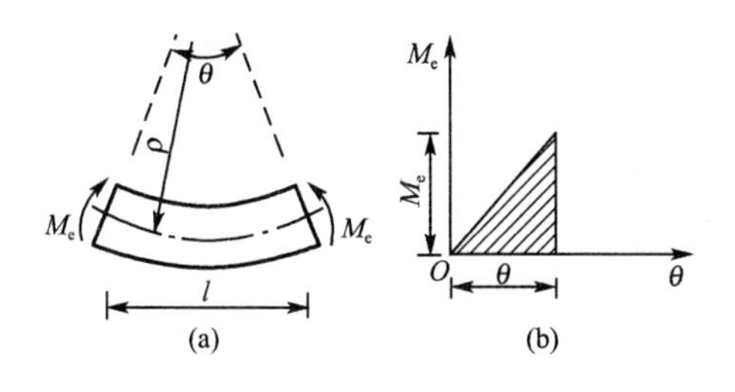

图 6-13

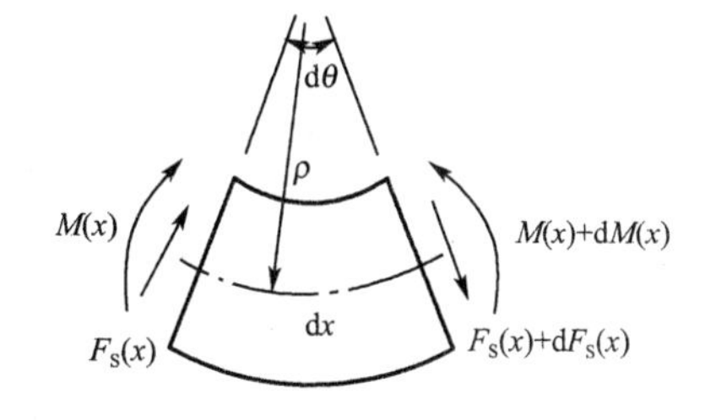

图 6-14

在横力弯曲时，梁内应变能包含两个部分：与弯曲变形相对应的弯曲应变能和与剪切变形相对应的剪切应变能，取长为 dx 的梁段(图 6-14)，其相邻两横截面上的弯矩应分别为 $M(x)$ 和 $M(x)+dM(x)$，在计算微段的应变能时，弯矩的增量为一阶无穷小，可略去不计，于是按式(6-6b)计算其弯曲应变能为

$$dV_\varepsilon = \frac{M^2(x)}{2EI}dx$$

全梁的弯曲应变能则可通过积分求得

$$V_\varepsilon = \int_l \frac{M^2(x)}{2EI}dx \tag{6-7}$$

式中，$M(x)$为梁任意横截面上的弯矩表达式，当各梁段上的弯矩表达式不同时，积分需分段进行。至于剪切应变能，由于工程中常用的梁的跨度往往大于横截面高度的 10 倍，因而梁的剪切应变能远小于弯曲应变能，可略去不计。

根据式(6-1b)，$EIw'' = -M(x)$，式(6-7)可写成

$$V_\varepsilon = \int_l \frac{(EIw'')^2}{2EI}dx = \frac{EI}{2}\int_l (w'')^2 dx \tag{6-8}$$

显然，以上各式仅适用于梁在线弹性范围内小变形的条件下。

6.9　简单超静定梁

以上所讨论的梁，其所有支座反力均可由平衡方程求出，称为静定梁。在工程上，为了减小梁的应力和变形，常在静定梁上增加一些约束，例如图 6-15(a)所示的梁，在悬臂梁自由端上增加一个活动铰支座，该梁共三个支座反力，但只有两个独立的静力平衡方程，所以仅用静力平衡方程不能求出全部的支座反力。这样的梁称为超静定梁。

在超静定梁中，相对于维持梁的平衡来说，有多余约束或多余支座反力。多余支座反力的数目就是超静定次数。求解超静定梁，除仍必须应用平衡方程外，还需根据多余约束对梁的变

形或位移特定限制，建立由变形或位移的几何关系得到的几何方程，即变形协调条件，再代入力与变形或位移间的物理关系，得到补充方程，方能解出多余支座反力。现以图 6-15(a)所示的超静定梁为例，说明求解方法。

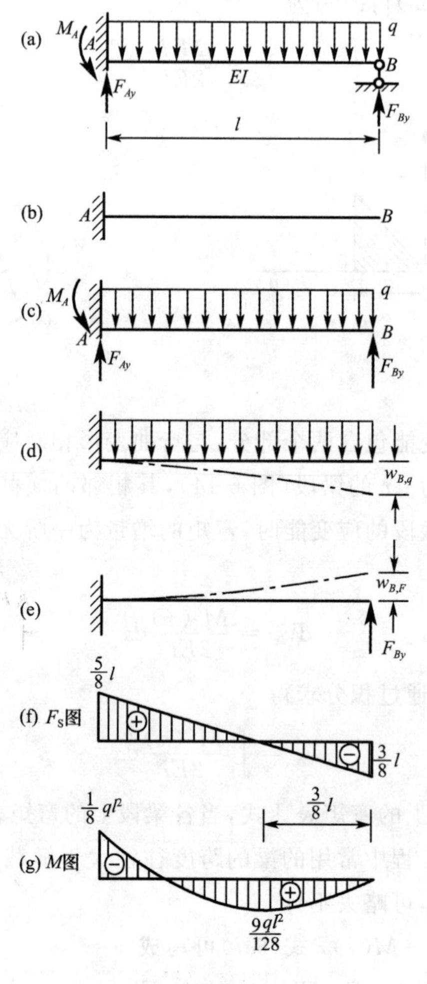

图 6-15

首先将支座 B 视为多余约束，假想将其解除，得到一个悬臂梁，如图 6-15(b)所示。这个悬臂梁是静定的，称为基本静定梁。再将梁上的荷载 q 及多余支座反力 F_{By} 作用在基本静定梁上，如图 6-15(c)所示。基本静定梁在点 B 的挠度应和原超静定梁上点 B 的挠度一致，因此，基本静定梁在点 B 的挠度应等于零。这就是原超静定梁的变形协调条件。按叠加原理，基本静定梁上点 B 的挠度，由均布荷载 q 及反力 F_{By} 引起(图 6-15(d)、图 6-15(e))。因此由变形协调条件得到变形几何方程为

$$w_B = w_{B,q} + w_{B,F} = 0 \tag{a}$$

由附录Ⅲ及式(a)，得到

$$\frac{ql^4}{8EI} - \frac{F_{By}l^3}{3EI} = 0 \tag{b}$$

式(b)即补充方程。由式(b)解得

$$F_{By} = \frac{3ql}{8}$$

再由平衡方程解得

$$F_{Ay} = \frac{5ql}{8}, \qquad M_A = \frac{ql^2}{8}$$

由此，作梁的剪力和弯矩图如图 6-15(f)、图 6-15(g)所示。

从以上的求解过程可知，求解超静定梁的主要问题是如何选择基本静定梁，并找出相应的变形协调条件。对同一个超静定梁，可以选取不同的基本静定梁。例如图 6-15(a)中的超静定梁，也可将左端阻止转动的约束视为多余约束，予以解除，得到的基本静定梁是简支梁。原来的超静定梁就相当于基本静定梁上受有均布荷载 q 和多余支座反力矩 M_A。相应的变形协调条件是基本静定梁上 A 面的转角为零。此外，还可取左端阻止上、下移动的约束作为多余约束，同样可求解上述超静定梁。

上述解超静定梁的方法，以多余约束力作为基本未知量，以解除多余约束的静定梁作为基本结构系，根据解除约束处的位移条件，再引入力与位移间的物理关系建立补充方程，求出多余约束力。这一方法就是结构静力学中的力法。

例题 6-7　如图 6-16(a)所示，两端固定的梁在 C 处有一中间铰，当梁上受集中荷载作用后，试作梁的剪力图和弯矩图。

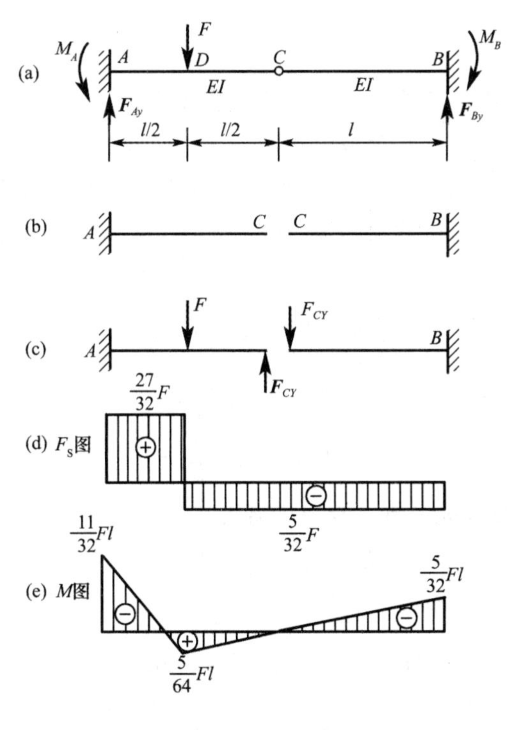

图 6-16　例题 6-7 图

解：若不考虑固定端和中间铰处的水平约束力，则梁上共有五个未知约束力，即 M_A、M_B、F_{Ay}、F_{By}和 F_{Cy}，而两段共有四个独立的平衡方程，所以是一次超静定。现假想将梁在中间铰处拆开，选两个悬臂梁为基本静定梁(图 6-16(b))，即以 C 处的铰约束作为多余约束，相应的约束力 F_{Cy}为多余未知力。在基本静定梁 AC 和 CB 上作用有外力 F 和 F_{Cy}，如图 6-16(c)所示。梁变形后中间铰不会分开，这就是变形协调条件。设 w_C' 是基本静定梁 AC 在 C 点的挠度，w_C'' 是基本静定梁 CB 在 C 点的挠度，由变形协调条件知，两者相等。因此，变形几何方程为

$$w'_C = w''_C \tag{a}$$

由附录Ⅲ和叠加法,得到

$$w'_C = \frac{F\left(\frac{l}{2}\right)^3}{3EI} + \frac{F\left(\frac{l}{2}\right)^2}{2EI} \times \frac{l}{2} - \frac{F_{Cy}l^3}{3EI}$$

$$w''_C = \frac{F_{Cy}l^3}{3EI}$$

代入式(a)后,得到补充方程为

$$\frac{5Fl^3}{48EI} - \frac{F_{Cy}l^3}{3EI} = \frac{F_{Cy}l^3}{3EI} \tag{b}$$

由式(b)解得

$$F_{Cy} = \frac{5}{32}F$$

再分别由两段的平衡方程,可解得其余支座反力。梁的剪力图和弯矩图如图 6-16(d)、图 6-16(e)所示。

小　结

本章主要研究了梁的刚度及梁弯曲变形的计算方法。

1.度量梁变形的两个基本位移量为挠度和转角。挠度指横截面形心沿垂直于轴线方向的线位移,用 w 表示。向下的挠度为正,向上的挠度为负。转角为横截面绕其中性轴转动的角度,用 θ 表示。顺时针转动为正,反之为负。梁变形后,轴线变为光滑曲线,该曲线称为挠曲线。转角与挠曲线的关系为

$$\tan\theta = \frac{\mathrm{d}w(x)}{\mathrm{d}x} = w'(x)$$

2.挠曲线近似微分方程

$$w''(x) = -\frac{M(x)}{EI}$$

对于等截面直梁,挠曲线近似微分方程可写成

$$EIw''(x) = -M(x)$$

3.挠曲线近似微分方程的积分

$$EIw'(x) = \int(-M(x))\mathrm{d}x + C$$

$$EIw(x) = \int\left[\int(-M(x))\mathrm{d}x\right]\mathrm{d}x + Cx + D$$

积分常数由光滑条件、连续条件、边界条件确定。

4.按叠加原理求梁的挠度与转角,利用附录Ⅲ及叠加原理求解多个荷载同时作用于梁上时引起的变形。

5.梁的刚度条件

$$|w|_{\max} \leqslant [w], \quad |\theta|_{\max} \leqslant [\theta]$$

依此条件可校核梁的刚度;设计截面尺寸;计算许用荷载。

6. 提高梁刚度的方法包括：提高弯曲刚度 EI；调整跨长和改变结构。

7. 梁内的弯曲应变能计算公式为

$$V_\varepsilon = \int_l \frac{M^2(x)}{2EI}\mathrm{d}x$$

8. 简单超静定梁的求解过程为：建立变形协调方程、物理方程与平衡方程联合求解未知力。

习　题

6-1　试用积分法验算附录Ⅲ中第 1 至第 8 项各梁的挠曲线方程及最大挠度、梁端转角的表达式。

6-2　用积分法计算图 6-17 所示各梁指定截面处的转角和挠度。设弯曲刚度 EI 为已知。图 6-17(d)中的 $E=210$ GPa，$I=1.0\times10$ cm^4。

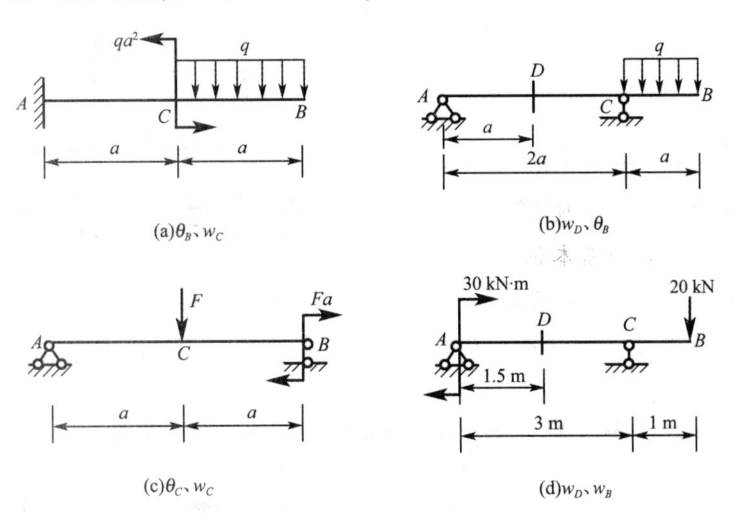

(a)θ_B、w_C　(b)w_D、θ_B　(c)θ_C、w_C　(d)w_D、w_B

图 6-17　习题 6-2 图

6-3　对于下列图 6-18 所示各梁，要求：(1)写出用积分法求梁变形时的边界条件和连续光滑条件；(2)根据梁的弯矩图和支座条件，画出梁的挠曲线的大致形状。

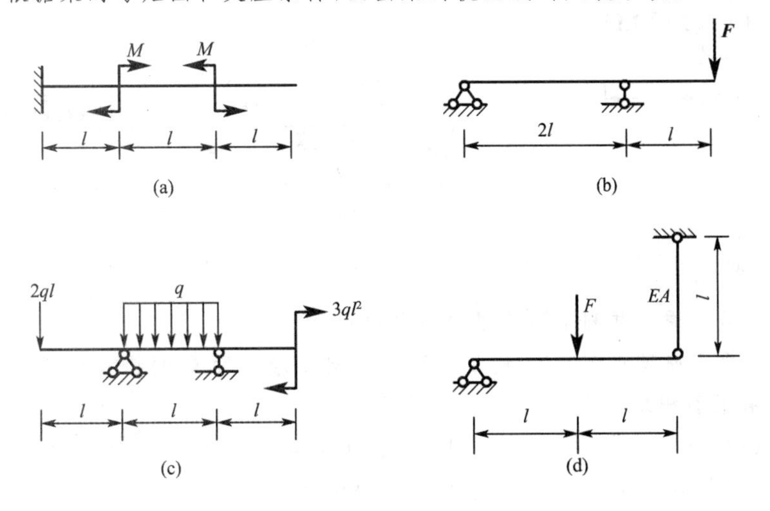

(a)　(b)　(c)　(d)

图 6-18　习题 6-3 图

6-4　试用积分法求图 6-19 所示外伸梁的 θ_A 和 w_C。弯曲刚度 EI 为常数。

6-5　简支梁承受荷载如图 6-20 所示，试用积分法求 θ_A、θ_B 和 $w_{\max}$。弯曲刚度 EI 为常数。

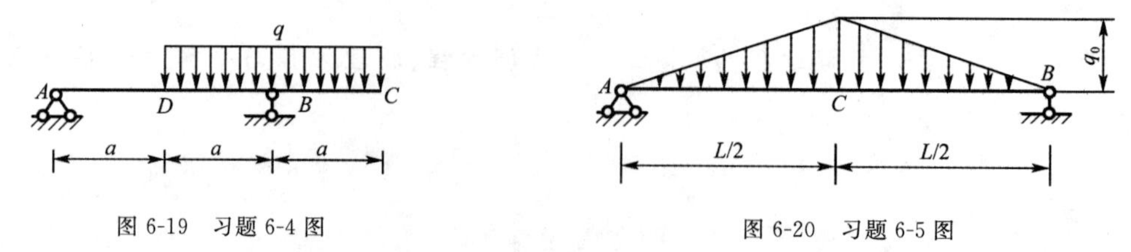

图 6-19　习题 6-4 图　　　　图 6-20　习题 6-5 图

6-6　在简支梁的左、右支座上，分别有力偶 M_A 和 M_B 作用，如图 6-21 所示。为使该梁挠曲线的拐点位于距左端 $\dfrac{l}{3}$ 处，试求 M_A 和 M_B 之间的关系。弯曲刚度 EI 为常数。

6-7　变截面简支梁及其荷载如图 6-22 所示，试用积分法求跨中挠度 w_C。

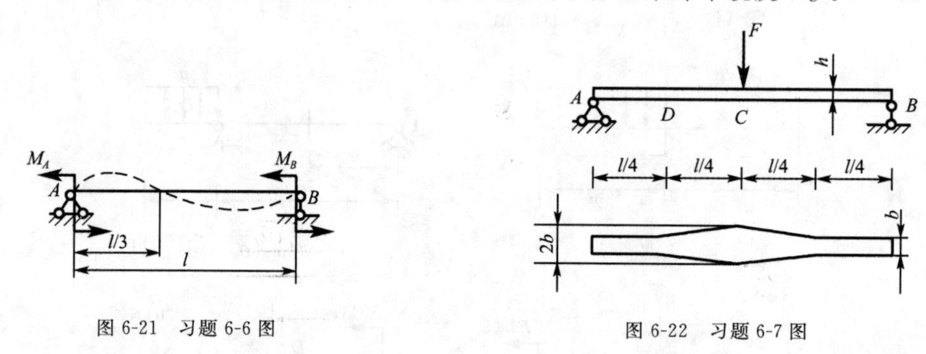

图 6-21　习题 6-6 图　　　　图 6-22　习题 6-7 图

6-8　试用积分法求图 6-23 所示外伸梁 w_B 及 w_D 的值。已知梁由 18 号工字钢制成，$E=$ 210 GPa。

6-9　用叠加法求图 6-24 所示下列各梁指定截面上的转角和挠度。

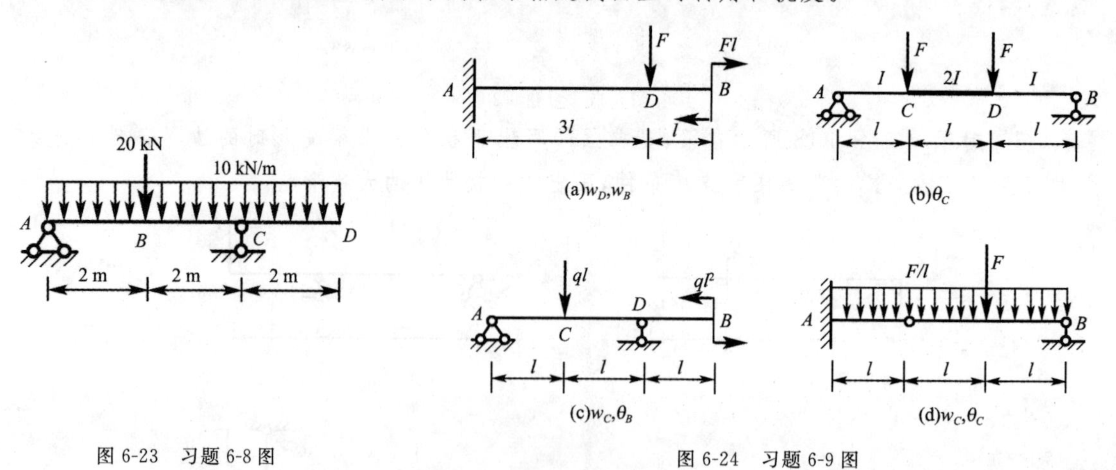

图 6-23　习题 6-8 图　　　　图 6-24　习题 6-9 图

6-10　试按叠加原理并利用附录Ⅲ求解习题 6-2。

6-11　试按叠加原理求图 6-25 所示平面折杆自由端截面 C 的铅垂位移和水平位移。已知杆各段的横截面面积均为 A，弯曲刚度均为 EI。

6-12　图 6-26 所示结构中，在截面 A、截面 D 处承受一对等值、反向的力 F，已知各段杆的 EI 均相等。试按叠加原理求 A、D 两截面间的相对位移。

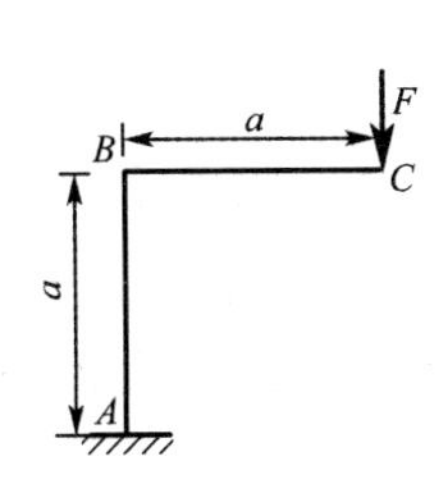

图 6-25　习题 6-11 图

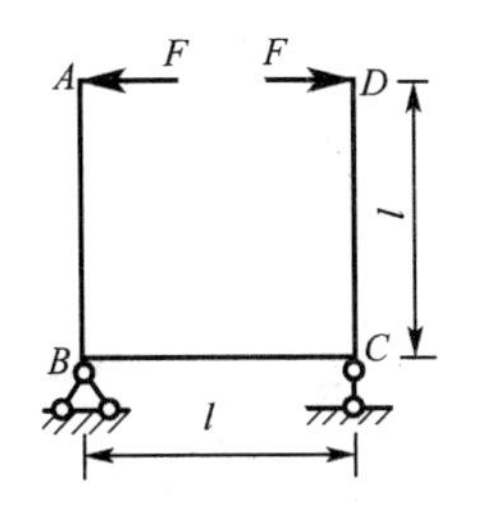

图 6-26　习题 6-12 图

6-13　图 6-27 所示木梁的右端由钢拉杆支承。已知梁的横截面为边长等于 0.20 m 的正方形，$q=40$ kN/m，$E_1=10$ GPa；钢拉杆的横截面面积 $A_2=250$ mm^2，$E_2=210$ GPa。试求拉杆的伸长 Δl 及梁中点沿铅垂方向的位移 Δ。

6-14　图 6-28 所示两梁相互垂直，并在简支梁中点接触。设两梁材料相同，AB 梁的惯性矩为 I_1，CD 梁的惯性矩为 I_2，试求 AB 梁中点的挠度 w_C。

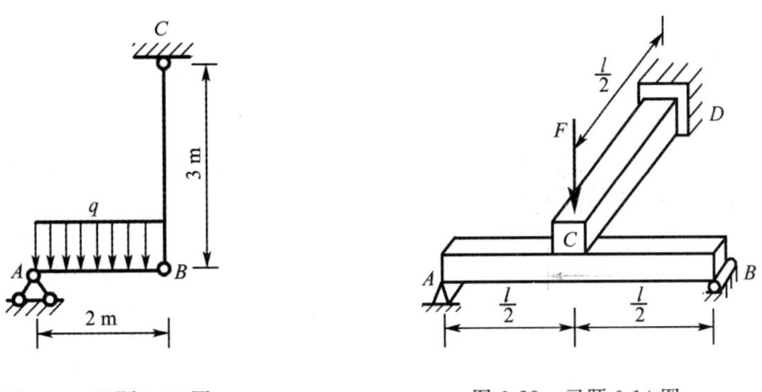

图 6-27　习题 6-13 图　　图 6-28　习题 6-14 图

6-15　图 6-29 所示悬臂梁，许用应力$[\sigma]=160$ MPa，许用挠度$[w]=l/400$，截面为两个槽钢组成，试选择槽钢的型号。设 $E=200$ GPa。

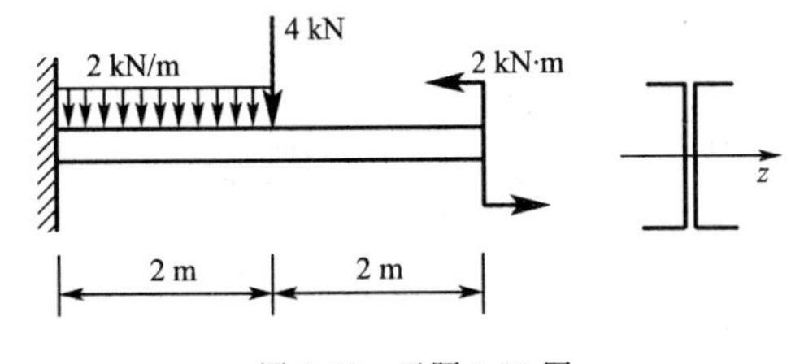

图 6-29　习题 6-15 图

6-16　松木桁条的横截面为圆形，跨长为 4 m，两端可视为简支，全跨上作用有集度为 $q=1.82$ kN/m 的均布荷载。已知松木的许用应力$[\sigma]=10$ MPa，弹性模量 $E=10$ GPa。桁条的许可相对挠度为 $\left[\frac{w}{l}\right]=\frac{1}{200}$。试求桁条横截面所需的直径。（桁条可视为等直圆木梁计算，直径以跨中为准）

第7章 应力状态和强度理论

7.1 概 述

对弯曲或扭转的研究表明,杆件内不同位置的点具有不同的应力,就一点而言,通过这一点的截面可以有不同的方位,而截面上的应力又随截面的方位而变化。在前面章节中所分析的拉压杆件、扭转杆件和平面弯曲杆件横截面上各点处与横截面正交方向的正应力或沿横截面方向的切应力,统称为横截面方向的应力。而受力杆件中的任一点,可以看作是横截面上的点,也可看作是斜截面或纵截面上的点。一般来说,受力杆件中任一点处各个方向面上的应力情况是不相同的。受力构件内一点处不同方位截面上应力的集合(即通过一点所有不同方位截面上应力的全部情况),称为该点的应力状态。研究应力状态,对全面了解受力杆件的应力全貌,以及分析杆件的强度和破坏机理,都是必需的。

为了研究一点处的应力状态,通常是围绕该点取一无限小的长方体,即单元体。因为单元体无限小,所以可认为其每个面上的应力都是均匀分布的,且相互平行的一对面上的应力大小相等、符号相同。由后面的分析可知,只要已知某点处所取任一单元体各面上的应力,就可以求得该单元体其他所有方向面上的应力,该点的应力状态就完全确定了。

可以证明,通过一点处的所有方向面中,一定存在三个互相垂直的方向面,这些方向面上只有正应力而没有切应力,这些方向面称为**主平面**,主平面上的正应力称为**主应力**。一点处的三个主应力分别记为σ_1,σ_2和σ_3,其中σ_1表示代数值最大的主应力,σ_3表示代数值最小的主应力。例如,某点处的三个主应力为50 MPa、−80 MPa和0,则$\sigma_1=50$ MPa、$\sigma_2=0$、$\sigma_3=-80$ MPa。一点处的三个主应力中,若一个不为零,其余两个为零,这种情况称为单向应力状态;有两个主应力不为零,而另一个为零的情况称为二向应力状态;三个主应力都不为零的情况称三向应力状态。单向和二向应力状态合称为平面应力状态,三向应力状态称为空间应力状态。二向及三向应力状态又统称为复杂应力状态。

在实际工程应用中,掌握受力构件内部主应力方向的变化规律,对于结构设计来说是很有用的。例如在设计钢筋混凝土梁时(图7-1),如果知道了梁中主应力方向的变化情况,就可以判断梁上可能发生的裂缝的方向,从而恰当地配置钢筋,更有效地发挥钢筋的抗拉作用。

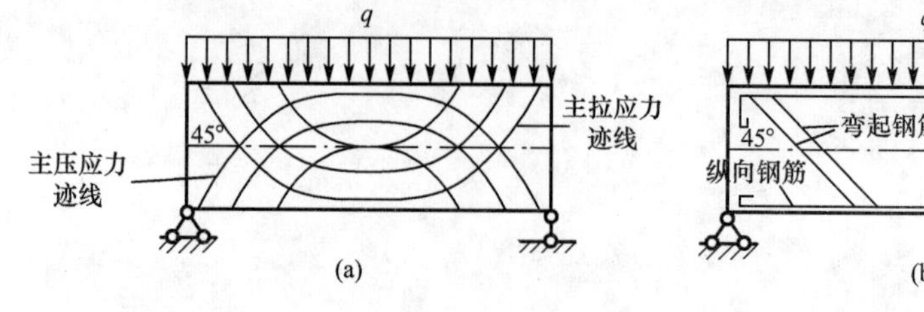

图 7-1

在工程实际中，平面应力状态最为普遍，空间应力状态问题虽然也大量存在，但全面分析较为复杂。所以本书主要研究平面应力状态的应力分析，以及复杂应力状态下应力和应变的关系，即广义胡克定律。

7.2 平面应力状态分析的解析法

如图 7-2(a)所示一单元体，左、右两个方向面上作用有正应力 σ_x 和切应力 τ_{xy}；上、下两个方向面上作用有正应力 σ_y 和切应力 τ_{yx}；前、后两个方向面上没有应力。所有的应力均在同一平面(平行于纸面)内，是平面应力状态的一般情况。现用图 7-2(b)所示的平面图形表示该单元体。外法线和 x 轴重合的方向面称为 x 面，x 面上的正应力和切应力均加脚标"x"；外法线和 y 轴重合的方向面称为 y 面，y 面上的正应力和切应力均加脚标"y"。应力正负号的规定为：正应力以拉应力为正而压应力为负；把切应力看作力，则切应力对单元体内任意一点的矩为顺时针转向时，规定为正，反之为负。如果已知这些应力的大小，则可求出任意方向面(其法线在 xy 平面内)上的应力。

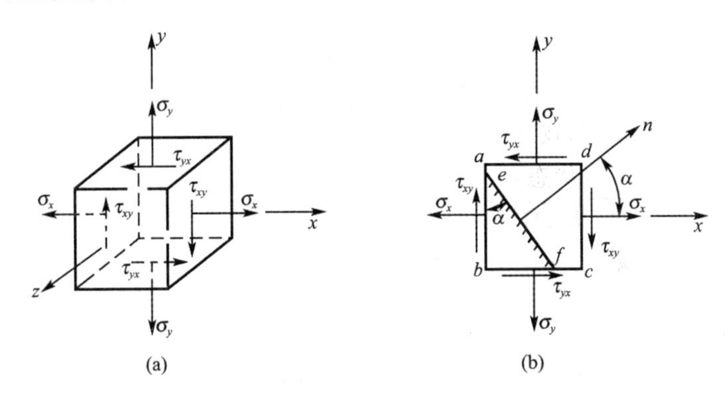

图 7-2

设 ef 为任一方向面，其外法线和 x 轴成 α 角，称为 α 面，如图 7-2(b)所示。α 角以逆时针旋转的为正，顺时针旋转的为负。

为了求解 α 方向面上的应力，首先假设沿 ef 面将单元体截开，取下部分进行研究，如图 7-3 所示。在 ef 面上一般作用有正应力和切应力，分别用 σ_α 及 τ_α 表示，并设 σ_α 及 τ_α 为正。设 ef 斜面的面积为 $\mathrm{d}A$，则 eb 和 bf 面积分别是 $\mathrm{d}A\cos\alpha$ 和 $\mathrm{d}A\sin\alpha$。

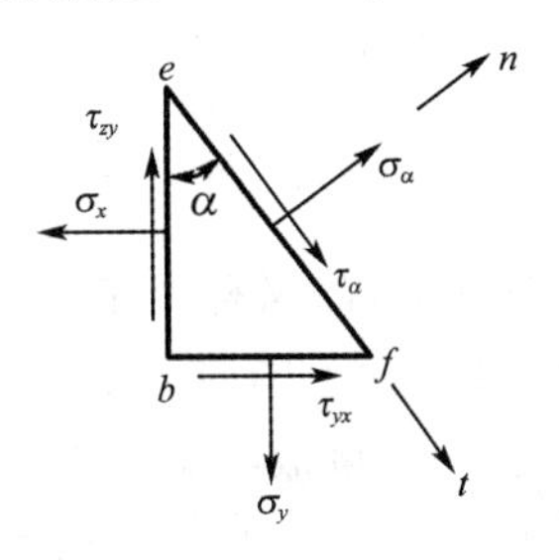

图 7-3

取 n 轴和 t 轴为投影轴，写出该部分的平衡方程 $\sum F_n = 0, \sum F_t = 0$，即

$$\sigma_\alpha \mathrm{d}A + (\tau_{xy}\mathrm{d}A\cos\alpha)\sin\alpha - (\sigma_x \mathrm{d}A\cos\alpha)\cos\alpha + (\tau_{yx}\mathrm{d}A\sin\alpha)\cos\alpha - (\sigma_y \mathrm{d}A\sin\alpha)\sin\alpha = 0$$

$$\tau_{\alpha}dA-(\tau_{xy}dA\cos\alpha)\cos\alpha-(\sigma_{x}dA\cos\alpha)\sin\alpha+(\sigma_{y}dA\sin\alpha)\cos\alpha+(\tau_{yx}dA\sin\alpha)\sin\alpha=0$$

由切应力互等定理可知，τ_{xy} 和 τ_{yx} 大小相等。以 τ_{xy} 代换 τ_{yx}，再对上述平衡方程进行三角变换后，得到

$$\begin{aligned}\sigma_{\alpha}&=\sigma_{x}\cos^{2}\alpha+\sigma_{y}\sin^{2}\alpha-2\tau_{xy}\sin\alpha\cos\alpha\\&=\frac{\sigma_{x}+\sigma_{y}}{2}+\frac{\sigma_{x}-\sigma_{y}}{2}\cos2\alpha-2\tau_{xy}\sin2\alpha\end{aligned}\tag{7-1}$$

$$\tau_{\alpha}=\frac{\sigma_{x}-\sigma_{y}}{2}\sin2\alpha+2\tau_{xy}\cos2\alpha\tag{7-2}$$

式(7-1)和式(7-2)就是平面应力状态下求任意方向面上正应力和切应力的公式。如果需求与 ef 垂直的方向面上的应力，只要将式(7-1)和式(7-2)中的 α 用 $\alpha+90°$ 代入，即可得到

$$\sigma_{\alpha+90^{\circ}}=\frac{\sigma_{x}+\sigma_{y}}{2}-\frac{\sigma_{x}-\sigma_{y}}{2}\cos2\alpha+2\tau_{xy}\sin2\alpha$$

$$\tau_{\alpha+90^{\circ}}=-\frac{\sigma_{x}-\sigma_{y}}{2}\sin2\alpha-2\tau_{xy}\cos2\alpha$$

由此可见

$$\sigma_{\alpha}+\sigma_{\alpha+90^{\circ}}=\sigma_{x}+\sigma_{y}=\text{常数}\tag{7-3}$$

$$\tau_{\alpha}=-\tau_{\alpha+90^{\circ}}$$

即任意两个互相垂直方向面上的正应力之和为常数，切应力服从切应力互等定理。

7.3 平面应力状态分析的图解法　应力圆

以上是用解析公式确定任一方向面上的应力，现在介绍一种应力分析的几何法—应力圆法。由式(7-1)和式(7-2)可知，当 σ_x、σ_y 和 τ_{xy} 已知时，σ_α 和 τ_α 都是以 2α 为变量的参数方程。现将式(7-1)改写为

$$\sigma_{\alpha}-\frac{\sigma_{x}+\sigma_{y}}{2}=\frac{\sigma_{x}-\sigma_{y}}{2}\cos2\alpha-2\tau_{xy}\sin2\alpha$$

将上式与式(7-2)两边分别平方后相加，消去参变量 2α，得到

$$\left(\sigma_{\alpha}-\frac{\sigma_{x}+\sigma_{y}}{2}\right)^{2}+\tau_{\alpha}^{2}=\left(\frac{\sigma_{x}-\sigma_{y}}{2}\right)^{2}+\tau_{xy}^{2}\tag{7-4}$$

式(7-4)是以 σ_α 和 τ_α 为变量的圆方程。若以直角坐标系的横轴为 σ 轴，纵轴为 τ 轴，则式(7-4)所示为圆心坐标为$\left(\frac{\sigma_{x}+\sigma_{y}}{2},0\right)$、半径为 $\sqrt{\left(\frac{\sigma_{x}-\sigma_{y}}{2}\right)^{2}+\tau_{xy}^{2}}$ 的圆，该圆称为**应力圆**。是德国工程师莫尔(Mohr)于1895年提出的，故又称**莫尔圆**。

应力圆的做法如下：设一单元体及各面上的应力如图7-4(a)所示。取 $O\sigma\tau$ 坐标系，在 σ 轴上按一定的比例量取 $OB_1=\sigma_x$，再在点 B_1 量取纵坐标 $B_1D_1=\tau_{xy}$，得点 D_1。由于点 D_1 的横坐标和纵坐标代表了 x 面上的正应力和切应力，因此可认为点 D_1 对应于 x 面。再量取 $OB_2=\sigma_y$，$B_2D_2=\tau_{yx}$，得点 D_2，点 D_2 对应于 y 面。作直线连接点 D_1 和点 D_2，该直线与 σ 轴相交于点 C，以点 C 为圆心、CD_1 或 CD_2 为半径作圆。这个圆就表示图7-4(a)所示单元体应力状态的应力圆，如图7-4(b)所示。由图7-4(b)可见，该圆圆心的横坐标为

$$\overline{OC}=\frac{1}{2}(\overline{OB_1}+\overline{OB_2})=\frac{\sigma_x+\sigma_y}{2}$$

纵坐标为零；而半径为

$$\overline{CD_1}=\overline{CD_2}=\sqrt{\overline{CB_1}^2+\overline{B_1D_1}^2}=\sqrt{(\frac{\sigma_x-\sigma_y}{2})^2+\tau_{xy}^2}$$

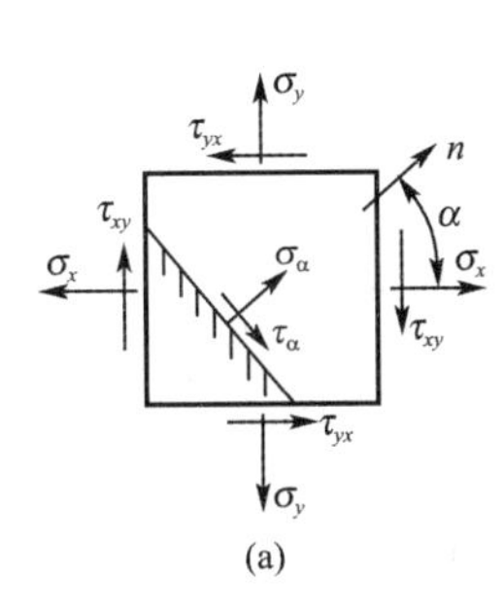

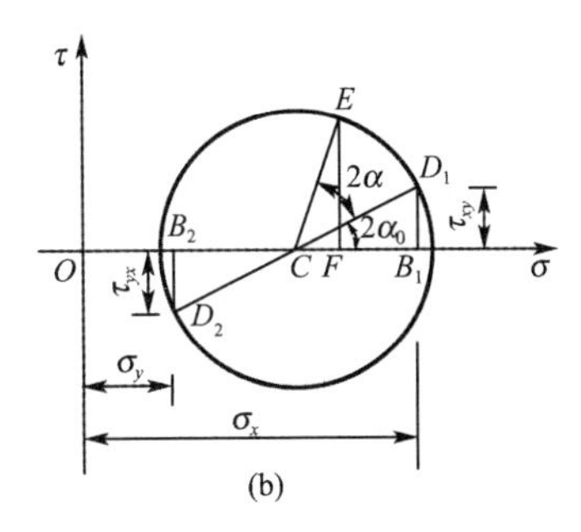

图 7-4

由此证明了该圆即为式(7-4)所表示的圆。下面证明图 7-4(b)所示的应力圆与图 7-4(a)所示的单元体是一一对应的。

在单元体上，由于角 α 是从 x 面的外法线量起的，并且 σ_α 和 τ_α 的变量是 2α，所以取 CD_1 为起始半径，按 α 的转动方向量取 2α 角，得到半径 CE。E 点的横坐标和纵坐标就代表 α 方向面上的正应力和切应力。现证明如下。由图 7-4(b)可见

$$\begin{aligned}\overline{OF}&=\overline{OC}+\overline{CF}=\overline{OC}+\overline{CE}\cos(2\alpha_0+2\alpha)\\&=\overline{OC}+\overline{CE}\cos2\alpha_0\cos2\alpha-\overline{CE}\sin2\alpha_0\sin2\alpha\end{aligned}$$

由于 $\overline{CE}$ 与 $\overline{CD_1}$ 同为应力圆的半径，可以相互替换，故

$$\begin{aligned}\overline{OF}&=\overline{OC}+\overline{CD_1}\cos2\alpha_0\cos2\alpha-\overline{CD_1}\sin2\alpha_0\sin2\alpha\\&=\frac{\sigma_x+\sigma_y}{2}+\frac{\sigma_x-\sigma_y}{2}\cos2\alpha-\tau_{xy}\sin2\alpha\end{aligned}$$

同理可得：
$$\begin{aligned}\overline{EF}&=\overline{CE}\sin(2\alpha_0+2\alpha)\\&=\overline{CE}\sin2\alpha_0\cos2\alpha+\overline{CE}\cos2\alpha_0\sin2\alpha\\&=\overline{CD_1}\sin2\alpha_0\cos2\alpha+\overline{CD_1}\cos2\alpha_0\sin2\alpha\\&=\tau_{xy}\cos2\alpha+\frac{\sigma_x-\sigma_y}{2}\sin2\alpha\end{aligned}$$

即 E 点的横坐标和纵坐标分别为 α 方向面上的正应力和切应力，故 E 点对应于 α 方向面。

理解单元体与应力圆的对应关系时，需要注意：

①点面对应关系：应力圆上的一点，对应于单元体中一个方向面。

②参考轴的对应关系：在应力圆上选择哪个半径作起始半径，需视单元体 α 角从哪根坐标轴量起。若 α 角自 x 轴(x 面的外法线)量起，则选 CD_1 为起始半径；若 α 角自 y 轴(y 面的外法线)量起，则选 CD_2 为起始半径。

③二倍角的对应关系：在单元体上，方向面的角度为 α 时，在应力圆上则自起始半径量 2α 角，并且它们的转向一致。

④在作应力圆量取线段 OB_1，OB_2，B_1D_1 和 B_2D_2 时，需根据单元体上的应力正负，量取相应的正、负坐标。

例题 7-1　如图 7-5(a)所示单元体，试用解析法和应力圆法确定 $\alpha_1=30°$ 和 $\alpha_2=-40°$两方

向面上应力。已知 $\sigma_x=-30$ MPa，$\sigma_y=60$ MPa，$\tau_{xy}=-40$ MPa。

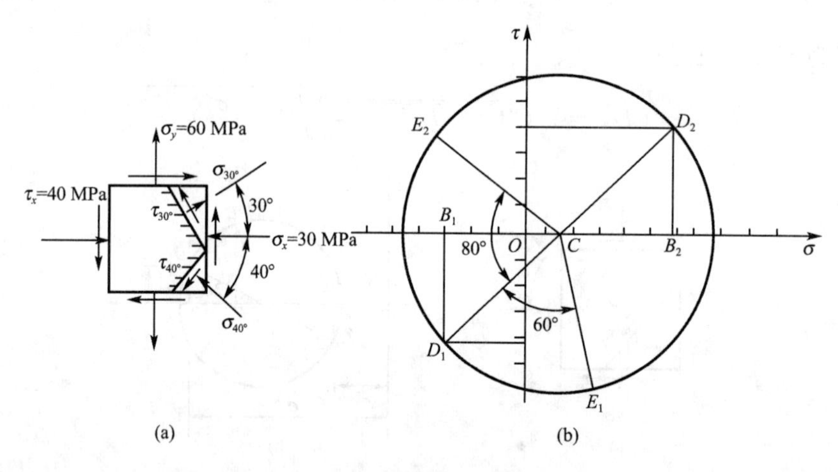

图 7-5　例题 7-1 图

解：(1)解析法。将已知条件代入式(7-1)和式(7-2)，解得

$$\sigma_{30°}=\frac{-30\ \text{MPa}+60\ \text{MPa}}{2}+\frac{-30\ \text{MPa}-60\ \text{MPa}}{2}\cos 60°-(-40\ \text{MPa})\sin 60°=27.14\ \text{MPa}$$

$$\tau_{30°}=\frac{-30\ \text{MPa}-60\ \text{MPa}}{2}\sin 60°+(-40\ \text{MPa})\cos 60°=-58.97\ \text{MPa}$$

$$\sigma_{-40°}=\frac{-30\ \text{MPa}+60\ \text{MPa}}{2}+\frac{-30\ \text{MPa}-60\ \text{MPa}}{2}\cos(-80°)-(-40\ \text{MPa})\sin(-80°)=-32.2\ \text{MPa}$$

$$\tau_{-40°}=\frac{-30\ \text{MPa}-60\ \text{MPa}}{2}\sin(-80°)+(-40\ \text{MPa})\cos(-80°)=37.37\ \text{MPa}$$

(2)应力圆法

①作应力圆

在 $O\sigma\tau$ 坐标系中，按一定比例量取 $\overline{OB_1}=\sigma_x=-30$ MPa，$\overline{B_1D_1}=\tau_{xy}=-40$ MPa，得到点 D_1；量取 $\overline{OB_2}=\sigma_y=60$ MPa，$\overline{B_2D_2}=\tau_{yx}=40$ MPa，得到点 D_2。连接点 D_1 和 D_2 的直线交 σ 轴于 C 点。以 C 点为圆心、CD_1 或 CD_2 为半径作圆，即得应力圆，如图 7-5(b)所示。

②计算 $\alpha=30°$ 方向面上的应力

因单元体上的角 α 是由 x 轴逆时针量得，故在应力圆上以 CD_1 为起始半径，逆时针转 $2\alpha=60°$，在圆上得到点 E_1，点 E_1 对应于单元体上 $\alpha=30°$的方向面。量点 E_1 的横坐标及纵坐标，即为 $\alpha=30°$方向面上的正应力和切应力，它们分别为

$$\sigma_{30°}=27\ \text{MPa},\qquad \tau_{30°}=-59\ \text{MPa}$$

③计算 $\alpha=-40°$方向面上的应力

仍以 CD_1 为起始半径，顺时针旋转 $2\alpha=80°$，在圆上得到 E_2 点。量取 E_2 点的横坐标和纵坐标，即为 $\alpha=-40°$方向面上的正应力和切应力，它们分别为

$$\sigma_{-40°}=-32.5\ \text{MPa},\qquad \tau_{-40°}=37\ \text{MPa}$$

例题 7-2　如图 7-6(a)所示单元体，在 x、y 面上只有主应力，试用应力圆法确定 $\alpha=-30°$ 方向面上的正应力和切应力。

解：(1)作应力圆

在 $O\sigma\tau$ 坐标系中的 σ 轴上按一定比例量取 $OA_1=10$ MPa，得到 A_1 点；再在 σ 轴上量取 $OA_2=-4$ MPa，得到 A_2 点；以 A_1A_2 为直径作圆，即得应力圆，如图 7-6(b)所示。

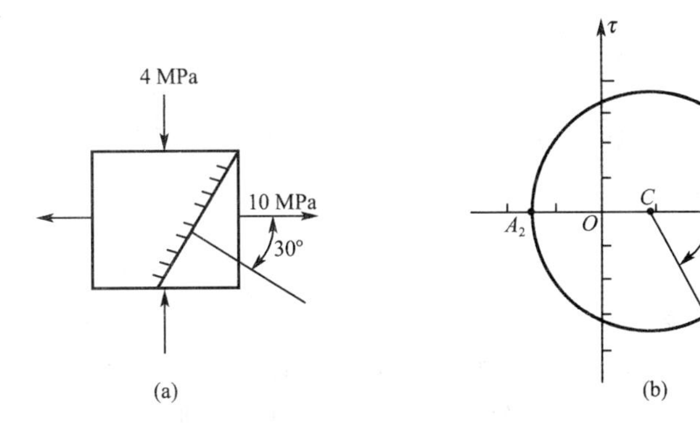

图 7-6 例题 7-2 图

(2)求 $\alpha=-30^{\circ}$方向面上的应力

以 CA_1 起始半径顺时针旋转 60°,得到点 E。量取点 E 的横坐标和纵坐标,即得 $\alpha=-30^{\circ}$方向面上的正应力和切应力,分别为

$$\sigma_{-30^{\circ}}=6.5\ \mathrm{MPa}, \qquad \tau_{-30^{\circ}}=-6\ \mathrm{MPa}$$

显然,可用式(7-1)和式(7-2)证明以上结果的正确性。

7.4 主平面和主应力

前面已经指出,一点处或对应的单元体中,切应力等于零的方向面称为主平面,主平面上的正应力称为主应力。下面确定一点处的主平面和主应力。一点处的主平面和主应力,用应力圆确定比较直观、简便。

图 7-7(a)表示一平面应力状态单元体,相应的应力圆如图 7-7(b)所示。由应力圆可见,点 A_1 和 A_2 的纵坐标为零,这表明在单元体中与点 A_1 和 A_2 对应的面上,切应力为零,这两个面就是**主平面**。主应力的大小分别为与点 A_1 和 A_2 对应的横坐标,即 $\sigma_1=OA_1$,$\sigma_2=OA_2$。此外还可看到,这两个主应力是该单元体中所有不同方向面上正应力中的极值。由应力圆上的几何关系,可导出主应力的计算公式为

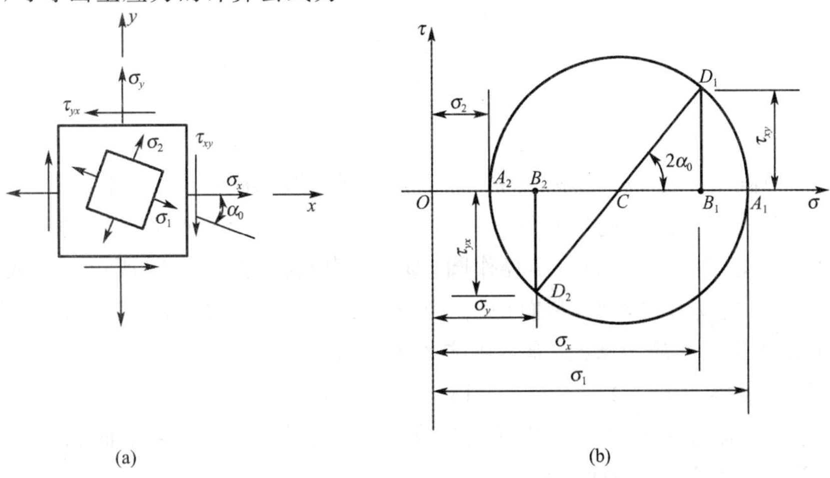

图 7-7

$$\sigma_1=\overline{OA_1}=\overline{OC}+\overline{CA_1}=\frac{\sigma_x+\sigma_y}{2}+\sqrt{(\frac{\sigma_x-\sigma_y}{2})^2+\tau_{xy}^2}$$

$$\sigma_2=\overline{OA_2}=\overline{OC}-\overline{CA_2}=\frac{\sigma_x+\sigma_y}{2}-\sqrt{(\frac{\sigma_x-\sigma_y}{2})^2+\tau_{yx}^2}$$

合并写为

$$\begin{matrix}\sigma_1\\ \sigma_2\end{matrix}=\frac{\sigma_x+\sigma_y}{2}\pm\sqrt{(\frac{\sigma_x-\sigma_y}{2})^2+\tau_{xy}^2} \tag{7-5}$$

现在确定主平面的方向。在图 7-7(b)所示的应力圆上，以 CD_1 为起始半径，顺时针旋转 $2\alpha_0$ 到 CA_1 得到点 A_1。在单元体上，由 x 轴顺时针旋转 α_0 角，就确定了 σ_1 所在主平面的外法线，即 σ_1 主平面的方向，从而确定了该主平面的位置。由应力圆可看出，CA_1 与 CA_2 相差 180°，因此 σ_2 所在的主平面与 σ_1 所在的主平面互相垂直。由应力圆导出 α_0 的计算公式为

$$\tan(-2\alpha_0)=\frac{\overline{B_1D_1}}{\overline{CB_1}}=\frac{\tau_{xy}}{\frac{1}{2}(\sigma_x-\sigma_y)}$$

整理得

$$\tan 2\alpha_0=\frac{-2\tau_{xy}}{\sigma_x-\sigma_y} \tag{7-6}$$

式(7-6)中 $2\alpha_0$ 前面加负号是因为起始半径 CD_1 是顺时针旋转至 CA_1 的。由式(7-6)确定 α_0 后，即得 σ_1 所在的主平面位置。主应力单元体画于图 7-7(a)的原始单元体内。也可由解析公式(7-1)和式(7-2)导出式(7-5)和式(7-6)，并可证明 σ_1 及 σ_2 为单元体中各不同方向面上正应力中的极值。

例题 7-3 单元体上 $\sigma_x=-6$ MPa，$\tau_{xy}=-3$ MPa，如图 7-8(a)所示。试求该点主应力的大小和主平面的方位。

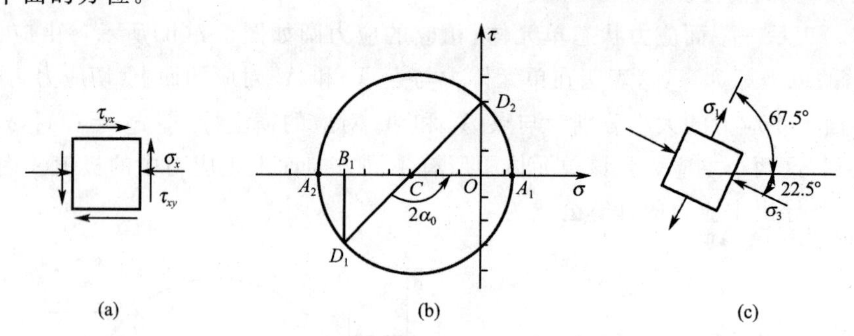

图 7-8 例题 7-3 图

解：(1)应力圆法。在 $O\sigma\tau$ 坐标系中，按一定比例量取 $OB_1=-6$ MPa，$B_1D_1=-3$ MPa，得到点 D_1；由于 $\sigma_y=0$，只需量取 $OD_2=3$ MPa，得到点 D_2；连接点 D_1、D_2 的直线交 σ 轴于点 C，以点 C 为圆心，CD_1(或 CD_2)为半径作圆，即得应力圆，如图 7-8(b)所示。量取 OA_1 和 OA_2 的长度，即得两个主应力的大小，它们是 $\sigma_1=1.3$ MPa，$\sigma_3=-7.2$ MPa。式中负值主应力标以 σ_3，由于该单元体为平面应力状态，有一主应力为零，即 $\sigma_2=0$。

在应力圆上量得 $\angle D_1CA_1=2\alpha_0=135°$，并以起始半径 CD_1 逆时针转至 CA_1，故在单元体上，σ_1 所在主平面的法线和 x 轴成逆时针角 $\alpha_0=67.5°$。σ_3 所在主平面和 σ_1 所在主平面垂直。主应力单元体如图 7-8(c)所示。

(2)解析法。由式(7-5)得

$$\left.\begin{matrix}\sigma_1\\ \sigma_3\end{matrix}\right\} = \frac{\sigma_x+\sigma_y}{2} \pm \sqrt{\left(\frac{\sigma_x-\sigma_y}{2}\right)^2+\tau_{xy}^2}$$

$$= \frac{-6\ \text{MPa}}{2} \pm \sqrt{\left(\frac{-6\ \text{MPa}}{2}\right)^2+(-3\ \text{MPa})^2} = \begin{matrix}1.24\\ -7.24\end{matrix}\ \text{MPa}$$

由式(7-6)得

$$\tan 2\alpha_0 = \frac{-2\tau_{xy}}{\sigma_x-\sigma_y} = \frac{-2\times(-3\ \text{MPa})}{-6\ \text{MPa}} = -1$$

因上式的分子为正,分母为负,故 $2\alpha_0$ 在第二象限,并且 $2\alpha_0=135°$,故 $\alpha_0=67.5°$。即 σ_1 所在主平面的外法线和 x 轴成 $67.5°$;σ_3 所在主平面的外法线和 x 轴成 $-22.5°$。

例题 7-4　一纯剪切应力状态的单元体如图 7-9(a)所示。试用应力圆法求主应力的大小和方向。

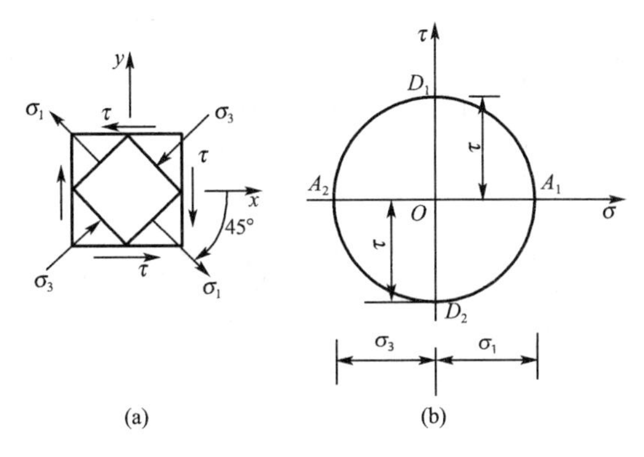

图 7-9　例题 7-4 图

解:在坐标系中按一定比例量取 $\overline{OD_1}=\tau$,$\overline{OD_2}=-\tau$ 得到点 D_1 和 D_2,连接点 D_1 和 D_2 的直线交 σ 轴于 O 点,以 O 为圆心,$\overline{OD_1}$ 为半径所做的圆即为应力圆,如图 7-9(b)所示。由应力圆可知 $\sigma_1=OA_1=\tau$,$\sigma_3=OA_2=-\tau$ 。

因为起始半径 $\overline{OD_1}$ 顺时针旋转 90°至 $\overline{OA_1}$,故 σ_1 所在主平面的外法线与 x 轴成 $-45°$,σ_3 所在主平面的外法线与 x 轴成 $+45°$。主应力单元体画在图 7-9(a)的原始单元体内。可见该单元体为二向应力状态。

7.5　空间应力状态简介

对于受力物体内一点处的应力状态,最普遍的情况是所取单元体三对平面上都有正应力和切应力,而且切应力可分解为沿坐标轴方向的两个分量,如图 7-10 所示。图中平面 x 上有正应力 σ_x,切应力 τ_{xy} 和 τ_{xz} 。切应力的两个下标中,第一个下标表示切应力所在平面,第二个下标表示切应力的方向。同理,在平面 y 上有应力 σ_y 、τ_{yx} 和 τ_{yz};在平面 z 上有应力 σ_z 、τ_{zx} 和 τ_{zy} 。这种应力状态,称为一般的空间应力状态。

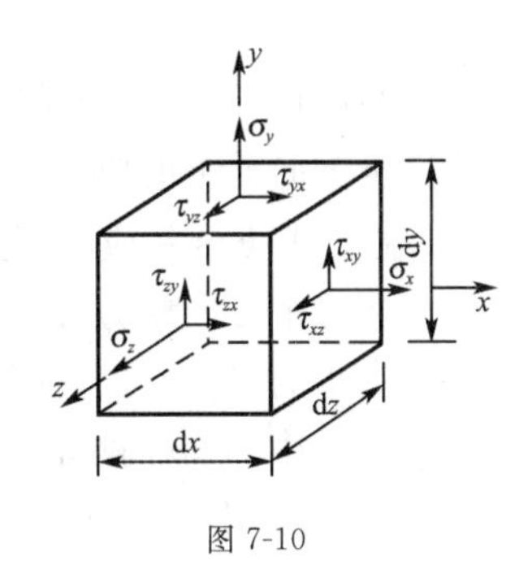

图 7-10

在一般的空间应力状态的九个应力分量中,根据切应力互等定理，在数值上有 $\tau_{xy}=\tau_{yx}$，$\tau_{yz}=\tau_{zy}$、$\tau_{xz}=\tau_{zx}$，因而，独立的应力分量有六个，即 σ_x、σ_y、σ_z、τ_{xy}、τ_{yz}、τ_{zx} 。

可以证明，在受力物体内任一点处一定可以找到一个主应力单元体，其三对相互垂直的平面均为主平面，三对主平面上的主应力分别为 σ_1、σ_2、σ_3 。

空间应力状态是一点处应力状态中最为一般的情况，平面应力状态可看作是空间应力状态的特例，即一个主应力等于零。仅一个主应力不等于零的应力状态，称为单向应力状态。空间应力状态所得的某些结论，也同样适用于平面或单向应力状态。

对于危险点处于空间应力状态下的构件进行强度计算，通常需确定其最大正应力及最大切应力。当受力物体内某一点处的三个主应力 σ_1、σ_2、σ_3 均为已知时(图 7-11(a))，利用应力圆，可确定该点处的最大正应力及最大切应力。

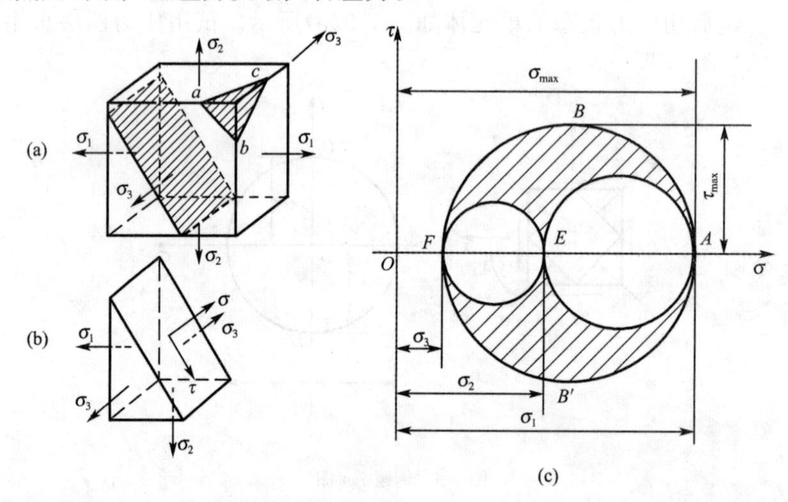

图 7-11

下面分析三类特殊方向面上的应力。

(1)垂直于 σ_3 主平面的方向面上的应力

求此类方向面中任意一斜面(图 7-11(a)中的阴影面)上的应力，利用截面法，可截取一楔形体，如图 7-11(b)所示。由该图可见，在前后两个三角形面上，应力 σ_3 的合力自相平衡，且垂直于斜面方向，不影响斜面上的应力。因此，斜面上的应力只由 σ_1 和 σ_2 决定。由 σ_1 和 σ_2，可在 σ-τ 直角坐标系中画出应力圆，如图 7-11(c)中的 AE 圆。该圆上的各点，对应于垂直于 σ_3 主平面的所有方向面，圆上各点的横坐标和纵坐标即表示对应方向面上的正应力和切应力。

(2)垂直于 σ_2 主平面的方向面上的应力

这类方向面上的应力只由 σ_1 和 σ_3 决定。因此，由 σ_1 和 σ_3 可画出应力圆，如图 7-11(c)中的 AF 圆。根据这一应力圆上各点的坐标，就可求出垂直于 σ_2 主平面的各对应面上的应力。

(3)垂直于 σ_1 主平面的方向面上的应力

这类方向面上的应力只由 σ_2 和 σ_3 决定。因此，由 σ_2 和 σ_3，可画出应力圆，如图 7-11(c)中的 EF 圆。根据这一应力圆上各点的坐标，就可求出垂直于 σ_1 主平面的各对应面上的应力。

上述三个二向应力圆联合构成的图形，就是三向应力圆。

进一步的研究可以证明，图 7-11(a)所示单元体中，和三个主应力均不平行的任意方向面(图 7-11(a)中的 abc 截面)上的应力，可由图 7-11(c)所示阴影面中某点的坐标决定。由图 7-11(c)的应力圆中可看到，如一点处是三向应力状态时，该点处的最大正应力为 σ_1，最小正应

力为 σ_3，即

$$\sigma_{\max} = \sigma_1, \qquad \sigma_{\min} = \sigma_3$$

该点处的最大切应力为点 B 的纵坐标，其值为

$$\tau_{\max} = \frac{\sigma_1 - \sigma_3}{2} \tag{7-7}$$

此最大切应力作用在与 σ_2 主平面垂直并与 σ_1 和 σ_3 所在的主平面成 45°角的截面上，如图 7-12 中的阴影面。在单向和二向应力状态中，最大切应力也应由式(7-7)计算。例如图 7-13(a)所示的应力状态中，$\sigma_1 = 40$ MPa，$\sigma_2 = 0$，$\sigma_3 = -60$ MPa，最大切应力为

$$\tau_{\max} = \frac{40\ \text{MPa} - (-60\ \text{MPa})}{2} = 50\ \text{MPa}$$

而图 7-13(b)所示的应力状态中，$\sigma_1 = 60$ MPa，$\sigma_2 = 40$ MPa，$\sigma_3 = 0$，故最大切应力为

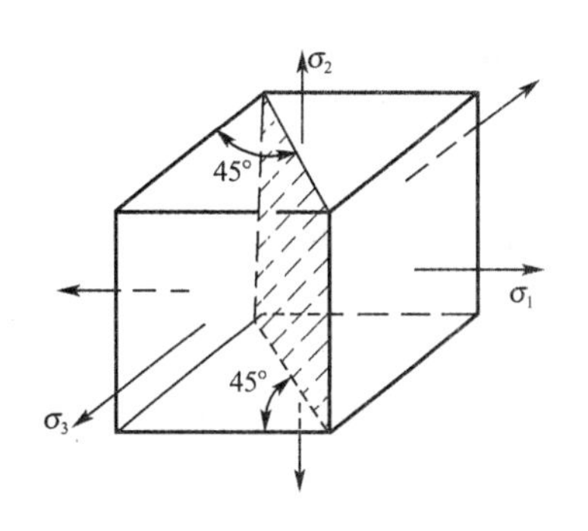

图 7-12

$$\tau_{\max} = \frac{60\ \text{MPa} - 0\ \text{MPa}}{2} = 30\ \text{MPa}$$

建议读者标出这两种应力状态下，最大切应力所在方向面的位置。

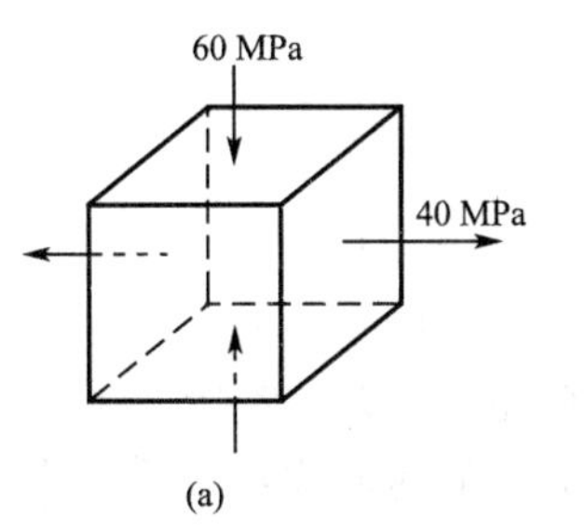

图 7-13

7.6　应力与应变间的关系

在第二章中介绍了单向应力状态的胡克定律，其表达式为

$$\sigma = E\varepsilon \text{ 或 } \varepsilon = \frac{\sigma}{E}$$

现在分析三向应力状态下应力和应变的关系。

7.6.1　各向同性材料的广义胡克定律

图 7-14 是一从受力构件中某点处取出的单元体，其上作用着三个主应力 σ_1、σ_2、σ_3。

在三个主应力作用下，单元体在每个主应力方向都要产生线应变。主应力方向的线应变称为**主应变**。现分别求三个主应力方向的主应变。

首先求 σ_1 向的主应变。三个主应力都会使单元体在 σ_1 方向产

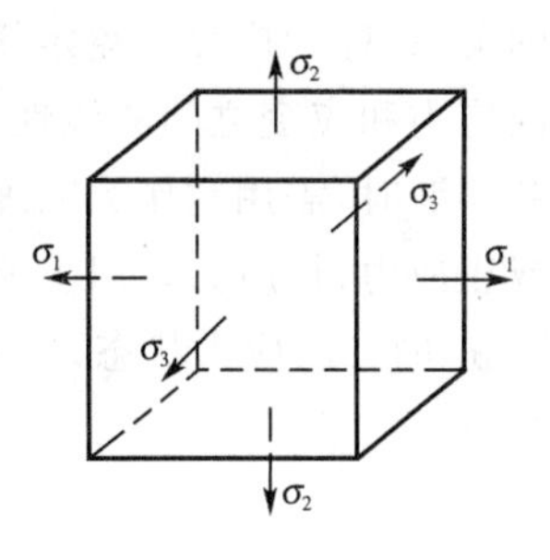

图 7-14

生线应变，现分别求出每个主应力在 σ_1 方向引起的线应变，然后叠加，得到 σ_1 方向总的线应变。

由 σ_1 引起的是纵向线应变

$$\varepsilon_1 = \frac{\sigma_1}{E} \tag{a}$$

由 σ_2 起的 σ_1 方向的线应变是横向线应变

$$\varepsilon_2' = -\mu\frac{\sigma_2}{E} \tag{b}$$

由 σ_3 引起的 σ_1 方向的线应变也是横向线应变

$$\varepsilon_3' = -\mu\frac{\sigma_3}{E} \tag{c}$$

将(a)、(b)、(c)三式相加，即得 σ_1 方向的主应变为

$$\varepsilon_1 = \varepsilon_1 + \varepsilon_2' + \varepsilon_3' = \frac{\sigma_1}{E} - \mu\left(\frac{\sigma_2}{E} + \frac{\sigma_3}{E}\right)$$

同理可求出 σ_2 和 σ_3 方向的主应变。合并写为

$$\left.\begin{aligned} \varepsilon_1 &= \frac{1}{E}[\sigma_1 - \mu(\sigma_2 + \sigma_3)] \\ \varepsilon_2 &= \frac{1}{E}[\sigma_2 - \mu(\sigma_1 + \sigma_3)] \\ \varepsilon_3 &= \frac{1}{E}[\sigma_3 - \mu(\sigma_1 + \sigma_2)] \end{aligned}\right\} \tag{7-8}$$

若单元体各面上不仅有正应力还有切应力，即成为三向应力状态的一般情况，如图 7-15 所示。可以证明，在小变形条件下，切应力引起的线应变比起正应力引起的线应变是高阶微量，可以忽略。因此线应变和正应力之间的关系也可写成与式(7-8)类似的形式：

$$\left.\begin{aligned} \varepsilon_x &= \frac{1}{E}[\sigma_x - \mu(\sigma_y + \sigma_z)] \\ \varepsilon_y &= \frac{1}{E}[\sigma_y - \mu(\sigma_x + \sigma_z)] \\ \varepsilon_z &= \frac{1}{E}[\sigma_z - \mu(\sigma_x + \sigma_y)] \end{aligned}\right\} \tag{7-9a}$$

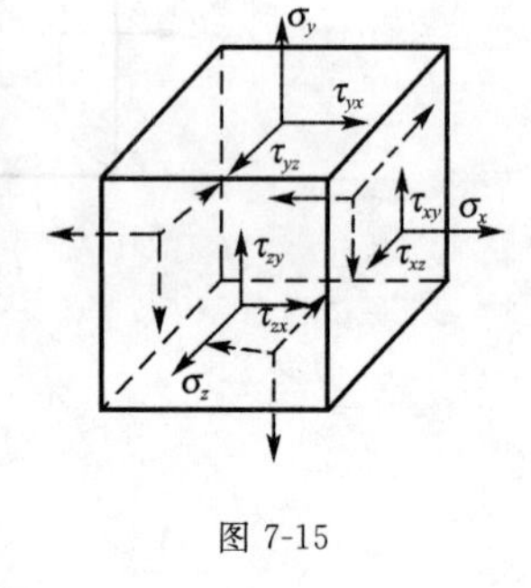

图 7-15

同时，在三向应力状态下，切应力和切应变之间也有一定关系，即

$$\gamma_{xy} = \frac{\tau_{xy}}{G}, \qquad \gamma_{yz} = \frac{\tau_{yz}}{G}, \qquad \gamma_{zx} = \frac{\tau_{zx}}{G} \tag{7-9b}$$

前面章节中的剪切胡克定律，即为式(7-9b)中的第一式。

式(7-8)和式(7-9)表示在三向应力状态下，主应变和主应力或应变分量与应力分量之间的关系，称为**广义胡克定律**。式(7-8)与式(7-9)是等效的。它表明各向同性材料在弹性范围内应力和应变之间的线性关系。广义胡克定律应用非常广泛，例如，弹性力学分析物体的应力和应变时，需用它作为物理方程；在实验应力分析中，根据某点处测出的应变，可以计算主应力或正应力、切应力。以上所得结果，同时适用于单向和二向应力状态。例如，对于主应力为 σ_1 和 σ_2 的二向应力状态，令 $\sigma_3 = 0$，则式(7-8)成为

$$\left.\begin{aligned}\varepsilon_1 &= \frac{1}{E}(\sigma_1 - \mu\sigma_2)\\ \varepsilon_2 &= \frac{1}{E}(\sigma_2 - \mu\sigma_1)\\ \varepsilon_3 &= -\frac{\mu}{E}(\sigma_1 + \sigma_2)\end{aligned}\right\} \tag{7-10}$$

若用主应变表示主应力，则由式(7-10)得到

$$\left.\begin{aligned}\sigma_1 &= \frac{E}{1-\mu^2}(\varepsilon_1 + \mu\varepsilon_2)\\ \sigma_2 &= \frac{E}{1-\mu^2}(\varepsilon_2 + \mu\varepsilon_1)\end{aligned}\right\} \tag{7-11}$$

若单元体上既有正应力，又有切应力，即为一般二向应力状态，在这种情况下，正应力和线应变或切应力和切应变之间的关系可由式(7-9a、b)简化得到。

例题 7-5　已知一受力构件中某点处为 $\sigma_2 = 0$ 的二向应力状态，并测得两个主应变为 $\varepsilon_1 = 240 \times 10^{-6}$，$\varepsilon_3 = -160 \times 10^{-6}$。若构件的材料为 Q235 钢，弹性模量 $E = 210$ GPa，泊松比 $\mu = 0.3$，试求该点处的主应力，并求第二主应变 ε_2 。

解：因该点处 $\sigma_2 = 0$，故参照式(7-11)，得

$$\sigma_1 = \frac{E}{1-\mu^2}(\varepsilon_1 + \mu\varepsilon_3) = \frac{2.1 \times 10^{11}}{1-0.3^2} \times (240 - 0.3 \times 160) \times 10^{-6}\ \text{Pa} = 44.3\ \text{MPa}$$

$$\sigma_3 = \frac{E}{1-\mu^2}(\varepsilon_3 + \mu\varepsilon_1) = \frac{2.1 \times 10^{11}}{1-0.3^2} \times (-160 + 0.3 \times 240) \times 10^{-6}\ \text{Pa} = -20.3\ \text{MPa}$$

参照式(7-10)，得

$$\varepsilon_2 = -\frac{\mu}{E}(\sigma_1 + \sigma_3) = -\frac{0.3}{2.1 \times 10^{11}\ \text{Pa}} \times (44.3 - 20.3)\text{Pa} \times 10^6 = 3.43 \times 10^{-5}$$

例题 7-6　在一槽形钢块内，放置一边长为 10 mm 的立方铝块。铝块与槽壁间无空隙，如图 7-16(a)所示。当铝块上受到合力为 $F = 6$ kN 的均匀分布压力时，试求铝块内任一点处的应力，设铝块的泊松比为 $\mu = 0.33$ 。

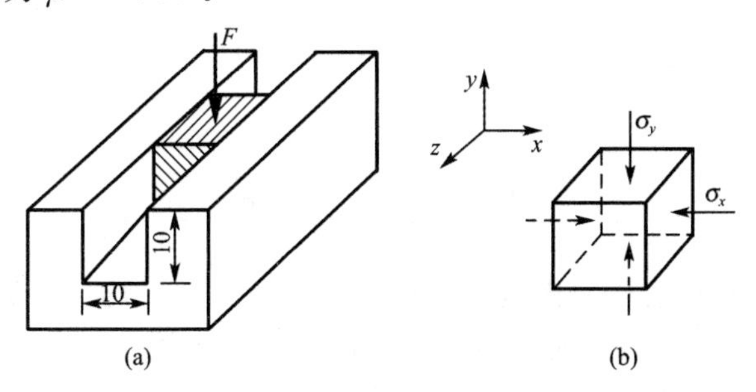

图 7-16　例题 7-6 图

解：当铝块受到 F 力压缩后，水平截面上将产生均匀的压应力，用 σ_y 表示，则

$$\sigma_y = \frac{-F}{A} = \frac{-6\ 000\ \text{N}}{0.01^2\ \text{m}^2} = 60 \times 10^6\ \text{Pa} = -60\ \text{MPa}$$

铝块的变形受到左、右两侧槽壁的限制，因此产生侧向压应力，用 σ_x 表示，而沿槽方向不受限制，不产生应力，即 $\sigma_z = 0$ 。在铝块内任一点处取一单元体，连同所受应力，如图 7-16(b)所示。根据平衡条件无法求出 σ_x，故需利用变形协调条件。因铝较软，可假设槽形钢块为刚体，故铝块沿左、右方向不可能变形，即 $\varepsilon_x = 0$，代入式(7-9a)

$$\varepsilon_x=\frac{1}{E}(\sigma_x-\mu\sigma_y)=0$$

$$\sigma_x=0.33\times(-60\times10^6\ \mathrm{Pa})=-19.8\ \mathrm{MPa}$$

如果采用主应力记号，则铝块内任一点处的应力为

$$\sigma_1=0,\quad \sigma_2=-19.8\ \mathrm{MPa},\quad \sigma_3=-60\ \mathrm{MPa}$$

7.6.2 各项同性材料的体积应变

设图 7-17 所示单元体，边长为 $\mathrm{d}x$、$\mathrm{d}y$ 和 $\mathrm{d}z$。在三个主应力作用下，边长将发生变化，现求其体积的改变。

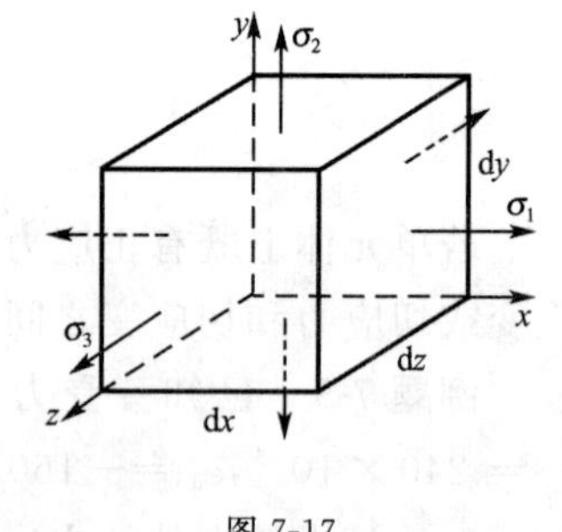

图 7-17

单元体原来的体积为 $V_0=\mathrm{d}x\mathrm{d}y\mathrm{d}z$，受力变形后，单元体的体积设为 V，则

$$V=(1+\varepsilon_1)\mathrm{d}x(1+\varepsilon_2)\mathrm{d}y(1+\varepsilon_3)\mathrm{d}z$$

单元体的体积改变为

$$\Delta V=V-V_0=(1+\varepsilon_1)\mathrm{d}x(1+\varepsilon_2)\mathrm{d}y(1+\varepsilon_3)\mathrm{d}z-\mathrm{d}x\mathrm{d}y\mathrm{d}z$$

略去应变的高阶微量后，得

$$\Delta V=(\varepsilon_1+\varepsilon_2+\varepsilon_3)\mathrm{d}x\mathrm{d}y\mathrm{d}z$$

单位体积的改变量称为**体积应变**，用 θ 表示，则

$$\theta=\frac{V-V_0}{V_0}=\varepsilon_1+\varepsilon_2+\varepsilon_3$$

将式(7-8)代入后，体积应变可用主应力表示为

$$\theta=\frac{1-2\mu}{E}(\sigma_1+\sigma_2+\sigma_3) \tag{7-12}$$

由式(7-12)可见，体积应变和三个主应力之和成正比。如果三个主应力之和为零，则 θ 等于零，即体积不变。

例如，纯剪切应力状态，由于 $\sigma_1=\tau,\sigma_2=0,\sigma_3=-\tau,\sigma_1+\sigma_2+\sigma_3=0$，故体积不改变，这说明切应力不引起体积改变。因此，当单元体各面上既有正应力，又有切应力时，体积应变为

$$\theta=\frac{1-2\mu}{E}(\sigma_x+\sigma_y+\sigma_z)=\frac{3(1-2\mu)}{E}\cdot\frac{\sigma_x+\sigma_y+\sigma_z}{3}=\frac{\sigma_\mathrm{m}}{K} \tag{7-13}$$

式中

$$K=\frac{E}{3(1-2\mu)},\qquad \sigma_\mathrm{m}=\frac{\sigma_x+\sigma_y+\sigma_z}{3} \tag{7-14}$$

其中 K 称为体积模量或压缩模量，σ_m 是三个正应力的平均值。无论是作用三个不相等的主应力，还是一般的正应力，又或是都代以它们的平均应力 σ_m，单位体积的体积改变量仍然是相同的。式(7-13)还表明，体积应变 θ 与平均应力 σ_m 成正比，此即体积胡克定律。

7.7 空间应力状态下的应变能密度

弹性体在外力作用下产生变形，外力作用点也同时产生位移，因此外力要做功。按照功能原理，如不计热能、电磁能的变化，则外力所做的功在数值上等于积蓄在弹性体内的应变能。当外力除去后，应变能又从弹性体内释放出来，并使弹性变形消失。这种应变能称为弹性应变

能。如用 V_ε 表示应变能,W 表示外力功,则

$$V_\varepsilon = W \tag{7-15}$$

由前面章节介绍的单向拉伸或压缩应变能密度的计算公式为

$$v_\varepsilon = \frac{1}{2}\sigma\varepsilon \tag{a}$$

在三向应力状态下,弹性体应变能与外力做功在数值上相等,它只取决于外力和变形的最终值,而与加力的次序无关。因为,如用不同的加力次序可以得到不同的应变能,那么,按一个储存能量较多的次序加力,而按一个储存能量较少的次序的反过程来解除外力,完成一个循环,弹性体内将增加能量。显然,这违背了能量守恒原理。所以应变能与加力次序无关。这样就可以选择一个便于计算应变能的加力次序,所得应变能与按其他加力次序是相同的。为此,假设应力按比例同时从零增加到最终值,在线弹性情况下,每一主应力与相应的主应变之间仍保持线性关系,因而与每一主应力相应的应变能密度仍可按式(a)计算。于是三向应力状态下的应变能密度为

$$v_\varepsilon = \frac{1}{2}\sigma_1\varepsilon_1 + \frac{1}{2}\sigma_2\varepsilon_2 + \frac{1}{2}\sigma_3\varepsilon_3$$

将广义胡克定律式(7-10)代入上式,经化简后得到总应变能密度表达式为

$$v_\varepsilon = \frac{1}{2E}[\sigma_1^2 + \sigma_2^2 + \sigma_3^2 - 2\mu(\sigma_1\sigma_2 + \sigma_2\sigma_3 + \sigma_3\sigma_1)] \tag{7-16}$$

在一般情况下,三向应力状态下的单元体将同时产生体积改变和形状改变,因此总应变能密度也可分为与之相应的体积改变能密度 v_V 和形状改变能密度 v_d。

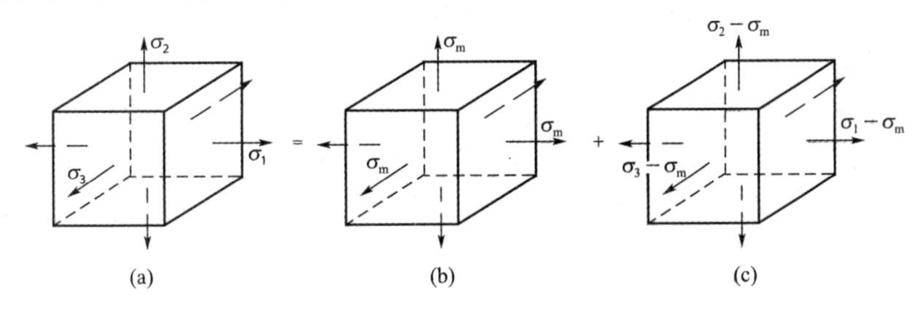

图 7-18

为了求得这两部分应变能密度,可将图 7-18(a)所示的应力状态分解成图 7-18(b)和图 7-18(c)所示的两种应力状态。在图 7-18(b)所示的单元体上,各面上作用有相等的主应力 $\sigma_m = \frac{1}{3}(\sigma_1 + \sigma_2 + \sigma_3)$,显然,该单元体只发生体积改变而无形状改变。由式(7-15)可知,其体积应变和图 7-18(a)所示单元体的体积应变相同。因此,图 7-18(a)所示单元体的体积改变能密度可求得为

$$v_V = \frac{3\sigma_m\varepsilon_m}{2} \tag{b}$$

由广义胡克定律得

$$\varepsilon_m = \frac{\sigma_m}{E} - \mu\left(\frac{\sigma_m}{E} + \frac{\sigma_m}{E}\right) = \frac{1-2\mu}{E}\sigma_m \tag{c}$$

将式(b)代入式(c),得体积改变能密度为

$$v_V = \frac{3(1-2\mu)}{2E}\sigma_m^2 = \frac{1-2\mu}{6E}(\sigma_1 + \sigma_2 + \sigma_3)^2 \tag{7-17}$$

在图 7-18(c)所示的单元体上，三个主应力之和为零，由式(7-12)可知，其体积应变 $\theta=0$，即该单元体只有形状改变。这一单元体的应变能密度即为形状改变能密度 v_d。它等于单元体的总应变能密度减去体积改变能密度。由式(7-16)和式(7-17)，解得

$$\begin{aligned} v_d &= \frac{1+\mu}{3E}(\sigma_1^2+\sigma_2^2+\sigma_3^2-\sigma_1\sigma_2-\sigma_2\sigma_3-\sigma_3\sigma_1) \\ &= \frac{1+\mu}{6E}[(\sigma_1-\sigma_2)^2+(\sigma_2-\sigma_3)^2+(\sigma_3-\sigma_1)^2] \end{aligned} \tag{7-18}$$

7.8　强度理论及其相当应力

在第二章拉压杆、第三章扭转轴和第四章弯曲梁的正应力、切应力强度计算中，所用的强度条件分别为

$$\sigma_{max} \leqslant [\sigma] \text{ 或 } \tau_{max} \leqslant [\tau] \tag{7-19}$$

其中许用正应力 $[\sigma]$ 和许用切应力 $[\tau]$ 都可直接由试验所得的极限应力除以安全因数得到。所以上述强度条件是直接通过试验得到了材料的极限应力之后建立的。

由应力状态分析知，拉压杆件的危险点和梁的正应力危险点是处于单向应力状态，而扭转杆件的危险点和梁的切应力危险点是处于纯剪切应力状态。即上述两个强度条件只能分别适用于杆件中危险点处于单向应力状态和纯剪切应力状态的情况。

但是，一些杆件受力后，杆件中危险点处的应力状态通常既不属于单向应力状态，也不属于纯剪切应力状态，而是属于复杂应力状态(一般二向或三向应力状态)。要对危险点处于复杂应力状态的杆件进行许用应力法的强度计算，理应先用试验方法确定材料的极限应力，然后才能建立强度条件。但在复杂应力状态下，主应力 σ_1、σ_2 和 σ_3 可以有无限多的组合，要通过实验确定各种不同主应力组合下的极限应力是难以做到的。而且在复杂应力状态下，试验设备和试验方法都比较复杂。因此，为了解决复杂应力状态下的强度计算问题，人们不再采用直接通过复杂应力状态的破坏试验建立强度条件的方法，而是致力于观察和分析材料破坏的规律，找出使材料破坏的共同原因，然后利用单向应力状态的试验结果，来建立复杂应力状态下的强度条件。17 世纪以来，人们根据大量的试验，进行观察和分析，提出了各种关于材料破坏原因的假说，并由此建立了不同的强度条件。这些假说和由此建立的强度条件通常就称为强度理论。

每种强度理论的提出，都是以一定的试验现象为依据。实际现象表明，材料的破坏形式可分为两种：一种是脆性断裂破坏，例如铸铁拉伸，试件最后是在横截面上被拉断；铸铁扭转，试件最后是在与杆轴线成 45°的方向被拉断；另一种是屈服破坏，例如低碳钢拉伸和压缩以及低碳钢扭转时，试件已出现塑性变形而屈服破坏。现有的强度理论虽然很多，但大体可分为两类：一类是关于脆性断裂的强度理论；另一类是关于屈服破坏的强度理论。下面将介绍在实际中应用较广的五种主要强度理论。

7.8.1　四个常用强度理论

一、关于脆性断裂的强度理论

1. 最大拉应力理论(第一强度理论)

这一理论认为：最大拉应力是引起材料断裂破坏的原因。当构件内危险点处的最大拉应

力达到某一极限值时，材料便发生脆性断裂破坏。这个极限值就是材料受轴向拉伸发生断裂破坏时的极限应力。因此，破坏条件为

$$\sigma_1 = \sigma_b$$

将 σ_b 除以安全因数后，得到材料的许用拉应力$[\sigma]$，故强度条件为

$$\sigma_1 \leqslant [\sigma] \tag{7-20}$$

这一理论是由英国学者兰金(W. J. Rankine)于 1859 年提出的，是最早提出的强度理论。实验表明，对于铸铁、砖、岩石、混凝土和陶瓷等脆性材料，在二向或三向受拉断裂时，此强度理论较为合适。而且因为计算简单，所以应用较广。但是它没有考虑两个主应力 σ_2 和 σ_3 对材料破坏的影响。

2. 最大拉应变理论(第二强度理论)

这一理论认为：最大拉应变是引起材料断裂破坏的原因。当构件内危险点处的最大拉应变达到某一极限值时，材料便发生脆性断裂破坏。这个极限值是材料受轴向拉伸发生断裂破坏时的极限应变。因此，破坏条件为

$$\varepsilon_1 = \varepsilon_u$$

若材料直至破坏都处于弹性范围，则在复杂应力状态下，由广义胡克定律式(7-8)，并注意 $\varepsilon_u = \dfrac{\sigma_b}{E}$，这一破坏条件可用主应力表示为

$$\sigma_1 - \mu(\sigma_2 + \sigma_3) = \sigma_b$$

将 σ_b 除以安全因数后，得到许用拉应力 $[\sigma]$，故强度条件为

$$\sigma_1 - \mu(\sigma_2 + \sigma_3) \leqslant [\sigma] \tag{7-21}$$

这一理论是由圣维南于 19 世纪中叶提出的。它可以解释混凝土试件或石料试件受压时的破坏现象。例如第二章中介绍的混凝土试件，当试件端部无摩擦时，受压后将产生纵向裂缝而破坏，这可以认为是由于试件的横向应变超过了极限值的结果。此外，第二强度理论考虑了 σ_2 和 σ_3 对破坏的影响，似乎比第一强度理论合理，但没有得到多数材料的实验证实。

二、关于屈服的强度理论

1. 最大切应力理论(第三强度理论)

这一理论认为：最大切应力是引起材料屈服破坏的主要原因。即无论何种应力状态，当构件内危险点处的最大切应力达到某一极限时，材料便发生屈服破坏。这个极限值是材料受轴向拉伸发生屈服时的切应力。因此，屈服条件为

$$\tau_{max} = \tau_s$$

在复杂应力状态下，由式(5-9)，并注意 $\tau_s = \dfrac{\sigma_s}{2}$，这一屈服条件可用主应力表示为

$$\sigma_1 - \sigma_3 = \sigma_s$$

将 σ_s 除以安全因数后，得到许用拉应力 $[\sigma]$，故强度条件为

$$\sigma_1 - \sigma_3 \leqslant [\sigma] \tag{7-22}$$

这一理论首先由库仑(C. A. Coulomb)于 1773 年针对剪断的情况提出，后来屈雷斯卡(H. Tresca)将它引用到材料屈服的情况。故这一理论的屈服条件又称为屈雷斯卡屈服条件。一些实验表明，这一强度理论可以解释塑性材料的屈服现象，例如低碳钢拉伸屈服时，沿着与轴线成 45°方向出现滑移线的现象。同时这一强度理论计算简单，计算结果偏于安全，所以在工程中广泛应用。但是，这一强度理论没有考虑中间主应力 σ_2 对屈服破坏的影响。

2. 形状改变能密度理论(第四强度理论)

这一理论认为:形状改变能密度是引起材料屈服破坏的原因。当构件内危险点处的形状改变能密度达到某一极限值时,材料便发生屈服破坏。这一极限值是材料受轴向拉伸发生屈服时的形状改变能密度。因此,破坏条件为

$$v_{\mathrm{d}} = v_{\mathrm{d,u}}$$

由式(7-18),在复杂应力状态下

$$v_{\mathrm{d}} = \frac{1+\mu}{6E}[(\sigma_1-\sigma_2)^2+(\sigma_2-\sigma_3)^2+(\sigma_3-\sigma_1)^2]$$

在轴向拉伸试验中,测得材料的拉伸屈服极限 σ_{s} 后,令上式中的 $\sigma_1=\sigma_{\mathrm{s}}$,$\sigma_2=\sigma_3=0$,便得到材料受轴向拉伸发生屈服时的形状改变能密度为

$$v_{\mathrm{d,u}} = \frac{1+\mu}{3E}\sigma_{\mathrm{s}}^2$$

因此屈服条件可用主应力表示为

$$\sqrt{\frac{1}{2}[(\sigma_1-\sigma_2)^2+(\sigma_2-\sigma_3)^2+(\sigma_3-\sigma_1)^2]} = \sigma_{\mathrm{s}}$$

将 σ_{s} 除以安全因数后,得到许用拉应力 $[\sigma]$,故强度条件为

$$\sqrt{\frac{1}{2}[(\sigma_1-\sigma_2)^2+(\sigma_2-\sigma_3)^2+(\sigma_3-\sigma_1)^2]} \leqslant [\sigma] \qquad (7\text{-}23)$$

意大利学者贝尔特拉密(E. Beltrami)首先是以总应变能密度作为判断材料是否发生屈服破坏的原因,但是在三向等值压缩下,材料很难达到屈服状态。这种情况的总应变能密度可以很大,但单元体只有体积改变而无形状改变,因而形状改变能密度为零。因此波兰学者胡伯(M. T. Huber)于 1904 年提出了形状改变能密度理论,后来由德国的密赛斯(R. Von Mises)做出进一步的解释和发展。故这一理论的屈服条件又称为密赛斯屈服条件。后来一些实验表明,这一强度理论可以较好地解释和判断材料的屈服,由于全面考虑了三个主应力的影响,所以比较合理,比最大切应力理论更符合实验结果。

7.8.2 莫尔强度理论

最大切应力理论是解释和判断塑性材料是否发生屈服的理论,但材料发生屈服的根本原因是材料的晶格之间在最大切应力的面上发生错动。因此,从理论上说,这一理论也可以解释和判断材料的脆性剪断破坏。但实际上,某些实验现象没有证实这种论断。例如铸铁压缩试验,虽然试件最后发生剪断破坏,但剪断面并不是最大切应力的作用面。这一现象表明,对脆性材料,仅用切应力作为判断材料剪断破坏的原因还不全面。1900 年,莫尔(O. Mohr)提出了新的强度理论。这一理论认为:材料发生剪断破坏的原因主要是切应力,但也和同一截面上的正应力有关。因为如材料沿某一截面有错动趋势时,该截面上将产生内摩擦力阻止这一错动。这一摩擦力的大小与该截面上的正应力有关。当构件在某截面上有压应力时,压应力越大,材料越不容易沿该截面产生错动;当截面上有拉应力时,则材料就容易沿该截面错动。因此,剪断并不一定发生在切应力最大的截面上。

在三向应力状态下,一点处的应力状态可用三个二向应力圆表示。如果不考虑 σ_2 对破坏的影响,则一点处的最大切应力或较大的切应力可由 σ_1 和 σ_3 所作的应力圆决定。材料发生剪断破坏时,由 σ_1 和 σ_3 所作的应力圆称为极限应力圆。莫尔认为,根据 σ_1 和 σ_3 的不同比值,可作一系列极限应力圆,然后作这一系列极限应力圆的包络线,如图 7-19 所示。某一材料的包络

线便是其破坏的临界线。当构件内某点处的主应力为已知时，根据 σ_1 和 σ_3 所作的应力圆如在包络线以内，则该点不会发生剪断破坏；如所作的应力圆与包络线相切，表示该点刚处于剪断破坏状态，切点就对应于该点处的破坏面；如所作的应力圆已超出包络线，表示该点已发生剪断破坏。

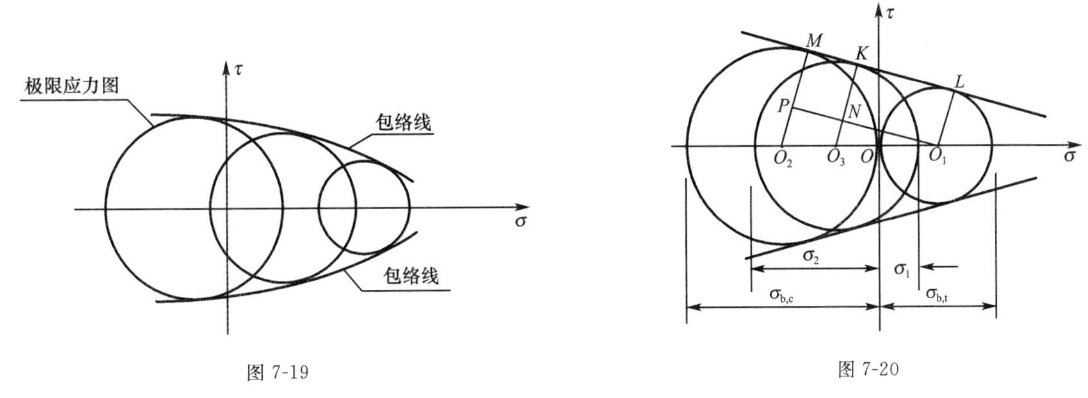

图 7-19　　　　图 7-20

但是，要精确作出某一材料的包络线是非常困难的。工程上为了简化计算，往往只作出单向拉伸和单向压缩的极限应力圆，并以这两个圆的公切线作为简化的包络线。图 7-20 表示抗拉强度 $\sigma_{b,t}$ 和抗压强度 $\sigma_{b,c}$ 不相等的材料所做的极限应力圆和包络线。为了导出用主应力表示的破坏条件，设构件内某点处于剪断破坏临界状态，由该点处的主应力 σ_1 和 σ_3 作一应力圆和包络线相切，如图 7-20 所示的中间一个应力圆。作 MKL 的平行线 PNO_1，由$\triangle O_1NO_3$ 与 $\triangle O_1PO_2$ 相似，得

$$\frac{\overline{O_3N}}{\overline{O_2P}}=\frac{\overline{O_3O_1}}{\overline{O_2O_1}} \tag{a}$$

式中

$$\overline{O_3N}=\overline{O_3K}-\overline{O_1L}=\frac{1}{2}(\sigma_1-\sigma_3)-\frac{1}{2}\sigma_{b,t}$$

$$\overline{O_2P}=\overline{O_2M}-\overline{O_1L}=\frac{1}{2}\sigma_{b,c}-\frac{1}{2}\sigma_{b,t}$$

$$\overline{O_3O_1}=\overline{OO_1}+\overline{OO_3}=\frac{1}{2}\sigma_{b,t}+\frac{1}{2}(\sigma_1+\sigma_3)$$

$$\overline{O_2O_1}=\overline{OO_1}+\overline{OO_2}=\frac{1}{2}\sigma_{b,t}+\frac{1}{2}\sigma_{b,c}$$

将以上各式代入式(a)，化简得

$$\sigma_1-\frac{\sigma_{b,t}}{\sigma_{b,c}}\sigma_3=\sigma_{b,t}$$

这就是莫尔强度理论的破坏条件。将 $\sigma_{b,t}$ 和 $\sigma_{b,c}$ 除以安全因数后，得到材料的许用拉应力 $[\sigma_t]$ 和许用压应力 $[\sigma_c]$，故强度条件为

$$\sigma_1-\frac{[\sigma_t]}{[\sigma_c]}\sigma_3\leqslant[\sigma_t] \tag{7-24}$$

一些实验表明，莫尔强度理论适用于脆性材料的剪断破坏。例如铸铁试件受轴向压缩时，其剪断面和图 7-20 中的点 M 对应，并不是与横截面成 45°的截面。此外，该强度理论也可用于岩石、土壤等材料。对于抗拉强度和抗压强度相等的塑性材料，由于 $[\sigma_t]=[\sigma_c]$，此时式(7-24)即成为式(7-22)，表明最大切应力理论是莫尔强度理论的特殊情况。因此，莫尔强度理

论也适用于塑性材料的屈服破坏。莫尔强度理论和最大切应力理论一样,也没有考虑 σ_2 对破坏的影响。

7.8.3 各种强度理论的应用

上面介绍了五种主要的强度理论及每种强度理论的强度条件,即式(7-20)～式(7-24)。这些强度条件可以写成统一的形式,即

$$\sigma_r \leqslant [\sigma] \tag{7-25}$$

式中,σ_r 称为相当应力。上述五种强度理论的相当应力分别为

第一强度理论:$\sigma_{r1} = \sigma_1$

第二强度理论:$\sigma_{r2} = \sigma_1 - \mu(\sigma_2 + \sigma_3)$

第三强度理论:$\sigma_{r3} = \sigma_1 - \sigma_3$

第四强度理论:$\sigma_{r4} = \sqrt{\frac{1}{2}[(\sigma_1 - \sigma_2)^2 + (\sigma_2 - \sigma_3)^2 + (\sigma_3 - \sigma_1)^2]}$

莫尔强度理论:$\sigma_{rM} = \sigma_1 - \frac{[\sigma_t]}{[\sigma_c]}\sigma_3$ (7-26)

各相当应力只是杆件危险点处主应力的组合。有了强度理论的强度条件,就可对危险点处于复杂应力状态的杆件进行强度计算。但是,在工程实际问题中,解决具体问题时选用哪一个强度理论是比较复杂的问题,需要根据杆件的材料种类、受力情况、荷载的性质(静荷载还是动荷载)以及温度等因素决定。一般说来,在常温静载下,脆性材料多发生断裂破坏(包括拉断和剪断),所以通常采用最大拉应力理论或莫尔强度理论,有时也采用最大拉应变理论。塑性材料多发生屈服破坏,所以通常采用最大切应力理论或形状改变能密度理论,前者偏于安全,后者偏于经济。

由于材料的破坏形式还受应力状态的影响,因此,即使同一种材料,在不同的应力状态下,也不能采用同一种强度理论。例如,低碳钢在单向拉伸时呈现屈服破坏,可用最大切应力理论或形状改变能密度理论;但在三向拉伸状态下低碳钢呈现脆性断裂破坏,就需要用最大拉应力理论或最大拉应变理论。对于脆性材料,在单向拉伸状态下,应采用最大拉应力理论;但在二向或三向应力状态下,且最大和最小主应力分别为拉应力和压应力的情况,则可采用最大拉应变理论或莫尔强度理论。在三向受压的应力状态下,不论塑性材料还是脆性材料,通常都发生屈服破坏,故一般可用最大切应力理论或形状改变能密度理论。

总之,强度理论的研究,虽然有了很大发展,并且在工程上也得到广泛的应用,但至今所提出的强度理论都有不够完善的地方,还有许多需要研究的问题。一些新的强度理论,如我国学者俞茂宏提出的双切应力强度理论等,本书不再作详细介绍。

必须指出,强度理论同样可用于危险点处于单向应力状态或纯剪切应力状态情况的强度计算。当危险点处于单向应力状态时,无论选用上述五个强度理论中的哪一个,其强度条件均相同,为

$$\sigma_{max} \leqslant [\sigma] \tag{7-27}$$

当危险点处于纯剪切应力状态时,无论选用上述五个强度理论中的哪一个,其强度条件也均可导出如下的统一形式

$$\tau_{max} \leqslant [\tau] \tag{7-28}$$

这一结果,从下面例题 7-7 的分析中,就不难理解了。

对于危险点处于复杂应力状态情况，则必须先选用合适的强度理论，再按该强度理论的强度条件进行强度计算。

例题 7-7　试用强度理论导出 $[\sigma]$ 和 $[\tau]$ 之间的关系式。

解： 取一纯剪切应力状态的单元体，如图 7-21 所示。在该单元体中，主应力 $\sigma_1 = \tau, \sigma_2 = 0, \sigma_3 = -\tau$ 。现首先用第四强度理论导出 $[\sigma]$ 和 $[\tau]$ 的关系式。

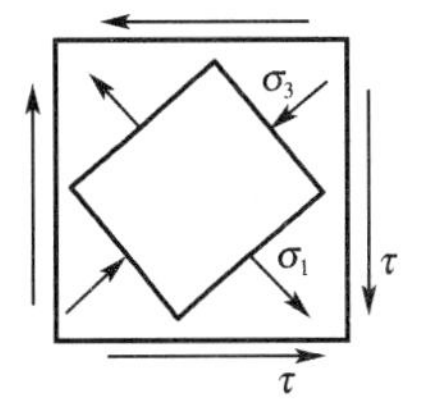

图 7-21 例题 7-7 图

将主应力代入式(7-23)，得

$$\sqrt{\frac{1}{2}[(\tau-0)^2+(0+\tau)^2+(-\tau-\tau)^2]} \leqslant [\sigma]$$

$$\tau \leqslant \frac{[\sigma]}{\sqrt{3}}$$

将上式与纯剪切应力状态的强度条件式(7-28)相比较，即得

$$[\tau] = \frac{[\sigma]}{\sqrt{3}} = 0.577[\sigma]$$

同理，由其他强度理论也可导出 $[\sigma]$ 和 $[\tau]$ 的关系，即

由第三强度理论：$[\tau] = 0.5[\sigma]$

由第一强度理论：$[\tau] = [\sigma]$

由第二强度理论：$[\tau] = [\sigma]/(1+\mu)$

由于第一、第二强度理论适用于脆性材料，第三、第四强度理论适用于塑性材料，故通常取 $[\sigma]$ 和 $[\tau]$ 的关系为

塑性材料：$[\tau] = (0.5 \sim 0.6)[\sigma]$

脆性材料：$[\tau] = (0.8 \sim 1.0)[\sigma]$

通常低碳钢的许用应力取 $[\sigma] = 170$ MPa，$[\tau] = 100$ MPa 基本符合由第四强度理论导出的 $[\sigma]$ 和 $[\tau]$ 的关系。

例题 7-8　已知一锅炉的平均直径 $D_0 = 1\ 000$ mm，壁厚 $\delta = 10$ mm，如图 7-22(a)所示。锅炉材料为低碳钢，其许用应力 $[\sigma] = 170$ MPa 。设锅炉内蒸汽压力的压强 $p = 3.6$ MPa，试用第四强度理论校核锅炉壁的强度。

解：(1)锅炉壁的应力分析

由于蒸汽压力对锅炉端部的作用，锅炉壁横截面上要产生轴向应力，用 σ' 表示；同时，蒸汽压力使锅炉壁均匀扩张，壁的切线方向要产生周向应力，用 σ'' 表示。

先求轴向应力 σ' 。假想将锅炉沿横截面截开，取左部分研究，受力如图 7-22(b)所示。在蒸汽压力作用下，环形截面上的轴向有应力 σ' 。因壁厚很小，可认为 σ' 沿壁厚均匀分布。作用在锅炉端部的蒸汽压力的合力可近似地认为是 $\frac{\pi D^2}{4}p$ 。由平衡方程得

$$\frac{\pi D_0^2}{4}p = \sigma' \pi D_0 \delta$$

由于薄壁，可将横断面面积视为长条矩形，由此得到

$$\sigma' = \frac{pD_0}{4\delta}$$

将 p, D_0 和 δ 的数据代入上式，解得 $\sigma' = 90$ MPa 。

再求周向应力 σ'' 。假想将锅炉壁沿纵向直径平面截开，取上部分研究，并沿长度方向取

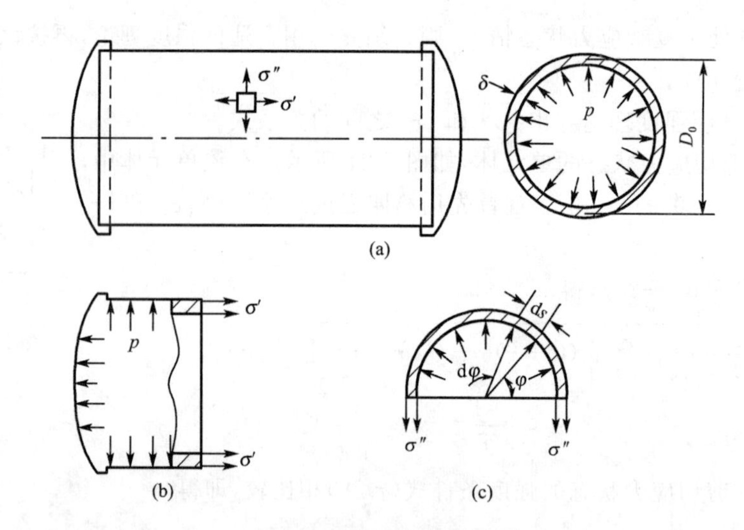

图 7-22　例题 7-8 图

一段单位长度，如图 7-22(c)所示。在该部分上由于蒸汽压力作用引起纵截面上有正应力 σ''。为了求出 σ''，需求出蒸汽压力在竖直方向的合力。在弧上取弧段 $\mathrm{d}s$，这一弧段上的作用力在竖直方向的投影为 $p\times \mathrm{d}s\times 1\times \sin\varphi$，故总的合力为

$$\int_s p\times 1\times \sin\varphi \times \mathrm{d}s=\int_0^{\pi} p\sin\varphi \frac{D_0}{2}\mathrm{d}\varphi = pD_0$$

由平衡方程，得

$$\sigma''\times 2\delta\times 1 = pD_0$$

所以

$$\sigma''=\frac{pD_0}{2\delta}$$

将已知数据代入，解得 $\sigma''=180\ \mathrm{MPa}$。

若在锅炉的筒壁内表面处取一单元体(图 7-22(a))，该单元体上除了有 σ' 和 σ'' 外，还有蒸汽压力作用，所以是三向应力状态。但是，蒸汽压力的大小远远小于 σ' 和 σ'' 的大小，通常不予考虑，而认为锅炉筒壁上任一点处是二向应力状态。因此，主应力 $\sigma_t=\sigma''=180\ \mathrm{MPa}$，$\sigma_2=\sigma'=90\ \mathrm{MPa}$，$\sigma_3=0$。

(2)强度校核　由第四强度理论，相当应力为

$$\sigma_{r4}=\sqrt{\frac{1}{2}[(\sigma_1-\sigma_2)^2+(\sigma_2-\sigma_3)^2+(\sigma_3-\sigma_1)^2]}=155.9\ \mathrm{MPa}$$

小于材料的许用应力，所以锅炉壁的强度是足够的。

例题 7-9　一工字钢简支梁及所受荷载如图 7-23(a)所示。已知材料的许用应力 $[\sigma]=170\ \mathrm{MPa}$，$[\tau]=100\ \mathrm{MPa}$。试根据强度计算，选择工字钢的型号。

解：首先作出梁的剪力图和弯矩图，如图 7-23(b)、图 7-23(c)所示。

(1)正应力强度计算

由弯矩图可见，CD 梁段内各横截面的弯矩相等且为最大值，$M_{max}=84\ \mathrm{kN\cdot m}$。所以这段梁上各横截面均为危险截面。由梁的正应力强度条件，工字钢梁所需的弯曲截面系数为

$$W\geqslant\frac{M_{max}}{[\sigma]}=\frac{84\times10^3\ \mathrm{N\cdot m}}{170\times10^6\ \mathrm{Pa}}=494\times10^{-6}\ \mathrm{m^3}=494\ \mathrm{cm^3}$$

查型钢表，选用 28a 号工字钢，$W=508.15\ \mathrm{cm^3}$，$I_z=7\ 114.14\ \mathrm{cm^4}$

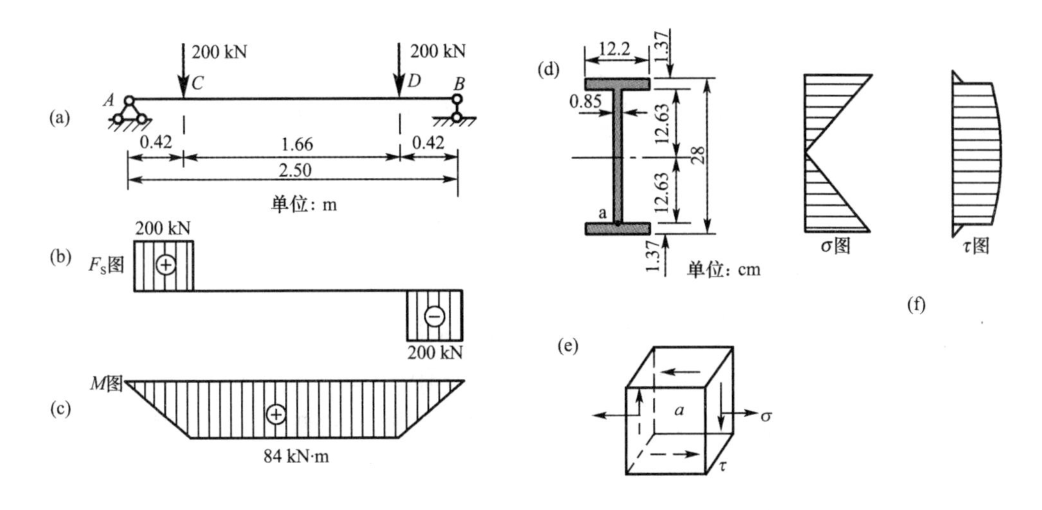

图 7-23　例题 7-9 图

(2)切应力强度校核

由剪力图可见，AC 梁段和 DB 梁段内各横截面的剪力相同(仅正负号不同)，均为危险截面，$F_{S,max}=200$ kN。由梁的切应力强度条件校核切应力强度。查型钢表，28a 号工字钢的 $I_z/S_{max}=24.62$ cm，腹板宽度 $d=0.85$ cm，所以

$$\tau_{max}=\frac{F_{S,max}}{\dfrac{I_z}{S_{max}}\times d}=\frac{200\times10^3\,\text{N}}{24.62\times0.85\times10^{-4}\ \text{m}^2}=95.6\ \text{MPa}<[\tau]$$

可见 28a 号工字钢可满足切应力强度要求。

(3)主应力强度校核

由剪力图和弯矩图可见，点 C 稍左和点 D 稍右的横截面上，同时存在最大剪力和最大弯矩。又由这两个横截面上的应力分布图(图 7-23(f))可见，在工字钢腹板和翼缘的交界点处，同时存在正应力和切应力，并且两者的数值都较大。这些点是否危险，也需要作强度校核。由于这些点处于二向应力状态，需要求出主应力，再代入强度理论的强度条件进行强度校核，所以称为主应力强度校核。现在对点 C 稍左横截面腹板与下翼缘的交界点处，即图 7-23(d)中的点 a 作强度校核(也可对该截面腹板与上翼缘的交界点处作强度校核，结果相同)。从点 a 处取出一单元体，如图 7-23(e)所示。单元体上的 σ 和 τ 是点 a 处的正应力和切应力，它们可由简化的截面尺寸(图 7-23(d))分别求得

$$\sigma=\frac{My}{I_z}=\frac{84\times10^3\ \text{N}\cdot\text{m}\times12.63\times10^{-2}\ \text{m}}{7\,114.14\times10^{-8}\ \text{m}^4}=1.491\times10^8\ \text{Pa}=149.1\ \text{MPa}$$

$$\tau=\frac{F_S S_z^*}{I_z b}=\frac{200\times10^3\ \text{N}\times222.5\times10^{-6}\ \text{m}^3}{7\,114.14\times10^{-8}\ \text{m}^4\times0.85\times10^{-2}\ \text{m}}=7.36\times10^7\ \text{Pa}=73.6\ \text{MPa}$$

式中，S_z^* 是下翼缘的面积对中性轴的面积矩，其值为

$$S_z^*=12.2\ \text{cm}\times1.37\ \text{cm}\times(12.63\ \text{cm}+\frac{1.37\ \text{cm}}{2})=222.5\ \text{cm}^3$$

因为该梁是低碳钢，可用第三或第四强度理论校核强度。点 a 处的主应力为

$$\sigma_1=\frac{\sigma}{2}+\sqrt{(\frac{\sigma}{2})^2+\tau^2}$$

$$\sigma_2=0$$

$$\sigma_3 = \frac{\sigma}{2} - \sqrt{\left(\frac{\sigma}{2}\right)^2 + \tau^2}$$

将 σ_1、σ_2、σ_3 代入式(7-26)，可得第三和第四强度理论的相当应力为

$$\sigma_{r3} = \sigma_1 - \sigma_3 = \sqrt{\sigma^2 + 4\tau^2}$$

$$\sigma_{r4} = \sqrt{\frac{1}{2}[(\sigma_1 - \sigma_2)^2 + (\sigma_2 - \sigma_3)^2 + (\sigma_3 - \sigma_1)^2]} = \sqrt{\sigma^2 + 3\tau^2}$$

将点 a 处 σ 和 τ 的数值代入，得

$$\sigma_{r3} = \sqrt{(149.1\ \text{MPa})^2 + 4 \times (73.6\ \text{MPa})^2} = 209.5\ \text{MPa}$$

$$\sigma_{r4} = \sqrt{(149.1\ \text{MPa})^2 + 3 \times (73.6\ \text{MPa})^2} = 196.2\ \text{MPa}$$

可见 28a 号工字钢不能满足主应力强度要求，需加大截面，重新选择工字钢。改选 32a 号工字钢，并计算点 a 处的正应力和切应力，得

$$\sigma = \frac{My}{I_z} = \frac{84 \times 10^3\ \text{N} \cdot \text{m} \times 14.5 \times 10^{-2}\ \text{m}}{11075.5 \times 10^{-8}\ \text{m}^4} = 1.10 \times 10^8\ \text{Pa} = 110.0\ \text{MPa}$$

$$\tau = \frac{F_S S_z^*}{I_z b} = \frac{200 \times 10^3\ \text{N} \times 297.4 \times 10^{-6}\ \text{m}^3}{11075.5 \times 10^{-8}\ \text{m}^4 \times 0.95 \times 10^{-2}\ \text{m}} = 5.65 \times 10^7\ \text{Pa} = 56.5\ \text{MPa}$$

由此可得

$$\sigma_{r3} = 157.7\ \text{MPa} < [\sigma]$$

$$\sigma_{r4} = 147.2\ \text{MPa} < [\sigma]$$

可见 32a 号工字钢能满足主应力强度要求。显然，该梁最大正应力和最大切应力也满足强度要求。

从这一例题可知，为了全面校核梁的强度，除了需要作正应力和切应力强度计算外，有时还需要作主应力强度校核。一般来讲，在下列情况下，需作主应力强度校核：

(1)弯矩和剪力都是最大值或者接近最大值的横截面；

(2)梁的横截面宽度有突然变化的点处，例如工字形和槽形截面翼缘和腹板的交界点处。但是，对于型钢，由于在腹板和翼缘的交界点处做成圆弧状，因而增加了该处的横截面宽度，所以主应力强度是足够的。只有对那些由三块钢板焊接起来的工字钢梁或槽形钢梁才需作主应力强度校核。

例题 7-10 对某种岩石试样进行了一组三向受压破坏试验，结果见表 7-1。设某工程的岩基中，两个危险点的应力情况已知，分别为点 A：$\sigma_1 = \sigma_2 = -10$ MPa，$\sigma_3 = -140$ MPa；点 B：$\sigma_1 = \sigma_2 = -120$ MPa，$\sigma_3 = -200$ MPa。试用莫尔强度理论校核点 A、B 的强度。

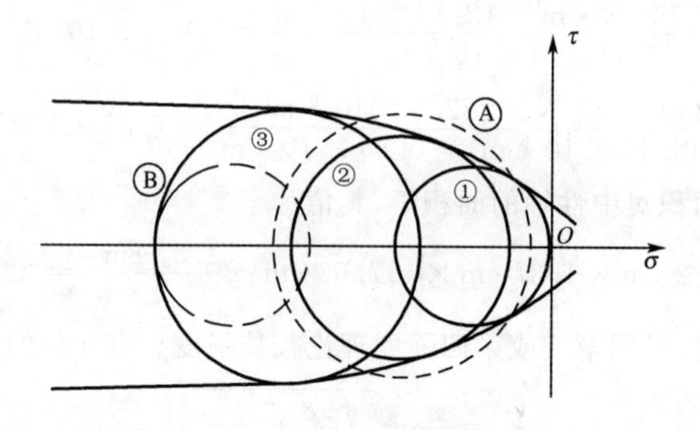

图 7-24 例题 7-10 图

表 7-1　　某种岩石试验结果(应力单位: MPa)

试件号	1	2	3
σ_1	0	−23	−64
σ_2	0	−23	−191
σ_3	−74	−133	−191

解:因为已知三向受压破坏试验的数据,所以不宜用简化的直线包络线,而应直接作包络线,然后校核 A、B 两点的强度。利用表中的数据,由 σ_1 和 σ_3 作出三个极限应力圆,

作其包络线,如图 7-24 所示。再分别由 A、B 点的主应力 σ_1 和 σ_3 作出两个应力圆,如图 7-24 中虚线所示的圆。点 A 对应的应力圆为圆 A,点 B 对应的应力圆为圆 B。由图 7-24 可见,圆 A 已超出包络线,故点 A 已发生剪断破坏;圆 B 在包络线以内,故点 B 不会发生剪断破坏。

小　结

本章介绍了平面应力状态下一点的应力分析方法:解析法和几何法,指出了一点应力应变关系的一般表达:广义胡克定律,以及由强度理论建立强度条件的方法。具体如下:

1. 任意斜截面上的应力

求解平面应力状态单元体上任意 α 斜面上的应力 σ_α 与 τ_α,可用解析法,即由平衡条件导出的以下公式

$$\left.\begin{aligned}\sigma_\alpha &= \frac{\sigma_x+\sigma_y}{2}+\frac{\sigma_x-\sigma_y}{2}\cos 2\alpha-\tau_{xy}\sin 2\alpha\\ \tau_\alpha &= \frac{\sigma_x-\sigma_y}{2}\sin 2\alpha+\tau_{xy}\cos 2\alpha\end{aligned}\right\}$$

切应力为零的截面为主平面,主平面上的正应力为主应力,计算公式为

$$\sigma_{主}=\begin{cases}\dfrac{\sigma_x+\sigma_y}{2}\pm\sqrt{\left(\dfrac{\sigma_x-\sigma_y}{2}\right)^2+\tau_{xy}^2}\\ 0\end{cases}\quad(\sigma_{主}=\sigma_1、\sigma_2、\sigma_3,且\ \sigma_1\geqslant\sigma_2\geqslant\sigma_3)$$

主平面的方位计算公式为

$$\tan 2\alpha_0=\frac{-2\tau_{xy}}{\sigma_x-\sigma_y}$$

平面应力状态分析的图解法为

$$\left(\sigma_\alpha-\frac{\sigma_x+\sigma_y}{2}\right)^2+\tau_\alpha^2=\left(\sqrt{\left(\frac{\sigma_x-\sigma_y}{2}\right)^2+\tau_{xy}^2}\right)^2$$

由上式作应力圆(又称莫尔圆)便可求出平面应力状态下单元体任意 α 斜截面上的应力 σ_α 与 τ_α,也可以很直观和方便地求出主应力和极值切应力的大小和方位。

2. 广义胡克定律的表达式为

$$\begin{aligned}\varepsilon_x &= \frac{1}{E}[\sigma_x-\mu(\sigma_y+\sigma_z)] &\quad \gamma_{xy}&=\frac{\tau_{xy}}{G}\\ \varepsilon_y &= \frac{1}{E}[\sigma_y-\mu(\sigma_z+\sigma_x)] &\quad \gamma_{yz}&=\frac{\tau_{yz}}{G}\\ \varepsilon_z &= \frac{1}{E}[\sigma_z-\mu(\sigma_x+\sigma_y)] &\quad \gamma_{zx}&=\frac{\tau_{zx}}{G}\end{aligned}$$

其他各特殊情况下的广义胡克定律表达式均可从上式推出。

3.四个常用强度理论及摩尔强度理论的强度条件为

最大拉应力(第一强度)理论：$\sigma_1 \leqslant [\sigma] \quad (\sigma_1 > 0)$

最大拉应变(第二强度)理论：$\sigma_1 - \mu(\sigma_2 + \sigma_3) \leqslant [\sigma]$

最大剪应力(第三强度)理论：$\sigma_1 - \sigma_3 \leqslant [\sigma]$

形状改变能密度(第四强度)理论：$\sqrt{\frac{1}{2}[(\sigma_1 - \sigma_2)^2 + (\sigma_2 - \sigma_3)^2 + (\sigma_3 - \sigma_1)^2]} \leqslant [\sigma]$

莫尔强度理论：$\sigma_1 - \frac{[\sigma_t]}{[\sigma_c]}\sigma_3 \leqslant [\sigma]$

习 题

7-1 各单元体上的应力如图7-25所示。试用解析法求指定方向面上的应力。

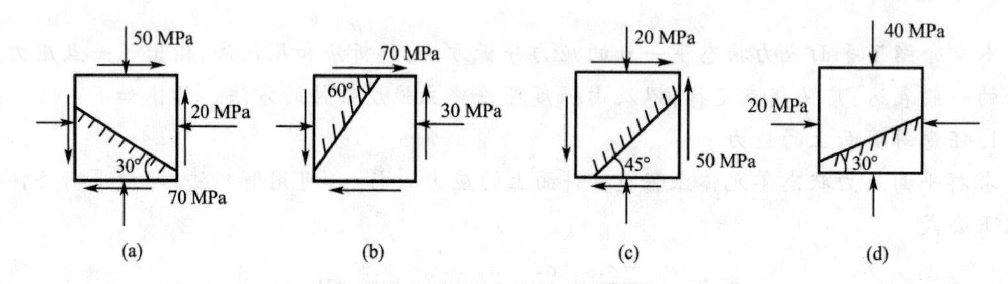

图7-25 习题7-1图

7-2 宽和高为0.1 m×0.5 m的矩形截面木梁，受力如图7-26所示。木纹与梁轴成20°角，试用解析法求截面a-a上A、B两点处木纹面上的应力。

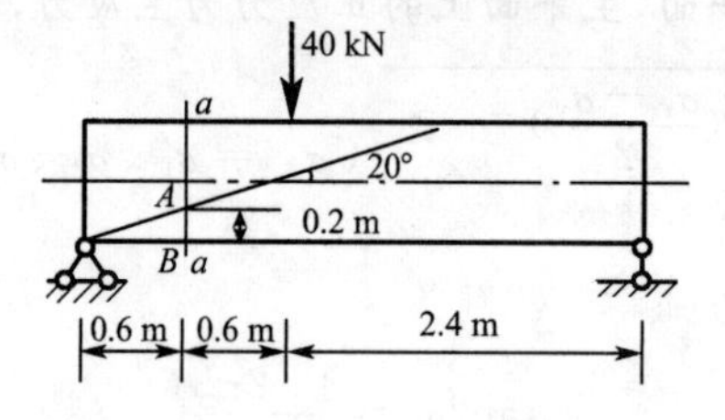

图7-26 习题7-2图

7-3 各单元体上的应力如图7-27所示。试用应力圆法求各单元体的主应力大小和方向，再用解析法校核，并绘出主应力单元体。

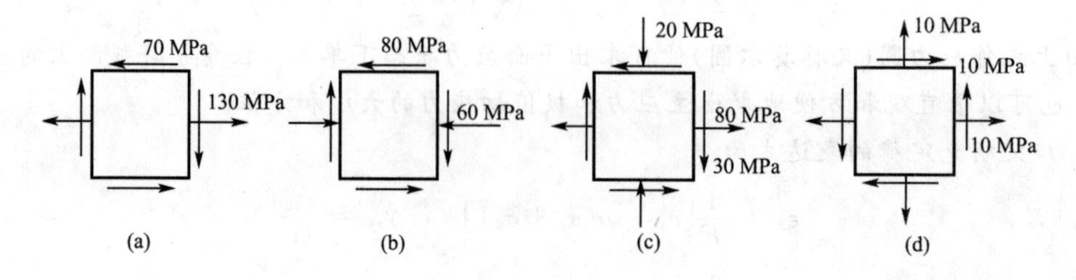

图7-27 习题7-3图

7-4　试确定图 7-28 所示梁中 A、B 两点处的主应力大小和方向，并绘出主应力单元体。(图中尺寸单位：mm)

7-5　图 7-29 所示梁上点 A 处的最大切应力是 0.9 MPa，试确定力 F 的大小。(图中尺寸单位：mm)

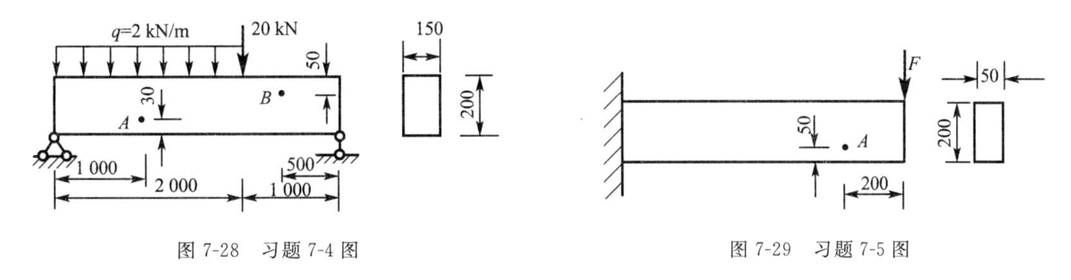

图 7-28　习题 7-4 图　　　图 7-29　习题 7-5 图

7-6　分析图 7-30 所示杆件点 A 处横截面上及纵截面上有哪些应力。(提示：在点 A 处取出图示单元体，并考虑它的平衡)。

7-7　求图 7-31 所示两单元体的主应力大小及方向。

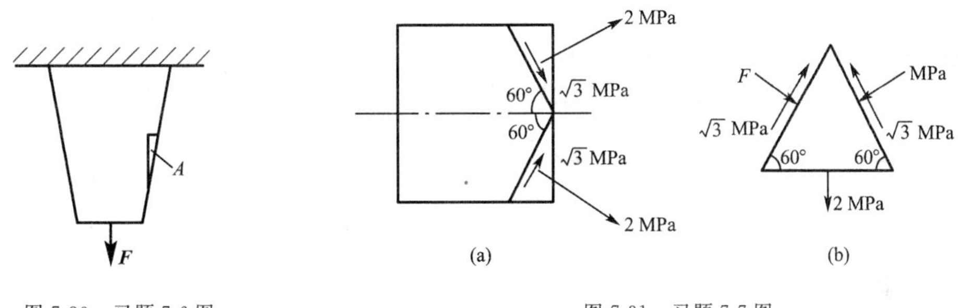

图 7-30　习题 7-6 图　　　图 7-31　习题 7-7 图

7-8　从大坝表面某点处取出一个微棱柱体，若只考虑平面内受力情况，其应力状态如图 7-32 所示，试求：(1) σ_x 与 τ_{xy}；(2)该点处的三个主应力 σ_1、σ_2、σ_3；(3)画主应力单元体。

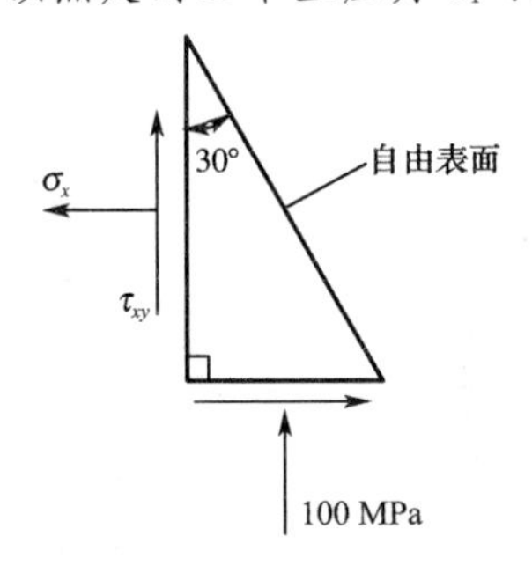

图 7-32　习题 7-8 图

7-9　在一体积较大的钢块上开一个立方槽，其各边尺寸都是 1 cm，在槽内嵌入一铝质立方块，它的尺寸是 0.95 cm×0.95 cm×1 cm(长×宽×高)。当铝块受到压力 F=6 kN 的作用时，假设钢块不变形，铝的弹性模量 E=70 GPa，μ=0.33，试求铝块的三个主应力和相应的主应变。

7-10　在图 7-33 所示工字钢梁的中性层上某点 K 处，沿与轴线成 45°方向上贴有电阻片，测得正应变 $\varepsilon=-2.6\times10^{-5}$，试求梁上的荷载 F。设 E=210 GPa，μ=0.28。

7-11　图 7-34 所示一钢质圆杆，直径 D=20 mm。已知点 A 处与水平线成 70°方向上的线应变大小为 $\varepsilon_{70°}=4.1\times10^{-4}$。$E$=210 GPa，$\mu$=0.28，求荷载 F。

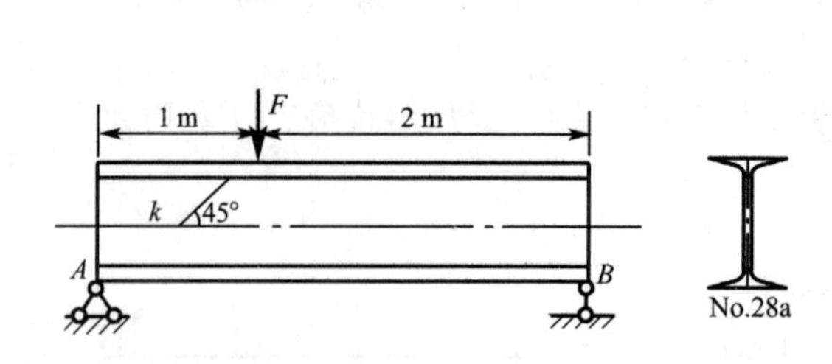

图 7-33　习题 7-10 图

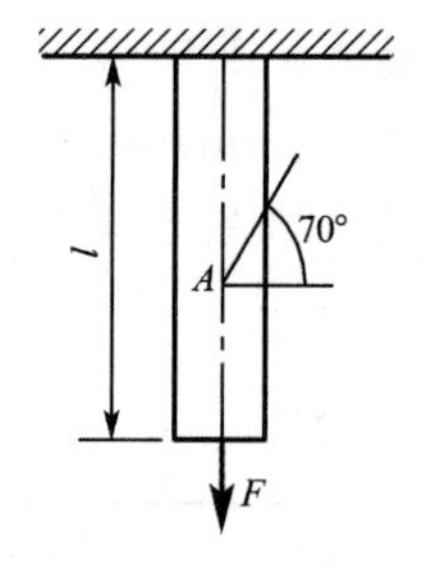

图 7-34　习题 7-11 图

7-12　如图 7-35 所示，用电阻应变仪测得受扭空心圆轴表面上某点处与母线成 45°方向上的线应变大小为 $\varepsilon=2.0\times10^{-4}$。已知 $E=200$ GPa，$\mu=0.3$，试求扭矩 T 的大小。(图中尺寸单位：mm)

7-13　受力物体内一点处的应力状态如图 7-36 所示，试求单元体的体积改变能密度和形状改变能密度。设 $E=210$GPa，$\mu=0.3$。

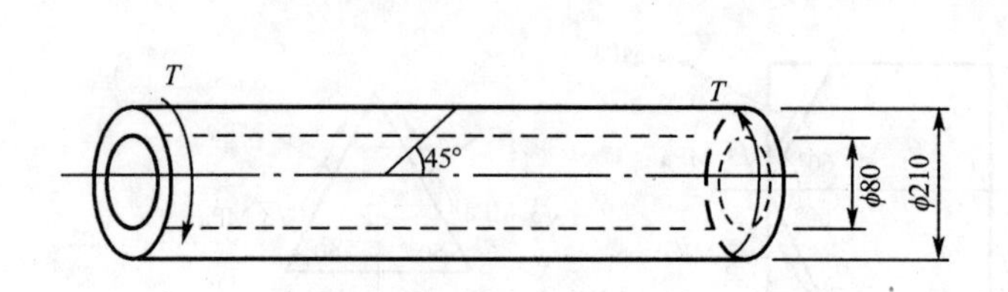

图 7-35　习题 7-12 图

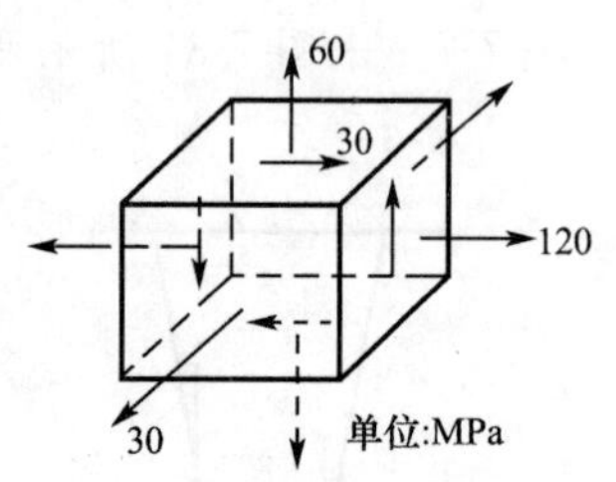

图 7-36　习题 7-13 图

7-14　炮筒横截面如图 7-37 所示。在危险点处，$\sigma_t=60$ MPa，$\sigma_c=-35$ MPa，第三主应力垂直于纸面为拉应力，其大小为 40 MPa，试按第三和第四强度论计算其相当应力。

7-15　已知钢轨与火车车轮接触点处的正应力 $\sigma_1=-650$ MPa，$\sigma_2=-700$ MPa，$\sigma_3=-900$ MPa，如图 7-38 所示。如钢轨的许用应力 $[\sigma]=250$ MPa，试用第三强度理论和第四强度理论校核该点的强度。

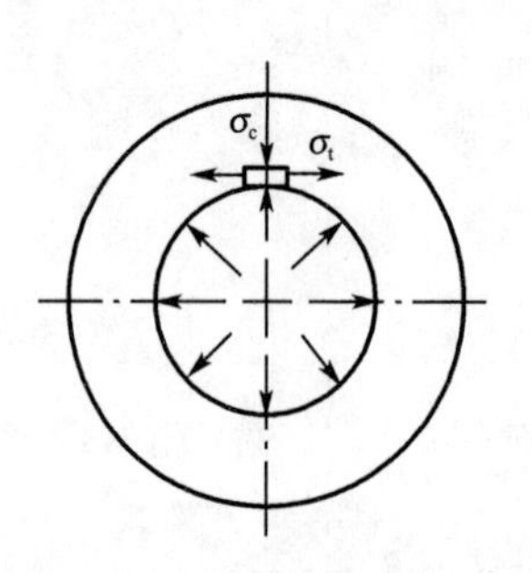

图 7-37　习题 7-14 图

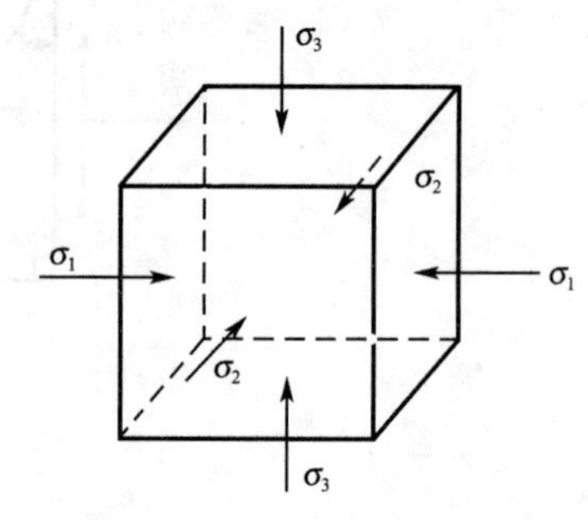

图 7-38　习题 7-15 图

7-16　受内压力作用的容器，其圆筒部分任意一点 A 处的应力状态如图 7-39(b) 所示。当容器承受最大的内压力时，用应变计测得 $\varepsilon_x=1.88\times10^{-4}$，$\varepsilon_y=7.37\times10^{-4}$。已知钢材弹性模量 $E=210$ GPa，泊松比 $\mu=0.3$，许用应力 $[\sigma]=170$ MPa。试用第三强度理论对点 A 处作强度校核。

7-17　如图 7-40 所示两端封闭的薄壁圆筒，若内压 $p=4$ MPa，自重 $q=60$ kN/m，圆筒平均直径 $D=1$ m，壁厚 $\delta=30$ mm，许用应力 $[\sigma]=120$ MPa。试用第三强度理论校核圆筒的强度。

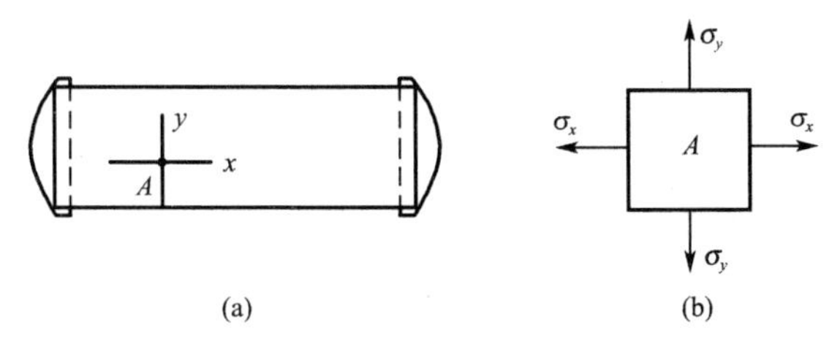

图 7-39　习题 7-16 图

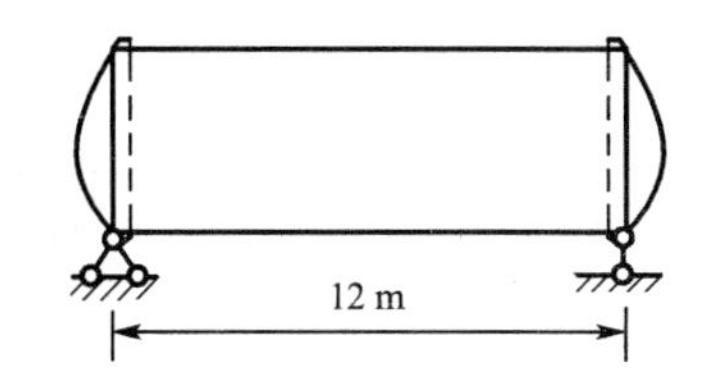

图 7-40　习题 7-17 图

7-18　两种应力状态如图 7-41(a)、图 7-41(b)所示。

(1)试按第三强度理论分别计算其相当应力(设$|\sigma|>|\tau|$)；

(2)直接根据形状改变能密度的概念判断何者较易发生屈服？并用第四强度理论进行校核。

7-19　在一砖石结构中的某一点处，由作用力引起的应力状态如图 7-42 所示。构成此结构的石料是层化的，而且顺着与 A-A 平行的平面上承剪能力较弱。试判断该点是否安全？假定石头在任何方向上的许用拉应力都是 1.5 MPa，许用压应力是 14 MPa，平行于平面 A-A 的许用切应力是 2.3 MPa。

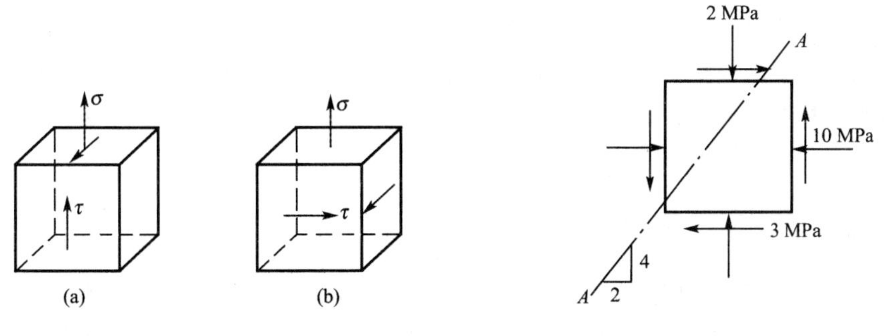

图 7-41　习题 7-18 图

图 7-42　习题 7-19 图

7-20　一简支钢板梁受荷载如图 7-43(a)所示，它的截面尺寸如图 7-43(b)所示。已知钢材的许用应力$[\sigma]=170$ MPa，$[\tau]=100$ MPa，试校核梁内的正应力强度和切应力强度，并按第四强度理论对截面上的点 a 作强度校核。(注：通常在计算点 a 处的应力时近似地按点 a' 的位置计算。)

7-21　某种铸铁的拉、压强度极限之比是 $\sigma_t/\sigma_c=1/4$。用此种铸铁做单向压缩试验，如图 7-44 所示。试按莫尔强度理论判断断裂面与试样轴线所成的角度。

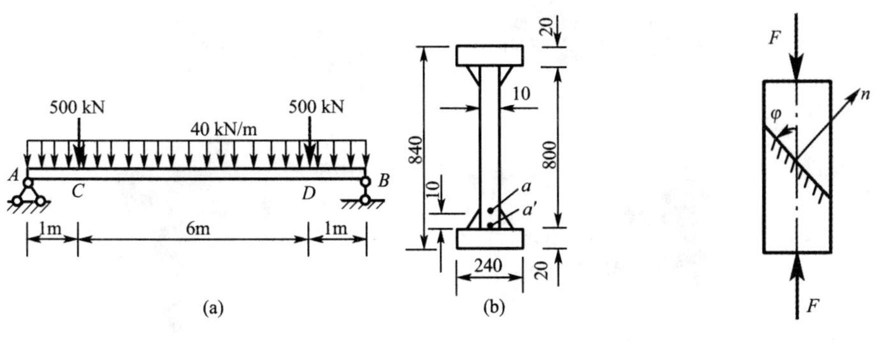

图 7-43　习题 7-20 图

图 7-44　习题 7-21 图

第 8 章　组合变形

8.1　概　述

前面章节给出了杆件的四种基本变形：轴向拉伸(压缩)、剪切、扭转和弯曲的强度及变形计算公式。在实际工程中，若杆件的一种变形是主要的，其余变形所引起的应力(应变)相对很小，可按主要的一种基本变形进行计算。当杆件受力后产生的几种基本变形所对应的应力(应变)相差不大，不能忽略任何一种基本变形时，则称为**组合变形**。

工程中很多构件的变形为组合变形，如图 8-1 所示。图 8-1(a)中起重机横梁在起重过程中受到轴向压力及横向力作用，将产生压缩和弯曲的组合变形；图 8-1(b)中的牛腿立柱，由于受到偏心压力作用，也将产生压缩和弯曲的组合变形；图 8-1(c)所示的绞盘轴，在水平和竖向力作用下，轴产生弯曲及扭转的组合变形；而图 8-1(d)中的钻杆通常受到压缩和扭转的组合变形，当压力相对钻杆的轴线存在一定偏心时，还将伴随产生弯曲变形。

在线弹性、小变形条件下，可采用叠加原理求解组合变形问题。首先，将作用在杆件上的外荷载向杆件轴线简化，分析杆件横截面上的内力分量，作相应的内力图，判断构件可能产生的基本变形形式。其次，利用基本变形计算公式，分别计算构件在每一种基本变形形式下的内力、应力或变形。然后，利用叠加原理，将每一种基本变形形式下的内力、应力或变形线性叠加，即得到构件在组合变形情况下的分析结果。综合考虑各基本变形下的内力，可以确定构件的危险截面，而通过危险截面上各点的应力分布，可确定危险点的位置及危险点的应力状态，并建立危险点的强度条件。

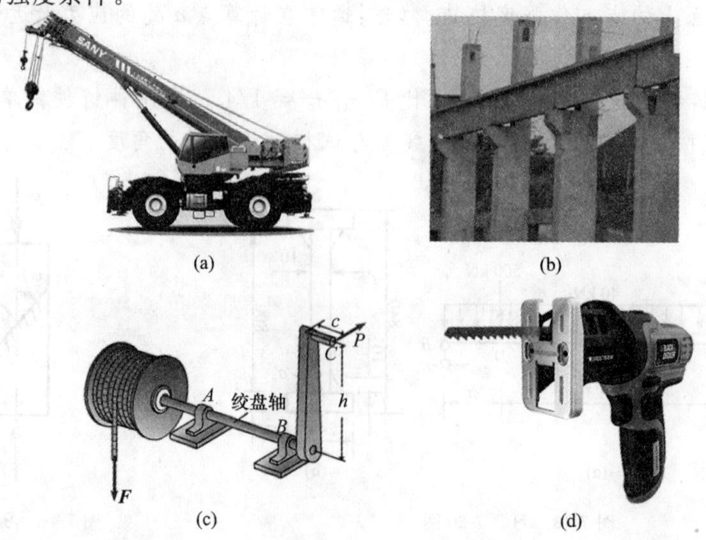

图 8-1

8.2 两相互垂直平面内的弯曲

在第 5 章中，我们讨论过平面弯曲问题，即梁变形后的轴线所在平面与荷载作用面重合或平行。当梁具有纵对称面，例如矩形截面梁或 T 形截面梁，外力作用在梁的纵对称平面内，变形后梁轴线仍在此纵对称面内，这种弯曲称为对称弯曲。在实际工程中，有时荷载的方向与横截面两个对称轴方向存在一定夹角（图 8-2），此时梁变形后轴线所在的平面与荷载作用平面不再重合或平行，这种弯曲称为**斜弯曲**。本节将讨论具有两个对称轴的梁发生斜弯曲时，梁上各点正应力、变形的计算方法以及强度条件的建立。

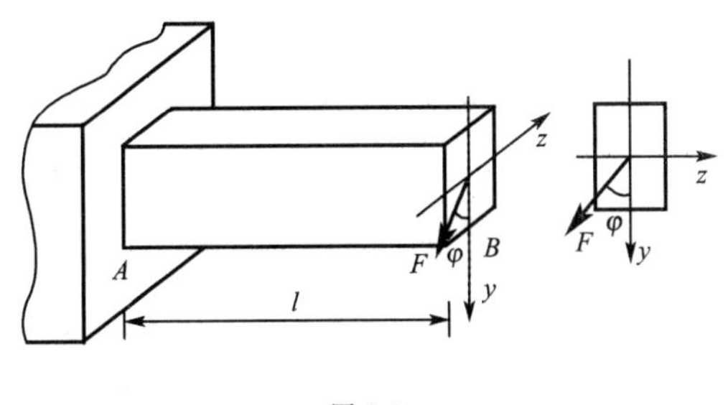

图 8-2

如图 8-3(a)所示的矩形截面梁，在横向力 F 作用下，梁的横截面上既有弯矩又有剪力，弯矩引起各点产生正应力，剪力引起各点产生切应力。通常情况下，切应力数值较小，若正应力满足强度要求，则切应力亦满足强度要求，因此一般可不必进行切应力验算。下面根据叠加原理计算斜弯曲梁横截面上任意点的正应力。

求解图 8-3(a)所示梁任意横截面 $ABCD$ 上（距自由端距离为 x）任意点 K 的正应力。首先将外力 F 沿两个对称轴方向分解为 F_y 和 F_z，其中 $F_y = F\cos\varphi$，$F_z = F\sin\varphi$，F_y 和 F_z 单独作用下梁分别在纵对称面 xOy 内和水平对称面 xOz 内发生对称弯曲。K 点的正应力即两个方向对称弯曲所产生的正应力的代数和。计算时注意两个方向的弯曲所引起 K 点正应力的符号：拉为正，压为负。

在横截面 $ABCD$ 上，由力 F_y、F_z 引起的弯矩分别为 M_z 和 M_y（图 8-3(b)）

$$M_z = F_y x = Fx\cos\varphi = M\cos\varphi$$

$$M_y = F_z x = Fx\sin\varphi = M\sin\varphi$$

式中，$M = Fx$ 是外力 F 在该截面上引起的弯矩。

弯矩 M_z 引起 m-m 截面上正应力分布如图 8-3(c)所示，任意点 K 的正应力为

$$\sigma' = -\frac{M_z}{I_z}y$$

弯矩 M_y 引起 m-m 截面上正应力分布如图 8-3(d)所示，任意点 K 的正应力为

$$\sigma'' = \frac{M_y}{I_y}z$$

M_z 和 M_y 共同作用下点 K 的正应力为

$$\sigma_K = \sigma' + \sigma'' = -\frac{M_z}{I_z}y + \frac{M_y}{I_y}z$$

式中，I_z 和 I_y 分别为截面对 z 轴和 y 轴的惯性矩；y 和 z 分别为所求应力点 K 到 z 轴和 y 轴的距离。从图 8-3(c)、图 8-3(d)可以看出，当任意点 K 位于不同象限内时，M_z、M_y 所引起的正应力的符号不同。由此可知，梁横截面上任意点正应力计算公式的一般表达式为

$$\sigma = \pm\frac{M_z}{I_z}y \pm \frac{M_y}{I_y}z \tag{8-1}$$

式(8-1)中的符号可根据梁的变形和所求应力点的位置来判定(拉为正、压为负)。例如,当 K 点位于 y、z 坐标系下第四象限时,正应力表达式为

$$\sigma_K = \frac{M_z}{I_z}y + \frac{M_y}{I_y}z$$

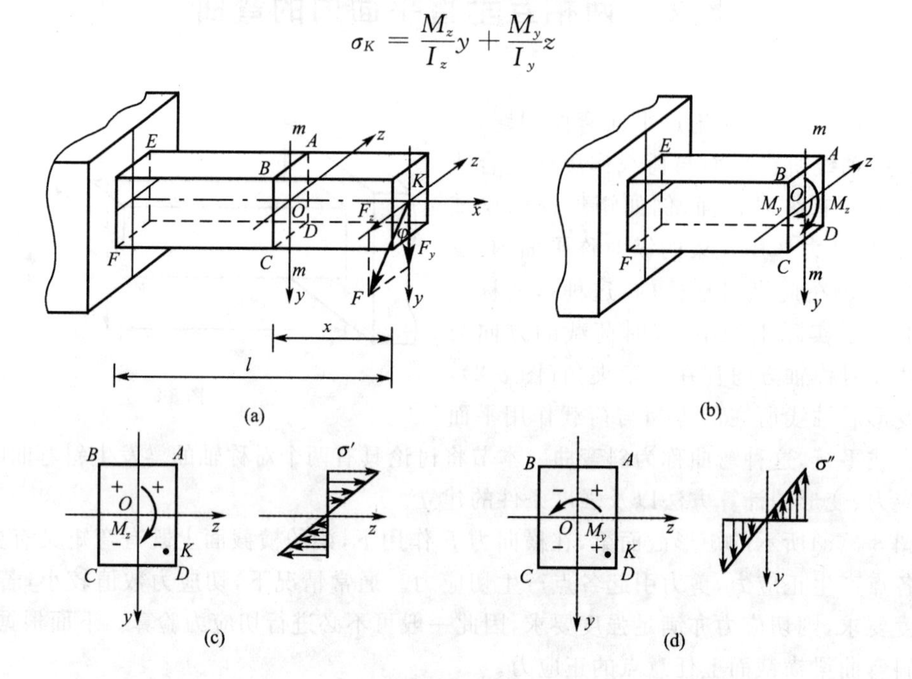

图 8-3

根据中性轴的定义,中性轴上各点的正应力为零,可知中性轴方程为

$$-\frac{M_z}{I_z}y + \frac{M_y}{I_y}z = 0 \tag{8-2}$$

方程中 y、z 为中性轴上任意点的坐标。由式(8-2)可知,中性轴是一条通过截面形心的直线(图 8-4(a)),其与 y 轴的夹角 θ 为

$$\tan\theta = \frac{z}{y} = \frac{M_z I_y}{M_y I_z} = \frac{F_y}{F_z}\cdot\frac{I_y}{I_z} = \frac{I_y}{I_z}\cot\varphi \tag{8-3}$$

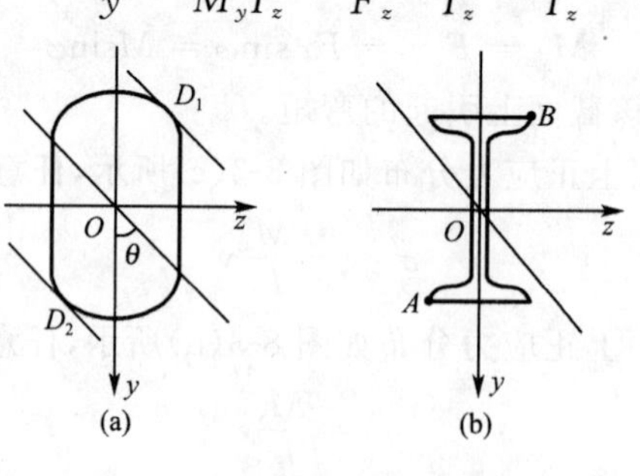

图 8-4

式(8-3)中,φ 为外力 F 与 y 轴的夹角,θ 为中性轴与 y 轴的夹角。当截面对两对称轴的惯性矩 $I_z \neq I_y$ 时,$\theta + \varphi \neq 90°$,即外力 F 作用线与中性轴不垂直,荷载作用面与梁的变形平面不平行或重合,故称为**斜弯曲**。对于圆形、正方形等 $I_z = I_y$ 的截面,无论荷载沿什么方向作用,中性轴始终与外力垂直,产生平面弯曲。

确定了中性轴的位置后,即可确定梁横截面上最大正应力点的位置。如图 8-4(a)所示没有角点的截面,可沿截面周边作中性轴的平行线,确定距离中性轴最远的点 D_1、D_2,即截面上

最大拉应力和最大压应力点。而工程中常用的矩形、工字形等截面,横截面上的最大正应力必发生在中性轴两侧的角点上(图 8-4(b))中 A、B 点。对于此类有角点的截面,可根据外荷载的作用方位或梁的变形情况,直接判断出最大正应力点的位置,而不必确定截面的中性轴位置。

横截面有角点的斜弯曲梁上最大正应力可表达为

$$\sigma_{\max} = \frac{M_{z,\max}}{I_z} y_{\max} + \frac{M_{y,\max}}{I_y} z_{\max} = \frac{M_{z,\max}}{W_z} + \frac{M_{y,\max}}{W_y} \tag{a}$$

由于最大正应力点为单向应力状态,故梁的正应力强度条件为

$$\sigma_{\max} \leqslant [\sigma] \tag{b}$$

将式(a)代入式(b)得梁的正应力强度条件为

$$\sigma_{\max} = \frac{M_{z,\max}}{W_z} + \frac{M_{y,\max}}{W_y} \leqslant [\sigma] \tag{8-4}$$

与平面弯曲相同,利用式(8-4)所示的强度条件,可解决工程中常见的三类典型问题,即强度校核、选择截面和确定许用荷载。在选择截面(设计截面)时应注意:因式(8-4)中存在两个未知弯曲截面系数 W_z 和 W_y,所以在选择截面时,需先确定截面的高宽比,然后由式(8-4)计算 W_y 和 W_z 值,再确定截面的具体尺寸。

例题 8-1　已知矩形截面悬臂梁受水平荷载 $2F$ 和竖向荷载 F 作用,如图 8-5 所示,若矩形截面宽、高分别为 b、h,试求梁固定端截面上 A、B、C、D 各点的应力。

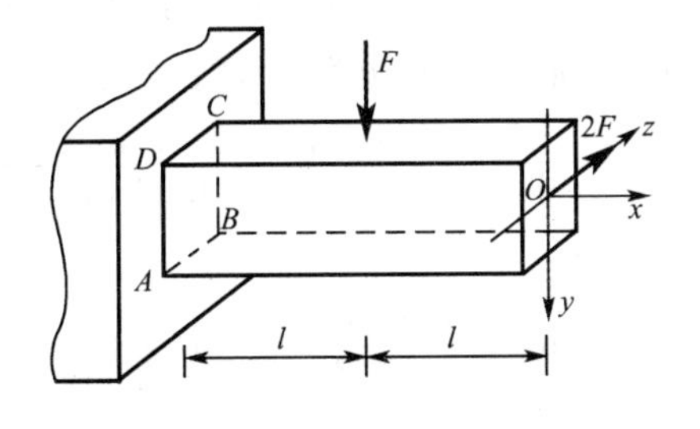

图 8-5　例题 8-1 图

解:当力 F 单独作用时,梁横截面绕 z 轴弯曲,点 A 的应力为压应力,大小为 $\sigma_A' = -\dfrac{Fl}{bh^2/6}$

当力 $2F$ 单独作用时,梁横截面绕 y 轴弯曲,点 A 的应力为拉应力,大小为 $\sigma_A'' = \dfrac{4Fl}{hb^2/6}$

根据叠加原理,力 F 和 $2F$ 共同作用时,点 A 的正应力

$$\sigma_A = \sigma_A' + \sigma_A'' = -\frac{6Fl}{bh^2} + \frac{24Fl}{hb^2}$$

同理可求点 B、C、D 的正应力分别为

$$\sigma_B = -\frac{4Fl}{\frac{hb^2}{6}} - \frac{Fl}{\frac{bh^2}{6}} = -\frac{24Fl}{hb^2} - \frac{6Fl}{bh^2}$$

$$\sigma_C = -\frac{4Fl}{\frac{hb^2}{6}} + \frac{Fl}{\frac{bh^2}{6}} = -\frac{24Fl}{hb^2} + \frac{6Fl}{bh^2}$$

$$\sigma_D = \frac{4Fl}{\frac{hb^2}{6}} + \frac{Fl}{\frac{bh^2}{6}} = \frac{24Fl}{hb^2} + \frac{6Fl}{bh^2}$$

由此题可以看出，在求解梁上任意点的应力时，可先计算每个荷载单独作用下该点的正应力，其符号由变形确定。该点在所有荷载作用下的正应力为每个荷载单独作用下的正应力的和。

例题 8-2 T 形截面梁承担 $M=20\ \text{kN}\cdot\text{m}$ 的弯矩，方向如图 8-6(a)所示，试确定该梁横截面上中性轴的方位，计算最大弯曲正应力的值。(图中尺寸单位为 mm)

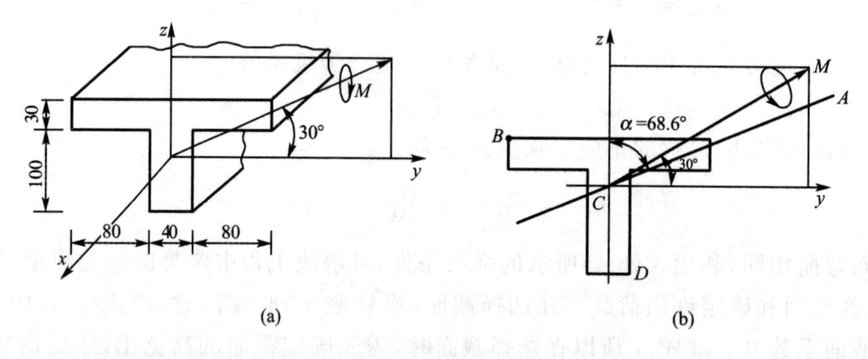

图 8-6 例题 8-2 图

解: 由于 y、z 轴为形心主轴，故将弯矩 M 沿 y、z 轴分解，得

$$M_y = 20\times\cos 30^\circ\ \text{kN}\cdot\text{m} = 17.32\ \text{kN}\cdot\text{m}$$

$$M_z = 20\times\sin 30^\circ\ \text{kN}\cdot\text{m} = 10\ \text{kN}\cdot\text{m}$$

确定截面形心位置。设截面形心距离底边为 y_C，则

$$y_C = \frac{0.04\ \text{m}\times 0.1\ \text{m}\times 0.05\ \text{m} + 0.2\ \text{m}\times 0.03\ \text{m}\times 0.115\ \text{m}}{0.04\ \text{m}\times 0.1\ \text{m} + 0.2\ \text{m}\times 0.03\ \text{m}} = 0.089\ \text{m}$$

截面对 y、z 轴的惯性矩分别为

$$I_z = \frac{0.1\times 0.04^3}{12}\ \text{m}^4 + \frac{0.03\times 0.2^3}{12}\ \text{m}^4 = 20.53\times 10^{-6}\ \text{m}^4$$

$$I_y = \frac{0.04\times 0.1^3}{12}\ \text{m}^4 + 0.04\times 0.1\times(0.089-0.05)^2\ \text{m}^4 + \frac{0.2\times 0.03^3}{12}\ \text{m}^4$$

$$+0.2\times 0.03\times(0.115-0.089)^2\ \text{m}^4 = 13.92\times 10^{-6}\ \text{m}^4$$

设中性轴与 z 轴夹角为 α，如图 8-6(b)所示，则

$$\tan\alpha = \frac{I_z}{I_y}\cdot\frac{M_y}{M_z} = \frac{20.53\times 10^{-6}\ \text{m}^4}{13.92\times 10^{-6}\ \text{m}^4}\cot 30^\circ = 2.55$$

$$\alpha = 68.6^\circ$$

图 8-6(b)中点 B 为最大拉应力点，点 D 为最大压应力点，其值为

$$\sigma_B = \frac{M_z y}{I_z} + \frac{M_y z}{I_y} = \frac{10\times 10^3\ \text{N}\cdot\text{m}\times 0.1\ \text{m}}{20.53\times 10^{-6}\ \text{m}^4} + \frac{17.32\times 10^3\ \text{N}\cdot\text{m}\times 0.041\ \text{m}}{13.92\times 10^{-6}\ \text{m}^4}$$

$$= 99.72\times 10^6\ \text{Pa} = 99.72\ \text{MPa}$$

$$\sigma_D = -\frac{M_z y}{I_z} - \frac{M_y z}{I_y} = -\frac{10\times 10^3\ \text{N}\cdot\text{m}\times 0.02\ \text{m}}{20.53\times 10^{-6}\ \text{m}^4} - \frac{17.32\times 10^3\ \text{N}\cdot\text{m}\times 0.089\ \text{m}}{13.92\times 10^{-6}\ \text{m}^4}$$

$$= -120.48\times 10^6\ \text{Pa} = -120.48\ \text{MPa}$$

由此可见，梁横截面上的最大应力为点 D 上最大压应力。

例题 8-3 图 8-7 所示吊车梁由 32 号工字钢制成，已知梁长 $l=4$ m，材料的许用正应力为 170 MPa。梁上沿 $\varphi=15^\circ$ 方向作用力 $F=33$ kN，试校核梁的强度。

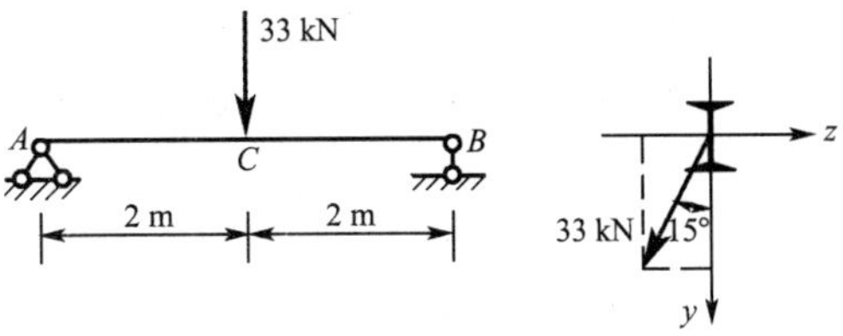

图 8-7　例题 8-3 图

解：将力沿截面的两个对称轴 y、z 方向分解为 F_y 和 F_z，截面 C 上的弯矩分别是

$$M_{z,\max}=\frac{F_y l}{4}=\frac{Fl}{4}\cos 15^\circ=\frac{33\times10^3\ \text{N}\times4\ \text{m}}{4}\cos 15^\circ=31.88\times10^3\ \text{N}\cdot\text{m}=31.88\ \text{kN}\cdot\text{m}$$

$$M_{y,\max}=\frac{F_z l}{4}=\frac{Fl}{4}\sin 15^\circ=\frac{33\times10^3\text{N}\times4\ \text{m}}{4}\sin 15^\circ=8.54\times10^3\ \text{N}\cdot\text{m}=8.54\ \text{kN}\cdot\text{m}$$

查表可知，32 号工字钢弯曲截面系数分别为 $W_y=70.8\times10^{-6}\ \text{m}^3$，$W_z=692.2\times10^{-6}\ \text{m}^3$，由式(8-4)，解得截面 C 上最大正应力为

$$\sigma_{\max}=\frac{M_{y,\max}}{W_y}+\frac{M_{z,\max}}{W_z}=\frac{8.54\times10^3\ \text{N}\cdot\text{m}}{70.8\times10^{-6}\ \text{m}^3}+\frac{31.88\times10^3\ \text{N}\cdot\text{m}}{692.2\times10^{-6}\ \text{m}^3}$$
$$=166.68\times10^6\ \text{Pa}=166.68\ \text{MPa}$$

如果荷载 F 沿 y 方向作用，则截面 C 上的最大正应力

$$\sigma_{\max}=\frac{M_{z,\max}}{W_z}=\frac{\dfrac{33\times10^3\times4}{4}\ \text{N}\cdot\text{m}}{692.2\times10^{-6}\ \text{m}^3}=47.67\times10^6\ \text{Pa}=47.67\ \text{MPa}$$

由此可见，当工字形截面梁若发生斜弯曲时，其承载力比平面弯曲低很多。

8.3　拉伸(压缩)与弯曲的组合变形

8.3.1　拉伸(压缩)与弯曲的组合变形

如图 8-8(a)所示，当杆件上同时有轴向和横向外力作用时，杆件产生轴向伸长(缩短)与横向弯曲组合变形。在线弹性、小变形范围内，计算杆件在轴向拉伸(压缩)与弯曲组合变形下的正应力时，可采用叠加法，分别计算杆件在轴向拉伸(压缩)与弯曲变形下的正应力，再将结果代数叠加。

如图 8-8(b)，杆件在轴向外力 $F_N=F\cos\varphi$ 作用下，横截面上的正应力均匀分布，横截面上任意点的正应力为

$$\sigma'=\frac{F_N}{A}$$

如图 8-8(c)，在横向力 $F\sin\varphi$ 作用下杆件发生弯曲变形，正应力沿截面高度线性分布，横截面上任意点的正应力为

$$\sigma''=\pm\frac{M_z}{I_z}y$$

在轴向力和横向力共同作用下，横截面上任意点的正应力分布如图 8-8(d)所示，其大小为

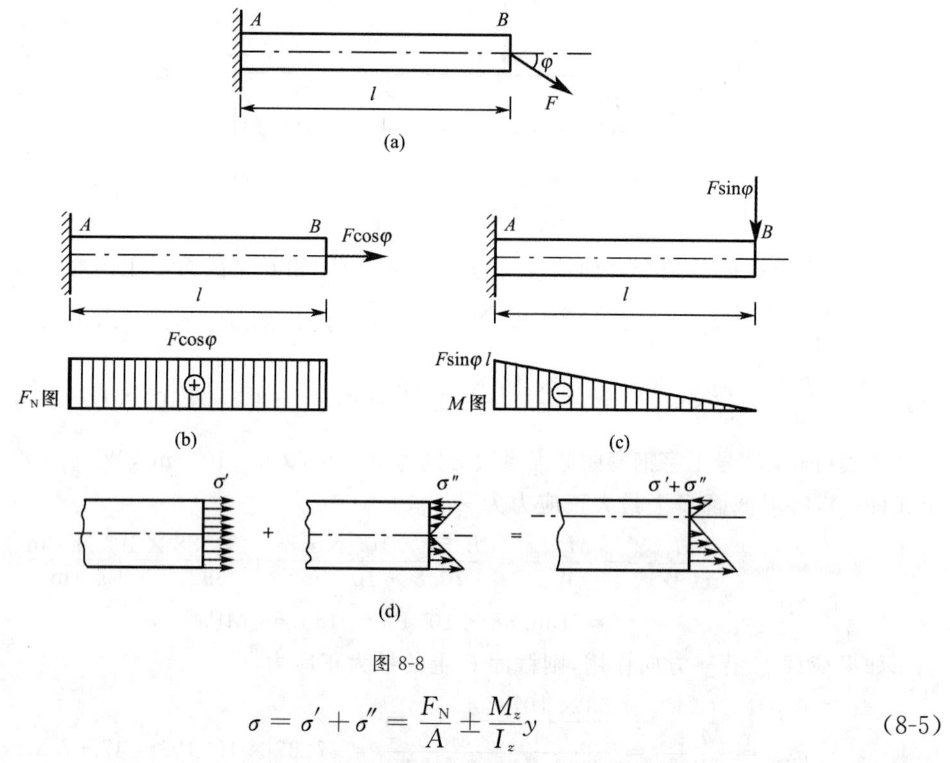

图 8-8

$$\sigma = \sigma' + \sigma'' = \frac{F_N}{A} \pm \frac{M_z}{I_z} y \tag{8-5}$$

式(8-5)为杆件在轴向拉伸(或压缩)与弯曲组合变形时横截面上任意点的正应力计算公式。

用式(8-5)计算正应力时,注意正、负号的选取。轴向拉伸时 σ' 为正,压缩时 σ' 为负;σ'' 的正负随所求应力点的位置而不同,需根据梁的弯曲变形来判断。

根据正应力计算,可建立正应力强度条件。对于拉压与弯曲组合变形的杆件,最大正应力发生在弯矩最大的截面 A 上、下边缘处,其值为

$$\sigma_{\max} = \frac{F_N}{A} + \frac{M_{\max}}{W_z}$$

由于最大正应力点为单向应力状态,故该点的正应力强度条件为

$$\sigma_{\max} = \frac{F_N}{A} + \frac{M_{\max}}{W_z} \leqslant [\sigma] \tag{8-6}$$

例题 8-4 梁杆组合结构如图 8-9(a)所示,梁 AB 为 14 号工字钢,圆截面斜拉杆 BD 的直径为 d。若已知作用在梁上的荷载 $P=12$ kN,梁长 $l=1$ m,材料许用应力 $[\sigma]=160$ MPa。试校核梁 AB 的强度(略去剪力影响),并设计杆 BD 的直径。

解:梁 AB 的轴力图和弯矩图如图 8-9(b)所示。梁上轴力

$$F_N = T_x = \frac{\sqrt{3}P}{2} = \frac{\sqrt{3} \times 12 \times 10^3}{2}\ \text{N} = 10.39 \times 10^3\ \text{N} = 10.39\ \text{kN}(压)$$

最大弯矩

$$M_{\max} = \frac{Pl}{2} = \frac{12 \times 10^3\ \text{N} \times 1\ \text{m}}{2} = 6 \times 10^3\ \text{N} \cdot \text{m} = 6\ \text{kN} \cdot \text{m}$$

最大拉应力和最大压应力分别发生在跨中截面 C 的下边缘和上边缘处。查附录Ⅱ可知,No. 14 工字钢弯曲截面系数为 $W_z = 102 \times 10^{-6}\ \text{m}^3$,截面面积 $A = 21.5 \times 10^{-4}\ \text{m}^2$,代入解得

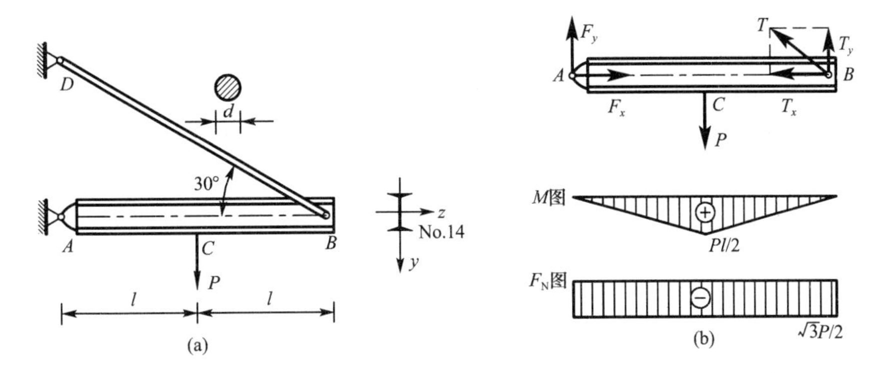

图 8-9　例题 8-4 图

最大压应力为

$$\sigma_{c,\max}=\frac{M_{\max}}{W_z}+\frac{F_N}{A}=\frac{6\times10^3\ \text{N}\cdot\text{m}}{102\times10^{-6}\ \text{m}^3}+\frac{10.39\times10^3\,\text{N}}{21.5\times10^{-4}\ \text{m}^2}=63.66\times10^6\,\text{Pa}=63.66\ \text{MPa}<[\sigma]$$

设计杆 BD 的直径。由平衡方程可知杆 BD 的拉力 $T=P$，杆 BD 横截面上的应力

$$\sigma=\frac{P}{A}=\frac{12\times10^3\,\text{N}}{\frac{\pi d^2}{4}}\leqslant[\sigma]$$

解得

$$d\geqslant\sqrt{\frac{12\times10^3\times4\text{N}}{160\pi\times10^6\ \text{N/m}^2}}=9.77\times10^{-3}\text{m}=9.77\ \text{mm}$$

根据计算结果，取杆 BD 直径为 10 mm。

例题 8-5　等截面烟囱受自重和风荷载作用如图 8-10 所示。已知烟囱高 $h=40$ m，砌体材料容重 $\gamma=15\ \text{kN/m}^3$，侧向风压 $q=1.5$ kN/m，底面外径 $D=3$ m，内径 $d=1.6$ m，若砌体的许用压应力 $[\sigma_c]=2$ MPa，试校核烟囱的正应力强度。

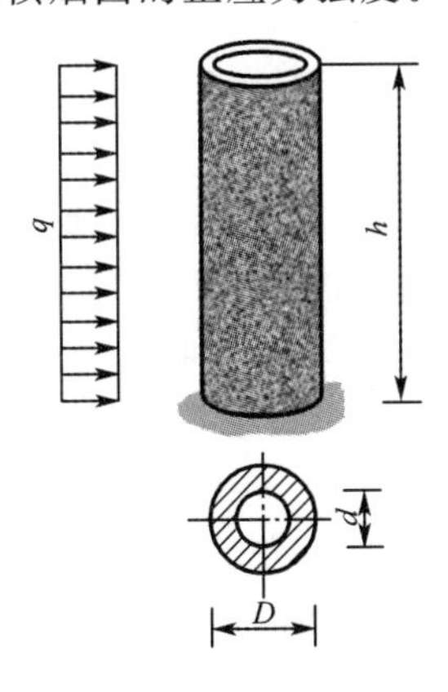

图 8-10　例题 8-5 图

解：烟囱在自重和侧向风压的作用下，产生压缩和弯曲组合变形，烟囱根部为危险截面。横截面面积为

$$A=\frac{\pi}{4}(D^2-d^2)=\frac{\pi}{4}(3^2-1.6^2)\ \text{m}^2=5\ \text{m}^2$$

弯曲截面系数为

$$W_z=\frac{\pi D^3}{32}(1-\alpha^4)=\frac{\pi\times3^3}{32}\left[1-\left(\frac{1.6}{3}\right)^4\right]\text{m}^3=2.4\ \text{m}^3$$

横截面的压力和弯矩分别为

$$F_N = \gamma Ah = 15 \times 10^3 \text{ N/m}^3 \times 5 \text{ m}^2 \times 40 \text{ m} = 3 \times 10^6 \text{N}$$

$$M = \frac{1}{2}qh^2 = \frac{1}{2} \times 1.5 \text{ kN/m} \times 40^2 \text{ m}^2 = 1\ 200 \text{ kN} \cdot \text{m}$$

由强度条件，得

$$\sigma_{c,\max} = \frac{F_N}{A} + \frac{M}{W_z} = \frac{3 \times 10^6 \text{ N}}{5 \text{ m}^2} + \frac{1200 \times 10^3 \text{ N} \cdot \text{m}}{2.4 \text{ m}^3} = 1.1 \times 10^6 \text{ Pa} = 1.1 \text{ MPa} < [\sigma_c] = 2 \text{ MPa}$$

由计算结果可知，烟囱满足强度条件。

8.3.2 偏心拉伸与压缩

工程中有些构件承受拉力或压力作用时，力的作用线与构件的轴线平行但不重合，此时外力引起构件产生轴向拉伸(压缩)和弯曲两种基本变形，称这种组合变形为偏心拉伸(压缩)变形。

1. 单向偏心拉伸与压缩

图 8-11(a)所示矩形截面偏心受压杆，平行于杆件轴线的压力 F 的作用点位于截面的一个对称轴上，这类偏心压缩为单向偏心压缩。当 F 为拉力时，则为单向偏心拉伸。

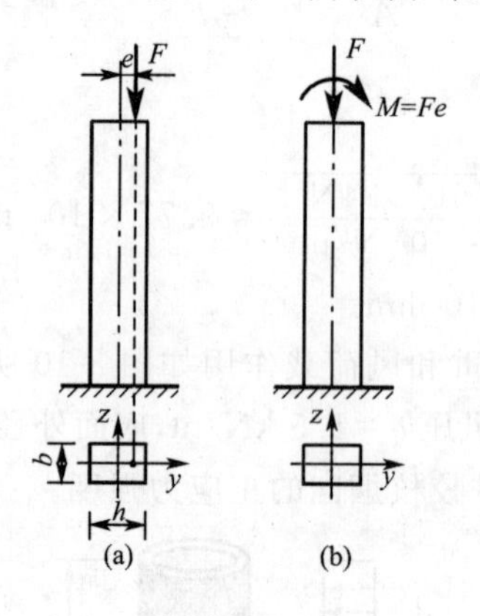

图 8-11

计算应力时，将压力 F 平移到截面的形心处，使其作用线与杆件的轴线重合。由力的平移定理可知，力平移到轴线后需附加一力偶，力偶矩 $M = Fe$，如图 8-11(b)所示。此时杆件横截面上的内力包括轴力和弯矩，发生轴向压缩和平面弯曲(纯弯曲)变形，横截面上任意点的正应力为

$$\sigma = -\frac{F_N}{A} \pm \frac{My}{I_z}$$

式中，$M = Fe$，e 为力的作用点与轴线间的距离，称为偏心距。

由变形可知，横截面上的最大压应力发生在根部截面的右边缘处，其值为

$$\sigma_{\max} = -\frac{F_N}{A} - \frac{M}{W_z}$$

例题 8-6 如图 8-12 所示矩形截面钢杆(图中长度单位：mm)，由试验测得上、下边缘处的纵向线应变分别为 $\varepsilon_a = 1\times10^{-3}$，$\varepsilon_b = 0.4\times10^{-3}$ 。已知材料的弹性模量 E=210 GPa，试求此时的拉力 F 和偏心距 e。

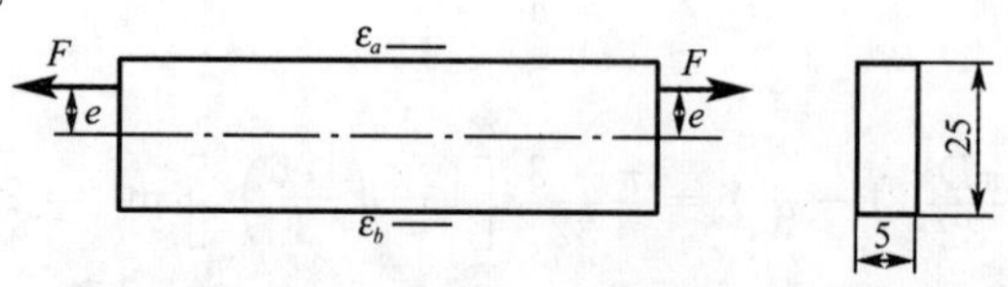

图 8-12 例题 8-6 图

解:将力 F 移至轴线处并附加一个力偶矩 M,使之作用效果不变。令

$$\sigma_1 = \frac{F}{A}, \qquad \sigma_2 = \frac{My}{I} = \frac{M}{W}$$

则

$$\varepsilon_a = \frac{1}{E}(\sigma_1 + \sigma_2), \qquad \varepsilon_b = \frac{1}{E}(\sigma_1 - \sigma_2)$$

由此可得

$$\sigma_1 = \frac{E(\varepsilon_a + \varepsilon_b)}{2} = \frac{210 \times 10^9 \text{ Pa} \times (1 + 0.4) \times 10^{-3}}{2} = 147 \times 10^6 \text{ Pa} = 147 \text{ MPa}$$

$$\sigma_2 = \frac{E(\varepsilon_a - \varepsilon_b)}{2} = \frac{210 \times 10^9 \text{ Pa} \times (1 - 0.4) \times 10^{-3}}{2} = 63 \times 10^6 \text{ Pa} = 63 \text{ MPa}$$

$$F = \sigma_1 A = 147 \times 10^6 \text{ Pa} \times 0.005 \text{ m} \times 0.025 \text{ m} = 18.38 \times 10^3 \text{ N} = 18.38 \text{ kN}$$

由

$$M = Fe = W\sigma_2$$

解得偏心距

$$e = \frac{W\sigma_2}{F} = \frac{5 \times \dfrac{25^2}{6} \times 10^{-9} \text{ m}^3 \times 63 \times 10^6 \text{ Pa}}{18.38 \times 10^3 \text{ N}} = 1.785 \times 10^{-3} \text{ m} = 1.785 \text{ mm}$$

2.双向偏心拉伸与压缩

如图 8-13(a)所示的偏心受拉杆,平行于轴线的拉力 F 作用于横截面上任意一点,位置坐标为 (y_F, z_F),这类偏心拉伸称为双向偏心拉伸;当 F 为压力时,则称为双向偏心压缩。

双向偏心拉伸(压缩)问题的正应力计算方法与单向偏心拉伸(压缩)类似,首先将外力 F 平移到截面的形心上,使其作用线与杆件的轴线重合,力 F 平移后需附加两个力偶,其力偶矩大小分别为:$M_z = F y_F$, $M_y = F z_F$(图 8-13(b))。轴力 F 使杆件发生轴向拉伸变形,M_z 使杆件在 xOy 面内发生平面弯曲,M_y 使杆件在 xOz 面内发生平面弯曲。所以,双向偏心拉伸(压缩)变形实际上是轴向拉伸(压缩)变形与两个互相垂直方向的纯弯曲变形的组合。

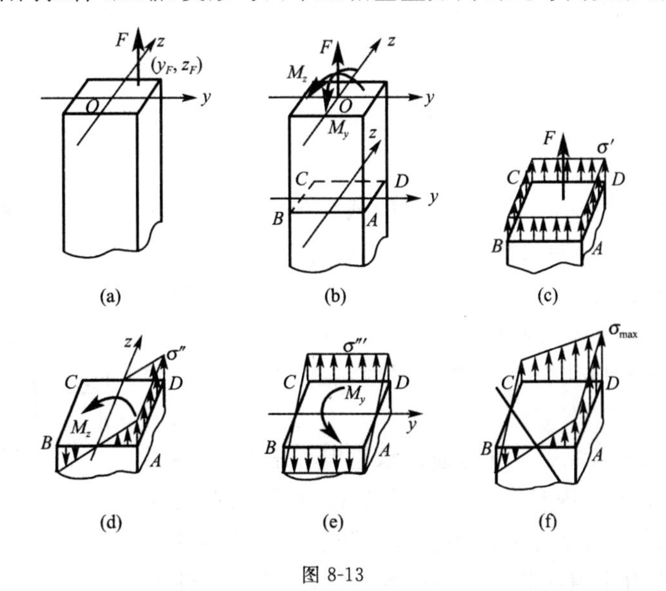

图 8-13

轴向外力 F 作用下,任意横截面 $ABCD$ 上的正应力分布如图 8-13(c)所示,大小为

$$\sigma' = \frac{F}{A}$$

M_z 和 M_y 单独作用下，横截面 $ABCD$ 上的正应力分布如图 8-13(d)、图 8-13(e)所示，大小分别为

$$\sigma'' = \pm \frac{M_z y}{I_z} = \pm \frac{F y_{Fy}}{I_z}$$

$$\sigma''' = \pm \frac{M_y z}{I_y} = \pm \frac{F z_{Fz}}{I_y}$$

三者共同作用下，横截面上 $ABCD$ 上任意点的正应力为

$$\sigma = \sigma' + \sigma'' + \sigma''' = \frac{F}{A} \pm \frac{F y_{Fy}}{I_z} \pm \frac{F z_{Fz}}{I_y} \tag{8-7}$$

式(8-7)为双向偏心拉伸(压缩)横截面上任意点正应力的计算公式。式中的正负号由所求点的位置以及变形来确定。例如，第一象限内点 D 的正应力 σ'、σ''、σ''' 均为正，第三象限内点 B 的正应力 σ' 为正，σ''、σ''' 均为负。

对于矩形、工字形等具有尖角的截面，最大拉应力或最大压应力发生在横截面的角点处(图 8-13(f)中的 D、B 点)；若横截面上无尖角，则需要确定中性轴的位置，最大应力点为截面上距离中性轴最远的点。由式(8-7)可进一步确定该组合变形横截面上中性轴的位置(图 8-13(f))，由中性轴上的点应力为零，得中性轴方程为

$$\frac{1}{A} + \frac{y_F y}{I_z} + \frac{z_F z}{I_y} = 0 \tag{8-8}$$

偏心拉压杆件内任意点均为单向拉压应力状态，故强度条件为

$$\sigma_{\max} = \frac{F}{A} + \frac{F y_F y}{I_z} + \frac{F z_F z}{I_y} \leqslant [\sigma] \tag{8-9}$$

将惯性矩 $I_y = i_y^2 A$，$I_z = i_z^2 A$ 代入式(8-8)，得中性轴的表达式为

$$1 + \frac{y_F}{i_z^2} y + \frac{z_F}{i_y^2} z = 0$$

由此可见，中性轴为一条不通过截面形心的直线。中性轴与截面形心主轴的交点即中性轴在 y、z 轴上的截距，其大小为

$$a_y = -\frac{i_z^2}{y_F} \quad a_z = -\frac{i_y^2}{z_F} \tag{8-10}$$

3. 截面核心

式(8-10)表明，中性轴在两坐标轴上的截距与力作用点(y_F，z_F)符号相反，即中性轴与力作用点始终位于截面形心的两侧，当偏心力 F 越接近截面形心时，力作用点的坐标值(y_F，z_F)越小，中性轴在形心主轴上的截距 a_y、a_z 越大，中性轴越远离截面形心。保证中性轴不穿过截面，杆件横截面上的正应力只有一种符号时，偏心力的作用区域称为**截面核心**。

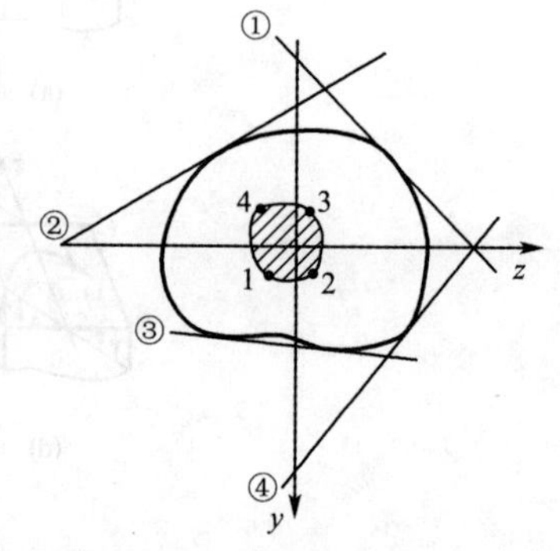

图 8-14

在土木工程中，钢筋混凝土立柱通常承担偏心压力，当偏心压力作用在截面核心范围内时，中性轴不穿过横截面，横截面内只有压应力，没有拉应力，由此可避免混凝土开裂。由截面核心的定义可知，当偏心力作用在截面核心边界上时，相应的中性轴与横截面周边相切(图 8-14)，利用此关系可确定偏心拉压构件

的截面核心。

例题 8-7　如图 8-15 所示矩形截面杆，受偏心压力 $F_1=40\ \text{kN}$，偏心拉力 $F_2=20\ \text{kN}$ 作用，截面尺寸如图 8-15 所示(单位：mm)，试求杆件底部截面上点 B 和点 C 的正应力。

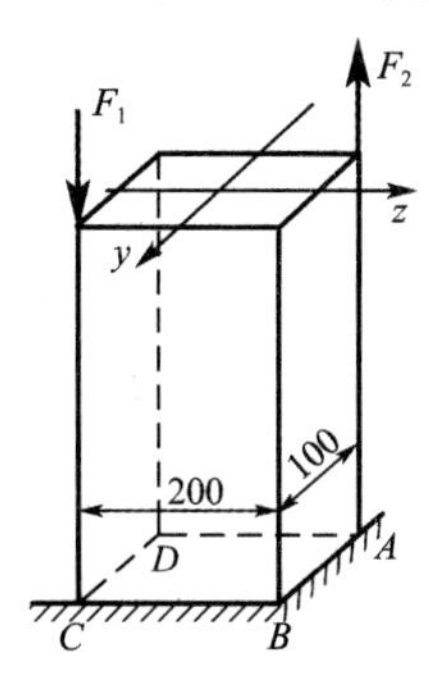

图 8-15　例题 8-7 图

解：(1)计算点 C 的正应力。当 F_1 单独作用时点 C 的正应力

$$\sigma_{C1}=-\frac{F_1}{A}-\frac{M_z y}{I_z}-\frac{M_y z}{I_y}$$

$$=-\frac{40\times 10^3\ \text{N}}{0.2\times 0.1\ \text{m}^2}-\frac{40\times 10^3\ \text{N}\times 0.05\ \text{m}\times 0.05\ \text{m}}{\frac{0.2\times 0.1^3}{12}\ \text{m}^4}-\frac{40\times 10^3\text{N}\times 0.1\ \text{m}\times 0.1\ \text{m}}{\frac{0.1\times 0.2^3}{12}\ \text{m}^4}$$

$$=-14\times 10^6\ \text{Pa}=-14\ \text{MPa}$$

当 F_2 单独作用时，点 C 的正应力

$$\sigma_{C2}=\frac{F_2}{A}-\frac{M_z y}{I_z}-\frac{M_y z}{I_y}$$

$$=\frac{20\times 10^3\ \text{N}}{0.2\times 0.1\ \text{m}^2}-\frac{20\times 10^3\ \text{N}\times 0.05\ \text{m}\times 0.05\ \text{m}}{\frac{0.2\times 0.1^3}{12}\ \text{m}^4}-\frac{20\times 10^3\ \text{N}\times 0.1\ \text{m}\times 0.1\ \text{m}}{\frac{0.1\times 0.2^3}{12}\ \text{m}^4}$$

$$=-5\times 10^6\ \text{Pa}$$

$$=-5\ \text{MPa}$$

因此，F_1 和 F_2 共同作用下点 C 的正应力为

$$\sigma_C=\sigma_{C1}+\sigma_{C2}=-19\ \text{MPa}\ (\text{压})$$

(2)计算点 B 的正应力。当 F_1 单独作用时点 B 的正应力

$$\sigma_{B1}=-\frac{F_1}{A}-\frac{M_z y}{I_z}+\frac{M_y z}{I_y}$$

$$=-\frac{40\times 10^3\ \text{N}}{0.2\times 0.1\ \text{m}^2}-\frac{40\times 10^3\ \text{N}\times 0.05\ \text{m}\times 0.05\ \text{m}}{\frac{0.2\times 0.1^3}{12}\ \text{m}^4}+\frac{40\times 10^3\ \text{N}\times 0.1\ \text{m}\times 0.1\ \text{m}}{\frac{0.1\times 0.2^3}{12}\ \text{m}^4}$$

$$=-2\times 10^6\ \text{Pa}=-2\ \text{MPa}$$

当 F_2 单独作用时，点 B 的正应力

$$\sigma_{B2}=\frac{F_2}{A}-\frac{M_z y}{I_z}+\frac{M_y z}{I_y}$$

$$=\frac{20\times 10^3\text{N}}{0.2\times 0.1\ \text{m}^2}-\frac{20\times 10^3\text{N}\times 0.05\ \text{m}\times 0.05\ \text{m}}{\frac{0.2\times 0.1^3}{12}\ \text{m}^4}+\frac{20\times 10^3\text{N}\times 0.1\ \text{m}\times 0.1\ \text{m}}{\frac{0.1\times 0.2^3}{12}\ \text{m}^4}$$

$$=1\times 10^6\ \text{Pa}=1\ \text{MPa}$$

因此，F_1 和 F_2 共同作用下点 B 的正应力为

$$\sigma_B = \sigma_{B1} + \sigma_{B2} = -1\ \text{MPa}\ (\text{压})$$

例题 8-8 试分别求解图 8-16 所示圆形截面和矩形截面的截面核心。

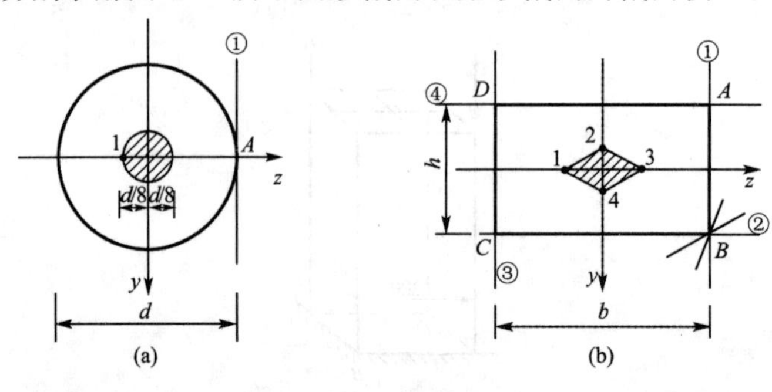

图 8-16 例题 8-8 图

解：由式(8-10)，根据中性轴在形心主轴上的截距，可确定偏心力的作用点(y_F,z_F)。

$$y_F = -\frac{i_z^2}{a_y}, \quad z_F = -\frac{i_y^2}{a_z} \tag{a}$$

(1)圆形截面为极对称截面，其截面核心亦为围绕圆心的极对称图形。作一条与圆截面周边相切的中性轴①，该轴在 y、z 轴上的截距分别为

$$a_z = \frac{d}{2}, \quad a_y = \infty$$

圆形截面的惯性半径为

$$i_y^2 = i_z^2 = \frac{I}{A} = \frac{\pi d^4}{64} \cdot \frac{4}{\pi d^2} = \frac{d^2}{16} \tag{b}$$

将上式代入式(a)，可得偏心力的作用点(y_F,z_F)

$$y_F = -\frac{i_z^2}{a_y} = 0, \quad z_F = -\frac{i_y^2}{a_z} = -\frac{d^2}{16} \cdot \frac{2}{d} = -\frac{d}{8}$$

从而可知，圆形截面的截面核心为一个以形心为圆心、以 $d/8$ 为半径的圆。

(2)矩形截面的对称轴 y、z 轴即为形心主轴。作中性轴①与 AB 边相切，其在 y、z 轴上的截距分别为

$$a_{z1} = \frac{b}{2}, \quad a_{y1} = \infty$$

矩形截面对 y、z 轴的惯性半径分别为

$$i_y^2 = \frac{\frac{hb^3}{12}}{bh} = \frac{b^2}{12}, \qquad i_z^2 = \frac{\frac{bh^3}{12}}{bh} = \frac{h^2}{12} \tag{c}$$

将式(c)代入式(a)，可确定偏心力的作用点 1 的位置(y_F,z_F)

$$y_{F1} = -\frac{i_z^2}{a_{y1}} = 0, \qquad z_{F1} = -\frac{i_y^2}{a_{z1}} = -\frac{b}{6}$$

同理，作中性轴②与 BC 边相切，可确定对应的偏心力作用点 2 的位置

$$y_{F2} = -\frac{i_z^2}{a_{y2}} = -\frac{h}{6}, \qquad z_{F2} = 0$$

由矩形截面的对称性可知，截面核心也为轴对称图形。当与截面周边相切的中性轴由边 AB 转到边 BC 时，通过顶点 B 可作无数条与截面周边相切的直线，将点 B 坐标(y_0,z_0)代入

过点 B 的中性轴方程，可知相应的力的作用点满足直线方程

$$1+\frac{z_F z_0}{i_y^2}+\frac{y_F y_0}{i_z^2}=0$$

进一步改写为

$$1+\frac{z_0}{i_y^2}z_F+\frac{y_0}{i_z^2}y_F=0 \tag{d}$$

由式(d)可知，当中性轴①绕截面顶点 B 旋转到中性轴②时，所有中性轴对应的力的作用点位于通过 1、2 点的直线上。同理，将 4 个力作用点用直线相连，得到矩形截面的截面核心(图 8-16(b))。矩形截面的截面核心为围绕形心的一个菱形，其范围分别为长边和短边的 1/3，工程中也称作“三分之一”法则。

8.4 弯曲与扭转的组合变形

图 8-17(a)所示的圆形截面杆，在力 F 作用下杆件发生平面弯曲变形，在扭矩 T 作用下杆件发生扭转变形。弯曲变形使横截面上各点产生正应力，弯曲切应力通常较小，可忽略不计；扭转变形使横截面上各点产生切应力。通常情况下，在危险点处既有弯曲正应力又有扭转切应力，故危险点处于复杂应力状态，需要根据强度理论建立强度条件。

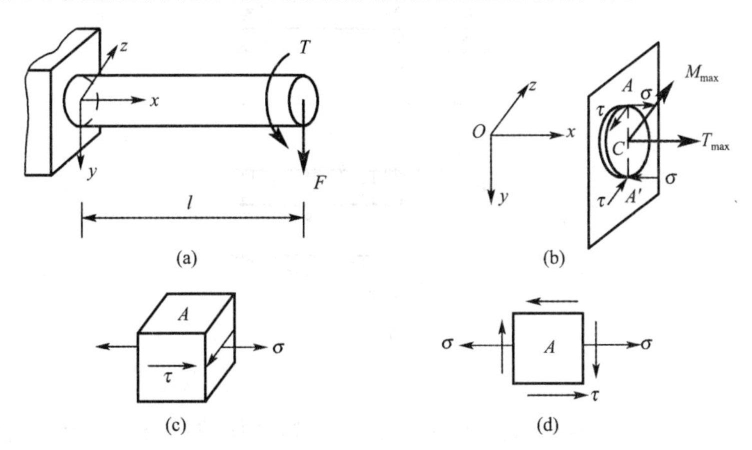

图 8-17

首先作杆件的内力图，确定内力最大的截面。由于杆件固定端截面上的弯矩最大，其值 $M_{\max}=Fl$，扭矩沿整个杆件均匀分布 $T_{\max}=T$，由于横截面上剪力通常影响较小，故忽略不计，可确定固定端截面为杆件的危险截面。

在危险截面上，弯矩所产生的正应力和扭矩所产生的切应力如图 8-17(b)所示。A、A' 两点上的正应力和切应力均为最大值，因此，A、A' 两点为此杆的危险点。

围绕 A 点作单元体，其应力状态如图 8-17(c)所示。由于该点为平面应力状态，简化后的图形如图 8-17(d)所示。图中弯曲正应力由 $\sigma=\dfrac{M}{W_z}$ 确定，扭转切应力由 $\tau=\dfrac{T}{W_p}$ 确定。对于像低碳钢一类的塑性材料，其抗拉强度与抗压强度相同，故 A、A' 两点的危险程度相同，通常采用第三、第四强度理论建立强度条件。即

$$\sigma_{r3} = \sqrt{\sigma^2 + 4\tau^2} \leqslant [\sigma] \tag{a}$$

$$\sigma_{r4} = \sqrt{\sigma^2 + 3\tau^2} \leqslant [\sigma] \tag{b}$$

将圆截面的扭转截面系数和弯曲截面系数 $W_p = 2W_z$ 代入式(a)、式(b)，化简得

$$\sigma_{r3} = \frac{1}{W_z}\sqrt{M^2 + T^2} \leqslant [\sigma] \tag{8-11}$$

$$\sigma_{r4} = \frac{1}{W_z}\sqrt{M^2 + 0.75T^2} \leqslant [\sigma] \tag{8-12}$$

例题 8-9　如图 8-18(a)所示，钢制圆截面传动轴由输出功率 $P=10$ kW 的电动机带动，轴的转速为 $n=300$ r/min。已知传动轴直径 $d=50$ mm，AB 轴长 $l=1.2$ m，皮带轮重 $W=4$ kN，位于距 A 端 $3l/4$ 处。若传动轴材料的许用应力 $[\sigma]=160$ MPa，试用第三强度理论校核传动轴的强度(略去弯曲切应力的影响)。

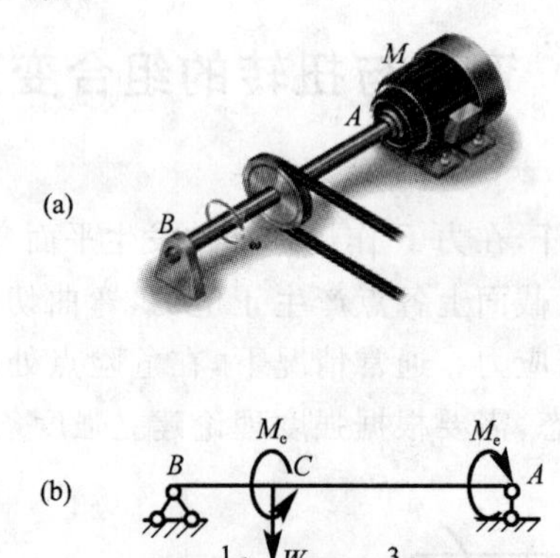

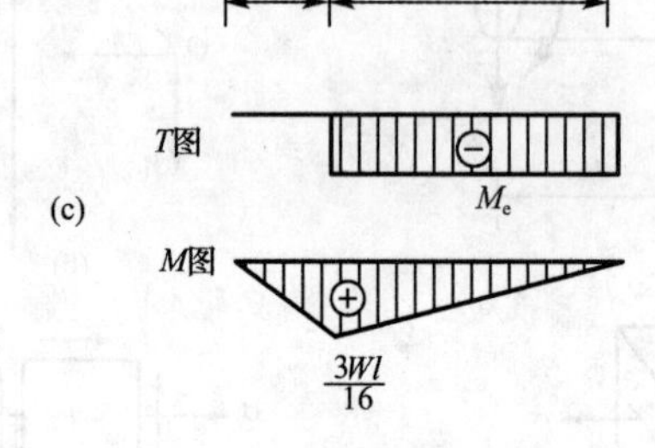

图 8-18　例题 8-9 图

解：传动轴的受力如图 8-18(b)所示，扭矩图和弯矩图如图 8-18(c)所示。其中扭矩为

$$T = M_e = 9.55 \times 10^3 \times \frac{10\ \text{kW}}{300\ \text{r/min}} = 318.3\ \text{N} \cdot \text{m}$$

最大弯矩为

$$M_{\max} = \frac{3Wl}{16} = \frac{3 \times 4 \times 10^3\ \text{N} \times 1.2\ \text{m}}{16} = 900\ \text{N} \cdot \text{m}$$

由于危险截面上只有扭矩和弯矩作用，所以可以采用公式(8-11)建立传动轴的强度条件。

$$\sigma_{r3} = \frac{\sqrt{M^2 + T^2}}{W_z} = \frac{\sqrt{900^2 + 318.3^2}\ \text{N} \cdot \text{m}}{\dfrac{\pi \times 0.05^3}{32}\ \text{m}^3} = 77.83 \times 10^6\ \text{Pa}$$

$$= 77.83\ \text{MPa} < [\sigma]$$

由计算结果可知该轴满足强度要求。

例题 8-10　实心圆截面钢杆 BC 承担荷载如图 8-19(a)所示，已知杆件直径 $d=6$ cm，荷

载$P=2$ kN,材料的许用应力为$[\sigma]=120$ MPa。忽略弯曲切应力的影响,试按第三强度理论校核截面 A 的强度。(注:$ABCD$ 在水平面内,尺寸单位为 cm)

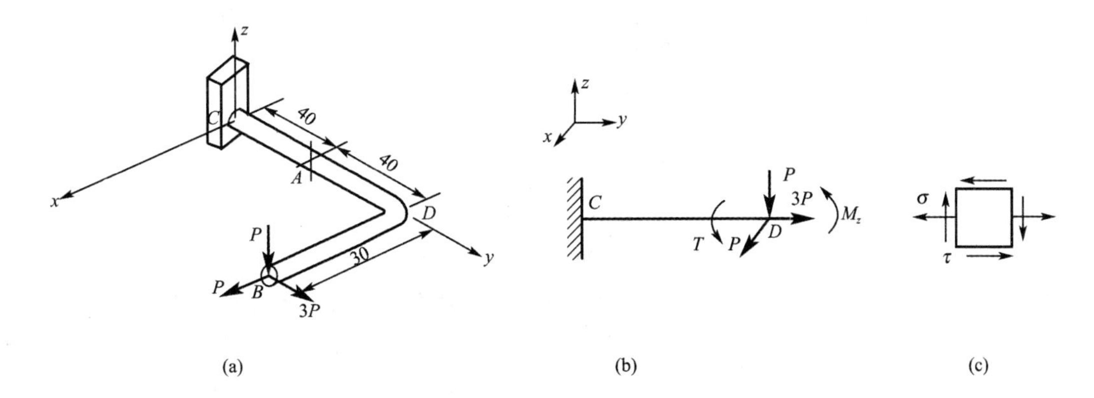

图 8-19　例题 8-10 图

解:将各力简化至截面 D,则 CD 段杆受力如图 8-19(b)所示。其中 $M_z=0.3\times 3P=0.9P$,$M_y=0.3\times P=0.3P$ 。

截面 A 内力分别为:轴力 $F_N=3P$,扭矩 $T=M_y=0.3P$,弯矩 $M_x=0.4P$,$M_z=0.9P-0.4P=0.5P$ 。

截面 A 危险点处的应力状态如图 8-19(c)所示。其中扭转切应力

$$\tau=\frac{T}{W_p}=\frac{0.3P}{\frac{\pi d^3}{16}}=\frac{0.3\ \text{m}\times 2\times 10^3\ \text{N}}{\frac{3.14\times 0.06^3\ \text{m}^3}{16}}=14.15\times 10^6\ \text{Pa}=14.15\ \text{MPa}$$

截面上合弯矩为

$$M=\sqrt{M_x^2+M_z^2}=\sqrt{(0.4P)^2+(0.5P)^2}=0.64P$$

其产生的弯曲正应力为

$$\sigma=\frac{M}{W}=\frac{0.64P}{\frac{\pi d^3}{32}}=\frac{0.64\times 32\times 2\times 10^3\ \text{N}}{3.14\times 0.06^3\ \text{m}^3}=60.4\times 10^6\ \text{Pa}=60.4\ \text{MPa}$$

由第三强度理论校核截面 A 的强度

$$\sigma_{r3}=\sqrt{\sigma^2+4\tau^2}=\sqrt{60.4^2+4\times 14.15^2}\ \text{MPa}=66.7\ \text{MPa}<[\sigma]$$

可知,截面 A 满足强度要求。题中截面 A 上危险点的位置可由合弯矩的位置确定。

小　结

本章主要讨论了在线弹性、小变形条件下,杆件发生组合变形时的应力计算以及强度条件的建立。由叠加法可知,组合变形下构件的强度和变形计算可分解为各基本变形下的强度和变形计算的线性叠加。

1. 计算两个互相垂直面的弯曲,即斜弯曲问题时,可将其分解为两个互相垂直方向的平面弯曲的组合。正应力的计算公式为

$$\sigma=\pm\frac{M_z}{I_z}y\pm\frac{M_y}{I_y}z$$

公式中的应力正负号由所求应力点的变形决定,拉为正,压为负。

2. 拉伸(压缩)与弯曲的组合变形,可分别计算拉(压)正应力和弯曲正应力,然后求和。

$$\sigma=\pm\frac{F_{\mathrm{N}}}{A}\pm\frac{M_z y}{I_z}$$

公式中的应力正负号由所求应力点的变形决定,拉为正,压为负。

偏心拉伸(压缩)变形实为拉伸(压缩)与纯弯曲变形的组合。其基本计算公式与上式类似,即

$$\sigma=\pm\frac{F}{A}\pm\frac{F y_F y}{I_z}\pm\frac{F z_F z}{I_y}$$

公式中的应力正负号亦由所求应力点的变形决定。

在组合变形条件下,建立杆件的强度条件时,首先需要确定内力最大的截面(危险截面)位置,然后确定该截面上危险点的位置,再计算该点的正应力。对有尖点的截面,最大正应力通常发生在尖点处,若截面没有尖点,计算最大正应力前要首先确定中性轴的位置,然后通过作中性轴的平行线确定横截面上距离中性轴最远处的点为危险点。

偏心拉伸(压缩)变形中,中性轴与力作用点始终位于截面形心的两侧,当偏心力越接近截面形心时,中性轴越远离截面形心。保证中性轴不穿过截面,杆件横截面上的正应力只有一种符号时,偏心力的作用区域称为截面核心。由截面核心的定义可知,当偏心力作用在截面核心边界上时,相应的中性轴与横截面周边相切,利用此关系可确定偏心拉伸(压缩)构件的截面核心。

3. 弯曲与扭转的组合变形较为复杂,通常情况下,该组合变形构件上的点处于复杂应力状态,横截面上各点包含弯曲引起的正应力以及扭转引起的切应力。因此,在进行强度计算时,要按强度理论建立强度条件。圆截面构件只有弯曲和扭转两种基本变形情况下,第三,第四强度理论的表达式为

$$\sigma_{\mathrm{r3}}=\frac{1}{W_z}\sqrt{M^2+T^2}\leqslant[\sigma] \qquad \sigma_{\mathrm{r4}}=\frac{1}{W_z}\sqrt{M^2+0.75T^2}\leqslant[\sigma]$$

习　题

8-1　矩形截面简支梁承受均布荷载如图 8-20 所示,已知梁上作用的分布荷载 $q=2\ \mathrm{kN/m}$,梁跨度 $l=4\ \mathrm{m}$,横截面尺寸 $b=100\ \mathrm{mm}$,$h=200\ \mathrm{mm}$,若荷载作用线与 y 轴的夹角 $\varphi=15°$,试求截面 C 上角点 K 的正应力。

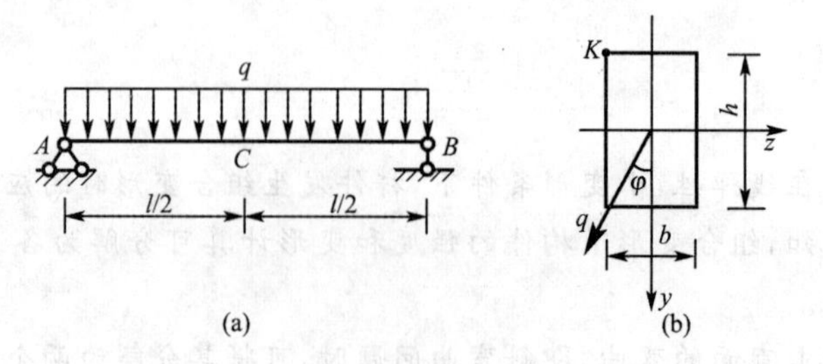

图 8-20　习题 8-1 图

8-2　矩形截面简支梁受力如图 8-21 所示,试求梁危险截面上的最大正应力,并指出该截面中性轴的位置。(截面尺寸单位:mm)

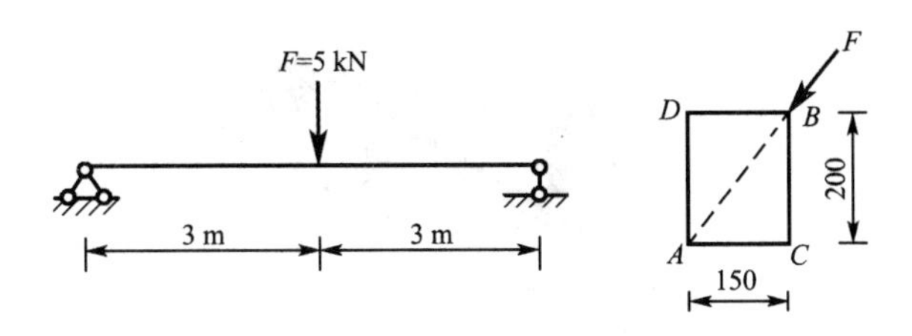

图 8-21　习题 8-2 图

8-3　如图 8-22 所示，一简支在屋架上的木檩条采用矩形截面，尺寸为 100 mm×150 mm，跨度 $l=4$ m，承受屋面均布荷载 $q=1$ kN/m(包括檩条自重)作用，q 与 y 轴夹角 $\varphi=30°$。设木材许用应力 $[\sigma]=10$ MPa，试验算檩条的强度。

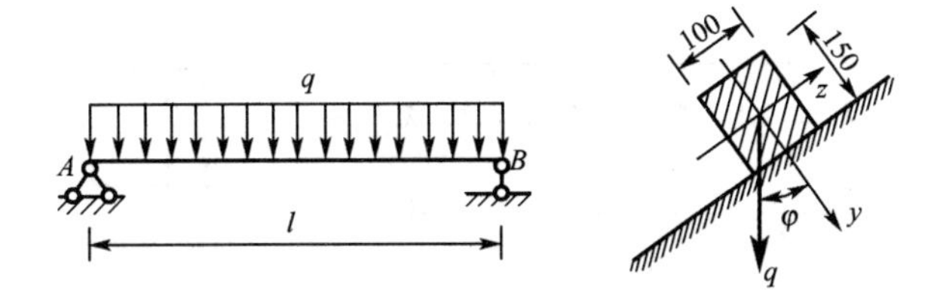

图 8-22　习题 8-3 图

8-4　如图 8-23 所示一工字形截面悬臂钢梁，梁端所受集中荷载为 $P=600$ N，试分析截面 A 的最大弯曲正应力的计算方法，并求解最大弯曲正应力。(图中截面尺寸单位:mm。)

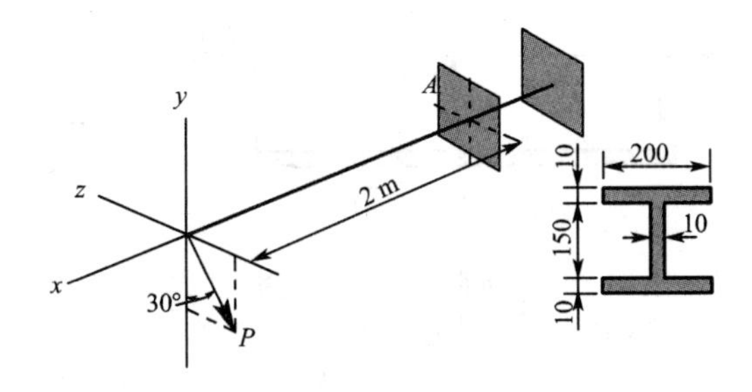

图 8-23　习题 8-4 图

8-5　矩形截面悬臂钢梁，跨度 $l=3$ m，承受的荷载如图 8-24 所示。若沿 y 轴方向作用的分布荷载 $q=5$ kN/m，与 y 轴的夹角 $\varphi=30°$方向的集中力 $F=2$ kN，材料的许用应力 $[\sigma]=170$ MPa，矩形截面尺寸比 $h/b=3/2$。试确定梁的截面尺寸。

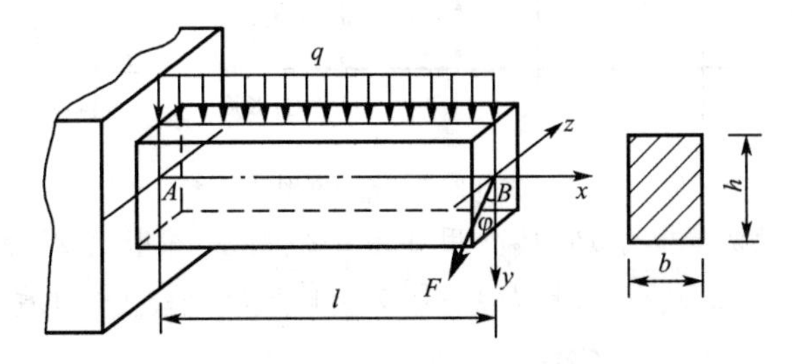

图 8-24　习题 8-5 图

8-6　如图 8-25 所示一钢梁受到两个外荷载作用，不考虑支座 A 和 B 处的轴力。已知材料的许用正应力 $[\sigma]=180$ MPa，试确定该圆截面梁的直径。

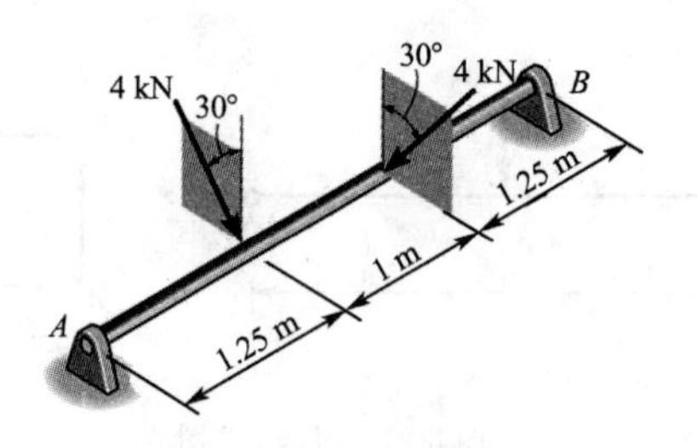

图 8-25 习题 8-6 图

8-7 承受横向均布荷载 q 和轴向拉力 F 的矩形截面简支梁如图 8-26 所示。已知荷载 $q=2$ kN/m,$F=8$ kN,跨长 $l=4$ m,截面尺寸 $b=120$ mm,$h=180$ mm,试求梁中的最大拉应力 $\sigma_{t,max}$ 与最大压应力 $\sigma_{c,max}$ 。

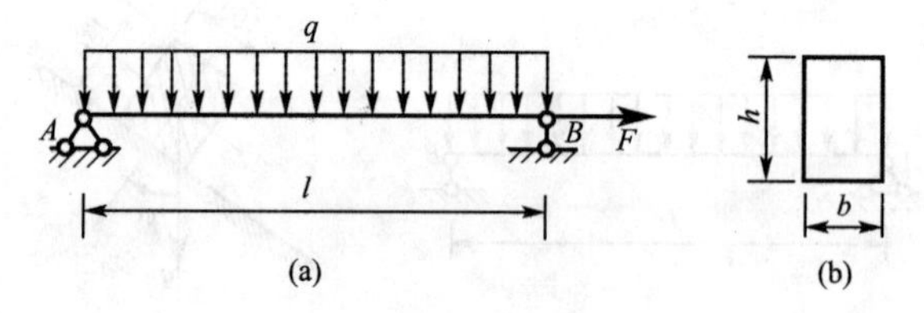

图 8-26 习题 8-7 图

8-8 已知正方形等截面均质杆的尺寸如图 8-27 所示,材料的弹性模量 $E=10$ GPa,求 AB 段杆横截面上的最大正应力以及中性轴的位置。

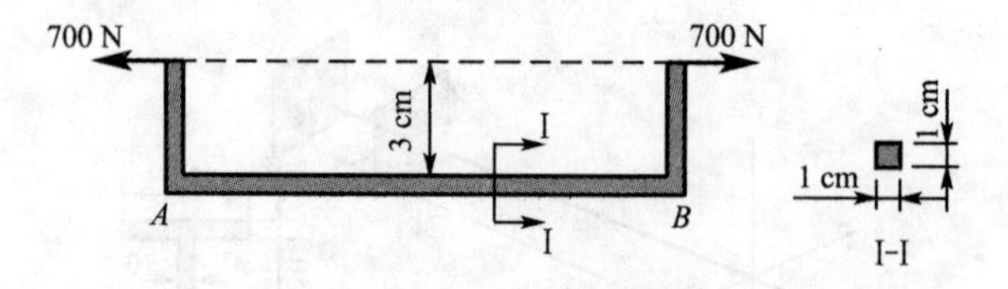

图 8-27 习题 8-8 图

8-9 矩形截面杆如图 8-28 所示,其横截面宽度沿杆长不变,而杆的中段和左右段的高度分别为 2a 和 3a,杆的两端受到三角形分布的拉力作用。试指出 1-1 和 2-2 截面应力分布有何不同?这两截面上的最大拉应力发生在何处,列出此应力的表达式。

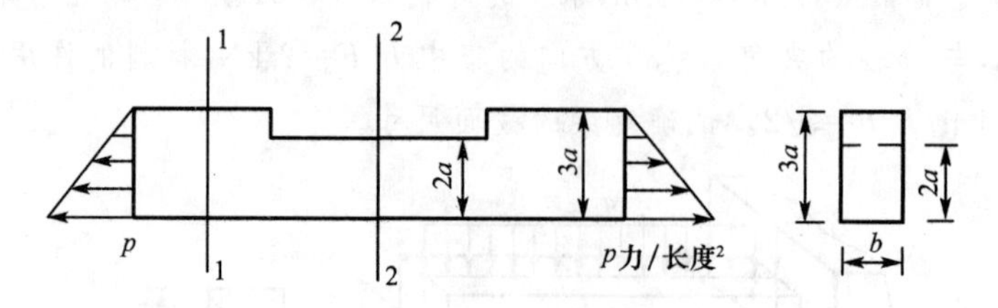

图 8-28 习题 8-9 图

8-10 已知悬臂梁受两集中力 P_1,P_2 作用如图 8-29 所示,梁长为 $2l$,其矩形截面宽为 b,高为 h,材料弹性模量为 E,泊松比为 μ。试求:B 点 45° 方向的线应变 $\varepsilon_{45°}$(不计弯曲切应力影响)。

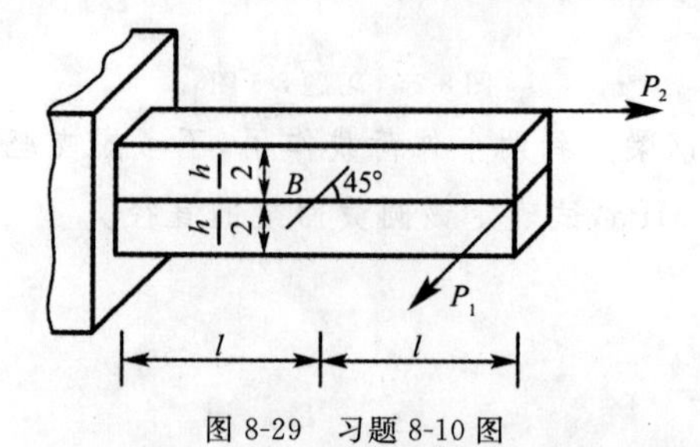

图 8-29 习题 8-10 图

8-11　如图 8-30 所示，若正方形截面短柱的中间处切开一槽，其面积为原面积的一半，问最大压应力增大几倍？

8-12　矩形横截面单向偏心受压杆如图 8-31 所示，力 F 的作用点位于横截面的 y 轴上，若已知压力 $F=80$ kN，横截面尺寸 $b=100$ mm，$h=200$ mm，试求杆的任意横截面不出现拉应力时的最大偏心距 e_{max}。

8-13　矩形截面的铝合金杆件受偏心压力如图 8-32 所示。现测得杆表面点 A 的纵向线应变为 $\varepsilon=2.4\times10^{-6}$，已知材料的弹性模量 $E=200$ GPa，横截面尺寸 $b=100$ mm，$h=200$ mm，试求此时偏心压力 F 的大小。

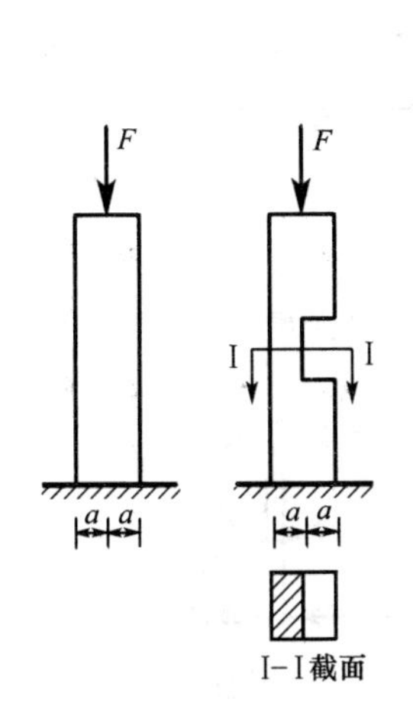

图 8-30　习题 8-11 图

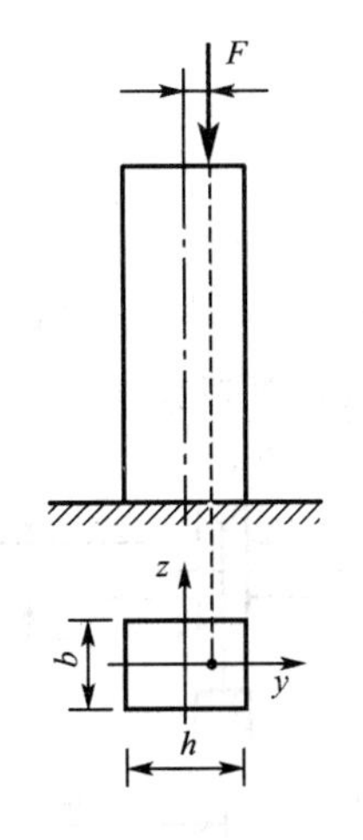

图 8-31　习题 8-12 图

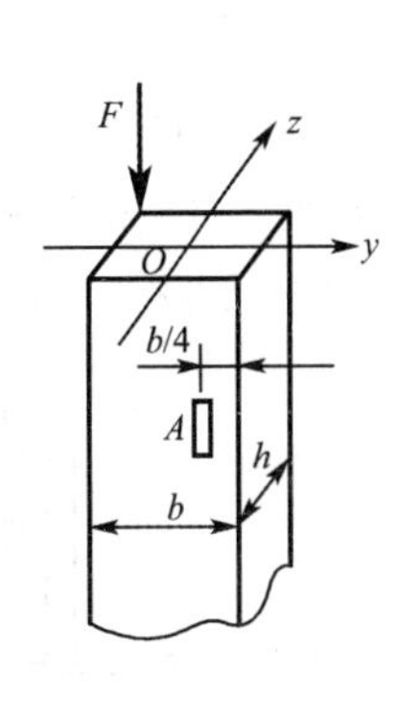

图 8-32　习题 8-13 图

8-14　如图 8-33 所示一松木矩形短柱，截面尺寸为 $b\times h=200$ mm $\times120$ mm，受偏心压力 $F=50$ kN 作用，已知力 F 对两轴的偏心距分别为 $e_y=80$ mm，$e_z=40$ mm，松木的许用应力$[\sigma_t]=10$ MPa，$[\sigma_c]=12$ MPa。试校核该柱的强度。

8-15　如图 8-34 所示杆件的横截面为 80×200 mm 的矩形截面，在对称平面内承受 400 kN 的荷载作用，试求横截面 m-m 上点 A 的正应力和切应力（图中长度单位：mm）。

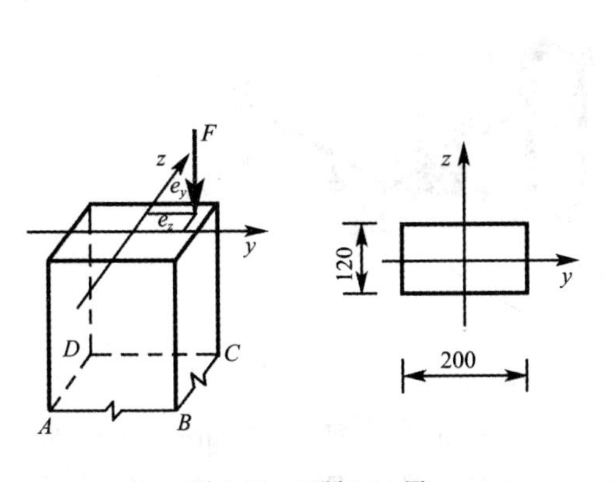

图 8-33　习题 8-14 图

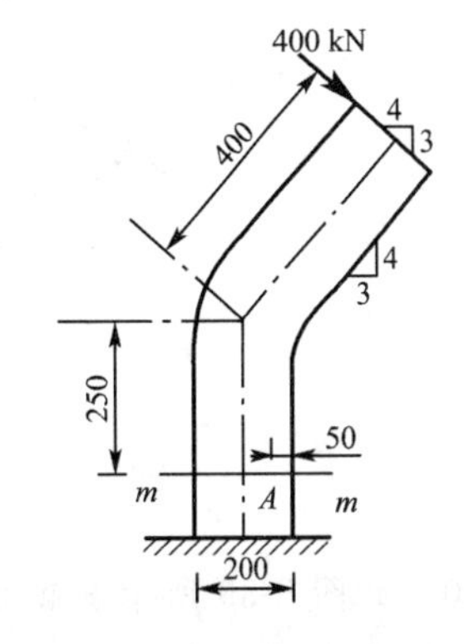

图 8-34　习题 8-15 图

8-16　如图 8-35 所示一楼梯木斜梁的长度 $l=4$ m，截面为 $b\times h=0.2$ m$\times0.1$ m 的矩形，受均布荷载 $q=2$ kN/m 作用。试作梁的轴力图和弯矩图，并计算横截面上的最大拉应力和最大压应力。

8-17 一直径为 d 的等直圆杆 AB,A 端固定,B 端与 AB 成直角的钢杆相连,承受竖向力 F 作用,如图 8-36 所示。已知:$F = 3$ kN,$a = 1.3$ m,$l = 1.2$ m,$d = 80$ mm,钢材料的许用应力 $[\sigma] = 160$ MPa,试校核杆 AB 的强度。

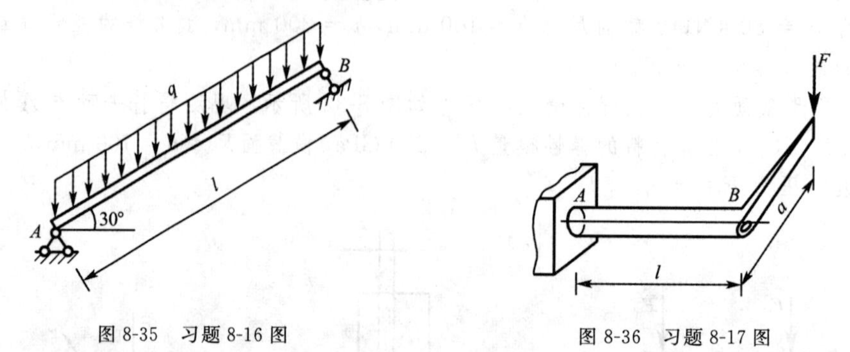

图 8-35 习题 8-16 图　　图 8-36 习题 8-17 图

8-18 如图 8-37 所示手摇绞车轴的直径 d=35 mm,最大起吊力 F=1.2 kN。若已知车轴材料的许用应力 $[\sigma]$ =80 MPa,试用第四强度理论校核此轴的强度。(图中尺寸单位:mm)

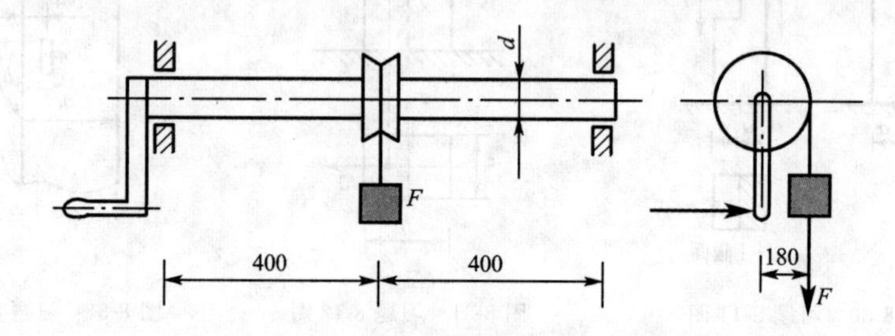

图 8-37 习题 8-18 图

8-19 如图 8-38 所示传动轴由轴承 A、B 支撑,C、D 两皮带轮上皮带张力如图所示,已知传动轴材料的许用应力 $[\sigma]$=170 MPa,试根据第三强度理论确定该传动轴的最小直径。

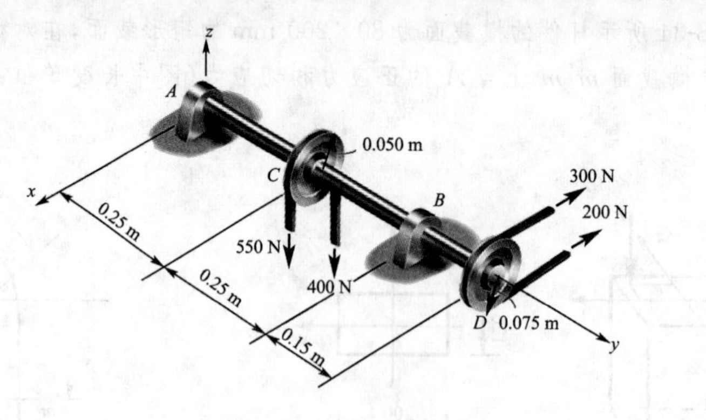

图 8-38 习题 8-19 图

8-20 如图 8-39 所示圆截面管外直径 D=40 mm,内直径 d=30 mm,受扭转力偶矩 M_e=0.2 kN·m和轴向拉力 F=25 kN 作用,已知材料弹性模量 E=200 GPa,泊松比 μ=0.43,试求图示圆管外表面上 60°应变花 A、B、C 的读数。

8-21 如图 8-40 所示圆截面轴在弯矩 M 和扭矩 T 联合作用下,由试验测得点 A 沿轴向的线应变为 $\varepsilon_{0^\circ} = 5\times10^{-4}$,点 B 处与轴线成 45°方向的线应变为 $\varepsilon_{45^\circ} = 4.3\times10^{-4}$ 。已知材料的弹性模量 $E = 210$ GPa,$\mu = 0.25$,材料的许用应力 $[\sigma] = 160$ MPa 。试指出危险点位置,求出该点处的主应力值,并根据第三强度理论校核此轴的强度。

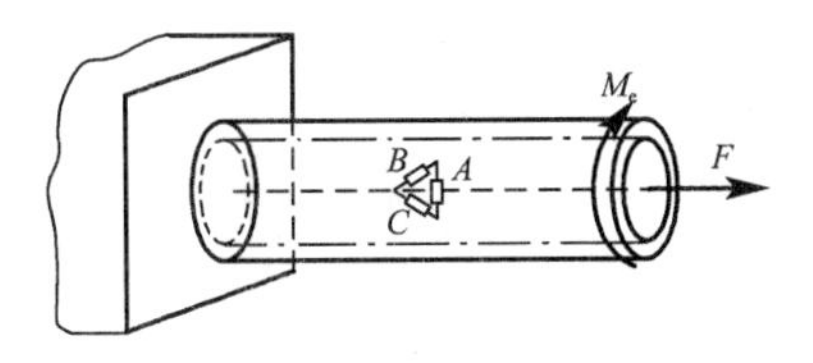

图 8-39 习题 8-20 图

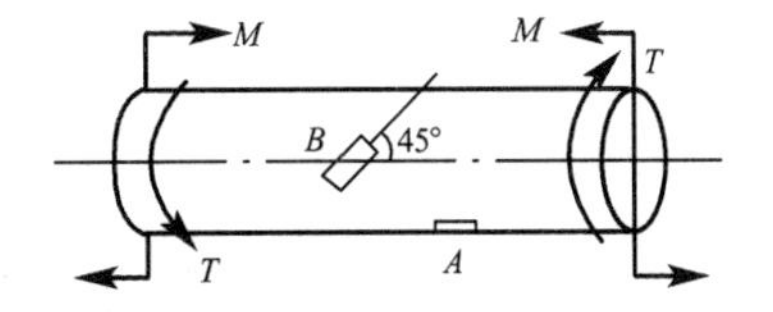

图 8-40 习题 8-21 图

8-22 如图 8-41 所示，广告牌受均布风压力 1.5 kPa 作用，若圆截面立柱直径为 100 mm，材料弹性模量为 200 GPa，泊松比 $\mu=0.3$，试求距离底端 2 m 处立柱截面 A 上危险点的三个主应力及三个主应变。

8-23 作用在水平直角折杆 ABC 上的荷载如图 8-42 所示，已知力 $2F$ 沿 AB 杆轴线方向作用，力 F 垂直 BC 杆向下作用，若在 AB 杆水平对称面外表面点 K 处沿轴线方向及垂直于轴线方向粘贴两张应变片，则两应变片的读数 ε_1，ε_2 分别为多少？设 AB 杆直径为 d，弹性模量为 E，泊松比为 μ。

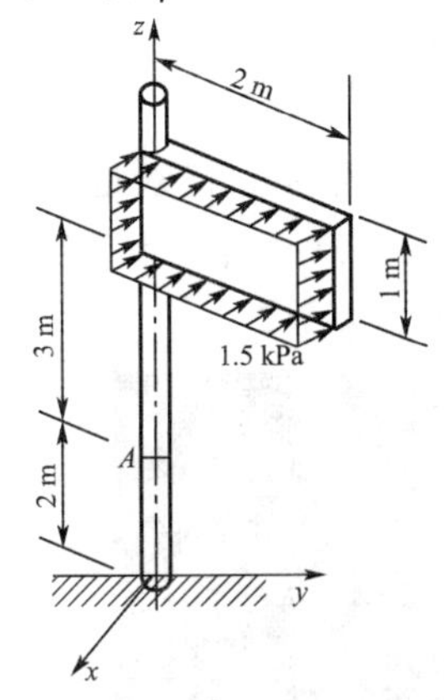

图 8-41 习题 8-22 图

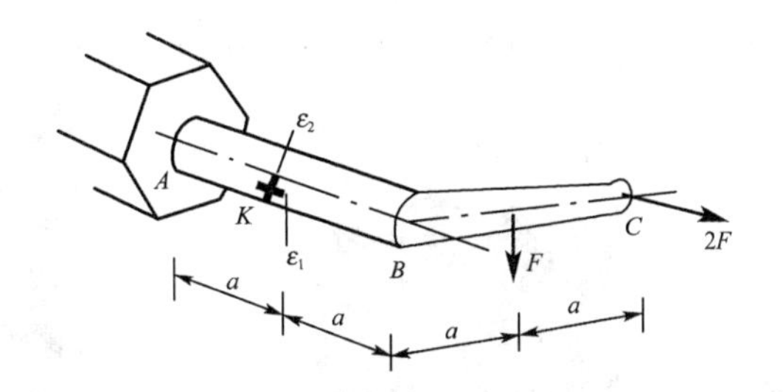

图 8-42 习题 8-23 图

8-24 如图 8-43 所示，一两端密封的圆柱形薄壁压力容器放置在支座 A 和 B 上，压力容器的平均直径 $D=1$ m，长 $L=5$ m，支座位置距离两端 $0.2L$，压力容器单位长度的重量为 $q=10$ kN/m，材料弹性模量 $E=200$ GPa，泊松比 $\mu=0.3$，弯曲截面系数 $W=9\times10^{-5}$ m^3。若压力容器由壁厚 $t=10$ mm的塑条滚压成螺旋状焊接而成，$\theta=60°$，不计弯曲切应力和大气压的影响，试求在承受内压 $p=5$ MPa 时，外表面危险点的三个主应力 σ_1，σ_2，σ_3，以及焊缝处的拉应力 σ_θ 和线应变 ε_θ。

8-25 如图 8-44 所示直径为 $D=40$ mm 的铝圆柱，放在厚度为 $\delta=2$ mm 的薄壁钢套筒内，且设两者之间无间隙，忽略铝圆柱与套筒间的摩擦以及钢套筒应力沿壁厚方向的变化。若作用于铝圆柱上的轴向压力 $F=40$ kN，铝的弹性模量及泊松比分别是 $E_1=70$ GPa，$\mu_1=0.35$，钢的弹性模量及泊松比分别是 $E_2=210$ GPa，$\mu_2=0.3$。试画出钢套筒内表面任意一点的应力状态，并计算该点的三个主应变。

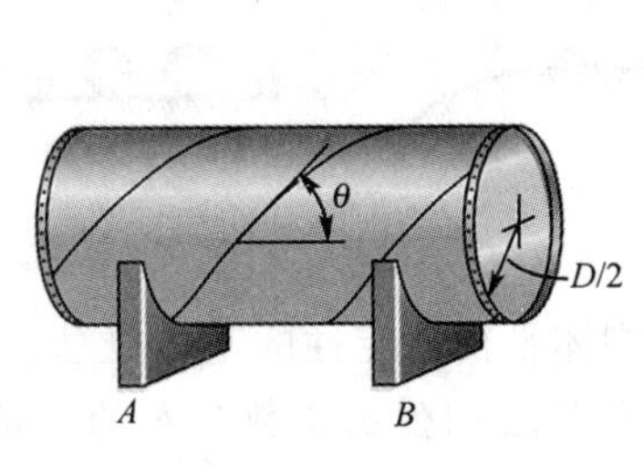

图 8-43 习题 8-24 图

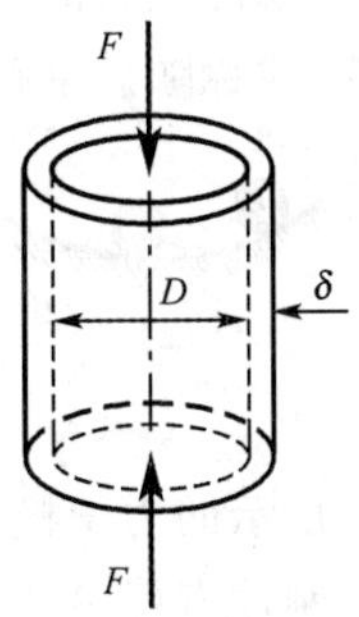

图 8-44 习题 8-25 图

第9章 压杆稳定

9.1 概述

在绪论中曾经指出，当作用在细长杆上的轴向压力达到或超过一定限度时，杆件可能突然变弯，即产生失稳现象。杆件失稳往往产生很大的变形甚至导致系统破坏。因此，对于轴向受压杆件，除应考虑其强度与刚度问题外，还应考虑其稳定性问题。

稳定问题是一类很大的问题，在各类学科中均有不同程度的存在。特别是在一些工程领域中，杆件或结构的失稳往往带来生命和财产的损失。例如，图 9-1(a)所示为一容器因失稳而破坏，而图 9-1(b)所示为一在建工地因为脚手架失稳导致的工程事故。

(a)

(b)

图 9-1

以图 9-2 所示的小球在曲面或平面中平衡的情形来说明，物体的平衡存在三种状态。对于图 9-2(a)中的小球的平衡位置，当给小球一微小位移使之偏离原来的平衡位置并释放后，小球仍可回到原来的平衡位置，这类平衡位置称为稳定平衡位置；而对于图 9-2(b)中的小球的平衡位置，当给小球一微小位移使之偏离原来的平衡位置并释放后，小球则不会回到原来的平衡位置，而是继续远离平衡位置，这类平衡位置称为不稳定平衡位置；对于图 9-2(c)中的小球的平衡位置，当小球偏离原来的位置释放后，则一直不再运动，就在释放的位置平衡，这类平衡位置称为中性平衡(或称随遇平衡)位置。

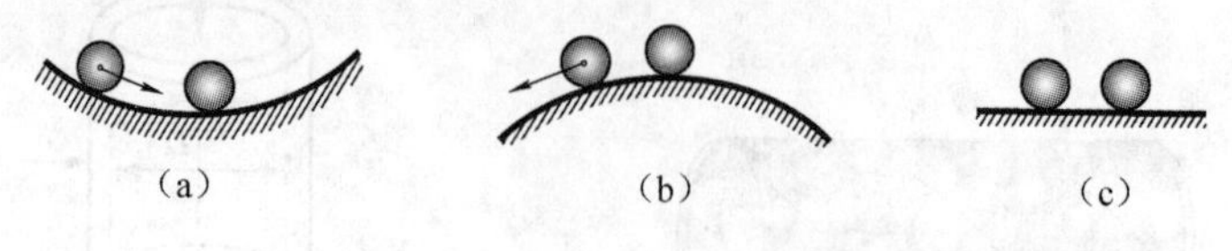

图 9-2

再以图 9-3(a)所示的力学模型，讨论有关刚体平衡稳定性的基本概念。

图 9-3(a)所示刚性直杆 AB，A 端为铰支座，B 端用弹簧常数为 k 的弹簧支承。在铅垂荷

载 F 作用下，该杆在竖直位置保持平衡。若给直杆 AB 一个侧向微小干扰，使杆端产生微小侧向位移 δ(图 9-3(b))后释放，则此时作用在杆端的外力 F 对点 A 的力矩 $F\delta$ 使杆更加偏离竖直位置，而弹性力 $k\delta$ 对点 A 的力矩 $k\delta l$ 欲使杆恢复到初始竖直平衡位置。如果 $F\delta < k\delta l$，即 $F < kl$，则在上述干扰解除后，杆将自动恢复至初始竖直平衡位置，说明在荷载 $F < kl$ 时，杆在竖直位置的平衡是稳定的。如果 $F\delta > k\delta l$，即 $F > kl$，则在干扰解除后，杆不仅不能自动返回其初始位置，而且将继续偏转，说明在荷载 $F > kl$ 时，杆在竖直位置的平衡是不稳定的。如果 $F\delta = k\delta l$，即 $F = kl$，则杆既可在竖直位置保持平衡，也可在微小偏斜状态保持平衡，这时在竖直位置的平衡称为中性平衡(或随遇平衡)。由此可见，当杆长 l 与弹簧常数 k 一定时，杆 AB 在竖直位置的平衡性质，由荷载 F 的大小而定。其中的 $F = kl$ 称为系统的临界力。

轴向受压的细长弹性直杆也存在类似情况。对图 9-4(a)所示两端铰支细长直杆施加轴向压力，若杆件是理想直杆，则杆受力后将保持直线形状。如果给杆以微小侧向干扰使其稍微弯曲，已偏离原来的直线平衡状态，则在去掉干扰后将出现两种不同情况：当轴向压力较小时，压杆最终将恢复其原有直线形状，如图 9-4(b)所示；当轴向压力较大时，则压杆不仅不能恢复直线形状，而且将继续弯曲，产生显著的弯曲变形甚至破坏，如图 9-4(c)所示。

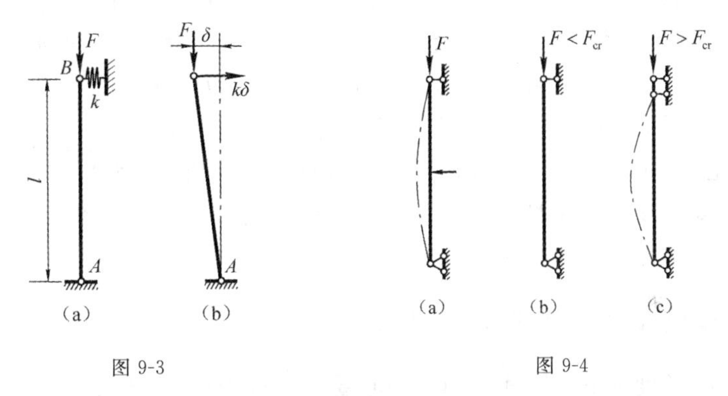

图 9-3　　　　图 9-4

上述情况表明，在轴向压力逐渐增大的过程中，压杆经历了两种不同性质的平衡。当轴向压力较小时，压杆直线形式的平衡是稳定的；而当轴向压力较大时，压杆直线形式的平衡则是不稳定的。使压杆直线形式的平衡，开始由稳定转变为不稳定的轴向压力值，称为压杆的**临界力**，或临界荷载，并用 F_{cr} 表示。压杆在临界力作用下，既可在直线状态下保持平衡，也可在微弯状态下保持平衡。所以，当轴向压力达到或超过压杆的临界力时，压杆将失稳。

压杆的失稳与强度失效是不同的。例如一根长 300 mm 的矩形截面钢尺，其横截面尺寸为 20 mm×1 mm，若该钢尺的抗压许用应力等于 196 MPa，按照其抗压强度计算，其许用抗压承载力 $[F] = 20 \times 10^{-3}\ \text{m} \times 1 \times 10^{-3}\ \text{m} \times 196 \times 10^{6}\ \text{Pa} = 3\ 920\ \text{N}$。但实际上，杆件在承受约 40 N 的轴向压力时，直杆就发生了明显的弯曲变形，从而不能再承担更多的压力，即丧失了其在直线形状下保持平衡的能力从而导致破坏。可见，对于细长压杆而言，其承载能力往往由其稳定性决定，而不是由其拉压强度决定。

除细长压杆外，薄壁杆与某些杆系结构等也存在稳定问题。例如，图 9-5(a)所示狭长矩形截面梁，当作用在自由端的荷载 F 达到或超过一定数值时，梁将突然发生侧向弯曲与扭转；又如，图 9-5(b)所示承受径向外压的薄壁圆管，当压力 p 达到或超过一定数值时，圆环形截面将突然变为椭圆形。这些都属于稳定性问题。

显然，解决压杆稳定问题的关键是确定其临界力。如果将压杆的工作压力控制在由临界力所确定的许用范围内，则压杆不致失稳。

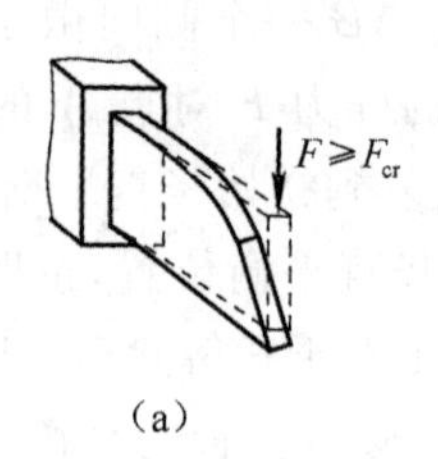

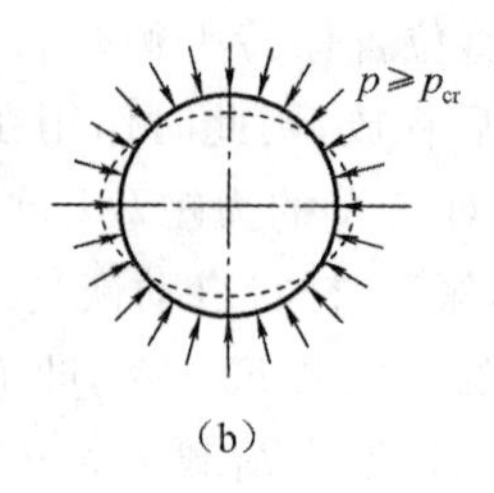

图 9-5

本章主要研究压杆临界力的确定,约束方式对临界力的影响,压杆的稳定条件及合理设计等。

9.2 细长压杆的临界力

由上节内容可知,解决压杆稳定问题的关键是确定其临界力(临界荷载)。如果将压杆的工作压力控制在由临界力所确定的许用范围内,则压杆不致失稳。下面研究如何确定压杆的临界力。从图 9-3 可知,计算临界力归结于计算压杆处于微弯状态临界平衡时的平衡方程及荷载值。用静力法计算临界力时应按以下的思路来考虑:(1)细长压杆失稳模态是弯曲,所以弯曲变形必须考虑(不再使用原始尺寸原理);(2)假设压杆处在线弹性状态;(3)临界平衡时压杆处于微弯状态,即挠度远小于杆长,于是,梁挠曲线的近似微分方程仍然适用;(4)压杆存在纵对称面,且在纵对称面内弯曲变形。

9.2.1 两端铰支细长压杆的临界力

现以两端铰支,长度为 l 的等截面细长中心受压直杆为例,推导其临界力的计算公式。如图 9-6(a)所示,假设压杆在临界力作用下轴线呈微弯状态维持平衡,若压杆任意 x 截面沿 y 方向的挠度为 w,如图 9-6(b)所示,则该截面上的弯矩为

$$M(x) = F_{cr} \cdot w \tag{a}$$

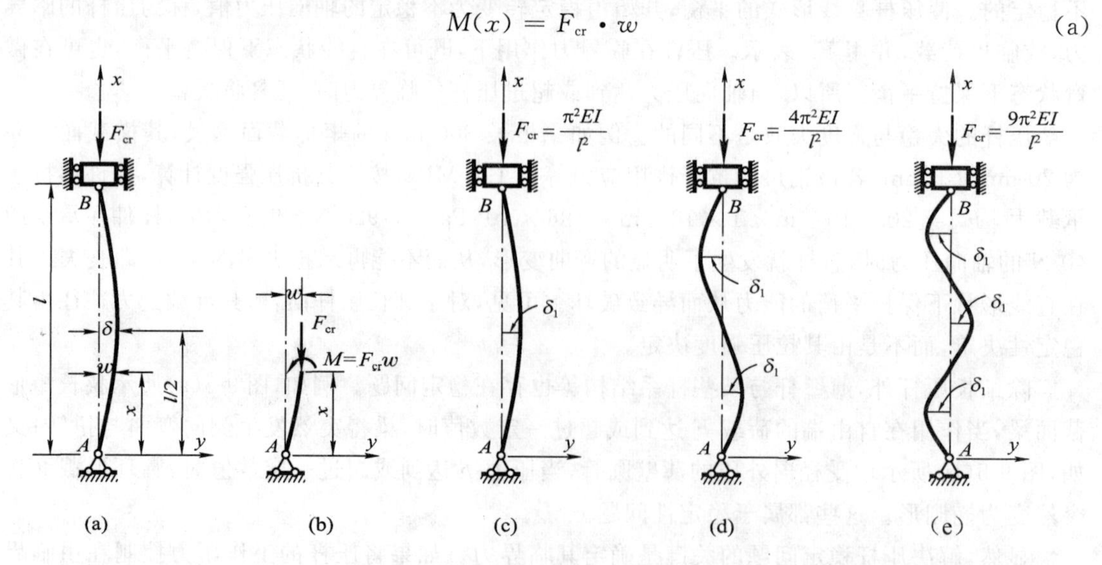

图 9-6

杆的挠曲线近似微分方程为

$$\frac{d^2w}{dx^2}=-\frac{M(x)}{EI} \tag{b}$$

将弯矩方程 $M(x)$ 代入式(b)，得

$$\frac{d^2w}{dx^2}=-\frac{F_{cr}}{EI}w \tag{c}$$

令

$$k=\sqrt{\frac{F_{cr}}{EI}} \tag{d}$$

则式(c)可写成如下形式

$$\frac{d^2w}{dx^2}+k^2w=0 \tag{e}$$

式(e)为二阶常系数线性微分方程，其通解为

$$w=A\sin kx+B\cos kx \tag{f}$$

式中，A、B 和 k 为三个待定的积分常数，可由压杆的边界条件确定。

图 9-6(a)所示压杆的边界条件为：$w|_{x=0}=0, w|_{x=l}=0$。由 $x=0$ 时，$w=0$，代入式(f)，可得 $B=0$。于是式(f)为

$$w=A\sin kx \tag{g}$$

由 $x=l$ 时，$w=0$，代入式(g)，可得

$$A\sin kl=0 \tag{h}$$

满足式(h)的条件是 $A=0$，或者 $\sin kl=0$。若 $A=0$，由式(g)可见 $w\equiv 0$，这与题意(轴线呈微弯状态)不符。因此，$A\neq 0$，故只有

$$\sin kl=0 \tag{i}$$

即得：$kl=n\pi$。考虑到 kl 为正，故 $n=1,2,3,\cdots$ 于是有

$$kl=\sqrt{\frac{F_{cr}}{EI}}\cdot l=n\pi \tag{j}$$

$$F_{cr}=\frac{n^2\pi^2EI}{l^2} \tag{k}$$

工程上，取其最小非零解，即 $n=1$ 时的解，作为构件的临界力，即

$$F_{cr}=\frac{\pi^2EI}{l^2} \tag{9-1}$$

式(9-1)即两端铰支(球铰)等截面细长中心受压直杆临界力 F_{cr} 的计算公式。由于式(9-1)最早是由欧拉(L. Euler，1707～1783)导出的，所以称为**欧拉公式**。

需要说明：(1)杆的弯曲必然发生在抗弯能力最小的平面内，所以，式(9-1)中的惯性矩 I 应为压杆横截面的最小惯性矩。(2)在临界力作用下，式(g)可写为 $w=A\sin\left(\frac{\pi}{l}x\right)$，即两端铰支、细长压杆的挠曲线为半波正弦曲线。其中常数 A 为压杆跨中截面的挠度，令 $x=\frac{l}{2}$，则有 $\delta=w|_{x=0.5l}=A\sin\left(\frac{\pi}{l}\cdot\frac{l}{2}\right)=A$，这里 A 的值可以是任意微小的位移值。之所以没有确定值，是因为在建立压杆的挠曲线微分方程式时使用了近似微分方程。(3)若采用挠曲线的精确微分方程式求解，即 $-\frac{M}{EI}=\frac{1}{\rho}=\frac{d\theta}{ds}=\frac{\omega''}{(1+w'^2)^{3/2}}$，则不会出现上述 A 值的不确定性问

题。(4)临界状态的压力恰好等于临界力,而所处的微弯状态称为屈曲模态,临界力的大小与屈曲模态有关,例如图 9-6(c)所示的模态对应于 $n=1$ 时的临界力,而图 9-6(d)、图 9-6(e)所示的模态分别对应于 $n=2$、3 时的临界力。(5)$n=2$、3 所对应的屈曲模态事实上是不能存在的,除非在拐点处增加支座。这些结论对后面讨论的不同约束情况一样成立。

9.2.2 一端固定、一端自由细长压杆的临界力

如图 9-7(a)所示,一个下端固定、上端自由并在自由端受轴向压力作用的等直细长压杆。杆长为 l,在临界力作用下,杆件在 xy 平面内处于微弯平衡状态,其弯曲刚度为 EI,现推导其临界力的表达式。

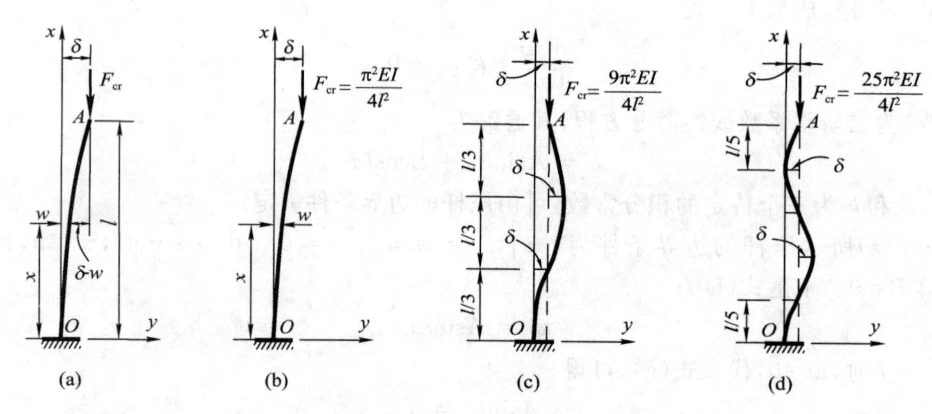

图 9-7

根据杆端约束情况,杆在临界力 F_{cr} 作用下的挠曲线形状如图 9-7(a)所示,最大挠度 δ 发生在杆的自由端。由临界力引起的杆任意 x 截面上的弯矩为

$$M(x)=-F_{cr}(\delta-w) \tag{a}$$

式中,w 为 x 截面处杆的挠度。将式(a)代入杆的挠曲线近似微分方程,即得

$$\frac{d^2w}{dx^2}=-\frac{M(x)}{EI}=-\frac{F_{cr}}{EI}(\delta-w) \tag{b}$$

令

$$k^2=\frac{F_{cr}}{EI} \tag{c}$$

则式(b)可写成如下形式

$$\frac{d^2w}{dx^2}+k^2w=k^2\delta \tag{d}$$

式(d)为二阶常系数非齐次微分方程,其通解为

$$w=A\sin kx+B\cos kx+\delta \tag{e}$$

其一阶导数为

$$w'=Ak\cos kx-Bk\sin kx \tag{f}$$

式中,A、B 和 k 为三个待定的积分常数,可由压杆的边界条件确定。

图 9-7(a)所示压杆的边界条件为:当 $x=0$ 时,$w=0$,有 $B=-\delta$;当 $x=0$ 时,$w'=0$,有 $A=0$。将 A、B 值代入式(e)得

$$w=\delta(1-\cos kx) \tag{g}$$

再将边界条件 $x=l$, $w=\delta$ 代入式(g),即得

$$\delta = \delta(1-\cos kl) \tag{h}$$

由此得

$$\cos kl = 0 \tag{i}$$

可以求得方程(i)的非零正解为：$kl=\dfrac{n\pi}{2}$，$k=\dfrac{n\pi}{2l}$，$n=1,3,5,\cdots$ 于是由式(c)得

$$F_{cr}=\frac{n^2\pi^2 EI}{(2l)^2} \tag{j}$$

取最小值 $n=1$，可得该压杆临界力 F_{cr}的欧拉公式为

$$F_{cr}=\frac{\pi^2 EI}{(2l)^2} \tag{9-2}$$

该压杆的第 1、2、3 阶段模态如图 9-7(b)、图 9-7(c)、图 9-7(d)所示。

9.2.3　两端固定细长压杆的临界力

如图 9-8(a)所示，两端固定的压杆，当轴向力达到临界力 F_{cr}时，杆处于微弯平衡状态。由于对称性，可设杆两端的约束力偶矩均为 M_e。将杆从 x 截面截开，并考虑下半部分的静力平衡(图 9-8(b))，可得到 x 截面处的弯矩为

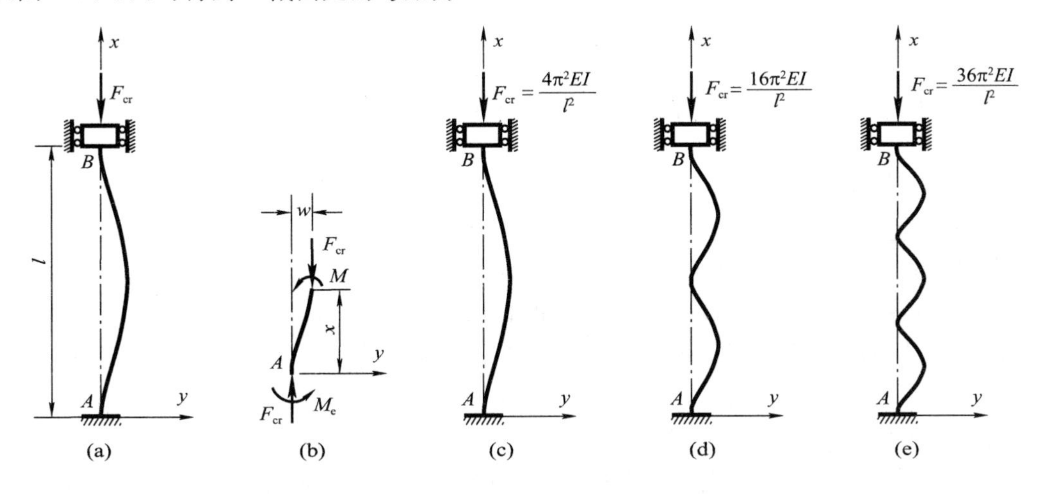

图 9-8

$$M(x) = F_{cr}w - M_e \tag{a}$$

代入挠曲线近似微分方程，得

$$\frac{d^2 w}{dx^2}=-\frac{M(x)}{EI}=-\frac{(F_{cr}w-M_e)}{EI} \tag{b}$$

令

$$k^2=\frac{F_{cr}}{EI} \tag{c}$$

则式(b)可写成如下形式

$$\frac{d^2 w}{dx^2}+k^2 w=\frac{M_e}{EI} \tag{d}$$

式(d)为二阶常系数非齐次微分方程，其通解为

$$w = A\sin kx + B\cos kx + \frac{M_e}{F_{cr}} \tag{e}$$

挠曲函数 w 对 x 的一阶导数为

$$w' = Ak\cos kx - Bk\sin kx \tag{f}$$

式中,A、B 和 k 为三个待定的积分常数,可由压杆的边界条件确定。

图 9-8(a)所示压杆的边界条件为:$w|_{x=0} = w'|_{x=0} = 0, w|_{x=l} = w'|_{x=l} = 0$ 。将该条件代入式(e)、(f),得

$$\left.\begin{aligned} B + \frac{M_e}{F_{cr}} &= 0 \\ Ak &= 0 \\ A\sin kl + B\cos kl + \frac{M_e}{F_{cr}} &= 0 \\ Ak\cos kl - Bk\sin kl &= 0 \end{aligned}\right\} \tag{g}$$

由上面四个方程,得

$$A = 0, \quad B = -\frac{M_e}{F_{cr}}, \quad \cos kl = 1, \sin kl = 0 \tag{h}$$

由方程(h)可以求得其非零正解为:$kl = 2n\pi, k = \frac{2n\pi}{l}$ ($n = 1,2,3,\cdots$)。于是由式(c)得

$$F_{cr} = \frac{4n^2\pi^2 EI}{l^2} \tag{i}$$

取最小值 $n = 1$,可得该压杆临界力 F_{cr} 的欧拉公式为

$$F_{cr} = \frac{\pi^2 EI}{(0.5l)^2} \tag{9-3}$$

式(9-3)即为两端固定细长压杆临界力的欧拉公式。

需要说明:(1)在以上两种常见支承的压杆稳定问题中,其控制方程均为弹性梁弯曲方程(考虑了轴向压力的影响)。与两端铰支的情况相比较,当控制方程用二阶线性常系数微分方程描述时,它们的齐次部分完全相同,区别只是非齐次项。可以发现简支压杆(欧拉问题)的控制方程最简单,其非齐次项为零。(2)从微分方程解的表达式来看,简支压杆的解仅仅对应了齐次部分。而其他两种情况还要考虑非齐次部分的特解,因而可以认为简支压杆是压杆稳定问题的最基本模式。(3)其他支承的压杆与简支压杆应该存在某种内在联系,这种联系可通过相当长度来体现。(4)压杆微分方程是特征值问题,其特征函数(即屈曲模态)均含有一个不确定的系数,所以即使对应一定的屈曲模态,位移的大小也是不确定的。

9.2.4 细长中心受压直杆的临界力公式

比较上述三种典型压杆的欧拉公式,可以看出,这些公式的形式是一样的;临界力与 EI 成正比(这与在本章第一节中的细长压杆的承载能力与构件受压后变弯有关一致),与 l^2 成反比,只是相差一个系数。显然,此系数与约束形式有关。故临界力的表达式可统一写为

$$F_{cr} = \frac{\pi^2 EI}{(\mu l)^2} \tag{9-4}$$

式中,μ 称为长度系数,μl 称为压杆的相当长度,即相当的两端铰支压杆的长度,或压杆挠曲线拐点之间的距离。而 I 则应取为 $\min\{I_y, I_z\}$。

不同杆端约束情况的下长度系数见表 9-1。值得指出,表中给出的都是理想约束情况。实际工程问题中,杆端约束多种多样,要根据实际约束的性质和相关设计规范选定 μ 值的大小。

表 9-1　　不同杆端约束情况下的长度系数

支承情况	两端铰支	一端固定 一端铰支	两端固定	一端固定 一端自由	两端固定但可沿 横向相对移动
失稳时挠曲线形状	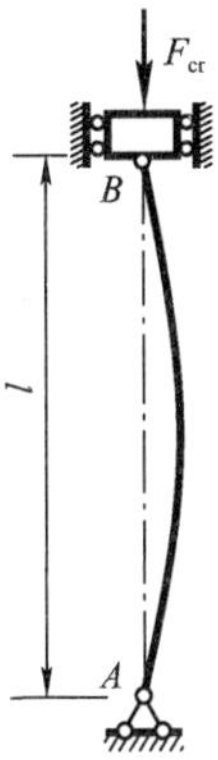	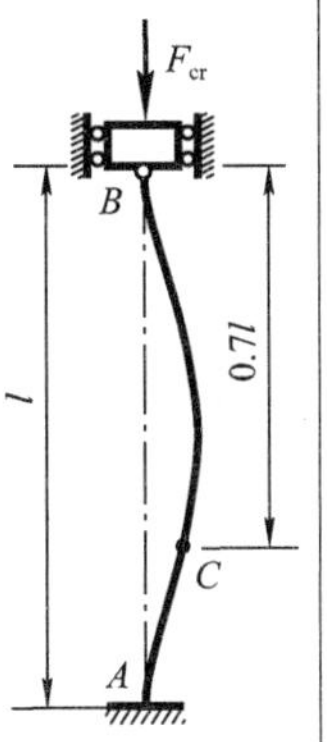	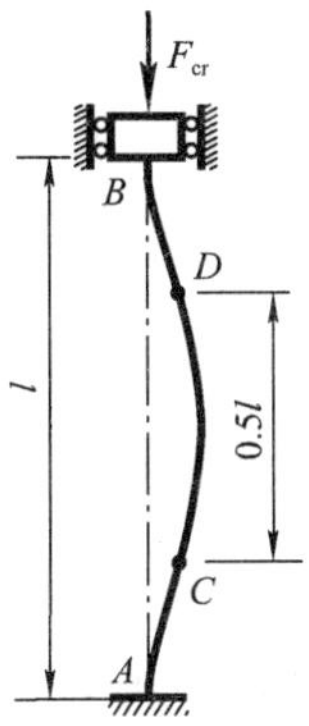	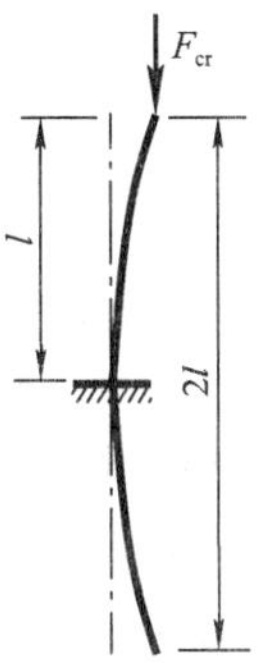	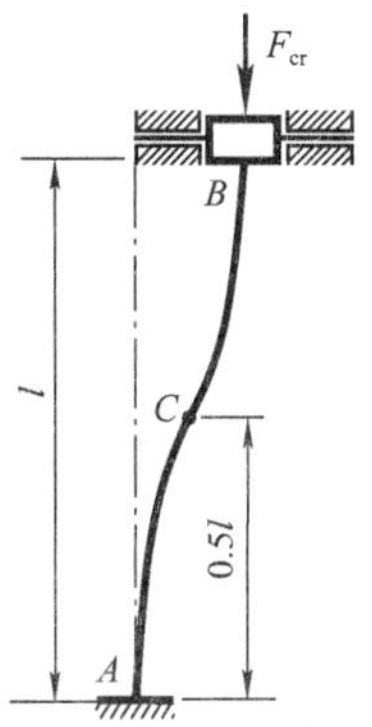
长度系数	$\mu=1$	$\mu=0.7$	$\mu=0.5$	$\mu=2$	$\mu=1$
相当长度	l	$0.7l$	$0.5l$	$2l$	l

需要说明：(1)表 9-1 中的相当长度是指相当于两端铰支压杆的长度(挠曲线拐点处的弯矩为零)，见表 9-1 中的图所标注。(2)在实际构件中，还常常遇到柱状铰，如图 9-9 所示。可以看出：当杆件的轴线在垂直于圆柱状销钉轴线的平面内(即 x-z 平面)弯曲时，销钉对杆件的约束相当于铰支；而当杆件的轴线在包含圆柱状销钉轴线的平面内(即 x-y 平面)弯曲时，销钉对杆件的约束相当于固定端。

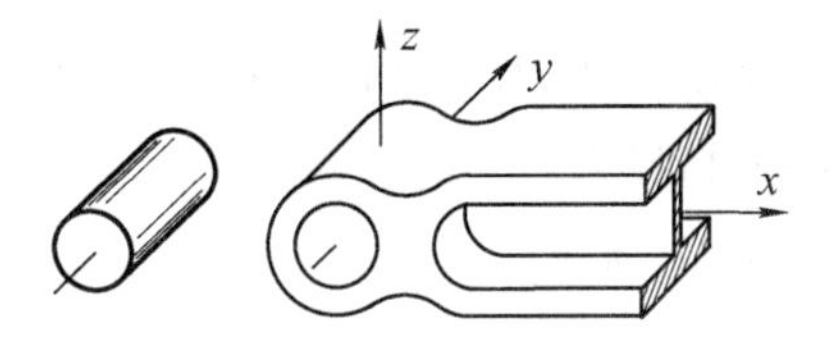

图 9-9

例题 9-1　一端固定另一端自由的细长压杆如图 9-10 所示，已知其弹性模量 $E=200$ GPa，杆长度 $l=2$ m，矩形截面 $b=20$ mm，$h=45$ mm。试计算此压杆的临界力。若 $b=h=30$ mm，长度不变，此压杆的临界力又为多少？

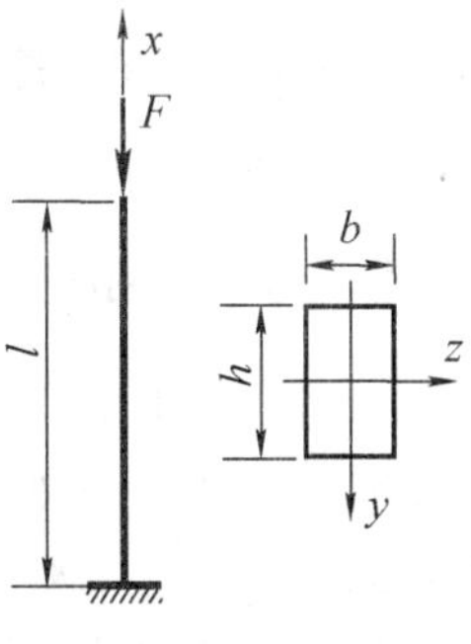

图 9-10　例题 9-1 图

解：(1)计算截面的惯性矩

此压杆对 z 轴的惯性矩为

$$I_z=\frac{bh^3}{12}=\frac{20\ \text{mm}\times(45\ \text{mm})^3}{12}=15.19\times10^4\ \text{mm}^4$$

对 y 轴的惯性矩为

$$I_y=\frac{hb^3}{12}=\frac{45\ \text{mm}\times(20\ \text{mm})^3}{12}=3.0\times10^4\ \text{mm}^4$$

由于压杆的弯曲发生在抗弯能力最小的平面内，$I_y<I_z$，所以此压杆必在 xz 平面内失稳，惯性矩 I 取 I_y。

(2)计算临界力

由表 9-1 可知 $\mu=2$，由此计算其临界力为

$$F_{cr}=\frac{\pi^2 EI}{(2l)^2}=\frac{\pi^2\times(200\times10^9\ \text{Pa})\times(3.0\times10^4\times10^{-12}\ \text{m}^4)}{(2\times2\ \text{m})^2}=3\ 701\ \text{N}=3.70\ \text{kN}$$

(3)当截面尺寸为 $b=h=30$ mm 时,计算压杆的临界力截面的惯性矩为

$$I_y=I_z=\frac{bh^3}{12}=\frac{(30\ \text{mm})^4}{12}=6.75\times10^4\ \text{mm}^4$$

代入欧拉公式可得：

$$F_{cr}=\frac{\pi^2 EI}{(2l)^2}=\frac{\pi^2\times(200\times10^9\ \text{Pa})\times(6.75\times10^4\times10^{-12}\ \text{m}^4)}{(2\times2\ \text{m})^2}=8\ 327\ \text{N}=8.33\ \text{kN}$$

虽然以上两种情况的横截面面积相等,但从计算结果看,后者的临界力大于前者。可见在材料用量相同的条件下,采用正方形截面能提高压杆的临界力。

例题 9-2 如图 9-11 所示,两端铰支的细长压杆,长度为 l,横截面面积为 A,弯曲刚度为 EI。设杆处于变化的均匀温度场中,若材料的线膨胀系数为 α,初始温度为 T_0,试求压杆失稳时的临界温度 T_{cr}。

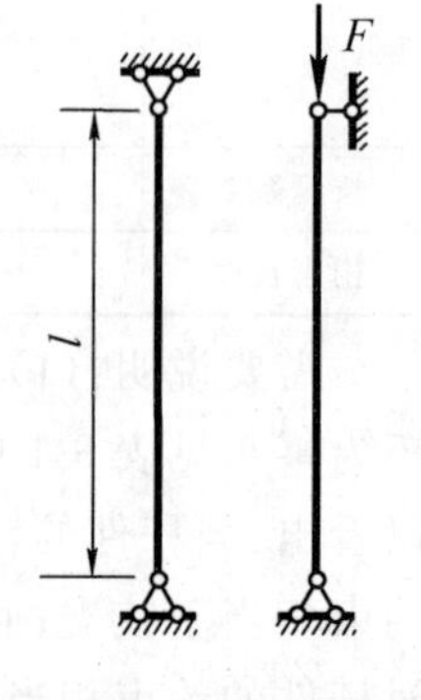

图 9-11 例题 9-2 图

解:(1)图 9-11 所示结构为一次超静定问题。其变形协调条件为

$$\Delta l=\Delta l_T-\Delta l_R=0$$

压杆的自由热膨胀量 $\Delta l_T=\alpha(T-T_0)l$

由于约束反力 F 产生的变形为

$$\Delta l_R=\frac{Fl}{EA}$$

故
$$F=EA\alpha(T-T_0)$$

显然,当轴向压力 F 等于压杆的临界力 F_{cr}时,杆将丧失稳定性。此时对应的温度称为临界温度 T_{cr}。由于 $\mu=1$,由此得出临界力

$$F_{cr}=\frac{\pi^2 EI}{(\mu l)^2}=EA\alpha(T_{cr}-T_0)$$

解得
$$T_{cr}=T_0+\frac{\pi^2 I}{\alpha A l^2}$$

需要说明:在超静定结构中,由于温度变化而引起的失稳问题称为热屈曲。对于轴向压力和热屈曲同时存在的问题,在线性范围内时可以采用叠加法求解。

9.2.5 小挠度理论与理想压杆的实际意义

如在 9.2.1 小节中的说明所言,当采用大挠度理论进行分析时,轴向压力 F 与压杆的最大挠度之间的关系如图 9-12 中的曲线 AB 所示,图中的 F_{cr} 即为欧拉临界力,而 A 点为极值点。

需要注意的是,图 9-12 中只绘出了右侧的图,而事实上还有关于铅垂轴线对称的左侧。

从图 9-12 可知:当轴向压力 $F<F_{cr}$ 时,压杆直线形态的平衡是稳定的,与线段 OA 对应;当 $F>F_{cr}$ 时,压杆既可以在直线形态保持平衡(与直线 AG 对应),也可以在曲线形态保持平衡(与曲线 AB 对应),但与直线 AG 对应的直线形态保持平衡是不稳定的,一经扰动杆件即突然变弯,即按照图示箭头指向转向曲线 AB 所示的弯曲平衡状态。直线 AG 与曲线 AB 的交点 A 称为临界点,相应的荷载即为欧拉临界力。临界点 A 为分叉点,因为从该点开始,出现两

种平衡状态。故依据大挠度理论，当压杆处于临界状态时，其唯一的平衡状态是直线，而非微弯曲。

从图 9-12 中还可以看出，曲线 AB 在 A 点附近极为平坦，且与水平直线 AC 相切，因此在 A 点附近的一段很小的范围内，可以近似地用水平直线代替曲线。从力学意义上讲，即认为当 $F=F_{cr}$ 时，压杆既可以保持直线的平衡状态，也可以在任意微弯曲的位置保持平衡。故认为在临界状态下压杆保持微弯状态的平衡，并据此确定临界力的方法，是利用小变形条件对大挠度理论的一种合理简化，不仅正确，而且实用。

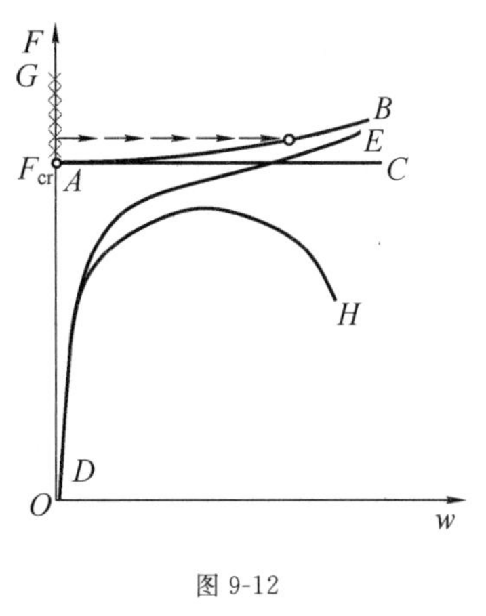

图 9-12

对于实际的压杆，构件不可能像上面所假设的那样理想，因为可能存在压力偏心、初始小变形及材料的非均匀性等。杆件的这些“缺陷”会使杆件在一开始加载时即产生弯曲变形，如图 9-12 中的曲线 DE 所示。对于小变形，曲线 DE 逼近于直线 AC，而随着变形增大，曲线 DE 逼近曲线 AB。随着“缺陷”越大，曲线 DE 越偏离铅垂线右移。相反，“缺陷”越小（或者说构件越接近理想杆件），曲线 DE 就越趋近铅垂轴线。比较曲线 AB、DE 和直线 AC 可以看出，临界力代表着弹性杆件承担荷载的最大能力，因为从实用的角度而言绝大部分工程问题不允许出现大变形。

对于应力超过比例极限时的曲线，当处于非弹性时，变形-荷载曲线如图 9-12 中的曲线 DH 所示，随着变形的增大荷载达到极值后，曲线转而向下。

只有细长压杆在临界力作用下材料依然保持弹性。非细长压杆的非弹性行为则遵循如图 9-12 中的曲线 DH 所示。因此，非弹性压杆所能承受的最大荷载可能远小于欧拉临界力。

9.3　压杆的临界应力

9.3.1　临界应力

当压杆受临界力 F_{cr} 作用而在直线平衡形式下维持不稳定平衡时，横截面上的压应力可按公式 $\sigma=\dfrac{F}{A}$ 计算。于是，各种支承情况下压杆横截面上的应力为

$$\sigma_{cr}=\frac{F_{cr}}{A}=\frac{\pi^2 E}{(\mu l)^2}\cdot\frac{I}{A}=\frac{\pi^2 E}{(\mu l/i)^2} \tag{9-5}$$

式中，σ_{cr} 称为临界应力，$i=\sqrt{\dfrac{I}{A}}$，称为压杆横截面对中性轴的惯性半径。

令

$$\lambda=\frac{\mu l}{i} \tag{9-6}$$

则压杆的临界应力可表达为

$$\sigma_{cr}=\frac{\pi^2 E}{\lambda^2} \tag{9-7}$$

式(9-7)称为临界应力的欧拉公式。

λ 称为压杆的长细比或柔度，λ 是一个无量纲量，它综合地反映了压杆的长度、横截面的形状与尺寸以及杆件的支承情况对临界应力的影响，式(9-7)表明，λ 值越大，σ_{cr} 就越小，即压杆越容易失稳。

9.3.2 欧拉公式的适用范围

在前面推导临界力的欧拉公式过程中，使用了挠曲线近似微分方程。而挠曲线近似微分方程的适用条件是小变形、线弹性范围内，即材料服从胡克定律时欧拉公式才成立。因此，欧拉公式(9-7)只适用于小变形且临界应力 σ_{cr} 不超过材料比例极限 σ_p 的情况，亦即：$\sigma_{cr} \leqslant \sigma_p$。将式(9-7)代入上式，得 $\dfrac{\pi^2 E}{\lambda^2} \leqslant \sigma_p$ 。或写成

$$\lambda \geqslant \sqrt{\frac{\pi^2 E}{\sigma_p}} = \lambda_p \tag{9-8}$$

式(9-8)中，λ_p 是应用欧拉公式的压杆柔度的界限值，称为判别柔度。当 $\lambda \geqslant \lambda_p$ 时，才能满足 $\sigma_{cr} \leqslant \sigma_p$，欧拉公式才适用，这种压杆称为大柔度压杆或细长压杆。

例如，对于用 Q235 钢制成的压杆，$E = 200$ GPa，$\sigma_p = 200$ MPa，其判别柔度 λ_p 为

$$\lambda_p = \sqrt{\frac{\pi^2 E}{\sigma_p}} = \sqrt{\frac{\pi^2 \times 200\ \text{MPa} \times 10^3}{200\ \text{MPa}}} \approx 100$$

不同材料的判别柔度见表 9-2。

若压杆的柔度 λ 小于 λ_p，称为小柔度杆或非细长杆。小柔度杆的临界应力 σ_{cr} 大于材料的比例极限 σ_p，此时压杆的临界应力 σ_{cr} 不能用欧拉公式(9-7)计算。

9.3.3 超过比例极限 σ_p 时压杆的临界应力

对临界应力超过比例极限的压杆($\sigma_{cr} > \sigma_p$，即 $\lambda < \lambda_p$)，欧拉公式(9-4)和(9-7)不再适用，此时压杆的临界应力常用经验公式计算。常用的经验公式有直线公式和抛物线公式。

1. 直线公式

可分两种情况考虑，即小柔度杆和中柔度杆。

(1)中柔度杆

中柔度杆在工程实际中是最常见的。关于这类杆的临界应力计算，有基于理论分析的公式，如切线模量公式；还有以试验为基础考虑压杆存在偏心率等因素的影响而整理得到的经验公式。目前在设计中多采用经验公式确定临界应力，常用的经验公式有直线公式和抛物线公式，这里只介绍直线经验公式。

对于柔度 $\lambda < \lambda_p$ 的压杆，通过试验发现，其临界应力 σ_{cr} 与柔度之间的关系可近似地用如下直线公式表示

$$\sigma_{cr} = a - b\lambda \tag{9-9}$$

式中，a、b 为与压杆材料力学性能有关的常数，其单位为 MPa，一些常用材料的 a、b 值见表 9-2。

经验公式(9-9)也是有其适用范围的，即临界应力 σ_{cr} 不应超过材料的压缩极限应力 σ_u 。这是由于当临界应力 σ_{cr} 达到压缩极限应力 σ_u 时，压杆不会因发生弯曲变形而失稳，而是因强度不足而失效破坏。若以 λ_0 表示对应于 $\sigma_{cr} = \sigma_u$ 时的柔度，则 $\sigma_{cr} = \sigma_u = a - b\lambda_0$，或

$$\lambda_0 = \frac{a - \sigma_u}{b} \tag{9-10}$$

其中压缩极限应力 σ_u，对于塑性材料制成的杆件可取材料的抗压屈服强度 σ_s，对于脆性材料制成的杆件可取材料的抗压强度 σ_b 。

λ_0 是可用直线公式的最小柔度，不同材料的 λ_0 值见表 9-2，也可参考有关规范或设计手册。因此，直线经验公式的适用范围为

$$\lambda_0 \leqslant \lambda < \lambda_p \tag{9-11}$$

满足式(9-11)的压杆，称为中柔度压杆。λ_0 依材料的不同而不同，见表 9-2，也可按式(9-10)计算。

表 9-2　不同材料的 a、b 值及 λ_0、λ_p 的值

材料(σ_s、σ_b /MPa)	a/MPa	b/MPa	λ_p	λ_0
Q235 钢($\sigma_s = 235$, $\sigma_b \geqslant 372$)	304	1.12	100	60
优质碳钢($\sigma_s = 306$, $\sigma_b \geqslant 470$)	460	2.57	100	60
硅钢($\sigma_s = 353$, $\sigma_b \geqslant 510$)	577	3.74	100	60
铬钼钢	980	5.29	55	
硬铝	392	3.26	50	
铸铁	332	1.45	80	
松木	28.7	0.2	59	

对于 $\lambda < \lambda_0$ 的小柔度杆，当其临界应力 σ_{cr} 达到材料的压缩极限应力 σ_u 时，杆件就会因强度不足而发生破坏，即认为失效。所以有

$$\sigma_{cr} = \sigma_u \tag{9-12}$$

综上所述，可将压杆的临界应力依柔度的不同归结如下：

①大柔度压杆(细长杆)：$\lambda \geqslant \lambda_p$，$\sigma_{cr} = \dfrac{\pi^2 E}{\lambda^2}$

②中柔度压杆(中长杆)：$\lambda_0 \leqslant \lambda < \lambda_p$，$\sigma_{cr} = a - b\lambda$

③小柔度压杆(粗短杆)：$\lambda < \lambda_0$，$\sigma_{cr} = \sigma_u$

以柔度 λ 为横坐标，临界应力 σ_{cr} 为纵坐标，将临界应力与柔度的关系曲线绘于图中，即得到全面反映大、中、小柔度压杆的临界应力随柔度变化情况的临界应力总图，如图 9-13 所示。

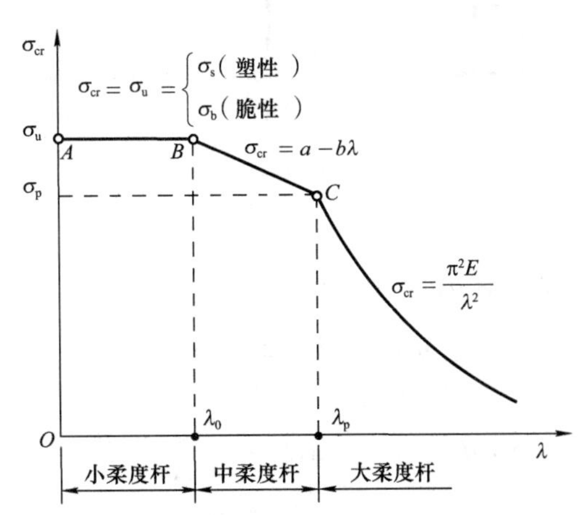

图 9-13　临界应力总图

稳定计算中，无论是欧拉公式或是经验公式，都是以杆件的整体变形为基础的，即压杆在

临界力作用下可保持微弯状态的平衡，以此作为压杆失稳时的整体变形状态。局部削弱(如螺钉孔等)对杆件的整体变形影响很小，计算临界应力时，应采用未经削弱的横截面面积 A 和惯性矩 I。而在小柔度杆中做强度计算时，自然应该使用削弱后的横截面面积。

2. 抛物线公式

抛物线公式是指对于中小柔度杆件的临界应力用关于柔度 λ 的二次函数表示为

$$\sigma_{cr} = a_1 - b_1\lambda^2 \tag{9-13}$$

式中，a_1、b_1 为与材料性质有关的常数。

例如，在我国钢结构规范中，对于非细长杆件的临界应力采用如下形式的抛物线公式

$$\sigma_{cr} = \sigma_s\left[1 - 0.43\left(\frac{\lambda}{\lambda_c}\right)^2\right] \qquad (\lambda \leqslant \lambda_c) \tag{9-14}$$

式(9-14)中

$$\lambda_c = \sqrt{\frac{\pi^2 E}{0.57\sigma_s}} \tag{9-15}$$

比较式(9-8)与式(9-15)可知，λ_p 与 λ_c 稍有差别。以 Q235 钢为例，$\lambda_c = 123$ 。Q235 钢的抛物线公式为

$$\sigma_{cr} = 235\ \text{MPa} - 0.006\,68\ \text{MPa} \times \lambda^2 \qquad (\lambda \leqslant 123) \tag{9-16}$$

需要说明，对于非弹性屈曲时的临界力，常见的理论有切线模量理论、折减模量理论和 Shanley 理论，相关分析可参考 James M. Gere 的文献。

例题 9-3 材料为 Q235 钢的三根轴向受压圆杆，长度 l 分别为 $l_1 = 0.25$ m，$l_2 = 0.5$ m 和 $l_3 = 1$ m，直径分别为 $d_1 = 20$ mm、$d_2 = 30$ mm 和 $d_3 = 50$ mm，$E = 210$ GPa，$\lambda_p = 100$，$\lambda_0 = 60$。对于中柔度杆，σ_{cr} 服从直线规律，且参数 $a = 304$ MPa，$b = 1.12$ MPa 。各杆支承如图 9-14 所示。试求各杆的临界应力。

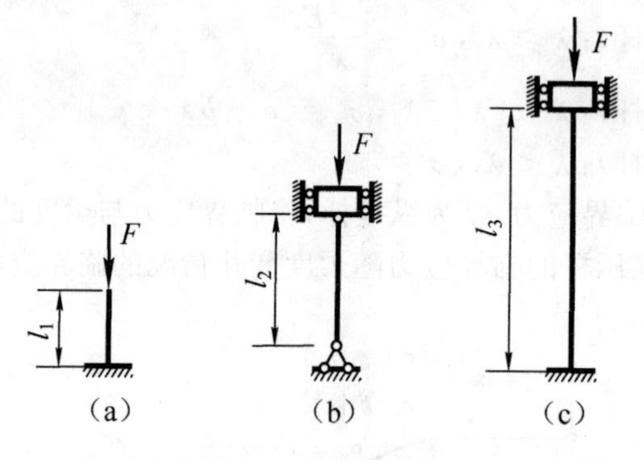

图 9-14 例题 9-3 图

解：(1)计算各杆的柔度

杆 a：$\mu_1 = 2$，$l_1 = 0.25$ m，$d_1 = 20$ mm，$i_1 = \sqrt{\dfrac{I}{A}} = \dfrac{d_1}{4} = 5.0$ mm，则

$$\lambda_1 = \frac{\mu_1 l_1}{i_1} = \frac{2 \times 250\ \text{mm}}{5\ \text{mm}} = 100$$

杆 b：$\mu_2 = 1$，$l_2 = 0.5$ m，$d_2 = 30$ mm，$i_2 = \sqrt{\dfrac{I}{A}} = \dfrac{d_2}{4} = 7.5$ mm，则

$$\lambda_2 = \frac{\mu_2 l_2}{i_2} = \frac{1 \times 500\ \text{mm}}{7.5\ \text{mm}} = 66.7$$

杆 c：$\mu_3 = 0.5$，$l_3 = 1$ m，$d_3 = 50$ mm，$i_3 = \sqrt{\dfrac{I}{A}} = \dfrac{d_3}{4} = 12.5$ mm，则

$$\lambda_3 = \frac{\mu_3 l_3}{i_3} = \frac{0.5 \times 1\,000\ \text{mm}}{12.5\ \text{mm}} = 40$$

(2)计算各杆的临界应力

杆 a：$\lambda_1 = \lambda_p$，属于大柔度压杆，其临界应力为

$$\sigma_{cr} = \frac{\pi^2 E}{\lambda^2} = \frac{3.14^2 \times 210 \times 10^3\ \text{MPa}}{100^2} = 207.1\ \text{MPa}$$

杆 b：$\lambda_0 = 60 < \lambda_2 = 66.7 < \lambda_p = 100$，属于中柔度压杆，其临界应力为

$$\sigma_{cr} = a - b\lambda = 304\ \text{MPa} - 1.12\ \text{MPa} \times 66.7 = 229.3\ \text{MPa}$$

杆 c：$\lambda_3 = 40 < \lambda_0 = 60$，属于小柔度压杆，其临界应力为：$\sigma_{cr} = \sigma_s = 235\ \text{MPa}$

由此可见，在计算临界力之前，必须计算杆件的柔度，并判断杆件的类型，然后根据不同的类型套用不同的计算公式。

例题 9-4　某施工现场脚手架搭设如图 9-15(a)所示，其中一种搭设是有扫地杆形式，计算简图如图 9-15(b)所示，另一种搭设是无扫地杆形式，计算简图如图 9-15(c)所示。压杆采用外径为 ϕ48 mm，内径为 ϕ41 mm 的焊接钢管，材料的弹性模量 E=200 GPa，$\lambda_p = 100$，$\lambda_0 = 60$，排距为 1.8 m。对于中柔度杆，σ_{cr} 服从直线规律，且参数 $a = 304$ MPa，$b = 1.12$ MPa 。试比较两种情况下压杆的临界应力。

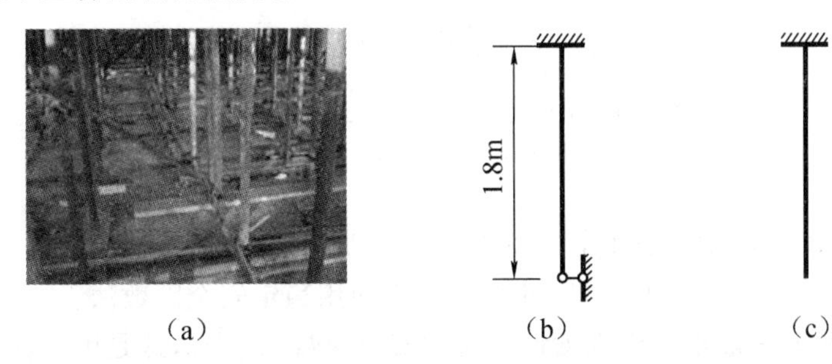

图 9-15　例题 9-4 图

解：(1)第一种情况的临界应力

长度系数：一端固定一端铰支，μ=0.7。杆长 l=1 800 mm。

惯性半径：由 $I = \frac{\pi D^4}{64}(1-\alpha^4)$，$A = \frac{\pi D^2}{4}(1-\alpha^2)$，得

$$i = \sqrt{\frac{I}{A}} = \frac{D}{4}\sqrt{1+\alpha^2} = \frac{48\ \text{mm}}{4} \times \sqrt{1+\left(\frac{41\ \text{mm}}{48\ \text{mm}}\right)^2} = 15.78\ \text{mm}$$

柔度 λ：$\lambda = \frac{\mu l}{i} = \frac{0.7 \times 1\,800\ \text{mm}}{15.78\ \text{mm}} = 79.85 < \lambda_p = 100$，并且 $\lambda > \lambda_0 = 60$ 。所以压杆为中柔度压杆，其临界应力为

$$\sigma_{cr1} = a - b\lambda = 304\ \text{MPa} - 1.12\ \text{MPa} \times 79.85 = 214.6\ \text{MPa}$$

(2)第二种情况(一端固定、一端自由)的临界应力

长度系数：μ=2，杆长 l=1 800 mm。

惯性半径：i=15.78 mm。

柔度 λ：$\lambda = \frac{\mu l}{i} = \frac{2 \times 1\,800\ \text{mm}}{15.78\ \text{mm}} = 228.1 > \lambda_p = 100$ 。所以此压杆是大柔度杆，可应用欧拉公式，其临界应力为

$$\sigma_{cr2} = \frac{\pi^2 E}{\lambda^2} = \frac{3.14^2 \times 200 \times 10^3\ \text{MPa}}{228.1^2} = 37.90\ \text{MPa}$$

(3)比较二种情况下压杆的临界应力

$$\frac{\sigma_{cr1}-\sigma_{cr2}}{\sigma_{cr1}}=\frac{214.6\ \text{MPa}-37.90\ \text{MPa}}{214.6\ \text{MPa}}=82.3\%$$

需要说明：上述两种情况说明有、无扫地杆的脚手架搭设是完全不同的情况，无扫地杆的脚手架受压时的临界应力 σ_{cr2} 远小于有扫地杆的脚手架的临界应力 σ_{cr1}，更易发生失稳，因此在施工过程中要注意这一类问题。

9.4 压杆的稳定计算

一、稳定安全因数法

当压杆中的应力达到(或超过)其临界应力 σ_{cr} 时，压杆会丧失稳定。所以，在工程中，为确保压杆的正常工作，并具有足够的稳定性，其横截面上的应力 σ 应小于临界应力 σ_{cr}。同时还必须考虑一定的安全储备，这就要求横截面上的应力，不能超过压杆的临界应力的许用值 $[\sigma_{cr}]$，即

$$\sigma=\frac{F_N}{A}\leqslant[\sigma_{cr}] \tag{9-17}$$

$[\sigma_{cr}]$ 为临界应力的许用值，又称为稳定许用应力，其值为

$$[\sigma_{cr}]=\frac{\sigma_{cr}}{n_{st}} \tag{9-18}$$

式中，n_{st} 为稳定安全因数，常见压杆的稳定安全因数见表 9-3 所示。式(9-17)即为稳定安全因数法的稳定条件。对于机械工程专业，相关设计常使用稳定安全因数法。

稳定安全因数 n_{st} 一般都大于强度计算时的安全因数 n_s 或 n_b，这是因为在确定稳定安全因数时，除了应遵循确定安全因数的一般原则以外，还必须考虑实际压杆并非理想的轴向压杆这一情况。例如，在制造过程中，杆件不可避免地存在微小的弯曲(即存在初曲率)；同时外力的作用线也不可能绝对准确地与杆件的轴线相重合(即存在初偏心)；另外，也必须考虑杆件的细长程度，杆件越细长稳定安全性越重要，稳定安全因数 n_{st} 应越大等，这些因素都应在稳定安全因数 n_{st} 中加以考虑。

表 9-3　　常见压杆的稳定安全因数

实际压杆	稳定安全因数 n_{st}
金属结构中的压杆	1.8～3.0
矿山和冶金设备中的压杆	4～8
机床的走刀丝杠	2.5～4
磨床油缸活塞杆	4～6
高速发动机挺杆	2.5～5
起重螺旋	3.5～5

例题 9-5　如图 9-16 所示的结构中，梁 AB 为 No.14 普通热轧工字钢，CD 为圆截面直杆，其直径为 $d=20$ mm，二者材料均为 Q235 钢。结构受力如图 9-16 所示，A、C、D 三处均为球铰约束。若已知 $F=25$ kN，$l_1=1.25$ m，$l_2=0.55$ m，$\sigma_s=235$ MPa。强度安全因数 $n_s=1.45$，稳定安全因数 $n_{st}=1.8$。试校核此结构是否安全。

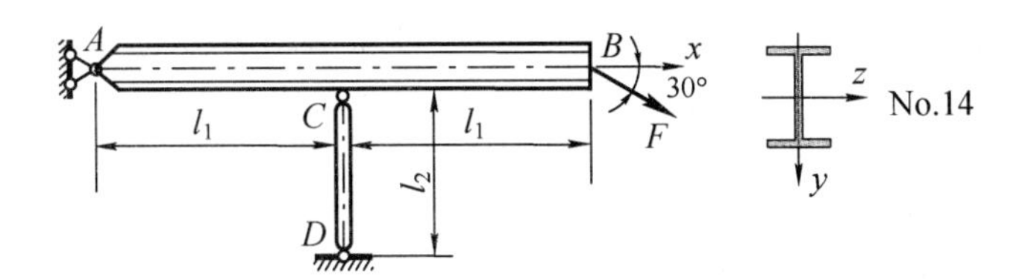

图 9-16　例题 9-5 图

解:在给定的结构中共有两个构件:梁 AB,承受拉伸与弯曲的组合作用,属于强度问题;杆 CD,承受压缩荷载,属于稳定问题。现分别校核如下。

(1)大梁 AB 的强度校核

大梁 AB 在截面 C 处的弯矩最大,该处横截面为危险截面,其上的弯矩和轴力分别为

$$M_{\max} = (F\sin 30°)l_1 = (25\ \text{kN} \times 0.5) \times 1.25\ \text{m} = 15.63\ \text{kN} \cdot \text{m}$$

$$F_{\text{N}} = F\cos 30° = 25\ \text{kN} \times \cos 30° = 21.65\ \text{kN}$$

由型钢表查得 14 号普通热轧工字钢的 W_z 为

$$W_z = 102\ \text{cm}^3 = 102 \times 10^3\ \text{mm}^3, A = 21.5\ \text{cm}^2 = 21.5 \times 10^2\ \text{mm}^2$$

由此得到

$$\sigma_{\max} = \frac{M_{\max}}{W_z} + \frac{F_{\text{N}}}{A} = \frac{15.63 \times 10^6\ \text{N} \cdot \text{mm}}{102 \times 10^3\ \text{mm}^3} + \frac{21.65 \times 10^3\ \text{N}}{21.5 \times 10^2\ \text{mm}^2} = 163.3\ \text{MPa}$$

Q235 钢的许用应力　　$[\sigma] = \dfrac{\sigma_{\text{s}}}{n_{\text{s}}} = \dfrac{235\ \text{MPa}}{1.45} = 162\ \text{MPa}$

$\sigma_{\max}$ 略大于 $[\sigma]$,但 $\dfrac{\sigma_{\max} - [\sigma]}{[\sigma]} \times 100\% = 0.74\% < 5\%$,工程上仍可认为是安全的。

(2)校核压杆 CD 的稳定性

由平衡方程求得压杆 CD 的轴向压力为

$$F_{\text{N},CD} = 2F\sin 30° = 2 \times 25\ \text{kN} \times 0.5 = 25\ \text{kN}$$

$$\sigma = \frac{F_{\text{N},CD}}{A} = \frac{4 \times F_{\text{N},CD}}{\pi d^2} = \frac{4 \times 25 \times 10^3\ \text{N}}{\pi \times (20\ \text{mm})^2} = 79.62\ \text{MPa}$$

因为是圆截面杆,故惯性半径为:$i = \sqrt{\dfrac{I}{A}} = \dfrac{d}{4} = \dfrac{20\ \text{mm}}{4} = 5\ \text{mm}$。

又因为两端为球铰约束 $\mu = 1.0$,所以,$\lambda = \dfrac{\mu l}{i} = \dfrac{1.0 \times 550\ \text{mm}}{5\ \text{mm}} = 110 > \lambda_{\text{p}} = 100$

这表明压杆 CD 为细长杆,故需采用式(9-7)计算其临界应力,有

$$\sigma_{\text{cr}} = \frac{\pi^2 E}{\lambda^2} = \frac{3.14^2 \times 210 \times 10^3\ \text{MPa}}{110^2} = 171.1\ \text{MPa}$$

于是,压杆 CD 的工作应力

$$\sigma = 79.62\ \text{MPa} < \frac{\sigma_{\text{cr}}}{n_{\text{st}}} = \frac{171.1\ \text{MPa}}{1.8} = 95.1\ \text{MPa}$$

说明压杆是稳定的。

上述两项计算结果表明,整个结构的强度和稳定性都是安全的。

二、稳定因数法

在结构工程的相关设计中,经常将压杆的稳定许用应力 $[\sigma_{\text{cr}}]$ 写成材料的强度许用应力 $[\sigma]$ 乘以一个小于 1 的因数 φ,即

$$[\sigma_{\text{cr}}] = \frac{\sigma_{\text{cr}}}{n_{\text{st}}} = \varphi[\sigma] \tag{9-19}$$

其中，φ 称为稳定因数，又称折减因数。由式(9-19)可知，稳定因数 φ 值为

$$\varphi = \frac{\sigma_{cr}}{n_{st}[\sigma]} \tag{9-20}$$

由式(9-20)可知，当 $[\sigma]$ 一定时，φ 取决于 σ_{cr} 与 n_{st}。由于临界应力 σ_{cr} 值随压杆的柔度 λ 而改变，而不同柔度的压杆一般又规定不同的稳定安全因数 n_{st}，所以稳定因数 φ 是柔度 λ 的函数。当材料一定时，φ 值取决于柔度 λ 的值。

临界应力 σ_{cr} 依据压杆的屈曲失效试验确定，还涉及实际压杆存在的初曲度、压力的偏心度、涉及实际材料的缺陷、涉及型钢轧制、加工留下的残余应力及其分布规律等因素。《钢结构设计规范》(GB50017－2003)，根据我国常用构件的截面形状、尺寸和加工条件，规定了相应的残余应力变化规律，并考虑 1/1 000 的初弯曲度，计算了 96 根压杆的稳定因数 φ 与柔度 λ 的关系值，并按截面分 a、b、c、d 四类列表，供设计应用。其中 a 类的残余应力影响较小，稳定性较好；c 类的残余应力影响较大，其稳定性较差；多数情况可归为 b 类。表 9-4 中只给出了圆管和工字形截面的分类，其他截面分类见《钢结构设计规范》(GB50017－2003)。对于不同材料，根据 φ 与 λ 的关系，分别给出 a、b、c、d 四类截面的稳定因数 φ 值。在本节后所附的表 9-5～表 9-7 中分别给出 Q235 钢常用的 a、b、c 三类截面的 φ 值。

表 9-4　轴压杆件的截面分类

	截面形状和对应轴	
类别		b, h, z, y
a 类	轧制，对任意轴	轧制，$b/h \leqslant 0.8$，对 z 轴 轧制，$b/h \leqslant 0.8$，对 y 轴
b 类	焊接，对任意轴	$b/h > 0.8$，对 y、z 轴
c 类		焊接，翼缘为轧制边，对 z 轴 焊接，翼缘为轧制边，对 y 轴

对于木制压杆的稳定因数 φ 值，我国《木结构设计规范》(GBJ 50005－2003)中，按照树种的强度等级，分别给出了两组计算公式。

树种强度等级为 TC17、TC15 及 TB20 时

$$\lambda \leqslant 75 \text{ 时}, \varphi = \frac{1}{1+\left(\frac{\lambda}{80}\right)^2}; \quad \lambda > 75 \text{ 时}, \varphi = \frac{3\ 000}{\lambda^2}$$

树种强度等级为 TC13、TC11、TB17 及 TB15 时

$$\lambda \leqslant 91 \text{ 时}, \varphi = \frac{1}{1+\left(\frac{\lambda}{65}\right)^2}; \quad \lambda > 91 \text{ 时}, \varphi = \frac{2\ 800}{\lambda^2}$$

上述树种强度等级字符后的数字为树种的弯曲强度(单位为 MPa)。

应当指明，$[\sigma_{cr}]$ 与 $[\sigma]$ 虽然都是“许用应力”，但两者却有很大的不同。$[\sigma]$ 只与材料有关，当材料一定时，其值为定值；而 $[\sigma_{cr}]$ 除了与材料有关以外，还与压杆的长细比有关，所以，相同材料制成的不同(柔度)的压杆，其 $[\sigma_{cr}]$ 值是不同的。

将式(9-19)代入式(9-17),可得

$$\sigma=\frac{F}{A}\leqslant\varphi[\sigma] \tag{9-21}$$

或

$$\frac{F}{\varphi A}\leqslant[\sigma] \tag{9-22}$$

式(9-22)即为压杆需要满足的稳定条件。由于稳定因数 φ 可按 λ 的值直接查相关的表格确定,因此,按式(9-21)的稳定条件进行压杆的稳定计算,十分方便。因此,该方法也称为实用计算方法。

应当指出,在稳定计算中,压杆的横截面面积 A 均采用毛截面面积计算,即当压杆在局部有横截面削弱(如钻孔、开口等)时,可不予考虑。因为压杆的稳定性取决于整个杆件的弯曲刚度,而局部的截面削弱对整个杆件的整体刚度来说,影响甚微。但是,对截面的削弱处,则应当进行强度验算。

应用压杆的稳定条件,可以解决三个方面的问题:

1. 稳定校核　即已知压杆的几何尺寸、所用材料、支承条件以及承受的压力,验算是否满足式(9-21)的稳定条件。

这类问题,一般应首先计算出压杆的柔度 λ,根据 λ 查出相应的稳定因数 φ,再按照式(9-21)进行校核。

2. 计算稳定时的许用荷载　即已知压杆的几何尺寸、所用材料及支承条件,按稳定条件计算其能够承受的许用荷载 F 值。

这类问题,一般也要首先计算出压杆的柔度 λ,根据 λ 查出相应的稳定因数 φ,再按照 $F\leqslant\varphi A[\sigma]$ 进行计算。

3. 进行截面设计　即已知压杆的长度、所用材料、支承条件以及承受的压力 F,按照稳定条件计算压杆所需的截面尺寸。

这类问题,一般采用“试算法”。这是因为在稳定条件式(9-21)中,稳定因数 φ 是根据压杆的柔度 λ 查表得到的,而在压杆的截面尺寸尚未确定之前,压杆的柔度 λ 不能确定,所以也就不能确定稳定因数 φ。因此,只能采用试算法,首先假定一稳定因数 φ 值(0 与 1 之间一般采用 0.45),由稳定条件计算所需要的截面面积 A,然后计算出压杆的柔度 λ,根据压杆的柔度 λ 查表得到稳定因数 φ,将此时的 φ 值与初始假设值比较,查看计算误差是否满足精度要求,若不满足,则需在两个 φ 值之间重新假设 φ 值,直至计算值与初始设定值误差满足精度要求为止。

例题 9-6　由 Q235 钢加工成的工字形截面连杆,两端为柱形铰,即在 xy 平面内失稳时,杆端约束情况接近于两端铰支,长度系数 $\mu_z=1.0$;而在 xz 平面内失稳时,杆端约束情况接近于两端固定,$\mu_y=0.6$,如图 9-17 所示,图中尺寸单位为 mm。已知连杆在工作时承受的最大压力为 $F=35$ kN,材料的强度许用应力 $[\sigma]=206$ MPa,并符合《钢结构设计规范》(GB 50017—2003)中 a 类中心受压杆的要求。试校核其稳定性。

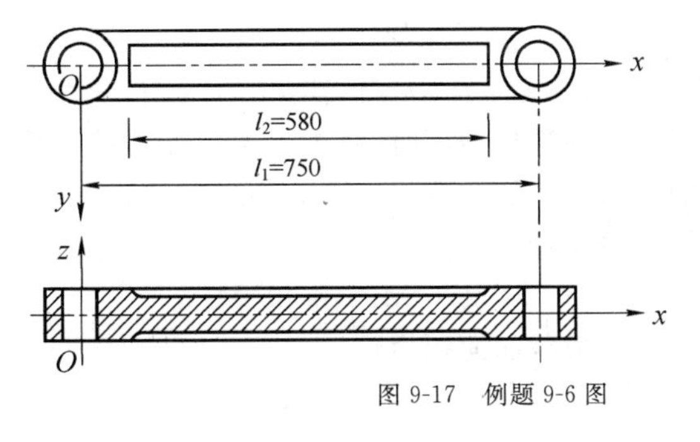

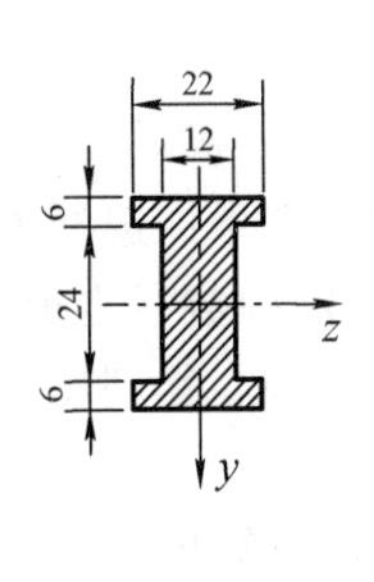

图 9-17　例题 9-6 图

解:(1)横截面的面积和形心主惯性矩分别为

$$A = 12\ \text{mm} \times 24\ \text{mm} + 2 \times 6\ \text{mm} \times 22\ \text{mm} = 552\ \text{mm}^2$$

$$I_z = \left[\frac{12 \times 24^3}{12} + 2 \times \left(\frac{22 \times 6^3}{12} + 22 \times 6 \times 15^2\right)\right]\text{mm}^4 = 7.4 \times 10^4\ \text{mm}^4$$

$$I_y = \left[\frac{24 \times 12^3}{12} + 2 \times \frac{6 \times 22^3}{12}\right]\text{mm}^4 = 1.41 \times 10^4\ \text{mm}^4$$

(2)横截面对 z 轴和 y 轴的惯性半径分别为

$$i_z = \sqrt{\frac{I_z}{A}} = \sqrt{\frac{7.4 \times 10^4\ \text{mm}^4}{552\ \text{mm}^2}} = 11.58\ \text{mm},\ i_y = \sqrt{\frac{I_y}{A}} = \sqrt{\frac{1.41 \times 10^4\ \text{mm}^4}{552\ \text{mm}^2}} = 5.05\ \text{mm}$$

(3)连杆的柔度 λ 及稳定因数 φ

$$\lambda_z = \frac{\mu_z l_1}{i_z} = \frac{1.0 \times 750\ \text{mm}}{11.58\ \text{mm}} = 64.8$$

$$\lambda_y = \frac{\mu_y l_2}{i_y} = \frac{0.6 \times 580\ \text{mm}}{5.05\ \text{mm}} = 68.9$$

在两柔度值中,应按较大的柔度值 $\lambda_y = 68.9$ 来确定压杆的稳定因数 φ。由表 9-5,并用内插法求得

$$\varphi = 0.844 + \frac{69 - 68.9}{69 - 68} \times (0.849 - 0.844) = 0.845$$

(4)连杆的稳定性校核,由式(9-22)得

$$\sigma = \frac{F}{\varphi A} = \frac{35 \times 10^3\ \text{N}}{0.845 \times 552\ \text{mm}^2} = 75.04\ \text{MPa} < [\sigma] = 206\ \text{MPa}$$

故连杆满足稳定性要求。

例题 9-7 如图 9-18 所示厂房钢立柱长 7 m,上、下两端分别与基础和梁连接。由于与梁连接的一端可发生侧移,因此,根据柱顶和柱脚的连接刚度,钢柱的长度系数取为 $\mu = 1.3$。钢柱由两根 Q235 槽钢组成,符合《钢结构设计规范》(GB 50017－2003)中的实腹式 b 类截面中心受压杆的要求。钢柱承受的轴向压力为 270 kN,材料的强度许用应力为 $[\sigma] = 170$ MPa。试选择钢柱槽钢型号。

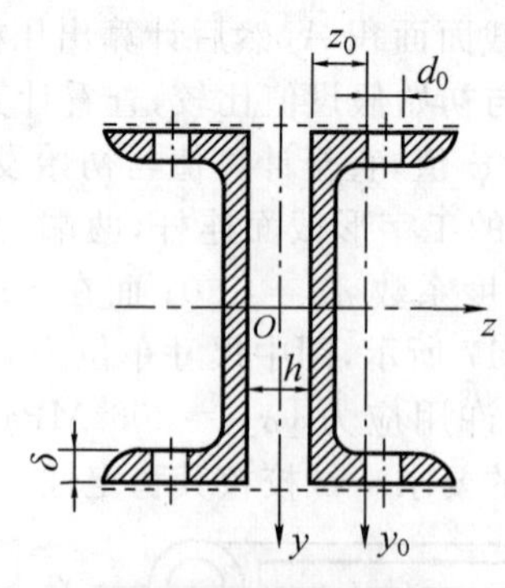

图 9-18 例题 9-7 图

解:(1)按稳定条件选择槽钢号码。在选择截面时,由于 $\lambda = \mu l / i$ 中的 i 不知道,λ 值无法算出,相应的稳定因数 φ 也就无法确定。于是,先假设一个 φ 值进行计算。

假设 $\varphi = 0.50$,得到压杆的稳定许用应力为

$$[\sigma_{cr}] = \varphi[\sigma] = 0.5 \times 170\ \text{MPa} = 85\ \text{MPa}$$

按稳定条件可算出每根槽钢所需的横截面面积为

$$A=\frac{F/2}{[\sigma_{cr}]}=\frac{270\times10^3\ \mathrm{N}/2}{85\ \mathrm{MPa}}=1\ 588.2\ \mathrm{mm}^2\approx15.9\ \mathrm{cm}^2$$

由型钢表查得，14a 号槽钢的横截面面积为 $A=18.51\ \mathrm{cm}^2$，$i_z=5.52\ \mathrm{cm}$。对于图示组合截面，由于 I_z 和 A 均为单根槽钢的两倍，故 i_z 值与单根槽钢截面的值相同。由 i_z 算得

$$\lambda=\frac{\mu l}{i}=\frac{1.3\times7\ 000\ \mathrm{mm}}{5.52\times10\ \mathrm{mm}}=165$$

由表 9-6 查出，Q235 钢压杆对应于柔度 $\lambda=165$ 的稳定因数为 $\varphi=0.262$

显然，前面假设的 $\varphi=0.50$ 过大，需重新假设较小的 φ 值再进行计算。但重新假设的 φ 值也不应采用 $\varphi=0.262$，因为降低 φ 后所需的截面面积必然加大，相应的 i_z 也将加大，从而使 λ 减小而 φ 增大。因此，试用 $\varphi=0.35$ 进行截面选择。

$$A=\frac{F/2}{\varphi[\sigma]}=\frac{270\times10^3\ \mathrm{N}/2}{0.35\times170\times10^6\ \mathrm{Pa}}=2.269\times10^{-3}\ \mathrm{m}^2=22.69\ \mathrm{cm}^2$$

试用 16b 号槽钢：$A=25.162\ \mathrm{cm}^2$，$i_z=6.1\ \mathrm{cm}$，柔度为

$$\lambda=\frac{\mu l}{i}=\frac{1.3\times7\ 000\ \mathrm{mm}}{6.1\times10\ \mathrm{mm}}=149.2$$

与 λ 值对应的 φ 为 0.311，接近于试用的 $\varphi=0.35$。按 $\varphi=0.311$ 进行核算，以校核 16 号槽钢是否可用。此时，稳定许用应力为

$$[\sigma_{cr}]=\varphi[\sigma]=0.311\times170\ \mathrm{MPa}=52.9\ \mathrm{MPa}$$

而钢柱的工作应力为

$$\sigma=\frac{F/2}{A}=\frac{270\times10^3\ \mathrm{N}/2}{25.162\times10^{-4}\ \mathrm{m}^2}=5.365\times10^7\ \mathrm{Pa}=53.65\ \mathrm{MPa}$$

虽然工作应力略大于压杆的稳定许用应力，但

$$\frac{\sigma-[\sigma_{cr}]}{[\sigma_{cr}]}=\frac{53.65\ \mathrm{MPa}-52.9\ \mathrm{MPa}}{52.9\ \mathrm{MPa}}=1.42\%<5\%$$

工程上仍认为是允许的。

表 9-5　　Q235 钢 a 类截面中心受压直杆的稳定因数 φ

λ	0	1.0	2.0	3.0	4.0	5.0	6.0	7.0	8.0	9.0
0	1.000	1.000	1.000	1.000	0.999	0.999	0.998	0.998	0.997	0.996
10	0.995	0.994	0.993	0.992	0.991	0.989	0.988	0.986	0.985	0.983
20	0.981	0.979	0.977	0.976	0.974	0.972	0.970	0.968	0.966	0.964
30	0.963	0.961	0.959	0.957	0.955	0.952	0.950	0.948	0.946	0.944
40	0.941	0.939	0.937	0.934	0.932	0.929	0.927	0.924	0.921	0.919
50	0.916	0.913	0.910	0.907	0.904	0.900	0.897	0.894	0.890	0.886
60	0.883	0.879	0.875	0.871	0.867	0.863	0.858	0.851	0.849	0.844
70	0.839	0.834	0.829	0.824	0.818	0.813	0.807	0.801	0.795	0.789
80	0.783	0.776	0.770	0.763	0.757	0.750	0.743	0.736	0.728	0.721
90	0.714	0.706	0.699	0.691	0.684	0.676	0.668	0.661	0.653	0.645
100	0.638	0.630	0.622	0.615	0.607	0.600	0.592	0.585	0.577	0.570
110	0.563	0.556	0.548	0.541	0.534	0.527	0.520	0.514	0.507	0.500
120	0.494	0.488	0.481	0.475	0.469	0.463	0.457	0.451	0.445	0.440
130	0.434	0.429	0.423	0.418	0.412	0.407	0.402	0.397	0.392	0.387
140	0.383	0.378	0.373	0.369	0.364	0.360	0.356	0.351	0.347	0.343
150	0.339	0.335	0.331	0.327	0.323	0.320	0.316	0.312	0.309	0.305
160	0.302	0.298	0.295	0.292	0.289	0.285	0.282	0.279	0.276	0.273

（续表）

λ	0	1.0	2.0	3.0	4.0	5.0	6.0	7.0	8.0	9.0
170	0.270	0.267	0.264	0.262	0.259	0.256	0.253	0.251	0.248	0.246
180	0.243	0.241	0.238	0.236	0.233	0.231	0.229	0.226	0.224	0.222
190	0.220	0.218	0.215	0.213	0.211	0.209	0.207	0.205	0.203	0.201
200	0.199	0.198	0.196	0.194	0.192	0.190	0.189	0.187	0.185	0.183
210	0.182	0.180	0.179	0.177	0.175	0.174	0.172	0.171	0.169	0.168
220	0.166	0.165	0.164	0.162	0.161	0.159	0.158	0.157	0.155	0.154
230	0.153	0.152	0.150	0.149	0.148	0.147	0.146	0.144	0.143	0.142
240	0.141	0.140	0.139	0.138	0.136	0.135	0.134	0.133	0.132	0.131
250	0.130									

表 9-6　　Q235 钢 b 类截面中心受压直杆的稳定因数

λ	0	1.0	2.0	3.0	4.0	5.0	6.0	7.0	8.0	9.0
0	1.000	1.000	1.000	0.999	0.999	0.998	0.997	0.996	0.995	0.994
10	0.992	0.991	0.989	0.987	0.985	00983	0.981	0.978	0.976	0.973
20	0.970	0.967	0.963	0.960	0.957	0.953	0.950	0.946	0.943	0.939
30	0.936	0.932	0.929	0.925	0.922	0.918	0.914	0.910	0.906	0.903
40	0.899	0.895	0.891	0.887	0.882	0.878	0.874	0.870	0.865	0.861
50	0.856	0.852	0.847	0.842	0.838	0.833	0.828	0.823	0.818	0.813
60	0.807	0.802	0.797	0.791	0.786	0.780	0.774	0.769	0.763	0.757
70	0.751	0.745	0.739	0.732	0.726	0.720	0.714	0.707	0.701	0.694
80	0.688	0.681	0.675	0.668	0.661	0.655	0.648	0.641	0.635	0.628
90	0.621	0.614	0.608	0.601	0.594	0.588	0.581	0.575	0.568	0.561
100	0.555	0.549	0.542	0.536	0.529	0.523	0.517	0.511	0.505	0.499
110	0.493	0.487	0.481	0.475	0.470	0.464	0.458	0.453	0.447	0.442
120	0.437	0.432	0.426	0.421	0.416	0.411	0.406	0.402	0.397	0.392
130	0.387	0.383	0.378	0.374	0.370	0.365	0.361	0.357	0.353	0.349
140	0.345	0.341	0.337	0.333	0.329	0.326	0.322	0.318	0.315	0.311
150	0.308	0.304	0.301	0.298	0.295	0.291	0.288	0.285	0.282	0.279
160	0.276	0.273	0.270	0.267	0.265	0.262	0.259	0.256	0.254	0.251
170	0.249	0.246	0.244	0.241	0.239	0.236	0.234	0.232	0.229	0.227
180	0.225	0.223	0.220	0.218	0.216	0.214	0.212	0.210	0.208	0.206
190	0.204	0.202	0.200	0.198	0.197	0.195	0.193	0.191	0.190	0.188
200	0.186	0.184	0.183	0.181	0.180	0.178	0.176	0.175	0.173	0.172
210	0.170	0.169	0.167	0.166	0.165	0.163	0.162	0.160	0.159	0.158
220	0.156	0.155	0.154	0.153	0.151	0.150	0.149	0.148	0.146	0.145
230	0.144	0.143	0.142	0.141	0.140	0.138	0.137	0.136	0.135	0.134
240	0.133	0.132	0.131	0.130	0.129	0.128	0.127	0.126	0.125	0.124
250	0.123									

表 9-7　　Q235 钢 c 类截面中心受压直杆的稳定因数

λ	0	1.0	2.0	3.0	4.0	5.0	6.0	7.0	8.0	9.0
0	1.000	1.000	1.000	0.999	0.999	0.998	0.997	0.996	0.995	0.993
10	0.992	0.990	0.988	0.986	0.9883	0.981	0.978	0.976	0.973	0.970
20	0.966	0.959	0.953	0.947	0.940	0.934	0.928	0.921	0.915	0.909
30	0.902	0.896	0.890	0.884	0.877	0.871	0.865	0.858	0.852	0.846
40	0.839	0.833	0.826	0.820	0.814	0.807	0.801	0.794	0.788	0.781
50	0.775	0.768	0.762	0.755	0.748	0.742	0.735	0.729	0.722	0.725
60	0.709	0.702	0.695	0.689	0.682	0.676	0.669	0.662	0.656	0.649
70	0.643	0.636	0.629	0.623	0.616	0.610	0.604	0.597	0.591	0.584
80	0.578	0.572	0.566	0.559	0.553	0.547	0.541	0.535	0.529	0.523
90	0.517	0.511	0.505	0.500	0.494	0.488	0.483	0.477	0.472	0.467
100	0.463	0.458	0.454	0.449	0.445	0.441	0.436	0.432	0.428	0.423
110	0.419	0.415	0.411	0.407	0.403	0.399	0.395	0.391	0.387	0.383
120	0.379	0.375	0.371	0.367	0.364	0.360	0.356	0.353	0.349	0.346
130	0.342	0.339	0.335	0.332	0.328	0.325	0.322	0.319	0.315	0.312
140	0.309	0.306	0.303	0.300	0.297	0.294	0.291	0.288	0.285	0.282
150	0.280	0.277	0.274	0.271	0.269	0.266	0.264	0.261	0.258	0.256
160	0.254	0.251	0.249	0.246	0.244	0.242	0.239	0.237	0.235	0.233
170	0.230	0.228	0.226	0.224	0.222	0.220	0.218	0.216	0.214	0.212
180	0.210	0.208	0.206	0.205	0.203	0.201	0.199	0.197	0.196	0.194
190	0.192	0.190	0.189	0.187	0.186	0.184	0.182	0.181	0.179	0.178
200	0.176	0.175	0.173	0.172	0.170	0.169	0.168	0.166	0.165	0.163
210	0.162	0.161	0.159	0.158	0.157	0.156	0.154	0.153	0.152	0.151
220	0.150	0.148	0.147	0.146	0.145	0.144	0.143	0.142	0.140	0.139
230	0.138	0.137	0.136	0.135	0.134	0.133	0.132	0.131	0.130	0.129
240	0.128	0.127	0.126	0.125	0.124	0.124	0.123	0.122	0.121	0.120
250	0.119									

9.5 提高压杆稳定性的措施

由以上各节的讨论可知，压杆的临界应力或临界压力的大小，直接反映了压杆稳定性的高低。提高压杆稳定性的关键，在于提高压杆的临界压力或临界应力。从临界力或临界应力的公式可以看出，影响临界力或临界应力的因素主要有：压杆的截面形状、压杆的长度、约束情况及材料性质等。因而，我们从这几方面入手，讨论如何提高压杆的稳定性。

1. 合理选择材料

欧拉公式表明，大柔度杆的临界力与材料的弹性模量 E 成正比。所以选择弹性模量高的材料制成的压杆，可以提高压杆的临界应力，相应地提高其稳定性。因此钢制压杆比铜、铸铁或铝制压杆的临界应力大，稳定性好。但各种钢材的 E 基本相同，所以对大柔度杆选用优质钢材对提高压杆的稳定性作用不大。

对中小柔度杆，由临界应力总图(图 9-13)可以看到，材料的屈服极限 σ_u 和比例极限 σ_p 越高，其临界应力就越大，即临界应力与材料的强度指标有关，强度高的材料，其临界力也大，所以选择高强度材料对提高中小柔度杆的稳定性有一定作用。

对于小柔度压杆，本来就是强度问题，优质钢材的强度高，其承载能力的提高是显然的。

2. 选择合理的截面形状

欧拉公式表明，柔度 λ 越小，临界应力越高。由于柔度 $\lambda=\frac{\mu l}{i}$，所以提高惯性半径 i 的数值就能减小柔度 λ 的数值。因此压杆的临界力与其横截面的惯性矩 I 成正比。因此为了提高压杆的临界应力，应选择截面惯性矩较大的截面形状，如在不增加截面面积 A 的前提下，可尽可能把材料放在离截面形心较远处，以取得较大的截面惯性矩 I。如图 9-19 所示的两种压杆截面，在面积相同的情况下，图 9-19(b)截面比图 9-19(a)截面合理，因为图 9-19(b)截面的惯性矩大。另外，当杆端各方向约束相同时，应尽可能使杆截面在各方向的惯性矩相等。例如，由槽钢制成的压杆，有两种摆放形式，如图 9-20 所示，图 9-20(b)截面比图 9-20(a)截面合理，因为图 9-20(a)截面中对竖轴的惯性矩比另一方向小很多，降低了杆的临界力。

除采用上述提高截面的最小惯性矩的思路之外，也可以采用变截面的方法提高构件的临界力。这是因为构件失稳与受压力作用后变弯有关，而采用如图 9-21 所示的变截面构件或者在挠度大的部位截面加强的做法，可以达到控制变形、提高抵抗失稳能力和节约材料的目的。

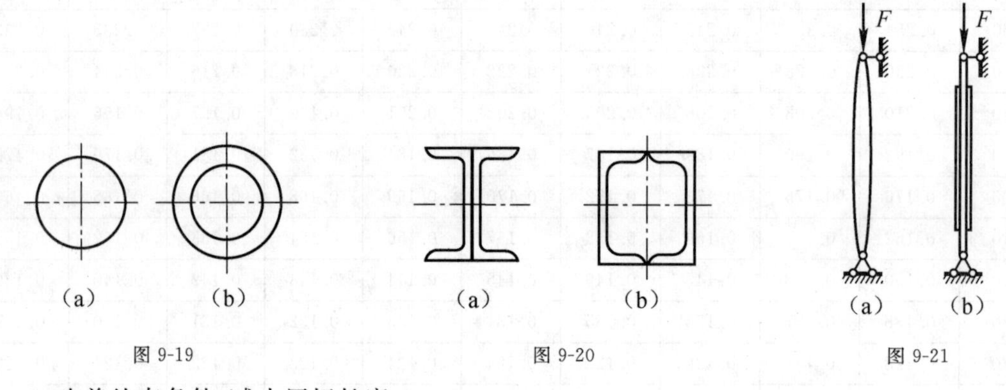

图 9-19　　图 9-20　　图 9-21

3. 改善约束条件、减小压杆长度

欧拉公式表明，临界应力 σ_{cr} 与压杆的相当长度 μl 的平方成反比，而压杆的相当长度又与其约束条件有关，从表 9-1 可知，两端约束加强，长度系数 μ 减小，因此，改善约束条件，可以减小压杆的长度系数 μ 。此外，减小长度 l，如设置中间支座以减小跨长，也可大大增大杆件的临界应力 σ_{cr}，达到提高压杆稳定性的目的。

4. 改善结构的形式

对于压杆，除了可以采取上述几方面的措施以提高其承载能力外，在可能的条件下，还可以从结构方面采取相应的措施。如图 9-22(a)中的压杆 AB 改变为图 9-22(b)中的拉杆 AB。

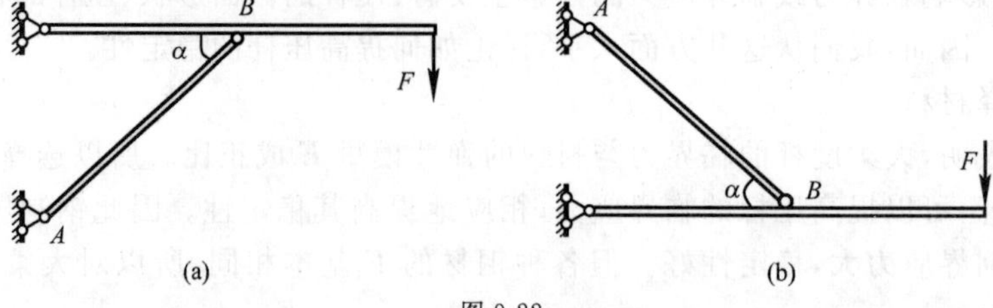

图 9-22

小 结

1. 稳定问题是受压杆件正常工作的基本要求之一，压杆若不能满足稳定性要求，会导致严重的后果，所以对受压杆件的稳定问题，应予以重视。

2. 压杆的稳定，是指杆件在轴向压力作用下维持其原有直线平衡形式的能力。受轴向压力的直杆，当受到微小外力干扰并撤去外力后，依据其轴向压力大小不同其状态有三种，分别为：恢复到原来的直线平衡状态、保持微弯平衡状态和继续扩大变形，将这三种状态分别称为压杆的稳定状态、临界状态和不稳定状态。临界状态下压杆的轴向压力称为临界力，或临界荷载。

稳定问题不同于强度问题，压杆失稳时，常常不是抗压强度不足被压坏，而是由于失稳，不能保持原有的直线平衡形式而发生弯曲。

3. 基于压杆在临界状态下可保持微弯状态的平衡，通过解微分方程并考虑边界条件可推导出计算细长压杆临界力的欧拉公式

$$F_{cr}=\frac{\pi^2 EI}{(\mu l)^2}$$

其中，μ 称为长度系数，其值与约束有关，μl 称为压杆的相当长度，即相当的两端铰支压杆的长度，或压杆挠曲线上拐点之间的距离。而 I 则应取为 $\min\{I_y, I_z\}$ 。

4. 欧拉公式有其严格的适用范围。该适用范围以柔度的形式表示为

$$\lambda=\frac{\mu l}{i}\geqslant\lambda_p=\sqrt{\frac{\pi^2 E}{\sigma_p}}$$

5. 柔度 λ 是压杆稳定计算中的一个重要物理量，不论是计算压杆的临界力(或临界应力)，还是根据稳定条件对压杆进行稳定计算，都需首先算出 λ 值。λ 值综合地反映了压杆的长度、截面的形状和尺寸、杆两端支承情况对临界力(或临界应力)的影响，杆的 λ 值越大，越容易失稳。当两个方向的 λ 值不同时，杆总是沿 λ 值大的方向失稳。

6. 本章介绍了两种压杆稳定的计算方法，即稳定安全因数法与稳定因数法。与强度条件类似，利用稳定条件可解决稳定计算中的三类典型问题，即稳定性校核、选择(设计)截面和确定许可载荷。

7. 对于不同情况下的各类受压杆件，可以采取：合理选择材料、选择合理的截面形状、改善约束条件、减小压杆长度或者改善结构的形式等方法提高构件的稳定性与安全性。

习 题

9-1 如图 9-23 所示为两端铰支-蝶形弹簧系统，图中的 k 代表使蝶形弹簧产生单位转角所需之力偶矩。试推导该系统的临界力 F_{cr} 。

9-2 如图 9-24 所示各刚杆-弹簧系统，试分别推导其临界力。图中的 k、k_1、k_2 均为弹簧系数。

9-3 如图 9-25 所示结构，AB 为刚性杆，BC 为弹性梁，在刚性杆顶端承受铅垂荷载 F 作用，试求其临界值。设梁 BC 各截面的弯曲刚度均为 EI。

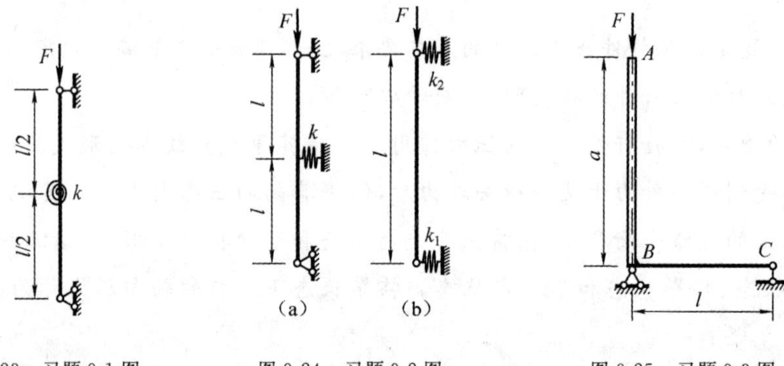

图 9-23 习题 9-1 图　　图 9-24 习题 9-2 图　　图 9-25 习题 9-3 图

9-4 两端铰支的 16 号工字型钢压杆，杆长 $l=3$ m，材料的弹性模量 $E=210$ GPa，试计算此压杆的临界压力 F_{cr}。

9-5 某钢制空心受压圆管，内、外径分别为 10 mm 和 12 mm，杆长 $l=383$ mm，钢材的 $E=210$ GPa，可简化为两端铰支的细长压杆，试计算该杆的临界压力 F_{cr}。

9-6 两端为铰支的圆截面压杆，杆长 $l=2$ m，直径 $d=60$ mm，材料为 Q235 钢，$E=206$ GPa，试计算该压杆的临界压力 F_{cr}；若在面积不变的条件下，改用外径和内径分别为 $D_1=68$ mm和 $d_1=32$ mm 的空心圆截面，问此时压杆的临界压力 F_{cr} 等于多少？

9-7 有一强度等级为 TC17 的圆形截面轴向受压木杆 AB，其两端固定，直径 $d=20$ mm，长度 $l=1.5$ m，$E=10$ GPa，$\lambda_p=59$。试计算该木杆的临界应力 σ_{cr} 和临界压力 F_{cr}。

9-8 如图 9-26 所示压杆，型号为 20a 工字钢，在 xOz 平面内为两端固定，在 xOy 平面内为一端固定，一端自由，材料的弹性模量 $E=200$ GPa，比例极限 $\sigma_p=200$ MPa，试计算此压杆的临界压力 F_{cr}。

9-9 如图 9-27 所示压杆横截面为空心正方形的立柱，其两端固定，材料为优质钢，许用应力 $[\sigma]=200$ MPa，$\lambda_p=100$，$\lambda_0=60$，$a=460$ MPa，$b=2.57$ MPa，$n_{st}=2.5$，因构造需要，在压杆中点 C 开一直径为 $d=5$ mm 的圆孔，断面形状如图(b)所示。当顶部受压力 $F=40$ kN 时，试校核其稳定性和强度。

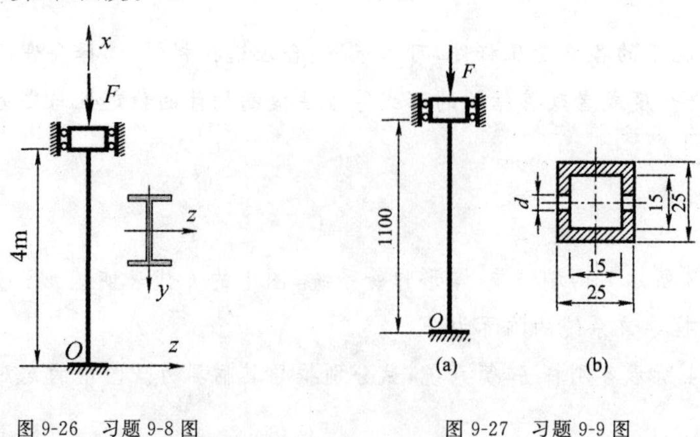

图 9-26 习题 9-8 图　　图 9-27 习题 9-9 图

9-10 如图 9-28 所示，构架由两根直径相同的圆截面杆构成，杆的材料为 Q235 钢 a 类截面，直径 $d=20$ mm，材料的许用应力 $[\sigma]=170$ MPa，已知 $h=0.4$ m，作用力 $F=15$ kN。试在计算平面内校核二杆的稳定性。

9-11 如图 9-29 所示两压杆，AB 为正方形截面，边长 $a=30$ mm，AC 为圆形截面，直径 $d=40$ mm，两压杆的材料相同，材料的弹性模量 $E=200$ GPa，比例极限 $\sigma_p=200$ MPa，屈服极限 $\sigma_s=240$ MPa，直线经验公式 $\sigma_{cr}=304-1.12\lambda$(MPa)。试计算结构失稳时的竖直外力 F。

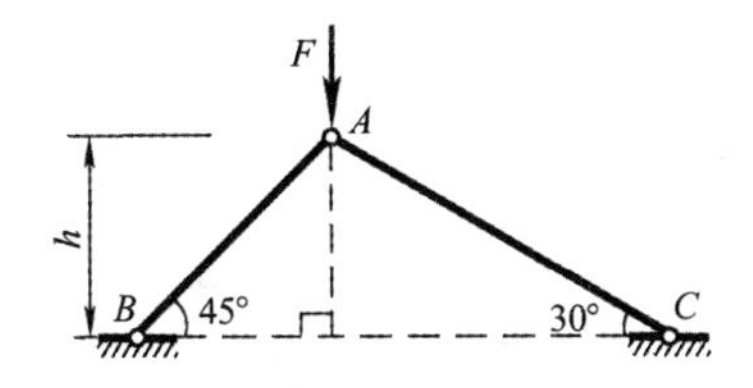

图 9-28 习题 9-10 图

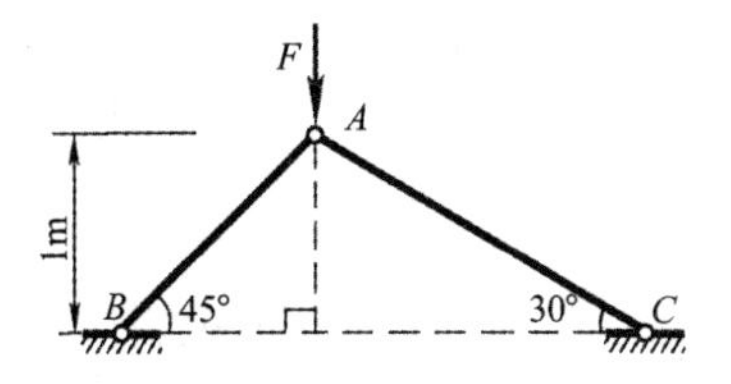

图 9-29 习题 9-11 图

9-12 如图 9-30 所示正方形桁架，各杆各截面的弯曲刚度 EI 相同，且均为细长杆。试问当荷载 F 为何值时结构中的 CD 杆将失稳？如果将荷载 F 的方向改为向内，则使杆件失稳的荷载 F 又为何值？已知：杆件 AC、CB、BD、DA 的长度均为 l。

9-13 如图 9-31 所示两端固支的 Q235 钢管，长 6 m，内径为 $\phi60$ mm，外径为 $\phi70$ mm，在 $t=20$ ℃ 时安装，此时钢管不受力。已知钢的线膨胀系数 $\alpha=12.5\times10^{-6}/^\circ\mathrm{C}$，弹性模量 $E=206$ GPa。当温度升高到多少度时，钢管将失稳？

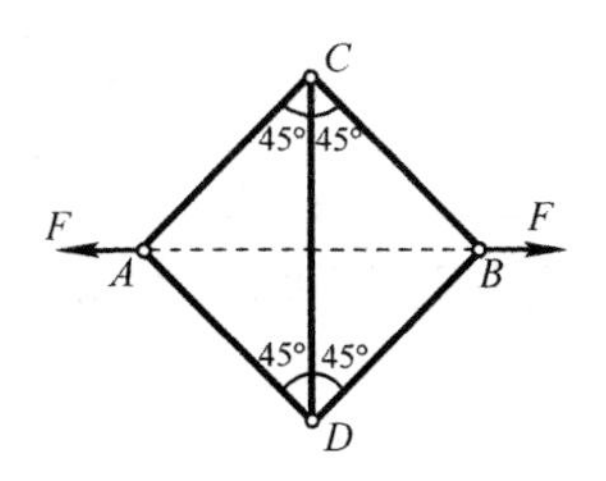

图 9-30 习题 9-12 图

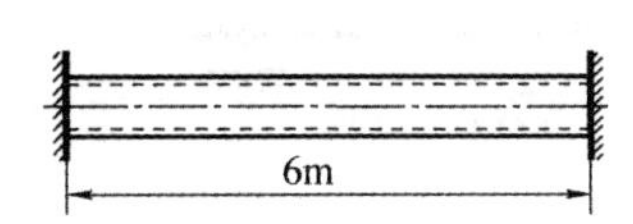

图 9-31 习题 9-13 图

9-14 如图 9-32 所示结构，已知 BD 杆用 Q235 钢制成，长 2 m，截面为圆形，直径 40 mm，$E=206$ GPa，$\sigma_p=200$ MPa，试问当 $q=20$ N/mm 和 $q=40$ N/mm 时，横梁截面 B 的挠度分别为多少？

9-15 如图 9-33 所示支架，一强度等级为 TC17 的正方形截面的木杆 BD，截面边长为 0.1 m，木材的许用应力 $[\sigma]=10$ MPa，其长度 $l=2$ m，试从满足 BD 杆的稳定条件考虑，计算该支架能承受的最大荷载 F_{max}。

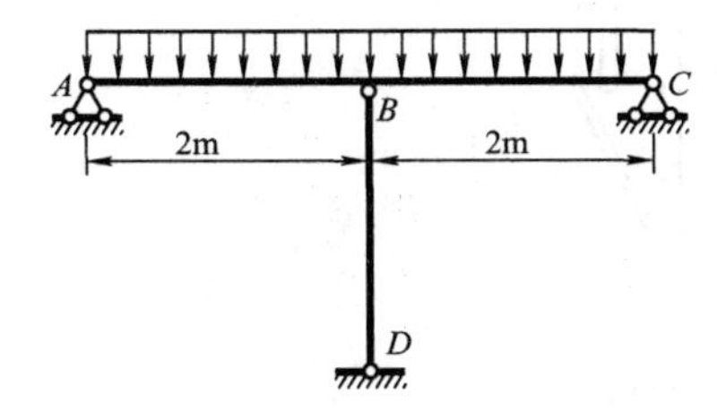

图 9-32 习题 9-14 图

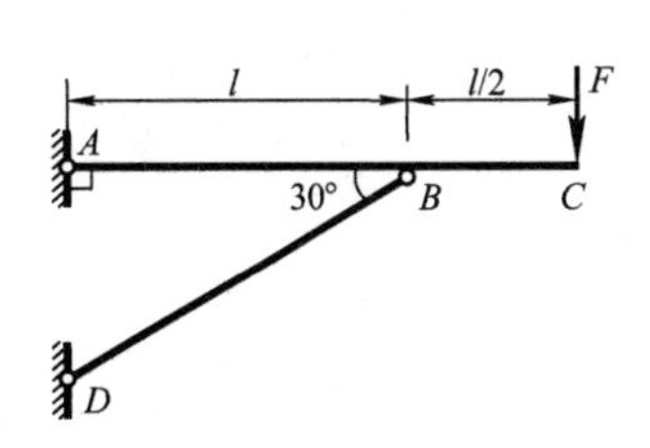

图 9-33 习题 9-15 图

9-16　如图 9-34 所示矩形截面压杆，$h=60\ \mathrm{mm}$，$b=40\ \mathrm{mm}$，杆长 $l=2\ \mathrm{m}$，材料为 Q235 钢，$E=206\mathrm{GPa}$。两端用柱形铰与其他构件相连接，在 xy 平面内两端铰接；在 xz 平面内两端为弹性固定，长度系数 $\mu_y=0.8$。压杆两端受轴向压力 $F=100\ \mathrm{kN}$，稳定安全因数 $n_{st}=2.5$。试校核该压杆的稳定性；又问 b 与 h 的比值等于多少才是合理的。

9-17　如图 9-35 所示细长压杆，弯曲刚度 EI 为常数。试证明压杆的临界力满足下列方程：$\sin kl(\sin kl-2kl\cos kl)=0$，式中 $k^2=F/(EI)$。

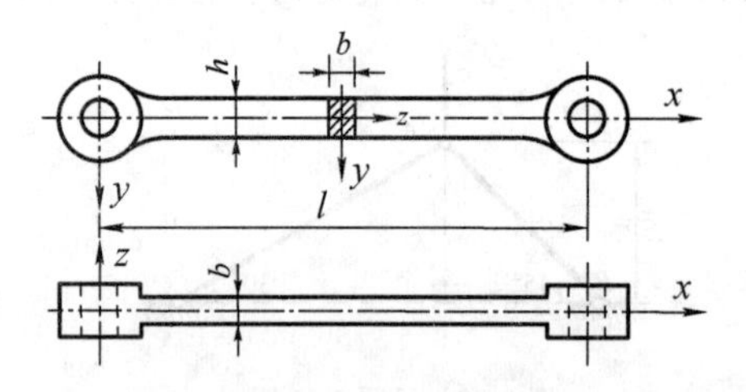

图 9-34　习题 9-16 图

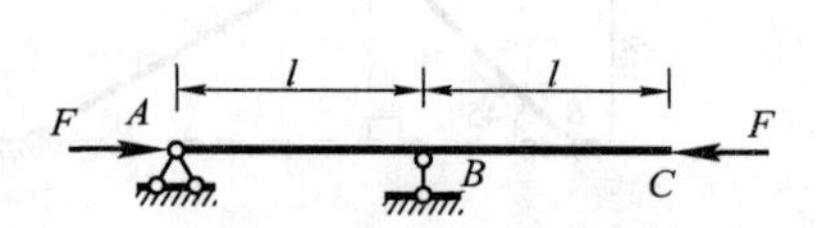

图 9-35　习题 9-17 图

9-18　如图 9-36 所示两端铰支细长压杆，弯曲刚度 EI 为常数，压杆中点用弹簧系数为 c 的弹簧支持。试证明压杆的临界力满足下列方程：$\sin\frac{kl}{2}\left[\sin\frac{kl}{2}-\frac{kl}{2}\left(1-\frac{4k^2EI}{cl}\right)\cos\frac{kl}{2}\right]=0$，式中 $k=\sqrt{\frac{F}{EI}}$。

9-19　如图 9-37 所示阶梯形细长压杆，左、右两段各截面的弯曲刚度分别为 EI_1 与 EI_2。试证明压杆的临界力满足下列方程：$\tan k_1 l\cdot\tan k_2 l=\frac{k_2}{k_1}$，式中 $k_1=\sqrt{\frac{F}{EI_1}}$；$k_2=\sqrt{\frac{F}{EI_2}}$。

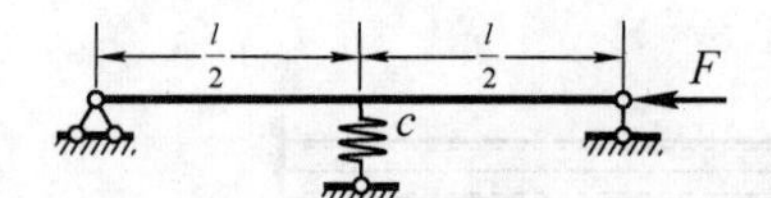

图 9-36　习题 9-18 图

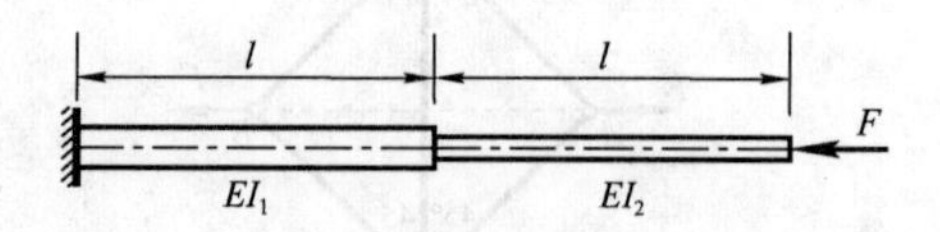

图 9-37　习题 9-19 图

9-20　如图 9-38 所示结构的四根立柱，每根承受 $F/4$ 的压力，已知立柱由 Q235 钢制成，弹性模量 $E=210\mathrm{GPa}$，立柱长度 $l=3\ \mathrm{m}$，作用于上板中心的集中力 $F=1000\ \mathrm{kN}$，规定稳定安全因数 $n_{st}=4$。试按稳定条件设计立柱的直径 d。

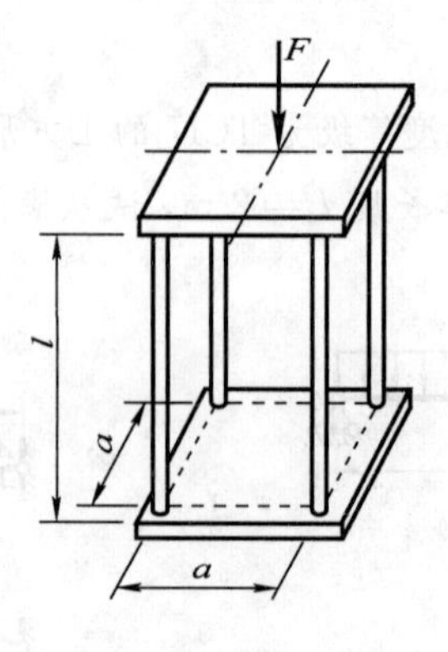

图 9-38　习题 9-20 图

第10章 能量法

10.1 概 述

可变形固体在受外力作用而变形时，外力和内力均将做功。当作用于弹性体的外力由零逐渐增至最终值时，弹性体的变形也由零逐渐增大到最终值，在此过程中，外力将完成一定量的功，其值等于储存在物体内的应变能。当外力撤除时，这种通过变形储存在变形固体内的应变能将转换为其他形式的能量。若不考虑能量以热或其他形式的损耗，根据功能原理，外力功全部转化为弹性体的应变能（变形能）。利用上述功和能的概念来求解可变形固体的位移、变形和内力等的方法，统称为能量法。能量法的应用很广泛，它也是用有限单元法求解固体力学问题的重要基础。

本章首先介绍应变能和应变余能的概念，在此基础上讨论卡氏第一定理、余能原理、卡氏第二定理，及其在杆件位移计算中的应用。然后介绍互等定理、单位荷载法、图乘法，最后应用应变能的概念讨论弹性杆件在冲击荷载作用下的动应力计算。

10.2 应变能与应变余能

10.2.1 外力功与应变能

图10-1(a)所示梁的荷载由零缓慢地增加到F，力F作用点的位移相应地由零逐渐增至Δ，可以用积分求出外力所做的功W。在线弹性范围内，变形与荷载成正比，所以外力功等于图10-1(b)中阴影部分（三角形）的面积，即

$$W = \int_0^{\Delta_1} F\mathrm{d}\Delta = \frac{1}{2}F_1\Delta_1 \tag{10-1}$$

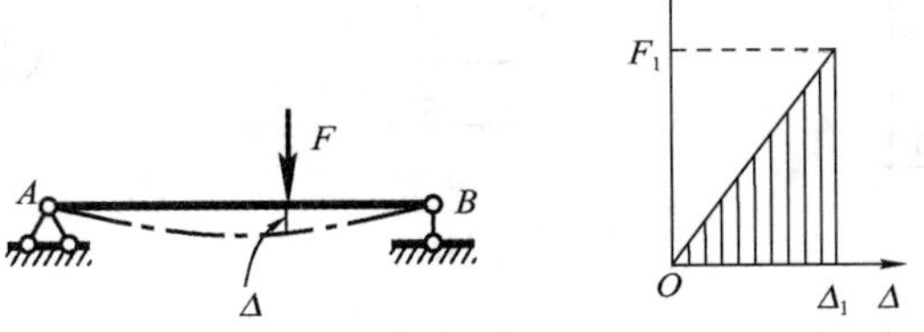

(a)　　(b)

图10-1

若将式(10-1)中的F理解为广义力(力或力偶),Δ理解为广义位移(线位移或角位移),也称之为F的相应位移,则式(10-1)对轴向拉压、扭转等基本变形也适用。若不计其他能量的耗散,根据功能原理,梁中的应变能V应与外力的功W在数值上相等,即

$$V_{\varepsilon}=W=\frac{1}{2}F_1\Delta_1 \tag{10-2}$$

应变能是一个状态量,其大小只取决于荷载和变形的终值,与加载的途径,先后次序等无关,这是因为如果与加载顺序有关,则按照不同的加载或卸载顺序可在弹性体内部不断储存应变能,这显然与能量守恒定律相矛盾,是不可能的。一般地,设弹性体上的一组广义力按比例由零增至各自的终值F_1、F_2、…、F_n(这种加载方式常称为简单加载),在线弹性条件下,其相应位移也由零按同一比例增大到各自的终值Δ_1、Δ_2、…、Δ_n,则存储在弹性体内的应变能的大小为

$$V_{\varepsilon}=W=\sum_{i=1}^{n}\frac{1}{2}F_i\Delta_i \tag{10-3}$$

式(10-3)是法国力学家克拉比隆(Clapeyron,1799～1864)提出的计算应变能的公式,称为克拉比隆原理。

应变能可以用外力功来计算,但主要是通过内力做功来计算。对杆件基本受力变形的分析可知,对于轴向受拉杆件中的微段$\mathrm{d}x$,如图10-2(a)所示,其微小的伸长为

$$\mathrm{d}\Delta=\frac{F_{\mathrm{N}}(x)\mathrm{d}x}{EA}$$

轴力$F_{\mathrm{N}}(x)$在微段$\mathrm{d}x$上做的功转化为该微段的应变能,即

$$\mathrm{d}V_{\varepsilon}=\frac{1}{2}F_{\mathrm{N}}(x)\mathrm{d}\Delta=\frac{F_{\mathrm{N}}^2(x)\mathrm{d}x}{2EA}$$

故整个拉压杆件的应变能为

$$V_{\varepsilon}=\int_l\frac{F_{\mathrm{N}}^2(x)}{2EA}\mathrm{d}x=\int_l\frac{EA}{2}\left(\frac{\mathrm{d}\Delta}{\mathrm{d}x}\right)^2\mathrm{d}x \tag{10-4}$$

若轴力F_{N}为常量,且等于外力F_1,则显然有

$$V_{\varepsilon}=\frac{F_{\mathrm{N}}^2 l}{2EA}=\frac{1}{2}F_1\Delta_1=\frac{EA}{2l}\Delta_1^2=W \tag{10-5}$$

比较式(10-1)、式(10-5)可知,不论是由外力功、还是由内力外来计算应变能,其结果是一样的。

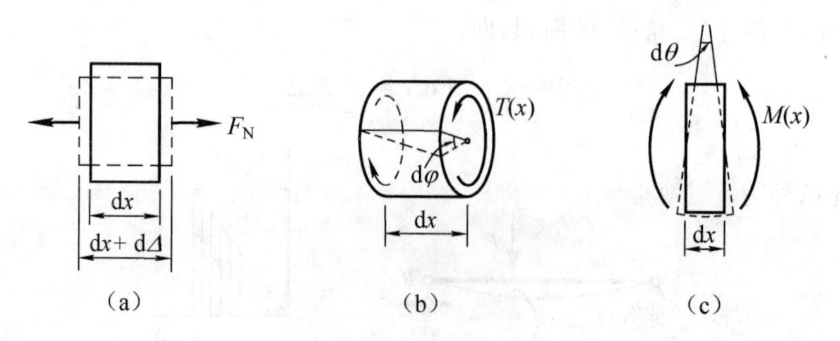

图 10-2

对于图10-2(b)、图10-2(c)所示圆轴的扭转变形、梁的平面弯曲变形,同理可分别求得

$$\mathrm{d}\varphi=\frac{T(x)\mathrm{d}x}{GI_{\mathrm{p}}} \tag{10-6}$$

$$V_{\varepsilon}=\int_{l}\frac{T^{2}(x)}{2GI_{\mathrm{p}}}\mathrm{d}x=\int_{l}\frac{GI_{\mathrm{p}}}{2}\left(\frac{\mathrm{d}\varphi}{\mathrm{d}x}\right)^{2}\mathrm{d}x \tag{10-7}$$

$$\mathrm{d}\theta=\frac{M(x)\mathrm{d}x}{EI} \tag{10-8}$$

$$V_{\varepsilon}=\int_{l}\frac{M^{2}(x)}{2EI}\mathrm{d}x=\int_{l}\frac{EI}{2}(w'')^{2}\mathrm{d}x \tag{10-9}$$

对于较细长的梁，剪切应变能与弯曲和扭转应变能相比十分微小，可忽略不计。

需要说明的是：(1)用外力功来计算应变能，需要计算各力的相应位移，一般比较复杂，而用内力功来进行计算，可以避免这个困难，所以在计算构件的应变能时，常用内力功计算。(2)应变能是大于零的标量，且与坐标系的选取无关，故在具体计算杆件或杆系的应变能时，可以根据杆件的不同杆段或杆系的不同杆件独立选取坐标系。(3)由式(10-4)、式(10-7)和式(10-9)可以看出，应变能是内力(F_{N}, T, M)或变形(Δ, φ, w'')的二次齐次函数，所以应变能一般是不能叠加的。但如果构件上的一种荷载在另一种荷载引起的位移上不做功，即两种变形不耦合，则两者同时作用时的应变能等于此两种荷载单独作用时的应变能之和。

设弹性圆截面杆同时受轴向拉(压)、扭转和弯曲荷载的作用，杆件各横截面上的内力(略去剪力影响)有：轴力 $F_{\mathrm{N}}(x)$、扭矩 $T(x)$ 和弯矩 $M(x)$。在小变形条件下，杆件的各基本变形可认为是互不耦合的，即每一种内力只在与之相应的变形上做功，所以整个弹性杆件的应变能为拉、扭、弯应变能的总和，可写为

$$V_{\varepsilon}=\int_{l}\frac{F_{\mathrm{N}}^{2}(x)}{2EA}\mathrm{d}x+\int_{l}\frac{T^{2}(x)}{2GI_{\mathrm{p}}}\mathrm{d}x+\int_{l}\frac{M^{2}(x)}{2EI}\mathrm{d}x \tag{10-10}$$

例如对于图 10-3 所示组合受力的弹性圆截面杆，其应变能为

$$V_{\varepsilon}=\frac{F_{\mathrm{N}}^{2}l}{2EA}+\frac{T^{2}l}{2GI_{\mathrm{p}}}+\frac{M_{y}^{2}l}{2EI_{y}}+\frac{M_{z}^{2}l}{2EI_{z}}$$

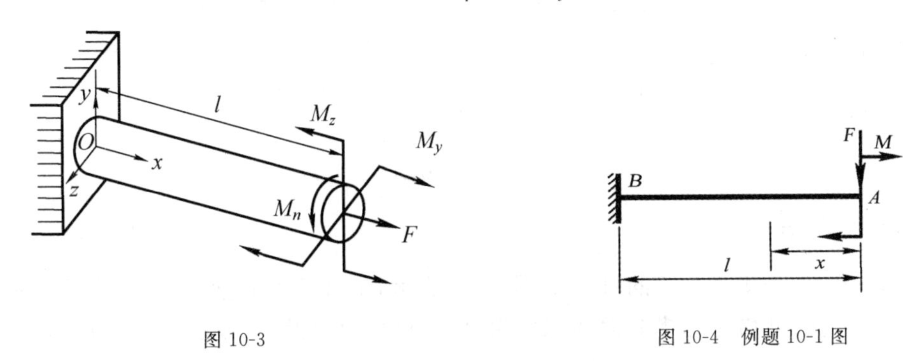

图 10-3　　　　图 10-4　例题 10-1 图

例题 10-1　图 10-4 示悬臂梁 AB，在自由端 A 有一横力 F 和一力偶矩 M 作用，EI 是常数。求梁 AB 的应变能。

解：首先用外力功计算应变能。由梁的变形理论易知梁 A 端的挠度 w_A 和转角 θ_A 分别为

$$w_{A}=\frac{Fl^{3}}{3EI}+\frac{Ml^{2}}{2EI},\qquad \theta_{A}=\frac{Fl^{2}}{2EI}+\frac{Ml}{EI}$$

当 w_A、θ_A 的方向与对应荷载的方向一致时，其符号为正，反之为负。将以上两式代入式(10-3)，可求得梁的应变能为

$$V_{\varepsilon}=\frac{1}{2}F\cdot w_{A}+\frac{1}{2}M\cdot\theta_{A}=\frac{F^{2}l^{3}}{6EI}+\frac{FMl^{2}}{2EI}+\frac{M^{2}l}{2EI}$$

再按内力功来计算应变能，但不计剪力做的功。由于梁的弯矩方程为

$$M(x) = -M - Fx$$

代入式(10-9),可得

$$V_\varepsilon = \int_0^l \frac{(-M-Fx)^2}{2EI}\mathrm{d}x = \frac{F^2 l^3}{6EI} + \frac{FMl^2}{2EI} + \frac{M^2 l}{2EI}$$

两种算法的结果一致。

例题 10-2 图 10-5 所示简支梁 AB,在横截面 C 处承受荷载 F 作用。若 EI 为常数,试计算梁的应变能与截面 C 的挠度。

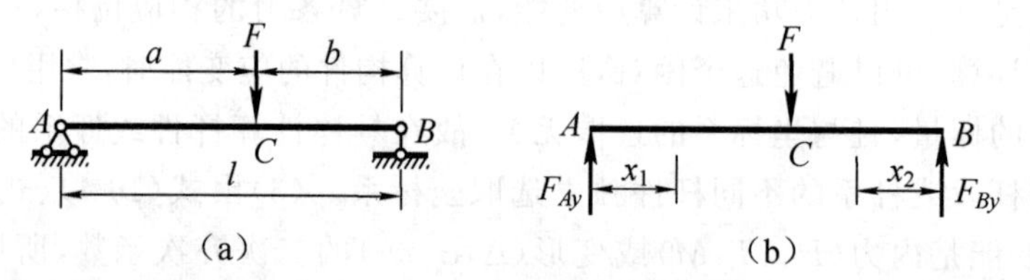

图 10-5 例题 10-2 图

解:首先计算梁的应变能。由于梁的 A 端与 B 端的支座约束力分别为

$$F_{Ay} = \frac{Fb}{l}, \qquad F_{By} = \frac{Fa}{l}$$

所以,AC 与 CB 段的弯矩方程分别为

$$M(x_1) = F_{Ay}x_1 = \frac{Fb}{l}x_1, \qquad M(x_2) = F_{By}x_2 = \frac{Fa}{l}x_2$$

于是,由式(10-9)可得,梁 AB 的应变能为

$$\begin{aligned} V_\varepsilon &= \frac{1}{2EI}\left[\int_0^a M^2(x_1)\mathrm{d}x_1 + \int_0^b M^2(x_2)\mathrm{d}x_2\right] \\ &= \frac{1}{2EI}\left[\int_0^a \left(\frac{Fbx_1}{l}\right)^2 \mathrm{d}x_1 + \int_0^b \left(\frac{Fax_2}{l}\right)^2 \mathrm{d}x_2\right] = \frac{F^2a^2b^2}{6EIl} \end{aligned}$$

再计算截面 C 的挠度。

设截面 C 的挠度为 w_C,且与荷载 F 同向,则根据功能原理可知,

$$\frac{1}{2}Fw_C = \frac{F^2a^2b^2}{6EIl}$$

由此得:$w_C = \dfrac{Fa^2b^2}{3EIl}$(向下)。

例题 10-3 原为水平位置的杆系如图 10-6 所示,试计算在铅垂力 F 作用下杆系的应变能。已知两杆的长度均为 l,横截面面积均为 A,材料均为线弹性,弹性模量为 E。

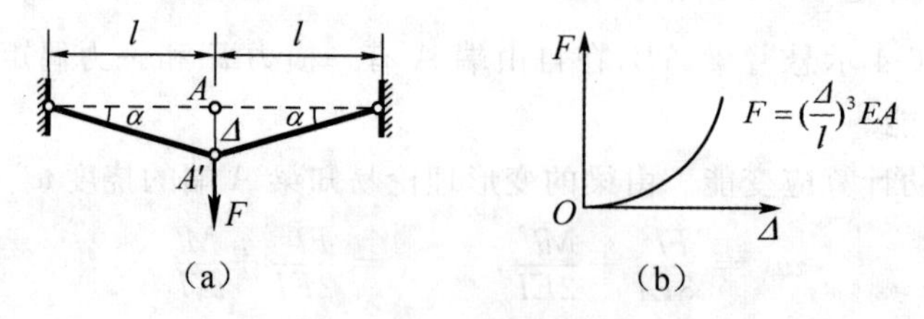

图 10-6 例题 10-3 图

解:杆系中的两杆在荷载由零增至某一值 F 时,各伸长 点 Δl,使施力点 A 发生了位移 Δ 至点 A'。由于结构的对称性,设两杆的轴力均为 F_N,两杆伸长量及伸长后的长度均为

$$\Delta l = \frac{F_N l}{EA}, \qquad l + \Delta l = l\left(1 + \frac{F_N}{EA}\right)$$

由图 10-6(a)的几何关系并结合以上两式，可得

$$\Delta = \sqrt{(l+\Delta l)^2 - l^2} = \sqrt{2l\Delta l + (\Delta l)^2} = \sqrt{2l\Delta l} = l\sqrt{\frac{2F_N}{EA}} \tag{a}$$

在上式中，略去了高阶微量 $(\Delta l)^2$ 。由平衡条件，可求得两杆的轴力 F_N 为

$$F_N = \frac{F}{2\sin\alpha} \tag{b}$$

由于角 α 很小，故有以下关系

$$\sin\alpha \approx \tan\alpha = \frac{\Delta}{l} \tag{c}$$

由式(a)、式(b)和式(c)，可得力与位移的关系为

$$F = \left(\frac{\Delta}{l}\right)^3 EA \tag{d}$$

F-Δ 的非线性关系曲线如图 10-6(b)所示。

对于几何非线性问题，由于非线性关系只反映在外力与相应位移之间，所以，在计算荷载由零增至 F 时，两杆内所积蓄的应变能只能用式(10-1)中的积分式(一般式)通过外力功来计算。将式(d)代入式(10-1)，积分后得

$$V_\varepsilon = \int_0^\Delta F\mathrm{d}\Delta = \int_0^\Delta \left(\frac{\Delta}{l}\right)^3 EA\,\mathrm{d}\Delta = \frac{EA}{4}\left(\frac{\Delta}{l}\right)^3 \Delta = \frac{1}{4}F\Delta$$

需要说明：(1)两杆的材料虽为线弹性，但位移 Δ 与荷载 F 之间的关系却是非线性的。像这种非线性弹性问题，称为几何非线性问题，而由材料非线性弹性导致的非线性弹性，称为物理非线性弹性或材料非线性弹性。凡是由外加荷载引起的变形对杆件的内力发生影响的问题，都属于几何非线性弹性问题。例如，本题中的杆系、偏心受压细长杆件和纵横弯曲的杆件等。(2)对于非线性弹性体，荷载 F 和变形 Δ 在加载与卸载时均为同一条曲线。此时，外力功的表达式(10-1)只能表示成积分形式 $\int_0^\Delta F\mathrm{d}\delta$，而不能表示成 $\frac{1}{2}F\Delta$，具体的积分结果由非线性表达式决定。

10.2.2　应变能密度

杆件的应变能也可以通过应变能密度(即单位体积所储存的应变能) v_ε 表示。在构件内一点处取出各边长度均为 1 的单元体，若该点处于单向受力状态，则作用在该单元体受力面上的力(对于单元体而言它们应看作是外力)为 $F = \sigma\times1\times1 = \sigma$，其伸长量为 $\Delta l = 1\times\varepsilon = \varepsilon$ 。于是，在加载过程中，该单元体上外力所做的功 W，即应变能密度 v_ε 为

$$v_\varepsilon = \int_0^{\varepsilon_1} \sigma\mathrm{d}\varepsilon \tag{10-11}$$

若从该点取出的单元体各边长分别为 $\mathrm{d}x$、$\mathrm{d}y$、$\mathrm{d}z$，则在加载过程中该单元体内所储存的应变能为

$$\mathrm{d}V_\varepsilon = v_\varepsilon \mathrm{d}x\mathrm{d}y\mathrm{d}z$$

从而整个杆件内所储存的应变能为

$$V_\varepsilon = \int \mathrm{d}V_\varepsilon = \int_V v_\varepsilon \mathrm{d}V = \int_V v_\varepsilon \mathrm{d}x\mathrm{d}y\mathrm{d}z \tag{10-12}$$

对于两端受单一轴向外力作用的拉压杆件，其应变能密度 v_ε 在整个体积内各点处均为常量，故所储存的应变能为

$$V_\varepsilon = v_\varepsilon A l$$

对于线弹性情况，易知拉压杆件的应变能密度为

$$v_\varepsilon = \int_0^{\varepsilon_1} \sigma \mathrm{d}\varepsilon = \frac{1}{2} E \varepsilon_1^2 = \frac{\sigma_1^2}{2E} \tag{10-13}$$

对于一点处受力状态为纯剪切的情况，类似可得其应变能密度为

$$v_\varepsilon = \int_0^{\gamma_1} \tau \mathrm{d}\gamma \tag{10-14}$$

若材料服从线弹性规律，应用胡克定律易得

$$v_\varepsilon = \int_0^{\gamma_1} \tau \mathrm{d}\gamma = \frac{1}{2} G \gamma^2 = \frac{\tau^2}{2G} \tag{10-15}$$

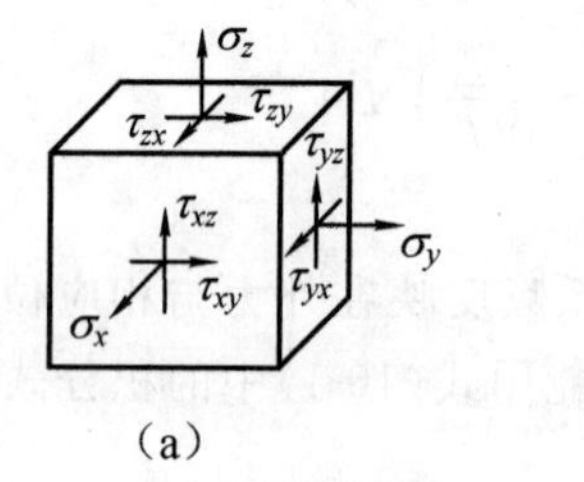

(a)

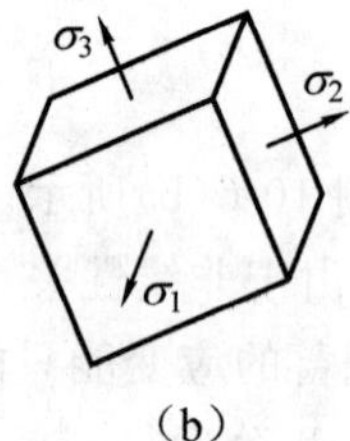

(b)

图 10-7

对于图 10-7(a)所示的复杂受力状态，则弹性体该点处的应变能密度为

$$v_\varepsilon = \int_0^{\varepsilon_{x1}} \sigma_x \mathrm{d}\varepsilon_x + \int_0^{\varepsilon_{y1}} \sigma_y \mathrm{d}\varepsilon_y + \int_0^{\varepsilon_{z1}} \sigma_z \mathrm{d}\varepsilon_z + \int_0^{\gamma_{xy1}} \tau_{xy} \mathrm{d}\gamma_{xy} + \int_0^{\gamma_{yz1}} \tau_{yz} \mathrm{d}\gamma_{yz} + \int_0^{\gamma_{zx1}} \tau_{zx} \mathrm{d}\gamma_{zx}$$

在线弹性状态下，则有

$$v_\varepsilon = \frac{1}{2}\sigma_x \varepsilon_{x1} + \frac{1}{2}\sigma_y \varepsilon_{y1} + \frac{1}{2}\sigma_z \varepsilon_{z1} + \frac{1}{2}\tau_{xy}\gamma_{xy1} + \frac{1}{2}\tau_{yz}\gamma_{yz1} + \frac{1}{2}\tau_{zx}\gamma_{zx1} \tag{10-16}$$

或者由广义胡克定律用应力表示为

$$v_\varepsilon = \frac{1}{2E}(\sigma_x^2 + \sigma_y^2 + \sigma_z^2) - \frac{\mu}{E}(\sigma_x\sigma_y + \sigma_y\sigma_z + \sigma_z\sigma_x) + \frac{1}{2G}(\tau_{xy}^2 + \tau_{yz}^2 + \tau_{zx}^2) \tag{10-17}$$

对于主单元体，如图 10-7(b)所示，则对应的应变能密度为

$$v_\varepsilon = \frac{1}{2E}(\sigma_1^2 + \sigma_2^2 + \sigma_3^2) - \frac{\mu}{E}(\sigma_1\sigma_2 + \sigma_2\sigma_3 + \sigma_3\sigma_1) \tag{10-18}$$

只要将式(10-17)代入式(10-12)中，即可得到整个构件在复杂受力状态下的应变能。

例题 10-4 矩形截面梁受横力弯曲如图 10-8 所示，如果 x 横截面上的剪力和弯矩分别为 $F_S(x)$ 和 $M(x)$，试推导考虑剪力影响时梁应变能的表达式。

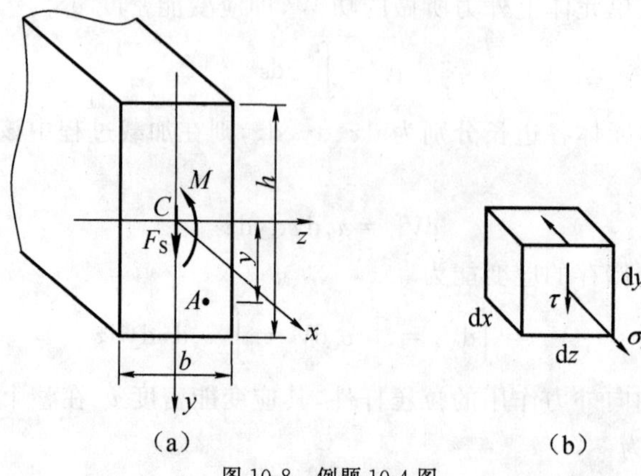

图 10-8 例题 10-4 图

解：如图 10-8(a)所示，梁横截面上的剪力为 $F_S(x)$，弯矩为 $M(x)$，取该截面上任意一点 $A(y,z)$，则由弯曲应力的知识可知，该点的正应力和切应力分别为

$$\sigma_x = \frac{M(x)y}{I_z}, \qquad \tau = \frac{F_S(x)S_z^*(x)}{bI_z} \tag{e,f}$$

在点 A 处取出单元体，如图 10-8(b)所示，则在该单元体上作用有正应力 σ 和切应力 τ。从而该单元体的应变能为

$$dV_\varepsilon = \frac{1}{2}(\sigma_x\varepsilon_x + \tau\gamma)dxdydz = \frac{1}{2}\left(\frac{\sigma_x^2}{E} + \frac{\tau^2}{G}\right)dxdydz$$

通过积分即可求出整体梁的应变能

$$\begin{aligned} V_\varepsilon &= \int_V dV_\varepsilon = \int_V \frac{1}{2}\left(\frac{\sigma_x^2}{E} + \frac{\tau^2}{G}\right)dxdydz = \frac{1}{2}\int_l \int_{-h/2}^{h/2}\int_{-b/2}^{b/2}\left(\frac{\sigma_x^2}{E} + \frac{\tau^2}{G}\right)dxdydz \\ &= \frac{b}{2}\int_l \int_{-h/2}^{h/2}\left(\frac{\sigma_x^2}{E} + \frac{\tau^2}{G}\right)dxdy \end{aligned}$$

将式(e)和式(f)代入上式，并考虑到 $A=bh$，可得矩形截面梁的总应变能为

$$V_\varepsilon = \int_l \frac{M^2(x)}{2EI_z}dx + \int_l \frac{(6/5)F_S^2(x)}{2GA}dx$$

其中，上述等式右侧第一项 $\int_l \frac{M^2(x)}{2EI_z}dx$ 为弯曲应变能，第二项 $\int_l \frac{(6/5)F_S^2(x)}{2GA}dx$ 为剪切应变能。

需要说明的是：(1)对一般截面的梁，应变能可写成下面的通式：$V_\varepsilon = \int_l \frac{M^2(x)}{2EI_z}dx + \int_l \frac{kF_S^2(x)}{2GA}dx$，式中 k 是与截面形状有关的常数。对于矩形截面，$k=6/5$；对于圆形截面，$k=10/9$；对于薄壁圆形截面，$k=2$；对于工字形截面，$k=A/A_f$（A_f 为腹板面积）。(2)分析表明，对一般细长梁（$\frac{l}{h} \geqslant 5$），剪切应变能远小于弯曲应变能，因而在分析梁变形时可以忽略不计，但对于短粗梁，两者都应该考虑。

10.2.3　外力余功与余能

由前面的讨论可知：对于理想的弹性体，无论处在线性范围内或者在非线性范围内，荷载 F 和变形 Δ 在加载与卸载时均为同一条线。在上一小节中，我们把 F 看成 Δ 的单值函数 $F(\Delta)$ 引入外力功与应变能的概念，下面将 Δ 看成 F 的单值函数 $\Delta(F)$，引入外力余功与余能的概念。

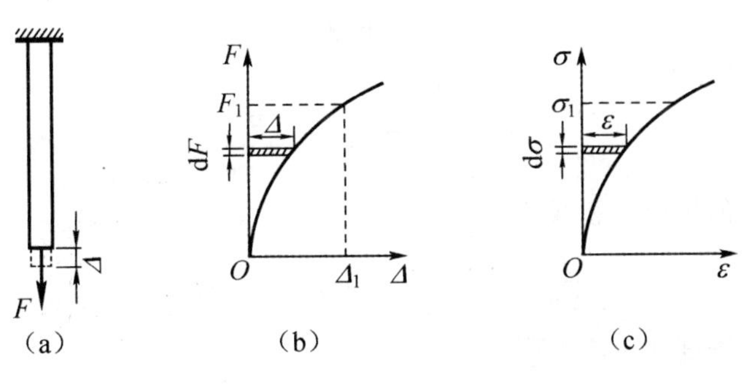

图 10-9

如图 10-9(a)所示轴向受力杆件，当外力从零增加到 F_1 时，由于材料为非线性弹性，拉杆的 F-Δ 关系为一曲线，如图 10-9(b)所示。仿照外力功的表达式计算另一积分

$$\int_0^{F_1} \Delta \mathrm{d}F \tag{10-18}$$

上述积分为 F-Δ 曲线与纵坐标轴之间的面积，其量纲与外力功一致，且与外力功 $\int_0^{\Delta_1} F\mathrm{d}\Delta$ 之和刚好等于矩形面积 $F_1\Delta_1$，称为“余功”，用 W_c 表示，即

$$W_c = \int_0^{F_1} \Delta \mathrm{d}F \tag{10-19}$$

由于材料是弹性的，可仿照外力功与应变能相等的关系，将与余功相应的能称为余能，并用 V_c 表示。余功 W_c 和余能 V_c，在数值上相等，即

$$V_c = W_c = \int_0^{F_1} \Delta \mathrm{d}F \tag{10-20}$$

同样，也可以仿照应变能密度来定义余能密度如下

$$v_c = \int_0^{\sigma_1} \varepsilon \mathrm{d}\sigma \tag{10-21}$$

式(10-21)为图 10-9(c)中 σ-ε 曲线与纵坐标轴之间的面积。并将余能用余能密度表示为

$$V_c = \int_V v_c \mathrm{d}V \tag{10-22}$$

对于其他受力形式下的余能密度的表达式，可以仿照上述方法表示，不再列出。

需要说明的是：(1)余功、余能、余能密度均没有具体的物理意义，只是具有功和能的量纲而已。(2)在线弹性材料的几何线性问题中，由于应力与应变(或荷载与位移)之间均为线性关系，故余能和应变能在数值上相等。但余能和应变能在概念和计算方法上是不同的，应注意区分。

例题 10-5 桁架如图 10-10(a)所示，结点 C 处作用荷载 F，两杆长为 l，横截面面积为 A，假设两杆材料的应力应变关系如图 10-10(b)所示，试求该结构的应变能和余能。

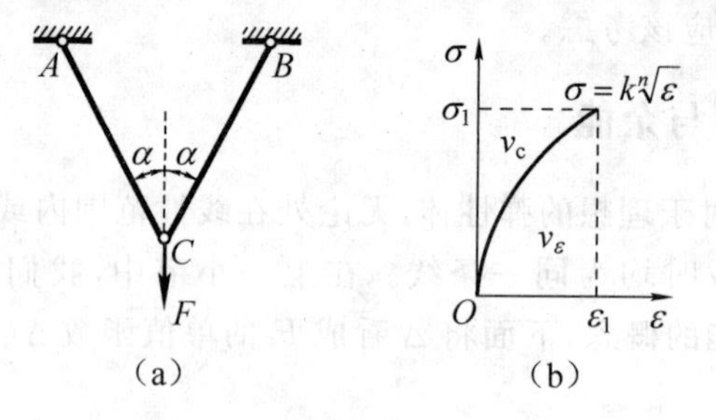

图 10-10 例题 10-5 图

解：(1)求两杆的应力。由于两杆轴力为

$$F_{NAC} = F_{NBC} = \frac{F}{2\cos\alpha}$$

于是，两杆横截面上的拉应力和线应变为

$$\sigma_1 = \frac{F}{2A\cos\alpha}, \qquad \varepsilon_1 = \left(\frac{\sigma_1}{k}\right)^n = \left(\frac{F}{2Ak\cos\alpha}\right)^n$$

(2)计算应变能密度和余能密度

由公式(10-11)，得应变能密度为

$$v_{\varepsilon}=\int_{0}^{\varepsilon_1}\sigma\mathrm{d}\varepsilon=\int_{0}^{\varepsilon_1}k\varepsilon^{1/n}\mathrm{d}\varepsilon=\frac{nk}{n+1}\varepsilon_1^{(1+\frac{1}{n})}=\frac{n}{(n+1)k^n}\left(\frac{F}{2A\cos\alpha}\right)^{n+1}$$

由公式(10-21)，得余能密度为

$$v_{c}=\int_{0}^{\sigma_1}\varepsilon\mathrm{d}\sigma=\int_{0}^{\sigma_1}\left(\frac{\sigma}{k}\right)^{n}\mathrm{d}\sigma=\frac{1}{(n+1)k^n}\sigma_1^{(1+\frac{1}{n})}=\frac{1}{(n+1)k^n}\left(\frac{F}{2A\cos\alpha}\right)^{n+1}$$

(3)计算结构的应变能和余能

由于结构中的两根拉杆均匀受力，即各点的应力状态相同，因此，结构的应变能和余能分别为应变能密度和余能密度乘以两杆体积，即

$$V_{\varepsilon}=2Al\times v_{\varepsilon}=\frac{ln}{(2A)^n k^n(n+1)}\left(\frac{F}{\cos\alpha}\right)^{n+1}$$

$$V_{c}=2Al\times v_{c}=\frac{l}{(2A)^n(n+1)k^n}\left(\frac{F}{\cos\alpha}\right)^{n+1}$$

由上述结果可以看出，当 $n=1$，即应力-应变关系为线性时，应变能密度和余能密度是相同的，当 $n\neq 1$ 时，即应力-应变关系为非线性时，应变能密度和余能密度则不同。

10.3　卡氏定理与互等定理

上节通过外力功或外力余功介绍了弹性杆件中的应变能和余能的概念，并给出它们的表达式，这些基于概念的表达式既适用于线性弹性杆件，也适用于非线性弹性杆件。利用这两个概念意大利工程师卡斯蒂利亚诺(C. A. Castigliano，1847～1884)导出了计算弹性体的力和位移的两个定理，通常称之为卡氏第一定理和卡氏第二定理。下面先介绍卡氏第一定理，然后介绍余能定理、卡氏第二定理和互等定理。

10.3.1　卡氏第一定理

现结合图 10-11 中所示的梁来说明。设梁上有 n 个独立的集中荷载作用，与这些集中荷载作用点相应的沿荷载作用方向的最终位移分别为 Δ_1、Δ_2、…、Δ_n。为了计算方便，假定这些荷载都是按比例同时逐渐从零增加到其最终值 F_1、F_2、…、F_n(即简单加载。需要注意，由于梁内应变能(或外力功)只与荷载(或位移)的终值有关，而与加载过程无关，因而并非必须按此方式加载)。于是，外力所做总功就等于每个集中荷载在加载过程中所做功的总和。由于梁内的应变能在数值上就等于外力总功，所以可以写出应变能的表达式为

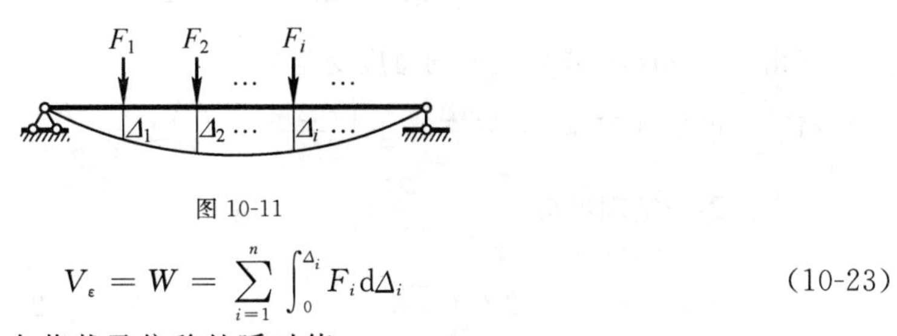

图 10-11

$$V_{\varepsilon}=W=\sum_{i=1}^{n}\int_{0}^{\Delta_i}F_i\mathrm{d}\Delta_i \tag{10-23}$$

式中，F_i、Δ_i 分别为加载过程中荷载及位移的瞬时值。

显然式中的每一积分均为位移 Δ_i 的函数。从而应变能的表达式为关于独立变量 Δ_1、Δ_2、…、Δ_n 的连续函数，可表示为

$$V_{\varepsilon} = V_{\varepsilon}(\Delta_1, \Delta_2, \cdots, \Delta_n) \tag{a}$$

假设给第 i 个荷载的相应位移以微小的增量 $\mathrm{d}\Delta_i$，且保持其他荷载及相应位移均保持不变，在此过程中仅有荷载 F_i 做功，则外力功(在数值上等于应变能)的微小变化可表示为

$$\mathrm{d}W = F_i \mathrm{d}\Delta_i \tag{b}$$

而由于微小的增量 $\mathrm{d}\Delta_i$，应变能 V_{ε} 的微小增量可表示为

$$\mathrm{d}V_{\varepsilon} = \frac{\partial V_{\varepsilon}}{\partial \Delta_i}\mathrm{d}\Delta_i \tag{c}$$

由于 $\mathrm{d}W = \mathrm{d}V_{\varepsilon}$，可得

$$F_i = \frac{\partial V_{\varepsilon}}{\partial \Delta_i} \tag{10-24}$$

式(10-24)表明:弹性杆件的应变能对某一荷载相应位移的变化率，就等于该荷载，称为卡氏第一定理。

需要说明的是:(1)卡氏第一定理不仅适用于线性弹性杆件，也适用于非线性弹性杆件。(2)式中 F_i 代表作用在杆件上的广义力，可以代表一个力、一个力偶、一对力或一对力偶;而 Δ_i 则为与之相对应的广义位移，可以是一个线位移、一个角位移、相对线位移或相对角位移。(3)在具体应用卡氏第一定理时，需要将应变能 V_{ε} 表示成位移的函数形式，方能将 V_{ε} 对给定位移求偏导数得到所求的荷载。

例题 10-6 由两根横截面面积均为 A 的等直杆组成的平面桁架，受力如图 10-12(a)所示。两杆的材料相同，其弹性模量为 E，且均处于线弹性范围内。试按卡氏第一定理，求结点 B 的水平和铅垂位移。

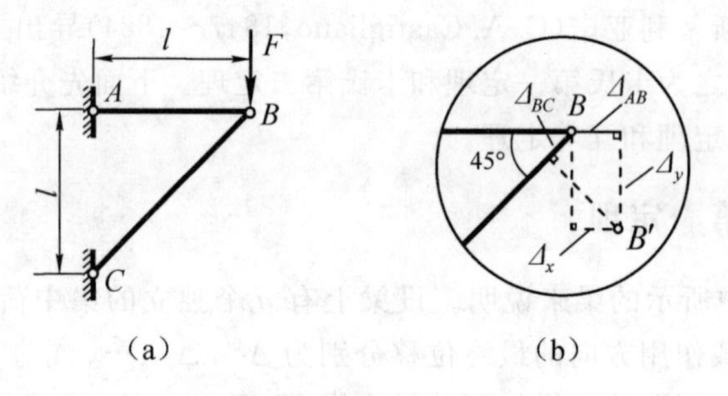

图 10-12 例题 10-6 图

解:设结点 B 的水平和铅垂位移分别为 Δ_x 和 Δ_y，则由杆件 AB 和 BC 的伸长量 Δ_{AB} 和 Δ_{BC} 与 Δ_x 和 Δ_y 之间的几何相容关系，如图 10-12(b)所示，可得

$$\Delta_{AB} = \Delta_x, \qquad \Delta_{BC} = \Delta_x \cos 45^\circ - \Delta_y \sin 45^\circ = \frac{\sqrt{2}}{2}(\Delta_x - \Delta_y)$$

又由式(10-5)，可得该桁架的总应变能为

$$V_{\varepsilon} = V_{\varepsilon,AB} + V_{\varepsilon,BC} = \frac{EA\Delta_{AB}^2}{2l_{AB}} + \frac{EA\Delta_{BC}^2}{2l_{BC}} = \frac{EA}{2l}\Delta_x^2 + \frac{EA}{2\sqrt{2}\,l} \times \frac{1}{2}(\Delta_x^2 - 2\Delta_x\Delta_y + \Delta_y^2)$$

由卡氏第一定理可得

$$\frac{\partial V_{\varepsilon}}{\partial \Delta_x} = \frac{EA}{l}\Delta_x + \frac{EA}{2\sqrt{2}\,l}(\Delta_x - \Delta_y) = 0, \qquad \frac{\partial V_{\varepsilon}}{\partial \Delta_y} = \frac{EA}{2\sqrt{2}\,l}(-\Delta_x + \Delta_y) = F$$

联立以上两式求解，可得结点 B 的水平和铅垂位移分别为

$$\Delta_x = \frac{Fl}{EA}, \qquad \Delta_y = (1 + 2\sqrt{2})\frac{Fl}{EA}$$

所得位移 Δ_x 、Δ_y 为正号，表示位移的方向分别与图 10-12(b)所示的方向一致。

10.3.2 卡氏第二定理

结合图 10-11 中所示的梁，仍设梁上有 n 个独立的集中荷载 F_1、F_2、…、F_n 作用，与这些集中荷载作用点相应的沿荷载作用方向的最终位移分别为 Δ_1 、Δ_2 、…、Δ_n，且材料为非线性弹性。若按简单加载的方式加载，则外力的总余功等于每个集中荷载的余功之和。所以梁的余能可表示为

$$V_c = W_c = \sum_{i=1}^{n} \int_0^{F_i} \Delta_i \mathrm{d}F_i \tag{10-25}$$

式中，Δ_i 和 F_i 分别为加载过程中位移及荷载的瞬时值。显然式中的每一积分均为荷载 F_i 的函数。从而余能的表达式为关于独立变量 F_1、F_2、…、F_n 的连续函数，可表示为

$$V_c = V_c(F_1, F_2, \cdots, F_n) \tag{d}$$

若给第 i 个荷载以微小的改变量 $\mathrm{d}F_i$，其他荷载保持不变，则余能的微小增量可表示为

$$\mathrm{d}V_c = \frac{\partial V_c}{\partial F_i}\mathrm{d}F_i \tag{e}$$

而外力总余功的相应改变量为

$$\mathrm{d}W_c = \Delta_i \mathrm{d}F_i \tag{f}$$

由式(e)、式(f)以及式(10-20)，可得式

$$\Delta_i = \frac{\partial V_c}{\partial F_i} \tag{10-26}$$

式(10-26)表明：弹性构件的余能对某一荷载的偏导数，等于与该荷载对应的位移。

式(10-26)称为余能定理，又称为克罗第-恩格塞(Crotti-Engesser)定理，适用于任意受力状态下的线性或非线性弹性构件。式中 F_i 代表广义力，Δ_i 代表与 F_i 相对应的广义位移。

在线弹性体中，由于荷载与位移成正比，弹性体内的应变能 V_ε 在数值上等于余能 V_c。因此，对于线弹性体，可用应变能 V_ε 代替余能 V_c。从而由式(10-26)得到

$$\Delta_i = \frac{\partial V_\varepsilon}{\partial F_i} \tag{10-27}$$

式(10-27)称为卡氏第二定理。它表明：线弹性体的应变能 V_ε 对于作用在该弹性体上的某一荷载的偏导数，等于与该荷载相应的位移。显然，卡氏第二定理只适用于线弹性结构，是余能定理的特殊情况。

对于桁架受荷载作用后在某一荷载 F_i 方向产生的位移，根据桁架结构的受力特点和卡氏第二定理，可得

$$\Delta_i = \frac{\partial}{\partial F_i}\sum_j \frac{F_{\mathrm{N}j}^2 l_j}{2E_j A_j} = \sum_j \frac{\partial F_{\mathrm{N}j}}{\partial F_i}\frac{F_{\mathrm{N}j} l_j}{E_j A_j} \tag{10-28}$$

同理可知，对于梁则有

$$\Delta_i = \frac{\partial}{\partial F_i}\int_l \frac{M^2 \mathrm{d}x}{2EI} = \int_l \frac{\partial M}{\partial F_i}\cdot\frac{M}{EI}\mathrm{d}x \tag{10-29}$$

由式(10-10)可知，当一个线弹性构件，受到轴向荷载、弯矩、扭矩等因素作用(忽略剪力的影响)，产生的应变能，则类似地可得到

$$\Delta_i = \sum_j \frac{\partial F_{\mathrm{N}j}}{\partial F_i}\cdot\frac{F_{\mathrm{N}j} l}{EA} + \int_0^l \frac{\partial M}{\partial F_i}\cdot\frac{M}{EI}\mathrm{d}x + \int_0^l \frac{\partial T}{\partial F_i}\cdot\frac{T}{GI_p}\mathrm{d}x \tag{10-30}$$

对于非圆截面杆件，式(10-30)中的 I_p应改为 I_t。

需要说明的是：(1)在应用卡氏定理计算没有外力作用处的位移时，可在所要求的位移处、沿着该位移方向虚设一个广义力 F，写出包含该广义力 F 在内的所有力作用下的应变能 V_ε，并将其对广义力 F 求偏导数，然后再令虚设的广义力 F 为零，即可求得所要求的位移。(2)卡氏第二定理只能适用于线弹性结构，而余能定理则既适用于线弹性结构，也适用于非线性弹性结构。(3)卡氏第一定理和卡氏第二定理不能直接应用于温度变化引起的结构变形。

例题 10-7 试用余能定理计算例题 10-5 中的结构在荷载 F 作用下，结点 C 的铅垂位移。

解：在例题 10-5 中，已经得到结构的余能为

$$V_c = 2Al \times v_c = \frac{l}{(2A)^n(n+1)k^n}\left(\frac{F}{\cos\alpha}\right)^{n+1}$$

由余能定理可得与荷载 F 相应的位移(即铅垂位移)为

$$\Delta_y = \frac{\partial V_c}{\partial F} = \frac{\partial}{\partial F}\left[\frac{l}{(2A)^n(n+1)k^n}\left(\frac{F}{\cos\alpha}\right)^{n+1}\right] = \frac{lF^n}{(2A)^n(n+1)k^n(\cos\alpha)^{n+1}}$$

例题 10-8 如图 10-13(a)所示弹性刚架，弯曲刚度为 EI。不计轴力和剪力对位移的影响，求点 B 的水平位移和点 C 的铅垂位移。

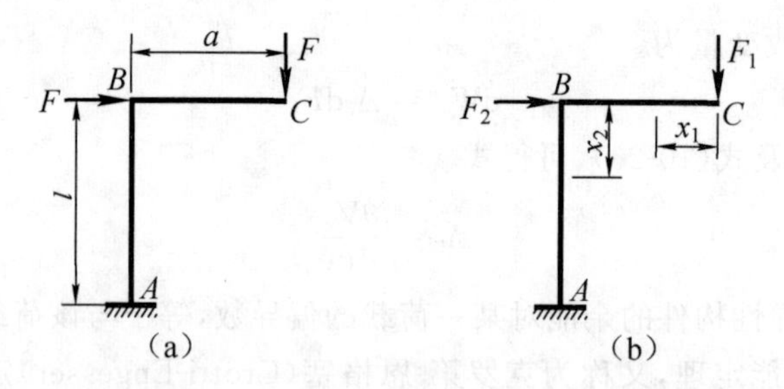

图 10-13 例题 10-8 图

解：为了分别求出点 B 的水平位移和点 C 的铅垂位移，将作用在点 B 的水平荷载和点 C 的铅垂荷载分别用 F_1、F_2表示，并选取坐标系，如图 10-13(b)所示。刚架 CB 段和 BA 段的弯矩及其对荷载 F_1和 F_2的偏导数分别为

CB 段：$M_1(x_1) = -F_1x_1$，$\quad \dfrac{\partial M_1(x_1)}{\partial F_1} = -x_1$，$\quad \dfrac{\partial M_1(x_1)}{\partial F_2} = 0$

BA 段：$M_2(x_2) = -F_1a - F_2x_2$，$\quad \dfrac{\partial M_2(x_2)}{\partial F_1} = -a$，$\quad \dfrac{\partial M_2(x_2)}{\partial F_2} = -x_2$

根据卡氏第二定理，点 B 的水平位移 Δ_{Bx} 和点 C 的铅垂位移 Δ_{Cy} 分别为

$$\Delta_{Bx} = \frac{\partial V_\varepsilon}{\partial F_2} = \int_0^a \frac{M_1(x_1)}{EI}\frac{\partial M_1(x_1)}{\partial F_2}dx_1 + \int_0^l \frac{M_2(x_2)}{EI}\frac{\partial M_2(x_2)}{\partial F_2}dx_2$$

$$= \int_0^l \frac{-F_1a - F_2x_2}{EI}(-x_2)dx_2 = \frac{l^2}{6EI}(3F_1a + 2F_2l)$$

$$\Delta_{Cy} = \frac{\partial V_\varepsilon}{\partial F_1} = \int_0^a \frac{M_1(x_1)}{EI}\frac{\partial M_1(x_1)}{\partial F_1}dx_1 + \int_0^l \frac{M_2(x_2)}{EI}\frac{\partial M_2(x_2)}{\partial F_1}dx_2$$

$$= \int_0^a \frac{-F_1x_1}{EI}(-x_1)dx_1 + \int_0^l \frac{-F_1a - F_2x_2}{EI}(-a)dx_2$$

$$= \frac{a}{6EI}(2F_1a^2 + 6F_1al + 3F_2l^2)$$

将 $F_1 = F_2 = F$ 代入上两式，得到

$$\Delta_{Bx}=\frac{Fl^2}{6EI}(3a+2l),\qquad \Delta_{Cy}=\frac{Fa}{6EI}(2a^2+6al+3l^2)$$

例题 10-9 简单桁架如图 10-14(a)所示，结点 A 承受铅垂荷载作用。试用卡氏第二定理计算该结点的水平位移。已知各杆的拉压刚度均为 EA。

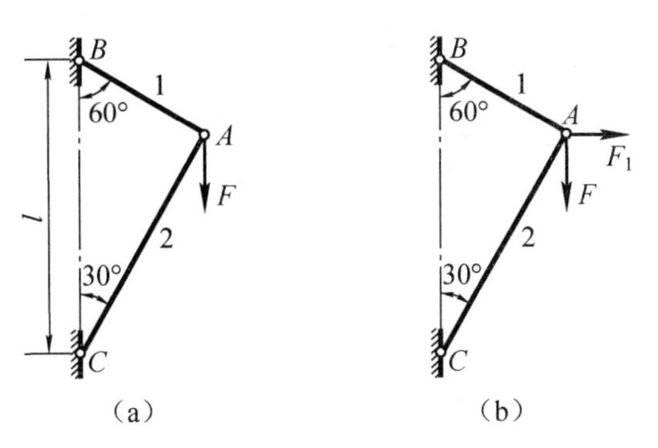

图 10-14 例题 10-9 图

解: 在结点 A 处没有水平荷载作用，故不能直接利用卡氏第二定理计算该结点的水平位移。为此，采用附加荷载法，在结点 A 施加一水平荷载 F_1（图 10-14(b)），并计算在荷载 F 与 F_1 共同作用时，结点 A 的水平位移，然后令 $F_1=0$，即得仅有荷载 F 作用时结点 A 的水平位移，由式(10-28)可知

$$\Delta_{Ax}=\left[\sum_{i=1}^{2}\frac{\partial F_{Ni}}{\partial F_1}\frac{F_{Ni}l_i}{E_iA_i}\right]_{F_1=0}\tag{a}$$

在荷载 F 与 F_1 的共同作用下（图 10-14(b)），根据结点 A 的平衡条件，易得杆 1 与 2 的轴力分别为

$$F_{N1}=\frac{F+\sqrt{3}F_1}{2},\qquad F_{N2}=\frac{F_1-\sqrt{3}F}{2}$$

由此得

$$\frac{\partial F_{N1}}{\partial F_1}=\frac{\sqrt{3}}{2},\qquad \frac{\partial F_{N2}}{\partial F_1}=\frac{1}{2}$$

将上述四个表达式代入式(a)，即得结点 A 的水平位移为

$$\Delta_{Ax}=\frac{1}{EA}\left[\frac{F}{2}\cdot\frac{l}{2}\cdot\frac{\sqrt{3}}{2}+\left(-\frac{\sqrt{3}F}{2}\right)\cdot\frac{\sqrt{3}l}{2}\cdot\frac{1}{2}\right]=-\frac{(3-\sqrt{3})Fl}{8EA}\ (\text{向左})$$

例题 10-10 试用卡氏第二定理求图 10-15 所示刚架支座 B 的约束力。已知两杆的弯曲刚度均为 EI，$q=20\ \text{kN/m}$，$M_e=50\ \text{kN}\cdot\text{m}$，$a=5\ \text{m}$。不计剪力和轴力对刚架变形的影响。

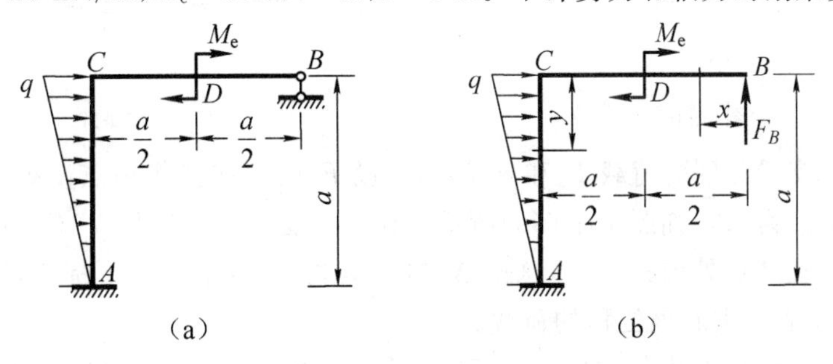

图 10-15 例题 10-10 图

解:结构为一次超静定。取支座 B 的约束力 F_B 为多余约束力,基本静定结构如图 10-15(b)所示。刚架各段的弯矩方程及其偏导数分别为

$$BD 段:M(x)=F_Bx,\qquad \frac{\partial M(x)}{\partial F_B}=x\qquad \left(0\leqslant x\leqslant \frac{a}{2}\right)$$

$$DC 段:M(x)=F_Bx-M_e,\qquad \frac{\partial M(x)}{\partial F_B}=x\qquad \left(\frac{a}{2}<x\leqslant a\right)$$

$$CA 段:M(y)=F_Ba-M_e-\left[\frac{q}{2}\left(1-\frac{y}{a}\right)y^2+\frac{1}{2}\left(q-\frac{a-y}{a}q\right)y\times\frac{2}{3}y\right]$$

$$=F_Ba-M_e-\frac{qy^2}{2}\left(1-\frac{y}{3a}\right)$$

$$\frac{\partial M(y)}{\partial F_B}=a\qquad (0\leqslant y\leqslant a)$$

利用卡氏第二定理,并考虑变形协调条件可得

$$w_B=\frac{\partial V_\varepsilon}{\partial F_B}=\frac{1}{EI}\int_l M(x)\frac{\partial M(x)}{\partial x}\mathrm{d}x+\frac{1}{EI}\int_l M(y)\frac{\partial M(y)}{\partial y}\mathrm{d}y$$

$$=\frac{1}{EI}\int_0^{\frac{a}{2}}F_Bx\cdot x\mathrm{d}x+\frac{1}{EI}\int_{\frac{a}{2}}^{a}(F_Bx-M_e)\cdot x\mathrm{d}x+\frac{1}{EI}\int_0^a\left[F_Ba-M_e-\frac{qy^2}{2}\left(1-\frac{y}{3a}\right)\right]a\mathrm{d}y=0$$

将上式积分、整理并代入荷载的具体数值后可得

$$F_B=\frac{3}{32a}(11M_e+qa^2)$$

$$=\frac{3}{32\times 5\ \mathrm{m}}\times[11\times 50\times 10^3\ \mathrm{N\cdot m}+20\times 10^3\ \mathrm{N/m}\times(5\ \mathrm{m})^2]=19\ 687.5\ \mathrm{N}=19.69\ \mathrm{kN}$$

由该题的求解过程可见,卡氏定理也可以用来求解超静定问题,其思路和方法与一般超静定问题的解法相同。

10.3.3 互等定理

本小节利用克拉比隆定理来建立关于线弹性体的两个重要定理:功的互等定理与位移互等定理。仍以简支梁为例进行说明。

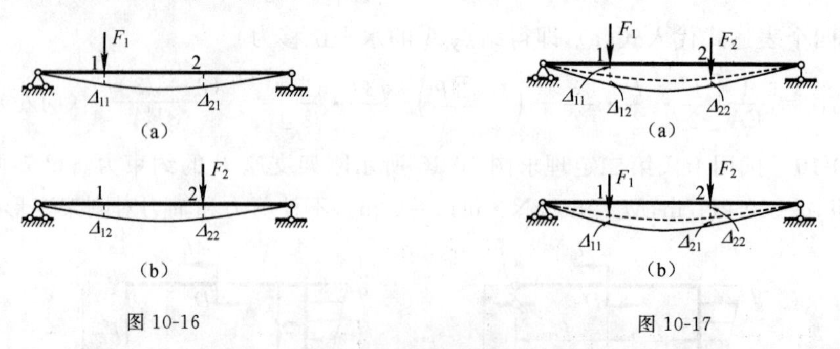

图 10-16　　　　图 10-17

考虑同一简支梁分别受荷载 F_1 和 F_2 作用。设 F_1 引起在其作用点 1 处位移为 Δ_{11},在 F_2 作用点 2 处的位移为 Δ_{21},如图 10-16(a)所示。在另一受力状态(图 10-16(b)),设 F_2 引起在 1 点处位移为 Δ_{12},在 2 点处位移 Δ_{22}。这里 Δ_{ij} 的标记规则为:第一个下标 i 表示位移发生的位置,第二个下标 j 表示引起该位移的荷载。

现在考虑第三种受力状态,如图 10-17(a):先在 1 处加荷载 F_1,然后在 2 处加荷载 F_2。由前面的讨论可知,加 F_1 后,1、2 处位移分别为 Δ_{11}、Δ_{21};加 F_2 后,由于变形微小,1、2 处的附加位

移应分别为 Δ_{12}、Δ_{22}，这时梁的应变能为

$$V_{\varepsilon}^{(1)} = \frac{1}{2}F_1\Delta_{11} + \frac{1}{2}F_2\Delta_{22} + F_1\Delta_{12} \tag{a}$$

再考虑第四种受力状态，如图 10-17(b)：先在 2 处施加荷载 F_2，再在 1 处施加荷载 F_1，类似可得此时梁的应变能为

$$V_{\varepsilon}^{(2)} = \frac{1}{2}F_2\Delta_{22} + \frac{1}{2}F_1\Delta_{11} + F_2\Delta_{21} \tag{b}$$

由于线弹性体的应变能与加载次序无关，所以第三种受力状态的应变能和第四种受力状态的应变能相等，所以

$$V_{\varepsilon}^{(1)} = V_{\varepsilon}^{(2)}$$

即

$$F_1\Delta_{12} = F_2\Delta_{21} \tag{10-31}$$

式(10-31)表明：对于线弹性体，F_1 在由 F_2 引起的位移 Δ_{12} 上所做的功等于 F_2 在由 F_1 引起的位移 Δ_{21} 上所做的功。此即功的互等定理。

当 F_1 与 F_2 相等时，由式(10-31)得

$$\Delta_{12} = \Delta_{21} \tag{10-32}$$

式(10-32)表明：若作用于线弹性体上的两个荷载 F_1 和 F_2 数值相等，则 F_1 在 F_2 作用处引起的位移 Δ_{21} 等于 F_2 在 F_1 作用处引起的位移 Δ_{12}。此即位移互等定理。

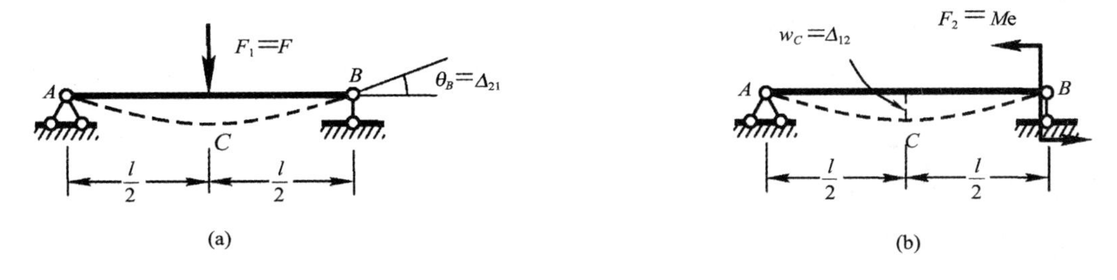

图 10-18

如图 10-18(a)所示简支梁，已知 C 点作用荷载 F 时，截面 B 转角 $\theta_B = \dfrac{Fl^2}{16EI}$；同一梁，如果在截面 B 作用集中力偶 M(图 10-18(b))，则根据功的互等定理，力 F 在 M 所引起的位移上所做的功等于力偶 M 在荷载 F 所引起的位移(角位移)上所做的功，即：$Fw_C = M\theta_B$。由此易得：$w_C = \dfrac{Ml^2}{16EI}$。

例题 10-11　图 10-19(a)所示悬臂梁，自由端受铅垂荷载 F 作用，现需要测量横截面 1,2,…,5 的挠度，但仅有一个千分表可供使用，试选择实验方案。

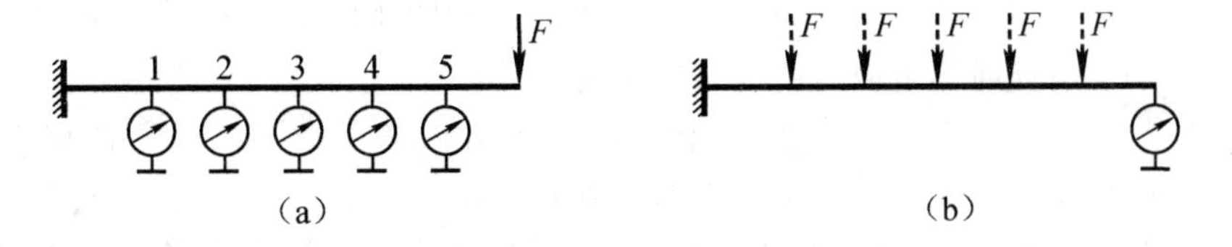

图 10-19　例题 10-11 图

解：由于仅有一个千分表，如果移动千分表逐点测量，如图 10-19(a)所示，则既不方便，也很容易引起测量误差。

现将千分表安放在自由端，如图 10-19(b)所示，而将荷载依次施加在各测量截面，则根据位移互等定理可知，每次在自由端处测量所得的挠度，即分别代表荷载施加在自由端时各相应截面的挠度。例如，当荷载位于截面 3 时，自由端千分表所指示的挠度值，即代表荷载位于自由端时截面 3 的挠度。

10.4 单位荷载法与图乘法

10.4.1 单位荷载法

单位荷载法又称莫尔积分法，是计算线弹性结构一点位移的一般方法。

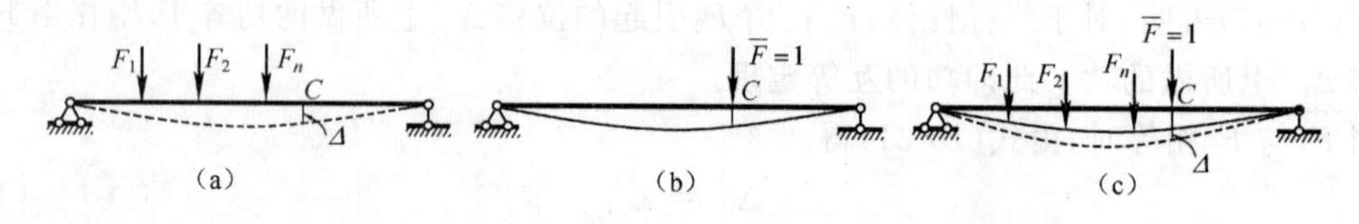

图 10-20

仍以简支梁为例说明，如图 10-20(a)所示，梁 AB 上同时作用有外荷载 $F_1, F_2, \cdots, F_n$。现欲求梁上 C 点铅垂位移 Δ（即截面 C 的挠度）。

梁 AB 在外荷载 $F_1, F_2, \cdots, F_n$ 作用下，应用应变能公式(10-9)，梁的应变能可记为

$$V_{\varepsilon,1} = \int_l \frac{M^2(x)}{2EI} \mathrm{d}x \tag{a}$$

为了计算位移 Δ，可在图 10-20(b)所示的同一梁的 C 点施加一个单位荷载 $\overline{F} = 1$，可得 $\overline{F} = 1$ 单独作用时梁的应变能为

$$V_{\varepsilon,2} = \int_l \frac{\overline{M}^2(x)}{2EI} \mathrm{d}x \tag{b}$$

其中，$\overline{M}(x)$ 为单位荷载作用下梁截面的弯矩方程。

再将 $F_1, F_2, \cdots, F_n$ 作用于图 10-20(b)的梁上，如图 10-20(c)所示，可得该组荷载作用下梁的应变能为

$$V_\varepsilon = V_{\varepsilon,1} + V_{\varepsilon,2} + 1 \cdot \Delta \tag{c}$$

式中，$1 \cdot \Delta$ 是已作用在梁上的单位荷载 $\overline{F} = 1$ 在所有外荷载作用后产生的位移（即需求的铅垂位移 Δ）上所做的功（常力功）。

另一方面，如果将 $F_1, F_2, \cdots, F_n$ 与单位荷载 $\overline{F} = 1$ 共同作用于该梁，则该梁 x 截面的总弯矩为 $\overline{M}(x) + M(x)$，此时梁上应变能也可表示为

$$V_\varepsilon = \int_l \frac{[\overline{M}(x) + M(x)]^2}{2EI} \mathrm{d}x \tag{d}$$

由于应变能与加载顺序无关，两种加载情况下的应变能应该相等，故有

$$V_{\varepsilon,1} + V_{\varepsilon,2} + 1 \cdot \Delta = \int_l \frac{[\overline{M}(x) + M(x)]^2}{2EI} \mathrm{d}x \tag{e}$$

由式(a)和式(b)，并展开(e)式，可得

$$\Delta = \int_l \frac{\overline{M}(x) \cdot M(x)}{EI} dx \tag{10-33}$$

式(10-33)称为单位荷载法(或莫尔积分法),是计算杆件弯曲变形时位移的一般表达式。

式(10-33)虽以梁为例导出,但同样可推广用于其他基本变形和组合变形的平面杆件结构位移的计算。用单位荷载法计算组合变形,构件或平面杆件结构任一点位移的一般表达式为

$$\Delta = \sum_i \int_l \frac{\overline{F}_{Ni}(x) \cdot F_{Ni}(x)}{EA_i} dx + \sum_i \int_l \frac{\overline{M}_i(x) \cdot M_i(x)}{EI_i} dx + \sum_i \int_l \frac{\overline{T}_i(x) \cdot T_i(x)}{GI_{pi}} dx \tag{10-34}$$

式中,Δ 为所求点的位移;$\overline{F}_{Ni}$,$\overline{M}_i(x)$,$\overline{T}_i(x)$ 分别为所求位移点处加上相应的单位荷载后 x 截面上的轴力、弯矩和扭矩;F_{Ni},$M_i(x)$,$T_i(x)$ 分别为外力作用下截面 x 上的轴力、弯矩、扭矩。

需要说明的是:(1)单位荷载是广义力,可以是力,也可以是力偶;与之相对应的位移是广义位移,可以是线位移,也可以是角位移。(2)所加的广义单位荷载必须与广义位移相对应。(3)在列出外力(或单位荷载)作用下的内力方程时,应采取相同的坐标原点,如需分段列方程,则要分段积分后再求和。(4)计算结果为正,表示位移与所设单位荷载方向一致;为负则相反。

由于各类结构的受力特点不同,在应用式(10-34)时可作不同的简化,例如:

(1)在桁架中,杆件只受轴向变形,且每一杆件轴力沿杆长 l 不变,则式(10-34)可写为

$$\Delta = \sum_i \frac{\overline{F}_{Ni} \cdot F_{Ni} l_i}{EA_i} \tag{10-35}$$

(2)在梁与刚架中,常略去轴向及剪切变形的影响,位移公式(10-34)简化为

$$\Delta = \sum_i \int_{l_i} \frac{\overline{M}_i(x) \cdot M_i(x)}{EI_i} dx \tag{10-36}$$

(3)在组合结构中,一些杆件主要承受弯矩,一些杆件只受轴力,故式(10-34)可表示为

$$\Delta = \sum_i \frac{\overline{F}_{Ni} \cdot F_{Ni} l_i}{EA_i} + \sum_i \int_{l_i} \frac{\overline{M}_i(x) \cdot M_i(x)}{EI_i} dx \tag{10-37}$$

还可以将计算结构任一点位移的一般表达式(10-34)推广到更一般的情况。注意到

$$\frac{F_{Ni}(x)}{EA_i} dx = d\Delta, \qquad \frac{T_i(x)}{GI_{pi}} dx = d\varphi, \qquad \frac{M_i(x)}{EI_i} dx = d\theta$$

式中,$d\Delta$,$d\varphi$ 和 $d\theta$ 分别为杆件在真实荷载作用下产生的微小的轴向位移、扭转角和弯曲转角。故可以将式(10-34)推广为

$$\Delta = \sum_i \int_{l_i} \overline{F}_{Ni} d\Delta + \sum_i \int_{l_i} \overline{M}_i d\theta + \sum_i \int_{l_i} \overline{T}_i d\varphi \tag{10-38}$$

需要说明的是:式(10-38)有更广泛的应用范围。它不仅可以用于线弹性材料,还可以用于其他材料。同时,式中的 $d\Delta$、$d\theta$、$d\varphi$ 还可以表示由温度变化等非力学因素所引起的微段的广义位移变化量。

例题 10-12 位于水平面内的圆截面折杆 ABC($\angle ABC=90°$)如图 10-21(a)所示。已知杆横截面的极惯性矩和对中性轴的惯性矩分别为 I_p 和 I_z,材料的弹性模量和切变模量分别为 E 和 G。试用单位荷载法求截面 C 处的铅垂位移。

解:在折杆的截面 C 处施加一单位力 $\overline{F}=1$(图 10-21(b)),列出在外力和单位力两种受力状态下的内力方程分别为

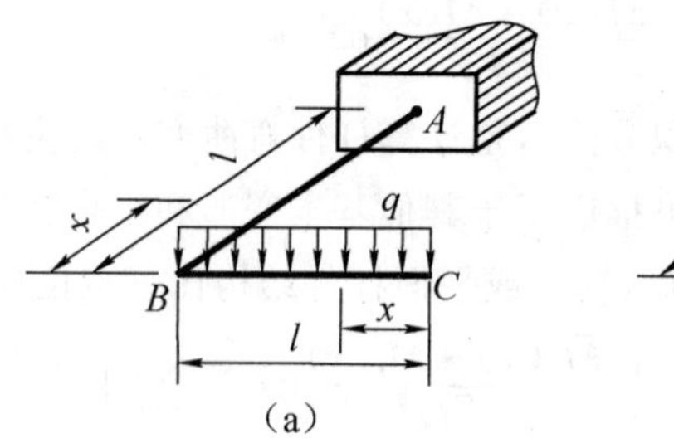

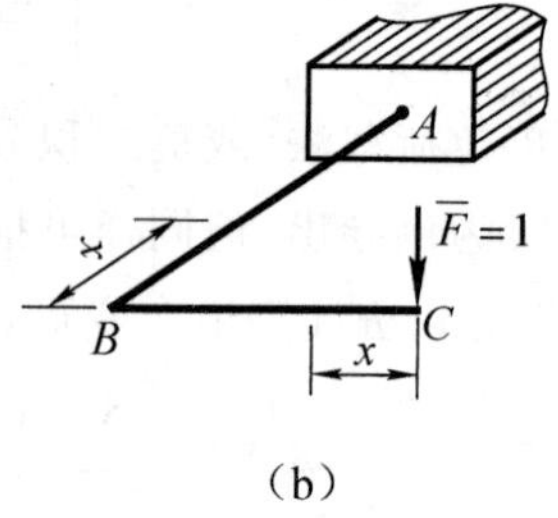

图 10-21　例题 10-12 图

CB 段：$M_1(x)=-\dfrac{qx^2}{2}$，$\overline{M_1}(x)=-x$；

BA 段：$M_2(x)=-qlx$，$\overline{M_2}(x)=-x$，$T_2(x)=-\dfrac{ql^2}{2}$，$\overline{T_2}(x)=-l$。

将上述内力方程代入式(10-34)，得 C 点铅垂位移

$$\begin{aligned}\Delta_C &= \int_0^l \frac{M_1(x)\,\overline{M_1}(x)}{EI_z}\mathrm{d}x+\int_0^l \frac{M_2(x)\,\overline{M_2}(x)}{EI_z}\mathrm{d}x+\int_0^l \frac{T_2(x)\,\overline{T_2}(x)}{GI_\mathrm{p}}\mathrm{d}x \\ &= \int_0^l \frac{1}{EI_z}\left(-\frac{qx^2}{2}\right)(-x)\mathrm{d}x+\int_0^l \frac{1}{EI_z}(-qlx)(-x)\mathrm{d}x+\int_0^l \frac{1}{GI_\mathrm{p}}\left(-\frac{ql^2}{2}\right)(-l)\mathrm{d}x \\ &= \frac{11ql^4}{24EI_z}+\frac{ql^4}{2GI_\mathrm{p}}(\downarrow)\end{aligned}$$

例题 10-13　求图 10-22(a)所示的四分之一圆的曲杆中 A 处的支座约束力，设曲杆的半径远大于横截面尺寸。

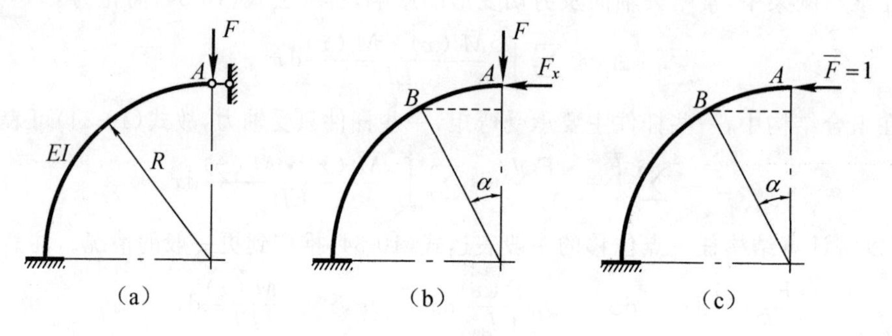

图 10-22　例题 10-13 图

解：这是一次超静定问题。解除 A 点处水平方向的约束，用约束力 F_x 来代替，从而形成一个静定基本结构，如图 10-22(b)所示。这样，曲杆便在 F 和 F_x 共同作用下发生变形和位移。且结构中的弯矩可表示为

$$M=M_F+M_{F_x}$$

其中，M_F 是 F 单独作用在静定基本结构上所引起的弯矩。如图 10-22(b)所示，取右边 AB 区段为隔离体，则可将 B 处截面的弯矩表示为角度 α 的函数：

$$M_F=-FR\sin\alpha$$

同理，F_x 单独作用在静定基本结构上所引起的弯矩

$$M_{F_x}=F_xR(1-\cos\alpha)$$

考虑到实际结构中，A 处的水平位移为零。故在静定基本结构的 A 处加上水平方向的单位力，如图 10-22(c)所示，则有

$$\overline{M} = R(1-\cos\alpha)$$

这样便有变形协调条件：$\frac{1}{EI}\int_L M\overline{M}\mathrm{d}s = 0$，即 $\int_L (M_F + M_{F_x})\overline{M}\mathrm{d}s = 0$

上式可改写为：$\int_0^{\pi/2} [-FR\sin\alpha + F_x R(1-\cos\alpha)]R(1-\cos\alpha)\mathrm{d}\alpha = 0$

由此可解出：$F_x = \frac{2F}{3\pi - 8} = 1.404F$ 。

这就是所求的 A 处的支座约束力。

例题 10-14　简单桁架结构受力如图 10-23(a)所示。设桁架中各杆的拉压刚度 EA 均相同，试求 B、D 两点间的相对位移。

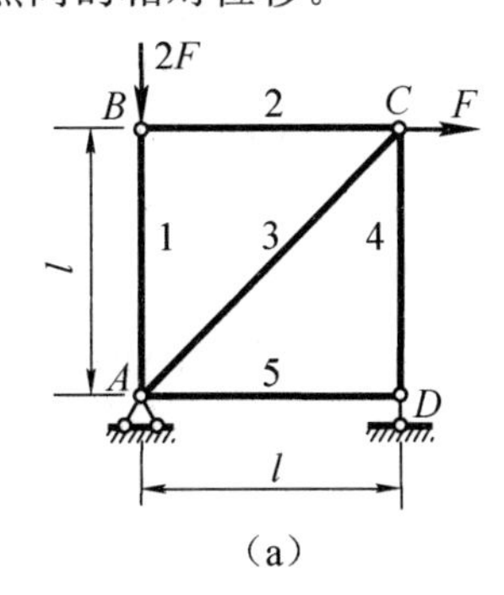

(a)

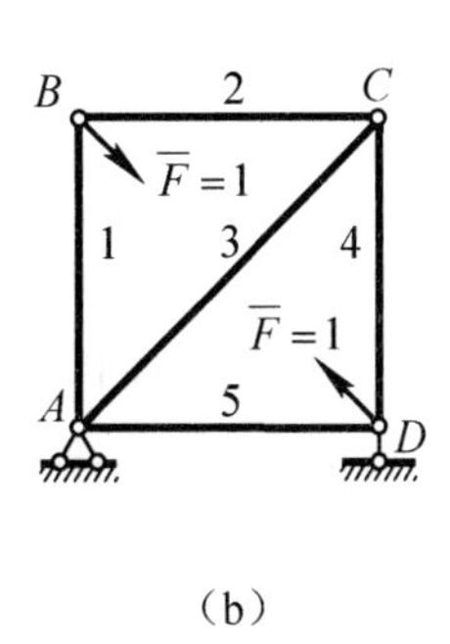

(b)

图 10-23　例题 10-14 图

解：(1)为求 BD 两点间相对位移，在 B、D 两点沿连线方向加一对反向的单位力，如图 10-23(b)所示。

(2)将各杆编号，分别求出各杆在外荷载和单位力作用下的轴力，将所得的轴力和各杆的长度列于表 10-1。

表 10-1　　**题中各杆轴力及长度**

杆件	F_{Ni}	$\overline{F}_{Ni}$	l_i	$F_{Ni}\overline{F}_{Ni}l_i$
1	$-2F$	$-\frac{\sqrt{2}}{2}$	l	$\sqrt{2}Fl$
2	0	$-\frac{\sqrt{2}}{2}$	l	0
3	$\sqrt{2}F$	1	$\sqrt{2}l$	$2Fl$
4	$-F$	$-\frac{\sqrt{2}}{2}$	l	$\frac{\sqrt{2}}{2}Fl$
5	0	$-\frac{\sqrt{2}}{2}$	l	0
$\sum_{i=1}^{5}F_{Ni}\overline{F}_{Ni}l_i = (2+\frac{3}{2}\sqrt{2})Fl$				

$$\Delta_{BD} = \sum_{i=1}^{5}\frac{F_{Ni}\overline{F}_{Ni}l_i}{EA_i} = (2+\frac{3}{2}\sqrt{2})\frac{Fl}{EA} = 4.12\frac{Fl}{EA}$$

结果为正，表示 B、D 两点间相对位移与所设单位力方向一致。

例题 10-15　图 10-24(a)所示的悬臂梁的横截面是宽为 b 高为 h 的矩形，材料弹性模量为 E。梁长为 l，其下底面有温升 T_1，上底面有温升 T_2，$T_1 > T_2$，且温度沿高度线性变化。求其自由端 A 截面的水平位移 Δ_x，竖向位移 Δ_y 和转角 θ_A。

（a）

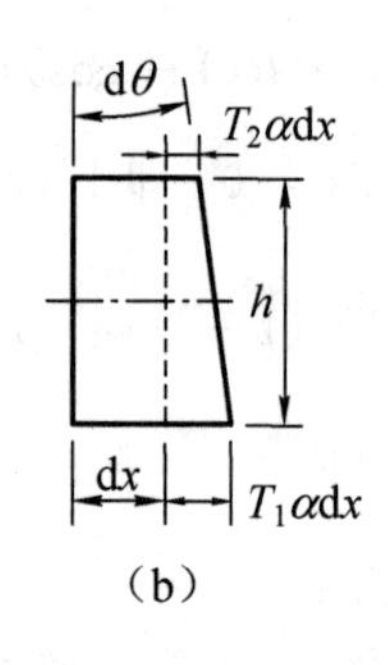

（b）

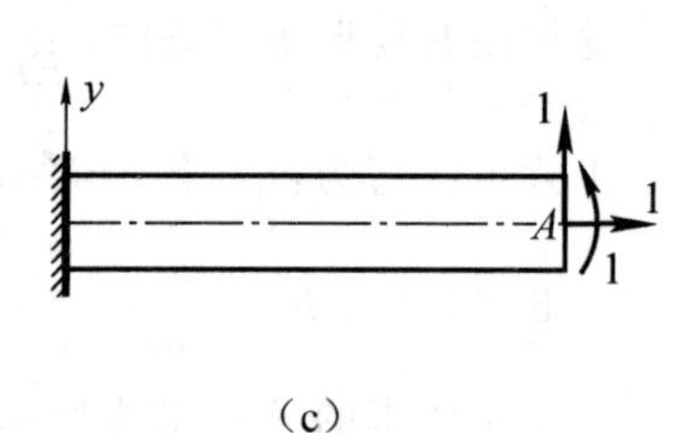

（c）

图 10-24

解:这是温度变化引起的变形效应问题。可用式(10-38)求解,在本题的情况中,考虑到将出现的变形不包含扭转,故有

$$\Delta=\int_{l}(\overline{F}_{\mathrm{N}}\mathrm{d}u+\overline{M}\mathrm{d}\theta)$$

式中,$\mathrm{d}u$,$\mathrm{d}\theta$ 表示由温度变化引起的微元水平位移和转角的变化量。

为此,考虑梁的一个微元区段由温升而引起的变化,如图 10-24(b)所示。微元区段上边沿长度成为$(1+T_2\alpha)\mathrm{d}x$,下边沿长度成为$(1+T_1\alpha)\mathrm{d}x$。中性层的长度的变化量则为

$$\mathrm{d}u=\frac{(T_1+T_2)}{2}\alpha\mathrm{d}x$$

同时,由于上下边沿温升的不一致,微元区段两侧面产生的相对转角为

$$\mathrm{d}\theta=\frac{(T_1-T_2)}{h}\alpha\,\mathrm{d}x$$

为求截面 A 水平位移,可在 A 处加上水平方向的单位力,如图 10-24(c)所示。显然,这个单位力所引起的轴力 $\overline{F}_{\mathrm{N}}=1$,弯矩 $\overline{M}=0$,故有

$$\Delta_x=\int_0^l 1\cdot\frac{(T_1+T_2)}{2}\alpha\mathrm{d}x=\frac{(T_1+T_2)}{2}\alpha l$$

为求 A 截面的竖向位移,可在 A 处加上竖直方向的单位力。这个单位力所引起的弯矩 $\overline{M}=l-x$,轴力 $\overline{F}_{\mathrm{N}}=0$,故有

$$\Delta_y=\int_0^l(l-x)\cdot\frac{(T_1-T_2)}{h}\alpha\,\mathrm{d}x=\frac{(T_1-T_2)}{2h}\alpha l^2$$

为求 A 截面的转角,可在 A 处加上单位力偶矩。这个单位力所引起的弯矩 $\overline{M}=1$,轴力 $\overline{F}_{\mathrm{N}}=0$,故有

$$\theta_{\mathrm{A}}=\int_0^l 1\cdot\frac{(T_1-T_2)}{h}\alpha\,\mathrm{d}x=\frac{(T_1-T_2)}{h}\alpha l$$

10.4.2 图乘法

在利用单位荷载法计算等截面受弯直杆及直杆系的位移时,需要计算下面的积分(莫尔积分)

$$\Delta=\int_{l}\frac{\overline{M}(x)\cdot M(x)}{EI}\mathrm{d}x \tag{a}$$

但上述积分往往比较烦琐。注意到 $\overline{M}(x)$ 是由单位荷载引起的内力,对于直杆 $\overline{M}(x)$ 图形必定由直线段组成,因而式(a)的积分可以通过图形互乘的方法进行简化。现以梁(只考虑弯矩)的莫尔积分为例,阐述图形互乘法(简称图乘法)的原理和应用。

图 10-25(a)为某梁段由外载引起的 $M(x)$ 图，单位荷载引起的 $\overline{M}(x)$ 图为一条直线，如图 10-25(b)。将 $\overline{M}(x)$ 直线延长交 x 轴于点 A，$\overline{M}(x)$ 线与 x 轴的夹角为 α，则 $\overline{M}(x)$ 图中与 x 截面相对应的纵坐标为

$$\overline{M}(x) = x\tan\alpha \tag{b}$$

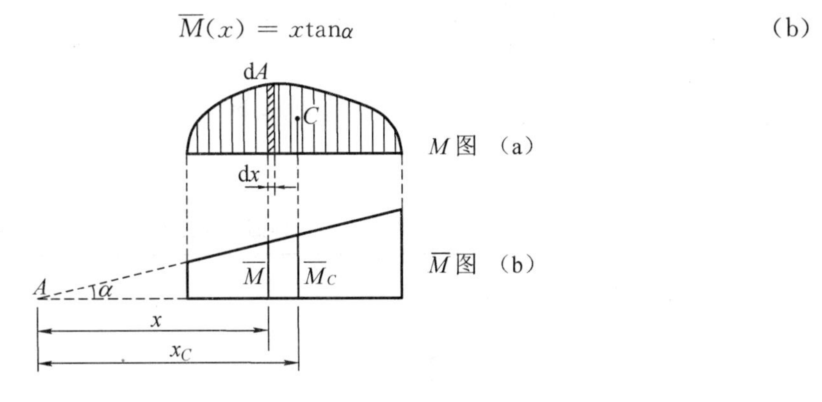

图 10-25

而图 10-25(a)中阴影部分面积为

$$dA = M(x)dx \tag{c}$$

将式(b)和式(c)代入积分式(a)中，得

$$\Delta = \int_l \frac{\overline{M}(x) \cdot M(x)}{EI}dx = \frac{1}{EI}\int_l x\tan\alpha \cdot M(x)dx = \frac{\tan\alpha}{EI}\int_l x \cdot M(x)dx = \frac{\tan\alpha}{EI}\int_l x dA \tag{d}$$

其中，$\int_l x dA$ 表示 $M(x)$ 图的面积对过点 A 且垂直于 x 轴的静矩，可以表示为 $\int x dA = Ax_C$（x_C 是 $M(x)$ 图形形心 C 的 x 坐标），故式(d)可改写为

$$\Delta = \int_l \frac{\overline{M}(x) \cdot M(x)}{EI}dx = \frac{Ax_C\tan\alpha}{EI} = \frac{A\overline{M}_C}{EI} \tag{10-39}$$

式中，$\overline{M}_C = x_C\tan\alpha$ 为单位荷载弯矩图上与荷载弯矩图形心对应位置的纵坐标。

式(10-39)即为求梁和刚架位移的图乘法的数学表达式。用式(10-39)求梁和刚架位移时只需计算外载作用下 $M(x)$ 图的面积 A，并将其乘以面积 A 的形心 C 对应的单位荷载弯矩图 $\overline{M}(x)$ 上的纵坐标值 $\overline{M}_C$，再除以弯曲刚度 EI 即可。

使用图乘法求位移时应注意的事项有：

(1)各梁段为直杆，其弯曲刚度 EI 为常数。

(2) $M(x)$ 图和 $\overline{M}(x)$ 图中至少有一个为直线图形(其中 $\overline{M}(x)$ 图必为直线图形)，纵坐标 $\overline{M}_C$ 应取自直线图形中。

(3)当面积 A 与纵坐标 $\overline{M}_C$ 在基线同侧时，$A \cdot \overline{M}_C$ 乘积取正号，反之取负号。

(4)当单位荷载引起的 $\overline{M}(x)$ 图的斜率变化时，图形互乘时需分段进行，保证每一段内的斜率必须是相同的，这时式(10-39)变成

$$\Delta = \sum_{i=1}^{n} \frac{A_i\overline{M}_{Ci}}{EI_i} \tag{10-40}$$

式中，n 为 $\overline{M}(x)$ 图的分段数。

(5)如果 $M(x)$ 图和 $\overline{M}(x)$ 图都是直线图形,图乘法也可用下式进行

$$\Delta=\int\frac{M(x)\overline{M}(x)\mathrm{d}x}{EI}=\frac{\overline{A}M_C}{EI} \tag{e}$$

式中 $\overline{A}$ ——单位荷载弯矩图的面积;

M_C ——该面积图形形心对应的荷载弯矩图 $M(x)$ 上的纵坐标值。

上述图乘法的计算原理,同样适用于其他基本变形中内力分量为轴力 $F_N(x)$ 和扭矩 $T(x)$ 的莫尔积分。

为了方便计算,表 10-2 给出了一些常见图形的面积与形心坐标供参考。

表 10-2　几种常用图形的面积和形心位置

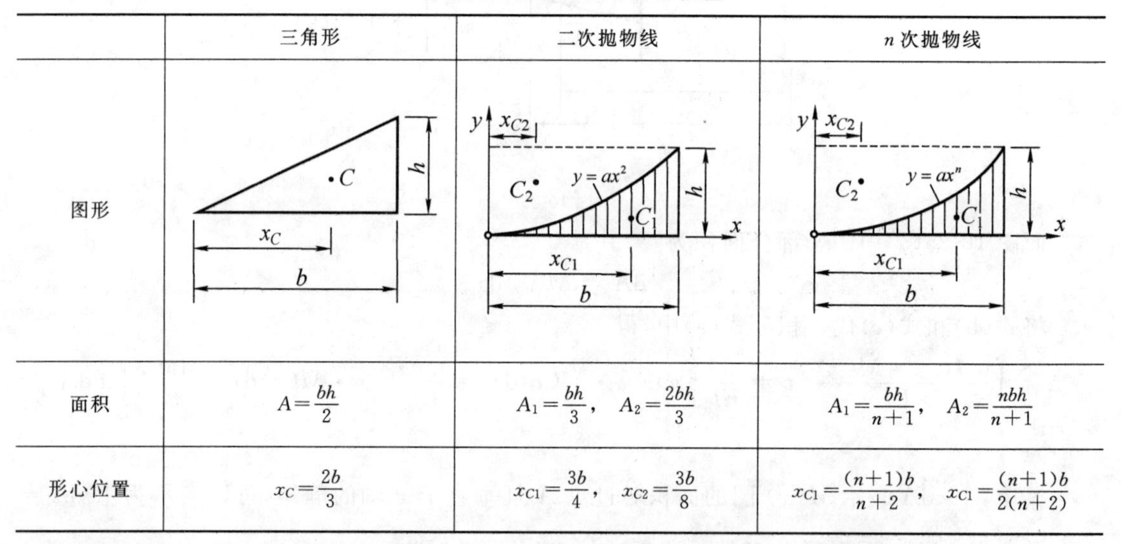

	三角形	二次抛物线	n 次抛物线
图形	C, h, x_C, b	y, x_{C2}, C_2, $y=ax^2$, C_1, h, x, x_{C1}, b	y, x_{C2}, C_2, $y=ax^n$, C_1, h, x, x_{C1}, b
面积	$A=\frac{bh}{2}$	$A_1=\frac{bh}{3}$, $A_2=\frac{2bh}{3}$	$A_1=\frac{bh}{n+1}$, $A_2=\frac{nbh}{n+1}$
形心位置	$x_C=\frac{2b}{3}$	$x_{C1}=\frac{3b}{4}$, $x_{C2}=\frac{3b}{8}$	$x_{C1}=\frac{(n+1)b}{n+2}$, $x_{C1}=\frac{(n+1)b}{2(n+2)}$

例题 10-16　试用能量法求解图 10-26(a)所示连续梁在支座 B 处的约束力。

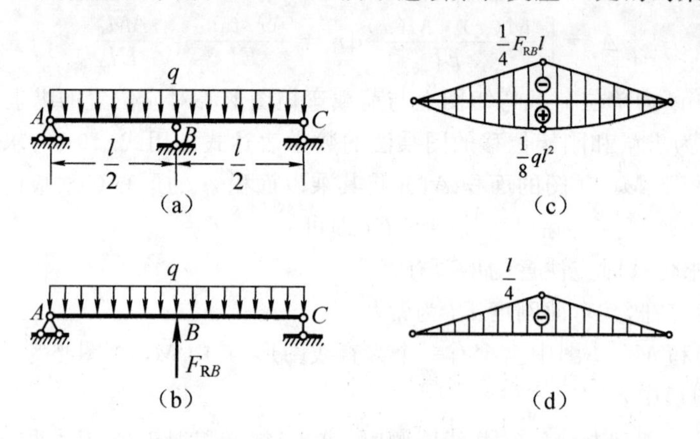

图 10-26　例题 10-16 图

解:该梁为一次超静定梁。选取支座 B 为多余约束,解除该约束并以多余未知力 F_{RB} 代替,得到静定基本结构图 10-26(b)所示。欲与原梁相当,其变形协调条件为在 B 点处的挠度为零。

为求 B 点处的挠度,先做出静定基本结构的弯矩 M 图和在 B 点处作用单位荷载 $\overline{F}=1$ 时的弯矩 $\overline{M}$ 图,如图 10-26(c)和图 10-26(d)所示。为了图乘方便,这里 M 图用叠加法绘制,且将正负弯矩分开绘制。

由图乘法可得图 10-26(b)所示静定基本结构在 B 点处的挠度为

$$w_B=\frac{2}{EI}\left[\left(\frac{1}{2}\times\frac{l}{2}\times\frac{F_{RB}l}{4}\right)\times\frac{l}{4}\times\frac{2}{3}-\left(\frac{2}{3}\times\frac{l}{2}\times\frac{ql^2}{8}\right)\times\left(\frac{5}{8}\times\frac{l}{4}\right)\right]=\frac{2}{EI}\left(\frac{F_{RB}l^3}{96}-\frac{5ql^4}{768}\right)$$

由 $w_B=0$ 可得：$F_{RB}=\frac{5}{8}ql$（向上）。

例题 10-17　如图 10-27 所示结构，AB 梁中点 E 受集中力 F 作用，已知 F，l，EI，求 AB 梁中点 E 的垂直位移（仅考虑弯矩的影响）。

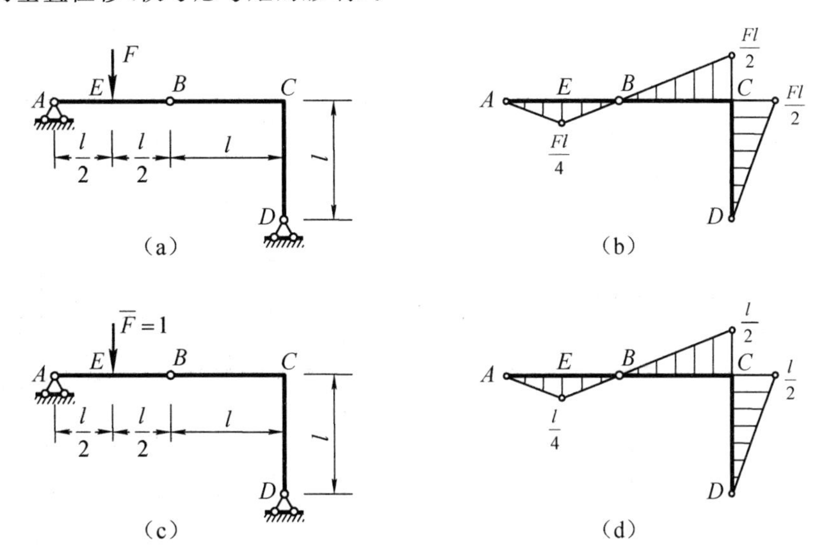

图 10-27　例题 10-17 图

解:用图乘法求解。

(1)为求 E 点垂直位移，在 E 处加一单位力 $\overline{F}=1$，见图 10-27(c)。

(2)分别画出荷载作用下的荷载弯矩 M 图和 $\overline{F}=1$ 作用下的单位荷载弯矩 $\overline{M}$ 图，如图 10-27(b)、图 10-27(d)所示。

(3)将 M 图与 $\overline{M}$ 图互乘，由式(10-40)得

$$\Delta_E=\frac{1}{EI}\left[2\times\frac{1}{2}\times\frac{l}{2}\times\frac{Fl}{4}\times\frac{2}{3}\times\frac{l}{4}+2\times\frac{1}{2}\times l\times\frac{Fl}{2}\times\frac{2}{3}\times\frac{l}{2}\right]=\frac{Fl^3}{EI}\left[\frac{1}{48}+\frac{1}{6}\right]=\frac{3Fl^3}{16EI}(\downarrow)$$

10.4.3　对称性的利用

实际工程中，许多结构具有对称性。利用对称性，可以减少未知力的个数，使得计算得以简化。所谓对称结构，是指结构具有对称的几何形状、对称的约束条件和对称的力学性能。如图 10-28(a)所示的刚架结构，如果其几何形状关于 CC 轴对称，A、B 处约束条件也相同，若 $E_1I_1=E_2I_2$，则称它是对称结构。如果上述条件有一个不满足，则不能称为对称结构。

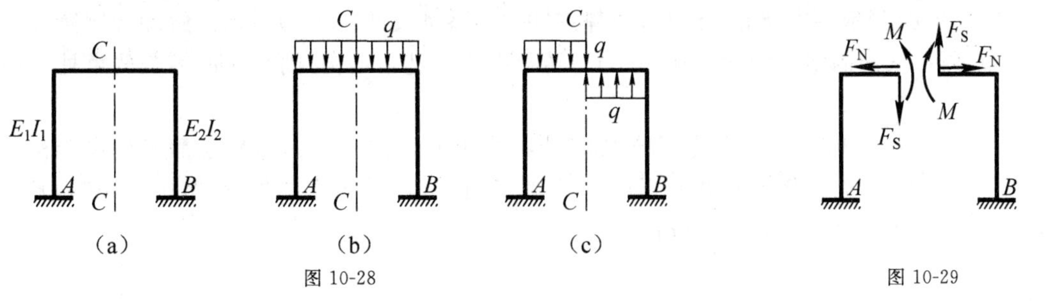

图 10-28　　图 10-29

作用在对称结构上的荷载可以多种多样，其中比较特殊的情况有对称荷载与反对称荷载。图 10-28(b)中的荷载为对称荷载；图 10-28(c)中的荷载为反对称荷载。

无论在对称结构上作用的是对称荷载还是反对称荷载，都可以利用对称性简化计算。将图 10-28(b)中刚架沿 CC 轴截开，由于结构对称，荷载对称，其变形也对称，所以内力也必然对称，于是在截开截面上内力(图 10-29)中反对称的量 F_S 必为零。这样只有轴力 F_N 和弯矩 M 两个内力。从而就把该截面上的三个未知内力简化到两个。

当结构对称、荷载反对称时，其变形为反对称，截开截面两侧的内力也必然是反对称的，则对称内力即轴力 F_N 和弯矩 M 必为零。于是，在反对称荷载作用下，原来的三个未知力被简化为一个。

当结构对称、荷载为一般荷载(既不对称也不反对称)时，可以将荷载进行转换，转化为对称荷载与反对称荷载的共同作用，然后分别计算线性结构在两种荷载独立作用下的力学量，最后进行合成即得原结构在一般荷载作用下的力学量。

例题 10-18　试作图 10-30(a)所示刚架在水平力 F 作用下的弯矩图，EI 为常数。

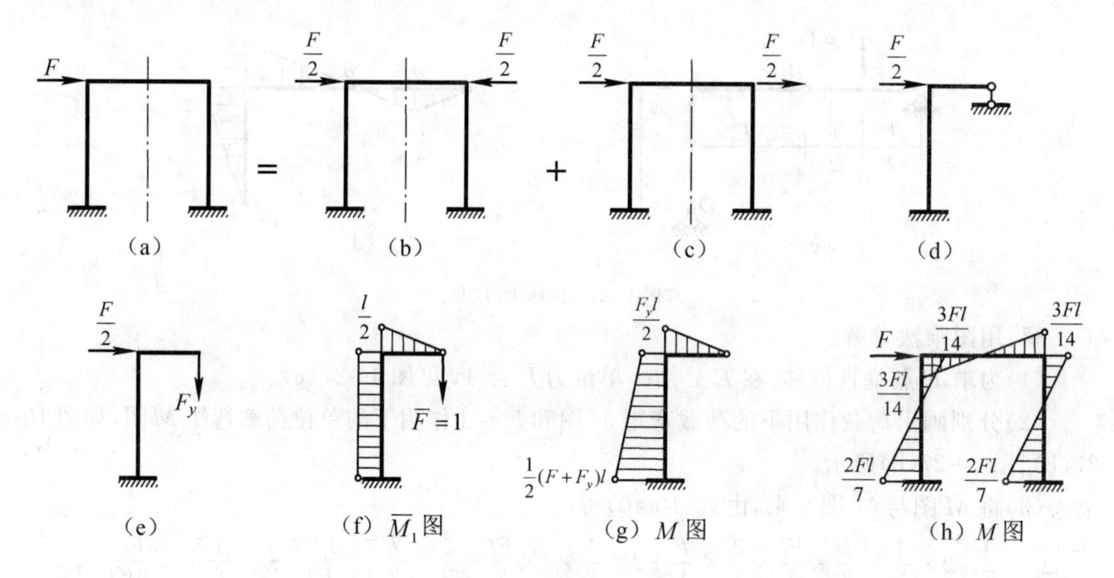

图 10-30　例题 10-18 图

解：该结构为一对称的三次超静定刚架，荷载 F 是一般荷载。将荷载 F 分为对称荷载和反对称荷载，如图 10-30(b)、图 10-30(c)所示。

在对称荷载作用下(图 10-30(b))，如果忽略横梁轴向变形，则横梁只受轴向压力 $F/2$，其他杆件的内力为零。因此，为了作图 10-30(a)所示刚架的弯矩图，只需求图 10-30(c)中刚架的弯矩图。图 10-30(c)为对称结构反对称荷载，在对称面上轴力和弯矩为零，剪力不为零，故结构简化为图 10-30(d)形式。其中一根竖向链杆约束的约束力，代表对称面上的剪力。为了计算图 10-30(d)所示一次超静定结构，取静定基本体系如图 10-30(e)所示。解除竖向链杆的多余约束，将一次超静定结构(图 10-30(d))，转化为静定基本结构，则相应的多余约束处竖向位移为零。

为求解图 10-30(e)所示静定基本结构在多余约束处竖向位移，分别绘静定基本结构分别在 $\overline{F}=1$ 作用下的 $\overline{M}$ 图(图 10-30(f))，以及在 F 和 F_y 共同作用下的 M 图(图 10-30(g))。利用图乘法，可得多余约束处竖向位移为

$$\Delta_y=\frac{1}{EI}\left[\frac{1}{2}\times\frac{l}{2}\times\frac{F_yl}{2}\times\frac{l}{2}\times\frac{2}{3}+\frac{1}{2}\times\left(\frac{1}{2}Fl+F_yl\right)\times l\times\frac{l}{2}\right]=\frac{l^3}{EI}\left(\frac{7F_y}{24}+\frac{F}{8}\right)$$

令 $\Delta_y=0$，可得 $F_y=-\frac{3F}{7}$。

由约束力 F_y的值，可以作出图 10-30(d)所示半边结构的弯矩图，再根据对称性绘制整个结构的弯矩图，如图 10-30(h)。

10.5 冲击荷载下的动应力

当冲击物以一定速度作用在构件上时，在物体与构件之间产生很大的相互作用力。冲击物与构件之间的相互作用力，称为冲击力，或冲击荷载。当弹性体受到冲击荷载作用时，在冲击荷载作用处的局部范围内，常常会产生较大的塑性变形。在短暂的冲击过程中，能量耗散难以定量分析。所以，冲击问题是一个复杂的问题。在此只介绍自由落体冲击问题的简化计算和工程分析方法。

设一重量为 F 的物体从高 h 处自由下落，冲击线弹性体 AB，如图 10-31 所示，当冲击物的速度变为零时，线弹性体所受的冲击荷载 F_d及相应位移 Δ_d均达到最大值。假设：(1)冲击物为刚体，在冲击过程中不发生变形；(2)冲击后两者连成一体，忽略被冲击线弹性体的质量以及冲击过程中的能量损失；(3)冲击时应力立即传播到弹性体的各个部分。则由能量守恒定律可知，在冲击过程中，冲击物的动能和势能仅与被冲击线弹性体的应变能发生能量转换。

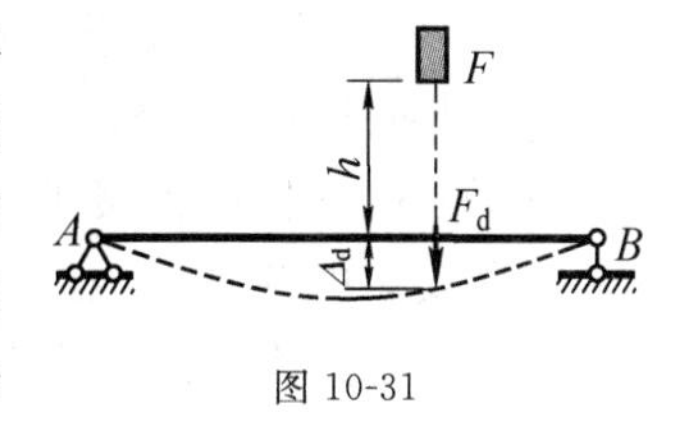

图 10-31

当自由落体的冲击物速度变为零或冲击荷载最大时，冲击物减少的势能为 $E_P=F(h+\Delta_d)$，而被冲击的线弹性体获得的应变能则为 $V_\varepsilon=\frac{F_d\Delta_d}{2}$。由能量守恒定律知，冲击物减小的势能 E_P全部转化为被冲击线弹性体的应变能 V_ε，故有 $E_P=V_\varepsilon$，即

$$F(h+\Delta_d)=\frac{F_d\Delta_d}{2}$$

简化可得：

$$F_d\Delta_d-2F\Delta_d-2Fh=0 \tag{a}$$

由于作用在线弹性体上的荷载与其相应位移成正比，即

$$\frac{F_d}{\Delta_d}=\frac{F}{\Delta_{st}}=k \tag{b}$$

式中，Δ_{st} 表示将 F 视为静荷载作用在被冲击线弹性体上时沿 F 方向的静位移，k 称为刚度系数。将式(b)代入式(a)，得

$$\Delta_d^2-2\Delta_{st}\Delta_d-2\Delta_{st}h=0 \tag{c}$$

于是，由式(c)解得最大冲击位移为

$$\Delta_d=\Delta_{st}\left(1+\sqrt{1+\frac{2h}{\Delta_{st}}}\right) \tag{10-41}$$

引入冲击动荷因数

$$k_d = 1+\sqrt{1+\frac{2h}{\Delta_{st}}} \tag{10-42}$$

则最大冲击荷载可表示为

$$F_d = k_d F = F\left(1+\sqrt{1+\frac{2h}{\Delta_{st}}}\right) \tag{10-43}$$

最大冲击荷载确定后，弹性体内的应力也随之确定。显然，由式(10-43)也可以推广到应力，即

$$\sigma_d = k_d \sigma_{st} \tag{10-44}$$

式(10-44)中，σ_{st} 表示 F 为静载时的弹性体内的应力。

作为自由落体冲击的一个特殊情况，如果 $h=0$，即将重物突然施加于弹性体，则由式(10-41)与式(10-43)可得

$$\Delta_d = 2\Delta_{st}, \quad F_d = 2F$$

可见，当荷载突然作用时，弹性体的变形与应力均比同值静荷载所引起的变形与应力增加1倍。

由式(10-43)可以看出，冲击荷载的最大值 F_d，不仅与冲击物的重量 F 有关，而且与静位移 Δ_{st} 或被冲击弹性体的刚度有关。所以，在设计承受冲击荷载的构件时，应注意构件的刚度问题，例如，配置缓冲弹簧等，通过增加构件的柔度，从而降低最大冲击应力。例如汽车大梁和轮之间所安装的弹簧、机器零件上所加的橡皮垫圈、船舶停靠码头的相关部位用废旧轮胎作为缓冲器等都是这个道理。在分析受冲击构件的强度问题时，要求受冲击构件中最大的动应力，$\sigma_{d,\max}$ 满足

$$\sigma_{d,\max} \leqslant [\sigma] \tag{10-45}$$

例题 10-19 图 10-32(a)、图 10-32(b)分别表示不同支承方式的钢梁，有重量均为 F 的物体自高度 h 自由下落至梁 AB 的跨中 C 点，已知弹簧(图 10-32(b))的刚度系数 $k=100$ N/mm，$l=3$ m，$h=50$ mm，$F=1$ kN，钢梁的惯性矩 $I=3.40\times10^7$ mm^4，弯曲截面系数 $W=3.09\times10^5$ mm^3，弹性模量 $E=200$ GPa，试求两种情况下钢梁的冲击应力。

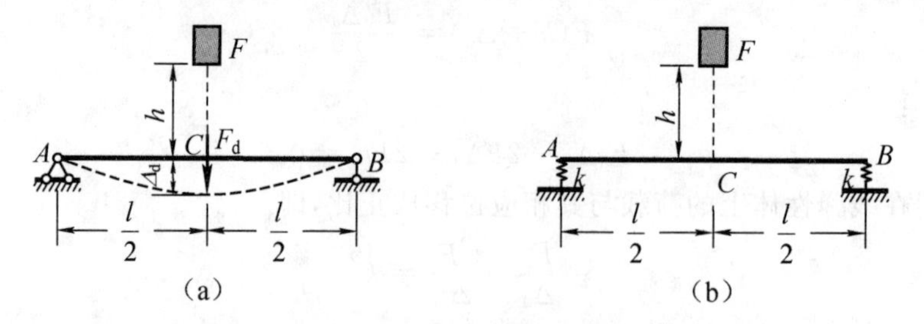

图 10-32 例题 10-19 图

解：对于图 10-32(a)，梁受静荷载 F 作用下的静变形(梁截面 C 的静挠度)和动荷因数分别为

$$\Delta_{st,1} = \frac{Fl^3}{48EI} = \frac{1\,000\text{ N}\times(3\text{ m})^3}{48\times200\times10^9\text{ Pa}\times3.40\times10^{-5}\text{ m}^4} = 8.27\times10^{-5}\text{ m} = 8.27\times10^{-2}\text{ mm}$$

$$k_{d,1} = 1+\sqrt{1+\frac{2h}{\Delta_{st,1}}} = 1+\sqrt{1+\frac{2\times50\text{ mm}}{8.27\times10^{-2}\text{ mm}}} = 35.79$$

静载下钢梁的最大弯曲正应力为

$$\sigma_{st,1}=\frac{M}{W}=\frac{Fl}{4W}=\frac{1\ 000\ \text{N}\times 3\ \text{m}}{4\times 3.09\times 10^{-4}\ \text{m}^3}=2.43\times 10^6\ \text{Pa}=2.43\ \text{MPa}$$

由式(10-44)求得梁的最大冲击应力为

$$\sigma_{d,1}=k_{d,1}\sigma_{st,1}=35.79\times 2.43\ \text{MPa}=86.97\ \text{MPa}$$

对于图10-32(b),梁截面C的静挠度应包括弹簧引起的静变形,其值和动荷因数分别为

$$\Delta_{st,2}=\frac{Fl^3}{48EI}+\frac{F}{2k}=8.27\times 10^{-5}\ \text{m}+\frac{1\ 000\ \text{N}}{2\times 100\times 10^3\ \text{N/m}}=8.27\times 10^{-5}\ \text{m}+5\times 10^{-3}\ \text{m}$$
$$=5.083\times 10^{-3}\ \text{m}$$

$$k_{d,2}=1+\sqrt{1+\frac{2h}{\Delta_{st,2}}}=1+\sqrt{1+\frac{2\times 50\ \text{mm}}{5.083\ \text{mm}}}=5.55$$

静载下图10-32(b)所示梁的最大弯曲应力与图10-32(a)的相同,所以最大冲击应力为

$$\sigma_{d,2}=k_{d,2}\sigma_{st,1}=5.55\times 2.43\ \text{MPa}=13.49\ \text{MPa}$$

由该例可以看出,采用弹簧支座,确实使系统的刚度减小,静位移增大,从而动荷因数减小,是一种减小冲击应力的有效方法。另外,在实际冲击过程中,由于不可避免地会有声、热等其他能量损耗,因此,被冲击构件内所增加的应变能将小于冲击物所减少的能量。这表明由能量守恒定律计算出的冲击动荷因数是偏大的,或者说这种近似计算方法是偏于安全的。

小 结

基于外力功、应变能和应变余能的概念、原理和定理解决问题的方法,统称能量法。能量法是一个普遍的方法,在材料力学及其他固体力学中有广泛应用。

1. 应变能的计算:对处于静平衡状态的弹性体,每一个广义外力在其相应的广义位移上所做的功的总和与弹性体内储存的应变能在数值上相等。应变能是一个状态量,其大小只取决于荷载和变形的终值,与加载的途径、先后次序等无关。单位体积的应变能称为应变能密度,所以杆件的应变能也可以通过应变能密度的积分表示。按照类似的方法,也可以定义外力余功、应变余能及应变余能密度。

2. 卡氏定理:

卡氏第一定理:弹性杆件的应变能对某一荷载相应位移的变化率,等于该荷载的大小。

卡氏第二定理:线弹性体的应变能对于作用在该弹性体上的某一荷载的偏导数,等于与该荷载相应的位移。

卡氏第一定理适用于线性和非线性弹性结构,而卡氏第二定理只适用于线弹性结构。卡氏第二定理是余能定理的特例。

3. 互等定理:功的互等定理和位移互等定理仅适用于线弹性结构。

4. 单位荷载法(莫尔积分法):单位力在相应位移上的虚功与单位荷载引起的内力在相应虚位移(由原有外力引起的实位移)上的虚功之和相等,得到莫尔定理在线弹性范围内,小变形条件下的计算公式,即莫尔积分公式。用单位荷载法时,所施加的单位荷载必须与所求位移相对应,结果为正表明实际位移方向与所设单位荷载方向相同,负值则相反。

5. 图乘法:图形互乘法是一种利用几何图形计算莫尔积分的方法,只适用于线弹性直杆结构,如直梁、桁架、刚架等。通常用叠加法将内力图分解为几种简单荷载作用下的内力图,以得到简单图形的面积和形心。

6. 对称性:结构对称、荷载也对称时,其变形、约束力、轴力及弯矩也为对称,剪力为反对称;结构对称、荷载反对称时,其变形、约束力、轴力及弯矩也是反对称的,剪力是对称的。对于对称结构,可以将一般荷载转化为对称荷载与反对称荷载的共同作用,再根据叠加法进行讨论。

7. 冲击荷载作用下的动应力:应用应变能的概念,在一些理想假设的前提下可以讨论冲击荷载作用下构件的动应力。通过引入动荷因数,可以将动荷载的问题转化为计算静荷载的问题。不同情况下的动荷因数不同。

习 题

10-1 两根圆截面直杆的材料相同,作用的荷载相同,尺寸如图 10-33 所示。其中一根为等截面杆,另一根为阶梯形杆。试比较两杆的应变能。

10-2 如图 10-34 所示桁架各杆的材料相同,横截面面积相等。试求在力 F 作用下,桁架的应变能。

10-3 直径 $d_2 = 1.5d_1$ 的阶梯形轴在其两端承受扭转外力偶矩 M_e,如图 10-35 所示。轴材料为线弹性,切变模量为 G。试求圆轴内的应变能。

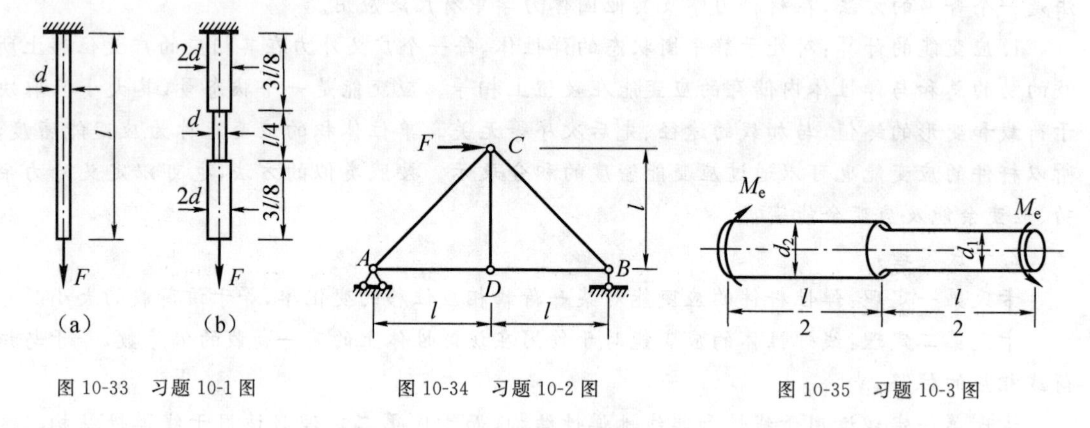

图 10-33 习题 10-1 图　　图 10-34 习题 10-2 图　　图 10-35 习题 10-3 图

10-4 如图 10-36 所示各结构材料均为线弹性,其弯曲刚度为 EI,拉压刚度为 EA,不计剪力的影响,试计算结构内的应变能。

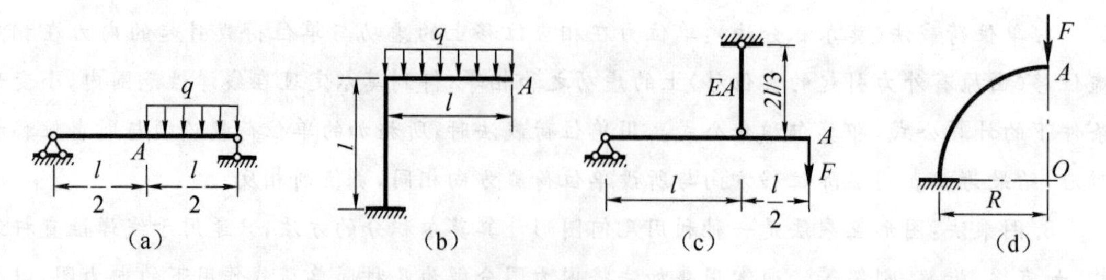

图 10-36 习题 10-4 图

10-5 图10-37所示三脚架承受荷载F,AB、AC两杆的横截面面积均为A。若已知A点的水平位移Δ_{Ax}(向左)和铅垂位移Δ_{Ay}(向下),试按下列情况分别计算三脚架的应变能V_ε,将V_ε表达为Δ_{Ax}、Δ_{Ay}的函数。试求:(1)若三脚架由线弹性材料制成,EA为已知;(2)若三脚架由非线性弹性材料制成,其应力-应变关系为$\sigma = B\sqrt{\varepsilon}$(图10-37(b)),$B$为常数,且拉伸和压缩相同。

10-6 某结构受到力F的作用,它所产生的相应位移Δ由方程$\Delta = kF^2$给出,如图10-38所示,此处k为材料常数,试确定该结构的应变能和余能。

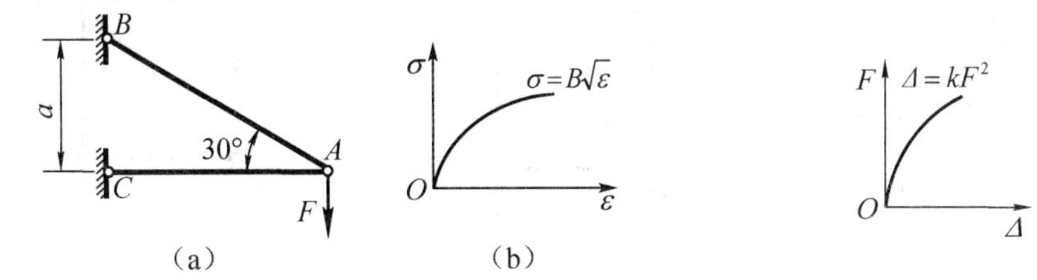

图10-37 习题10-5图　　图10-38 习题10-6图

10-7 试用卡氏第二定理,求题图10-39所示截面A的铅垂位移。

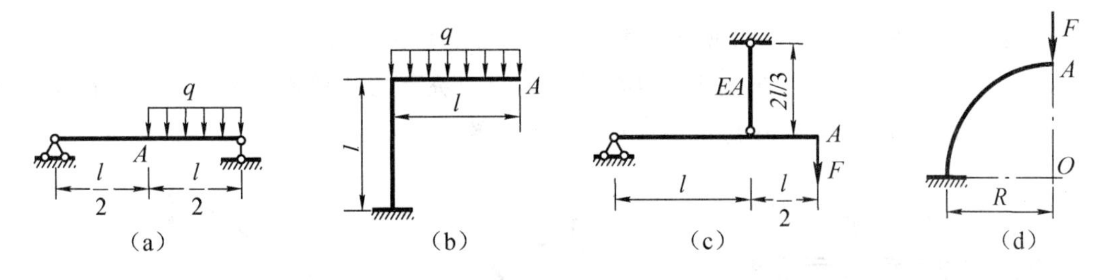

图10-39 习题10-7图

10-8 试用互等定理求图10-40所示各梁的截面B的挠度和转角。EI为常量。

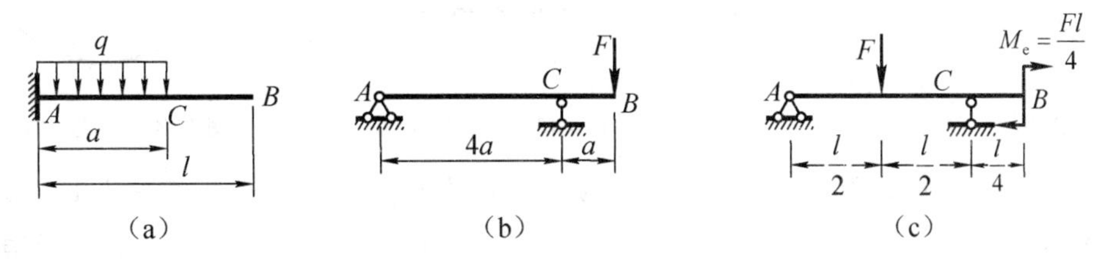

图10-40 习题10-8图

10-9 弯曲刚度均为EI的各刚架及其承载情况分别如图10-41所示。材料为线弹性,不计轴力和剪力的影响,试用卡氏第二定理求各刚架截面A的位移和截面B的转角。

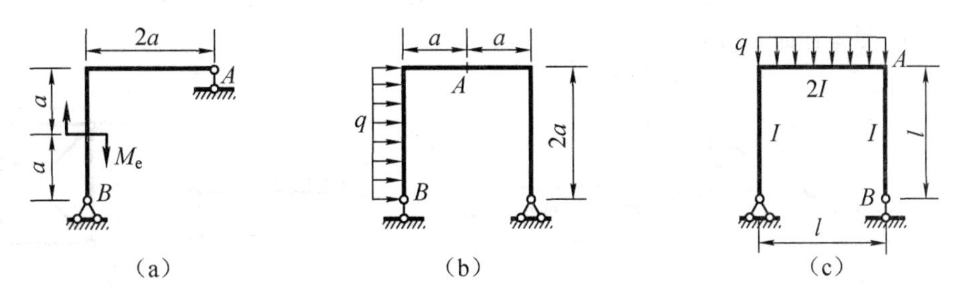

图10-41 习题10-9图

10-10　已知图 10-42 所示刚架 AC 和 CD 两部分的 $I=3\times10^7\ \mathrm{mm}^4$，$E=200\mathrm{GPa}$，$F=12\ \mathrm{kN}$，$l=1\ \mathrm{m}$。试求截面 D 的水平位移和转角。

10-11　图 10-43 所示桁架各杆的材料相同，横截面面积相等。试求结点 C 处的水平位移和铅垂位移。

10-12　图 10-44 所示桁架各杆的材料相同，横截面面积相等。在荷载 F 作用下，试求结点 B 与 D 间的相对位移。

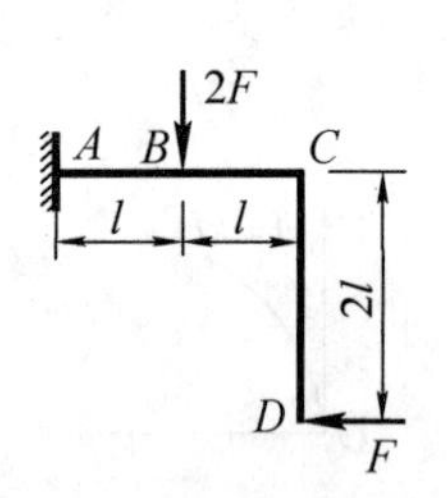

图 10-42　习题 10-10 图

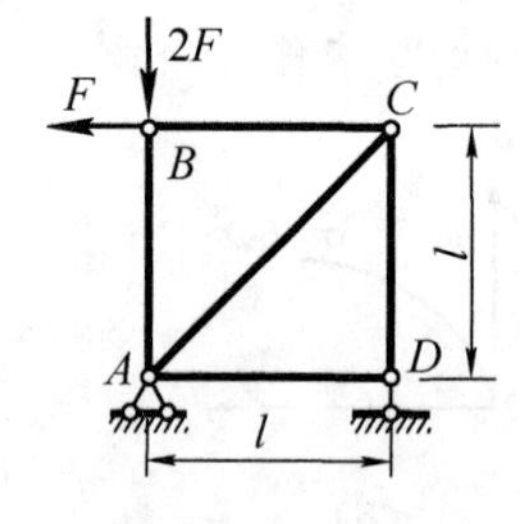

图 10-43　习题 10-11 图

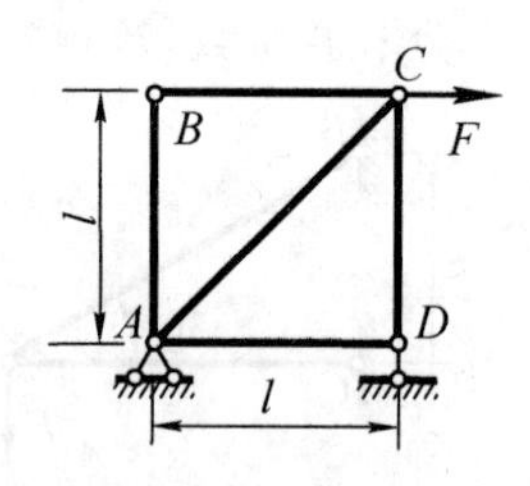

图 10-44　习题 10-12 图

10-13　由杆系和梁组成的组合结构如图 10-45 所示。设 F,a,E,A,I 均为已知。试求结点 C 的铅垂位移。

10-14　平面刚架如图 10-46 所示。若刚架各部分材料和截面相同，试求截面 A 的转角。

10-15　图 10-47 所示等截面曲杆 BC 的轴线为四分之三的圆周。若 AB 杆可视为刚性杆，试求在力 F 作用下，截面 B 的水平位移及铅垂位移。

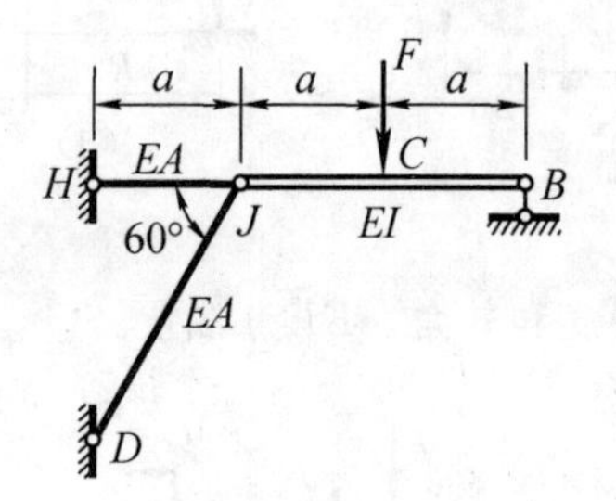

图 10-45　习题 10-13 图

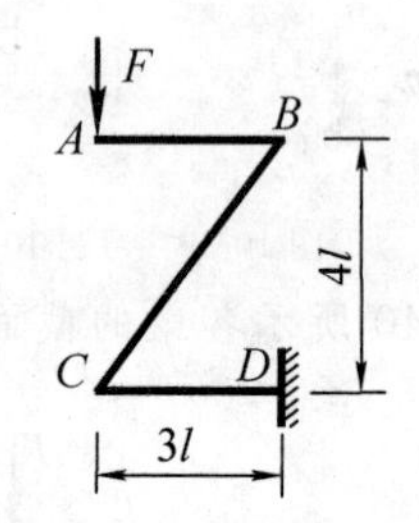

图 10-46　习题 10-14 图

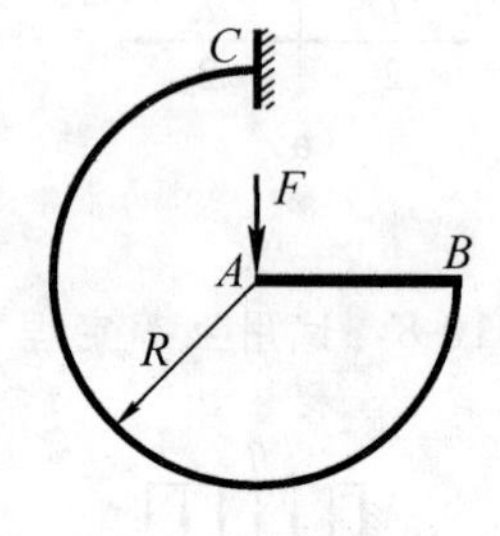

图 10-47　习题 10-15 图

10-16　在图 10-48 所示水平直角刚架的端点 C 上作用铅垂向上的集中力 F。设水平直角刚架的两段材料相同且均为同一直径的圆截面杆，$\angle ABC$ 为直角。试求点 C 的铅垂位移。

10-17　弯曲刚度为 EI 的超静定梁及其承载情况分别如图 10-49(a)、图 10-49(b)所示。梁材料为线弹性，不计剪力的影响，试用卡氏第二定理求各梁的支反力。

10-18　材料为线弹性，拉压刚度为 EA 的超静定桁架及其承载情况如图 10-50 所示，试用卡氏第二定理求各杆的轴力。

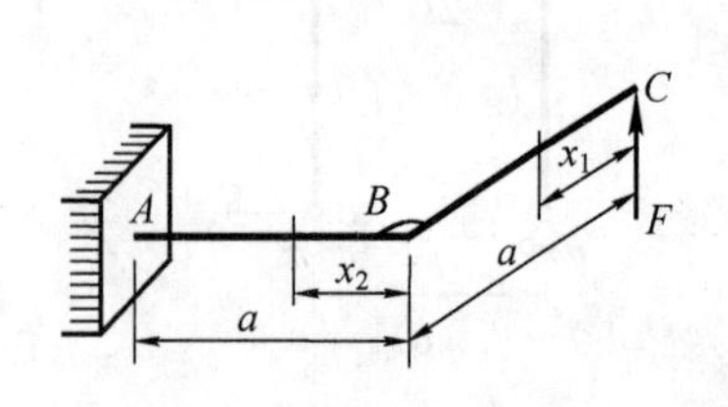

图 10-48　习题 10-16 图

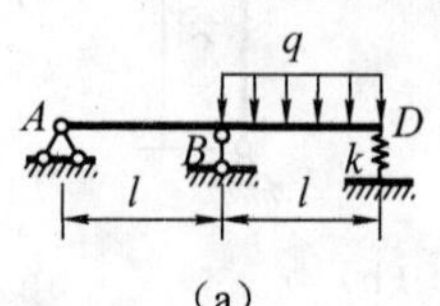

图 10-49　习题 10-17 图

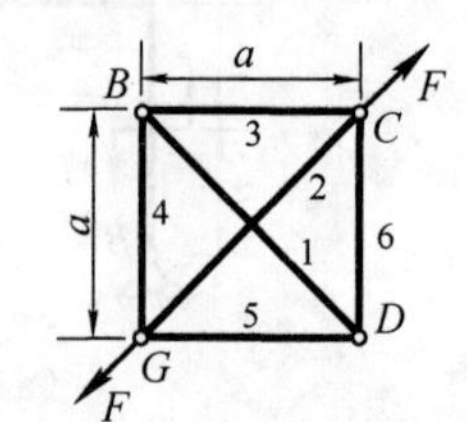

图 10-50　习题 10-18 图

10-19　材料为线弹性，弯曲刚度为 EI 的各超静定刚架分别如图 10-51 所示，不计轴力和剪力的影响，试用卡氏第二定理求刚架的支反力。

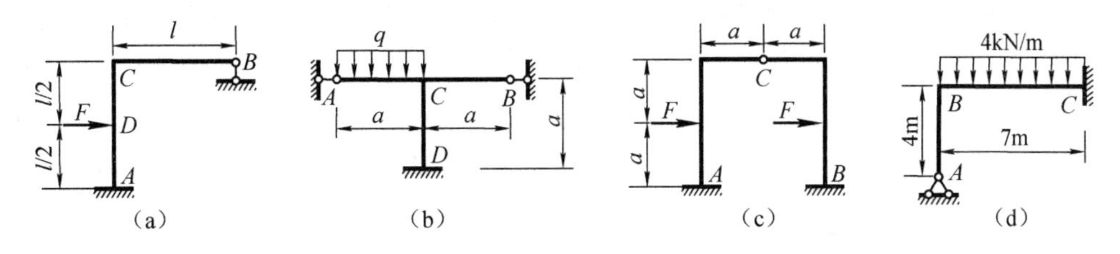

图 10-51　习题 10-19 图

10-20　由四根材料相同、长度均为 l、横截面面积均为 A 的等直杆组成的平面桁架，在结点 G 处受水平力 F_1 和铅垂力 F_2 作用，如图 10-52 所示。已知各杆材料均为线弹性，其弹性模量为 E。试按卡氏第二定理求结点 G 的水平位移 Δ_{Gx} 及铅垂位移 Δ_{Gy} 。

10-21　由同一材料制成的三根杆铰接成超静定桁架，并在结点 A 承受铅垂荷载 F，如图 10-53 所示。已知三杆的横截面面积均为 A，材料为非线性弹性，应力-应变关系为 $\sigma = k\varepsilon^{1/n}$，且 $n>1$。若 1、2 两杆的长度均为 l，试用卡氏第一定理计算各杆的轴力。

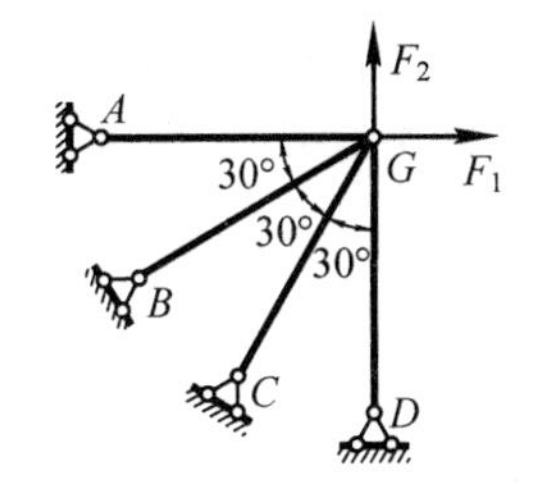

图 10-52　习题 10-20 图

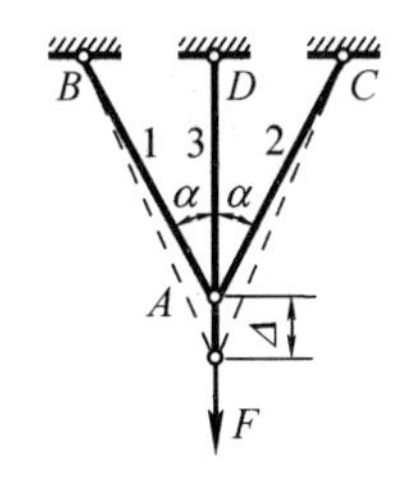

10-53　习题 10-21 图

10-22　材料为线弹性，弯曲刚度为 EI 的各梁及其承载情况分别如图 10-54 所示，不计剪力的影响，试用单位荷载法求各梁截面 A 的挠度和转角，以及截面 C 的挠度。

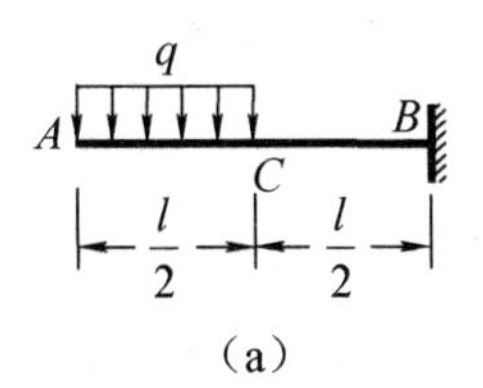

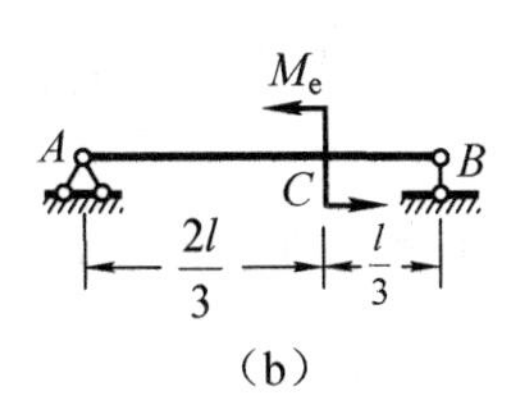

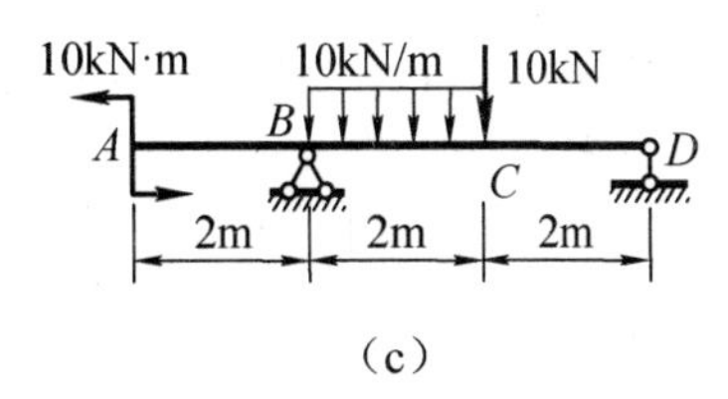

图 10-54　习题 10-22 图

10-23　材料为线弹性，拉压刚度为 EA 的杆系及其承载情况分别如图 10-55(a)、图 10-55(b)所示，试用单位荷载法求下列指定位移：图 10-55(a)：结点 A、B 和结点 C、D 间的相对位移；图 10-55(b)：结点 B 的水平位移和结点 C 的铅垂位移。

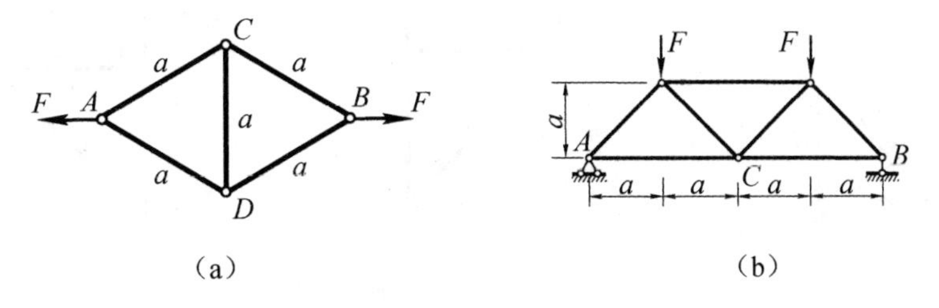

图 10-55　习题 10-23 图

10-24　如图 10-56 所示简支梁，右半段承受均布荷载 q 作用。设各截面的弯曲刚度均为 EI，试用单位荷载法计算横截面 A 的转角。

10-25　变截面梁及其承载情况分别如图 10-57(a)、(b)所示，梁材料为线弹性，弹性模量为 E，不计剪力的影响，试用单位荷载法求截面 B 处的挠度和截面 A 处的转角。

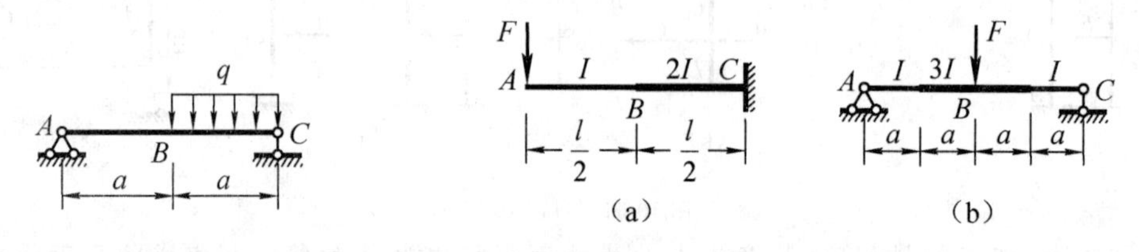

图 10-56　习题 10-24 图　　　　图 10-57　习题 10-25 图

10-26　如图 10-58 所示刚架，承受均布荷载 q 作用。设各截面的弯曲刚度均为 EI，试用单位荷载法计算横截面 A 的水平位移。

10-27　如图 10-59 所示圆弧形小曲率曲杆，轴线的半径为 R，在横截面 A 与 B 处，作用一对大小相等、方向相反的集中力 F。设各截面的弯曲刚度均为 EI，试用单位荷载法计算横截面 A 与 B 间的相对转角。

10-28　如图 10-60 所示等截面水平直角刚架，承受铅垂荷载 F 作用。设各截面的弯曲刚度与扭转刚度分别为 EI 与 GI_p，试用单位荷载法计算横截面 A 的铅垂位移 Δ_A。

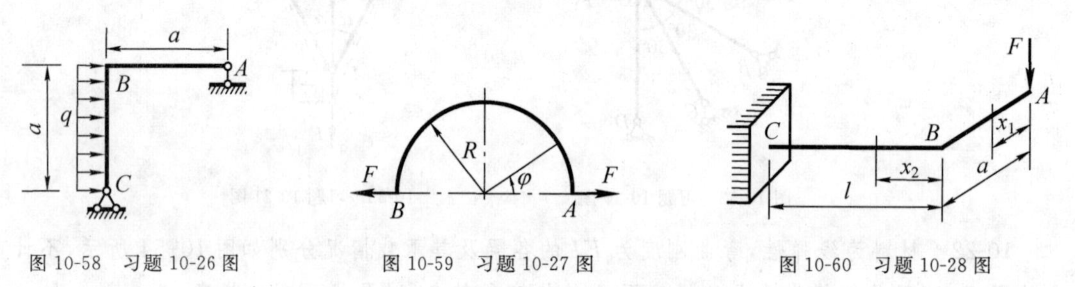

图 10-58　习题 10-26 图　　图 10-59　习题 10-27 图　　图 10-60　习题 10-28 图

10-29　如图 10-61 所示圆弧形小曲率圆截面杆，在杆端 A 承受铅垂荷载 F 作用。设曲杆的轴线半径为 R，材料的弹性模量与切变模量分别为 E 与 G，试用单位荷载法计算截面 A 的铅垂位移。

10-30　如图 10-62 所示桁架，在结点 B 承受铅垂荷载 F 作用。设各杆的拉压刚度均为 EA，试用单位荷载法计算杆 BC 的转角。

10-31　如图 10-63 所示桁架，承受铅垂荷载 F 作用。设杆 1 的应力应变关系为 $\sigma = c\sqrt{\varepsilon}$，式中的 c 为材料常数，杆 2 服从胡克定律，弹性模量为 E，两杆的横截面面积均为 A，试用单位荷载法计算结点 B 的铅垂位移。

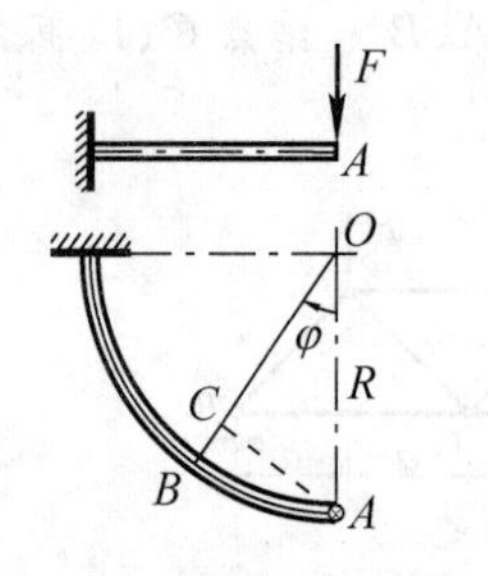

图 10-61　习题 10-29 图

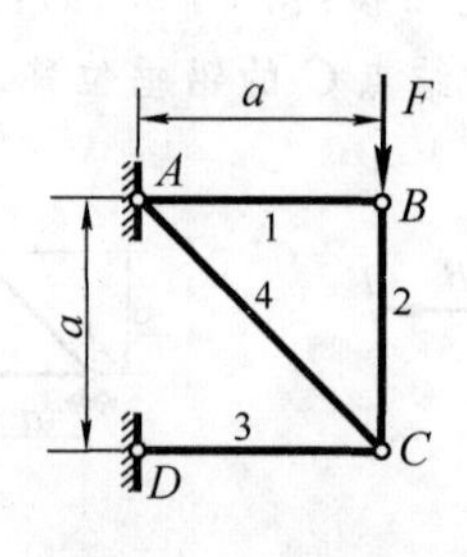

图 10-62　习题 10-30 图

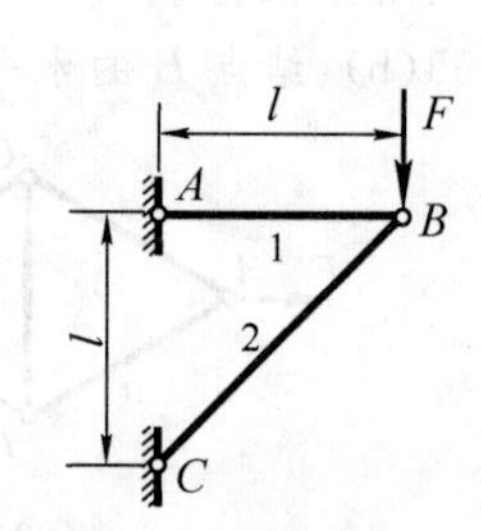

图 10-63　习题 10-31 图

10-32 如图 10-64 所示矩形截面悬臂梁，端点承受铅垂荷载 F 作用。材料在单向拉伸时的应力应变关系为 $\sigma = c\sqrt{\varepsilon}$，式中的 c 为材料常数；压缩时亦同。截面的宽与高分别为 b 与 h，试用单位荷载法计算自由端的挠度。设平面假设与单向受力假设仍成立。

10-33 如图 10-65 所示桁架，在结点 C 承受铅垂荷载 F 作用。各杆的横截面面积均为 A，各杆的材料相同，应力-应变关系均呈非线性，拉伸时为 $\sigma = c\sqrt{\varepsilon}$，压缩时亦同，其中 c 为已知常数。试用单位荷载法计算结点 C 的水平位移 Δ_{Cx} 与铅垂位移 Δ_{Cy}。

10-34 重量为 F=5 kN 的重物，自高度 h=15 mm 处自由下落，冲击到外伸梁的 C 点处，如图 10-66 所示。已知梁为 20b 工字钢，其弹性模量 E=210 GPa，不计梁的自重，试求梁横截面上的最大冲击正应力。

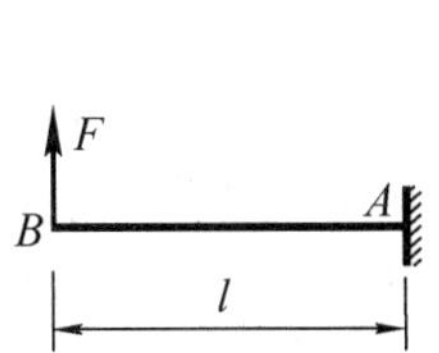

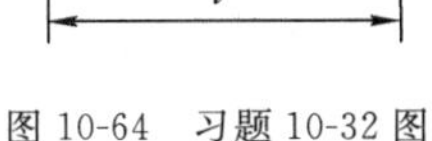

图 10-64 习题 10-32 图

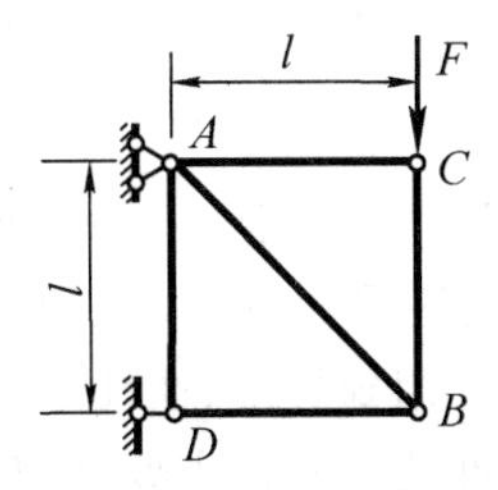

图 10-65 习题 10-33 图

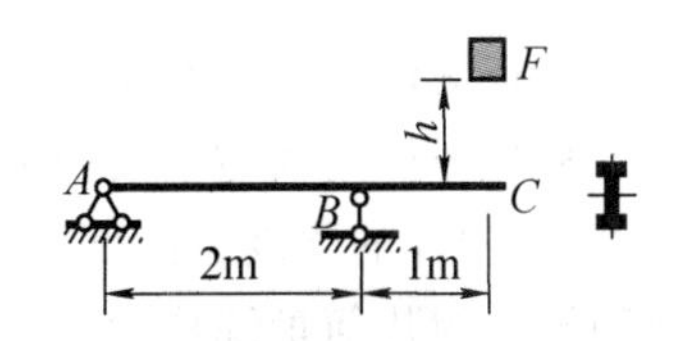

图 10-66 习题 10-34 图

10-35 如图 10-67 所示为等截面刚架，重物（重量为 F）自高度 h 处自由下落冲击到刚架的 A 点处。已知 F=300 N，h=50 mm，E=200 GPa，不计刚架的质量以及轴力、剪力对刚架的影响，试求截面 A 的最大铅垂位移和刚架内的最大冲击弯曲正应力。

10-36 重量为 F=2 kN 的冰块，以 v = 1 m/s 的速度沿水平方向冲击在木桩的上端，如图 10-68 所示。木桩长 l=3 m，直径 d=200 mm，弹性模量 E=11 GPa，不计木桩的自重，试求木桩的最大冲击正应力。

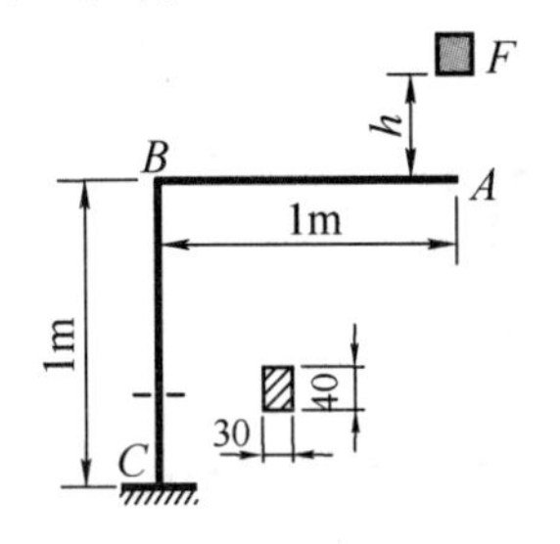

图 10-67 习题 10-35 图

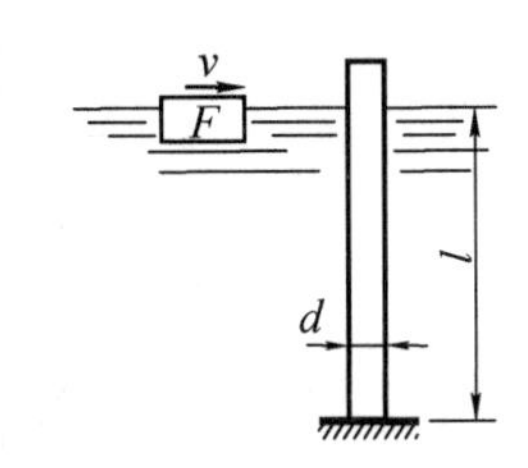

图 10-68 习题 10-36 图

10-37 重量为 F=100 N 的重物，由高度 h=100 mm 处自由下落在半圆形薄壁钢圆环的顶部，如图 10-69 所示。钢环的平均半径 R=200 mm，横截面为矩形，壁厚 t=20 mm，宽度 b=50 mm，材料的弹性模量 E=200 GPa。求冲击时钢环内的最大正应力。设材料在线弹性范围内工作，在计算中不计轴力和剪力的影响。

10-38 在电梯内安装一悬臂梁 AB，如图 10-70 所示。梁的自由端作用一重量为 F 的重物，梁长为 l，弯曲刚度为 EI，弯曲截面系数为 W。电梯以速度 v 匀速上升，然后突然停止，求梁内的最大动应力。不计梁的自重。

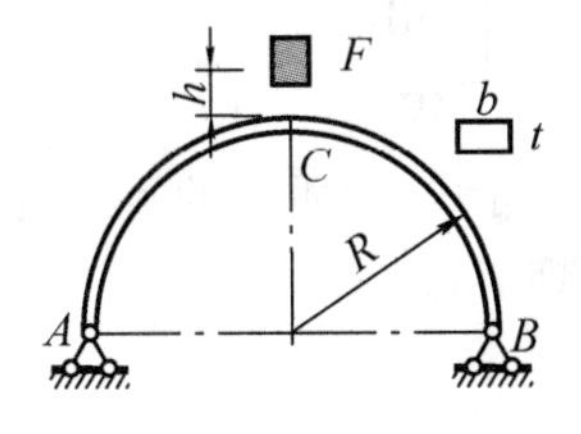

图 10-69 习题 10-37 图

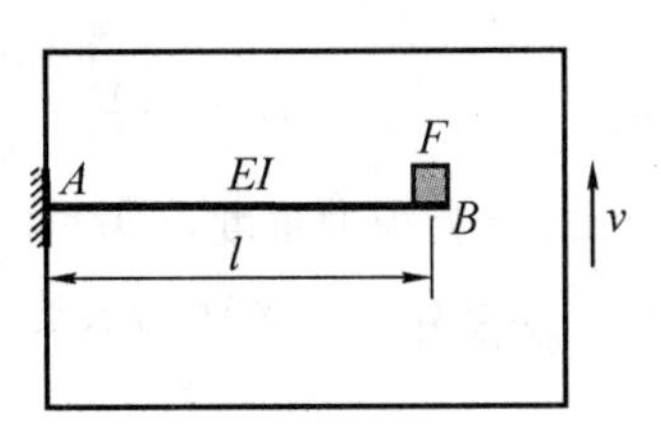

图 10-70 习题 10-38 图

附　录

附录Ⅰ　截面的几何性质

在进行构件的强度和变形计算时，经常需要用到杆件截面的几何量，如拉(压)杆的应力和变形计算与杆件的横截面面积 A 有关，受扭圆轴的应力和变形计算与横截面的极惯性矩 I_p 有关，在受弯构件的强度和刚度计算中，需要用到静矩、惯性矩、惯性积等几何量。这些反映截面形状和尺寸的几何量统称为截面的几何性质。本章主要介绍常用截面的几何性质的定义和计算方法。

Ⅰ.1　静矩与形心

设任意形状的截面面积为 A(如图Ⅰ-1 所示)，xOy 为平面内的任意直角坐标系。在平面图形内任意一点(x,y)处取微面积 dA，则 ydA 及 xdA 分别定义为该微面积 dA 对 x 轴及 y 轴的静矩或面积一次矩，而以下两积分

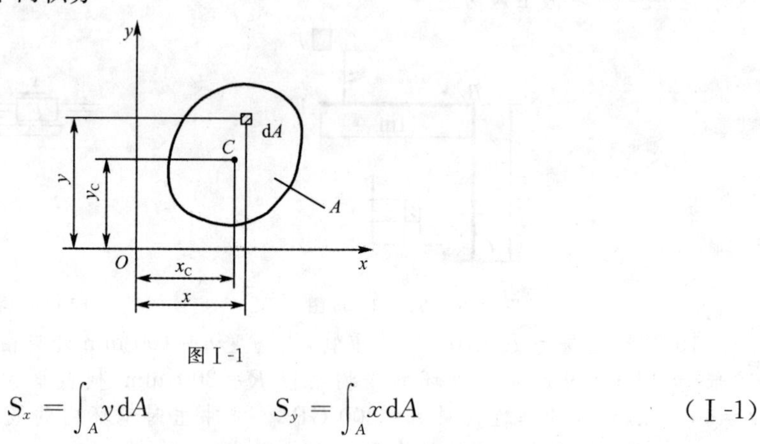

图Ⅰ-1

$$S_x = \int_A y\,dA \qquad S_y = \int_A x\,dA \tag{Ⅰ-1}$$

分别定义为该平面图形对 x 轴和 y 轴的**静矩**或面积一次矩。由式(Ⅰ-1)可知，静矩是个代数量，可能为正值、负值或者为零，常用单位为 m^3 或 mm^3。

在静力学中已知板重心的计算公式为

$$x_C = \frac{\int_A x\,dw}{W} \qquad y_C = \frac{\int_A y\,dw}{W}$$

式中，$dw = \gamma t\,dA$，γ 为板的重度，t 为板的厚度。由上式可知，均质板的重心与该薄板平面图形的形心重合，将 dw 和 $W=\gamma At$ 的表达式带入上式整理可得

$$\left.\begin{aligned} x_C &= \frac{\int_A x\,\mathrm{d}A}{A} \\ y_C &= \frac{\int_A y\,\mathrm{d}A}{A} \end{aligned}\right\} \tag{Ⅰ-2}$$

式(Ⅰ-2)中,(x_C , y_C)为板的形心坐标计算公式。

根据静矩的定义,式(Ⅰ-1)、式(Ⅰ-2)可以表示为

$$\left.\begin{aligned} x_C &= \frac{S_y}{A} \\ y_C &= \frac{S_x}{A} \end{aligned}\right\} \tag{Ⅰ-3a}$$

或

$$\left.\begin{aligned} S_y &= x_C A \\ S_x &= y_C A \end{aligned}\right\} \tag{Ⅰ-3b}$$

由上式可知,若已知平面图形的面积 A 和其形心的位置(x_C, y_C),可求得平面图形对 x、y 轴的静矩,即平面图形对 x、y 轴的静矩可以表示为图形面积 A 与该图形形心坐标 y_C 、x_C 的乘积。

由式(Ⅰ-3b)可知,若平面图形对某一轴的静矩等于零,则该轴必通过平面图形的形心。反之,平面图形对其形心轴的静矩恒等于零。平面图形具有对称轴时,形心一定位于该对称轴上,因此,平面图形对其对称轴的静矩必然等于零。

例题Ⅰ-1 计算图Ⅰ-2 所示等腰三角形对与底边重合的 x 轴的静矩。

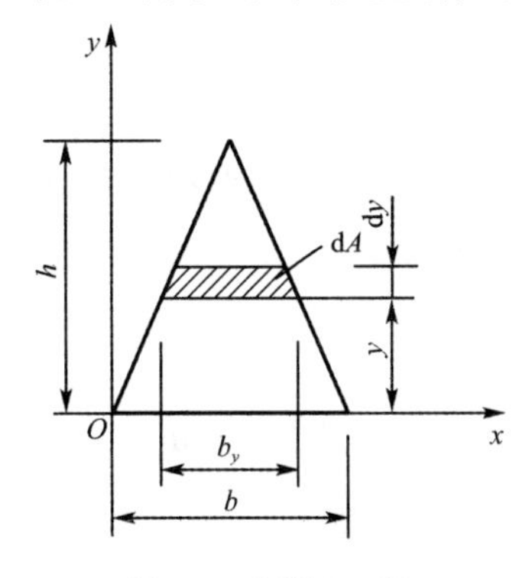

图Ⅰ-2 例题Ⅰ-1 图

解:在 y 坐标处取与 x 轴平行的长条微面积 $\mathrm{d}A$,$\mathrm{d}A = b_y\mathrm{d}y$,由三角形相似关系得 $b_y = \dfrac{(h-y)}{h}b$,根据公式(Ⅰ-1)可得

$$S_x = \int_A y\mathrm{d}A = \int_0^h y\,\frac{(h-y)}{h}b\,\mathrm{d}y = \frac{b}{h}\int_0^h (hy - y^2)\,\mathrm{d}y = \frac{bh^2}{6}$$

由此可知,三角形形心的坐标 $y_C = \dfrac{S_x}{A} = \dfrac{h}{3}$ 。

当平面图形由若干个简单图形(如三角形、矩形、圆形等)组成时,称为组合图形。由静矩的定义可知,组合图形对某一轴的静矩,等于图形各组成部分对同一轴静矩的代数和,即

$$\left.\begin{aligned} S_x &= \int_A y\mathrm{d}A = \int_{A_1} y\mathrm{d}A_1 + \int_{A_2} y\mathrm{d}A_2 + \cdots \int_{A_n} y\mathrm{d}A_n \\ S_y &= \int_A x\mathrm{d}A = \int_{A_1} x\mathrm{d}A_1 + \int_{A_2} x\mathrm{d}A_2 + \cdots \int_{A_n} x\mathrm{d}A_n \end{aligned}\right\}$$

或

$$\left.\begin{aligned}S_x &= y_C A = y_{C1}A_1 + y_{C2}A_2 + \cdots y_{Cn}A_n = \sum_{i=1}^{n} y_{Ci}A_i \\ S_y &= x_C A = x_{C1}A_1 + x_{C2}A_2 + \cdots x_{Cn}A_n = \sum_{i=1}^{n} x_{Ci}A_i\end{aligned}\right\} \tag{Ⅰ-4}$$

式中，A 为组合图形面积，$A = \sum_{i=1}^{n} A_i$，n 为组成该图形的简单图形的个数；A_i，x_{Ci} 和 y_{Ci} 分别表示第 i 个简单图形的面积和形心坐标。

根据式（Ⅰ-4）可得计算组合截面形心坐标的公式为

$$x_C = \frac{\sum_{i=1}^{n} x_{Ci}A_i}{A},\quad y_C = \frac{\sum_{i=1}^{n} y_{Ci}A_i}{A} \tag{Ⅰ-5}$$

例题Ⅰ-2　一非均质梁由一个薄铝板和一个矩形截面木梁黏合而成，如图Ⅰ-3 所示。求该组合截面形心的位置及该截面对 x 轴的静矩（单位：mm）。

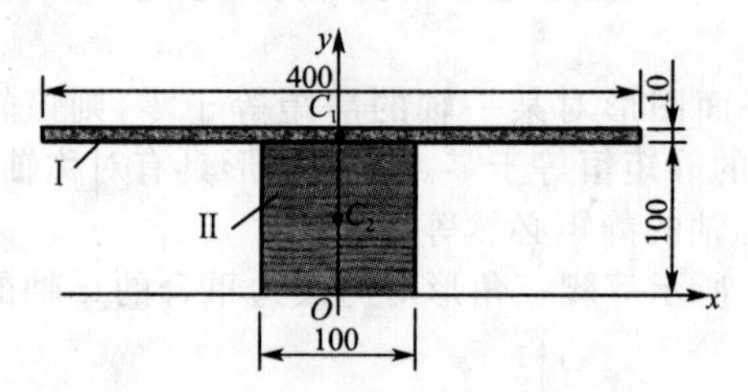

图Ⅰ-3　例题Ⅰ-2 图

解：将组合截面分为图示两个矩形，由于 y 轴是对称轴必通过形心，即形心坐标 $x_C = 0$。计算每一个矩形的面积和形心坐标：

矩形Ⅰ：$A_{\text{I}} = 400\ \text{mm} \times 10\ \text{mm} = 4\ 000\ \text{mm}^2$，$y_{C\text{I}} = 100\ \text{mm} + \frac{10}{2}\text{mm} = 105\ \text{mm}$。

矩形Ⅱ：$A_{\text{II}} = 100\ \text{mm} \times 100\ \text{mm} = 1 \times 10^4\ \text{mm}^2$，$y_{C\text{II}} = \frac{100}{2}\ \text{mm} = 50\ \text{mm}$。

根据组合截面形心计算公式（Ⅰ-5），得

$$y_C = \frac{\sum_{i=1}^{n} y_{Ci}A_i}{A} = \frac{A_{\text{I}}y_{C1} + A_{\text{II}}y_{C2}}{A_{\text{I}} + A_{\text{II}}} = \frac{4\ 000\ \text{mm}^2 \times 105\ \text{mm} + 1 \times 10^4\ \text{mm}^2 \times 50\ \text{mm}}{4\ 000\ \text{mm}^2 + 1 \times 10^4\ \text{mm}^2} = \frac{460}{7}\ \text{mm} = 65.71\ \text{mm}$$

根据式（Ⅰ-4）计算截面对 x 轴的静矩为

$$S_x = A_{\text{I}}y_{C1} + A_{\text{II}}y_{C2} = 92 \times 10^4\ \text{mm}^3$$

或

$$S_x = Ay_C = (4\ 000 + 10\ 000)\text{mm}^2 \times 65.71\ \text{mm} = 92 \times 10^4\ \text{mm}^3$$

例题Ⅰ-3　已知图Ⅰ-4 所示截面形心为 C，x 轴为形心轴之一，求该截面位于 x 轴上下两部分图形对 x 轴的静矩的关系。

解：由于 x 轴为形心轴，整个截面对 x 轴的静矩为 $S_x = 0$。由于该截面可以看成是位于 x 轴两侧的图形Ⅰ和Ⅱ的组合，即 $S_x = S_{x\text{I}} + S_{x\text{II}}$。

由 $S_{x\text{I}} + S_{x\text{II}} = 0$，可得 $S_{x\text{I}} = -S_{x\text{II}}$

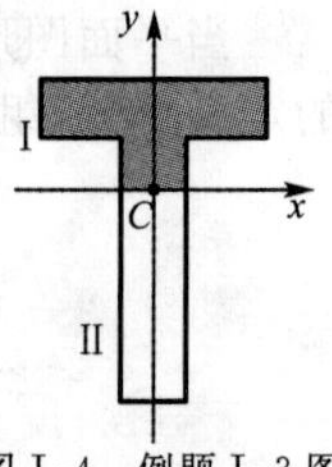

图Ⅰ-4　例题Ⅰ-3 图

Ⅰ.2 极惯性矩 惯性矩 惯性积

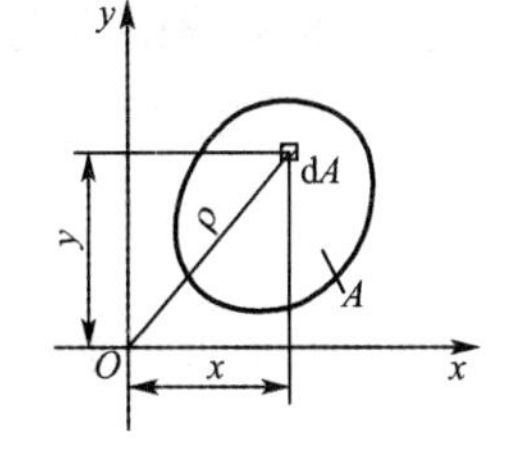

图Ⅰ-5

设面积为 A 的任意截面图形如图Ⅰ-5 所示，建立该截面所在平面的任意直角坐标系。在坐标(x,y)处取一微面积 $\mathrm{d}A$，$\mathrm{d}A$ 与其至坐标原点距离平方的乘积 $\rho^2\mathrm{d}A$，称为该微面积 $\mathrm{d}A$ 对于 O 点的极惯性矩或面积对点的二次矩。以下积分

$$I_{\mathrm{p}}=\int_A\rho^2\mathrm{d}A \tag{Ⅰ-6}$$

定义为整个截面对 O 点的**极惯性矩**。极惯性矩的数值恒为正，常用单位为 m^4 或 mm^4。

图Ⅰ-5 所示截面图形中，坐标(x,y)处的微面积 $\mathrm{d}A$ 与其到 y 轴或到 x 轴距离平方的乘积 $x^2\mathrm{d}A$ 或 $y^2\mathrm{d}A$，称为该微面积 $\mathrm{d}A$ 对于 y 轴或 x 轴的惯性矩。而积分

$$\left.\begin{aligned}I_y&=\int_A x^2\mathrm{d}A\\ I_x&=\int_A y^2\mathrm{d}A\end{aligned}\right\} \tag{Ⅰ-7}$$

则称为整个截面对 y 轴或 x 轴的惯性矩，亦称面积对轴的二次矩，常用单位为 m^4 或 mm^4。

由图Ⅰ-5 可知，$\rho^2=x^2+y^2$，故有

$$I_{\mathrm{p}}=\int_A\rho^2\mathrm{d}A=\int_A x^2\mathrm{d}A+\int_A y^2\mathrm{d}A=I_y+I_x \tag{Ⅰ-8}$$

上式表明平面图形对任意两个互相垂直的轴的惯性矩之和等于该图形面积对两轴交点的极惯性矩。由于过图Ⅰ-5 所示坐标原点 O 可以建立任意方向的两个互相垂直的坐标轴 x' 和 y'，可以得到 $\rho^2=x'^2+y'^2$，即 $x'^2+y'^2=x^2+y^2$，因此，$I_{\mathrm{p}}=I_y+I_x=I_y'+I_x'$。平面图形对过同一原点的任意两个互相垂直的轴的惯性矩之和是一个常量。

图Ⅰ-5 所示截面图形中，微面积 $\mathrm{d}A$ 与其 x、y 坐标的乘积 $xy\mathrm{d}A$，称为该微面积对两坐标轴的惯性积。而积分

$$I_{xy}=\int_A xy\mathrm{d}A \tag{Ⅰ-9}$$

称为整个截面图形 A 对 x、y 轴的**惯性积**。惯性积是对一对正交轴定义的，因此也是面积的二次矩，由式(Ⅰ-7)及式(Ⅰ-9)可知，惯性矩的值恒为正，而惯性积可正、可负也可能为零，常用单位为 m^4 或 mm^4。

若 x、y 轴中有一个轴为截面的对称轴，则整个截面对两轴的惯性积恒等于零。可以证明，在对称轴两侧对称位置处的微面积对于两轴的惯性积数值相等而符号相反，因此整个截面对两轴的惯性积必然等于零。若 x、y 轴都为对称轴，则整个截面对两轴的惯性积自然为零。

在实际应用中，有时习惯将惯性矩表达为截面面积与一长度平方的乘积，即

$$I_x=i_x^2A,\qquad I_y=i_y^2A \tag{Ⅰ-10a}$$

式(Ⅰ-10a)也可表示为

$$i_x=\sqrt{\frac{I_x}{A}},\qquad i_y=\sqrt{\frac{I_y}{A}} \tag{Ⅰ-10b}$$

式中，i_x 和 i_y 分别称为截面对 x 轴、y 轴的**惯性半径**，常用单位为 m 或 mm。

常用简单图形的形心坐标、图形对过形心坐标轴的惯性矩可查附表 1，标准型钢的形心、

面积、惯性矩、惯性半径等参数见附录Ⅱ。

例题Ⅰ-4 试计算图Ⅰ-6所示矩形截面对其对称轴 x 和 y 轴的惯性矩、惯性积，以及该截面对 x' 和 y' 轴的惯性矩和惯性积。

解：取图示微面积 $\mathrm{d}A=b\mathrm{d}y$，根据式(Ⅰ-7)可得

$$I_x=\int_A y^2\mathrm{d}A=\int_{-h/2}^{h/2}y^2b\mathrm{d}y=\frac{bh^3}{12}$$

同理，可以取平行于 y 轴的微面积 $\mathrm{d}A_1=h\mathrm{d}x$，则

$$I_y=\int_A x^2\mathrm{d}A_1=\int_{-b/2}^{b/2}x^2h\mathrm{d}x=\frac{hb^3}{12}$$

因为 x、y 为对称轴，所以惯性积 $I_{xy}=0$。

若将坐标轴平移至 x' 和 y' 位置(图Ⅰ-6)，同样根据式(Ⅰ-7)和式(Ⅰ-9)可计算出该矩形截面的惯性矩 I_x'、I_y' 及惯性积 $I_{x'y'}$ 分别为

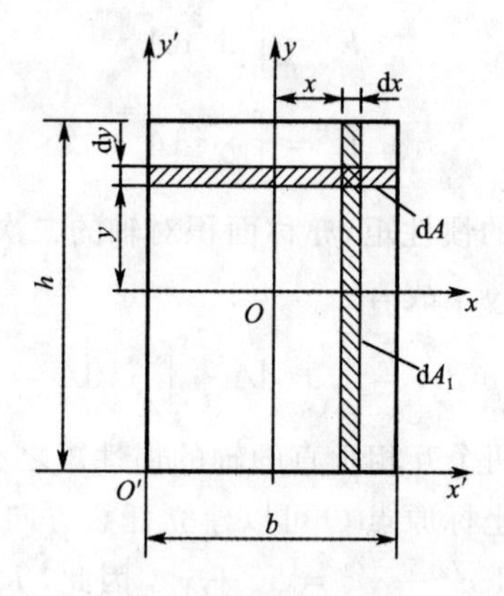

图Ⅰ-6 例题Ⅰ-4图

$$I_x'=\int_0^h y^2b\mathrm{d}y=\frac{bh^3}{3}$$

$$I_y'=\int_0^b x^2h\mathrm{d}x=\frac{hb^3}{3}$$

$$I_{x'y'}=\int_0^h\int_0^b xy\,\mathrm{d}x\mathrm{d}y=\frac{b^2h^2}{4}$$

例题Ⅰ-5 试计算图Ⅰ-7所示圆形截面对其形心轴的惯性矩。

解：利用圆形截面对圆心 O 的极惯性矩 $I_\mathrm{p}=\frac{\pi D^4}{32}$，以及式(Ⅰ-8)知

$$I_\mathrm{p}=I_x+I_y=\frac{\pi D^4}{32}$$

而圆形截面对任意对称轴的惯性矩均相等，所以圆截面对对称轴的惯性矩为

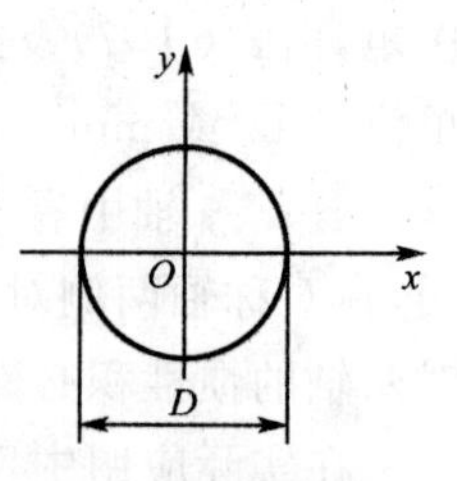

图Ⅰ-7 例题Ⅰ-5图

$$I_x=I_y=\frac{1}{2}I_\mathrm{p}=\frac{\pi D^4}{64}$$

此外，也可以利用例Ⅰ-4题的方法取微面积进行积分求得，请读者自行计算。

Ⅰ.3 计算惯性矩和惯性积的平行移轴公式

设面积为 A 的任意形状平面图形如图Ⅰ-8 所示，其形心 C 在 x、y 坐标系下的坐标为(b,a)，x_C、y_C 为平行于 x、y 轴且过平面图形形心的形心轴。取微面积 $\mathrm{d}A$，其在两种坐标系下的坐标分别为 x、y 及 x_C 、y_C，平行的坐标轴间的坐标变换满足下面关系

$$y = y_C + a$$
$$x = x_C + b$$

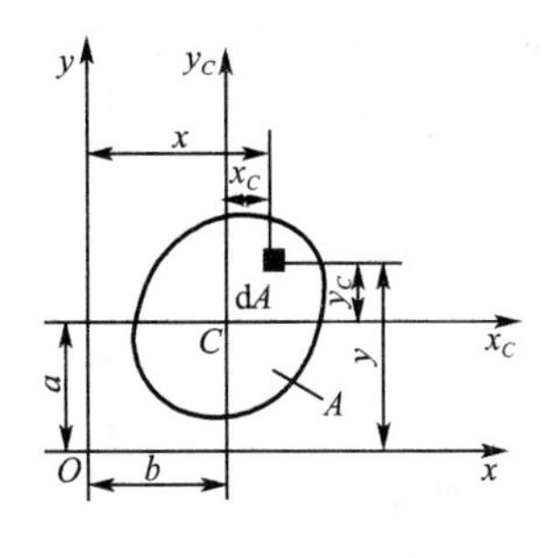

图Ⅰ-8

若平面图形对形心轴的惯性矩为 I_{x_C}、I_{y_C}，则平面图形对 x、y 轴的惯性矩为

$$I_x = \int_A y^2 \mathrm{d}A = \int_A (y_C + a)^2 \mathrm{d}A = \int_A y_C^2 \mathrm{d}A + 2a\int_A y_C \mathrm{d}A + a^2\int_A \mathrm{d}A$$
$$I_y = \int_A x^2 \mathrm{d}A = \int_A (x_C + b)^2 \mathrm{d}A = \int_A x_C^2 \mathrm{d}A + 2b\int_A x_C \mathrm{d}A + b^2\int_A \mathrm{d}A$$

其中，$\int_A y_C \mathrm{d}A = S_{x_C} = A\overline{y}_C$，$\int_A x_C \mathrm{d}A = S_{y_C} = A\overline{x}_C$ 分别为该图形对形心轴 x_C 、y_C 的静矩。由于在形心坐标系下形心的坐标 $\overline{y}_C = 0$，$\overline{x}_C = 0$，所以图形对形心轴 x_C 、y_C 的静矩为零，即 $\int_A y_C \mathrm{d}A = 0$，$\int_A x_C \mathrm{d}A = 0$ 。

将 $\int_A y_C^2 \mathrm{d}A = I_{x_C}$，$\int_A x_C^2 \mathrm{d}A = I_{y_C}$ 和 $\int_A \mathrm{d}A = A$ 代入上式得

$$I_x = I_{x_C} + a^2 A \qquad (Ⅰ\text{-11a})$$
$$I_y = I_{y_C} + b^2 A \qquad (Ⅰ\text{-11b})$$

同理，

$$I_{xy} = I_{x_C y_C} + abA \qquad (Ⅰ\text{-11c})$$

式(Ⅰ-11)称为惯性矩和惯性积的**平行移轴公式**。值得注意的是，b 和 a 是平面图形形心在 xOy 坐标系中的坐标，惯性矩与形心坐标(b,a)的正负无关，而进行惯性积计算时要考虑形心坐标(b,a)的正负号。由上式可知，在一组平行轴中，平面图形对形心轴的惯性矩最小。

利用平行移轴公式可计算例Ⅰ-4 题中矩形截面对 x'、y' 轴的惯性矩、惯性积。已知矩形截面形心轴 x、y 与 x'、y' 轴的距离分别为 $\frac{h}{2}$ 、$\frac{b}{2}$，由平行移轴公式(Ⅰ-11)知

$$I_x{}' = I_x + \left(\frac{h}{2}\right)^2 \cdot A = \frac{bh^3}{12} + \left(\frac{h}{2}\right)^2 \cdot bh = \frac{bh^3}{3}$$
$$I_y{}' = I_y + \left(\frac{b}{2}\right)^2 \cdot A = \frac{hb^3}{12} + \left(\frac{b}{2}\right)^2 \cdot bh = \frac{hb^3}{3}$$
$$I_{x'y'} = I_{xy} + \left(\frac{h}{2}\right)\left(\frac{b}{2}\right)A = 0 + \frac{bh}{4} \cdot bh = \frac{b^2 h^2}{4}$$

计算结果与例Ⅰ-4 题中的积分结果相同。

平行移轴公式常用于对复杂平面图形的惯性矩和惯性积进行简化计算。由惯性矩和惯性积的定义可知，整个图形对某一轴的惯性矩或惯性积，等于其各组成部分对同一轴惯性矩或惯

性积之和。对于某一复杂平面图形，可以将其分成 n 个简单图形，则平面图形对于 x,y 轴的惯性矩和惯性积分别为

$$I_x=\int_A y^2\mathrm{d}A=\int_{A_1}y^2\mathrm{d}A_1+\int_{A_2}y^2\mathrm{d}A_2+\cdots\int_{A_n}y^2\mathrm{d}A_n=\sum_{i=1}^{n}I_{xi} \qquad (\text{Ⅰ-12a})$$

$$I_y=\int_A x^2\mathrm{d}A=\int_{A_1}x^2\mathrm{d}A_1+\int_{A_2}x^2\mathrm{d}A_2+\cdots\int_{A_n}x^2\mathrm{d}A_n=\sum_{i=1}^{n}I_{yi} \qquad (\text{Ⅰ-12b})$$

$$I_{xy}=\int_A xy\mathrm{d}A=\int_{A_1}xy\mathrm{d}A_1+\int_{A_2}xy\mathrm{d}A_2+\cdots\int_{A_n}xy\,\mathrm{d}A_n=\sum_{i=1}^{n}I_{xiyi} \qquad (\text{Ⅰ-12c})$$

例题Ⅰ-6 求图Ⅰ-9所示T形截面对其形心轴的惯性矩和对 x_C、y 轴的惯性积(单位:mm)。

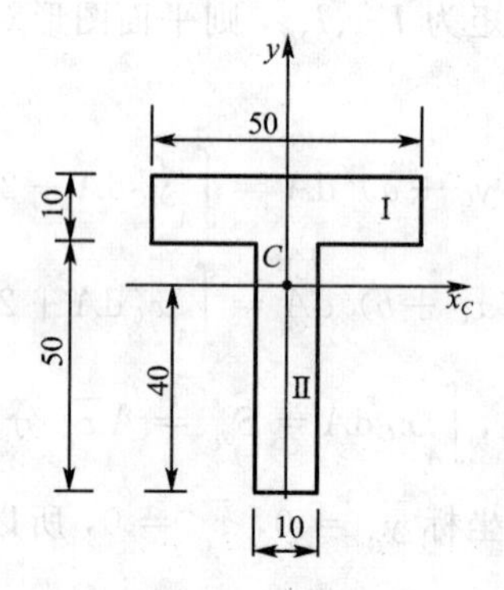

图Ⅰ-9 例题Ⅰ-6图

解:将该截面分成两个矩形，设两部分对形心轴 x_C 的惯性矩分别为 $I_{\text{Ⅰ}x_C}$ 和 $I_{\text{Ⅱ}x_C}$。由式(Ⅰ-12)可知

$$I_{x_C}=I_{\text{Ⅰ}x_C}+I_{\text{Ⅱ}x_C}$$

由惯性矩的平行移轴公式(Ⅰ-11)得

$$I_{\text{Ⅰ}x_C}=\frac{50\times10^3}{12}\ \text{mm}^4+(50+5-40)^2\times50\times10\ \text{mm}^4=1.167\times10^5\ \text{mm}^4$$

$$I_{\text{Ⅱ}x_C}=\frac{10\times50^3}{12}\ \text{mm}^4+\left(\frac{50}{2}-40\right)^2\times50\times10\ \text{mm}^4=2.167\times10^5\ \text{mm}^4$$

所以，$I_{x_C}=3.334\times10^5\ \text{mm}^4$。

y 轴即为形心轴，$I_{y_C}=I_{\text{Ⅰ}y_C}+I_{\text{Ⅱ}y_C}=\dfrac{10\times50^3}{12}\text{mm}^4+\dfrac{50\times10^3}{12}\text{mm}^4=1.083\times10^5\ \text{mm}^4$

由于 y 轴为对称轴，故截面对 x_C、y 轴的惯性积 $I_{x_Cy}=0$。

例题Ⅰ-7 求图Ⅰ-10所示截面的惯性矩 I_x、I_y、I_{x1} 和惯性积 I_{xy}、极惯性矩 I_p(大正方形边长为 $2a$，小正方形的边长为 a)。

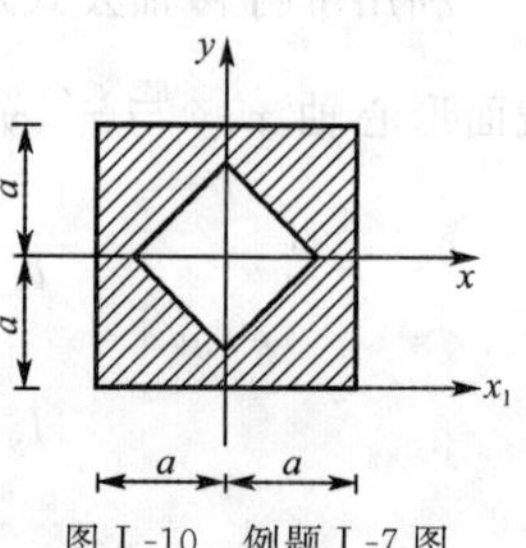

图Ⅰ-10 例题Ⅰ-7图

解:首先计算图中小正方形的惯性矩 I_x'

$$I_x'=4\int_0^{\frac{\sqrt{2}}{2}a}y^2\mathrm{d}y\int_0^{\frac{\sqrt{2}}{2}a-y}\mathrm{d}x=4\int_0^{\frac{\sqrt{2}}{2}a}\left(\frac{\sqrt{2}}{2}ay^2-y^3\right)\mathrm{d}y=\frac{a^4}{12}$$

则阴影面积对 x 轴的惯性矩为

$$I_x=I''_x-I'_x=\frac{(2a)^4}{12}-\frac{a^4}{12}=\frac{15a^4}{12}=\frac{5a^4}{4}$$

由于正方形截面对任意形心轴的惯性矩相等，故 $I_y = I_x = \frac{5a^4}{4}$。

由于 x、y 轴为图形对称轴，则 $I_{xy} = 0$。

根据极惯性矩和惯性矩之间的关系，求得

$$I_p = I_x + I_y = \frac{5}{2}a^4$$

由平行移轴公式可求截面对 x_1 轴的惯性矩。

$$I_{x1} = I_x + a^2 \times (4a^2 - a^2) = \frac{5}{4}a^4 + 3a^4 = \frac{17}{4}a^4$$

Ⅰ.4 转轴公式 主惯性轴和主惯性矩

Ⅰ.4.1 计算惯性矩和惯性积的转轴公式

如图Ⅰ-11所示面积为 A 的任意形状截面，已知截面图形对两互相垂直轴 x、y 的惯性矩 I_x、I_y 和惯性积 I_{xy} 后，将坐标系 xOy 转过一定角度 α 后得到新坐标系为 x_1Oy_1（规定逆时针转动为正），截面对新坐标轴 x_1、y_1 的惯性矩 I_{x1}、I_{y1} 和惯性积 I_{x1y1} 可以通过转轴公式求得。

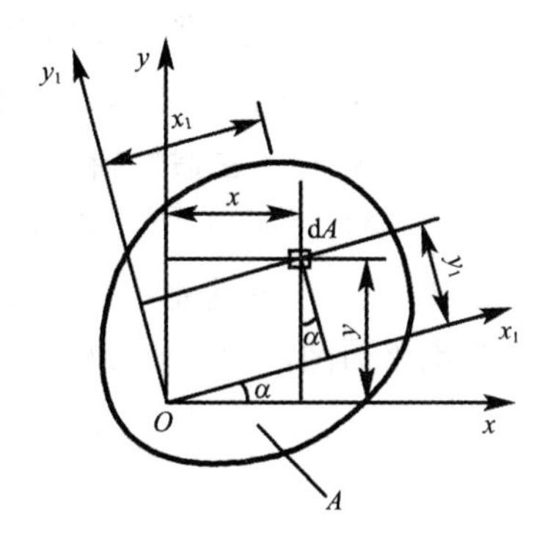

图Ⅰ-11

微面积 dA 在 xOy 坐标系和 x_1Oy_1 坐标系下的坐标分别为(x,y)和(x_1, y_1)，则 dA 在两坐标系下坐标之间的关系为

$$x_1 = x\cos\alpha + y\sin\alpha$$
$$y_1 = y\cos\alpha - x\sin\alpha$$

代入惯性矩的计算公式(Ⅰ-7)得

$$\begin{aligned} I_{x_1} &= \int_A y_1^2 \mathrm{d}A = \int_A (y\cos\alpha - x\sin\alpha)^2 \mathrm{d}A \\ &= \cos^2\alpha \int_A y^2 \mathrm{d}A + \sin^2\alpha \int_A x^2 \mathrm{d}A - 2\sin\alpha\cos\alpha \int_A xy \mathrm{d}A \\ &= I_x \cos^2\alpha + I_y \sin^2\alpha - 2I_{xy}\sin\alpha\cos\alpha \end{aligned}$$

将三角函数的倍角公式 $\cos2\alpha = 2\cos^2\alpha - 1$，$\sin2\alpha = 2\sin\alpha\cos\alpha$ 代入上式并整理得

$$I_{x_1} = \frac{I_x + I_y}{2} + \frac{I_x - I_y}{2}\cos2\alpha - I_{xy}\sin2\alpha \quad (Ⅰ\text{-}13a)$$

同理可得

$$I_{y_1} = \frac{I_x + I_y}{2} - \frac{I_x - I_y}{2}\cos2\alpha + I_{xy}\sin2\alpha \quad (Ⅰ\text{-}13b)$$

$$I_{x_1y_1} = \frac{I_x - I_y}{2}\sin2\alpha + I_{xy}\cos2\alpha \quad (Ⅰ\text{-}13c)$$

以上三式为计算惯性矩及惯性积的转轴公式。

式(Ⅰ-13a)与式(Ⅰ-13b)相加，可得

$$I_{x_1} + I_{y_1} = I_x + I_y = I_p \quad (Ⅰ\text{-}14)$$

式(Ⅰ-14)从理论上证明了平面图形对任意一对互相垂直轴的惯性矩之和为一常数，该常

数为平面图形对坐标轴交点的极惯性矩。

Ⅰ.4.2 主惯性轴和主惯性矩

由转轴公式(Ⅰ-13)可知,惯性矩 I_{x_1}、I_{y_1} 和惯性积 $I_{x_1y_1}$ 都是 α 角的函数,将式(Ⅰ-13a)对 α 求导,可得

$$\frac{\partial I_{x_1}}{\partial \alpha}=-(I_x-I_y)\sin 2\alpha-2I_{xy}\cos 2\alpha=-2I_{x_1y_1}$$

若 $\frac{\partial I_{x_1}}{\partial \alpha}=0$,即 $I_{x_1y_1}=0$,则相应的 $\alpha=\alpha_0$ 方向上的惯性矩 I_{x_0} 为一个极值。

由

$$I_{x_1}+I_{y_1}=I_{x_0}+I_{y_0}$$

可知,I_{x_0}、I_{y_0} 分别是惯性矩的极大值和极小值。

由此定义:当坐标轴旋转 α_0 角度时,若截面对新正交坐标轴 x_0、y_0 的惯性积等于零,则这一对轴 x_0、y_0 称为**主惯性轴**。图形对于主惯性轴的惯性矩 I_{x_0}、I_{y_0} 称为**主惯性矩**。当主惯性轴 x_0、y_0 通过图形形心时,则称为**形心主惯性轴**,用 x_{C0}、y_{C0} 表示。截面对形心主惯性轴的惯性矩 $I_{x_{C0}}$、$I_{y_{C0}}$ 称为**形心主惯性矩**。

根据平面图形在主惯性轴方位上惯性积等于零,可确定主惯性轴的方位角 α_0。即

$$I_{x_0y_0}=\frac{I_x-I_y}{2}\sin 2\alpha_0+I_{xy}\cos 2\alpha_0=0$$

得

$$\tan 2\alpha_0=\frac{-2I_{xy}}{I_x-I_y} \tag{Ⅰ-15}$$

由式(Ⅰ-15)解得的 α_0 方向,即是将 x、y 轴逆时针转 α_0 角度后的主惯性轴 x_0、y_0 的方位。

利用式(Ⅰ-15)及三角函数关系知

$$\cos 2\alpha_0=\frac{I_x-I_y}{\sqrt{(I_x-I_y)^2+4I_{xy}^2}}$$

$$\sin 2\alpha_0=\frac{-2I_{xy}}{\sqrt{(I_x-I_y)^2+4I_{xy}^2}}$$

代入式(Ⅰ-13a、b)中得主惯性矩计算公式为

$$\left.\begin{matrix}I_{x_0}\\ I_{y_0}\end{matrix}\right\}=\frac{I_x+I_y}{2}\pm\sqrt{\left(\frac{I_x-I_y}{2}\right)^2+I_{xy}^2} \tag{Ⅰ-16}$$

式中,I_{x_0}、I_{y_0} 为平面图形对主惯性轴 x_0、y_0 的惯性矩的极大值 $I_{\max}$ 和极小值 $I_{\min}$。

由上述定义可知,若图形对过形心的一对坐标轴的惯性积等于零,则这对轴就是形心主惯性轴。根据惯性积的计算公式可知,若图形有两个以上对称轴,则这些对称轴必为形心主惯性轴;若图形有一个对称轴,则图形对包括该轴在内的一对坐标轴的惯性积为零,此轴必为形心主惯性轴(如槽形截面)。对于无对称轴的图形,根据惯性矩的极大值和极小值也可大致判断形心主惯性轴的位置。

对于组合图形的形心主惯性矩的计算,步骤如下:

(1)选择合适的坐标系,确定组合截面的形心位置(x_C,y_C);

(2)选择合适的形心轴,计算组合截面对形心轴的惯性矩 I_{x_C} 、I_{y_C},惯性积 $I_{x_C y_C}$;

(3)根据公式(Ⅰ-15)确定形心主惯性轴的方位,计算角度 α_0;

(4)根据公式(Ⅰ-16)计算形心主惯性矩 $I_{x_{C0}}$ 、$I_{y_{C0}}$;

(5)验算计算结果 $I_{x_C}+I_{y_C}=I_{x_{C0}}+I_{y_{C0}}$ 。

例题Ⅰ-8 求图Ⅰ-12所示平面图形形心主惯性轴的位置及形心主惯性矩的大小。

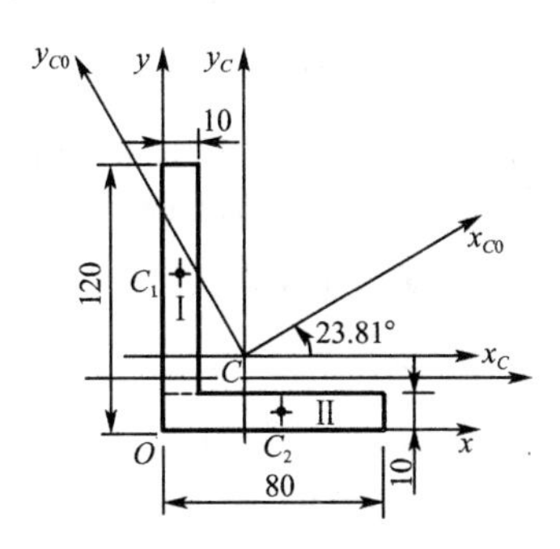

图Ⅰ-12 例题Ⅰ-8图

解:(1)如图建立直角坐标系 xOy,计算平面图形形心 C 的位置。

$$x_C=\frac{A_1x_{C1}+A_2x_{C2}}{A}=\frac{110\times10\times5+80\times10\times40}{110\times10+80\times10}\text{ mm}=19.74\text{ mm}$$

$$y_C=\frac{A_1y_{C1}+A_2y_{C2}}{A}=\frac{110\times10\times65+80\times10\times5}{110\times10+80\times10}\text{ mm}=39.74\text{ mm}$$

(2)通过形心 C 作一对形心轴 x_C、y_C 分别与 x、y 轴平行,计算图形对形心轴的惯性矩 I_{x_C}、I_{y_C} 和惯性积 $I_{x_Cy_C}$ 分别为

$$I_{x_C}=I_{x_C}^{\text{I}}+I_{x_C}^{\text{II}}$$

$$I_{y_C}=I_{y_C}^{\text{I}}+I_{y_C}^{\text{II}}$$

$$I_{x_Cy_C}=I_{x_Cy_C}^{\text{I}}+I_{x_Cy_C}^{\text{II}}$$

右上标Ⅰ、Ⅱ分别代表矩形Ⅰ及矩形Ⅱ(图Ⅰ-12)。由平行移轴公式得

$$I_{x_C}^{\text{I}}=I_{x_{C1}}^{\text{I}}+a^2A_1=\frac{10\times110^3}{12}\text{mm}^4+\left(\frac{120-10}{2}+10-39.74\right)^2\text{ mm}^2\times1\ 100\text{ mm}^2$$
$$=1.81\times10^6\text{ mm}^4$$

$$I_{y_C}^{\text{I}}=I_{y_{C1}}^{\text{I}}+b^2A_1=\frac{110\times10^3}{12}\text{mm}^4+(19.74-5)^2\text{ mm}^2\times1\ 100\text{ mm}^2$$
$$=0.25\times10^6\text{ mm}^4$$

$$I_{x_Cy_C}^{\text{I}}=I_{x_Cy_C}^{\text{I}}+abA_1=0-(65-39.74)\text{mm}\times(19.74-5)\text{ mm}\times1\ 100\text{ mm}^2$$
$$=-0.41\times10^6\text{ mm}^4$$

上式中,注意点 C_1 在 x_CCy_C 坐标系下的位置,即 $a=(65-39.74)\text{ mm}=25.26\text{ mm}$,$b=-(19.74-5)\text{mm}=-14.74\text{ mm}$ 。故 $I_{x_Cy_C}^{\text{I}}$ 为负值。同理得

$$I_{x_C}^{\text{II}}=\frac{80\times10^3}{12}\text{mm}^4+(39.74-5)^2\times800\text{ mm}^4=0.97\times10^6\text{ mm}^4$$

$$I_{y_C}^{\text{II}}=\frac{10\times80^3}{12}\text{ mm}^4+(40-19.74)^2\times800\text{ mm}^4=0.76\times10^6\text{ mm}^4$$

$$I^{\mathrm{II}}_{x_C y_C} = 0-(39.74-5)(40-19.74)\times 800\ \mathrm{mm}^4 = -0.56\times 10^6\ \mathrm{mm}^4$$

根据上述结果求得图形对 x_C 、y_C 轴的惯性矩、惯性积为

$$I_{x_C} = (1.81+0.97)\times 10^6\ \mathrm{mm}^4 = 2.78\times 10^6\ \mathrm{mm}^4$$

$$I_{y_C} = (0.25+0.76)\times 10^6\ \mathrm{mm}^4 = 1.01\times 10^6\ \mathrm{mm}^4$$

$$I_{x_C y_C} = -(0.41+0.56)\times 10^6\ \mathrm{mm}^4 = -0.97\times 10^6\ \mathrm{mm}^4$$

(3)确定形心主轴的位置。由式(Ⅰ-15)得

$$\tan 2\alpha_0 = \frac{-2I_{x_C y_C}}{I_{x_C}-I_{y_C}} = \frac{2\times 0.97\times 10^6\ \mathrm{mm}^4}{(2.78-1.01)\times 10^6\ \mathrm{mm}^4} = 1.096$$

由分子、分母的符号知，$2\alpha_0$ 为第一象限角，故

$$2\alpha_0 = 47.62°$$

$$\alpha_0 = 23.81°$$

即形心主轴的方位为 x_C 轴逆时针转 23.81°的 x_{C0} 方向(图Ⅰ-12)。

(4)由式(Ⅰ-16)计算形心主矩。

$$\left.\begin{matrix} I_{x_{C0}} \\ I_{y_{C0}} \end{matrix}\right\} = \frac{I_{x_C}+I_{y_C}}{2} \pm \sqrt{\left(\frac{I_{x_C}-I_{y_C}}{2}\right)^2 + I^2_{x_C y_C}}$$

$$= \left(\frac{2.78+1.01}{2} \pm \sqrt{\left(\frac{2.78-1.01}{2}\right)^2 + 0.97^2}\right)\times 10^6\ \mathrm{mm}^4$$

$$= \begin{matrix} 3.21 \\ 0.58 \end{matrix} \times 10^6\ \mathrm{mm}^4$$

(5)验算计算结果。

$$I_{x_C} + I_{y_C} = (2.78+1.01)\times 10^6\ \mathrm{mm}^4 = 3.79\times 10^6\ \mathrm{mm}^4$$

$$I_{x_{C0}} + I_{y_{C0}} = (3.21+0.58)\times 10^6\ \mathrm{mm}^4 = 3.79\times 10^6\ \mathrm{mm}^4$$

由 $I_{x_C}+I_{y_C} = I_{x_{C0}}+I_{y_{C0}}$，可验证计算结果正确。

小　结

本章介绍了应力和变形计算中常用的一些几何量，各几何量的定义及计算公式如下：

1. 静矩(面积对轴的一次矩)：$S_x = \int_A y\mathrm{d}A, S_y = \int_A x\mathrm{d}A$

常用的计算公式为：$S_x = y_C A, S_y = x_C A$

2. 极惯性矩(面积对点的二次矩)：$I_{\mathrm{p}} = \int_A \rho^2 \mathrm{d}A$

3. 惯性矩(面积对轴的二次矩)：$I_x = \int_A y^2 \mathrm{d}A, I_y = \int_A x^2 \mathrm{d}A$

惯性矩与极惯性矩之间的关系为：$I_{\mathrm{p}} = I_x + I_y$

4. 惯性积(面积对两个互相垂直轴的混合二次矩)：$I_{xy} = \int_A xy\mathrm{d}A$

平面图形对包含一个对称轴在内的一对坐标轴的惯性积恒为零。

5. 惯性半径：$i_x=\sqrt{\frac{I_x}{A}}$，$i_y=\sqrt{\frac{I_y}{A}}$

6. 对于组合截面的计算，静矩、惯性矩、惯性积等于其各组成部分对同一轴的静矩、惯性矩、惯性积之和：

$$S_x=\sum_{i=1}^{n}y_{Ci}A_i \qquad S_y=\sum_{i=1}^{n}x_{Ci}A_i$$

$$I_x=\sum_{i=1}^{n}I_{x_i} \qquad I_y=\sum_{i=1}^{n}I_{y_i} \qquad I_{xy}=\sum_{i=1}^{n}I_{x_iy_i}$$

7. 平行移轴公式：

$$I_x=I_{x_C}+a^2A$$
$$I_y=I_{y_C}+b^2A$$
$$I_{xy}=I_{x_Cy_C}+abA$$

8. 转轴公式：

$$I_{x_1}=\frac{I_x+I_y}{2}+\frac{I_x-I_y}{2}\cos2\alpha-I_{xy}\sin2\alpha$$

$$I_{y_1}=\frac{I_x+I_y}{2}-\frac{I_x-I_y}{2}\cos2\alpha+I_{xy}\sin2\alpha$$

$$I_{x_1y_1}=\frac{I_x-I_y}{2}\sin2\alpha+I_{xy}\cos2\alpha$$

其他重要定义及公式包括：主惯性轴、主惯性矩、形心主惯性轴及形心主惯性矩的概念及计算公式。确定主惯性轴的方位

$$\tan2\alpha_0=\frac{-2I_{xy}}{I_x-I_y}$$

计算主惯性矩的大小

$$\left.\begin{matrix}I_{x_0}\\I_{y_0}\end{matrix}\right\}=\frac{I_x+I_y}{2}\pm\sqrt{\left(\frac{I_x-I_y}{2}\right)^2+I_{xy}^2}$$

习　题

Ⅰ-1　试确定图Ⅰ-13所示平面图形的形心位置（x_C，y_C）。

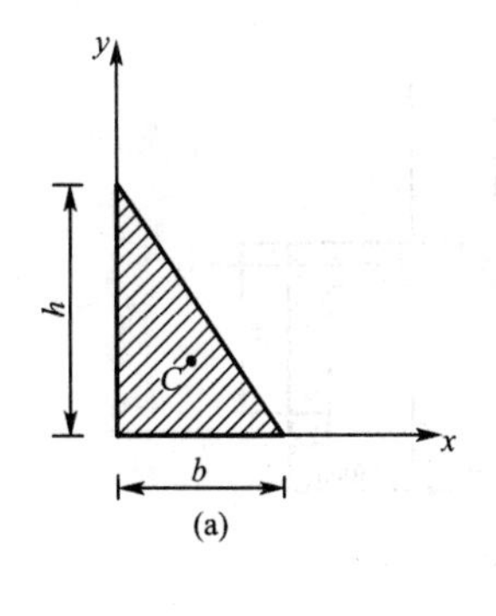

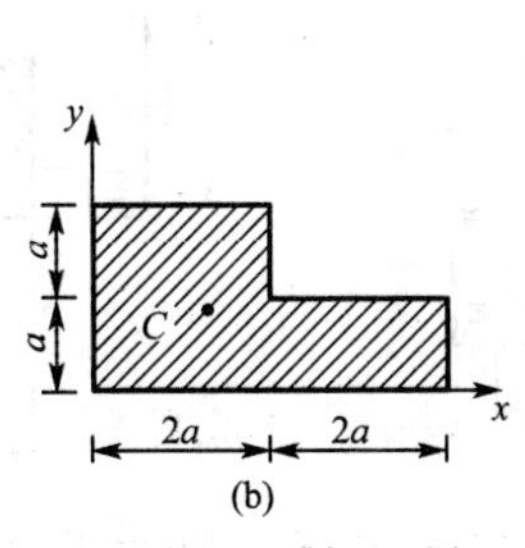

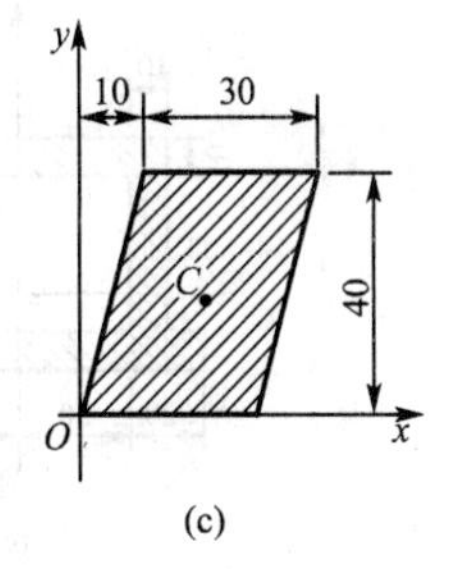

图Ⅰ-13　习题Ⅰ-1图

Ⅰ-2　试求图Ⅰ-14所示平面图形的形心位置（x_C, y_C）。

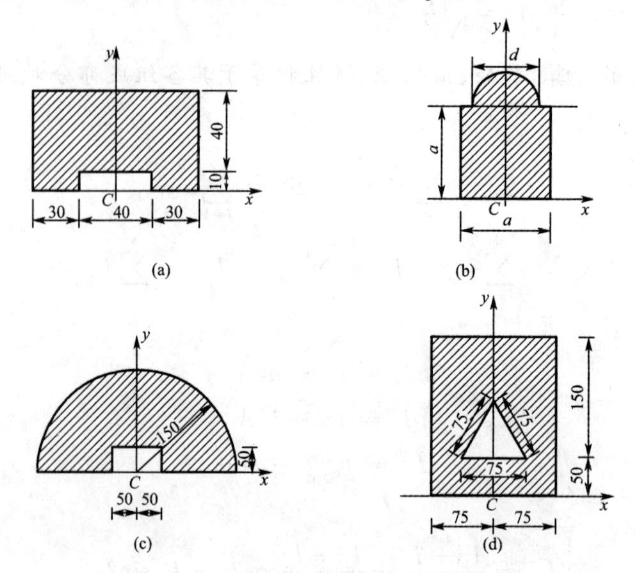

图Ⅰ-14　习题Ⅰ-2图

Ⅰ-3　试求图Ⅰ-15所示阴影部分面积对 x 轴的静矩。

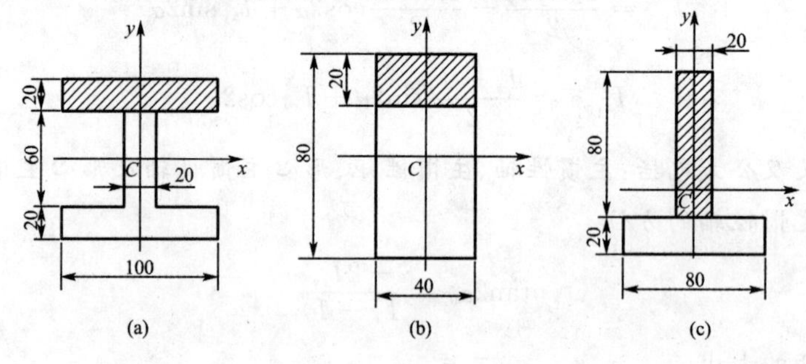

图Ⅰ-15　习题Ⅰ-3图

Ⅰ-4　求图Ⅰ-16所示截面对形心轴的惯性矩。

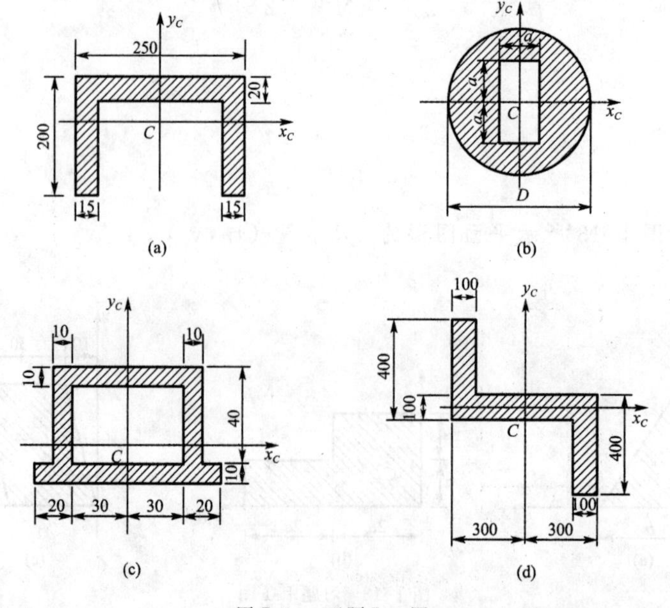

图Ⅰ-16　习题Ⅰ-4图

Ⅰ-5　试求图Ⅰ-17 所示薄壁圆环截面($\delta << r_0$)的面积 A,惯性矩 I_x 和惯性半径 i_x。

Ⅰ-6　求图Ⅰ-18 所示空心圆截面的面积 A,惯性矩 I_x 和惯性半径 i_x。

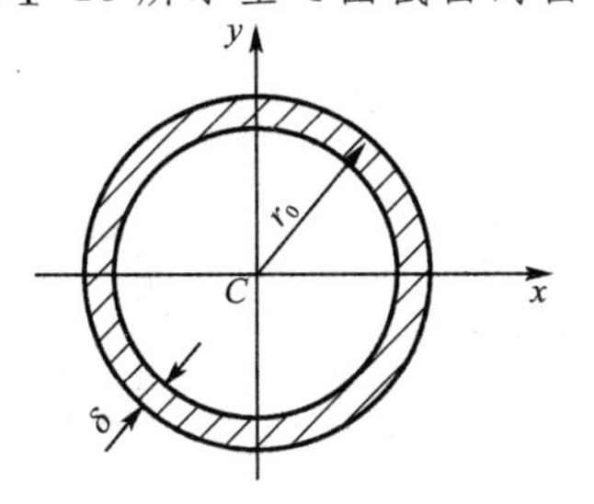

图Ⅰ-17　习题Ⅰ-5 图

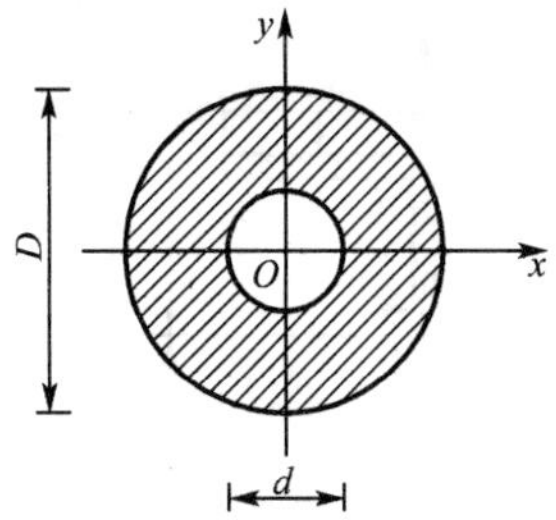

图Ⅰ-18　习题Ⅰ-6 图

Ⅰ-7　图Ⅰ-19 所示为一长方形中除去一半圆,试计算此图形阴影面积对 x、y 轴的惯性矩 I_x、I_y 及对点 O 的极限惯性矩 I_p。

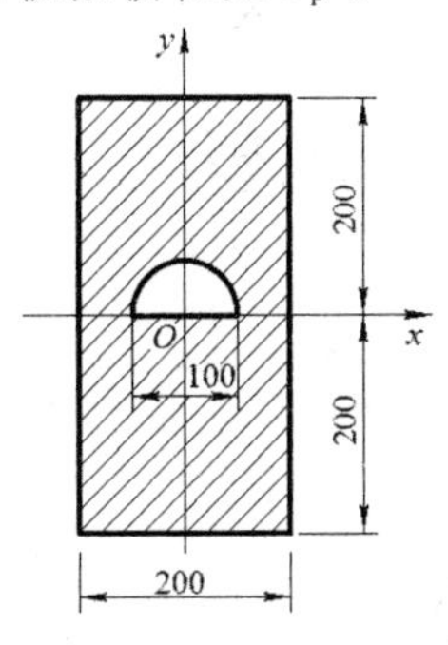

图Ⅰ-19　习题Ⅰ-7 图

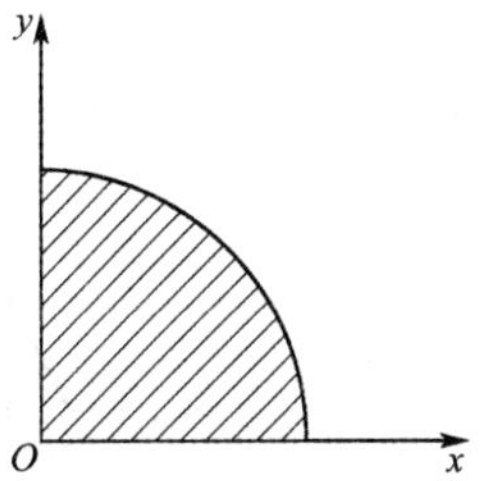

图Ⅰ-20　习题Ⅰ-8 图

Ⅰ-8　试求图Ⅰ-20 所示半径为 R 的四分之一圆截面对 x、y 轴的惯性矩和惯性积。

Ⅰ-9　如图Ⅰ-21 所示,试求型钢组合截面对形心轴 x_C 的惯性矩。

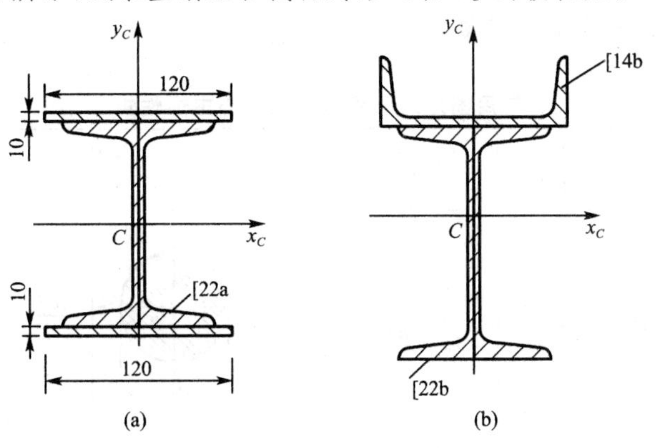

图Ⅰ-21　习题Ⅰ-9 图

Ⅰ-10　如图Ⅰ-22 所示,欲使通过矩形截面长边中点 A 的任意轴 u 都是截面的主惯性轴,则此矩形截面的高与宽之比 h/b 应为多少?

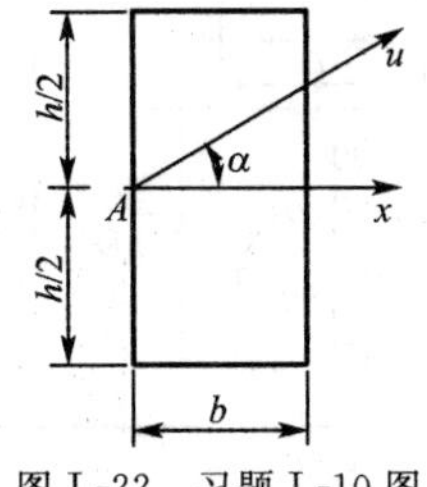

图Ⅰ-22　习题Ⅰ-10 图

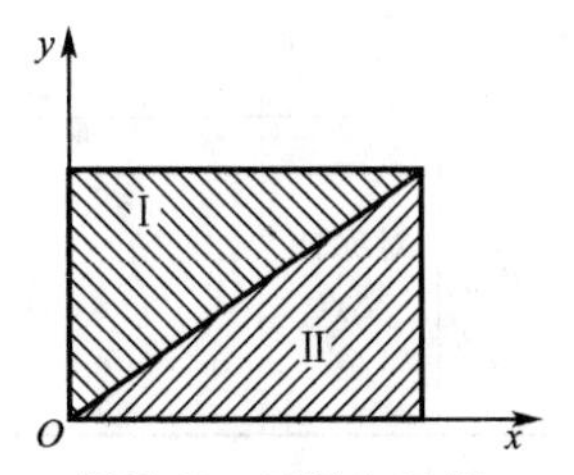

图Ⅰ-23　习题Ⅰ-11 图

Ⅰ-11　求证图Ⅰ-23 所示三角形Ⅰ和Ⅱ的惯性积相等,且等于矩形截面惯性积 I_{xy} 的一半。

Ⅰ-12 试求图Ⅰ-24 所示截面的 I_x、I_y、I_{xy}，并求形心主轴位置及截面对其形心主轴的惯性矩。

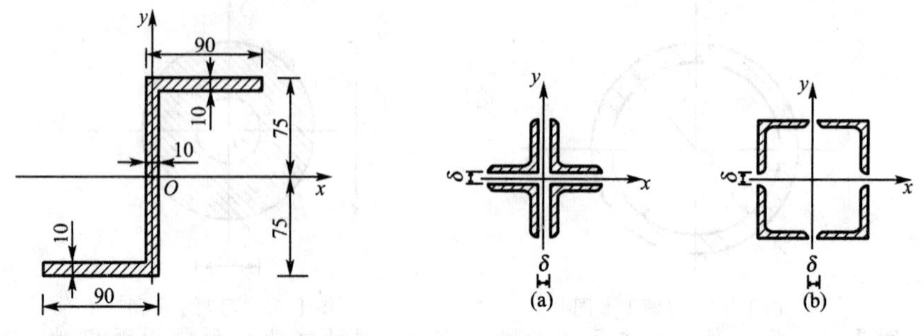

图Ⅰ-24 习题Ⅰ-12 图　　　　图Ⅰ-25 习题Ⅰ-13 图

Ⅰ-13 四个等边角钢 125×125×12 组成如图Ⅰ-25(a)及图Ⅰ-25(b)所示的两种图形，已知 $\delta=16$ mm，试比较其形心主惯性矩的大小。

Ⅰ-14 试证明图Ⅰ-26 所示等边三角形截面的任一形心轴均为形心主轴。

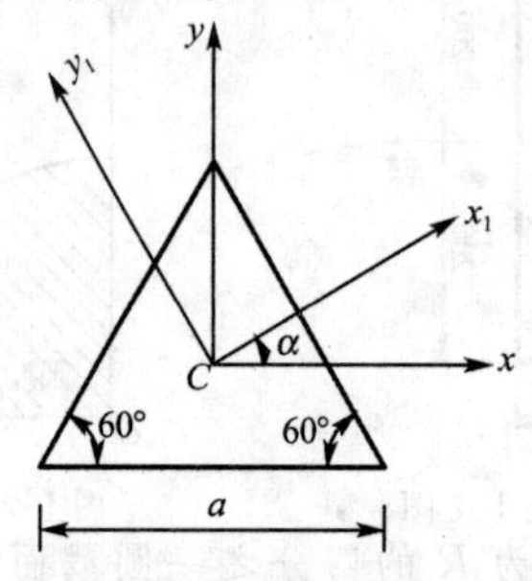

图Ⅰ-26 习题Ⅰ-14 图

＊注：习题中截面尺寸单位均为 mm。

附表 1　　常用图形的面积、形心、形心主惯性矩

序号	截面图形	面积	形心位置	惯性矩	序号	截面图形	面积	形心位置	惯性矩
1	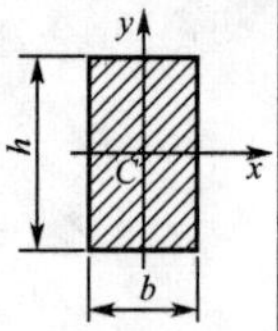	bh	对称轴交点	$I_x=\frac{bh^3}{12}$ $I_y=\frac{hb^3}{12}$	4	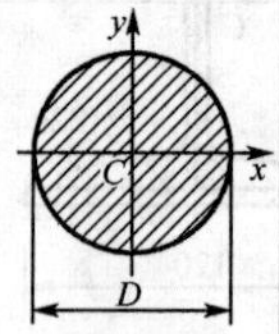	$\frac{\pi D^2}{4}$	对称轴交点	$I_x=I_y=\frac{\pi D^4}{64}$
2	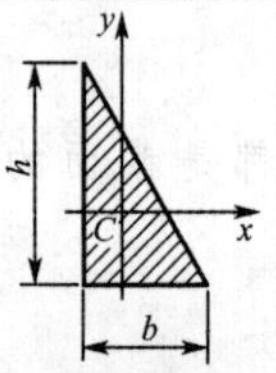	$\frac{bh}{2}$	距直角边 $\frac{b}{3}$，$\frac{h}{3}$	$I_x=\frac{bh^3}{36}$ $I_y=\frac{hb^3}{36}$	5	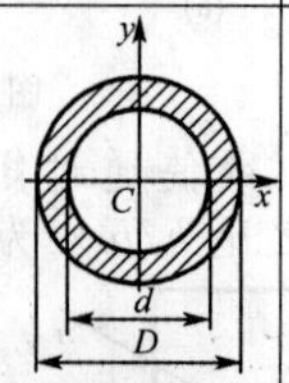	$\frac{\pi}{4}(D^2-d^2)$	对称轴交点	$I_x=I_y=\frac{\pi}{64}(D^4-d^4)$
3	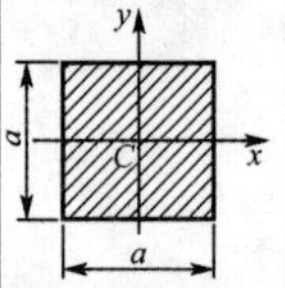	a^2	对称轴交点	$I_x=I_y=\frac{a^4}{12}$	6	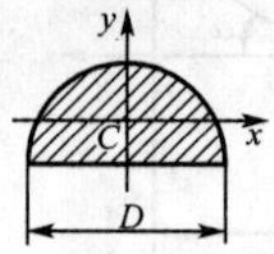	$\frac{\pi D^2}{8}$	y 轴上距底边 $\frac{2D}{3\pi}$ 处	$I_x=\frac{\pi D^4}{16}\left(\frac{1}{8}-\frac{8}{9\pi^2}\right)$ $I_y=\frac{\pi D^4}{128}$

附录Ⅲ 型钢规格表

表 1

热轧等边角钢 （GB/T 706—2008）

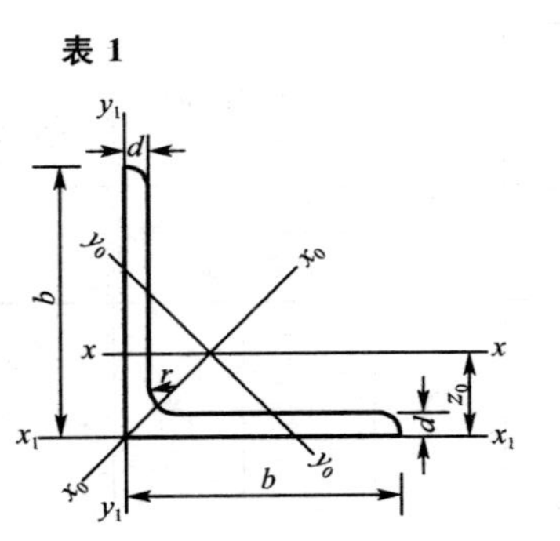

符号意义：

b——边宽度；

d——边厚度；

r——内圆弧半径；

r_1——边端内圆弧半径；

I——惯性矩；

i——惯性半径；

W——弯曲截面系数；

z_0——重心距离。

角钢号数	尺寸 mm			截面面积 cm^2	理论重量 kg/m	外表面积 m^2/m	参考数值										z_0 cm
							$x-x$			x_0-x_0			y_0-y_0			x_1-x_1	
	b	d	r				I_x cm^4	i_x cm	W_x cm^3	I_{x_0} cm^4	i_{x_0} cm	W_{x_0} cm^3	I_{y_0} cm^4	i_{y_0} cm	W_{y_0} cm^3	I_{x_1} cm^4	
2	20	3	3.5	1.132	0.889	0.078	0.40	0.59	0.29	0.63	0.75	0.45	0.17	0.39	0.20	0.81	0.60
		4		1.459	1.145	0.077	0.50	0.58	0.36	0.78	0.73	0.55	0.22	0.38	0.24	1.09	0.64
2.5	25	3		1.432	1.124	0.098	0.82	0.76	0.46	1.29	0.95	0.73	0.34	0.49	0.33	1.57	0.73
		4		1.859	1.459	0.097	1.03	0.74	0.59	1.62	0.93	0.92	0.43	0.48	0.40	2.11	0.76
3.0	30	3	4.5	1.749	1.373	0.117	1.46	0.91	0.68	2.31	1.15	1.09	0.61	0.59	0.51	2.71	0.85
		4		2.276	1.786	0.117	1.84	0.90	0.87	2.92	1.13	1.37	0.77	0.58	0.62	3.63	0.89
3.6	36	3		2.109	1.656	0.141	2.58	1.11	0.99	4.09	1.39	1.61	1.07	0.71	0.76	4.68	1.00
		4		2.756	2.163	0.141	3.29	1.09	1.28	5.22	1.38	2.05	1.37	0.70	0.93	6.25	1.04
		5		3.382	2.654	0.141	3.95	1.08	1.56	6.24	1.36	2.45	1.65	0.70	1.09	7.84	1.07

（续表）

角钢号数	尺寸 mm			截面面积 cm^2	理论重量 kg/m	外表面积 m^2/m	参考数值										z_0 cm
							$x-x$			x_0-x_0			y_0-y_0			x_1-x_1	
	b	d	r				I_x cm^4	i_x cm	W_x cm^3	I_{x_0} cm^4	i_{x_0} cm	W_{x_0} cm^3	I_{y_0} cm^4	i_{y_0} cm	W_{y_0} cm^3	I_{x_1} cm^4	
4.0	40	3	5	2.359	1.852	0.157	3.59	1.23	1.23	5.69	1.55	2.01	1.49	0.79	0.96	6.41	1.09
		4		3.086	2.422	0.157	4.60	1.22	1.60	7.29	1.54	2.58	1.91	0.79	1.19	8.56	1.13
		5		3.791	2.976	0.156	5.53	1.21	1.96	8.76	1.52	3.01	2.30	0.78	1.39	10.74	1.17
4.5	45	3		2.659	2.088	0.177	5.17	1.40	1.58	8.20	1.76	2.58	2.14	0.90	1.24	9.12	1.22
		4		3.486	2.736	0.177	6.65	1.38	2.05	10.56	1.74	3.32	2.75	0.89	1.54	12.18	1.26
		5		4.292	3.369	0.177	8.04	1.37	2.51	12.74	1.72	4.00	3.33	0.88	1.81	15.25	1.30
		6		5.076	3.985	0.176	9.33	1.36	2.95	14.76	1.70	4.64	3.89	0.88	2.06	18.36	1.33
5	50	3	5.5	2.971	2.332	0.197	7.18	1.55	1.96	11.37	1.96	3.22	2.98	1.00	1.57	12.50	1.34
		4		3.897	3.059	0.197	9.26	1.54	2.56	14.70	1.94	4.16	3.82	0.99	1.96	16.69	1.38
		5		4.803	3.770	0.196	11.21	1.53	3.13	17.79	1.92	5.03	4.64	0.98	2.31	20.90	1.42
		6		5.688	4.465	0.196	13.05	1.52	3.68	20.68	1.91	5.85	5.42	0.98	2.63	25.14	1.46
5.6	56	3	6	3.343	2.624	0.221	10.19	1.75	2.48	16.14	2.20	4.08	4.24	1.13	2.02	17.56	1.48
		4		4.390	3.446	0.220	13.18	1.73	3.24	20.92	2.18	5.28	5.46	1.11	2.52	23.43	1.53
		5		5.415	4.251	0.220	16.02	1.72	3.97	25.42	2.17	6.42	6.61	1.10	2.98	29.33	1.57
		6		6.420	5.040	0.220	18.69	1.72	4.68	29.66	2.15	7.49	7.73	1.10	3.40	35.26	1.64
		7		7.404	5.812	0.219	21.23	1.69	5.36	33.63	2.13	8.49	8.82	1.09	3.80	41.23	1.64
		8		8.367	6.568	0.219	23.63	1.68	6.03	37.37	2.11	9.44	9.89	1.09	4.16	47.24	1.68

（续表）

角钢号数	尺寸 mm			截面面积 cm^2	理论重量 kg/m	外表面积 m^2/m	参考数值										z_0 cm
							$x-x$			x_0-x_0			y_0-y_0			x_1-x_1	
	b	d	r				I_x cm^4	i_x cm	W_x cm^3	I_{x_0} cm^4	i_{x_0} cm	W_{x_0} cm^3	I_{y_0} cm^4	i_{y_0} cm	W_{y_0} cm^3	I_{x_1} cm^4	
6.3	63	4	7	4.978	3.907	0.248	19.03	1.96	4.13	30.17	2.46	6.78	7.89	1.26	3.29	33.35	1.70
		5		6.143	4.822	0.248	23.17	1.94	5.08	36.77	2.45	8.25	9.57	1.25	3.90	41.73	1.74
		6		7.288	5.721	0.247	27.12	1.93	6.00	43.03	2.43	9.66	11.20	1.24	4.46	50.14	1.78
		7		8.412	6.603	0.247	30.87	1.92	6.88	48.96	2.41	10.99	12.79	1.23	4.98	58.60	1.82
		8		9.515	7.469	0.247	34.46	1.90	7.75	54.56	2.40	12.25	14.33	1.23	5.47	67.11	1.85
		10		11.657	9.151	0.246	41.09	1.88	9.39	64.85	2.36	14.56	17.33	1.22	6.36	84.31	1.93
7	70	4	8	5.570	4.372	0.275	26.39	2.18	5.14	41.80	2.74	8.44	10.99	1.40	4.17	45.74	1.86
		5		6.875	5.397	0.275	32.21	2.16	6.32	51.08	2.73	10.35	13.34	1.39	4.95	57.21	1.91
		6		8.160	6.406	0.275	37.77	2.15	7.48	59.93	2.71	12.11	15.61	1.38	5.67	68.73	1.95
		7		9.424	7.398	0.275	43.09	2.14	8.59	65.35	2.69	13.81	17.82	1.38	6.34	80.29	1.99
		8		10.667	8.373	0.274	48.17	2.12	9.68	76.37	2.68	15.43	19.98	1.37	6.98	91.92	2.03
7.5	75	5	9	7.367	5.818	0.295	39.97	2.33	7.32	63.30	2.92	11.94	16.63	1.50	5.77	70.56	2.04
		6		8.797	6.905	0.294	46.95	2.31	8.64	74.38	2.90	14.02	19.51	1.49	6.67	84.55	2.07
		7		10.160	7.976	0.294	53.57	2.30	9.93	84.96	2.89	16.02	22.18	1.48	7.44	98.71	2.11
		8		11.503	9.030	0.294	59.96	2.28	11.20	95.07	2.88	17.93	24.86	1.47	8.19	112.97	2.15
		9		12.825	10.068	0.294	66.10	2.27	12.43	104.71	2.86	19.75	27.48	1.46	8.89	127.30	2.18
		10		14.126	11.089	0.293	71.98	2.26	13.64	113.92	2.84	21.48	30.05	1.46	9.56	141.71	2.22

（续表）

角钢号数	尺寸 mm			截面面积 cm^2	理论重量 kg/m	外表面积 m^2/m	参考数值										z_0 cm
							$x-x$			x_0-x_0			y_0-y_0			x_1-x_1	
	b	d	r				I_x cm^4	i_x cm	W_x cm^3	I_{x_0} cm^4	i_{x_0} cm	W_{x_0} cm^3	I_{y_0} cm^4	i_{y_0} cm	W_{y_0} cm^3	I_{x_1} cm^4	
8	80	5	9	7.912	6.211	0.315	48.79	2.48	8.34	77.33	3.13	13.67	20.25	1.60	6.66	85.36	2.15
		6		9.397	7.376	0.314	57.35	2.47	9.87	90.98	3.11	16.08	23.72	1.59	7.65	102.50	2.19
		7		10.860	8.525	0.314	65.58	2.46	11.37	104.07	3.10	18.40	27.09	1.58	8.58	119.70	2.23
		8		12.303	9.658	0.314	73.49	2.44	12.83	116.60	3.08	20.61	30.39	1.57	9.46	136.97	2.27
		9		13.725	10.774	0.314	81.11	2.43	14.25	128.60	3.06	22.73	33.61	1.56	10.29	154.31	2.31
		10		15.126	11.874	0.313	88.43	2.42	15.64	140.09	3.04	24.76	36.77	1.56	11.08	171.74	2.35
9	90	6	10	10.637	8.350	0.354	82.77	2.79	12.61	131.26	3.51	20.63	34.28	1.80	9.95	145.87	2.44
		7		12.301	9.656	0.354	94.83	2.78	14.54	150.47	3.50	23.64	39.18	1.78	11.19	170.30	2.48
		8		13.944	10.946	0.353	106.47	2.76	16.42	168.97	3.48	26.55	43.97	1.78	12.35	194.80	2.52
		9		15.566	12.219	0.353	117.72	2.75	18.27	186.77	3.46	29.35	48.66	1.77	13.46	219.39	2.56
		10		17.167	13.476	0.353	128.58	2.74	20.07	203.90	3.45	32.04	53.26	1.76	14.52	244.07	2.59
		12		20.306	15.940	0.352	149.22	2.71	23.57	236.21	3.41	37.12	62.22	1.75	16.49	293.76	2.67
10	100	6	12	11.932	9.366	0.393	114.95	3.01	15.68	181.98	3.90	25.74	47.92	2.00	12.69	200.07	2.67
		7		13.796	10.830	0.393	131.86	3.09	18.10	208.97	3.89	29.55	54.74	1.99	14.26	233.54	2.71
		8		15.638	12.276	0.393	148.24	3.08	20.47	235.07	3.88	33.24	61.41	1.98	15.75	267.09	2.76
		9		17.462	13.708	0.392	164.12	3.07	22.79	260.30	3.86	36.81	67.95	1.97	17.18	300.73	2.80
		10		19.261	15.120	0.392	179.51	3.05	25.06	284.68	3.84	40.26	74.35	1.96	18.54	334.48	2.84
		12		22.800	17.898	0.391	208.90	3.03	29.48	330.95	3.81	46.80	86.84	1.95	21.08	402.34	2.91
		14		26.256	20.611	0.391	236.53	3.00	33.73	374.06	3.77	52.90	99.00	1.94	23.44	470.75	2.99
		16		29.627	23.257	0.390	262.53	2.98	37.82	414.16	3.74	58.57	110.89	1.94	25.63	539.80	3.06

（续表）

角钢号数	尺寸 mm			截面面积 cm^2	理论重量 kg/m	外表面积 m^2/m	参考数值										z_0 cm
							$x-x$			x_0-x_0			y_0-y_0			x_1-x_1	
	b	d	r				I_x cm^4	i_x cm	W_x cm^3	I_{x_0} cm^4	i_{x_0} cm	W_{x_0} cm^3	I_{y_0} cm^4	i_{y_0} cm	W_{y_0} cm^3	I_{x_1} cm^4	
11	110	7	12	15.196	11.928	0.433	177.16	3.41	22.05	280.94	4.30	36.12	73.38	2.20	17.51	310.64	2.96
		8		17.238	13.532	0.433	199.46	3.40	24.95	316.49	4.28	40.69	82.42	2.19	19.39	355.20	3.01
		10		21.261	16.690	0.432	242.19	3.38	30.60	384.39	4.25	49.42	99.98	2.17	22.91	444.65	3.09
		12		25.200	19.782	0.431	282.55	3.35	36.05	448.17	4.22	57.62	116.93	2.15	26.15	534.60	3.16
		14		29.056	22.809	0.431	320.71	3.32	41.31	508.01	4.18	65.31	133.40	2.14	29.14	625.16	3.24
12.5	125	8	14	19.750	15.504	0.492	297.03	3.88	32.52	470.89	4.88	53.28	123.16	2.50	25.86	521.01	3.37
		10		24.373	19.133	0.491	361.67	3.85	39.97	573.89	4.85	64.93	149.46	2.48	30.62	651.93	3.45
		12		28.912	22.696	0.491	423.16	3.83	41.17	671.44	4.82	75.96	174.88	2.46	35.03	783.42	3.53
		14		33.367	26.193	0.490	481.65	3.80	54.16	763.73	4.78	86.41	199.57	2.45	39.13	915.61	3.61
		16		37.739	29.625	0.489	537.31	3.77	60.93	850.98	4.75	96.28	223.65	2.43	42.96	4 048.62	3.68
14	140	10	14	27.373	21.488	0.551	514.65	4.34	50.58	817.27	5.46	82.56	212.04	2.78	39.20	915.11	3.82
		12		32.512	25.522	0.551	603.68	4.31	59.80	958.79	5.43	96.85	248.57	2.76	45.02	1 099.28	3.90
		14		37.567	29.49	0.550	688.81	4.28	68.75	1 093.56	5.40	110.47	284.06	2.75	50.45	1 284.22	3.98
		16		42.539	33.393	0.549	770.24	4.26	77.46	1 221.81	5.36	123.42	318.67	2.74	55.55	1 470.07	4.06
15	150	8	14	23.750	18.644	0.592	521.37	4.69	47.36	827.49	5.90	78.02	215.25	3.01	38.14	899.55	3.99
		10		29.373	23.058	0.591	637.50	4.66	58.35	1 012.79	5.87	95.49	262.21	2.99	45.51	1 125.09	4.08
		12		34.912	27.406	0.591	748.85	4.63	69.04	1 189.97	5.84	112.19	307.73	2.97	52.38	1 351.26	4.15
		14		40.367	31.688	0.590	855.64	4.60	79.45	1 359.30	5.80	128.16	351.98	2.95	58.83	1 578.25	4.23
		15		43.063	33.804	0.590	907.39	4.59	84.56	1 441.09	5.78	135.87	373.69	2.95	61.90	1 692.10	4.27
		16		45.739	35.905	0.589	958.08	4.58	89.59	1 521.02	5.77	143.40	395.14	2.94	64.89	1 806.21	4.31

（续表）

角钢号数	尺寸 mm			截面面积 cm^2	理论重量 kg/m	外表面积 m^2/m	参考数值										z_0 cm
							$x-x$			x_0-x_0			y_0-y_0			x_1-x_1	
	b	d	r				I_x cm^4	i_x cm	W_x cm^3	I_{x_0} cm^4	i_{x_0} cm	W_{x_0} cm^3	I_{y_0} cm^4	i_{y_0} cm	W_{y_0} cm^3	I_{x_1} cm^4	
16	160	10	16	31.502	24.729	0.630	779.53	4.98	66.70	1 237.30	6.27	109.36	321.76	3.20	52.76	1 365.33	4.31
		12		37.441	29.391	0.630	916.58	4.95	78.98	1 455.68	6.24	128.67	377.49	3.18	60.74	1 639.57	4.39
		14		43.296	33.987	0.629	1 048.36	4.92	90.95	1 665.02	6.20	147.17	431.70	3.16	68.244	1 914.68	4.47
		16		49.067	38.518	0.629	1 175.08	4.89	102.63	1 865.57	6.17	164.89	484.59	3.14	75.31	2 190.82	4.55
18	180	12	16	42.241	33.159	0.710	1 321.35	5.59	100.82	2 100.10	7.05	165.00	542.61	3.58	78.41	2 332.80	4.89
		14		48.896	38.388	0.709	1 514.48	5.56	116.25	2 407.42	7.02	189.14	625.53	3.56	88.38	2 723.48	4.97
		16		55.467	43.542	0.709	1 700.99	5.54	131.13	2 703.37	6.98	212.40	698.60	3.55	97.83	3 115.29	5.05
		18		61.955	48.634	0.708	1 875.12	5.50	145.64	2 988.24	6.94	234.78	762.01	3.51	105.14	3 502.43	5.13
20	200	14	18	54.642	42.894	0.788	2 103.55	6.20	144.70	3 343.26	7.82	236.40	863.83	3.98	111.82	3 734.10	5.46
		16		62.013	48.680	0.788	2 366.15	6.18	163.65	3 760.89	7.79	265.93	971.41	3.96	123.96	4 270.39	5.54
		18		69.301	54.401	0.787	2 620.64	6.15	182.22	4 164.54	7.75	294.48	1 076.74	3.94	135.52	4 808.13	5.62
		20		76.505	60.056	0.787	2 867.30	6.12	200.42	4 554.55	7.72	322.06	1 180.04	3.93	146.55	5 347.51	5.69
		24		90.661	71.168	0.785	3 338.25	6.07	236.17	5 294.97	7.64	374.41	1 381.53	3.90	166.55	6 457.16	5.87

（续表）

角钢号数	尺寸 mm			截面面积 cm^2	理论重量 kg/m	外表面积 m^2/m	参考数值										z_0 cm
							$x-x$			x_0-x_0			y_0-y_0			x_1-x_1	
	b	d	r				I_x cm^4	i_x cm	W_x cm^3	I_{x_0} cm^4	i_{x_0} cm	W_{x_0} cm^3	I_{y_0} cm^4	i_{y_0} cm	W_{y_0} cm^3	I_{x_1} cm^4	
22	220	16	21	68.664	53.901	0.866	3 187.36	6.81	199.55	5 063.73	8.59	325.51	1 310.99	4.37	153.81	5 681.62	6.03
		18		76.752	60.250	0.866	3 534.30	6.79	222.37	5 615.32	8.55	360.97	1 453.27	4.35	168.29	6 395.93	6.11
		20		84.756	66.533	0.865	3 871.49	6.76	244.77	6 150.08	8.52	395.34	1 592.90	4.34	182.16	7 112.04	6.18
		22		92.676	72.751	0.865	4 199.23	6.73	266.78	6 668.37	8.48	428.66	1 730.10	4.32	195.45	7 830.19	6.26
		24		100.512	78.902	0.864	4 517.83	6.70	288.39	7 170.55	8.45	460.94	1 865.11	4.31	208.21	8 550.57	6.33
		26		108.264	84.987	0.864	4 827.58	6.68	309.62	7 656.98	8.41	492.21	1 988.17	4.30	220.49	9 273.39	6.41
25	250	18	24	87.842	68.956	0.985	5 268.22	7.74	290.12	8 369.04	9.76	473.42	2 167.41	4.97	224.03	9 379.11	6.84
		20		97.045	76.180	0.984	5 779.34	7.72	319.66	9 181.94	9.73	519.41	2 376.74	4.95	242.85	10 426.97	6.92
		24		115.201	90.433	0.983	6 763.93	7.66	377.34	10 742.67	9.66	607.70	2 785.19	4.92	278.38	12 529.74	7.70
		26		124.154	97.461	0.982	7 238.08	7.63	405.50	11 491.33	9.62	650.05	2 984.84	4.90	295.19	13 585.18	7.15
		28		133.022	104.422	0.982	7 700.60	7.61	433.22	12 219.39	9.58	691.23	3 181.81	4.89	311.42	14 643.62	7.22
		30		141.807	111.318	0.981	8 151.80	7.58	460.51	12 927.26	9.55	731.28	3 376.34	4.88	327.12	15 705.30	7.30
		32		150.508	118.149	0.981	8 592.01	7.56	487.39	13 651.32	9.51	770.20	3 568.71	4.87	342.33	16 770.41	7.37
		35		163.402	128.271	0.980	9 232.44	7.52	526.97	14 611.16	9.46	826.53	3 853.72	4.86	364.30	18 374.95	7.48

注：截面图中的 $r_1=d/3$ 及表中 r 值的数据用于孔型设计，不做为交货条件。

表 2

热轧不等边角钢 （GB/T 706－2008）

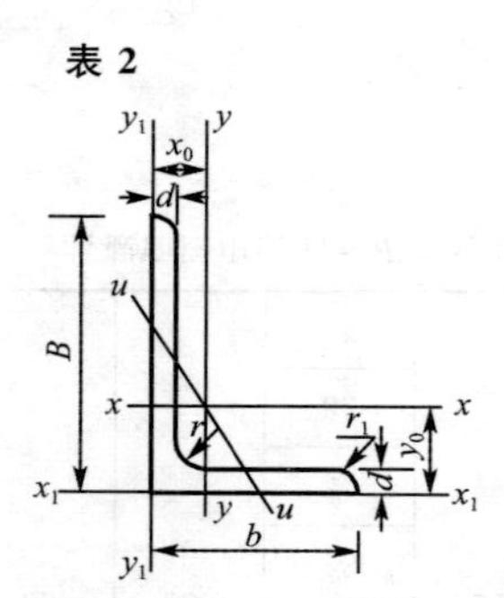

符号意义：

B——长边宽度；　　b——短边宽度；

d——边厚度；　　r——内圆弧半径；

r_1——边端内圆弧半径；　　I——惯性矩；

i——惯性半径；　　W——弯曲截面系数；

x_0——形心半径；　　y_0——形心坐标。

角钢号数	尺寸 mm				截面面积	理论重量	外表面积	参考数值													
								$x-x$			$y-y$			x_1-x_1		y_1-y_1		$u-u$			
	B	b	d	r	cm^2	kg/m	m^2/m	I_x cm^4	i_x cm	W_x cm^3	I_y cm^4	i_y cm	W_y cm^3	I_{x_1} cm^4	y_0 cm	I_{y_1} cm^4	x_0 cm	I_u cm^4	i_u cm	W_u cm^3	$\tan\alpha$
2.5/1.6	25	16	3	3.5	1.162	0.912	0.080	0.70	0.78	0.43	0.22	0.44	0.19	1.56	0.86	0.43	0.42	0.14	0.34	0.16	0.392
			4		1.499	1.176	0.079	0.88	0.77	0.55	0.27	0.43	0.24	2.09	0.90	0.59	0.46	0.17	0.34	0.20	0.381
3.2/2	32	20	3		1.492	1.171	0.102	1.53	1.01	0.72	0.46	0.55	0.30	3.27	1.08	0.82	0.49	0.28	0.43	0.25	0.382
			4		1.939	1.522	0.101	1.93	1.00	0.93	0.57	0.54	0.39	4.37	1.12	1.12	0.53	0.35	0.42	0.32	0.374
4/2.5	40	25	3	4	1.890	1.484	0.127	3.08	1.28	1.15	0.93	0.70	0.49	6.39	1.32	1.59	0.59	0.56	0.54	0.40	0.386
			4		2.467	1.936	0.127	3.93	1.26	1.49	1.18	0.69	0.63	8.53	1.37	2.14	0.63	0.71	0.54	0.52	0.381
4.5/2.8	45	28	3	5	2.149	1.687	0.143	4.45	1.44	1.47	1.34	0.79	0.62	9.10	1.47	2.23	0.64	0.80	0.61	0.51	0.383
			4		2.806	2.203	0.143	5.69	1.42	1.91	1.70	0.78	0.80	12.13	1.51	3.00	0.68	1.02	0.60	0.66	0.380
5/3.2	50	32	3	5.5	2.431	1.908	0.161	6.24	1.60	1.84	2.02	0.91	0.82	12.49	1.60	3.31	0.73	1.20	0.70	0.68	0.404
			4		3.177	2.494	0.160	8.02	1.59	2.39	2.58	0.90	1.06	16.65	1.65	4.45	0.77	1.53	0.69	0.87	0.402
5.6/3.6	56	36	3	6	2.743	2.153	0.181	8.88	1.80	2.32	2.92	1.03	1.05	17.54	1.78	4.70	0.80	1.73	0.79	0.87	0.408
			4		3.590	2.818	0.180	11.25	1.79	3.03	3.76	1.02	1.37	23.39	1.82	6.33	0.85	2.23	0.79	1.13	0.408
			5		4.415	3.466	0.180	13.86	1.77	3.71	4.49	1.01	1.65	29.25	1.87	7.94	0.88	2.67	0.78	1.36	0.404

（续表）

角钢号数	尺寸 mm				截面面积 cm^2	理论重量 kg/m	外表面积 m^2/m	参考数值													
								$x-x$			$y-y$			x_1-x_1		y_1-y_1		$u-u$			
	B	b	d	r				I_x cm^4	i_x cm	W_x cm^3	I_y cm^4	i_y cm	W_y cm^3	I_{x_1} cm^4	y_0 cm	I_{y_1} cm^4	x_0 cm	I_u cm^4	i_u cm	W_u cm^3	$\tan\alpha$
6.3/4	63	40	4	7	4.058	3.185	0.202	16.49	2.02	3.87	5.23	1.14	1.70	33.30	2.04	8.63	0.92	3.12	0.88	1.40	0.398
			5		4.993	3.920	0.202	20.02	2.00	4.74	6.31	1.12	2.71	41.63	2.08	10.86	0.95	3.76	0.87	1.71	0.396
			6		5.908	4.638	0.201	23.36	1.96	5.59	7.29	1.11	2.43	49.98	2.12	13.12	0.99	4.34	0.86	1.99	0.393
			7		6.802	5.339	0.201	26.53	1.98	6.40	8.24	1.10	2.78	58.07	2.15	15.47	1.03	4.97	0.86	2.29	0.389
7/4.5	70	45	4	7.5	4.547	3.570	0.226	23.17	2.26	4.86	7.55	1.29	2.17	45.92	2.24	12.26	1.02	4.40	0.98	1.77	0.410
			5		5.609	4.403	0.225	27.95	2.23	5.92	9.13	1.28	2.65	57.10	2.28	15.39	1.06	5.40	0.98	2.19	0.407
			6		6.647	5.218	0.225	32.54	2.21	6.95	10.62	1.26	3.12	68.35	2.32	18.58	1.09	6.35	0.98	2.59	0.404
			7		7.657	6.011	0.225	37.22	2.20	8.03	12.01	1.25	3.57	79.99	2.36	21.84	1.13	7.16	0.97	2.94	0.402
(7.5/5)	75	50	5	8	6.125	4.808	0.245	34.86	2.39	6.83	12.61	1.44	3.30	70.00	2.40	21.04	1.17	7.41	1.10	2.74	0.435
			6		7.260	5.699	0.245	41.12	2.38	8.12	14.70	1.42	3.88	84.30	2.44	25.37	1.21	8.54	1.08	3.19	0.435
			8		9.467	7.431	0.244	52.39	2.35	10.52	18.53	1.40	4.99	112.50	2.52	34.23	1.29	10.87	1.07	4.10	0.429
			10		11.590	9.098	0.244	62.71	2.33	12.79	21.96	1.38	6.04	140.80	2.60	43.43	1.36	13.10	1.06	4.99	0.423
8/5	80	50	5	8	6.375	5.005	0.255	41.96	2.56	7.78	12.82	1.42	3.32	85.21	2.60	21.06	1.14	7.66	1.10	2.74	0.388
			6		7.560	5.935	0.255	49.49	2.56	9.25	14.95	1.41	3.91	102.53	2.65	25.41	1.18	8.85	1.08	3.20	0.387
			7		8.724	6.848	0.255	56.16	2.54	10.58	16.96	1.39	4.48	119.33	2.69	29.82	1.21	10.18	1.08	3.70	0.384
			8		9.867	7.745	0.254	62.83	2.52	11.92	18.85	1.38	5.03	136.41	2.73	34.32	1.25	11.38	1.07	4.16	0.381
9/5.6	90	56	5	9	7.212	5.661	0.287	60.45	2.90	9.92	18.32	1.59	4.21	121.32	2.91	29.53	1.25	10.98	1.23	3.49	0.385
			6		8.557	6.717	0.286	71.03	2.88	11.74	21.42	1.58	4.96	145.59	2.95	35.58	1.29	12.90	1.23	4.18	0.384
			7		9.880	7.756	0.286	81.01	2.86	13.49	24.36	1.57	5.70	169.66	3.00	41.71	1.33	14.67	1.22	4.72	0.382
			8		11.183	8.779	0.286	91.03	2.85	15.27	27.15	1.56	6.41	194.17	3.04	47.93	1.36	16.34	1.21	5.29	0.380

（续表）

角钢号数	尺寸 mm				截面面积 cm²	理论重量 kg/m	外表面积 m²/m	参考数值													
								$x-x$			$y-y$			x_1-x_1		y_1-y_1		$u-u$			
	B	b	d	r				I_x cm⁴	i_x cm	W_x cm³	I_y cm⁴	i_y cm	W_y cm³	I_{x_1} cm⁴	y_0 cm	I_{y_1} cm⁴	x_0 cm	I_u cm⁴	i_u cm	W_u cm³	$\tan\alpha$
10/6.3	100	63	6	10	9.617	7.550	0.320	99.06	3.21	14.64	30.94	1.79	6.35	199.71	3.24	50.50	1.43	18.42	1.38	5.25	0.394
			7		11.111	8.722	0.320	113.45	3.29	16.88	35.26	1.78	7.29	233.00	3.28	59.14	1.47	21.00	1.38	6.02	0.393
			8		12.584	9.878	0.319	127.37	3.18	19.08	39.39	1.77	8.21	266.32	3.32	67.88	1.50	23.50	1.37	6.78	0.391
			10		15.467	12.142	0.319	153.81	3.15	23.32	47.12	1.74	9.98	333.06	3.40	85.73	1.58	28.33	1.35	8.24	0.387
10/8	100	80	6	10	10.637	8.350	0.354	107.04	3.17	15.19	61.24	2.40	10.16	199.83	2.95	102.68	1.97	31.65	1.72	8.37	0.627
			7		12.301	9.656	0.354	122.73	3.16	17.52	70.08	2.39	11.71	233.20	3.00	119.98	2.01	36.17	1.72	9.60	0.626
			8		13.944	10.946	0.353	137.92	3.14	19.81	78.58	2.37	13.21	266.61	3.04	137.37	2.05	40.58	1.71	10.80	0.625
			10		17.167	13.476	0.353	166.87	3.12	24.24	94.65	2.35	16.12	333.63	3.12	172.48	2.13	49.10	1.69	13.12	0.622
11/7	110	70	6	10	10.637	8.350	0.354	133.37	3.54	17.85	42.92	2.01	7.90	265.78	3.53	69.08	1.57	25.36	1.54	6.53	0.403
			7		12.301	9.656	0.354	153.00	3.53	20.60	49.01	2.00	9.09	310.07	3.57	80.82	1.61	28.95	1.53	7.50	0.402
			8		13.944	10.946	0.353	172.04	3.51	23.30	54.87	1.98	10.25	354.39	3.62	92.70	1.65	32.45	1.53	8.45	0.401
			10		17.167	13.476	0.353	208.39	3.48	28.54	65.88	1.96	12.48	443.13	3.70	116.83	1.72	39.20	1.51	10.29	0.397
12.5/8	125	80	7	11	14.096	11.066	0.403	227.98	4.02	26.86	74.42	2.30	12.01	454.99	4.01	120.32	1.80	43.81	1.76	9.92	0.408
			8		15.989	12.551	0.403	256.77	4.01	30.41	83.49	2.28	13.56	519.99	4.06	137.85	1.84	49.15	1.75	11.18	0.407
			10		19.712	15.474	0.402	312.04	3.98	37.33	100.67	2.26	16.56	650.09	4.14	173.40	1.92	59.45	1.74	13.64	0.404
			12		23.351	18.330	0.402	364.41	3.95	44.01	116.67	2.24	19.43	780.39	4.22	209.67	2.00	69.35	1.72	16.01	0.400
14/9	140	90	8	12	18.038	14.160	0.453	365.64	4.50	38.48	120.69	2.59	17.34	730.53	4.50	195.79	2.04	70.83	1.98	14.31	0.411
			10		22.261	17.475	0.452	445.50	4.47	47.31	146.03	2.56	21.22	913.20	4.58	245.92	2.12	85.82	1.96	17.48	0.409
			12		26.400	20.724	0.451	521.59	4.44	55.87	169.79	2.54	24.95	1 096.09	4.66	296.89	2.19	100.21	1.95	20.54	0.406
			14		30.456	23.908	0.451	594.10	4.42	64.18	192.10	2.51	28.54	1 279.26	4.74	348.82	2.27	114.13	1.94	23.52	0.403

（续表）

角钢号数	尺寸 mm				截面面积 cm^2	理论重量 kg/m	外表面积 m^2/m	参考数值														
								$x-x$			$y-y$			x_1-x_1		y_1-y_1		$u-u$				
	B	b	d	r				I_x cm^4	i_x cm	W_x cm^3	I_y cm^4	i_y cm	W_y cm^3	I_{x_1} cm^4	y_0 cm	I_{y_1} cm^4	x_0 cm	I_u cm^4	i_u cm	W_u cm^3	$\tan\alpha$
15/9	150	90	8	12	18.839	14.788	0.473	442.05	4.84	43.86	122.08	2.55	17.47	898.35	4.92	195.96	1.97	74.14	1.98	14.48	0.364
			10		23.261	18.260	0.472	539.24	4.81	53.97	148.62	2.53	21.38	1 122.85	5.01	246.26	2.05	89.86	1.97	17.69	0.362
			12		27.600	21.666	0.471	632.08	4.79	63.79	172.85	2.50	25.14	1 347.50	5.09	297.46	2.12	104.95	1.95	20.80	0.359
			14		31.856	25.007	0.471	720.77	4.76	73.33	195.62	2.48	28.77	1 572.38	5.17	349.74	2.20	119.53	1.94	23.84	0.356
			15		33.952	26.652	0.471	763.62	4.74	77.99	206.50	2.47	30.53	1 684.93	5.21	376.33	2.24	126.67	1.93	25.33	0.354
			16		36.027	28.281	0.470	805.51	4.73	82.60	217.07	2.45	32.27	1 797.55	5.25	403.24	2.27	133.72	1.93	26.82	0.352
16/10	160	100	10	13	25.315	19.872	0.512	668.69	5.14	62.13	205.03	2.85	26.56	1 362.89	5.24	336.59	2.28	121.74	2.19	21.92	0.390
			12		30.054	23.592	0.511	784.91	5.11	73.49	239.06	2.82	31.28	1 635.56	5.32	405.94	2.36	142.33	2.17	25.79	0.388
			14		34.709	27.247	0.510	896.30	5.08	84.56	271.20	2.80	35.83	1 908.50	5.40	476.42	2.43	162.23	2.16	29.56	0.385
			16		39.281	30.835	0.510	1 003.04	5.05	95.33	301.60	2.77	40.24	2 181.79	5.48	548.22	2.51	182.57	2.16	33.44	0.382
18/11	180	110	10	14	28.373	22.273	0.571	956.25	5.80	78.96	278.11	3.13	32.49	1 940.40	5.89	447.22	2.44	166.50	2.42	26.88	0.376
			12		33.712	26.464	0.571	1 124.72	5.78	93.53	325.03	3.10	38.32	2 328.38	5.98	538.94	2.52	194.87	2.40	31.66	0.374
			14		38.967	30.589	0.570	1 286.91	5.75	107.76	369.55	3.08	43.97	2 716.60	6.06	631.95	2.59	222.30	2.39	36.32	0.372
			16		44.139	34.649	0.569	1 443.06	5.72	121.64	411.85	3.06	49.44	3 105.15	6.14	726.46	2.67	248.94	2.38	40.87	0.369
20/12.5	200	125	12		37.912	29.761	0.641	1 570.90	6.44	116.73	483.16	3.57	49.99	3 193.85	6.54	787.74	2.83	285.79	2.74	41.23	0.392
			14		43.867	34.436	0.640	1 800.97	6.41	134.65	550.83	3.54	57.44	3 726.17	6.02	922.47	2.91	326.58	2.73	47.34	0.390
			16		49.739	39.045	0.639	2 023.35	6.38	152.18	615.44	3.52	64.69	4 258.86	6.70	1 058.86	2.99	366.21	2.71	53.32	0.383
			18		55.526	43.588	0.639	2 238.30	6.35	169.33	677.19	3.49	71.74	4 792.00	6.78	1 197.13	3.06	404.83	2.70	59.18	0.385

注：1. 括号内型号不推荐使用。2. 截面图中的 $r_1=d/3$ 及表中 r 的数据用于孔型设计，不做为交货条件。

表 3

热轧工字钢(GB－T706－2008)

符号意义：

h——高度；
b——腿宽度；
d——腰厚度；
δ——平均腿厚度；
r——内圆弧半径；
r_1——腿端圆弧半径；
I——惯性矩；
W——弯曲截面系数；
i——惯性半径；
S——半截面的静矩。

型号	尺寸 mm						截面面积 cm^2	理论重量 kg/m	参考数值						
									$x-x$				$y-y$		
	h	b	d	δ	r	r_1			I_x cm^4	W_x cm^3	i_x cm	$I_x:S_x$ cm	I_y cm^4	W_y cm^3	i_y cm
10	100	68	4.5	7.6	6.5	3.3	14.345	11.261	245	49.0	4.14	8.59	33.0	9.72	1.52
12	120	74	5.0	8.4	7.0	3.5	17.818	13.987	436	72.7	4.95	—	46.9	12.7	1.62
12.6	126	74	5	8.4	7	3.5	18.118	14.223	488.43	77.5	5.20	10.85	46.9	12.67	1.609
14	140	80	5.5	9.1	7.5	3.8	21.516	16.890	712	102	5.76	12	64.4	16.1	1.73
16	160	88	6	9.9	8	4	26.131	20.513	1 130	141	6.58	13.8	93.1	21.2	1.89
18	180	94	6.5	10.7	8.5	4.3	30.756	24.143	1 660	185	7.36	15.4	122	26.0	2.00
20a	200	100	7	11.4	9	4.5	35.578	27.929	2 370	237	8.15	17.2	158	31.5	2.12
20b	200	102	9	11.4	9	4.5	39.578	31.069	2 500	250	7.96	16.9	169	33.1	2.06
22a	220	110	7.5	12.3	9.5	4.8	42.128	33.070	3 400	309	8.99	18.9	225	40.9	2.31
22b	220	112	9.5	12.3	9.5	4.8	46.528	36.524	3 570	325	8.78	18.7	239	42.7	2.27
24a	240	116	8.0	13.0	10.0	5.0	47.741	37.477	4 570	381	9.77	—	280	48.4	2.42

（续表）

型号	尺寸 mm						截面面积 cm^2	理论重量 kg/m	参考数值						
									$x-x$				$y-y$		
	h	b	d	δ	r	r_1			I_x cm^4	W_x cm^3	i_x cm	$I_x:S_x$ cm	I_y cm^4	W_y cm^3	i_y cm
24b	240	118	10.0	13.0	10.0	5.0	52.541	41.245	4 800	400	9.57	—	297	50.4	2.38
25a	250	116	8.0	13.0	10.0	5.0	48.541	38.105	5 020	402	10.2	21.58	280	48.3	2.40
25b	250	118	10.0	13.0	10.0	5.0	53.541	42.030	5 280	423	9.94	21.27	309	52.4	2.40
27a	270	122	8.5	13.7	10.5	5.3	54.554	42.825	6 550	485	9.94	—	345	56.6	2.40
27b	270	124	10.5	13.7	10.5	5.3	59.954	47.064	6 870	509	10.9	—	366	58.9	2.51
28a	280	122	8.5	13.7	10.5	5.3	55.404	43.492	7 110	508	11.3	24.62	345	56.6	2.50
28b	280	124	10.5	13.7	10.5	5.3	61.004	47.888	7 480	534	11.1	24.24	379	61.2	2.49
30a	300	126	9.0	14.4	11.0	5.5	61.254	48.084	8 950	597	12.1	—	400	63.5	2.55
30b	300	128	11.0	14.4	11.0	5.5	67.254	52.794	9 400	627	11.8	—	422	65.9	2.50
30c	300	130	13.0	14.4	11.0	5.5	73.254	57.504	9 850	657	11.6	—	445	68.5	2.46
32a	320	130	9.5	15	11.5	5.8	67.156	52.717	11 100	692	12.8	27.46	460	70.8	2.62
32b	320	132	11.5	15	11.5	5.8	73.556	57.741	11 600	726	12.6	27.09	502	76.0	2.61
32c	320	134	13.5	15	11.5	5.8	79.956	62.765	12 200	760	12.3	26.77	544	81.2	2.61
36a	360	136	10	15.8	12	6	76.480	60.037	15 800	875	14.4	30.7	552	81.2	2.69
36b	360	138	12	15.8	12	6	83.680	65.689	16 500	919	14.1	30.3	582	84.3	2.64
36c	360	140	14	15.8	12	6	90.880	71.341	17 300	962	13.8	29.9	612	87.4	2.60
40a	400	142	10.5	16.5	12.5	6.3	86.112	67.598	21 700	1 090	15.9	34.1	660	93.2	2.77
40b	400	144	12.5	16.5	12.5	6.3	94.112	73.878	22 800	1 140	15.6	33.6	692	96.2	2.71

（续表）

型号	尺寸 mm						截面面积 cm^2	理论重量 kg/m	参考数值						
									$x-x$				$y-y$		
	h	b	d	δ	r	r_1			I_x cm^4	W_x cm^3	i_x cm	$I_x:S_x$ cm	I_y cm^4	W_y cm^3	i_y cm
40c	400	146	14.5	16.5	12.5	6.3	102.112	80.158	23 900	1 190	15.2	33.2	727	99.6	2.65
45a	450	150	11.5	18	13.5	6.8	102.446	80.420	32 200	1 430	17.7	38.6	855	114	2.89
45b	450	152	13.5	18	13.5	6.8	111.446	87.485	33 800	1 500	17.4	38	894	118	2.84
45c	450	154	15.5	18	13.5	6.8	120.446	94.550	35 300	1 570	17.1	37.6	938	122	2.79
50a	500	158	12	20	14	7	119.304	93.654	46 500	1 860	19.7	42.8	1 120	142	3.07
50b	500	160	14	20	14	7	129.304	101.504	48 600	1 940	19.4	42.4	1 170	146	3.04
50c	500	162	16	20	14	7	139.304	109.354	50 600	2 080	19	41.8	1 220	151	2.96
55a	550	166	12.5	21.0	14.5	7.3	134.185	105.335	62 900	2 290	21.6	—	1 370	164	3.19
55b	550	168	14.5	21.0	14.5	7.3	145.185	113.970	65 600	2 390	21.2	—	1 420	170	3.14
55c	550	170	16.5	21.0	14.5	7.3	156.185	122.605	68 400	2 490	20.9	—	1 480	175	3.08
56a	560	166	12.5	21	14.5	7.3	135.435	106.316	65 600	2 340	22.0	47.73	1 370	165	3.18
56b	560	168	14.5	21	14.5	7.3	146.635	115.108	68 500	2 450	21.6	47.17	1 490	174	3.16
56c	560	170	16.5	21	14.5	7.3	157.835	123.900	71 400	2 550	21.3	46.66	1 560	183	3.16
63a	630	176	13	22	15	7.5	154.658	121.407	93 900	2 980	24.5	54.17	1 700	193	3.31
63b	630	178	15	22	15	7.5	167.258	131.298	98 100	3 160	24.2	53.51	1 810	204	3.29
63c	630	180	17	22	15	7.5	179.858	141.189	102 000	3 300	23.8	52.92	1 920	214	3.27

注：截面图和表中标注的圆弧半径 r,r_1 的数据用于孔型设计，不作为交货条件。

表 4

热轧槽钢(GB－T706－2008)

符号意义：

h——高度；　　r_1——腿端圆弧半径；

b——腿宽度；　　I——惯性矩；

d——腰厚度；　　W——弯曲截面系数；

δ——平均腿厚度；　　i——惯性半径；

r——内圆弧半径；　　z_0——$y-y$ 轴与 y_1-y_1 轴间距。

型号	尺寸 mm						截面面积 cm^2	理论重量 kg/m	参考数值							
									$x-x$			$y-y$			y_1-y_1	
	h	b	d	δ	r	r_1			W_x cm^3	I_x cm^4	i_x cm	W_y cm^3	I_y cm^4	i_y cm	I_{y1} cm^4	z_0 cm
5	50	37	4.5	7	7	3.5	6.928	5.438	10.4	26	1.94	3.55	8.3	1.1	20.9	1.35
6.3	63	40	4.8	7.5	7.5	3.8	8.451	6.634	16.1	50.8	2.45	4.50	11.9	1.19	28.4	1.36
6.5	65	40	4.3	7.5	7.5	3.8	8.547	6.709	17.0	55.2	2.54	4.59	12.0	1.19	28.3	1.38
8	80	43	5	8	8	4	10.248	8.045	25.3	101	3.15	5.79	16.6	1.27	37.4	1.43
10	100	48	5.3	8.5	8.5	4.2	12.748	10.007	39.7	198	3.95	7.8	25.6	1.41	54.9	1.52
12	120	53	5.5	9.0	9.0	4.5	15.362	12.059	57.7	346	4.75	10.2	37.4	1.56	77.7	1.62
12.6	126	53	5.5	9	9	4.5	15.692	12.318	62.1	391	4.95	10.2	38.0	1.57	77.1	1.59
14a	140	58	6	9.5	9.5	4.8	18.516	14.535	80.5	564	5.52	13.0	53.2	1.70	107	1.71
14b	140	60	8	9.5	9.5	4.8	21.316	16.733	87.1	609	5.35	14.1	61.1	1.69	121	1.67

（续表）

型号	尺寸 mm						截面面积 cm^2	理论重量 kg/m	参考数值							
									$x-x$			$y-y$			y_1-y_1	
	h	b	d	δ	r	r_1			W_x cm^3	I_x cm^4	i_x cm	W_y cm^3	I_y cm^4	i_y cm	I_{y1} cm^4	z_0 cm
16a	160	63	6.5	10	10	5	21.962	17.24	108	866	6.28	16.3	73.3	1.83	144	1.8
16b	160	65	8.5	10	10	5	25.162	19.752	117	935	6.10	17.6	83.4	1.82	161	1.75
18a	180	68	7	10.5	10.5	5.2	25.699	20.174	141	1 270	7.04	20.0	98.6	1.96	190	1.88
18b	180	70	9	10.5	10.5	5.2	29.299	23.00	152	1 370	6.84	21.5	111	1.95	210	1.84
20a	200	73	7	11	11	5.5	28.837	22.637	178	1 780	7.86	24.2	128	2.11	244	2.01
20b	200	75	9	11	11	5.5	32.837	25.777	191	1 910	7.64	25.9	144	2.09	268	1.95
22a	220	77	7	11.5	11.5	5.8	31.846	24.999	218	2 390	8.67	28.2	158	2.23	298	2.10
22b	220	79	9	11.5	11.5	5.8	36.246	28.453	234	2 570	8.42	30.1	176	2.21	326	2.03
24a	240	78	7	12	12	6	34.217	26.860	254	3 050	9.45	30.5	174	2.25	325	2.10
24b	240	80	9	12	12	6	39.017	30.628	274	3 280	9.17	32.5	194	2.23	355	2.03
24c	240	82	11	12	12	6	43.817	34.396	293	3 510	8.96	34.4	213	2.21	388	2.00
25a	250	78	7	12	12	6	34.917	27.410	270	3 370	9.82	30.6	176	2.24	322	2.07
25b	250	80	9	12	12	6	39.917	31.335	282	3 530	9.41	32.7	196	2.22	353	1.98
25c	250	82	11	12	12	6	44.917	35.260	295	3 690	9.07	35.9	218	2.21	384	1.92
27a	270	82	7.5	12.5	12.5	6.2	39.284	30.838	323	4 360	10.5	35.5	216	2.34	393	2.13

（续表）

型号	尺寸 mm						截面面积 cm^2	理论重量 kg/m	参考数值							
									$x-x$			$y-y$			y_1-y_1	
	h	b	d	δ	r	r_1			W_x cm^3	I_x cm^4	i_x cm	W_y cm^3	I_y cm^4	i_y cm	I_{y1} cm^4	z_0 cm
27b	270	84	9.5	12.5	12.5	6.2	44.684	35.077	347	4 690	10.3	37.7	239	2.31	428	2.06
27c	270	86	11.5	12.5	12.5	6.2	50.084	39.316	372	5 020	10.1	39.8	261	2.28	467	2.03
28a	280	82	7.5	12.5	12.5	6.2	40.034	31.427	340	4 760	10.9	35.7	218	2.33	388	2.10
28b	280	84	9.5	12.5	12.5	6.2	45.634	35.823	366	5 130	10.6	37.9	242	2.30	428	2.02
28c	280	86	11.5	12.5	12.5	6.2	51.234	40.219	393	5 500	10.4	40.3	268	2.29	463	1.95
30a	300	85	7.5	13.5	13.5	6.8	43.902	34.463	403	6 050	11.7	41.1	260	2.43	467	2.17
30b	300	87	9.5	13.5	13.5	6.8	49.902	39.173	433	6 500	11.4	44.0	289	2.41	515	2.13
30c	300	89	11.5	13.5	13.5	6.8	55.902	43.883	463	6 950	11.2	46.4	316	2.38	560	2.09
32a	320	88	8	14	14	7	48.513	38.083	475	7 600	12.5	46.5	305	2.50	552	2.24
32b	320	90	10	14	14	7	54.913	43.107	509	8 140	12.2	49.2	336	2.47	593	2.16
32c	320	92	12	14	14	7	61.13	48.131	543	8 690	11.9	52.6	374	2.47	643	2.09
36a	360	96	9	16	16	8	60.910	47.814	660	11 900	14.0	63.5	455	2.73	818	2.44
36b	360	98	11	16	16	8	68.110	53.466	703	12 700	13.6	66.9	497	2.7	880	2.37
36c	360	100	13	16	16	8	75.310	59.118	746	13 400	13.4	70.0	536	2.67	948	2.34
40a	400	100	10.5	18	18	9	75.068	58.928	879	17 600	15.3	78.8	592	2.81	1 070	2.49
40b	400	102	12.5	18	18	9	83.068	65.208	932	18 600	15.0	82.5	640	2.78	1 140	2.44
40c	400	104	14.5	18	18	9	91.068	71.488	986	19 700	14.7	86.2	688	2.75	1 220	2.42

注：截面图和表中标注的圆弧半径，的数据用于孔型设计 r, r_1 不做为交货条件。

附录Ⅲ 简单荷载作用下梁的挠度和转角

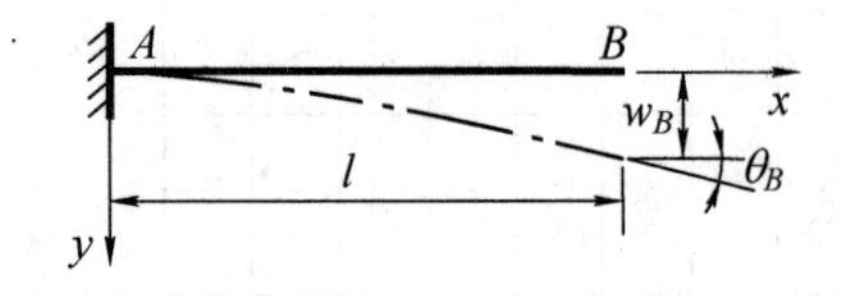

w=沿 y 方向的挠度

$w_B=w(l)$=梁右端处的挠度

$\theta_B=w'(l)$=梁右端处的转角

序号	梁上荷载及弯矩图	挠曲线方程	转角和挠度
1	M_e, l, M_e	$w=\dfrac{M_e x^2}{2EI}$	$\theta_B=\dfrac{M_e l}{EI}$，$w_B=\dfrac{M_e l^2}{2EI}$
2	F, l, Fl	$w=\dfrac{Fx^2}{6EI}(3l-x)$	$\theta_B=\dfrac{Fl^2}{2EI}$，$w_B=\dfrac{Fl^3}{3EI}$
3	F, a, l, Fa	$w=\dfrac{Fx^2}{6EI}(3a-x)\ (0\leqslant x\leqslant a)$ $w=\dfrac{Fa^2}{6EI}(3x-a)\ (a\leqslant x\leqslant l)$	$\theta_B=\dfrac{Fa^2}{2EI}$，$w_B=\dfrac{Fa^2}{6EI}(3l-a)$
4	q, l, $\frac{1}{2}ql^2$	$w=\dfrac{qx^2}{24EI}(x^2+6l^2-4lx)$	$\theta_B=\dfrac{ql^3}{6EI}$，$w_B=\dfrac{ql^4}{8EI}$
5	q_0, l, $\frac{1}{6}q_0l^2$	$w=\dfrac{q_0x^2}{120EIl}(10l^3-10l^2x+5lx^2-x^3)$	$\theta_B=\dfrac{q_0l^3}{24EI}$，$w_B=\dfrac{q_0l^4}{30EI}$

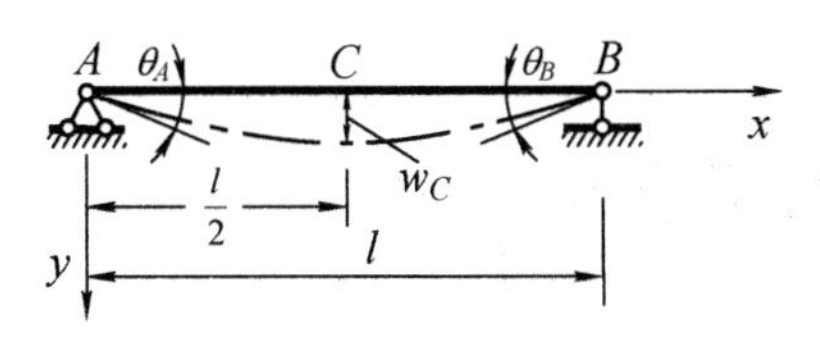

w=沿 y 方向的挠度

$w_C=w(\frac{l}{2})$=梁右端处的中点挠度

$\theta_A=w'(0)$=梁左端处的转角

$\theta_B=w'(l)$=梁右端处的转角

序号	梁上荷载及弯矩图	挠曲线方程	转角和挠度
6	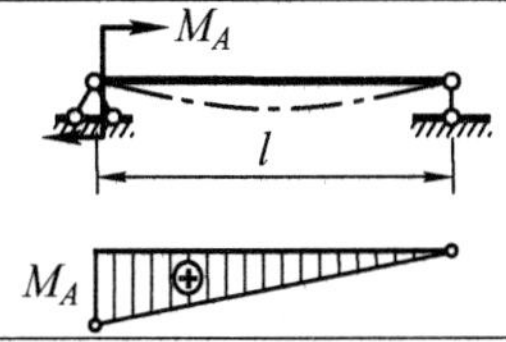 M_A；l；M_A	$w=\frac{M_A x}{6EIl}(l-x)(2l-x)$	$\theta_A=\frac{M_A l}{3EI}$，$\theta_B=-\frac{M_A l}{6EI}$ $w_C=\frac{M_A l^2}{16EI}$
7	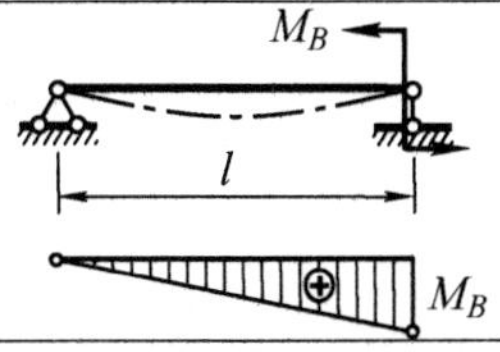 M_B；l；M_B	$w=\frac{M_B x}{6EIl}(l^2-x^2)$	$\theta_A=\frac{M_B l}{6EI}$，$\theta_B=-\frac{M_A l}{3EI}$ $w_C=\frac{M_B l^2}{16EI}$
8	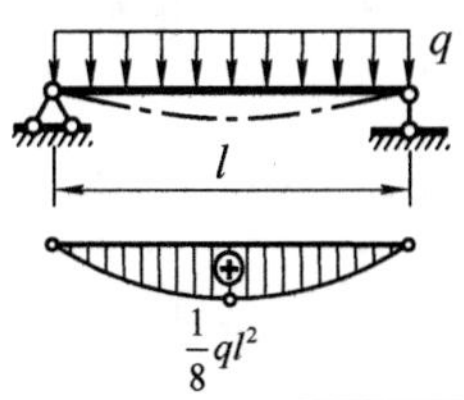 q；l；$\frac{1}{8}ql^2$	$w=\frac{qx}{24EI}(l^3-2lx^2+x^3)$	$\theta_A=\frac{ql^3}{24EI}$，$\theta_B=-\frac{ql^3}{24EI}$ $w_C=\frac{5ql^4}{384EI}$
9	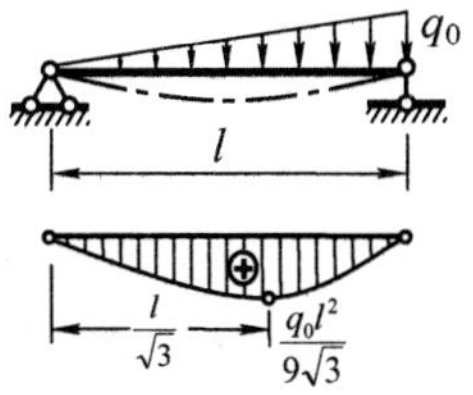 q_0；l；$\frac{l}{\sqrt{3}}$；$\frac{q_0 l^2}{9\sqrt{3}}$	$w=\frac{q_0 x}{360EIl}(7l^4-10l^2x^2+3x^4)$	$\theta_A=\frac{7q_0 l^3}{360EI}$，$\theta_B=-\frac{q_0 l^3}{45EI}$ $w_C=\frac{5q_0 l^4}{768EI}$
10	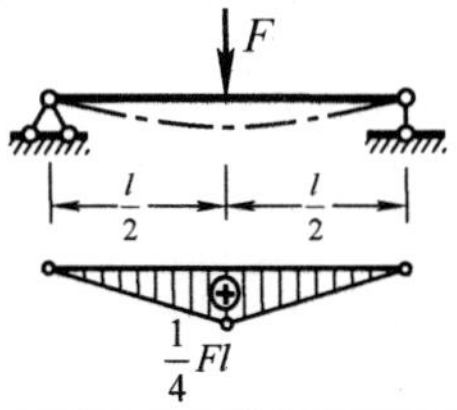 F；$\frac{l}{2}$；$\frac{l}{2}$；$\frac{1}{4}Fl$	$w=\frac{Fx}{48EI}(3l^2-4x^2)$，$\left(0\leqslant x\leqslant\frac{l}{2}\right)$	$\theta_A=\frac{Fl^2}{16EI}$，$\theta_B=-\frac{Fl^2}{16EI}$ $w_C=\frac{Fl^3}{48EI}$
11	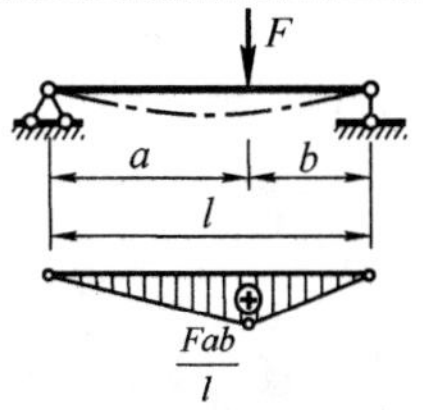 F；a；b；l；$\frac{Fab}{l}$	$w=\frac{Fbx}{6EIl}(l^2-x^2-b^2)$，$(0\leqslant x\leqslant a)$ $w=\frac{Fb}{6EIl}\left[\frac{l}{b}(x-a)^3+(l^2-b^2)x-x^3\right]$， $(a\leqslant x\leqslant l)$	$\theta_A=\frac{Fab(l+b)}{6EIl}$，$\theta_B=-\frac{Fab(l+a)}{6EIl}$ $w_C=\frac{Fb(3l^2-4b^2)}{48EI}$ (当 $a\geqslant b$ 时)
12	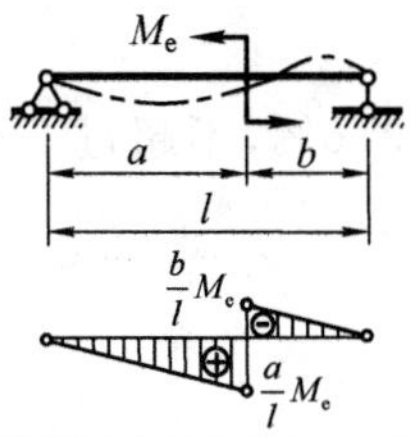 M_e；a；b；l；$\frac{b}{l}M_e$；$\frac{a}{l}M_e$	$w=\frac{M_e x}{6EIl}(6al-3a^2-2l^2-x^2)$，$(0\leqslant x\leqslant a)$ 当 $a=b=0.5l$ 时， $w=\frac{M_e x}{24EIl}(l^2-4x^2)$，$\left(0\leqslant x\leqslant\frac{l}{2}\right)$	$\theta_A=\frac{M_e}{6EIl}(6al-3a^2-2l^2)$ $\theta_B=\frac{M_e}{6EIl}(l^2-3a^2)$ 当 $a=b=0.5l$ 时， $\theta_A=\frac{M_e l}{24EI}$，$\theta_B=\frac{M_e l}{24EI}$，$w_C=0$

答　案

第1章

1-1　(a)$F_{N1}=F, F_{N2}=-2F, F_{N3}=5F$

(b)$F_{N1}=55\ kN, F_{N2}=15\ kN, F_{N3}=-15\ kN$

(c)$F_{N1}=-F, F_{N2}=3F, F_{N3}=0$

1-2　$F_{N1}=-3.84\ kN, F_{N2}=-35.36\ kN$

1-3　$F_{N,max}=F_{N1}=35\ kN, \sigma_{max}=100\ MPa$

1-4　$\sigma_{max}=200\ MPa$

1-5　$19.7\ m^3$

1-6　$W=188\ N, \alpha=56.4°, W=314\ N$

1-7　$\sigma=12.5\ MPa>[\sigma]$,绳子不满足强度要求

1-8　0.002

1-9　10 kN

1-10　$\sigma_{AB}=-47.4\ MPa, \sigma_{BC}=103.5\ MPa$

1-11　$\Delta_x=\Delta_y=\dfrac{FL}{EA}$

1-12　$l\left(1-\dfrac{W}{2EA}\right)$

1-13　$F=25.1\ kN, \sigma_{max}=120\ MPa$

1-14　$F=20\ kN$

1-15　$\sigma=75\ MPa$,　$\Delta d=5.63\times10^{-2}\ mm$

1-16　$\sigma_1=135.9\ MPa, \sigma_2=131.1\ MPa, \Delta_v=1.6mm$

1-17　$x=1.08m, \sigma_1=44\ MPa, \sigma_2=33\ MPa$

1-18　$n=8.82, N=8$(个)

1-19　$\dfrac{(2+\sqrt{2})}{EA}Fl$(分开)

1-20　$V_\varepsilon=\dfrac{(3+2\sqrt{2})F^2a}{2EA}$　$, u_D=\dfrac{(3+2\sqrt{2})Fa}{EA}(\rightarrow)$

1-21　$F_{N,AD}=85\ kN, F_{N,BC}=-15\ kN, F_{N,DB}=25\ kN$

1-22　$F_{N1}=F_{N2}=\dfrac{3F}{1+\sqrt{2}}$(拉),$\sigma=165.7\ MPa$,应力超过$[\sigma]$3.6%,不超过5%时仍可认为满足强度条件。

1-23　$\sigma_1=\sigma_2=17.5\ MPa, \sigma_3=-35\ MPa$

1-24　$F_{N1}=F_{N2}=1.242F$

1-25 $F_{N1}=F_{N2}=F_{N3}=\frac{3\delta EA}{(9+2\sqrt{3})l}$ $F_{N4}=F_{N5}=-\frac{\delta EA}{(2+3\sqrt{3})l}$

1-26 温度降低 $\Delta T=-26.5$ ℃

1-27 $F_{N1}=-0.823\alpha\Delta TEA, F_{N2}=0.29\alpha\Delta TEA$

第 2 章

2-1 $\tau=59.7$ MPa, $\sigma_{bs}=94$ MPa

2-2 $\tau=52.6$ MPa, $\sigma_{bs}=90.9$ MPa，该销轴满足强度要求。

2-3 $\tau=99.5$ MPa, $\sigma_{bs}=178.6$ MPa, $\sigma_1=162.3$ MPa, $\sigma_2=119.05$ MPa

2-4 $\tau=50$ MPa$<[\tau]$ $\sigma_{bs}=50$ MPa$<[\sigma_{bs}]$，键满足强度要求。

2-5 $\tau=\frac{4F}{\pi d^2}, \sigma_{bs}=\frac{F}{td}$

2-6 $\tau_A=41$ MPa, $\sigma_{A,bs}=25.8$ MPa, $\tau_B=35.9$ MPa, $\sigma_{B,bs}=22.5$ MPa

2-7 $[F]=1256$ kN

2-8 $[F]=494.6$ kN

2-9 $\delta=95.5$ mm

2-10 $d/h=2.8$

2-11 $M_e=1.4$ kN·m

2-12 $d=22$ mm

2-13 $\sigma_{bs}=204$ MPa$>[\sigma_{bs}]$，花键不满足挤压强度。

第 3 章

3-1 (a) $T_1=-2$ kN·m, $T_2=4$ kN·m

(b) $T_1=8$ kN·m, $T_2=2$ kN·m, $T_3=-3$ kN·m

3-2 (a) $T_{max}=15$ kN·m；(b) $T_{max}=3$ kN·m；(c) $T_{max}=16$ kN·m；(d) $T_{max}=ml$

3-3 $T_{max}=1.82$ kN·m

3-4 $m=13.3$ N·m/m

3-5 $T^*=78.5$ kN·m

3-6 略

3-7 $\tau_{max}=24$ MPa, $\varphi_{AB}=0.2(\text{rad})=11.46°$

3-8 轴最大切应力 $\tau_{max}=75$ MPa，小于许用值，轴满足强度要求，螺栓直径 $d\geqslant 11.7$ mm，取 $d=12$ mm。

3-9 $\tau_{max}=39.8$ MPa$<[\tau]$, $\Delta_C=12.4$ mm(↓)

3-10 $\varphi_{BA}=\frac{32Fal}{G\pi d^4}, \Delta_C=\frac{32Fa^2l}{G\pi d^4}+\frac{2F}{k}$

3-11 $\varphi_D=\frac{48M_e l}{G\pi d^4}$

3-12 $F_B=\frac{3}{4}F, F_D=\frac{1}{4}F$

3-13 $M_A=M_B=\frac{M_e}{17}$

第4章

4-1 (a)$F_{S1}=0, M_1=2\ \text{kN}\cdot\text{m}; F_{S2}=-3\ \text{kN}, M_2=-1\ \text{kN}\cdot\text{m}; F_{S3}=-3\ \text{kN}, M_3=-4\ \text{kN}\cdot\text{m}$

(b)$F_{S1}=2qa, M_1=-3qa^2/2; F_{S2}=2qa, M_2=-qa^2/2; F_{S3}=3qa, M_3=-3qa^2$

(c)$F_{S1}=-2F/3, M_1=Fa/3; F_{S2}=-2F/3, M_2=-Fa/3; F_{S3}=-2F/3, M_3=2Fa/3$

4-2 (a)$|F_S|_{max}=ql, |M|_{max}=\frac{ql^2}{2}$ (b)$|F_S|_{max}=qa, |M|_{max}=\frac{qa^2}{2}$

(c)$|F_S|_{max}=3\ \text{kN}, |M|_{max}=6\ \text{kN}\cdot\text{m}$ (d)$|F_S|_{max}=\frac{9}{8}ql, |M|_{max}=\frac{9ql^2}{16}$

(e)$|F_S|_{max}=\frac{ql}{4}, |M|_{max}=\frac{ql^2}{32}$ (f)$|F_S|_{max}=\frac{q_0 l}{3}, |M|_{max}=\frac{q_0 l^2}{9\sqrt{3}}$

4-3 (a)$|F_S|_{max}=2qa, |M|_{max}=\frac{1}{2}qa^2$ (b)$|F_S|_{max}=\frac{5}{8}ql, |M|_{max}=\frac{ql^2}{8}$

(c)$|F_S|_{max}=0, |M|_{max}=10\ \text{kN}\cdot\text{m}$ (d)$|F_S|_{max}=qa, |M|_{max}=qa^2$

(e)$|F_S|_{max}=\frac{2F}{3}, |M|_{max}=\frac{Fa}{3}$ (f)$|F_S|_{max}=\frac{3qa}{2}, |M|_{max}=\frac{13qa^2}{8}$

(g)$|F_S|_{max}=11\ \text{kN}, |M|_{max}=4\ \text{kN}\cdot\text{m}$ (h)$|F_S|_{max}=\frac{3}{4}F, |M|_{max}=\frac{Fa}{2}$

(i)$|F_S|_{max}=1.5\ \text{kN}, |M|_{max}=0.563\ \text{kN}\cdot\text{m}$

4-4 (a)$F_{SA}=F_{SD左}=\frac{5qa}{2}, F_{SD右}=F_{SB}=\frac{qa}{2}, F_{SC左}=-\frac{qa}{2}$

$M_A=-3qa^2, M_D=-\frac{qa^2}{2}, M_B=0$，$BC$段极值弯矩$M_{max}=\frac{qa^2}{8}$

(b)$F_{SA}=F_{SE左}=\frac{qa}{2}, F_{SE右}=F_{SB左}=-\frac{3qa}{2}, F_{SB右}=F_{SC}=qa, F_{SD}=-qa$；

$M_A=0, M_E=\frac{qa^2}{2}, M_B=-qa^2, M_C=0$，$CD$段极值弯矩$M_{max}=\frac{qa^2}{2}$

(c)$F_{SA}=F_{SB}=F_{SC左}=-4\ \text{kN}, F_{SC右}=2\ \text{kN}, F_{SD左}=-2\ \text{kN}, F_{SD右}=F_{SE}=0$

$M_A=4\ \text{kN}\cdot\text{m}, M_B=0, M_C=-4\ \text{kN}\cdot\text{m}, M_D=M_E=-4\ \text{kN}\cdot\text{m}$，$CD$段极值弯矩$M_{max}=-3\ \text{kN}\cdot\text{m}$

(d)$F_{SA}=\frac{F}{4}, F_{SB左}=-\frac{3}{4}F, F_{SB右}=\frac{F}{2}, F_{SD}=\frac{F}{2}, F_{SE左}=\frac{F}{4}, F_{SE右}=-\frac{3F}{4}$

$M_A=0, M_B=-\frac{Fa}{2}, M_C=0, M_D=0, M_E=\frac{Fa}{4}, M_{G左}=\frac{Fa}{2}$ $M_{G右}=-\frac{Fa}{2}$

4-5 $x=0.207l$

4-6 $a/L=0.293$

4-7 (1)左轮压力F_1距离A端$x_0=\frac{l}{2}-\frac{F_2 a}{2(F_1+F_2)}$时，梁内的弯矩(即力$F_1$作用处横截面弯矩)最大，$M_{max}=\frac{F_1+F_2}{l}\left(\frac{l}{2}-\frac{F_2 a}{2(F_1+F_2)}\right)^2$。

(2)左轮压力F_1无限靠近A端时，A支座支反力最大，此时的最大支反力F_A与最大剪力$F_{SA右}$都等于$F_1+F_2(1-\frac{a}{l})$。

4-8 (a)$M_A=0, M_C=Fa, M_B=0$ (b)$M_A=0, M_C=10$ kN・m, $M_B=-10$ kN・m, $M_D=0$

(c)$M_A=0, M_C=\frac{Fa}{4}, M_B=M_D=-\frac{Fa}{2}$ (d)$M_A=M_B=-20$ kN・m, $M_{中}=-15$ kN・m

(e)$M_A=-qa^2, M_B=-0.5qa^2, M_C=0$ (f)$M_A=M_B=-0.02ql^2, M_{中}=0.025ql^2$

4-9 (a)$F_{SAB}=-20$ kN, $F_{SBC}=10$ kN, $F_{N,AB}=-10$ kN, $F_{N,BC}=0$

$M_A=40$ kN・m(右侧受拉), $M_B=20$ kN・m(外侧受拉), $M_C=0$

(b)$F_{N,AB}=-\frac{1}{2}qa, F_{N,BC}=-\frac{1}{2}qa, F_{SAB}=\frac{1}{2}qa, F_{SB}=qa, F_{SC}=0$

$M_A=0, M_B=\frac{1}{2}qa^2$(外侧受拉), $M_C=0$

(c)$F_{SA}=15$ kN, $F_{SC下}=0$, $F_{SCE}=2.5$ kN, $F_{SED}=-17.5$ kN, $F_{SDB}=0$, $F_{NAC}=-2.5$ kN, $F_{N,CD}=0$, $F_{N,DB}=-17.5$ kN

$M_A=0, M_C=22.5$ kN・m, $M_E=26.25$ kN・m(下侧受拉), $M_D=0, M_{DB}=0$

4-10 (a)$F_{N,AC}=-8.94$ kN, $F_{N,CA}=5.37$ kN, $F_{N,CB}=F_{N,BC}=0$, $F_{SAC}=17.89$ kN, $F_{SCA}=-10.75$ kN, $F_{SCB}=-12$ kN, $F_{SBC}=-20$ kN, $M_{AC}=0$, $M_{CA}=M_{CB}=16$ kN・m(下侧受拉), $M_{BC}=0$

(b)$F_{N,AB}=F_{N,BA}=0$, $F_{N,BC}=54$ kN, $F_{N,CB}=6$ kN, $F_{N,CD}=F_{N,DC}=0$, $F_{SAE}=F_{SEA}=150$ kN, $F_{SEB}=F_{SBE}=90$ kN, $F_{SBC}=72$ kN, $F_{SCB}=8$ kN, $F_{SCD}=F_{SDC}=10$ kN, $M_{AE}=690$ kN・m(上侧受拉), $M_{EA}=M_{EB}=390$ kN・m(上侧受拉), $M_{BE}=M_{BC}=210$ kN・m(上侧受拉), $M_{CB}=M_{CD}=10$ kN・m(上侧受拉), $M_{DC}=0$

4-11 (a)$F_N(\varphi)=-F\cos\varphi, F_S(\varphi)=-F\sin\varphi, M(\varphi)=-FR(1-\cos\varphi)$

(b)$F_N(\varphi)=-2qR\sin^2(\varphi/2), F_S(\varphi)=qR\sin\varphi, M(\varphi)=2qR^2\sin^2(\varphi/2)$

4-12 $F_1=114$ kN, $x_0=1.6$ m

4-13 $x_0=l/5$

第 5 章

5-1 略

5-2 $F_N^*=75$ kN

5-3 (b)图示截面的弯曲正应力较小, $\sigma_b=74.72$ MPa

5-4 $F_N^*=2.81$ kN

5-5 $\sigma_a=6.94$ MPa, $\sigma_b=3.86$ MPa, $\sigma_c=-6.94$ MPa

5-6 Ⅰ-Ⅰ截面 $\sigma_A=7.41$ MPa, $\sigma_B=0$, $\sigma_C=3.71$ MPa

Ⅱ-Ⅱ截面 $\sigma_A=-9.26$ MPa, $\sigma_B=0$, $\sigma_C=-4.63$MPa

5-7 $\sigma_{max}=1\,417.97$ MPa, $\tau_{max}=4.5$ MPa

5-8 12.6号工字钢

5-9 $[F]=28.93$ kN

5-10 $\frac{\tau_{max}}{\sigma_{max}}=\frac{d}{3l}$

5-11 $\tau_{max}=9.7$ MPa

5-12 $\tau_{max}=4.05$ MPa

5-13 $\tau_{max}=2.44$ MPa, $\tau_a=1.83$ MPa

5-14 $F_{N\mathrm{I}}^{*}=142.2$ kN(压力),$F_{S\mathrm{I}}^{*}=1.556$ kN;

$F_{N\mathrm{II}}^{*}=8.89$ kN(拉力),$F_{S\mathrm{II}}^{*}=0.723$ kN

5-15 $\tau_{max}=0.75$ MPa,$F_{\tau}=0$ kN

5-16 安全

5-17 20a 号工字钢

5-18 提高 33.3%

5-19 $q_{max}=44.44$ kN/m

5-20 $\sigma_{max}=120$ MPa,$\tau_{max}=7.01$ MPa

5-21 $h=210$ mm,$b=140$ mm

5-22 $\sigma_{max}=6.58$ MPa,$\tau_{max}=1.79$ MPa,不满足强度条件

5-23 $h=210$ mm,$P_{max}=14.7$ kN

5-24 $\Delta l=\frac{3Fl^2}{Ebh^2}$

5-25 $F=47.46$ kN

第 6 章

6-1 略

6-2 (a)$\theta_B=\frac{qa^3}{6EI}$,$w_C=\frac{qa^4}{12EI}$

(b)$\theta_D=\frac{qa^3}{2EI}$,$w_D=-\frac{qa^4}{8EI}$

(c)$\theta_C=-\frac{Fa^2}{12EI}$,$w_C=-\frac{Fa^3}{12EI}$

(d)$w_D=0.281$ mm,$w_B=0.608$ mm

6-3 略

6-4 $\theta_A=-\frac{qa^3}{48EI}$,$w_C=-\frac{13qa^4}{48EI}$

6-5 $\theta_A=-\theta_B=\frac{5q_0l^3}{192EI}$,$w_{max}=\frac{q_0l^4}{120EI}$

6-6 $M_B=2M_A$

6-7 $w_C=\frac{11Fl^3}{64Ebh^3}$

6-8 $w_B=11.5$ mm(向下),$w_D=-5.75$ mm(向上)

6-9 (a)$w_D=\frac{27Fl^3}{2EI}$,$w_B=\frac{23Fl^3}{12EI}$

(b)$\theta_C=\frac{Fl^2}{4EI}$

(c)$w_C=\frac{5ql^4}{12EI}$,$\theta_B=\frac{23ql^3}{12EI}$

(d)$w_C=\frac{5Fl^3}{8EI}$,$\theta_C=\frac{11Fl^2}{12EI}$

6-10 略

6-11 $\Delta_{Cx}=\frac{Fa^3}{2EI},\Delta_{Cy}=\frac{4Fa^3}{3EI}+\frac{Fa}{EA}$

6-12 $\Delta_{AD}=\frac{5Fl^3}{3EI}$

6-13 $\Delta l=2.28$ mm, $\Delta=7.39$ mm

6-14 $w_C=\frac{Fl^3}{24(2I_1+I_2)E}$

6-15 14a 号槽钢

6-16 $D>158$ mm

第 7 章

7-1 (a)$\sigma_{60°}=18.12$ MPa, $\tau_{60°}=47.99$ MPa

(b)$\sigma_{-30°}=-83.12$ MPa, $\tau_{-30°}=-22.0$ MPa

(c)$\sigma_{45°}=-60.0$ MPa, $\tau_{45°}=10$ MPa

(d)$\sigma_{125°}=-35$ MPa, $\tau_{125°}=-8.66$ MPa

7-2 点 A: $\sigma_{-70°}=0.5835$ MPa, $\tau_{-70°}=-0.835$ MPa

点 B: $\sigma_{-70°}=0.4492$ MPa, $\tau_{-70°}=-1.234$ MPa

7-3 (a)$\sigma_1=160$ MPa, $\sigma_3=-30$ MPa, $\alpha=-23.56°$

(b)$\sigma_1=55$ MPa, $\sigma_3=-115$ MPa, $\alpha=-55.28°$

(c)$\sigma_1=88.3$ MPa, $\sigma_3=-28.3$ MPa, $\alpha=-15.48°$

(d)$\sigma_1=20$ MPa, $\sigma_3=0$ MPa, $\alpha=45°$

7-4 点 A: $\sigma_1=5.84$ MPa, $\sigma_3=-0.01$ MPa, $\alpha=1.86°$

点 B: $\sigma_1=0.08$ MPa, $\sigma_3=-3.59$ MPa, $\alpha=81.6°$

7-5 $F=4.798$ kN

7-6 (1)$\sigma_x=4.48$ MPa, $\sigma_y=2.52$ MPa, $\tau_{xy}=3.36$ MPa

(2)$\sigma_1=7$ MPa, $\sigma_2=0$ MPa, $\alpha_0=-36.9$ MPa

7-7 (a)$\sigma_1=3$ MPa, $\sigma_2=0$ MPa, $\alpha_3=-1$ MPa

(b)$\sigma_1=2$ MPa, $\sigma_2=0$ MPa, $\alpha_3=-2$ MPa

7-8 $\sigma_x=-33.3$ MPa, $\tau_{xy}=-57.7$ MPa

7-9 $\sigma_1=\sigma_2=0$, $\sigma_3=-66.5$ MPa

7-10 $F=13.4$ kN

7-11 $F=31.8$ kN

7-12 $T=54.8$ kN·m

7-13 $v_v=0.014$ J/m^3, $v_d=0.0189$ J/m^3

7-14 $\sigma_{r3}=95$ MPa, $\sigma_{r4}=86.75$ MPa

7-15 $\sigma_{r3}=250$ MPa, $\sigma_{r4}=229$ MPa

7-16 $\sigma_{r3}=183$ MPa

7-17 $\sigma_{r3}=80.5$ MPa

7-18 (1)$(\sigma_{r3})_a=\sqrt{\sigma^2+4\tau^2}$, $(\sigma_{r3})_b=\sigma+\tau$

(2)$(\sigma_{r4})_a=(\sigma_{r4})_b=\sqrt{\sigma^2+3\tau^2}$, $(\sigma_{r4})_b=\sqrt{\sigma^2+3\tau^2}$

7-19 $\sigma_{rM}=1.18$ MPa, $\tau_{A\text{-}A}=1.4$ MPa

7-20 $\sigma_{max}=168.7\ MPa$，$\tau_{max}=89.5\ MPa$，$(\sigma_{r4})_a=142.7\ MPa$

7-21 $\varphi=26.6°$

第8章

8-1 $\sigma_K=2.68\ MPa$

8-2 $\sigma_{max}=12\ MPa$ $\theta=24.23°$

8-3 $\sigma_{max}=8.62\ MPa$，故满足强度条件。

8-4 $\sigma_{A,max}=7.4\ MPa$

8-5 $b\approx 80\ mm$，$h\approx 120\ mm$

8-6 62.87 mm

8-7 $\sigma_{t,max}=6.54\ MPa$，$\sigma_{c,max}=-5.8\ MPa$

8-8 $\sigma_t=154\ MPa$，中性轴距底边 0.52 cm。

8-9 1-1 截面上的最大拉应力 $\sigma_{1,max}=p$，2-2 截面上的拉应力 $\sigma_{2,max}=0.75p$

8-10 $\varepsilon_{45°}=\frac{1-\mu}{2E}\cdot\frac{-2P_2b-6P_1l}{hb^2}$

8-11 增大 7 倍。

8-12 33.33 mm

8-13 $F=2.74\ kN$

8-14 $\sigma_{c,max}=11.25\ MPa$，$\sigma_{t,max}=7.08\ MPa$

8-15 $\sigma_c=240\ MPa$，$\tau=22.5\ MPa$

8-16 $\sigma_{c,max}=5.29\ MPa$，$\sigma_{t,max}=5.09\ MPa$

8-17 $\sigma_{r3}=105.64\ MPa$，满足强度条件

8-18 $\sigma_{r4}=72.3\ MPa$，满足强度条件

8-19 $d=1.955cm$

8-20 $\varepsilon_A=-0.98\times10^{-4}$，$\varepsilon_B=2.9\times10^{-4}$，$\varepsilon_C=0.19\times10^{-5}$

8-21 $\sigma_1=141.8\ MPa$，$\sigma_3=-36.8\ MPa$，$\sigma_{r3}=178.6\ MPa$，不满足强度条件

8-22 $\sigma_1=109.14\ MPa$，$\sigma_2=0\ MPa$，$\sigma_3=-2.14\ MPa$，$\varepsilon_1=0.55\times10^{-3}$，$\varepsilon_2=0.160\ 5\times10^{-3}$，$\varepsilon_3=-0.174\times10^{-3}$

8-23 $\varepsilon_1=\frac{1}{E}(\frac{8F}{\pi d^2}-\frac{128Fa}{\pi d^3})$，$\varepsilon_2=-\mu\varepsilon_1$

8-24 $\sigma_1=250\ MPa$，$\sigma_2=194.4\ MPa$，$\sigma_3=0$，$\sigma_\theta=236.1\ MPa$，$\varepsilon_\theta=86.8\times10^{-3}$

8-25 $p=2.8\ MPa$，$\sigma_1=28\ MPa$，$\varepsilon_1=0.107\times10^{-3}$

第9章

9-1 $F_{cr}=\frac{4k}{l}$

9-2 (a)$F_{cr}=\frac{kl}{2}$ (b)$F_{cr}=\frac{k_1k_2l}{k_1+k_2}$

9-3 $F_{cr}=\frac{3EI}{al}$

9-4 $F_{cr}=214.2\ kN$

9-5　$F_{cr}=7.45\ \text{kN}$

9-6　实心圆截面：$F_{cr}=323.5\ \text{kN}$；空心圆截面：$F_{cr}=507.8\ \text{kN}$

9-7　$\sigma_{cr}=4.38\ \text{MPa}$；$F_{cr}=1.38\ \text{kN}$

9-8　$F_{cr}=402.2\ \text{kN}$

9-9　$\sigma=100\ \text{MPa}<[\sigma_{cr}]=\dfrac{\sigma_{cr}}{n_{st}}=116.8\ \text{MPa}$

9-10　AB 杆 $\sigma=83\ \text{MPa}<[\sigma]$，满足压杆稳定性要求；

AC 杆 $\sigma=128\ \text{MPa}<[\sigma]$，满足压杆稳定性要求。

9-11　$F_{cr}=213\ \text{kN}$

9-12　$F_{cr}=\dfrac{\pi^2 EI}{2l^2}$，$F_{cr}=\dfrac{\sqrt{2}\pi^2 EI}{l^2}$

9-13　$T=66.4\ ℃$

9-15　$F_{max}=15.7\ \text{kN}$

9-16　$F_{cr}=254.4\ \text{kN}$，$[F_{st}]=101.8\ \text{kN}$，因为 $F_{cr}>[F_{st}]$，所以压杆满足稳定性要求。b 与 h 的合理比值为：$b:h=0.8$

9-20　$d=98\ \text{mm}$

第 10 章

10-1　(a)$V_\varepsilon=\dfrac{2F^2 l}{\pi Ed^2}$　(b)$V_\varepsilon=\dfrac{7F^2 l}{8\pi Ed^2}$

10-2　$V_\varepsilon=0.957\dfrac{F^2 l}{EA}$

10-3　$V_\varepsilon=\dfrac{9.6M_e^2 l}{\pi Gd_1^4}$

10-4　(a)$V_\varepsilon=\dfrac{17q^2 l^5}{15\ 360EI}$　(b)$V_\varepsilon=\dfrac{3q^2 l^5}{20EI}$　(c)$V_\varepsilon=\dfrac{F^2 l^3}{16EI}+\dfrac{3F^2 l}{4EA}$　(d)$V_\varepsilon=\dfrac{\pi F^2 R^3}{8EI}$

10-5　(1)$V_\varepsilon=\dfrac{EA}{48a}\left[(9+8\sqrt{3})\Delta_{Ax}^2-6\sqrt{3}\Delta_{Ax}\Delta_{Ay}+3\Delta_{Ay}^2\right]$；

(2)$V_\varepsilon=\dfrac{4aAB}{3}\left(\dfrac{\Delta_{Ay}-\sqrt{3}\Delta_{Ax}}{4a}\right)^{\frac{3}{2}}+\dfrac{\sqrt{3}aAB}{3}\left(\dfrac{\sqrt{3}\Delta_{Ax}}{3a}\right)^{\frac{3}{2}}$

10-6　$V_\varepsilon=\dfrac{2\sqrt{\Delta^3}}{3\sqrt{k}}$，$V_c=\dfrac{kF^2}{3}$

10-7　(a)$\Delta_{Ay}=\dfrac{5ql^4}{768EI}(\downarrow)$；(b)$\Delta_{Ay}=\dfrac{5ql^4}{8EI}(\downarrow)$；(c)$\Delta_{Ay}=\dfrac{Fl^3}{8EI}+\dfrac{3Fl}{2EA}(\downarrow)$；(d)$\Delta_{Ay}=\dfrac{\pi FR^3}{4EI}(\downarrow)$

10-8　(a)$w_B=\dfrac{qa^3}{24EI}(4l-a)(\downarrow)$，$\theta_B=\dfrac{qa^3}{6EI}(\circlearrowright)$；(b)$w_B=\dfrac{5Fa^3}{3EI}(\downarrow)$，$\theta_B=\dfrac{11Fa^2}{6EI}(\circlearrowright)$；

(c)$w_B=\dfrac{5Fl^3}{384EI}(\downarrow)$，$\theta_B=\dfrac{Fl^2}{12EI}(\circlearrowright)$

10-9　(a)$\Delta_{Ax}=\dfrac{17M_e a^2}{6EI}(\rightarrow)$，$\Delta_{Ay}=0$，$\theta_A=\dfrac{M_e a}{3EI}(\circlearrowleft)$，$\theta_B=\dfrac{5M_e a}{3EI}(\circlearrowright)$；(b)$\Delta_{Ax}=\dfrac{12qa^4}{EI}(\rightarrow)$，

$\Delta_{Ay}=\dfrac{3qa^4}{2EI}(\uparrow)$，$\theta_A=\dfrac{qa^3}{6EI}(\circlearrowleft)$，$\theta_B=\dfrac{4qa^3}{EI}(\circlearrowleft)$；(c)$\Delta_{Ax}=\dfrac{l^3}{48EI}(ql+24F)(\rightarrow)$，$\Delta_{Ay}=0$，

$\theta_A=\dfrac{4Fl^2+ql^3}{48EI}(\circlearrowleft)$，$\theta_B=\dfrac{l^2}{48EI}(4F+ql)(\circlearrowleft)$

10-10 $\Delta_{Dx}=25.3\ \text{mm}(\leftarrow),\theta_D=0.0140\ \text{rad}(\circlearrowright)$

10-11 $\Delta_{Cx}=3.83\dfrac{Fl}{EA}(\leftarrow),\Delta_{Cy}=\dfrac{Fl}{EA}(\uparrow)$

10-12 $\Delta_{BD}=2.71\dfrac{Fl}{EA}$(靠近)

10-13 $\Delta_{Cy}=\dfrac{Fa^3}{6EI}+\dfrac{3Fa}{4EA}(\downarrow)$

10-14 $\theta_A=16.5\dfrac{Fl^2}{EI}(\circlearrowleft)$

10-15 $\Delta_{Bx}=\dfrac{FR^3}{2EI}(\leftarrow),\Delta_{By}=3.36\dfrac{FR^3}{EI}(\uparrow)$

10-16 $\Delta_{Cy}=\dfrac{2Fa^3}{3EI}+\dfrac{Fa^3}{GI_p}(\uparrow)$

10-17 (a)$F_D=\dfrac{7ql}{24}(\uparrow)$;(b)$F_B=\dfrac{3q_0l}{20}(\uparrow),M_B=\dfrac{q_0l^2}{30}(\circlearrowright)$

10-18 $F_{N1}=-\dfrac{2-\sqrt{2}}{2}F,F_{N2}=\dfrac{\sqrt{2}}{2}F$

10-19 (a)$F_B=\dfrac{3}{32}F(\uparrow)$;(b)$F_{Ax}=\dfrac{3}{8}qa(\rightarrow),F_{Bx}=\dfrac{3}{8}qa(\rightarrow)$;

(c)$F_{Ax}=F(\leftarrow),F_{Ay}=\dfrac{3}{14}F(\downarrow)$;(d)$F_{Ax}=2.32\ \text{kN}(\rightarrow),F_{Ay}=12.5\ \text{kN}(\uparrow)$

10-20 $\Delta_{Gx}=\dfrac{2l}{13EA}(4F_1-\sqrt{3}F_2)(\rightarrow),\Delta_{Gy}=\dfrac{2l}{13EA}(-\sqrt{3}F_1+4F_2)(\uparrow)$

10-21 $F_{N1}=F_{N2}=\dfrac{F}{2\cos\alpha+(\cos^2\alpha)^{-1/n}},F_{N3}=\dfrac{F}{1+2\cos\alpha\ (\cos^2\alpha)^{1/n}}$

10-22 (a)$\Delta_A=\dfrac{41ql^4}{384EI}(\downarrow),\theta_A=\dfrac{7ql^3}{48EI}(\circlearrowleft),\Delta_A=\dfrac{41ql^4}{384EI}(\downarrow)$;(b)$\theta_A=\dfrac{M_el}{9EI}(4\pi-3\sqrt{3})(\circlearrowright)$,

$\Delta_C=\dfrac{2M_el^2}{81EI}(\downarrow)$;(c)$\Delta_{Ay}=-2.23\times10^{-3}\ \text{m}(\uparrow),\theta_A=5.51\times10^{-3}\ \text{rad}(\circlearrowleft)$,

$\Delta_{Cy}=1.34\times10^{-2}\ \text{m}(\downarrow)$

10-23 (a)$\Delta_{AB}=\dfrac{5Fa}{3EA}(\leftarrow,\rightarrow),\Delta_{CD}=\dfrac{\sqrt{3}Fa}{3EA}(\updownarrow)$ (b)$\Delta_C=\dfrac{2Fa}{EA}(2+\sqrt{2})(\downarrow),\Delta_B=\dfrac{4Fa}{EA}(\rightarrow)$

10-24 $\theta_A=-\dfrac{7qa^3}{48EI}(\circlearrowright)$

10-25 (a)$w_B=\dfrac{5Fl^3}{96EI}(\downarrow),\theta_A=\dfrac{5Fl^2}{16EI}(\circlearrowleft)$;(b)$w_B=\dfrac{5Fa^3}{9EI}(\downarrow),\theta_A=\dfrac{Fa^2}{2EI}(\circlearrowright)$

10-26 $\Delta_A=\dfrac{3qa^4}{8EI}(\rightarrow)$

10-27 $\theta_{A/B}=\dfrac{2FR^2}{EI}(\circlearrowright\circlearrowleft)$

10-28 $\Delta_A=\dfrac{Fa^3}{3EI}+\dfrac{Fl^3}{3EI}+\dfrac{Fa^2l}{GI_p}(\downarrow)$

10-29 $\Delta_A=\dfrac{\pi FR^3}{4EI}+\dfrac{(3\pi-8)FR^3}{4GI_p}(\downarrow)$

10-30 $\theta_{BC}=-\dfrac{F}{EA}(\circlearrowright)$

10-31 $\Delta_B=\dfrac{F^2 l}{A^2 c^2}+\dfrac{2\sqrt{2}Fl}{EA}(\downarrow)$

10-32 $\Delta_B=\dfrac{25F^2 l^4}{2c^2 b^2 h^5}(\uparrow)$

10-33 $\Delta_{Cx}=0, \Delta_{Cy}=\dfrac{6F^4 l}{A^2 B^2}(\downarrow)$

10-34 $\sigma_{\max}=134\ \text{MPa}$

10-35 $w_A=74.3\ \text{mm}, \sigma_{\max}=167.3\ \text{MPa}$

10-36 $\sigma_{\max}=16.9\ \text{MPa}$

10-37 $\sigma_{\max}=324.8\ \text{MPa}$

10-38 $\sigma_{\max}=\left(1+\sqrt{\dfrac{3EIv^2}{qFl^3}}\right)\dfrac{Fl}{W}$

附录 I

Ⅰ-1 (a)$x_C=\dfrac{b}{3}, y_C=\dfrac{h}{3}$;(b)$x_C=\dfrac{5}{3}a, y_C=\dfrac{5}{6}a$;(c)$x_C=20\ \text{mm}, y_C=20\ \text{mm}$

Ⅰ-2 (a)$x_C=0, y_C=26.7\ \text{mm}$;(b)$x_C=0, y_C=\dfrac{4a^3+\dfrac{2}{3}d^3+\pi ad^2}{\pi d^2+8a^2}$;

(c)$x_C=0, y_C=70\ \text{mm}$;(d)$x_C=0, y_C=102.5\ \text{mm}$

Ⅰ-3 (a)$S_x=8\times10^4\ \text{mm}^3$ (b)$S_x=5.6\times10^4\ \text{mm}^3$ (c)$S_x=4\times10^4\ \text{mm}^3$

Ⅰ-4 (a)$I_{x_C}=4.07\times10^7\ \text{mm}^4, I_{y_C}=1\times10^8\ \text{mm}^4$;

(b)$I_{x_C}=\dfrac{\pi D^4}{64}-\dfrac{2a^4}{3}, I_{y_C}=\dfrac{\pi D^4}{64}-\dfrac{a^4}{6}$;

(c)$I_{x_C}=80\times10^4\ \text{mm}^4, I_{y_C}=83.7\times10^4\ \text{mm}^4$;

(d)$I_{x_C}=2.9\times10^9\ \text{mm}^4, I_{y_C}=5.6\times10^9\ \text{mm}^4$

Ⅰ-5 $I_x=\pi r_0^3\delta, i_x=\dfrac{r_0}{\sqrt{2}}$

Ⅰ-6 $I_x=\dfrac{\pi D^4}{4}(1-\alpha^4), i_x=\dfrac{D}{4}\sqrt{1+\alpha^2}$

Ⅰ-7 $I_x=10.65\times10^8\ \text{mm}^4, I_y=2.57\times10^8\ \text{mm}^4, I_p=13.22\times10^8\ \text{mm}^4$

Ⅰ-8 $I_x=I_y=\dfrac{\pi R^4}{16}, I_{xy}=\dfrac{R^4}{8}$

Ⅰ-9 (a)$I_{x_C}=6.58\times10^7\ \text{mm}^4$,(b)$I_{x_C}=7.79\times10^7\ \text{mm}^4$

Ⅰ-10 $\dfrac{h}{b}=2$

Ⅰ-11 略

Ⅰ-12 $I_x=5.5\times10^8\ \text{mm}^4, I_y=4.1\times10^6\ \text{mm}^4, I_{xy}=5\times10^6\ \text{mm}^4, \alpha=59°6, I_{x_{C0}}=1.39\times10^8\text{mm}^4, I_{y_{C0}}=4.15\times10^8\text{mm}^4$

Ⅰ-13 (a)图所示截面对形心轴的惯性矩为 3 860.9 cm^4,(b)图所示截面对形心轴的惯性矩为 12 731.6 cm^4,(b)约为(a)的 3.3 倍

Ⅰ-14 略

参考文献

[1] 孙训方,方孝淑,关来泰. 材料力学(Ⅰ、Ⅱ)[M]. 5版. 北京:高等教育出版社,2009

[2] R. C. Hibbeler. Mechanics of Materials (Fifth Edition)[M]. 北京:高等教育出版社,2000

[3] J. M. Gere. Mechanics of Materials[M]. 5ed. Thomson Learning.

[4] 苏振超,薛艳霞,赵兰敏. 结构力学(上、下)[M]. 西安:西安交通大学出版社,2013

[5] 单辉祖. 材料力学(Ⅰ、Ⅱ)[M]. 北京:高等教育出版社, 1999

[6] 刘鸿文. 高等材料力学[M]. 北京:高等教育出版社, 1985

[7] 黄丽华,梁圣复,易平,马红艳. 工程力学[M]. 大连:大连理工大学出版社,2009

[9] 黄丽华,易平,曲激婷. 材料力学习题及精解[M]. 武汉:武汉理工大学出版社,2014